“碳中和多能融合发展”丛书编委会

"十四五"国家重点出版物出版规划项目

国家出版基金项目
NATIONAL PUBLICATION FOUNDATION

碳中和多能融合发展丛书

刘中民 主编

先进电化学储能技术

李先锋 崔光磊 郭玉国 胡勇胜 温兆银 阎景旺 等 著

科学出版社
龍門書局
北京

内 容 简 介

本书基于中国科学院战略性先导科技专项的研究成果，并结合当前国际上的前沿研究，集中介绍能源存储过程中的各类电化学储能技术的特点、关键材料、器件和应用的研究进展，并对各类型储能方式的未来发展进行展望。本书分为 7 章，分别介绍锂离子电池、固态锂电池、钠离子电池、金属钠电池、液流电池、铅炭电池和锂离子电容器等各类电化学储能体系的研究进展。

本书适合电化学能源存储领域的研究人员参考，尤其适合从事电化学相关的材料与工程应用领域人员参考，也可作为普通高等院校材料类教学参考书。

图书在版编目(CIP)数据

先进电化学储能技术 / 李先锋等著. -- 北京 : 龙门书局, 2024. 12. -- (碳中和多能融合发展丛书 / 刘中民主编). -- ISBN 978-7-5088-6495-2

Ⅰ. TK02

中国国家版本馆 CIP 数据核字第 2024ZM6330 号

责任编辑：吴凡洁　罗　娟 / 责任校对：王萌萌

责任印制：师艳茹 / 封面设计：有道文化

科 学 出 版 社
龍　門　書　局 出版

北京东黄城根北街 16 号

邮政编码：100717

http://www.sciencep.com

北京中科印刷有限公司印刷

科学出版社发行　各地新华书店经销

*

2024 年 12 月第　一　版　开本：787×1092　1/16

2024 年 12 月第一次印刷　印张：25 1/4

字数：594 000

定价：168.00 元

（如有印装质量问题，我社负责调换）

丛书序

2020 年 9 月 22 日，习近平主席在第七十五届联合国大会一般性辩论上发表重要讲话，提出“中国将提高国家自主贡献力度，采取更加有力的政策和措施，二氧化碳排放力争于 2030 年前达到峰值，努力争取 2060 年前实现碳中和”。“双碳”目标既是中国秉持人类命运共同体理念的体现，也符合全球可持续发展的时代潮流，更是我国推动高质量发展、建设美丽中国的内在需求，事关国家发展的全局和长远。

要实现“双碳”目标，能源无疑是主战场。党的二十大报告提出，立足我国能源资源禀赋，坚持先立后破，有计划分步骤实施碳达峰行动。我国现有的煤炭、石油、天然气、可再生能源及核能五大能源类型，在发展过程中形成了相对完善且独立的能源分系统，但系统间的不协调问题也逐渐显现，难以跨系统优化耦合，导致整体效率并不高。此外，新型能源体系的构建是传统化石能源与新型清洁能源此消彼长、互补融合的过程，是一项动态的复杂系统工程，而多能融合关键核心技术的突破是解决上述问题的必然路径。因此，在“双碳”目标愿景下，实现我国能源的融合发展意义重大。

中国科学院作为国家战略科技力量主力军，深入贯彻落实党中央、国务院关于碳达峰碳中和的重大决策部署，强化顶层设计，充分发挥多学科建制化优势，启动了“中国科学院科技支撑碳达峰碳中和战略行动计划”（以下简称行动计划）。行动计划以解决关键核心科技问题为抓手，在化石能源和可再生能源关键技术、先进核能系统、全球气候变化、污染防控与综合治理等方面取得了一批原创性重大成果。同时，中国科学院前瞻性地布局实施“变革性洁净能源关键技术与示范”战略性先导科技专项（以下简称专项），部署了合成气下游及耦合转化利用、甲醇下游及耦合转化利用、高效清洁燃烧、可再生能源多能互补示范、大规模高效储能、核能非电综合利用、可再生能源制氢/甲醇，以及我国能源战略研究等八个方面研究内容。专项提出的“化石能源清洁高效开发利用”、“可再生能源规模应用”、“低碳与零碳工业流程再造”、“低碳化、智能化多能融合”四主线“多能融合”科技路径，为实现“双碳”目标和推动能源革命提供科学、可行的技术路径。

“碳中和多能融合发展”丛书面向国家重大需求，响应中国科学院“双碳”战略行动计划号召，集中体现了国内，尤其是中国科学院在“双碳”背景下在能源领域取得的关键性技术和成果，主要涵盖化石能源、可再生能源、大规模储能、能源战略研究等方向。丛书不但充分展示了各领域的最新成果，而且整理和分析了各成果的国内国际发展情况、产业化情况、未来发展趋势等，具有很高的学习和参考价值。希望这套丛书可以为能源领域相关的学者、从业者提供指导和帮助，进一步推动我国“双碳”目标的实现。

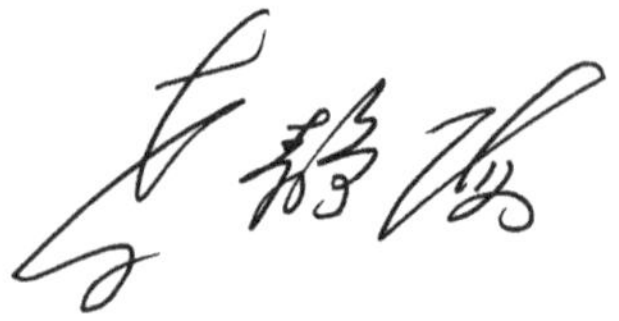

中国科学院院士

2024 年 5 月

前言

能源是人类社会发展的基石，随着全球经济与社会发展，全球能源需求量与日俱增，气候变化影响日益加剧。传统化石能源不但储量有限，而且使用过程中对环境造成了巨大的压力，尤其是二氧化碳气体引起的温室效应，对全球气候的影响不容乐观。实现碳达峰碳中和是顺应社会可持续发展的要求，节能减排则是实现这一目标的必由之路。一方面，人们需要实现化石能源的清洁高效利用；另一方面，则需要大力发展可再生能源。能源结构的转型最根本的还是在于太阳能、风能等可再生能源的发展利用。

然而，这些可再生能源存在间歇性与不稳定性的问题，需要一种高效化学电源储存能量，以实现可再生能源的储存、分配和平稳输出利用。2021 年 7 月 15 日国家发展改革委和能源局发布《关于加快推动新型储能发展的指导意见》，这是国家层面首次明确提出量化的储能发展目标：到 2025 年，实现新型储能从商业化初期向规模化发展转变，装机规模达 3000 万 kW 以上；新型储能将在推动能源领域碳达峰碳中和过程中发挥显著作用。到 2030 年，实现新型储能全面市场化发展。2022 年 3 月国家发展改革委和能源局发布了《“十四五”新型储能发展实施方案》，提出推动多元化技术开发。开展钠离子电池、新型锂离子电池、铅炭电池、液流电池、压缩空气、氢（氨）储能、热（冷）储能等关键核心技术、装备和集成优化设计研究，集中攻关超导、超级电容等储能技术，研发储备液态金属电池、固态锂离子电池、金属空气电池等新一代高能量密度储能技术。统计数据显示：截至 2021 年底，全国储能装机规模达到 4266 万 kW，其中新型储能装机 626.8 万 kW，同比增长 56.4%；新型储能中 90%为电化学储能。

中国科学院于 2018 年启动了“变革性洁净能源关键技术与示范”的战略性先导科技专项，该项目针对可再生能源大规模接入、传统电力系统调峰提效的重大需求，布局了包括液流电池、压缩空气、钠离子电池、凝胶聚合物电池、相变储热等储能关键技术研发，并取得了一系列有影响力的研究进展，突破全钒液流电池、压缩空气储能关键技术等系列关键核心技术，建成了国际首套 100MW 级全钒液流电池储能电站和 100MW 级压缩空气储能电站，推动了大规模储能技术的产业化发展。

本书基于中国科学院战略性先导科技专项中研发任务的研发成果，结合储能领域最新研究发展趋势，系统介绍各类型电化学储能技术的概念、工作原理以及发展现状，详细介绍各类电池系统所涉及的关键材料、关键器件和系统集成等方面的知识，并根据近期国内外各类电池储能技术的研究进展和市场应用效果，归纳概括各类电化学储能技术领域存在的问题及发展方向。本书由中国科学院大连化学物理研究所李先锋研究员等组织撰写，并提出撰写思路和提纲，本书共七章。第1章 锂离子电池，撰写人员：中国科学院化学研究所郭玉国研究员和石吉磊副研究员；第2章 固态锂电池，撰写人员：中国科学院青岛生物能源与过程研究所崔光磊研究员和张建军副研究员；第3章 钠离子电池，撰写人员：中国科学院物理研究所胡勇胜研究员和陆嘉翔研究员；第4章 金属钠电池，撰写人员：中国科学院上海硅酸盐研究所温兆银研究员；第5章 液流电池，撰写人员：中国科学院大连化学物理研究所李先锋研究员；第6章 铅炭电池，撰写人员：中国科学院大连化学物理研究所阎景旺研究员；第7章 锂离子电容器关键材料及储能应用，撰写人员：中国科学院青岛生物能源与过程研究所崔光磊研究员和韩鹏献正高级工程师。

本书在撰写上突出以下特点：理论与实践结合紧密，结构严谨，条理清晰，具有较强的科学性、系统性、指导性和时代性。本书可供电化学能源存储与转化领域(新能源、规模储能、锂电池、燃料电池、电动汽车等)的研究人员参考，尤其适合从事与电化学相关的材料与工程应用领域的人员参考，也可作为普通高等院校材料类专业的教学参考书。

在此谨向所有参与本书撰写及核校的人员表示感谢。限于撰写人员的学识水平，本书难免存在不足之处，敬请广大读者不吝赐教。

作　者

2024年8月

目录

丛书序
前言
第1章 锂离子电池……1
1.1 概述……1
1.2 锂离子电池工作原理及分类特点……2
1.2.1 锂离子电池工作原理……2
1.2.2 锂离子电池分类及特点……4
1.3 锂离子电池关键材料……5
1.3.1 锂离子电池正极材料……5
1.3.2 锂离子电池负极材料……12
1.3.3 锂离子电池隔膜……24
1.3.4 锂离子电池电解液……27
1.3.5 锂离子电池黏结剂、导电添加剂……33
1.4 锂离子电池单体与系统……38
1.4.1 锂离子电池单体与集成方法……39
1.4.2 电池管理系统……42
1.5 锂离子电池的应用……43
1.5.1 锂离子电池在消费类电子领域中的应用……43
1.5.2 锂离子电池在电动汽车领域中的应用……44
1.5.3 锂离子电池在储能领域中的应用……47
1.5.4 锂离子电池在其他领域中的应用……48
1.6 锂离子电池技术的发展及未来挑战……49
1.6.1 有机液态体系……49
1.6.2 水系锂离子电池……52
1.6.3 固态锂电池体系……54
1.6.4 其他新型锂电池体系……55
1.6.5 退役锂离子电池回收与利用……57
1.6.6 未来挑战与展望……60
参考文献……61

第 2 章　固态锂电池······72
2.1　概述······72
2.2　国家战略赋能······72
2.3　固态锂电池特点、工作原理与分类······73
2.3.1　固态锂电池特点······73
2.3.2　固态锂电池工作原理······73
2.3.3　固态锂电池分类······73
2.4　固态锂电池关键材料与技术······74
2.4.1　固态锂电池电解质材料及其制备技术······74
2.4.2　固态锂电池正极材料······83
2.4.3　固态锂电池负极材料······87
2.5　固态锂电池界面问题······89
2.5.1　固态锂电池界面问题概述······89
2.5.2　固态锂电池界面问题研究现状······89
2.5.3　固态锂电池界面问题研究方法······96
2.6　固态锂电池的应用······98
2.6.1　固态锂电池产业化现状······98
2.6.2　固态锂电池全海深示范化应用······102
2.6.3　固态锂电池潜在市场······103
2.7　固态锂电池面临的挑战与未来发展趋势······103
2.7.1　固态锂电池面临的挑战以及需要解决的关键科学/技术问题······103
2.7.2　固态锂电池的未来发展趋势······104
参考文献······105
第 3 章　钠离子电池······112
3.1　概述······112
3.2　钠离子电池的工作原理及特点······113
3.2.1　钠离子电池的工作原理······113
3.2.2　钠离子电池的特点······114
3.3　钠离子电池关键材料与技术······115
3.3.1　钠离子电池正极材料······115
3.3.2　钠离子电池负极材料······139
3.3.3　钠离子电池电解质材料······151
3.3.4　钠离子电池制造技术······156
3.3.5　钠离子电池失效分析技术······159
3.4　钠离子电池的应用······168
3.4.1　钠离子电池产业化现状······168
3.4.2　钠离子电池示范应用······168
3.4.3　钠离子电池潜在市场······169
3.5　钠离子电池的挑战与展望······169

3.5.1 钠离子电池面临挑战……169
3.5.2 钠离子电池未来展望……171
参考文献……174
第 4 章　金属钠电池……184
4.1 引言……184
4.2 金属钠电池的分类……184
4.3 高温金属钠电池……185
4.3.1 高温金属钠电池的结构与工作原理……185
4.3.2 高温金属钠电池的电解质材料及其制备技术……187
4.3.3 高温金属钠电池的正极材料……188
4.3.4 高温金属钠电池的界面问题……190
4.4 低温金属钠电池……193
4.4.1 低温金属钠电池的钠阳极……193
4.4.2 室温钠硫电池的工作原理……194
4.4.3 室温钠硫电池的正极材料……195
4.4.4 钠-氧气电池的工作原理……200
4.4.5 钠-氧气电池的电解液……200
4.4.6 钠-氧气电池的氧气电极(阴极)……201
4.5 金属钠电池的应用……203
4.5.1 高温钠硫电池的应用……203
4.5.2 高温钠盐电池的应用……205
4.6 金属钠电池的挑战与未来发展趋势……207
4.6.1 高温金属钠电池面临的挑战与未来发展趋势……207
4.6.2 低温金属钠电池面临的挑战与未来发展趋势……208
参考文献……209
第 5 章　液流电池……214
5.1 概述……214
5.2 液流电池工作原理及分类特点……214
5.2.1 工作原理……214
5.2.2 液流电池特点及分类……215
5.3 液流电池关键材料……215
5.3.1 离子传导膜……215
5.3.2 电极和双极板材料……226
5.3.3 电解质溶液……230
5.4 液流电池电堆……232
5.4.1 液流电池电堆结构的模拟仿真……233
5.4.2 液流电池电堆的设计与集成……236
5.4.3 电堆的发展现状及挑战……240

5.5 液流电池的应用 ······240
5.5.1 液流电池在发电侧的应用 ······241
5.5.2 液流电池在电网侧的应用 ······242
5.5.3 液流电池在用户侧的应用 ······244
5.6 液流电池技术的发展及未来挑战 ······246
5.6.1 无机体系 ······246
5.6.2 水系有机体系 ······253
5.6.3 非水体系 ······256
5.6.4 其他新型液流电池体系 ······259
5.6.5 未来挑战 ······262
参考文献 ······262
第 6 章 铅炭电池 ······269
6.1 概述 ······269
6.1.1 铅酸电池的优缺点与应用领域 ······270
6.1.2 铅酸电池的工作原理及其所面临的挑战 ······272
6.1.3 铅炭电池的特点及其发展历程 ······273
6.2 铅炭电池的工作原理及特点 ······274
6.2.1 纯炭负极型铅炭电池 ······275
6.2.2 内并型铅炭电池 ······276
6.2.3 内混型铅炭电池 ······277
6.3 铅炭电池的关键材料 ······279
6.3.1 电极材料 ······279
6.3.2 板栅材料 ······297
6.3.3 电解质 ······300
6.4 铅炭电池技术的发展 ······302
6.4.1 纯炭负极型铅炭电池 ······302
6.4.2 内并型铅炭电池 ······304
6.4.3 内混型铅炭电池 ······307
6.5 铅炭电池的应用 ······307
6.5.1 纯炭负极型铅炭电池 ······307
6.5.2 内并型铅炭电池 ······310
6.5.3 内混型铅炭电池 ······314
6.6 铅炭电池技术所面临的挑战与未来发展趋势 ······317
参考文献 ······319
第 7 章 锂离子电容器关键材料及储能应用 ······329
7.1 概述 ······329
7.2 锂离子电容器简介 ······330
7.2.1 锂离子电容器工作原理 ······330

7.2.2　锂离子电容器特性……331
7.2.3　锂离子电容器分类……332
7.3　锂离子电容器负极材料体系……333
7.3.1　钛基材料……334
7.3.2　炭基材料……340
7.3.3　氧化物材料……346
7.3.4　碳/氮化物复合材料……348
7.4　锂离子电容器正极材料体系……350
7.4.1　多孔炭材料……351
7.4.2　过渡金属氧化物材料……357
7.4.3　聚合物正极材料……358
7.4.4　含锂过渡金属氧化物……358
7.5　锂离子电容器预嵌锂技术……361
7.5.1　预嵌锂技术的作用……361
7.5.2　负极预嵌锂技术……362
7.5.3　正极预嵌锂技术……366
7.5.4　不同预嵌锂技术对比……367
7.5.5　预嵌锂技术未来发展方向……371
7.6　锂离子电容器储能应用与未来发展……372
7.6.1　锂离子电容器储能应用……372
7.6.2　锂离子电容器未来发展……375
参考文献……376

第 1 章

锂离子电池

1.1 概　　述

二次电池本身并不是能量源，而是一种能源储存器件，它可以通过氧化还原反应实现化学能和电能之间的相互转化。可充电电池的发展自铅酸电池肇始，后又陆续发展出镍镉电池、金属氢化物镍电池。然而，由于以上电池自身特性的一些限制，应用还比较有限[1]。锂具有最负的电极电势(–3.04V vs. 标准氢电极(SHE))，因此是理想的电池负极材料，然而金属锂性质太过活泼，科技工作者对金属锂充电电池探索了十几年后还是因电池起火爆炸等安全问题而暂时搁浅。直到 20 世纪 90 年代采用石墨负极、钴酸锂正极的锂离子电池问世，二次电池才真正进入了更加广阔的应用空间。锂离子电池具有工作电压高、比能量大、自放电小、循环寿命长、无记忆效应等优点，广泛应用在手机、笔记本电脑、数码相机等各种便携式电子设备中，成为人类生活中必不可少的一部分。但锂离子电池的应用还远不止于此，近年来已经向更广阔的领域发展。其中，最引人瞩目的就是电动交通领域。直观来看，锂离子电池驱动的电动汽车是减少传统内燃机汽车污染排放的有效替代品，有利于缓解化石能源危机，减少环境污染，得到世界各国政府的大力支持。锂离子电池还逐渐在众多新兴领域中崭露头角。第五代移动通信技术(5th generation mobile communication technology，5G)作为当前通信技术的又一大革新，急需性能更加优异的储能系统来匹配密集布设的基站，而锂离子电池已成为替代第四代移动通信技术(4th generation mobile communication technology，4G)所使用的铅蓄电池的不二之选。当前储能电网已越来越向智能化发展，锂离子电池可以有效发挥其可靠性、灵活性、安全性和经济性等特点。未来智能电网的成功构建也将赋能智慧交通和智慧城市，能源与信息相互交融，各类应用锂离子电池的设备装置之间将组成一个可交互的系统，使人类步入一个更加和谐可持续的时代。2019 年诺贝尔化学奖授予了 John B. Goodenough、M. Stanley Whittingham 和 Akira Yoshino 三位科学家，以表彰他们对于锂离子电池开创性的贡献。这无疑是对锂离子电池改变现代生活的一种肯定，同时也是其发展的里程碑；相信未来先进的锂离子电池还将在促进能源结构转换，实现碳达峰碳中和以及构筑智慧互联社会之路上大放异彩。

1.2 锂离子电池工作原理及分类特点

1.2.1 锂离子电池工作原理

一个二次电池包括正极、负极和电解质三大主要组成部分。锂离子电池也不例外，其最主要的特征是使用可以可逆嵌入脱出锂离子的化合物作为正负极活性材料。在充放电过程中，锂离子通过电解质在正负极之间来回穿梭，因此锂离子电池也称为摇椅式电池[2]。目前，最广泛应用的锂离子电池的工作原理是基于插层化学，即正负极均为层状结构材料，锂离子可以在材料的层间进行脱嵌。最典型的是层状石墨类负极和过渡金属氧化物正极，电解质是由碳酸乙烯酯(ethylene carbonate，EC)、碳酸二乙酯(diethyl carbonate，DEC)等有机溶剂溶解了 $LiPF_6$ 等锂盐的体系。以石墨负极与钴酸锂正极为例，电极的电化学反应可以表示为

$$\text{正极：}\ LiCoO_2 \underset{\text{放电}}{\overset{\text{充电}}{\rightleftharpoons}} Li_{1-x}CoO_2 + xLi^+ + xe^-$$

$$\text{负极：}\ 6C + xLi^+ + xe^- \underset{\text{放电}}{\overset{\text{充电}}{\rightleftharpoons}} Li_xC_6$$

$$\text{总反应：}\ LiCoO_2 + 6C \underset{\text{放电}}{\overset{\text{充电}}{\rightleftharpoons}} Li_{1-x}CoO_2 + Li_xC_6$$

充电时，锂离子从正极层间脱出，同时过渡金属失去电子被氧化，电子经集流体汇集后由外电路进入负极，同时锂离子经电解液穿过隔膜插入负极石墨层间，得电子被还原；放电时，锂离子又从负极脱出，相应地，电子由负极流向正极，同时锂离子经电解液重新嵌入正极层间，过渡金属得到电子被还原(图 1.1)。

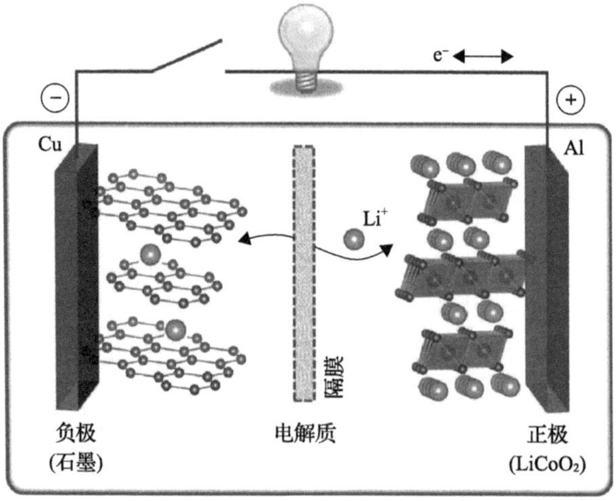

图 1.1 锂离子电池工作原理示意图[3]

1. 锂离子电池电动势

在等温等压过程中，体系吉布斯自由能的减少等于对外所做最大非膨胀功，若非膨

胀功只有电功，则电池的电动势 φ 与自由能变化 $\Delta_r G$ 有如下关系：

$$\Delta_r G = -nF\varphi$$

式中，n 为电极氧化还原反应的电子得失计量数。同时，电池的电动势 φ 等于正极电势 φ_c 减去负极电势 φ_a，则在锂离子电池体系中可以下式表示：

$$\Delta_r G = -F\varphi = F\left(\varphi_a - \varphi_c\right)$$

其中，F 为法拉第常数，其值为 96485C/mol，表示每摩尔电子所携带的电荷。

2. 开路电压

开路电压 V_{OC} 是指外电路没有电流流过时电极之间的电势差，其一般小于电动势。工作电压 V 则是指有电流流过时电极之间的电位差。考虑电池内阻 R，则当电流为 I 时，有

$$V_{OC} = V + IR$$

在实际电池体系中由于总是存在内阻和非严格平衡情况，一般以开路电压 V_{OC} 来近似表示电动势 φ。

3. 电化学窗口

对于电池这种多组分系统，一个可以良好工作的系统需要综合考虑各组分电位的匹配。电解质作为分隔正负极的关键介质，要求不能与正负极发生自发反应，因此其电化学窗口限制了该电池体系的工作电压。电解质的电化学窗口是其最低未占据分子轨道（lowest unoccupied molecular orbital，LUMO）和最高占据分子轨道（highest occupied molecular orbital，HOMO）能级之差 E_g。若负极的电化学势 μ_A（费米能级 ε_{FA}）高于电解质 LUMO 能级，负极的电子将会向 LUMO 转移，将电解质还原；若正极的电化学势 μ_C（费米能级 ε_{FC}）低于电解质 HOMO 能级，则 HOMO 能级的电子将会向正极转移，电解质被氧化。因此，一个热力学稳定的锂离子电池需要满足

$$eV_{OC} = \mu_A - \mu_C \leqslant E_g$$

在实际体系中，正负极的电化学势在略微超出电解质的电化学窗口时会在界面生成一层钝化膜，称为固态电解质界面（solid electrolyte interface，SEI），可以阻止电极与电解质反应的进一步发生，使得电化学窗口在本征基础上有所拓宽（图 1.2）。

4. 库仑效率

由于存在上述界面副反应以及电极结构的破坏失效，在实际充放电过程中存在部分不可逆容量损失，放电容量 Q_{dis} 要小于充电容量 Q_{ch}。通常以库仑效率（Coulombic efficiency，CE）来表示这一容量衰减程度：

$$CE = \frac{Q_{dis}}{Q_{ch}} \times 100\%$$

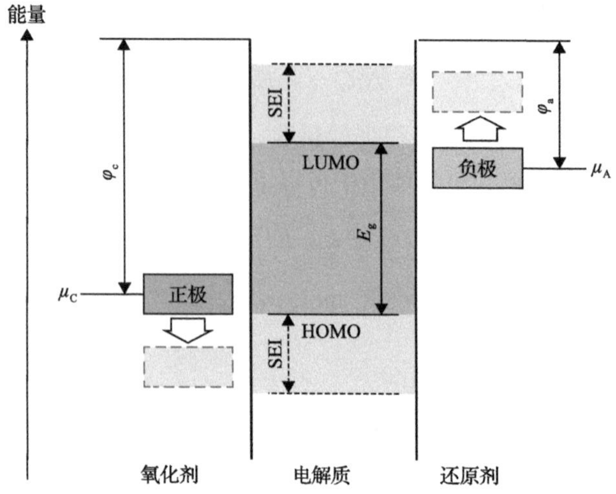

图 1.2 锂离子电池电极与电解质能级匹配示意图[4]

5. 循环寿命和能量密度

二次电池的循环寿命和能量密度是表示其性能的两个重要指标，前者通常指容量衰减到初始容量 80%时的循环次数，而后者可以表示为

$$E=\int_0^{\Delta t}IV(t)\mathrm{d}t=\int_0^{Q}V(q)\mathrm{d}q$$

式中，E 为电池的质量能量密度（W·h/kg）或体积能量密度（W·h/L）；I 为电流；$V(t)$ 为时间 t 下的电压；Q 为总的电荷容量，相应地也分为单位质量容量（A·h/kg）和单位体积容量（A·h/L）；$V(q)$ 为电池充电态 q 下的电压；q 为电池的充电态（state of charge，SOC）。从该式可以看出，要提高电池的能量密度就需要提高电池的容量或电压，或两者同时提高。其中，电池的开路电压 V_{OC} 受电解质的电化学窗口 E_g 限制，提高电池开路电压就需要同步具有一个宽电化学窗口的电解质来匹配。另外，电池的容量则主要由电极材料决定，这也就推动了对正负极材料的不断改进和迭代。

1.2.2 锂离子电池分类及特点

根据不同分类依据，锂离子电池可以划分出多种类型。

（1）按电解质状态，可以分为液态电池、固液混合电池、固态锂离子电池。电解质的类型是影响锂离子电池安全性的主要因素，电解质分类可以直观反映出锂离子电池的安全性。液态类型即采用传统有机溶剂电解液的锂离子电池，具有流动性且离子电导率高，但是存在易燃易爆、漏液等安全隐患问题。固态电池采用固态电解质，包括固体聚合物和无机化合物，相比液态电解质不易燃而具有良好的安全性，但是目前其离子电导率还较低，且与电极固/固界面接触较差，不易加工，离实际应用还有一定差距。固液混合电解质也称为凝胶电解质，其兼具液态电解质的高离子电导率和固态电解质的安全性，是极具应用前景的一类电解质。

(2)按正极材料，可以分为钴酸锂电池、磷酸铁锂电池、三元锂离子电池等。当前负极材料普遍采用石墨，其容量远大于正极，而正极的成本也占比最高，因此通过正极分类可以直观反映出锂离子电池能量密度和成本。钴酸锂电池是最先实现商用且应用最多的一类电池。钴酸锂正极具有较稳定的层状结构，其电导率、容量和电位均相对较高，该类电池表现出良好的能量密度、循环和倍率性能，但是钴资源的稀缺使其成本较高，因此也激发了大量对于替代正极的研究。磷酸铁锂电池容量相对低一些，但是由于磷酸铁锂稳定的晶体结构，其稳定性和安全性比钴酸锂电池显著增强，但是磷酸铁锂导电性差，导致电池的倍率性能不佳。三元电池，即镍钴锰(铝)酸锂电池，该类三元正极是钴酸锂正极的衍生物，即用镍和锰或铝将钴按一定比例进行替代掺杂，材料仍保持原有的层状结构，但是性能随元素比例不同而有所变化。其中，镍主要起增加容量的作用，锰或铝起提高材料结构和热稳定性的作用，而钴则起到提高倍率性能的作用，因此三元电池相对具有更加均衡的性能，近年来飞速发展，表现出巨大的应用前景。

(3)按电池形状，可以分为扣式电池、圆柱电池、软包电池、方形电池等。由于锂离子电池应用广泛，在不同规格要求的装置中需要不同的电池设计，通过电池形状分类可以简明地表示锂离子电池的特点和应用领域。扣式电池通常为2032规格，即具直径20mm、高3.2mm的纽扣形外壳，其广泛应用在各类小型电子设备上，也是实验室中研究测试主要采用的一类电池。圆柱电池可通过5位数字表示其规格，如最常见的18650型电池，表示其直径为18mm，高为65mm，0则表示圆柱电池。圆柱电池容量较大，寿命较长，安全性能也很高，可以广泛应用在小到对讲机、笔记本电脑等电子设备，大到电动汽车之中。软包电池采用铝塑膜作为外壳，一般为扁长方形。由于包装轻便，其能量密度高，内阻较小，循环寿命长，软包装还可以在热失控中提供一定的缓冲空间，因而相对硬壳安全性更好，软包电池也是目前业界对新型材料和设计进行商业化测试的主流电池类型，但是其开发成本较高，集流体设计比较有限。方形电池采用铝壳或钢壳包装，其封装良好，单体容量大，结构较为简单，稳定性高，易于操作组装，但是工艺较不统一，一致性较差，在大规模应用时可能出现系统寿命比单体寿命低的问题。

(4)按用途，可以分为消费电子类电池、动力电池和储能电池。消费电子类电池主要应用在手机、笔记本电脑、平板电脑、数码相机等中小型电子设备中，设备有限的空间便要求电池具有较高的体积能量密度和稳定性。动力电池主要应用在电动汽车中，需要其具有较高的质量能量密度和循环寿命以满足里程要求，同时也需要较好的倍率性能以满足车辆快速起步和加速的要求。储能电池主要应用于大规模电网储能，该类电池需要具备长循环寿命、低成本和高安全性的特点，但是对能量密度的要求不高。

1.3 锂离子电池关键材料

1.3.1 锂离子电池正极材料

锂离子电池正极材料的探索可以追溯到20世纪70年代Whittingham提出的TiS_2正

极，其通过层状晶体结构电化学可逆脱嵌锂离子的特性奠定了现代锂离子电池正极材料工作原理的基础。但是 TiS_2 的电位相当低，对锂电位只有 2V 左右。而且 TiS_2 在空气环境中不稳定，难以制备。另外，当时还采用反应性极高的金属锂负极匹配组装电池，包括埃克森美孚(ExxonMobil)化工公司商业化的 Li/TiS_2 电池和后来 Moli Energy 公司推出的 Li/MoS_2 电池均宣告失败[5]。因此，正极要求高能量密度的同时需要在环境中稳定和易加工，负极则舍弃金属锂而转向循环更稳定的碳类负极。终于在 1981 年，Goodenough 等报道了电压更高、空气稳定和易于制备的钴酸锂正极，开启了现代锂离子电池正极材料的发展之路，目前仍普遍采用含锂正极来提供锂离子电池的锂源。1.2 节提到，要使锂离子电池具有高的能量密度，需要正负极具有大的电势差或高的比容量，相应地就要求正极具有高的电位和高容量。此外，为使电池可以良好地工作，正极材料还需要具有相对平稳的电压曲线，良好的离子电导率或电子电导率，以及稳定的结构和低廉的成本等。尤其是目前负极的容量普遍大于正极而成本低于正极，因此正极材料是决定当前锂离子电池能量密度和成本的关键。经过数十年的探索发展，目前主要的正极材料包括层状结构的过渡金属氧化物(钴酸锂、高镍正极、富锂正极)、尖晶石型结构正极和橄榄石型结构正极，其结构示意图和电压曲线如图 1.3 和图 1.4 所示。

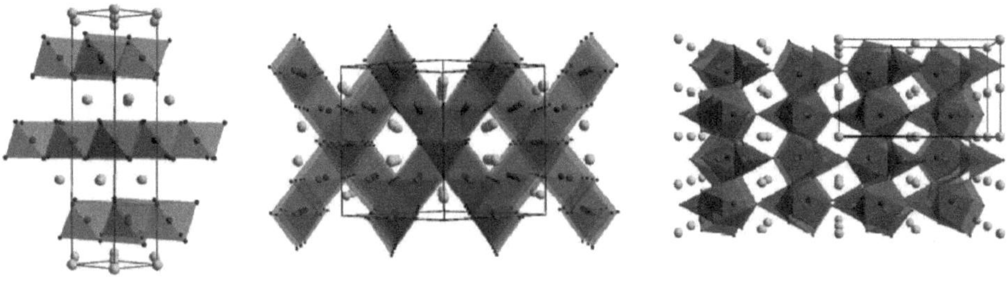

(a) (b) (c)

扫码见彩图

图 1.3　主要锂离子电池正极材料类型[6]

(a)层状过渡金属氧化物正极；(b)尖晶石型结构正极；(c)橄榄石型结构正极

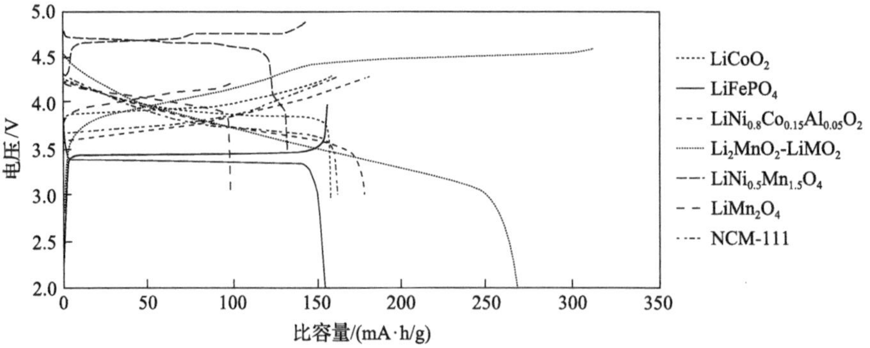

图 1.4　主要锂离子电池正极材料的电压曲线图[7]

1. *层状过渡金属氧化物*

1）钴酸锂正极

1981 年，Goodenough 等首次提出钴酸锂正极可以应用于锂离子电池。1991 年，Sony 公司成功实现钴酸锂正极在第一代商业化锂离子电池中的应用，至今钴酸锂仍在锂离子电池市场尤其是消费电子领域占有重要地位。$LiCoO_2$ 具有 α-$NaFeO_2$ 型的层状结构，属于 $R\bar{3}m$ 空间群，其中 Co 占据 3a 位，Li 占据 3b 位，O 则占据 6c 位，氧呈 ABCABC 排列的立方密堆积骨架，Li 层和 Co 层则在对应立方系的（111）面交替排列（…O-Li-O-Co-O-Li-O-Co-O…）。一般应用的是称为 O3 堆垛序列的 $LiCoO_2$，“O”表示 Co 占据六个 O 配位的八面体位，而“3”表示每三个 CoO_2 层为一个重复单元。在充放电过程中 Li^+ 沿 LiO_2 层做二维扩散。钴酸锂主要通过高温固相法合成，即将碳酸锂等锂源和碳酸钴等钴源按比例混合，然后在空气中于 700～850℃煅烧得到单晶颗粒。$LiCoO_2$ 的理论比容量为 274mA·h/g，而实际上只将其限制在 2.5～4.2V 电压范围内操作，对应可以可逆脱嵌 0.5 个 Li，容量在 135mA·h/g 左右。这是因为 Co 的能带与氧交叠，当脱出更多 Li 时晶格氧将被氧化，造成晶体结构坍塌。在充电过程中（脱锂），$Li_{1-x}CoO_2$ 会经历不同的相变过程。首先是在 x=0.07～0.25 时，发生 H1→H2 相变，c 轴伸长而 a、b 轴缩短，影响能带分布，导带和价带交叠，材料发生半导体到金属的莫特（Mott）转变，电导率显著提高。然后在 x=0.5 附近发生 H2 到 M 单斜相的转变[7]。钴酸锂由于具有高的体积能量密度而在消费电子产品中占据主导地位，目前对钴酸锂的研究主要朝着高电压方向发展（图 1.5），通过元素掺杂和表面包覆改性以及电解液组分的调控，钴酸锂的上限操作电压已从最开始的 4.2V 发展到 4.4V，再到如今超过 4.5V，其能量密度有了极大的提高，但仍然存在稳定性的问题需要解决。另外，更需要关注的是钴资源的问题，由于地区分布不均和资源稀缺，钴资源一直具有相当高的价格，此外还涉及环境污染和社会伦理问题，这使钴酸锂

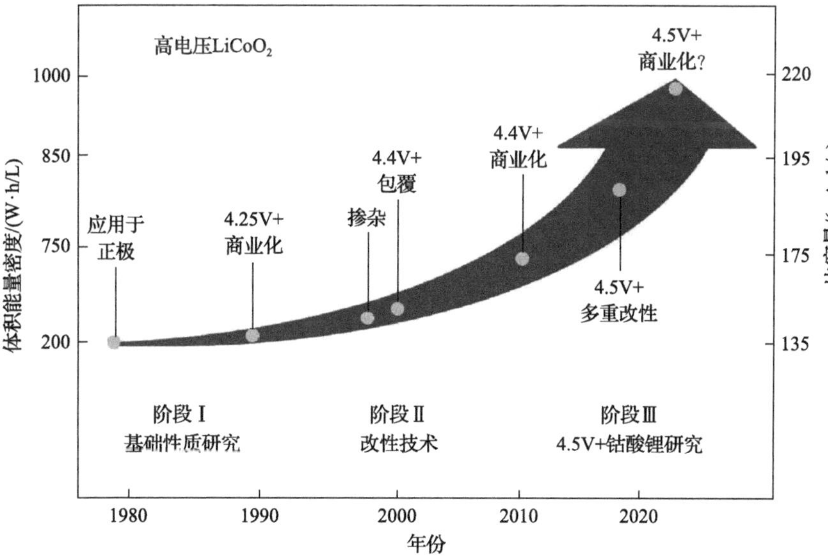

图 1.5　高电压钴酸锂发展历程[8]

难以进一步推广应用，尤其是应用在电动汽车中，亟须寻找成本更低的替代品。

2）高镍正极

高镍正极一般指具有高镍含量的三元正极材料，即镍钴锰（铝）酸锂 $LiNi_xCo_yMn(Al)_{1-x-y}O_2$（NCM 或 NCA，$x>0.8$）。高镍正极可以看作镍酸锂（$LiNiO_2$）经过 Co、Mn（Al）掺杂的衍生物。镍酸锂在锂离子电池中的研究在 20 世纪 90 年代就已有报道，它具有和 $LiCoO_2$ 相同的层状结构和理论比容量，但是由于 Ni^{3+}/Ni^{4+} 能带与 O^{2-} 交叠更少，其实际容量发挥远高于钴酸锂，可超过 220mA·h/g，而且材料成本更低，因此吸引了大量的研究以代替钴酸锂。但是镍酸锂至今没有成功商业化，这是因为稳定 Ni^{3+} 需要强的合成氧化环境，同时高温煅烧过程容易造成锂损失，在镍酸锂的合成中非常容易生成非化学计量比的 $Li_{1-z}Ni_{1+z}O_2$[9]。此外，镍酸锂在电化学循环中会经历严重的结构破坏和表面副反应，并且热稳定性较差。因此，人们尝试通过将 Ni 部分替代为其他元素来改善这种正极材料，其中综合表现最佳的即 NCM 和 NCA 正极。Ni 元素主要用来提供容量，Co 元素主要起维持层状有序性的作用，而非电化学活性的 Mn 和 Al 元素则主要提高材料的结构和热稳定性，通过调控三种元素的比例，三元正极可以表现出不同的性质（图 1.6）。经过二十年的发展，有几种比例的三元正极已成功商业化，包括 $LiNi_{1/3}Co_{1/3}Mn_{1/3}O_2$（NCM111）、$LiNi_{0.5}Co_{0.2}Mn_{0.3}O_2$（NCM523）、$LiNi_{0.6}Co_{0.2}Mn_{0.2}O_2$（NCM622）、$LiNi_{0.8}Co_{0.1}Mn_{0.1}O_2$（NCM811）、$LiNi_{0.8}Co_{0.15}Al_{0.05}O_2$（NCA81505）等。随着 Ni 含量的提高，材料可以发挥的比容量也越来越高，同时成本也越来越低。因此，随着人们对锂离子电池能量密度的要求不断提高，尤其是在电动汽车的里程焦虑和成本控制要求下，三元正极也逐渐向高镍正极发展。但是，随着镍含量的提高，在镍酸锂正极中的诸多问题也逐渐凸显，使其电化学性能逐渐变差。镍含量越高，具有良好电化学性能的三元正极合成越困难，尤其是 Ni^{3+} 难以被充分氧化，而由于 Ni^{2+} 离子半径（0.69Å）与 Li^+（0.76Å）接近，容易产生 Li/Ni 反位缺陷（阳离子混排），阻碍 Li^+ 的传输，破坏材料的性能。在电池的循环中高镍正极表面产生的 Ni^{4+} 则会与电解液发生严重的副反应，造成晶格氧损失和表面层状→尖晶石→岩盐结构的相转变，增加界面阻抗。另外，在充电过程中，高镍正极会经历 H1→M→H2→H3 的多次相变，其中 H2→H3 相变会伴随巨大的晶格体积变化[10]。不同于直接高温固相法合成的单晶钴酸锂，为了实现三种元素原子级的均匀混合，三元正极的合成首先需要通过共沉淀法制备三元前驱体，然后再跟锂盐混合在空气或氧气中烧结得到三元正极材料，因此其形貌为纳米级一次颗粒堆积而成的二次球形颗粒。上述晶格各向异性变化将造成二次颗粒的破裂并加剧表面副反应，最终使容量迅速衰减。此外，高镍正极对空气不稳定，在储存过程中其表面残碱会与 H_2O 和 CO_2 反应生成 LiOH、$LiHCO_3$ 和 Li_2CO_3 等产物，不仅造成性能衰减，严重的情况下还会引起浆料絮凝，无法完成极片的制备。针对以上问题，研究还提出了元素掺杂、氧化物/磷酸盐等材料包覆、一次颗粒径向排列调控、表面富锰内核富镍的元素浓度梯度设计等手段来改进高镍正极的性能；另外，单晶化策略可以消除二次颗粒的晶粒间裂缝问题，减少表面副反应，有效提高正极的循环，是一种很有前景的发展方向[11]。对实际应用而言，尤其是动力电池设计，还是需要进一步提高高镍正极的循环寿命、安全性以及高低温性能表现等。

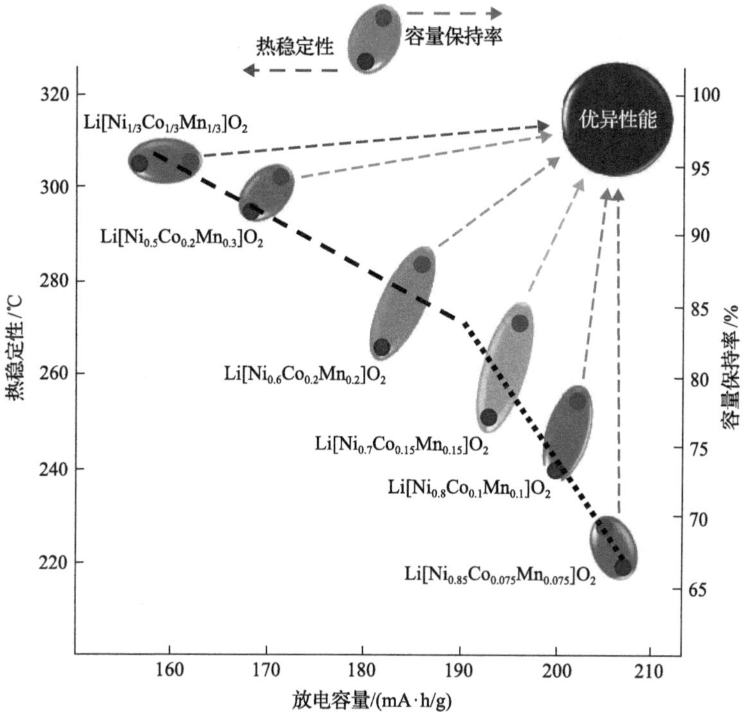

图 1.6　三元正极性能与组分的关系[12]

3) 富锂正极

富锂正极也具有与钴酸锂和高镍正极相同的层状晶体结构，不同之处在于除 $LiTMO_2$(TM 为过渡金属)层状结构外(空间群 $R\bar{3}m$)，还存在过量的 Li^+填入了过渡金属层，当局部 Li^+和 TM 构成 1∶2(摩尔比)的关系时，可以形成 Li-TM6 蜂巢型超结构[13]，该部分属于 Li_2TMO_3 单斜结构(空间群 $C2/m$)，即富锂正极同时含有菱方相和单斜相。但是其确切的晶体结构形式仍存在争议，一般有两种表示：$(1-x)Li_2TMO_3$-$xLiTMO_2$(纳米复合物)和 $Li_{1+x}TM_{1-x}O_2$(固溶体)。两种形式都有相关证据，如前者由电子显微镜观察到，后者则是出于富锂正极符合 Vegard 定律，因此至今尚未有定论[14]。富锂正极由于可以脱出超过 1 化学计量的 Li 而具有比镍酸锂更高的比容量，实际可大于 250mA·h/g。相应的富锂正极是通过过渡金属和氧共同参与氧化还原反应来进行电荷补偿的，特征在于其充电曲线上可明显分为前段代表过渡金属氧化的倾斜区域(阳离子氧化还原)和后段代表晶格氧化的 4.5V 左右电压平台(阴离子氧化还原)。虽然富锂正极的高容量非常有吸引力，但是其稳定性很差，目前其面临的两个最大的挑战是不可逆失氧和不可逆结构改变导致的电压衰减。失氧会造成晶格内较大的应力，导致正极颗粒中微裂缝的形成，同时释放出的氧还会与电解质反应生成副产物。另外，随着充放电循环的进行，正极表面会出现层状-尖晶石-岩盐结构之间复杂的不可逆相转变，还会形成大量以位错为主的晶体缺陷，造成电压衰减。近年来，有大量研究关注了阴离子氧化还原的机理，不同于普通三元正极材料中的 Li-O-TM 构型(TM 为过渡金属)。研究发现，由于富锂正极中 Li-O-Li 构型的 O^{2-}不会与 Li 1s 轨道杂化(图 1.7)，能级接近孤立 2p 轨道，使其可以参与氧化还原，而稳定的氧化态氧二聚体（O_2^{n-}）的形成是实现可逆阴离子氧化还原的关键。通过元素掺杂和包覆等策略可以稳定层状结构，提高阴离子氧化还原的可逆性，实现氧释放和电压衰减的抑制，从而提高富锂正极材料的循环性能。

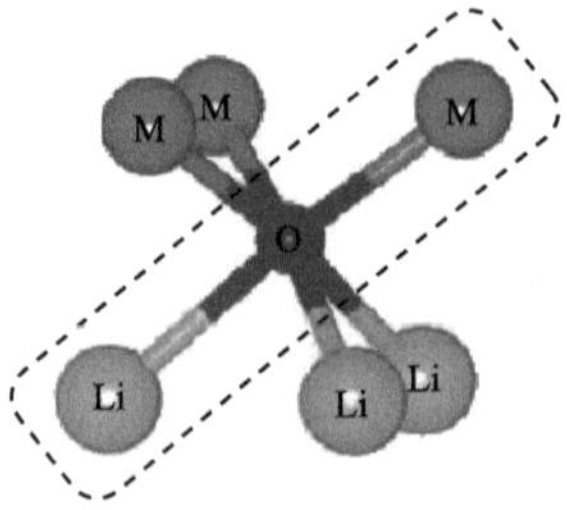

图 1.7　Li-O-M 和 Li-O-Li 构型示意图[15]

(a) Li-O-M；(b) Li-O-Li

2. 尖晶石型结构正极

1983 年，Thackeray 等报道了 $LiMn_2O_4$ 尖晶石型结构正极。在该结构中 Li 离子占据 8a 四面体位，Mn 离子占据 16d 位，O 离子则占据 32e 位，由 MnO_6 八面体连接成三维网络，因此具有三维 Li^+ 传输通道（空间群 $Fd\bar{3}m$），表现出良好的热稳定性，且环境友好、成本低廉。锰酸锂的合成主要有高温固相法、溶胶-凝胶法、沉淀法等。$Li_xMn_2O_4$ 可以表现出两个电压平台，在 $0<x<1$ 时电压维持在 4V 左右，但是当进一步嵌锂后（$1<x<2$），电压平台将迅速下降到 3V 左右，同时伴有结构扭曲，Li 离子全部转移到 16c 八面体位，由原来的立方结构转变为四方结构，因此这一特征使其实际应用只能限制在脱嵌一个化学计量 Li 的范围内，容量在 120mA·h/g 左右（图 1.8）。但是锰酸锂正极存在显著的容量衰减问题。一方面，由于在放电过程中 Mn^{3+} 累积到一定程度时会发生协同姜-特勒（Jahn-Teller）效应，

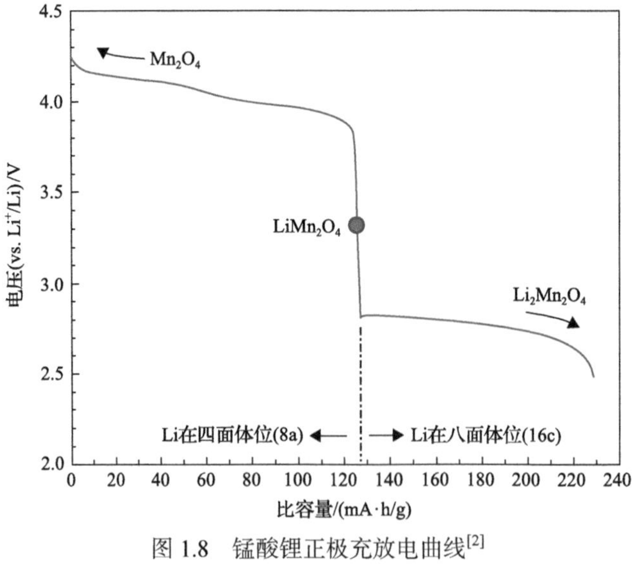

图 1.8　锰酸锂正极充放电曲线[2]

会造成结构扭曲畸变，阻碍锂离子传输，使得容量下降；另一方面，锰的溶解也是造成其性能衰减的一个主要因素。这是因为表面三价锰容易发生歧化反应：$2Mn^{3+} \longrightarrow Mn^{2+} + Mn^{4+}$，其中二价锰离子可溶于电解质，并且可以迁移沉积到负极侧，增加界面阻抗[16]。此外，在充电态锰离子可以向锂空位迁移，产生表面重构，形成类 Mn_3O_4 和岩盐的结构，同样会造成容量衰减。为解决以上问题，将 Mn 部分替换成其他元素而构成 $LiM_{0.5-x}Mn_{1.5+x}O_4$（M=Al, Cr, Co, Ni 等）材料。其中，$LiNi_{0.5}Mn_{1.5}O_4$（LNMO）的高电压（约 4.7V）特性有利于实现更高能量密度的锂离子电池，被认为是最有前景的高电压尖晶石型结构正极材料。但是其需要相应的耐高压电解液匹配，另外也仍然存在类似锰酸锂中的一些问题，如锰的溶出等，使其循环性能有待改进。

3. 橄榄石型结构正极

磷酸铁锂（$LiFePO_4$）是橄榄石型结构正极和聚阴离子型正极的代表，由 Padhi 等在 1997 年首次报道研究，是如今商业化应用最多的正极之一。磷酸铁锂正极属于正交晶系（空间群 *Pnma*）。整体结构由共边连接的 LiO_6 八面体、共点连接的 FeO_6 八面体和 PO_4 组成，其中共边连接的 LiO_6 八面体链为 Li^+ 提供了一维传输通道[17]（图 1.9）。磷酸铁锂主

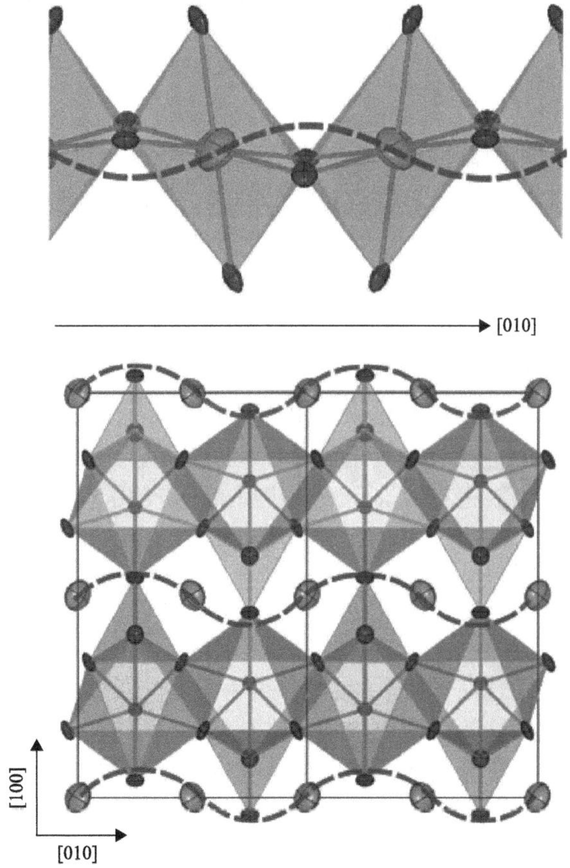

图 1.9　磷酸铁锂正极中锂离子传输示意图[17]

要通过高温固相法，即将铁源、锂源、磷源按比例混合后在惰性气氛下烧结而成。磷酸铁锂的理论比容量为 170mA·h/g，实际容量发挥则在 160mA·h/g 左右。磷酸铁锂最突出的特点是安全稳定、成本低廉和环境友好。不同于钴酸锂中发生固溶体的单相反应而产生的倾斜曲线，磷酸铁锂在脱嵌锂的过程中发生磷酸铁锂和 $FePO_4$ 两相反应，对应充放电曲线表现为 3.5V 左右的稳定电压平台。针对其两相反应机理目前也报道了核壳模型、收缩核模型、多米诺骨牌模型等解释。另外，磷酸铁锂正极具有较强的 P—O 键，在脱嵌锂的过程中都可以保持比较稳定的结构。磷酸铁锂正极存在的一个问题在于合成过程中 Fe_2P 和 Fe_2O_3 等杂相的控制，杂相的出现会导致其结构的不稳定性和容量保持率下降。另外一个突出问题则是其小极化子的传导机制使得电子电导率相比层状正极和尖晶石型结构正极要差得多，因此其倍率性能不佳。对此，目前普遍采取将其纳米化来缩短载流子传输路径并同时进行导电碳层包覆的策略，可以形成一个良好的导电网络而提高磷酸铁锂正极的电导。然而，纳米化会使材料的振实密度降低，这会导致一个较低的体积能量密度，同时纳米化意味着更大的表面积，因此磷酸铁锂颗粒与电解液接触发生的副反应也会增多，不利于循环性能。最初磷酸铁锂被认为是一种适合应用于低能量密度体系的优良锂离子电池正极材料，并且已成功实现在电动公交车中的应用。近年来刀片电池的诞生使得磷酸铁锂电池包的能量密度得到了大幅提升，其在电动汽车中的应用引起了人们极大的关注，成为最有前景的动力电池类型之一[18]。

4. 展望

正极材料至今仍然是限制锂离子电池发展的瓶颈之一，虽然以上介绍的正极材料均表现出独特的优势，但同时各自也面临相应的问题。当前，人们对于正极材料的研究多集中于对现有正极材料的改性研究，包括掺杂、包覆、元素浓度梯度、颗粒形貌调控等手段，以提高材料的比容量、循环性能、热稳定性、倍率性能等。虽然现有正极材料的性能已取得了显著提高，但也已逐渐趋近理论极限，进一步提高锂离子电池的能量密度最根本的还是需要研发新型正极材料。近年来，比较受关注的新型正极包括无序岩盐正极、过渡金属氟化物、氧化物、硫化物等相转变正极以及羰基化合物等有机正极，但目前这些正极在电化学性能上还与现有正极存在较大差距，正处于基础研究阶段。未来更高比能正极材料的研究进展将有力推动下一代锂离子电池的应用。

1.3.2 锂离子电池负极材料

1. 概述

从 20 世纪 70 年代到现在，锂离子电池获得了长足的发展。在 20 世纪 90 年代以前，人们普遍直接使用金属锂作为二次电池负极进行基础研究或产业化运用，这种储能体系可称为锂金属电池。由于化学性质不稳定的金属锂直接参与电池主体的构成，这种体系面临严重的安全问题，具体表现为充电过程中锂离子在金属锂表面不均匀沉积形成枝晶。随着循环的进行，不断生长的枝晶足以刺穿隔膜并导通正负极，进而诱发体系发生短路、热失控甚至起火爆炸。这也是 Moli Energy 公司在 20 世纪 80 年代商用化的 Li||MoS_2 储能

体系频频出现安全问题，并最终退出市场的主要原因。目前出现的锂离子电池负极，根据其储锂机理可大致分为三类：以碳材料和钛酸锂(Li_4TiO_{12})为代表的插层型负极、以Si为代表的合金型负极，以及以过渡金属氧化物(TMO_x)为代表的转化型负极(图 1.10)。

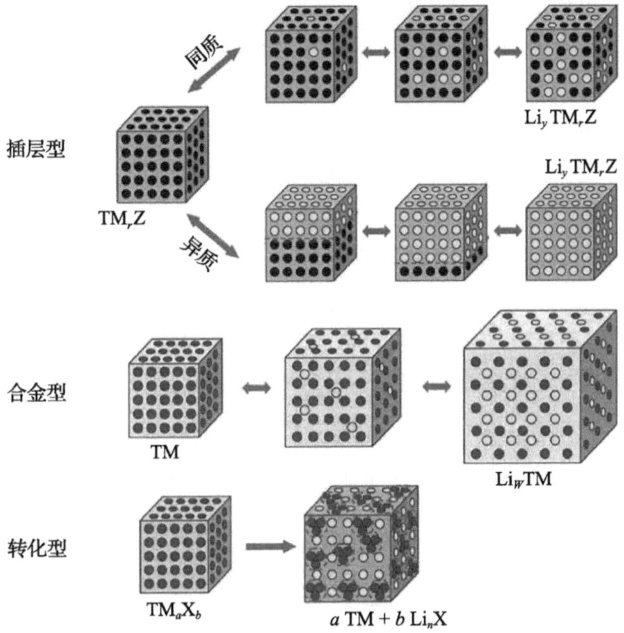

图 1.10　三种不同类型的锂离子电池负极材料反应机制示意图[19]
黑色圆代表晶格中的空位，灰色圆代表金属，白色圆代表金属锂

石墨作为商用锂离子电池负极材料是过去 30 年中的绝对主角，而人们对碳材料在这一领域的研究和应用并不是一蹴而就的。早在 19 世纪中后期，人们就发现碳材料可以嵌入不同元素的现象，并在 20 世纪中期成功将锂以蒸气形式嵌入石墨[20]。随后于 1976 年，在二甲基亚砜(dimethyl sulfoxide，DMSO)和 1,2-二甲氧基乙烷(1,2-dimethoxyethane，DME)中实现了电化学法嵌锂[21,22]，但这一过程也包含了溶剂分子的嵌入，对于石墨的结构影响较大，进而导致该储能体系的循环性能较差。在后面的十年间，Yoshino 等选择了碳酸丙烯酯(propylene carbonate，PC)基电解质[23]，尝试使用多种无定形碳材料代替金属锂与 Goodenough 等于 1979 年提出的 $LiCoO_2$ 正极进行匹配[24]，并最终由 Sony 公司在 1991 年将使用焦炭作为负极的锂离子电池商用化，即第一代锂离子电池。然而，随着研究的深入，人们不再囿于 PC 基电解质，而开始以碳酸乙烯酯(ethylene carbonate，EC)作为电解质的主要成分，这极大地拓宽了负极材料的选择范围。1991 年，Fujimoto 等提出在 EC 基电解质中使用石墨作为负极[25]，成功使其发挥出接近理论值的比容量，使得锂离子电池的整体能量密度在第一代的基础上提升了 30%～50%。该 EC 基电解质以及包括人造石墨和天然石墨在内的多种石墨材料、钛酸锂材料开始广泛应用于锂离子电池体系，开启了第二代锂离子电池的时代。

科技是第一生产力，而生产力决定了消费水平。进入 21 世纪，随着以锂离子电池为代表的储能体系在消费电子、电动汽车、储能和电动工具方面的广泛应用，社会生活更加便捷，不断走向信息化、智能化的同时，消费对生产的反作用开始显现——基于石墨的传统锂离子电池体系已达到其理论极限，无法跟上社会对于高比能储能体系的需求，人们开始从材料角度寻找新的突破口。以硅为代表的合金负极以其较高的理论比容量和较低的锂化电位逐渐受到人们重视。对硅作为锂离子电池负极的研究可追溯到 1977 年 Seefurth 等在高温下合成锂硅合金[26]。在 1995 年之后，Si/C、SiO_x 等体系的研究也陆续报道[27]，并在最近十年间达到一个高峰。引入硅基材料作为负极将是液态电池升级的必然选择。

随着锂离子电池应用领域的不断拓宽，人们对于理想的电极材料体系的构想逐渐清晰，对负极材料的要求也随之确定。理想的锂离子电池负极材料的特征包括：①较低的工作电位以实现高的输出电压；②高首次库仑效率(initial Coulumbic efficiency，ICE)；③高可逆理论比容量；④长循环寿命；⑤足够高的电子/离子电导率；⑥生产或制备成本低且环境友好。经过 30 年的发展，提出了许多种类的锂离子电池负极材料。在这些材料中有些虽然具有十分亮眼的优势，但目前没有一种材料能够同时满足上述所有条件，而任意一环的缺失都将严重限制全电池乃至储能体系的实用性和商业竞争力。因此，了解掌握现存负极材料的特性，在深入理解其劣势和短板后，进行有针对性的改性或制备全新的材料是开发新型负极材料的可靠手段。下面将针对几种主流的锂离子电池负极材料进行介绍。

2. *碳负极材料*

从第一代锂离子电池诞生开始，碳材料在所有商用化负极材料中便占据了主导地位。相比于其他种类的负极材料，碳材料具有嵌锂电位低、电子电导和离子电导较高且原料丰富等优点。在常用的碳材料中，碳元素的主要杂化形式为 sp^2 杂化。当碳元素以重复的 sp^2 杂化形式彼此重复连接时，最终会构成平面的六边形蜂窝状结构，这种结构可称为石墨烯层。在具有石墨化结构的碳材料嵌锂过程中，锂离子的嵌入会形成锂-石墨插层化合物(Li-graphite intercalation compound，Li-GIC)。Li-GIC 具有一个重要特性——阶现象(staging phenomena)，其对应的物理化学含义可以简单概括为锂离子在石墨层间的分段嵌入[28]。不同阶的化合物 $Li_xC_6(0<x\leq1)$ 所对应的容量不同，如 1 阶(LiC_6)化合物所对应的理论比容量是 372mA·h/g，此时为常温下石墨的最高嵌锂状态，故其对应的比容量即为石墨的理论比容量。

阶现象可通过多种电化学手段表征，图 1.11 展示了石墨负极在恒电流充放电(galvanostatic charge/discharge)到 LiC_6 的电位/成分曲线示意图[29]。图中，充放电曲线按照其容量特征可分为几个区域，这些区域都大致对应了特定的电位平台，意味着每个区域内都发生了对应的相反应。这些不同阶化合物的晶体结构已经通过 X 射线衍射(X-ray diffraction，XRD)技术[30,31]、拉曼光谱(Raman spectra)[32]等方法确定，但详细的脱嵌锂机制，特别是高阶 Li-GIC 之间的过渡仍有待充分阐明，相应的讨论仍在进行。图 1.11 给出了不同阶的 Li-GIC 结构示意图，其中，1L 阶代表整个石墨层间随机的固溶体型锂插层，即锂离子随机分布于石墨层的每个间隙，而 2 阶和 2L 阶的区别在于锂的堆叠密度不同[28]。

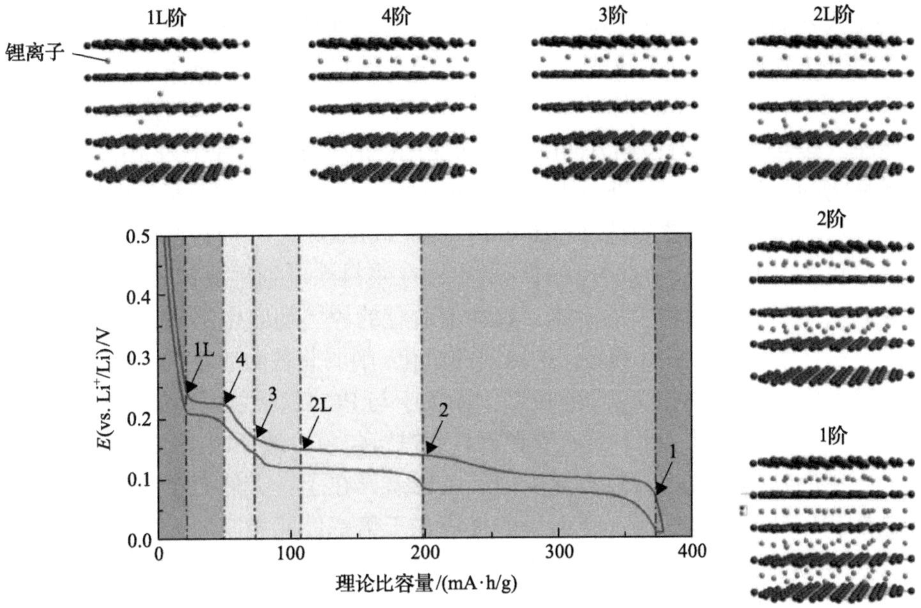

图 1.11　锂离子电化学嵌入/脱出到石墨中的阶现象机制示意图[29]

用于锂离子电池负极的碳材料种类繁多，按照其石墨化程度可大致分为石墨类、中间相类(主要为中间相碳微球(mesophase carbon microbeads，MCMB))和无定形碳类。其中，石墨类可以进一步分为天然石墨和人造石墨两类，而无定形碳类可分为软碳和硬碳两类。除这些面向市场的材料之外，还包括石墨烯、碳纳米管等面向基础科研的碳材料。对于石墨类材料，石墨烯层堆叠较为规律，层间作用力为范德瓦耳斯力。范德瓦耳斯力十分微弱，因此可能发生石墨烯层的旋转和位移，从而导致不同程度的堆垛位错。当这种位错不断累积加剧，以至于大多数碳原子都偏离原本的位置时，堆垛方式也发生改变，则可成为湍层无序结构。这种湍层无序结构是无定形碳材料的主要结构特征，而具体到软碳和硬碳，其差别可由 Franklin 等提出的结构模型来解释[33,34]：软碳即易石墨化碳，是指在 2000℃以上的高温下能够石墨化的无定形碳；而硬碳，即难石墨化碳，其无序度高，在 3000℃以上的高温下也不会发生石墨化。相比于常规石墨烯层堆叠结构，这种碳层无序结构的中石墨烯层间距会更大。

以上每种碳材料的结构都不一致，均会对其电化学性质形成不同的影响。人造石墨和天然石墨均具有较高的石墨化程度，锂离子的存储机制可参考前文对阶现象的阐释。而随着石墨烯层的无序化堆叠程度提升，碳材料从石墨类演变到中间相类乃至无定形碳类，储锂能力以及最终表现出来的理论比容量均发生较大改变。一般来说，湍层无序结构在整体材料中的占比越大，材料的整体比容量越低。Tatsumi 等[35]通过对一系列软碳材料进行深入研究，证明体系内不规则堆垛的石墨烯层占比越大，整体材料可嵌入的锂量越少。而更深入地，关于湍层结构中锂离子的嵌入行为的研究显示，锂离子可以嵌入 AA 堆垛的“岛屿”(island)中[36-38]。然而，这种嵌入方式的效率极低，并最终限制了材料的表观比容量。

经过 30 年来的市场筛选和产品更迭，应用最为广泛、产业化最为成熟的锂离子电池负极材料是天然石墨和人造石墨。天然石墨相对于其他种类的碳材料，其优势集中于成本、比容量和工作电位，而劣势在于较差的倍率性能且与 PC 溶剂不兼容。天然石墨的可逆容量为 330～350mA·h/g，原始材料具有较高的结晶度。由于石墨的层状结构具有显著的各向异性，其电阻率随着传输方向的变化而变化：沿 c 轴的电导率为 $10^{-2}\Omega\cdot cm$，而沿 a 轴的电导率为 $4\times10^{-5}\Omega\cdot cm$；进一步地，Kühne 等[39]使用原位瞬态霍尔电压测试技术发现锂离子在层内的扩散系数高达 $7\times10^{5}cm^2/s$，而 Persson 等[40]通过测量发现层间的锂离子扩散系数仅为 $10^{-11}cm^2/s$。此外有研究指出，在浆料涂覆到集流体表面干燥并辊压后，石墨微粒倾向于沿 c 轴垂直于集流体，这种不适宜的片层朝向也不利于倍率性能[41]。将天然石墨材料纳米化可以使石墨晶体的取向随机化，削弱其各向异性，从而改善倍率性能，但一定程度上使得材料的循环寿命缩短[42]。而关于与 PC 兼容性的问题，除从电解液角度考虑引入一些成膜添加剂以外，对石墨颗粒表面进行包覆也被证明是有效的办法[43]。

人造石墨的物化性质与天然石墨类似，主要差异在于：天然石墨具有更好的可加工性、导电性和较低的成本，而人造石墨的优势在于倍率性能和高温循环性能。人造石墨由高温处理软碳前驱体得到(通常在 2500℃以上)，因此生产成本相对于天然石墨更高(人造石墨约为 13 美元/kg，而天然石墨约为 8 美元/kg)[44]。高温过程促使材料内的石墨晶区取向各异，并伴随了颗粒表面 a 轴取向的晶面大量暴露，使得人造石墨的整体倍率性能与天然石墨相比有了很大的提升。而结晶性的降低也一定程度上限制了人造石墨的容量发挥。从市场来看，人造石墨的综合性能相对更优，已经成为负极材料市场特别是电动汽车领域的主流产品，而天然石墨尽管在循环寿命和倍率性能两个关键参数上需要进行一定的均衡和取舍，但凭借着较高的容量和低成本优势，特别是在消费电子市场，仍然保有一定的受众。

石墨在未来数十年内仍有较大可能继续成为锂离子电池的主要负极材料之一。工业和学术研究人员都在追求具有更好性能的石墨负极材料，包括更高的倍率性能和能量密度、更长的循环寿命和更好的安全性能。石墨负极相对于其他负极材料(特别是合金类)，较低的理论比容量是限制其进一步发展的主要原因。但是从现有的研究来看，在维持作为负极材料基本性质的前提下，通过改变石墨材料嵌入存储锂离子的机制来增加容量(如扩大石墨层之间的距离)是十分困难的。在石墨负极发展的过程中，也注意到在常规条件下有许多研究发现超越石墨理论比容量的情况。这些“额外容量”的来源，主要可分为两种：第一种来源是高容量 Li-GIC 的形成，包括 LiC 和 Li_2C_2 在内的化合物的可逆形成可以获得超过 1000mA·h/g 的比容量[45]。但是这些研究应当更加重视容量计算参数以及材料的实用化生产和制备。第二种来源，石墨的比容量可以通过构造孔结构得到增强。Wang 等实现了接近 600mA·h/g 的高容量多孔石墨负极材料[46]。通过核磁共振(nuclear magnetic resonance，NMR)的分析，发现高容量主要是由 Li 吸附机制贡献的，这归因于这种多孔石墨的高比表面积。但是和以上两种方案相比，在石墨负极中引入以硅基材料为代表的合金负极则是更加务实的做法，并得到了市场的认可。关于这一点将在以下硅基负极的内容中进行更多讨论。

提高石墨负极的倍率性能可以为电动汽车提供更好的用户体验。通过优化电解质配方、引入先进的 SEI、修饰石墨表面结构、掺杂等方法，并在深入了解基础知识的基础上优化充电参数，已经实现了材料倍率性能的提高。例如，Kim 等[47]通过在石墨表面吸附金属镍纳米颗粒，原位催化表层石墨以实现 a 轴晶面暴露，同时包覆 Si 纳米层以进一步加速锂离子的表层扩散、缩短扩散路径，实现倍率性能的大幅提升。Jiang 等[48]将局部高盐电解质引入石墨体系，在解决溶剂分子共嵌入的同时，石墨表面产生稳定且均一的 SEI，有效地提升了体系的循环性能和倍率性能。这些研究反映出倍率性能的提升不局限于材料本身，电极反应过程中的表界面输运性质也扮演着重要角色。随着表征技术和计算模拟方法的不断发展，加深对石墨负极界面行为的认识，更深入地了解快充过程中的界面过程是十分必要的，包括锂离子脱溶剂化、SEI 内和石墨本体中的锂离子的迁移扩散等。基于这些知识，可以通过掺杂、表面包覆、表层共嵌入以及设计新型电解质和添加剂来实现倍率性能的进一步提高。

石墨负极材料在安全性方面面临的主要问题是析锂。关于析锂发生的原因有多种理论，其中一种较为流行的理论认为，离子在石墨材料表面发生嵌入的过程中，由于动力学原因，锂离子嵌入石墨烯层间生成 Li-GIC 的能垒高于锂离子直接在石墨表面沉积生成金属锂的能垒[49]。析锂的发生不仅意味着储能体系内产生了严重的安全隐患，同时金属锂的存在加剧了 SEI 的生长，使得电池中有限的金属锂被禁锢而消耗，无法参与后续的循环，整个体系的可逆容量迅速衰减直到报废。为了提升锂离子电池储能体系的安全性和使用寿命，借助先进表征技术，特别是原位观测手段对析锂现象进行深入的机理探究、检测和量化一直是人们努力的方向。Gao 等[50]设计电化学-原位光学联用装置探究了石墨析锂的规律，认为石墨表面的析锂仅发生于端面，且起始电位远低于 0V。而这种现象得以发生的依据来自动力学：石墨体相内锂离子的扩散限制导致表面锂离子浓度达到饱和，从而引发端面金属锂的析出。而 Wang 等[51]从热力学角度强调了电池体系内热效应对析锂过程的影响。通过搭建带有原位加热装置的扣式电池并结合有限元计算分析，他们发现析锂优先发生于被加热的区域，温度梯度的存在使得局部发生了显著的欠电位析锂，据此他们提出通过对电池体系内热效应进行监控，实现对析锂的预报和预防。

3. 钛酸锂

在所有商业化的锂离子电池负极材料中，尖晶石型钛酸锂（$Li_4Ti_5O_{12}$）占据了除碳材料之外最大的市场份额（约 2%，碳材料占比约 98%）[45]。$Li_4Ti_5O_{12}$ 材料最早由 Jonker 发现于 1957 年[52]，其体积变化仅为 1%，故被认为是“零应变材料”。由于常温下的扩散系数比碳材料高出一个数量级，$Li_4Ti_5O_{12}$ 材料显示出良好的循环性能和倍率性能。此外，$Li_4Ti_5O_{12}$ 耐过充、过放，热稳定性好且属于不燃物质，加上较高的电位平台（1.55V（vs. Li^+/Li）），使得该材料的安全性能尤为突出，并于 1995 年开始投入商业化应用。但是需要指出的是，同样是因为较高的电位平台和十分有限的理论比容量（175mA·h/g），以该材料作为负极的电池在能量密度上受到限制。针对这一缺憾，人们提出自支撑柔性 $Li_4Ti_5O_{12}$，无需黏合剂和导电剂，以更低的非活性物质占比来提升电极整体的比容量。此外，使用 $Li_4Ti_5O_{12}$ 负极和不同正极组装全电池的研究可能是优化 $Li_4Ti_5O_{12}$ 基电池性能的直接途径。例如，为了实现具有高功率密度和超长循环的全电池，采用高压正极和稳定的电解质搭

配 $Li_4Ti_5O_{12}$ 来增加电池整体能量密度，并寻找具有相似结构和性能的合适正极，以增强 $Li_4Ti_5O_{12}$ 负极的固有优势，这些都值得在不同条件下进行进一步的测试和评估。

在使用过程中，$Li_4Ti_5O_{12}$ 还存在产气问题，使材料的寿命缩短，安全性能下降。尽管关于产气问题背后的机理，目前并没有明确的解释，但是该问题被认为与材料表面状态、电解液以及工作环境存在密切关系。由于较高的反应电位，$Li_4Ti_5O_{12}$ 材料不会产生 SEI，因此锂化态 $Li_4Ti_5O_{12}$ 会直接与电解质接触引发各类脱羧基、脱氢、脱羰基以及还原反应[53]。因此，对于 $Li_4Ti_5O_{12}$ 储能体系，选择合适的溶剂，添加合适的成膜添加剂都能很好地缓解产气问题。

4. 合金负极材料：以硅为例

相比于以石墨为代表的插层型负极材料，合金负极最显著的优势在于极高的理论比容量。锂离子与某些金属的合金反应在早期就引起了人们极大的兴趣，因为对于某些特定的元素，处于完全锂化态的 Li_xM 合金晶胞中，锂的摩尔分数可以远高于基体元素的摩尔分数。在合适的非水系电解质中，铝、锡、铅、铟、锌、镁、银、硅、锑、铋、镓等元素均能与锂发生合金化，而由于理论容量高、储量大且环保等优势，锡和硅被认为是最有实用价值的合金负极材料，其理论比容量分别为 993mA·h/g 和 3579mA·h/g，均远远高出传统石墨负极的 372mA·h/g，这毫无疑问为高比能储能体系的发展提供了新的契机。

需要指出的是，对合金负极的研究也始于 20 世纪，人们尝试使用更为安全的合金负极来避免金属锂的直接使用，以提升体系的安全性[28,54-56]。到 20 世纪 90 年代，松下公司首次应用铋、铅、锡和镉的合金作为负极开发出扣式电池并投入市场。为保证电池的循环寿命，这种电池在使用过程中以一种“浅充浅放”的状态运行，即以电压控制使其仅释放总容量中的小部分(10%)，因此无法对石墨负极形成有效的竞争。日本富士胶片公司于 1995 年使用无定形锡基合金负极材料装配出 Stalion 锂离子电池，这种负极材料包含主要活性物质 SnO 和其他惰性物质，支持深度充放电，最终表现出来的理论比容量达到 475mA·h/g，引起了人们的关注[57]。

当前，硅基材料以其极高的比容量而成为人们广泛关注的焦点。对于硅负极的锂化机制，前人进行过很多研究。从 20 世纪 70 年代以来，金属锂与硅的电化学反应已为人们所熟知。根据图 1.12 中的 Li-Si 二元相图，在不同的热力学电位和温度下，各种合金依次形成，其趋势可概括为：反应电位随着锂化程度的增加而降低。需要指出的是，在常温状态下，硅的最高锂化态为 $Li_{3.75}Si$。然而，研究指出尽管晶态 Li-Si 化合物的吉布斯自由能更低，但在电化学驱动的锂化过程中只会生成一些无定形的合金(α-Li_xSi)，并在足够高的锂化态下“迅速”结晶生成 $Li_{3.75}Si$ 或 $Li_{4.4}Si$[58]。关于这些现象背后的机理，Wang 等[59]结合原位透射电子显微技术(in-situ transmission electron microscopy)以及基于密度泛函理论(density functional theory, DFT)的计算给出了以下观点：从 α-Li_xSi 到 $Li_{3.75}Si$，合金经历的是全等相变(congruent phase transition)，为非晶态到相同化学成分晶态的纯相变。这种相变既不涉及化学物质的长程扩散，也不涉及任何局部化学成分的波动，是原子配位结构的局部重新排列(图 1.13)。而关于为何这种相变仅仅生成 $Li_{3.75}Si$ 相，他们从热力学的角度给出了解释：相比于其他 Li-Si 合金态，非晶态 $Li_{3.75}Si$ 到晶态的 $Li_{3.75}Si$ 直接能量差最大，即驱动力最强。进一步地，Gu 等[60]结合几种 Li-Si 合金的态密度(density of states，DOS)给出了动力学方面的解释：他们认为随着 Li 浓度增加，Si—Si 键作用受限，表现为 Si 的 3s 和 3p 轨道交叠程度以及轨道分裂程度的降低，直到 x 接近临界值 3.75 时，非晶态 $Li_{3.75}Si$ 和晶态 $Li_{3.75}Si$ 的电子结构基本相同，这为全等相变的发生提供了客观条件。

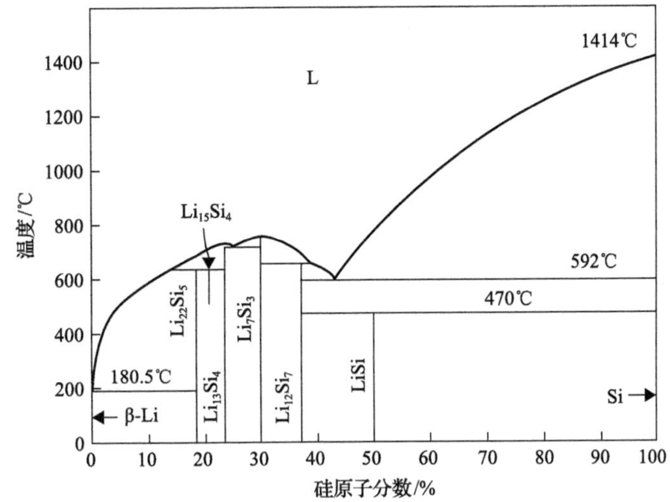

图 1.12　Li-Si 二元相图[60]

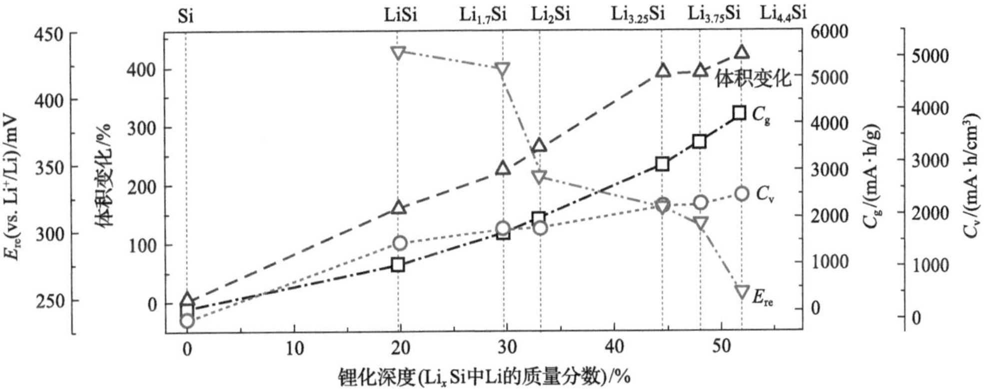

图 1.13　不同锂化程度硅对应的电位以及其理论体积比容量、质量比容量的示意图[61]

硅基材料以其极高的理论比容量为电化学储能体系在各个领域的应用带来了新的可能。然而，和所有合金负极一样，硅在锂化过程中伴随着巨大的体积变化(约 300%)。这种体积变化不仅会带来电极本身的粉化乃至脱离电接触，新暴露出来的活性界面与电解液直接接触也会导致副反应增多和新的 SEI 生成。这些由材料开裂带来的二次效应使得电池体系中的活性物质以及可循环的锂含量迅速减少，导致体系的可逆容量迅速衰减，严重影响电池的循环寿命和安全性。此外，硅作为一种半导体，其电子电导和离子电导都严重制约了其作为电极材料时的输运性质(电子电导$<10^{-5}$S/cm，离子电导为 $10^{-14}\sim10^{-13}$S/cm)[61]。

为实现硅基负极的实用化，已经提出了许多策略来应对上述挑战。针对硅基材料端改性常用的手段包括纳米化、孔隙结构设计、表面改性和与其他材料复合或共混；同时，一些研究针对硅基负极体系的特点，通过对电解质和黏结剂进行改性优化，也取得了很好的效果。将硅基负极纳米化可有效改善材料颗粒的开裂问题，其原因在于较小尺寸下，依靠颗粒本身的机械强度足以抵抗锂化过程中的体积变化而不发生开裂。Liu 等[62]对球状单晶硅颗粒的尺寸和开裂之间的关系进行了系统的探究。他们提出，当硅颗粒的尺寸小于 150nm 时，即使完全锂化到晶态 $Li_{15}Si_4$，颗粒也不会开裂；而 McDowell 等[63]进一步提出对于非晶的硅颗粒，该临界尺寸可提升至 870nm。这些结论说明，将硅基材料纳米化可以规避开裂问题及其带来的二次负面效应，并在许多工作中得到了验证[64-66]。而类似地，孔隙结构设计则考虑用材料本身的孔隙空间来容纳在锂化过程中膨胀的体积，达到缓解开裂的目的。比较典型的案例是 Liu 等[67]提出的"石榴型结构"。毫无疑问，从这些工作所制备材料的循环性能上来说，他们成功地改善了半电池中 Si 负极的电化学性质，但对这些策略的实用化研究仍然不足以验证这些工艺的可行性。具体而言，复杂的制备工艺、难以接受的成本、较低的压实密度和首次库仑效率使得这些方法不适合实际应用。

相比纳米化以及孔隙结构设计，事实证明，将硅与其他元素复合或共混更具有实用性，其中，将硅与碳材料复合或共混是实现硅基负极材料实用化最成功的手段之一。硅与石墨共混不仅可以有效缓解极片整体的膨胀问题(此时硅的质量占比低于 20%)，而且提升了极片的导电性以及可加工性。这种混合工艺可以很好地兼容现有的石墨生产工艺，意味着其研发及大规模生产的成本大大降低。当前，电池制造商已经尝试在负极浆料中引入少量的硅(<6%～8%(质量分数))，但由于体积变化引起的 SEI 失效，加速电解质分解和干涸，掺入高质量分数(>50%)的 Si 仍然面临着巨大的挑战。高 Si 含量混合负极的使用只能通过协同优化各种参数来实现，包括与石墨和硅化学相容的聚合物黏合剂、功能添加剂等。除在 Si 中添加石墨外，还包括将 Si 颗粒嵌入连续碳基质中，如石墨烯、碳纳米管(carbon nanotube，CNT)和碳纳米纤维(carbon nanofiber，CNF)，以及结合纳米化和孔隙化设计的材料，是实验室规模上研究最多的负极材料种类之一；然而，在工业层面实现这些构想仍然具有挑战性。

近些年来受到人们广泛关注的 SiO_x 材料可以看作硅与氧的复合材料。相比于纯硅材料作为研究合金负极性质及理论的材料而活跃于基础研究领域，SiO_x 则以其更加均衡的各项性质而更多地受到工业界的青睐。SiO_x 系列包括一氧化硅(SiO)、二氧化硅(SiO_2)、非化学计量比 SiO_x 和碳氧硅(Si-O-C)基负极材料。以 SiO_x 为例，对于这种材料的结构，早在其作为锂离子电池负极材料引起关注之前就有了系统研究。在早期对这种 SiO_x 的结构存在两种相互矛盾的观点：Philipp 提出了随机键合模型(random-bonding，RB)[68,69]，认为 Si—Si 键和 Si—O 键随机分布于 SiO_x 材料中，因此材料整体可被认为是均相的；而从另外一种随机混合模型(random-mixture，RM)看来[70,71]，SiO_x 是由许多 Si 和 SiO_2 晶畴混合而成的多相结构，并得到许多表征结论的支持。进一步地，Hohl 等[72]结合前期的模型和实验结论，提出了界面团簇混合模型(interface cluster mixture，ICM)，该模型认为无定形 SiO_x 是初始状态下不平衡的冷却非平衡系统，其中硅以多种价态存在，具体价态取决于该硅原子在材料内的局部键合方式。由于传统的 XRD、X 射线光电子能谱法(X-ray photoelectron spectroscopy，XPS)等表征手段在空间分辨率上的限制，Hirata 等[73]

使用亚纳米级电子束衍射(asgstrom-beam electron diffraction，ABED)、基于同步辐射的高能 XRD 以及计算拟合手段直接在原子级别的分辨率上观察到了 SiO_x 内部的原子结构，如图 1.14 所示。这一研究很好地肯定了既定的理论，即在无定形 SiO 中，Si 和 O 存在于 Si 和 SiO_2 的团簇中，同时在界面区域被多种亚氧化物型四面体配位结构包围。事实上，SiO_x 在空气中即可被缓慢氧化。这样一种亚稳的材料极易受到来自原料、合成方法、存储方式等方面的细微影响，并最终反映为其结构和纯度的差异，因而也严重影响其结构分析的准确性。

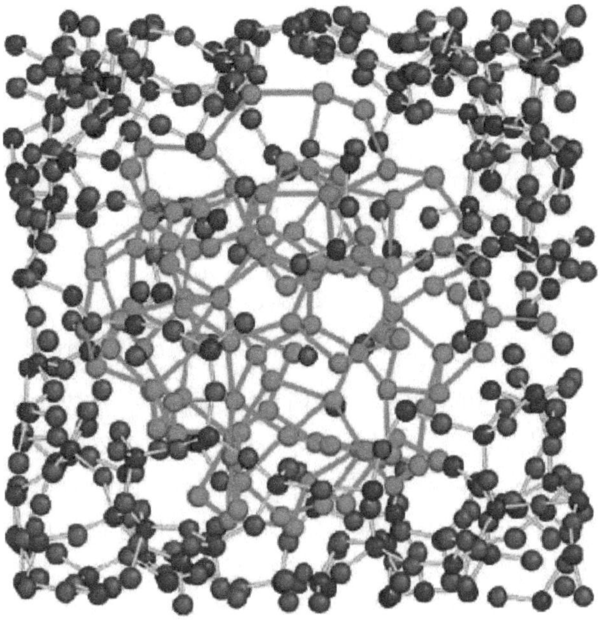

图 1.14　SiO_x 的结构示意图[73]

对这些材料而言，体系内 O 的占比以及分布方式对材料的实际比容量、膨胀水平和反应电位都具有重要影响。虽然相关研究仍在进行中，但领域内广泛接受的观点是 SiO_x 在首次锂化时会生成 Li_xSi、Li_2O 和硅酸盐相，其中常见的硅酸盐相列举如下。

$$Li_4SiO_4\text{：}\ 4SiO + 4Li^+ + 4e^- \longrightarrow 3Si + Li_4SiO_4$$

$$Li_2Si_2O_5\text{：}\ 5SiO + 2Li^+ + 2e^- \longrightarrow 3Si + Li_2Si_2O_5$$

$$Li_6Si_2O_7\text{：}\ 7SiO + 6Li^+ + 6e^- \longrightarrow 5Si + Li_6Si_2O_7$$

$$Li_2SiO_3\text{：}\ 3SiO + 2Li^+ + 2e^- \longrightarrow 2Si + Li_2SiO_3$$

在这些硅酸盐相中，Li_4SiO_4 和 $Li_6Si_2O_7$ 被认为是不可逆的，而 $Li_2Si_2O_5$ 则被认为是可逆的[74-76]。这些不可逆相(包括 Li_2O)的存在一方面不贡献可逆容量，降低了材料整体的比容量和首次库仑效率，另一方面其稳定的力学性质和电化学性质也客观地在材料基体中起到缓释体积膨胀、抑制硅晶粒团聚生长和颗粒开裂的作用。在这种情况下，常规

SiO_x材料的理论体积膨胀可以被削弱至一个相对较低的水平[77]（约 118%），而其容量也相应地有所降低。以应用最为广泛的工业 SiO 为例（图 1.15），其首次嵌锂比容量为 2400～2700mA·h/g，可逆比容量为 1300～1500mA·h/g，首次库仑效率在 50%左右。

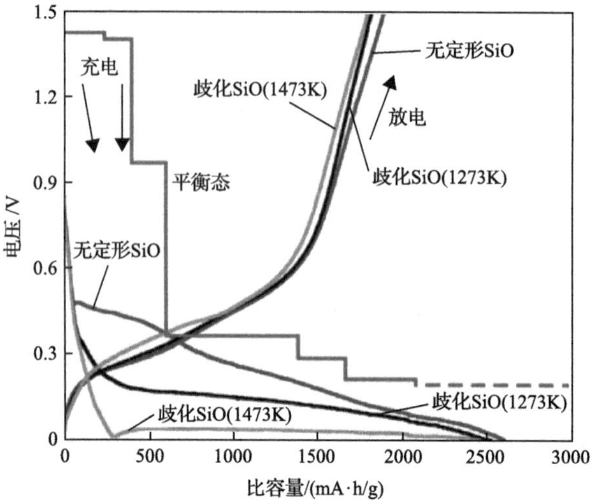

图 1.15 典型的 SiO_x 的恒电流充放测试的电压-比容量曲线[78]

相比于纯硅，SiO_x 的体积膨胀问题得到了有效缓解，然而直接将其作为锂离子电池负极材料进行循环的效果并不理想：体积膨胀导致开裂的现象仍然存在，使用 SiO_x 单一材料直接取代碳负极目前来看仍不现实。特别是对面向产业化的材料而言，在压实密度、库仑效率、制备工艺、生产成本上具有显著优势的微米尺度材料显然是更受欢迎的，而在这种尺度下开裂问题相比纳米尺度会被进一步放大[79]。与纯硅类似，SiO_x 这一问题的解决方案可归纳为空隙结构设计、表面包覆以及与其他材料共混或复合。对 SiO_x 而言，与碳复合仍旧是一种不错的选择，其效果与前文所述基本一致；而与某些金属复合，则可以优先与 SiO_x 体系中的氧结合形成金属氧化物或硅酸盐，这些物质同样可作为缓冲体积膨胀的网络，并一定程度上降低 Si 的平均价态而使得其首次库仑效率得以提高。以表面碳包覆技术为代表的表面改性技术则以其良好的兼容性以及成熟的工艺流程可以很容易地与上述几种方法配合，实现对 Si 及其衍生物的改性。这种表面碳包覆不仅一定程度上隔绝了活性材料与电解液，防止其接触带来的副反应以及高阻产物的生成，同时碳的引入也有效地提高了硅基负极材料的电导率。除此之外，不可逆相的引入带来的首次库仑效率过低现象是 SiO_x 实用化所必须面对的问题。而其解决方案为预先在材料中引入活性锂，使得 Li_2O 和不可逆硅酸盐相提前生成以避免其提前消耗全电体系中优先的锂源，这种方法称为预锂化。预锂化的方法有许多，如化学预锂化、电化学预锂化、接触式预锂化等。

近些年来，一些研究着眼于电解液和黏结剂来优化硅基负极的储能性质，为硅基负极的发展提供了新的方向。这里将简单介绍电解液对于硅基负极体系的重要作用，黏结剂则会在对应章节详细讨论。当前工业界所使用的电解质仍然是基于 EC 主导的酯类电解质；而当负极材料引入硅基材料时，在这种原本适配碳负极材料的配方中进行一定的调整是十分合理且必要的。针对硅负极体积膨胀的特点，Chen 等[80]制备了基于四氢呋喃/

二甲基四氢呋喃的电解质，通过调控锂盐和溶剂分子的分解电位和顺序，成功地在微米硅负极表面生成一层富 LiF 的 SEI，实现了对界面的稳定化和对膨胀的抑制作用，并在 Li||Si 半电池以及与 NCM523 搭配的全电池体系中取得优异的循环性能。类似地，这种通过电解液构建富无机组分的 SEI，特别是富 LiF 的 SEI 理念开始为人们所接受：Jia 等[81]采用局部高盐的策略，通过调控电解液中锂离子的溶剂化结构，在硅负极表面构筑了富含无机组分的 SEI，经过电化学表征这种电解液也赋予了硅负极良好的循环性能。需要指出的是，许多关于电解液的研究从实用化的角度考虑面临的各种问题，如高浓盐或局部高浓盐电解质的成本问题，醚类电解质的高压不兼容问题等，使得这些研究局限于科学发现而非产业化运用；另外，即使硅基负极拥有比碳负极高得多的容量，硅基负极仍然无法完全取代碳负极，因此仍然需要考虑所设计电解液对硅-碳混合体系乃至纯石墨体系的兼容性。

5. 转化型材料

转化型负极是指过渡金属化合物 TM_aX_b(X=P、S、O、F 等)，如 Fe_2O_3、CuO、MoS_2 等，其反应方程式可归纳如下：

$$TM_aX_b + (b \cdot n)Li^+ + (b \cdot n)e^- \rightleftharpoons aTM + bLi_nX$$

在转化反应中，过渡金属化合物 TM_aX_b 完全还原为金属 TM，而金属锂则被氧化为 Li_nX。需要注意的是，在放电过程中金属 TM 很难还原电化学惰性的 Li_nX。因此，这种转化机理可逆性的关键在于形成高电活性的 TM 纳米颗粒来分解被 SEI 层包围的 Li_nX 基质(图 1.16[82])。此外，由于(去)锂化时大量结构重排，转化型材料的极化增大。根据一些研究的结果来看，这种极化的大小与转化型负极材料的阴离子的种类存在相关性，具体为氟化物>氧化物>硫化物>氮化物>磷化物[83]。同时与合金型负极类似，转化型负极也面临着体积膨胀导致的开裂问题及其二次负面效应。

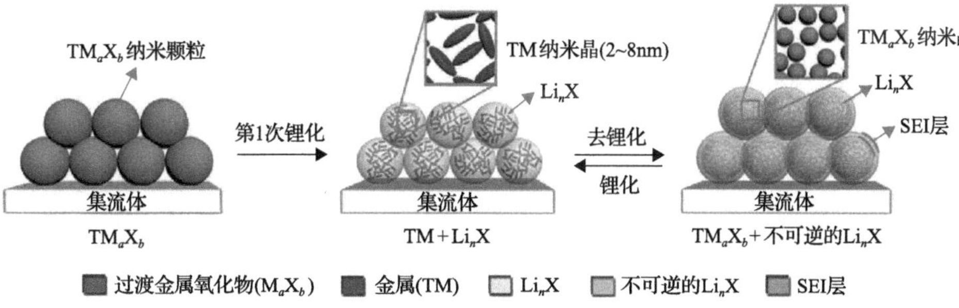

图 1.16 典型转化型锂离子电池负极材料的储能机制示意图[82]

针对上述问题，领域内研究者提出了多种方案，这些方案主要围绕转化型负极的微纳结构设计，如低维的纳米颗粒到二维的纳米片[84]、分层多孔组装纳米结构[85,86]、异质中空结构[87]等。这些设计缩短离子和电子传输路径，增加活性位点以及反应动力学，提高结构稳定性，使得材料在容量、倍率和循环寿命上能够进一步提升。然而，这些基于结构设计所取得的成功是以制备成本的提升和工艺的复杂化为代价的。从这一角度考虑，未来必须通过简化合成路线和使用低成本前驱体来实现批量化的生产，以进一步降低特定纳米结构作为转化型负极的生产成本。目前来看，短期内转化型负极难以有较大的突破，在实现最终实用化之前还有很长的路要走。

6. 小结与展望

可充电锂电池自首次商业化以来，经历了30年的辉煌发展，其中负极材料的更迭发展主要发生在最近的20年。从现状来看，市场最终选择了以石墨负极为主、$Li_4Ti_5O_{12}$为辅的材料体系作为锂离子电池负极，而在短期的未来硅基材料的引入以及广泛应用的大势已定，许多厂商已经推出了含有硅基材料的储能产品，即使在这些产品所使用的负极中硅基负极的整体占比仍然较低。而关于金属锂负极储能机理存在的问题(特别是不均一沉积引发枝晶的生长)以及解决方案在基础研究领域引发了一轮新的热潮。然而，在热潮之下，市场鉴于前期的失败经验仍较为谨慎，仅停留于布局尝试阶段，但固态电解质技术突飞猛进的发展也给这一领域带来了新的希望。负极材料发展史漫长而引人入胜，前方的道路一定是曲折却充满希望的。如今，除针对现有体系或者一些十分具有应用前景的体系进行改性之外，还应持续关注可充电锂电池市场需求和应用场景的可能变化。例如，极端的工作环境需要具有出色高/低温性能的电极材料，新兴的智能柔性电子设备需要自支撑柔性电极材料。这些需求对现有主流负极材料体系提出了严峻挑战，而某些材料可能正好具备了相应的特性而应当被充分重视。在基础研究方面，随着基于锂离子储能体系的理论不断发展和认识不断深入，也期待着更先进的材料合成技术和新颖的储能理念为电化学储能这一古老而充满生机的领域提供深刻的见解和巨大的机遇，促进能源化学的可持续发展。

1.3.3 锂离子电池隔膜

隔膜是一种具有一定孔隙结构的薄膜，是锂离子电池关键的内层组件之一，主要作用是分隔电池的正极和负极，防止两极接触而发生短路，同时保证锂离子自由通过并形成充放电回路。同时，隔膜还为电池的安全性提供了重要保障，当电池内温度发生异常变化时，隔膜必须能在要求的温度条件下熔融使微孔闭合，中断电池，防止其因温度持续升高而引起电池热失控。隔膜材质本身是不导电的，其物理化学性质对电池性能有很大的影响。锂离子电池隔膜的性能参数主要包括以下六点[88,89]：①孔径大小与分布，与制备方法有关，影响离子的穿透能力，同时也容易引起枝晶刺穿，分布不均将会导致电池内部电流密度的不一致；②孔隙率，一定的孔隙率有利于离子传输和吸液保液，一般控制在35%～60%；③透气率，称为Gurley指数，是指一定体积的气体在一定压力条件下通过一定面积的隔膜所需要的时间，与电池内阻成正比，数值越大，内阻就越大；④热稳定性，隔膜受热收缩要小，以避免引起短路，进而引发电池热失控；⑤力学强度，如具有较高的穿刺强度、拉伸强度以保证在电池变形过程中不发生破裂；⑥自动闭合机理，是锂电池的一种安全保护性能，在要求的温度条件下熔融以实现微孔闭合，切断电路。隔膜的优异与否直接影响锂离子电池的容量、循环性能和安全性等，开发性能优异的隔膜对于提高电池的综合性能具有重要作用。

1. 隔膜材料的种类

锂离子电池的隔膜材料目前主要是多孔性聚烯烃，其中聚乙烯（polyethylene，PE）、聚丙烯（polypropylene，PP），以及乙烯与丙烯的共聚物等，由于具有较高的孔隙率、较低的电阻、良好的机械强度和耐酸碱性能、较好的弹性和保液能力[90]，在锂电池研究开发初期便用作锂电池隔膜。尽管近年来有研究用其他材料制备锂电池隔膜，如采用相转化法以聚偏二氟乙烯（polyvinylidenefluoride，PVDF）为本体聚合物制备锂电池隔膜，纤维素复合膜作为锂电池隔膜材料等。然而，至今商业化锂电池隔膜材料仍主要采用聚乙烯、聚丙烯微孔膜。根据结构和组成可以将隔膜分为三种，分别是多孔聚合物膜、无纺布隔膜以及无机复合膜。多孔聚合物膜是指通过机械方法、热致相分离法、浸没沉淀法等多种方法制备的孔隙分布均匀的锂电池隔膜。无纺布隔膜是由定向或者随机的纤维构成的，通常会与有机物或者陶瓷凝胶复合来得到具有更优良化学与物理性质的锂电池隔膜。无机复合膜多是采用无机纳米颗粒以及高聚合物复合而得到的锂电池隔膜聚烯烃材料，具有优异的力学性能、化学稳定性和成本相对较低的特点。

2. 隔膜的制备方法

锂离子电池隔膜的主要生产工艺有湿法工艺和干法工艺两种。干法又称熔融拉伸法（melt-spinning/cold-stretching，MSCS），是将聚烯烃树脂在熔融状态下挤压、吹膜制成结晶性聚合物薄膜，经过结晶化处理、退火后，得到高度取向的多层结构，在高温下进一步拉伸，从而聚合物材料垂直于挤出方向平行排列的片晶结构被拉开形成微孔，最后将结晶界面进行剥离。MSCS 工艺较为简单，且生产过程中无污染，是目前生产隔膜材料的主要方法。但该工艺存在孔径与孔隙率控制难度大、拉伸强度比较小、产品厚度较难做薄等缺点。湿法工艺又称热致相分离法（thermally induced phase separation，TIPS），是将高沸点的烃类液体或小分子物质作为致孔剂引入聚烯烃树脂中，加热熔融形成均匀体系，然后将熔体平铺于薄片上，通过降温使两者发生相分离，经双向拉伸后用易挥发的有机溶剂萃取小分子，得到具有相互贯通的孔道结构的薄膜材料。湿法工艺生产的隔膜材料孔径较小且均匀，呈现各向同性，且产品厚度可以更薄，以进一步提高电池的能量密度。但 TIPS 在生产过程中需要引入稀释剂，生产成本较高且存在二次污染问题。

3. 功能化隔膜的制备及应用

由于隔膜在电芯的安全性和电化学性能方面起着至关重要的作用，电池技术的进步大大增加了对改进隔膜设计的需求。目前，无论是商业化还是实验研究阶段，隔膜都尚未完全达到高效可靠的锂电池所需的高稳定性和使用寿命的标准。隔膜的改性及功能化隔膜的设计引起了广泛关注，从设计各种新材料和改性方法，到越来越多地优化先进的制备工艺，隔膜的性能在不断提升，为下一代锂离子电池的开发提供了重要保障。

根据其不同功能性及应用，功能化隔膜主要分为以下两种。

1）提升电池安全性

锂离子电池中存在许多安全问题，如枝晶刺穿和热失控等，都与隔膜有很大关系，改进功能化隔膜可以提高电池的安全性能并实现电池更多方面的应用。

枝晶生长是锂离子电池中的重要安全隐患，枝晶通过隔膜的微孔刺穿隔膜，将会导致电池发生内短路，进而引起电池失效和严重的热失控[91]。针对这一问题，首先可以通过提高功能化隔膜的机械强度来实现对枝晶的物理阻隔。例如，在隔膜表面涂覆氧化铝等陶瓷粉体或碳纳米管可以有效提升隔膜的抗刺穿强度，限制枝晶生长[92]。通过化学反应消耗枝晶也是抑制枝晶刺穿的有效策略。可以设计逐层结构的隔膜，通过在两层隔膜间置入一层物质，如二氧化硅，当枝晶生长到与二氧化硅接触时，两者发生反应，消耗枝晶，阻止其刺穿，从而提高电池安全性和寿命[93]。另外，对隔膜的形貌控制也可以从根本上抑制枝晶的生长。研究表明，更快的离子扩散和均匀的锂离子传输通量有助于避免局部电流密度增大，从而抑制枝晶生长。而这很大程度上依赖于隔膜的孔径大小与分布[94]。通过改进制备工艺，如静电纺丝技术，可以实现均匀孔径大小和均匀分布的功能化隔膜。

对热失控的有效抑制也可以提高电池的安全性和可靠性。PE 的熔点为 140℃，而 PP 的熔点为 160℃，当电池内部温度升高时，容易收缩和熔化导致正负极接触而引发内短路，进而导致热失控，甚至电池爆炸[95,96]。因此，对隔膜材料而言，提高熔点和降低热收缩率是保障安全性的两点重要因素。一些具有高熔点的聚合物材料逐渐应用于高安全性隔膜的制备。如聚丙烯腈（polyacrylonitrile，PAN）、聚四氟乙烯（polytetrafluoroe- thylene，PTFE）、聚醚酰亚胺（polyetherimide，PEI）和聚酰亚胺（polyimide，PI），熔点均在 300℃以上[97]。影响聚合物材料熔点的因素主要有分子量、分子链灵活度和分子链间相互作用等。当分子链运动受限或分子间作用力增强时，聚合物材料往往表现出更高的熔点。因此，通过设计和基团修饰，可以获得具有优异热阻性能的隔膜材料。另外，通过在隔膜表面修饰无机纳米颗粒（如二氧化钛、二氧化硅等）或阻燃剂，也可以大大降低材料的热收缩率，从而提高隔膜的热稳定性。通常，电池的工作温度区间一般为–20～60℃，对于动力电池组，电池的最高温度不到 100℃[98,99]。因此，隔膜热收缩率测试的温度范围为 130～180℃，当隔膜材料在该温度条件下几乎不发生热收缩时，就可以为电池的安全运行提供保障。此外，对于隔膜热收缩率的测试也不能只关注聚合物材料本身，还要注意电池体系对其性能的影响。因此，有必要通过多次加热—冷却循环模拟电池真实情况，以进一步分析隔膜的性能。

2）提升电池能量密度

作为电池中的惰性组分，隔膜除保障电池的安全性以外，还对电池性能有重要影响。如今，隔膜被赋予更多功能，使其成为可以增强电池整体性能的多功能组件。

隔膜对电解液的浸润性是影响离子传输的重要因素，提高隔膜的吸液保液量可以提升电池的离子电导率和放电容量。例如，通过在隔膜中引入适量的纳米颗粒可以减小隔膜的孔径，提高孔隙率，以达到更好的吸液效果。另外，无机陶瓷涂覆的隔膜也表现出较传统 PE/PP 隔膜更优异的电解液浸润性，这得益于无机颗粒与聚合物之间的结合作用。

同时，无机陶瓷涂覆可以通过构筑空间电荷层进一步提升离子电导率，从而进一步提升电池的电化学性能。与在隔膜制备过程中引入纳米颗粒相比，涂层隔膜对隔膜制备工艺和设备的要求较低，具有更好的工业化生产前景。

此外，功能化隔膜还可以在电池预锂化过程中发挥重要作用。通过在隔膜表面修饰一层补锂剂进行正极侧补锂可以补偿负极侧生成固态电解质界面膜的不可逆锂离子消耗，从而提高电池的放电容量和循环性能。相较于传统的负极补锂或正极极片中掺入补锂剂，这一补锂技术具有工艺简单、安全性高、对电池内部传质影响较小等优势。

今后锂离子电池隔膜的发展方向主要有以下几个方面：第一，在保证性能不受影响的前提下进一步减小隔膜的厚度以提高锂离子电池能量密度；第二，改进隔膜制备工艺以进一步优化隔膜的结构，从而提升隔膜全方面性能；第三，进一步开发具有多功能的新型隔膜材料以助力下一代锂离子电池的开发和应用。

1.3.4　锂离子电池电解液

锂离子电池电解液是电池中正负极之间传导锂离子的唯一介质，一般由高纯度的有机溶剂、电解质锂盐、必要的添加剂在一定条件下按一定比例配制而成。电解液的开发和优化对于提升锂离子电池性能起到至关重要的作用。适用于锂离子电池的电解液通常应当满足如下几方面的要求[100]：①锂离子电导率高（通常需要达到 10^{-3}S/cm 以上），这就要求电解液在较宽的温度范围内保持低黏度，同时溶剂对锂盐具有强的溶解度和解离度；②锂离子迁移数尽可能高；③液程宽，要在较宽的温度范围内保持正常工作；④能与正负极形成稳定的低阻抗 SEI；⑤电化学窗口宽，能够与正负极保持稳定，使得电池能在较宽电压范围内工作；⑥与正负极浸润；⑦稳定性好，具有高的闪点、分解温度和电化学稳定性；⑧低毒或无毒，环境友好；⑨成本较低。

1. 电解液锂化性质

衡量锂离子电池电解液性能的重要参数主要有以下四点：离子电导率、迁移数、电化学窗口和黏度。

离子电导率（σ）表征了电解液传输锂离子的能力，其满足以下计算公式：

$$\sigma = \sum n_i u_i z_i e$$

式中，n_i 为参与运输离子的浓度；u_i 为参与输运离子的迁移率；z_i 为第 i 种离子的电荷量；e 为电子电荷量。

而实验中锂离子电导率的计算主要依据如下公式：

$$\sigma = \frac{d}{R_b S}$$

式中，d 为正负极间距离；R_b 为电解质电阻，可以由交流阻抗法测量并通过等效电路拟合获得；S 为电极面积。进一步地，电解液的锂离子电导率一般满足阿伦尼乌斯（Arrhenius）

方程[101]：

$$\sigma = A\exp\left(-\frac{E_a}{RT}\right)$$

其中，A 为指前因子或频率因子；E_a 为体系活化能；R 为理想气体常数；T 为热力学温度。通过拟合 $\ln\sigma$-$\frac{1}{T}$ 关系曲线，可得到直线的斜率及截距，从而计算得到活化能 E_a 与指前因子 A[102]。

实验测得的离子电导率是各种离子贡献的总和，而迁移数（t）则反映了某种特定离子的迁移能力，定义为该离子所传输的电荷量占通过体系总电荷量的百分数。对锂离子电池而言，考察的主要是 Li^+，当电解液的 Li^+迁移数越高时，参与充放电过程有效传输的离子就越多。而 Li^+的迁移数较低将会导致 Li^+传输电阻较高，同时阴离子的输运将造成其在正负极表面的富集，引起电池极化增大，影响电池性能。Li^+迁移数（t_{Li^+}）可通过测定直流极化与交流阻抗计算得到。通过记录初始电流值（I_0）和经过一段时间稳定后的电流值（I_S），t_{Li^+} 可以表示为

$$t_{Li^+} = \frac{I_S}{I_0}$$

考虑极化前后电解质阻抗的影响，进一步修正得到如下计算公式：

$$t_{Li^+} = \frac{I_S(\Delta V - I_0 R_0)}{I_0(\Delta V - I_S R_S)}$$

式中，ΔV 为极化电压；R_0 为极化前电极电阻；R_S 为极化后电极电阻，通过交流阻抗谱测得。

电化学窗口是电解质保持稳定的电压区间，是衡量电解质稳定性的一个重要指标。作为电解液的主要组成，锂盐和溶剂的电化学窗口可通过理论计算得出，其 HOMO 和 LUMO 的相对差值可以用来判断电解液的电化学稳定窗口。但电极表面钝化会在一定程度上拓宽电化学窗口范围内的电解质体系，因此理论预测仅为开发新的电解质体系提供参考，目前电化学窗口的判断主要依据实验测试，可通过循环伏安法（cyclic voltammetry，CV）测得。

黏度也是锂离子电解液的重要性质之一，它直接影响了 Li^+在电解液中的扩散能力。常见的有机电解液体系溶剂分子间为范德瓦耳斯力相互作用，黏度相对较低。当温度降低时，不同体系的电解液黏度都表现出一定的增大，从而影响其离子电导率，使电池性能下降。离子迁移速率与电解液黏度满足斯托克斯-爱因斯坦（Stokes-Einstein）关系：

$$\mu_i = \frac{1}{6\pi\eta r_i}$$

式中，η 为黏度；μ_i 为离子迁移速率；r_i 为离子溶剂化半径。可以看出，当黏度增大时，离子迁移速率下降，而电解液的离子电导率与迁移速率呈正相关关系，因此也就意味着电导率的下降。

2. 电解液组分

溶剂、锂盐和必要的添加剂是电解液的主要组成部分。通过调节电解液的配方可以实现电解液各方面性质的调控，从而满足锂离子电池的各项性能要求。

锂离子电池电解液用的有机溶剂必须为非质子溶剂，同时满足极性高、锂盐溶解度大(介电常数高)、黏度低、与正负极兼容性好、液程宽、安全无毒、成本低等基本要求[103,104]。常见的锂离子电池有机电解液溶剂一般含有酯基、腈基、磺酰基、醚链等极性基团，这有利于更好地解离锂盐。表 1.1 罗列了部分有机溶剂的物理性质。酯类溶剂中环状酯通常极性高，具有更大的介电常数，但其分子间作用力更强，黏度较大，而

表 1.1　部分有机溶剂的物理性质

分类	状态	溶剂	熔点 T_m/℃	沸点 T_b/℃	相对介电常数ε(25℃)	黏度η(25℃)/cP①
碳酸酯	环状	乙烯碳酸酯(EC)	36.4	248	89.78	1.90(40℃)
		丙烯碳酸酯(PC)	−48.8	242	64.92	2.53
		丁烯碳酸酯(BC)	−53	240	53	3.2
	链状	碳酸二甲酯(DMC)	4.6	91	3.107	0.59(20℃)
		碳酸二乙酯(DEC)	−74.3	126	2.805	0.75
		碳酸甲乙酯(EMC)	−53	110	2.958	0.65
		碳酸甲丙酯(MPC)	−49	130	2.8	0.78
羧酸酯	环状	γ-丁内酯(γ-BL)	−43.5	204	39	1.73
	链状	乙酸乙酯(EA)	−84	77	6.02	0.45
		甲酸甲酯(MF)	−99	32	8.5	0.33
醚类	环状	四氢呋喃(THF)	−109	66	7.4	0.46
		2-甲基-四氢呋喃(MeTHF)	−137	80	6.2	0.47
		1,3-二氧五环(DOL)	−95	78	6.79(30℃)	0.58
	链状	二甲氧基甲烷(DMM)	−105	41	2.7	0.33
		1,2-二甲氧基乙烷(DME)	−58	84	7.2	0.46
砜类	环状	环丁砜(SL)	28.9	287.3	42.5(30℃)	9.87(30℃)
	链状	二甲基亚砜(DMSO)	18.4	189	46.5	1.991
腈类	链状	乙腈	−48.8	81.6	35.95	0.341

①1cP=10^{-3}Pa·s。

链状酯极性小，介电常数小，且烷基可以自由旋转使其黏度降低。而醚类溶剂的黏度相较于酯类更低，但其在高氧化性条件下不如酯类电化学稳定性好。砜类溶剂价格低廉、电化学窗口高，由于其熔点较高、黏度较大，且浸润性差，目前在实际体系中应用较难。而腈类溶剂兼具高介电常数和低黏度，但其对负极不稳定，容易在负极侧发生还原反应。由此可见，单一溶剂很难满足电解液所需的各项性能指标，所以一般采用多种有机溶剂混合来取长补短，提高电解液的综合性能。

电解质用锂盐需要满足以下基本要求[104]：①在有机溶剂中溶解度较高，易于解离；②阴离子具有较高的化学与电化学稳定性，与其他组分不发生反应；③环境友好；④成本低，易于制备和纯化。目前，实验室和工业生产中一般选用阴离子半径较大、抗氧化还原的锂盐，以尽可能满足以上要求。锂离子电池常用的锂盐可分为无机锂盐和有机锂盐，无机锂盐主要是 $LiPF_6$、$LiAsF_6$、$LiBF_4$、$LiClO_4$、$LiAlCl_4$、LiSCN 等，新型杂多酸锂盐也有少量报道。有机锂盐主要包括 $LiCF_3SO_3$、$LiN(SO_2CF_3)_2$ 及其衍生物等，最近含磷、氟的新型锂盐也应用于锂离子电池电解液中。下面将介绍一些代表性锂盐。

1) 六氟磷酸锂($LiPF_6$)

$LiPF_6$ 是目前锂离子电池中应用最为广泛的电解质锂盐，这得益于其优异的综合性能。其在有机溶剂中的锂离子迁移数适中[105,106]，1mol/L $LiPF_6$ 溶解于 EC/DMC 溶剂中，在 20℃下的离子电导率可达 10^{-2}S/cm。且其具有较好的电化学稳定性，在 5.1V (vs. Li^+/Li) 下不发生氧化，且不腐蚀铝箔[107,108]，能与各种正负极材料适配。

但其也存在明显的缺点，首先 $LiPF_6$ 的热力学稳定性较差，在室温下也容易发生分解反应，生成 LiF 和 PF_5 气体[109]，这一反应在高温下更为严重，且 PF_5 是强路易斯酸，极易导致有机溶剂的开环聚合和醚键断裂。另外，$LiPF_6$ 对水极其敏感，痕量水就会引起 $LiPF_6$ 的分解，且产生 HF 气体和 LiF，导致界面电阻增大，电池内部环境恶化。

2) 四氟硼酸锂($LiBF_4$)

$LiBF_4$ 的化学稳定性与热力学稳定性要明显优于 $LiPF_6$，且其同样不腐蚀铝集流体，高温性能和低温性能较好，安全性较高，但其受限于低解离常数，导致 $LiBF_4$ 基电解液电导率不高[105]，且易于金属锂发生副反应，尚未大规模应用。

3) 高氯酸锂($LiClO_4$)

$LiClO_4$ 成本低，对水不敏感，稳定性高，离子电导率高，正极侧耐氧化，受到了广泛关注。有研究表明，$LiClO_4$ 可以在负极侧形成具有更低界面阻抗的 SEI 膜，有利于电池性能的发挥。但由于其强氧化性，在电池中使用和运输过程中的安全性和可靠性低，几乎不在工业生产中应用。

4) 双(三氟甲基磺酰)亚胺锂(LiTFSI)

LiTFSI ($TFSI^-$：双(三氟甲基磺酰)亚胺离子(bis(trifluoromethanesulfonyl) imide (litfsi) anion))的结构式中包含两个三氟甲基磺酸基团，强吸电子基团与共轭结构使其负电荷离域，因而阴离子较为稳定，是一种酸性很强的化合物。早期它用作聚合物锂离子电池添加剂，能有效改善正负极界面，提高电池高温性能和循环性能。LiTFSI 还具有较强的离子解离能力，因此离子电导率高，且电化学窗口宽，能抑制枝晶生长，已被广泛研究。但其会对铝集流体造成严重的腐蚀，需要加入添加剂钝化铝箔，起到保护集流体的作用。

电解液添加剂是指为改善电解液的电化学性能而引入的少量添加物，包括一些天然或人工合成的有机化合物或无机化合物。添加剂一般不参与电解过程的电极反应，但可以影响离子的输运和正负极界面，提升电池的整体性能。添加剂用量一般很小，但却是电解质体系不可缺少的部分。根据其不同作用，添加剂可以主要分为以下几类。

(1)成膜添加剂。

成膜添加剂旨在改善正负极与电解液之间的界面化学性能，形成较为理想的界面膜。最早的成膜添加剂是美国 Covalent 公司在 1997 年提出的 SO_2 添加剂[110]，能有效防止 PC 在负极侧的共嵌入和电极腐蚀，提高了电池的安全性。常用的成膜添加剂还有碳酸亚乙烯酯(vinylene carbonate，VC)、氟代碳酸乙烯酯(fluoroethylene carbonate，FEC)、亚硫酸丙烯酯(propylene sulfite，PS)和亚硫酸乙烯酯(ethylene sulfite，ES)、三(三甲基硅基)硅烷(tris(trimethylsilyl) silane，TMSP)等。

(2)离子导电添加剂。

这一类添加剂主要是通过引入阴阳离子配体或中性配体以提高锂盐的解离程度从而提高电解液的电导率。目前常见的导电添加剂包括胺类、冠醚(如 12-冠-4-醚)、硼基化合物、氮杂醚类、烷基硼类和一些无机纳米氧化物等。

(3)阻燃添加剂。

阻燃添加剂的引入是为了阻止电解液在受热的情况下发生燃烧，从而提高锂离子电池的安全性。其作用机制主要是通过添加剂捕获电解液受热产生的自由基，阻断由自由基引发的链式加速反应。常见的阻燃添加剂有磷酸酯类(如磷酸三甲酯(trimethyl phosphate，TMP)、磷酸三乙酯(triethyl phosphate，TEP))、氟代碳酸酯类(如二氟乙酸甲酯(methyl difluoroacetate，MFA)、二氟乙酸乙酯(ethyl dioxyacetate，EFA))，以及离子液体等。

(4)过充保护添加剂。

锂离子电池在过充时容易引发严重的安全问题，除过充保护装置外，引入过充保护添加剂也是解决这一问题的有效策略。添加剂的氧化电位要略高于正极充电截止电压，当工作电压过高时，添加剂优先反应造成电池短路或微短路，电池终止工作并缓慢释放热量，而整个过程不破坏电池体系，且电池在正常工作电压范围内时添加剂不被消耗。较为常见的过充保护添加剂有邻位和对位二甲氧基取代苯、联苯和丁基二茂铁及其衍生物等。

锂离子电池添加剂种类繁多，除了上述几种类型，其他功能添加剂还包括改善高低温性能的甲基乙烯碳酸酯(methyl ethylene carbonate，MEC)、抑制铝箔腐蚀的二草酸硼酸锂(lithium oxalate borate，LiBOB)和二氟草酸硼酸锂(lithium difluoro oxalate borate，LiODFB)、提高 $LiPF_6$ 稳定性的三(2,2,2-三氟乙基)亚磷酸盐(tris(2,2,2-trifluoroethyl) phosphite，TTFP)等。

3. 电解液与电极相容性

锂离子电池中电解液与正负极的相容性主要分为物理相容和化学相容，物理相容包括电极的浸润和溶胀，化学相容涉及化学稳定性、界面反应活性等。电解液与电极的相容性对于电池容量发挥、高低温性能、循环寿命、存储性能等都有重要影响。锂离子电池中正负极材料本身的结构和所处的环境有很大差异，因此电解液与正负极的相容性也有明显不同。

1）负极与电解液的相容性

负极与电解液相容性的影响因素包括 SEI 膜的性质、负极材料结构与电解液性质。

常见的负极材料如碳基材料和硅基材料等，嵌锂电位低于 1.2V（vs. Li^+/Li），而溶剂分子、锂盐或添加剂的还原电位要高于这一值，导致其在电池首次充电过程中在负极表面发生反应，形成一层 SEI 膜。SEI 膜的概念最早是由 Peled 提出的，他发现这层薄膜可以传导 Li^+，但对电子绝缘，因此命名为固态电解质界面相。SEI 膜的成分十分复杂，包含 Li_2CO_3、LiF、Li_2O、LiOH、烷基酯锂（$ROCO_2Li$）、烷氧基锂（ROLi）等多种有机化合物和无机化合物[111]，具体组分受所用电解液组成、电极材料、充放电条件、温度等影响。当负极表面被 SEI 膜完全覆盖时，电解液与负极的进一步反应就被有效抑制。此外，SEI 膜不溶于有机溶剂，可以防止溶剂分子共嵌入导致材料剥离。早期 PC 基电解液由于溶剂分子与 Li^+共嵌入石墨结构中，导致石墨发生严重剥离，使得石墨负极长时间没有得到应用。直到 1991 年，日本三洋电机公司（三洋公司）首次在石墨用电解液配方中引入 EC，在石墨负极表面形成稳定的 SEI 膜，阻止了溶剂分子的共嵌入，使得石墨可以发挥其理论容量，推动了石墨负极的商业化应用[23]。但 SEI 膜也会一定程度地降低电极中颗粒间的电子传输，增加电极/电解液界面电阻，同时也会造成首次不可逆的锂离子消耗，造成电池首次库仑效率低，例如，天然石墨电极的不可逆容量损失高达 50%以上[112]，硅基负极的不可逆容量也在 20%以上[113]。因此通过调控电解液以形成理想的 SEI 膜对于提升电池的性能具有重要的作用。

锂离子电池负极材料种类较多，结构复杂，不同材料本身的嵌锂电位不同，与电解液的相容性也存在差异。对碳材料而言，石墨化程度越高意味着材料的结构越有序，Li^+在电极上发生插层反应的电位就越窄，反之，越宽的锂化电位越容易导致溶剂分子、锂盐阴离子和杂质的还原与 Li^+的嵌入发生交叠。此外，负极材料的粒径、比表面积、表面包覆、活性基团及自由基的含量等都会影响材料的嵌锂电位、容量发挥和不可逆容量损失等。目前，人造石墨是商品锂离子电池中最常用的负极材料，但其理论比容量较低，且已经开发到其理论极限，尚不能满足高能量密度锂离子电池的要求，因此下一代负极材料，如硅基负极成为新的研究热点。

电解液对电极相容性的影响包括锂盐、溶剂和添加剂三个方面。锂盐和添加剂对电极界面 SEI 成膜有影响。不同锂盐的阴离子在负极界面的还原产物不同，影响负极表面 SEI 膜的化学组成，同时也会引起 SEI 膜的成膜电位不同。而添加剂的引入可以改善 SEI 膜的物化性质，实现电解液与负极材料的相容性更佳。而溶剂作为电解液的主体部分，除了在很大程度上决定了 SEI 膜的形成电位和化学组成，还会影响 Li^+的溶剂化结构[114]。阴离子和不同的溶剂分子都可以局部以 Li^+为中心形成溶剂化壳层，不同的溶剂化结构会影响 Li^+的传输、去溶剂化过程和 Li^+在负极中发生的插层反应。优化 Li^+的溶剂化结构对改善电解液与负极相容性具有显著作用，建立电解液的分子相互作用与电极性能之间的直接科学关系，是目前解决相关问题的关键。

2) 正极与电解液的相容性

相较于负极表面的钝化研究，正极与电解液的界面研究关注度相对较低。这主要是由于正极材料的原子间依靠化学键结合，没有范德瓦耳斯力相互作用的情况，稳定的晶体结构使大体积的溶剂分子难以发生像石墨层间那样的嵌层反应。从这个意义上讲，正极材料的电化学过程中不存在溶剂分子嵌入晶格内部的现象。但正极材料在脱锂态时处于较高的氧化电位，具有高氧化性，使得电解液易于在其表面发生电化学氧化和化学氧化。但正极表面是否存在 SEI 膜及其形成机理尚未有定论[100]。正极与电解液界面膜的影响因素主要包括正极表面的稳定性、正极材料结构、电解液组分、界面反应活性等。理想的正极表面膜是实现正极材料与电解液相容性的关键因素。

正极活性物质在电解液中的溶解也会对正极/电解液的相容性产生重要影响。不同正极材料的溶解性质各不相同，其中正极材料中 Mn 的溶出问题最为严重。Mn^{3+}在电解液中容易发生歧化反应，生成的 Mn^{2+}容易溶解于电解液中，造成结构的不可逆转变和容量损失，从而影响电池的循环寿命。

正极材料在电极过程中的结构转变也是正极材料/电解液相容性的影响因素之一。正极材料在充放电过程和循环过程中都会发生不同程度的结构转变。不可逆的结构转变将会导致其丧失部分或全部电化学活性，降低电池的容量和循环寿命。例如，层状氧化物正极材料在循环过程中会伴随层状相到尖晶石相和岩盐相的结构转变，引起性能的衰减。尖晶石型 $LiMn_2O_4$ 在充放电过程中由于存在姜-特勒效应，使得晶体的 c/a 比值和晶胞体积均增大，晶型从立方相转变为四方相，Li^+脱嵌可逆程度减小，电化学活性下降，容量不断衰减。

除此以外，电解液在正极侧的副反应还包括对正极集流体的腐蚀。锂离子电池正极用的集流体一般为铝箔。铝的氧化电位本身较低(1.39V)，但由于其表面可以被一些有机电解液有效钝化，形成约 50nm 厚的钝化层，可以将铝箔的氧化电位提高至 5V 以上。电解液对铝箔的腐蚀将会造成集流体与活性物质失去电子接触，内阻增大，致使电池性能下降。集流体是否会被腐蚀取决于不同电解质锂盐的钝化能力[115]，且当铝箔在一种电解液中钝化后转移至含有另一种锂盐的电解液中，钝化膜将失效。

1.3.5 锂离子电池黏结剂、导电添加剂

1. 锂离子电池黏结剂

锂离子电池的极片通常由活性材料、黏结剂、导电添加剂和集流体构成(图 1.17)。其中，尽管黏结剂所占比重很小(≤5%)，但对于锂离子电池极片制备和电池性能发挥具有十分重要的作用。锂离子电池极片的制备通常包括制浆、涂布和烘干等步骤：在制浆过程中，黏结剂使得电极材料均匀稳定分散并保持一定的流体力学性质，满足涂布要求；

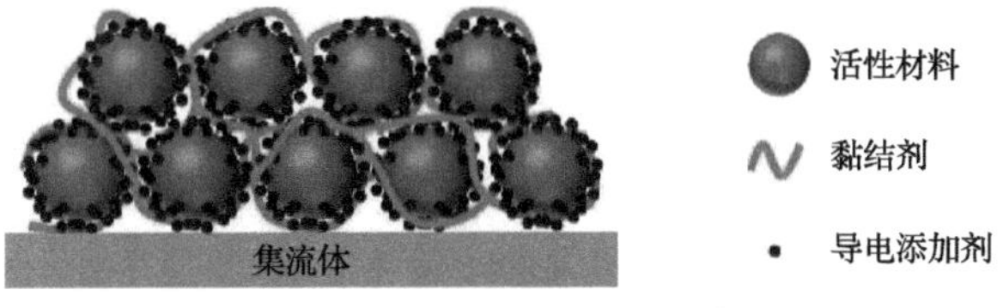

图 1.17 锂离子电池极片示意图

涂布好的极片经烘干去除溶剂后，黏结剂将活性材料、导电添加剂和集流体黏结到一起并保持极片的力学完整性和电子通路；黏结剂可以吸收电解液，对于锂离子的界面传输具有重要作用；此外，活性材料在脱/嵌锂循环时会发生一定的体积变化，黏结剂对于极片在长循环过程中不被破坏或锂离子电池的长循环性能至关重要[116,117]。锂离子电池黏结剂根据其所用溶剂不同可以分为油性黏结剂和水性黏结剂。

PVDF 具有良好的化学稳定性、电化学稳定性、加工性能、黏结性能、电解液吸收率，是使用最广泛的油性黏结剂。PVDF 可以和嵌锂态石墨反应从而造成电池性能衰减，并且反应过程中会放热，加剧电池热失控的发生，因此目前 PVDF 主要用于锂离子电池正极极片的制备[118,119]。PVDF 黏结剂的使用需要用到大量的有机溶剂（主要为 *N*-甲基吡咯烷酮（*N*-methyl pyrrolidone，NMP），NMP 有毒且成本比较高，在大规模极片制备中，为了减少挥发性有机化合物（volatile organic compound，VOC）排放和回收利用，必须配备溶剂回收系统。此外，PVDF 黏结剂的使用不利于锂离子电池的回收利用，PVDF 不溶于水和大部分常规溶剂，去除废旧锂离子电池中的 PVDF 需要使用大量有毒溶剂而增加回收成本，如果通过高温煅烧的方式去除 PVDF 则会释放出强腐蚀性氟化氢气体，一方面腐蚀设备，另一方面需要增加尾气回收装置[120]。因此，开发绿色环保的水溶性黏结剂代替油溶性的 PVDF 黏结剂逐渐成为新的趋势[121,122]。

水性黏结剂通常为含有大量亲水极性基团的水溶性高分子，如羧甲基纤维素钠（sodium carboxymethylcellulose，CMC）、海藻酸钠、羟乙基纤维素、聚丙烯酸（poly (acrylic acid)，PAA）、聚丙烯酰胺（polyacrylamide，PAM）、聚乙烯醇（polyvinyl alcohol，PVA）、聚乙二醇（polyethylene glycol，PEG）、聚乙烯吡咯烷酮（polyvinyl pyrrolidone，PVP）等（图 1.18）。水性黏结剂的使用使得锂离子电池极片制造过程变得绿色环保且成本更低，同时有助于废旧离子电池的绿色回收。大量的研究表明，水性黏结剂应用于锂离子电池正极极片的制

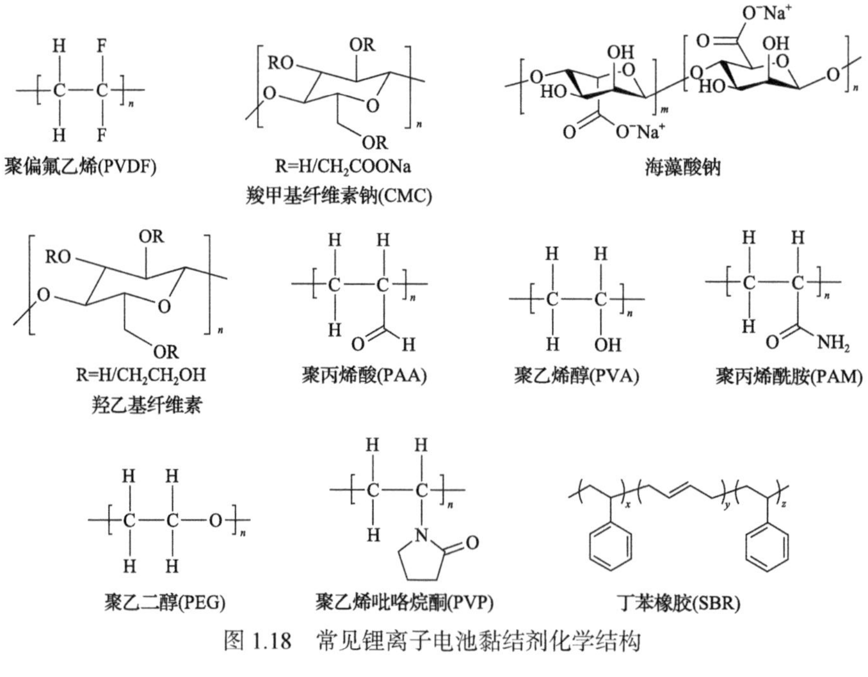

图 1.18　常见锂离子电池黏结剂化学结构

备可以得到与 PVDF 黏结剂相当或更好的电化学性能[123-125]。高电压(>4.5V)和高容量(>250mA·h/g)正极的应用可以显著提升锂离子电池能量密度，但是这类正极的循环性能还不能满足实际应用。研究表明，使用水性黏结剂有助于这类正极材料形成稳定的 CEI 和抑制过渡金属离子的溶出，从而显著提升其循环性能。例如，水溶性 CMC[126]和 PAA[127]黏结剂被报道可以增强电极材料和集流体之间的黏结强度而保持电极稳定，还有助于抑制过渡金属离子溶出，相比于 PVDF 黏结剂，可以显著提升富锂锰基正极 $Li_{1.2}Ni_{0.13}Co_{0.13}Mn_{0.54}O_2$ 的循环性能；水溶性 LiPAA 黏结剂有助于高压 $LiNi_{0.5}Mn_{1.5}O_4$ 正极形成稳定的 CEI，从而显著提升其电化学性能(图 1.19)[128]。

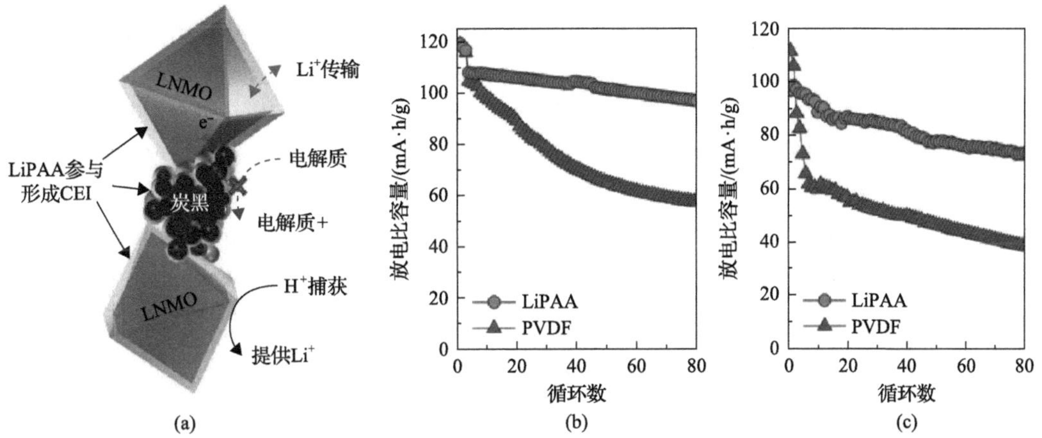

图 1.19　LiPAA 黏结剂有助于 $LiNi_{0.5}Mn_{1.5}O_4$ 正极形成稳定的 CEI(a)；$LiNi_{0.5}Mn_{1.5}O_4$ 正极使用 LiPAA 和 PVDF 黏结剂分别在 30℃(b)和 45℃(c)下循环性能对比[128]

锂离子电池负极极片的制备主要采用水性黏结剂，目前使用最广泛的负极黏结剂是 CMC 和 SBR 复合黏结剂，这两种黏结剂需要配合使用，CMC 在制浆过程中可以均匀稳定地分散电极材料，使浆料保持一定的黏度，但是 CMC 力学性质比较脆，单独使用制备的极片容易掉粉。高弹性和高黏结性的 SBR 乳胶颗粒均匀分布于极片内部可以增加极片的柔韧性，辊压后增加电极材料内部的黏结性能并保持极片完整不掉粉，SBR 乳液不具有分散功能，无法将电极材料均匀稳定分散，因此无法单独使用。

传统的锂离子电池使用石墨作为负极，石墨具有优异的可逆脱嵌锂性能，并且在脱嵌锂过程中体积变化小，CMC/SBR 复合黏结剂可以提供足够的黏结强度并满足其应用，但是石墨负极的理论比容量较低，实际发挥的容量已非常接近其理论比容量，这样也使得锂离子电池的能量密度越来越接近其理论极限。硅基负极具有非常高的理论比容量，使用硅基负极代替石墨负极可以显著提升锂离子电池的能量密度，但是硅基负极最大的问题是脱嵌锂循环过程中会发生巨大的体积变化，容易导致硅颗粒的破裂和粉化，从而导致电极的膨胀和破坏，使得硅基负极的循环性能无法满足实际应用[129,130]。研究表明，通过黏结剂的优化与设计可以显著抑制硅基负极的体积膨胀和极片破坏，并显著提升其循环性能[121,131,132]。硅基负极黏结剂的设计主要围绕硅基负极存在的缺点展开，如黏结剂中含有丰富的极性官能团可与硅基负极表面形成更强的相互作用、支化结构黏结剂、三维网络黏结剂、自愈合黏结剂、导电聚合物黏结剂、多功能复合黏结剂等。

2. 锂离子电池导电添加剂

锂离子电池的充放电过程是离子和电子共同参与的过程，为保证极片具有良好的导电能力，在电极的制备过程中通常需要加入导电添加剂形成导电网络，与黏结剂相似，导电添加剂通常为非活性组分，为了保证锂离子电池具有更高的能量密度，其加入量应尽可能少（<5%）[133,134]。此外，导电添加剂还具有吸收和保有电解液的功能，从而保证活性材料与电解液的密切接触。导电添加剂是锂离子电池极片的重要组成部分，其种类、添加量或分散状态等对于锂离子电池的容量发挥、循环和倍率等性能具有十分重要的影响。大部分锂离子电池正极活性材料的导电性都比较差，依靠正极材料本身的导电性无法正常循环且电池内阻很大，不能满足大电流充放电，因此必须加入导电添加剂来保障其性能的正常发挥。石墨负极本身具有很好的导电性，原则上可以不加导电剂，但是制备极片的黏结剂通常为不导电聚合物；此外，为了增强电极材料内部电接触和降低极片电阻，使电池具有更好的倍率性能，通常也会加入少量导电添加剂。硅基负极自身导电性差，而且巨大的体积膨胀容易导致极片内电极颗粒之间失去电接触而降低电导率，通过使用高电导率的一维或二维导电添加剂可以显著提升硅基负极的循环性能。锂离子电池导电添加剂主要以不同形式的碳材料为主，具有无毒、耐腐蚀、成本低、质量轻等特点，常见导电添加剂有导电炭黑、碳纤维、碳纳米管、石墨烯等。

1）导电炭黑

炭黑是使用最为广泛的导电添加剂，主要由有机烃类碳源在高温下热解形成，通常由高比表面积的球形初级颗粒团聚成链状或纤维状，可以在电极内部形成导电网络。此外，炭黑对电解液具有很好的吸附和浸润，有利于改善电极的导离子能力。常见的炭黑材料有乙炔黑（acetylene black，AB）、超导电炭黑 super P（SP）和科琴黑（Ketjen black，KB）。为了使电池发挥出最佳性能，炭黑的加入量与所用电极材料种类需要匹配。例如，有学者研究了不同含量炭黑对于 $LiCoO_2$ 和 $LiMn_2O_4$ 正极的影响，结果显示对于 $LiMn_2O_4$ 正极添加 2%～5%（质量分数）的炭黑即可得到很好的倍率性能和循环性能，但是对于 $LiCoO_2$ 正极则需要 10%的炭黑添加剂来达到相当的电化学性能[135]。不同比表面积的炭黑对于正极具有不同影响，KB 的比表面积远大于 AB 和 SP。有研究显示，高比表面积的 KB 会导致 $LiMn_2O_4$ 更严重的 Mn 溶出[136]。此外，炭黑导电添加剂在正极表面的不同分布状态也可以影响其电化学性能，通过不同的混料方式得到不同分布的炭黑，炭黑在 $LiCoO_2$ 正极表面均匀分布，即使添加量只有 2%，其表现出的动力学性能仍好于添加 10%炭黑但分布不均匀的正极[137]。炭黑的分散与制浆工艺有关，炭黑比表面积的增大会使其分散难度增加，例如，KB 具有支化的纤维结构和超高的比表面积，相同情况下会使得溶剂用量增加和浆料固含量下降，因此在实际的极片制备中需综合考虑各因素以达到最佳效果[133]。

2）导电碳纤维

导电碳纤维具有一维线性结构，具有电导率和热导率高、力学性能好、热膨胀系数低等优点，用作锂离子电池导电添加剂可以与电极材料通过“点-线”接触形成良好的导电网络，相比于炭黑导电剂，在低添加量下即可显著提高电极导电率和电池性能；此外，碳纤维导电添加剂的加入可以使极片具有更好的柔韧性和机械稳定性。导电碳纤维包括气相沉积碳纤维(vapor-deposited carbon fiber，VCF)和碳纳米管，尤其碳纳米管同时具有高长径比、高比表面积、高电导率、高热导率、高柔韧性和高抗拉强度等优点，是锂离子电池非常理想的导电添加剂[133,138]。Zhang 等[139]研究了不同导电添加剂对 SiO_x 负极的影响，相比于纯炭黑导电添加剂，使用了 VCF 导电添加剂的 SiO_x 负极表现出更高的容量发挥和更好的循环性能。Sheem 等[140]研究对比了碳纳米管和 SP 导电添加剂对 $LiCoO_2$ 正极的影响。结果显示，使用碳纳米管的 $LiCoO_2$ 正极表现出更好的循环性能和倍率性能，作者认为碳纳米管可以在活性材料之间形成具有弹性的导电连接，并始终保持密切接触(图 1.20)。

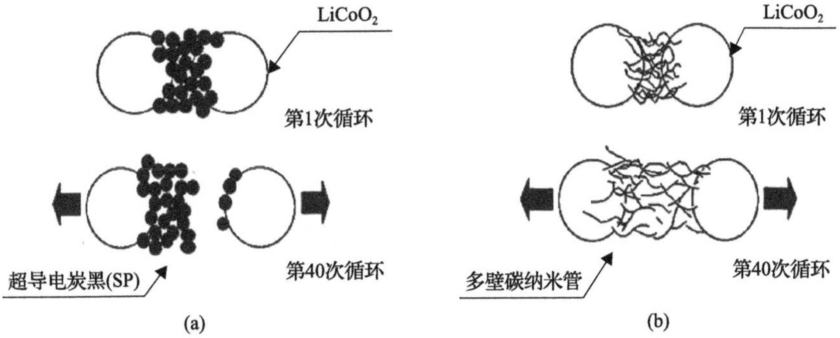

图 1.20 $LiCoO_2$ 正极使用 SP 导电添加剂(a)和碳纳米管导电添加剂(b)[140]

3)石墨烯

石墨烯是具有 sp^2 杂化轨道的二维导电材料，具有优良的导电性和导热性，用作导电添加剂，可与活性材料形成点-面接触，较少添加量可以达到很好的导电效果。石墨烯具有很好的柔韧性，可以缓解电极材料在充放电过程中的体积变化和极片反弹，从而提高电极电化学性能。Su 等[141]将石墨烯应用于 $LiFePO_4$ 正极(图 1.21)，石墨烯与活性材料形成点-面接触有利于提高极片电子通路，在添加量只有 2%(质量分数)的情况下，电池发挥的性能却明显好于添加超过 10%的 SP 和导电石墨添加剂；此外，在相同添加量的情况下，添加石墨烯的电池表现出比添加碳纳米管更好的性能，可见石墨烯是一种十分高效的导电添加剂。石墨烯包裹硅基负极有助于缓解其大体积膨胀导致的诸多不良问题，并显著提升硅基负极的循环性能[142,143]。锂离子不能穿过石墨烯的二维碳原子阵列，因此石墨烯的使用会增加电极的曲度或锂离子的传输距离，从而阻碍锂离子传输，此效应对于厚

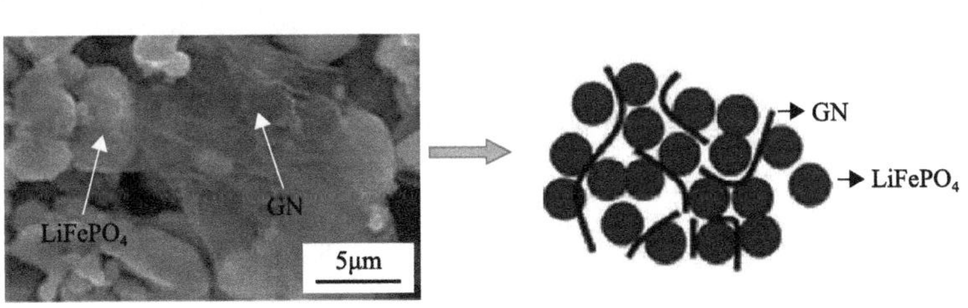

(a)

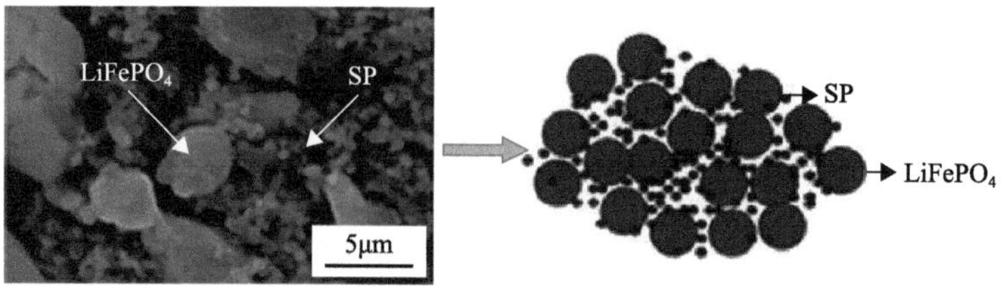

(b)

图 1.21 $LiFePO_4$正极使用石墨烯(GN)导电添加剂形成“点-面”接触(a)，以及使用 SP 导电添加剂形成“点-点”接触(b)[141]

电极更加明显[144-146]。此外，石墨烯由于较强的分子间作用力很容易发生团聚，石墨烯的均匀分散对于其电池性能发挥具有重要影响，通过超声处理可以有效提升石墨烯的分散性[147]。

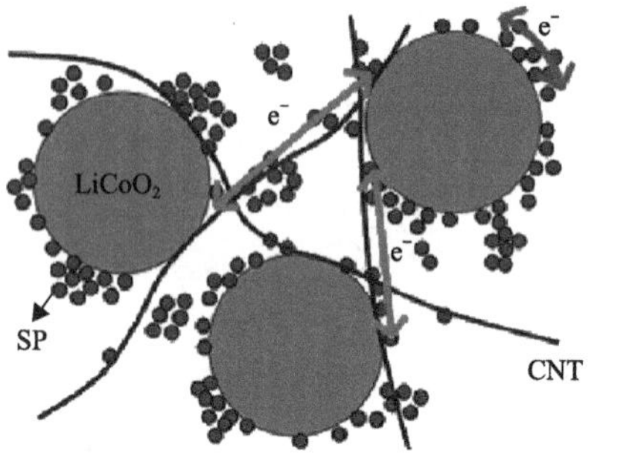

图 1.22 $LiCoO_2$正极同时使用碳纳米管和 SP 导电添加剂同时形成长程和短程电子通路[150]

在锂离子电池实际制备中会同时使用多种导电添加剂，这样做可以同时利用不同种导电添加剂的优势甚至使其协同作用，不同尺寸和形貌的导电添加剂可以在不同的空间尺度构建导电网络，相比于单独使用一种导电添加剂会表现出更好的综合性能[148,149]。例如，Wang 等[150]研究了同时使用碳纳米管和 SP 作为 $LiCoO_2$正极导电添加剂(图 1.22)，碳纳米管贡献形成长程导电通路，而 SP 贡献形成短程导电通路，两者协同作用降低了渗流阈值，即碳纳米管添加量只有 0.01%，但是在同时使用碳纳米管和 SP 的情况下，电极表现出的电化学性能显著好于单独使用 SP 导电添加剂。

1.4 锂离子电池单体与系统

近些年来，随着电动汽车市场的逐渐扩大，锂离子电池作为电动汽车的核心组件，其发展也得到了越来越多的关注，尤其是动力电池的发展。许多研究者致力于提升电池材料的性能，寻求理论能量密度更高的新材料在电池中的安全稳定运用，相关内容在本书的其他章节有详细论述。然而，相比于材料的理论能量密度，电池企业更关注电池包的能量密度，这是因为从材料组装成电芯，再到模组，最后集成为电池包，就像一个俄罗斯套娃，每一个环节的连接件和结构固定件都会造成质量能量密度的损失和空间的极大浪费，因此电池包的能量密度是从业者关注的重点。与之相关的两个关键要素是单体电池和电池包的集成方法。

在详细展开有关锂离子电池单体与系统的内容之前，首先明确几个常见的电池术语：电芯、单体电池、模组、电池包。详细内容见表 1.2。

表 1.2 电池中常见术语说明表

定义	说明
电芯	由正极、负极和隔膜组成，一般不直接使用
单体电池	将电芯封装在保护外壳内的最小电化学装置
模组	将一定数量的单体电池按照串联或并联的方式封装在一起，防止单体电池受到外部的撞击或者热影响，有统一的接口与外界联系
电池包	将一定数量的电池模组按照串联或者并联的方式封装在一起，由电池管理系统控制

1.4.1 锂离子电池单体与集成方法

日常在数码产品中使用的电池往往是一节或多节单体电池，而驱动一台 1t 以上的电动汽车所需要的能量，远远超过日常使用的一节电池。例如，在纯电动汽车 BMW i3 中，总共安装了 96 个单体电池。12 个电池组合成一个模组，8 个模块组合在一起，以电池包的形式进入车辆。因此，动力电池由单体电池到模组到电池包组成，虽然本质上其组成仍然由大量的电芯串并联而成，但在实际生产的过程中，设计者需要考虑的问题不仅仅是电池模组的加工方法和电池包的集成方法等，还要考虑电池管理系统的架构、电池的均衡、电气控制和热管理等。此外，电池包规格与电动汽车的整体设计密切相关，电池包的体积直接影响电动汽车的造型与设计。因此，行业从业者正在将他们的关注范围从电池性能扩大到电池组/模组/电池包的高效设计。本节重点介绍动力电池及其集成方法。

传统的电池包加工方法由若干个电池模组构成，而电池模组又包括若干锂离子单体电池作为基元，采用并联增加电流、串联增加电压的纵横立体连接，构成不同需要的模组。不同类型的电动汽车对电池的需求不同，所选择的单体电池也有所区别[151]。目前，市场上主要的单体电池类型包括扣式电池、圆柱电池、方形电池和软包电池。

其中，扣式电池主要面向实验室做基础研究和各种微电子产品使用。动力电池中常用的则是软包电池、圆柱电池和方形电池，其具体特点如表 1.3 所示。

表 1.3 不同类型单体电池组装电池包的特点

特点	软包电池	圆柱电池	方形电池
常见规格	无特定规格，可定制	18650、21700、4680①	无特定规格，可定制
制造工艺	方形层叠	圆柱卷绕	方形卷绕
外壳	铝塑膜	钢壳，铝壳	钢壳，铝壳
力学性能	机械强度低，铝塑膜易破损	机械强度高	机械强度中等
爆炸风险性	铝塑膜易膨胀或破裂，但不易爆炸	相比于软包电池，爆炸风险高	相比于软包电池，爆炸风险高
电池一致性	差	高	中等
其他特点	质量轻，能量密度高； 内阻小，散热性好； 循环寿命长；易漏液	质量较轻，能量密度较高； 散热性能一般	质量重，能量密度低； 工艺成熟，产品一致性高； 散热较好

①圆柱电池尺寸规格中前两位数字代表圆柱直径，中间两位数字代表圆柱长度，最后一位代表形状是圆柱电池。例如，18650，18 表示直径为 18mm，65 表示长度为 65mm，0 表示为圆柱电池。

以上不同类型的电池在电动汽车动力电池中均有应用，例如，车企巨头特斯拉对圆柱电池就青睐有加，从早期的 Model S 型电动汽车开始搭载 18650 电池，到价格更加亲民的 Model 3 型搭载 21700 电池，以及下一步重点开发的 4680 电池。然而，不管是哪种类型的电池，都面临两个重要的挑战：安全性和能量密度。

安全性是锂离子电池最大的关注点。一方面，电池的安全性直接关系到用户的生命安全；另一方面，电池作为汽车动力的来源、能量的最大载体，本质上就存在安全风险。根据国家标准 GB 38031—2020《电动汽车用动力蓄电池安全要求》，电动汽车用动力电池的危险主要包括泄漏、起火、爆炸和电击等，要求电池单体在过放电、过充电、外部短路、加热、温度循环和挤压实验中能做到不起火、不爆炸；同时，要求电池包或系统在进行振动、机械冲击、模拟碰撞、挤压、湿热循环、浸水、热稳定性、温度冲击、盐雾、高海拔、过温保护、过流保护、外部短路保护、过充电保护和过放电保护实验时，应无泄漏、外壳破裂、起火或爆炸现象，且不触发异常终止条件[152]。因此，为了降低事故发生的可能性，针对性地对电池包进行设计，进而提高电池包的安全性是必要的。

随着电动汽车逐步取代燃油车，电动车的里程焦虑也困扰着众多用户。一方面，科研人员旨在开发高能量密度的新材料，如高镍正极、硅基负极和锂金属负极等；另一方面，尽可能地提高电池包的集成工艺，减少其中的结构件和连接件，提高电池包的质量能量密度。例如，2018 年蔚来汽车 ES8 上市时所用电芯能量密度为 210W·h/kg，而电池包能量密度仅为 132W·h/kg，重量成组率为 63.6%，体积成组率则仅为 31.7%。由此可见，提高电池装载量是改善汽车动力性的必由之路。

锂离子电池包的设计没有标准的尺寸，这是因为电池包的设计是服务于电动汽车的，不同的电动汽车有其独特的架构、安装位置和配套的组件等。但是传统的电池包设计还是遵循了“单体电池—模组—电池包”的规律。从机械和结构的角度来看，通常关注的组件包括安装电池包的外壳，以及封装和保护电池的机械结构，这两种部件的材料通常为钢、铝、塑料、玻璃纤维和它们的复合材料[153]。

电池包的设计首先需要考虑的是单体电池的类型，这将决定最终的构型。例如，软包电池的使用需要将其安装在一组塑料或金属制成的框架上，使电池受到保护，并对电池施加适当的压力。对于体积较大的方形电池，每个单体电池可能不需要其唯一的框架或结构件，合理运用互连板足以提供适当数量的机械结构。

电池模组的设计，尤其是零部件的选择，需要考虑材料使用的长期性和可维护性。例如，在电池模组中常用的条带，如果使用的是塑料材质，随着时间的延长其可能出现一定程度的拉伸，在整个生命周期内的弹性能否保持？电池能否持续获得足够的压力？如果使用钢带，可能会产生相反的效果，因为它不会随着时间的推移而拉伸，但单体电池尺寸会在其生命周期内有所增长。因此，金属带提供的压力将随着时间的推移而增加。另外，电池由机械部件、螺栓和螺母连接制成，这有利于更换单体电池，以及对模组的维护。然而，随着时间的推移，机械连接始终存在松动的风险，从而增大电阻和增加在电池中产生故障的可能性。一些电池制造商使用焊接来实现电池与电池的互连。这样做的好处是材料成本较低和可靠性较高。但是，如果电池包中的一个单体电池出现故障，可能需要更换整个模组甚至电池包。另外，电池包的机械设计需要考虑可能受到的冲击和振动。例如，在汽车中的应用需要好的抗震性，设计人员可能会采用泡沫材料，以减少振动对电池组的影响。同时，还需要避免振动在电池之间的传递，防止因此造成的阻抗增大、热量增加，并最终导致电池失效。

为了进一步提高电池包的能量密度，新的研究旨在尽可能多地减少电池中的结构性组件，增加单体电池的数量，以实现高的空间利用率。因此，包括比亚迪、宁德时代、LG 新能源和特斯拉等厂商都在探索无模组电池包技术，即从单体直接集成到电池包(cell to pack，CTP)。例如，比亚迪推出的刀片电池，单体电池与电池包长度一致(600～2500mm)，所有与模组相关的部件都被移除，包括传统电池包中用于固定模组的结构件，电池本身可以提供结构支撑，因此电池包的集成效率提高了 40%。与搭载三元电池的其他电动汽车相比，比亚迪·汉中电池包的能量密度已经达到相同水平，且磷酸铁锂电池的安全性更高[18]。宁德时代推出了 CTP 高效成组技术，通过简化模组结构，使得电池包体积利用率提高 20%～30%，零部件数量减少 40%，有效提升生产效率达 50%。广汽埃安发布弹匣电池，通过使用纳米隔热材料和耐高温壳体，为电芯配备了隔热安全舱，因此得名“弹匣”。该电池搭载三元正极和硅负极，通过了针刺、挤压、撞击和高温等安全实验。相比于同类普通电池，弹匣电池体积能量密度提升 9.4%，质量能量密度提升 5.7%。此外，宁德时代和特斯拉相继宣布开发集成度更高的电池底盘一体化设计(cell to chassis，CTC)技术，即单体电池直接集成到汽车底盘，并兼顾电机、电控和高压模块。未来，CTC 技术将使新能源汽车有更低的成本和更大的乘坐空间，与燃油车相比具有更好的竞争性。

电池集成方法的改变对于电池的热管理有显著影响，传统基于模组的设计方法不适用于无模组电池热管理系统(module-free battery thermal management system，MF-BTMS)。有研究针对 MF-BTMS 提出了基于区域的建模和优化方法，该方法包括区域定义、区域连接和电池包优化[154]。考虑到温度均匀性和能源效率，他们设计了一种新型的具有热管组和相变材料(heat pipe group-phase change material，HPG-PCM)的空气冷却系统，将其应用于不同尺度的电池，研究环境温度下通风翅片间距和风速的影响。与传统方法相比，该方法对电池包内温度均匀性平均提高了 50.79%，最高可达 93.28%。同时，冷却系统的能耗可节省 61.71%，这将扩大电动车的巡航范围。还证明了 HPG-PCM 系统对 MF-BTMS 是有效的，因为在散热片的帮助下散热性能得到了增强，而通过调整散热片间距来减少电池包内温度分布不均的情况。

交通电气化是当下发展的趋势，越来越多的人选择电动汽车作为出行工具，这对锂离子电池的发展既是机遇也是挑战。参考燃油车，电动汽车的航行里程保守估计应大于 750km，如果考虑电池老化、气候影响等因素，电动车的续航里程应大于 1000km 才可取代燃油车，对应电池包能量密度要达到 350W·h/kg 以上。除了关键材料需要实现突破，电池包的设计旨在优化电池的排布方式，提高空间利用率，在电动车上集成更多的电池。电池作为能量的载体，本质上存在安全隐患，随着电池能量密度的提高，电池包设计的另一个关键要素是提高电池包的安全性[155]。

1.4.2 电池管理系统

电池管理系统(battery management system，BMS)是控制电池包的核心组件，是电池系统的“大脑”。它通常包含以下功能组成部分：数据采集、余能(stage of charge，SOC)估算、热管理系统、电池均衡、电气控制、电池保护和数据通信等。

数据采集是BMS对电池有效管理的基础。采集数据包括单体电池的电压和温度的动态变化、电池组和电池包的组端电压和电流，以及其他特征信息。为了保证用电安全，采样频率通常不低于1次/s。有时为了简化设计，信息的采集可以成对或成组设置。

余能估算是BMS中的难点。由于电池的使用过程通常具有随意性和不确定性，随着使用时间的延长，还需要考虑电池的老化等问题。传统的SOC估算方法包括安时法、开路电压法、支流内阻法等。安时法可以精确计算电池组SOC，但是随着使用时间的延长，需要定期对电池进行首末端校准，通过彻底地充放电消除累积误差，目前常用的是将安时法和其他方法组合使用。近年来又相继提出许多新型算法，如模糊逻辑算法、粒子群算法、卡尔曼滤波模型算法和非线性模型法等[156,157]。

热管理系统的设计是基于温度对锂离子电池性能的影响。温度的变化会直接影响电池的阻抗、电压和充放电容量等，如果长时间处于过高或过低的温度，会显著影响电池的寿命。温度的变化主要来自环境温度的影响和使用过程的放热。

电池均衡是BMS技术水平的重要指标。电池包中通常包括多个模组和数以千计的单体电池，受限于电池制造水平，单体之间的性能差异是不可避免的。为了避免单体的失效造成电池包的失效，对电池组之间的单体进行管理和均衡是必不可少的。

电气控制旨在通过控制充放电过程，避免充放电造成的单体性能不一致。例如，美国的托莱多大学为混合动力汽车设计了一种集中式、非耗散型的选择性推进均衡器，均衡化是使用一个相对简单的电流回路来实现的，它对低压单体充电，而不是常见的对电压较高的单体放电。这种方法硬件简单，但效率有待提高。

电池保护是为了防止电池故障和进行必要的安全管理及控制。BMS对于电池的保护包括电压上下限保护、电流上下限保护、SOC上下限保护、温度上下限保护以及其他故障的保护。当出现告警值时，BMS会下发指令对电池工作状态进行调整。如果出现故障值，则会紧急关闭继电器，断开电路，防止意外发生。

BMS中的数据通信主要通过控制器局域网(controller area network，CAN)总线实现。其优势在于可以挂载多个节点，彼此之间可以通信；相比传统的数据传输方式，CAN总线可以减少布线；CAN总线的传输速度更快。另外，通信线的布置要预留计算机接口，便于维护人员进行数据分析。

目前，随着锂离子市场的繁荣，对BMS的设计提出了更高的要求。近年来，国内外研究人员已经取得了很大的进展，但仍然有许多方面需要提高。例如，提高动态数据采集的可靠性，对获取的海量数据智能过滤，智能分析；提高SOC的估算精度；增强电池均衡的研发，提升电池的使用寿命等。锂离子电池仍然在高速发展，不断出现新的电池体系和技术，研究更具普适性的BMS是当下研究的热点。

1.5 锂离子电池的应用

在全球能源危机和能源结构转型的背景下，二次电池的商业化之路先后经历了铅酸电池、镍镉电池、镍氢电池和锂离子电池这四个阶段[158-160]。其中，锂离子电池优势明显，具有能量密度高、循环寿命长、自放电率小、绿色环保等特点。自20世纪90年代锂离子电池成功商业化之后，发展非常迅速，出货量不断增长。2015年锂离子电池出货量不到100GW·h，预期发展至2030年时，锂离子电池的市场需求量将达到2000GW·h[161]。锂离子电池取代了镍镉电池和镍氢电池的大部分市场份额，与铅酸电池一并成为电池产业的支柱，广泛应用于消费电子、电动汽车、储能、航空航天等领域(图1.23)，已经成为现代和未来生产及生活中极其重要的一部分[162]。截止到2021年，韩国LG新能源、中国宁德时代和比亚迪、日本松下四家公司成为锂离子电池的主要供货商。锂离子电池根据应用领域不同，主要分为数码电池、动力电池和储能电池等。

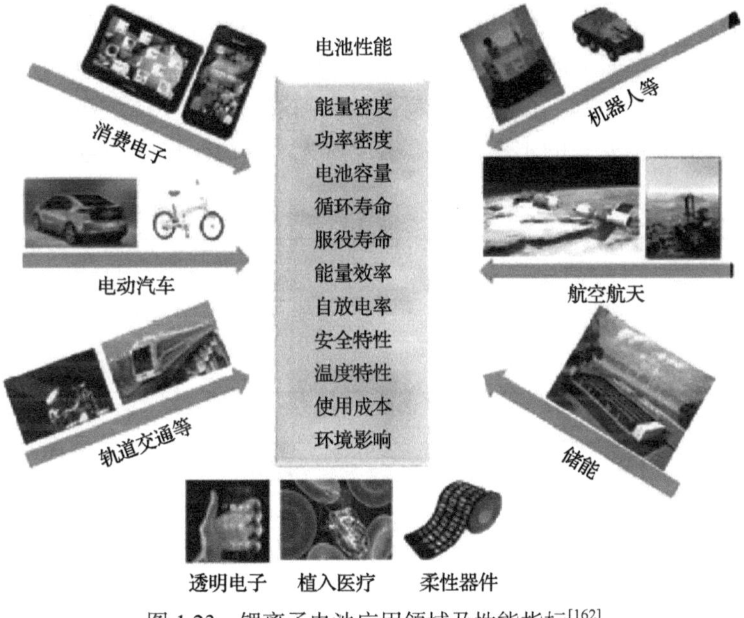

图1.23 锂离子电池应用领域及性能指标[162]

1.5.1 锂离子电池在消费类电子领域中的应用

锂离子电池成本高，最先应用的领域是具有高科技、高附加值的3C(communication, computer, consumer，即通信、计算机、消费类)电子产品。1991年，日本的Sony和A&T公司率先开发出14500型、18650型、20500型锂离子电池用作Kyocera公司和Sony公司生产的手机和摄像机的电源[163]。不久，日本三洋、三星、三菱、松下、富士通等公司看到了锂离子电池的发展潜力，纷纷加入研究锂离子电池的队伍中。

21 世纪信息技术的高速发展和 5G 技术的应用，引领了全球智能网联时代的到来，从而扩展了更多的新型智能硬件对锂离子电池的需求，如智能家电、智能家居、智能机器人等。并且锂离子电池生产工艺的进步和电池材料性能的提升，使得锂离子电池成本降低，电池综合性能得到提升，并且形状开始变得多样化。基于以上因素，锂离子电池在电子产品中的应用得到进一步拓展：2010 年锂离子电池的市场需求接近 22GW·h，2020 年全球 3C 类锂离子电池出货量约为 60GW·h，预期发展到 2025 年便能够超过 100GW·h[164]。其中，锂离子电池在手机端的增速最为明显，据 Strategy Analytics 报道，2020 年全球智能手机市场同比增长 7%，市场经济规模达到了 75 亿美元。全球手机电池主要供货商包括东莞新能源科技有限公司（中国，Amperex Technology Ltd.）、LG 新能源公司（韩国，LG Energy Solution）和三星 SDI 公司（韩国，Samsung SDI Co.Ltd），分别占据手机电池市场份额的 42%、26%和 15%。因为消费类电子产品体积较小，留给锂离子电池电源的空间有限，所以使用的锂离子电池正极材料为具有更高压实密度的钴酸锂正极材料，电池的电压从开发初期 4.1V 已经提高至 4.4V 及以上。锂离子电池的体积能量密度也从一开始的低于 200W·h/L，到现在超过了 700W·h/L，表 1.4 列举了部分 3C 电子产品使用的锂离子电池基本信息。随着大众对 3C 电子产品更轻、更薄、使用时间更长的需求，未来锂离子电池会在保证安全的前提下，向更高体积能量密度的方向发展。例如，钴酸锂正极材料电压可以向着 4.5V、4.55V 乃至 4.6V 更高方向发展，或者采用具有高压实密度、高容量的单晶三元正极材料；负极则进一步替换成更高容量的硅基负极材料；电解质可替换成更安全的不燃性电解液或者无泄漏风险的固态电解质。

表 1.4 电子产品使用的锂离子电池基本信息

基本信息	3C 电子产品种类				
	蓝牙耳机	平板电脑	智能手机	笔记本	数码相机
电池形状	纽扣	软包	方形	圆柱	方形
生产公司	鹏辉能源	欣旺达	欣旺达	三星 SDI	三星 SDI
型号	ICR1654	PAD 电池 2	7 号手机电池	ICR18650-22F	ICP103450
充电截至电压/V	4.45	4.4	4.4	—	—
平均电压/V	—	3.82	3.8	3.6	3.8
容量/(mA·h)	69	5100	3000	2200	2200
尺寸	12.5mm×5.4mm	119mm×98.5mm×2.8mm	77.4mm×61.6mm×4.2mm	18mm×65mm	10mm×34mm×50mm

1.5.2 锂离子电池在电动汽车领域中的应用

随着锂离子电池能量密度的不断提升，锂离子电池的应用领域延伸到电动汽车领域。

19 世纪，便有科学家将电能作为汽车的动力；1873 年，Robert Davidson 研发出电动汽车，比内燃机汽车的出现早了 12 年。当时的电池表现出能量密度低、功率密度低、循环寿命低等问题，使得电动汽车性能比内燃机汽车差，因此汽车市场逐渐被内燃机汽车垄断。电动汽车的曙光起源于 20 世纪 70 年代的石油危机，许多企业开始研制使用清洁能源（压缩天然气、液化石油气、太阳能、氢气、甲醇、电力等）作为动力的汽车，代替以石油为能源的内燃机汽车。电动汽车被认为是能够应对石油危机最具有发展潜力的汽车种类之一。进入 21 世纪，世界能源消费总量保持着强劲增长；据《BP 世界能源统计年鉴（2024）》报道，2023 年一次能源消费总量较 2022 年增长 2%，较十年平均水平高出 0.6%。可再生能源消费增速是一次能源消费总量增速的 6 倍。因此，世界各国和地区正逐渐调整现有能源消费结构，构建现代能源体系，简述为：一次能源消费占比同比降低，可再生绿色能源占比增加，以此来避免能源危机的到来。使用清洁能源的电动汽车是能源结构中不可或缺的一环，并且内燃机汽车的普及带来了严重的污染（尾气、噪声），加上人们环保意识的增强，进一步带动了对电动汽车的研发。最后，高能量密度锂离子电池的出现让以电力作为动力的汽车登上了舞台，最为限制电动汽车使用的里程焦虑问题也因此得到缓解，电动汽车逐步得到市场认可。锂离子电池应用于电动汽车的历程，根据专利申请数量分为三个阶段：起步时期（1979～1998 年），这一阶段主要是寻找合适的电池材料获得高能量密度锂离子电池，最早是加拿大公司申请了关于电解质溶剂的专利；缓慢增长期（1999～2008 年），这一阶段得益于磷酸铁锂正极材料的成功研制，使得车用高能量密度锂离子电池技术的商业化取得了关键性进展；快速发展期（2009 年至今），这个阶段由于三元正极材料的使用，高比能锂离子电池规模工业化问题得以突破[165]。

到 2020 年之后，锂离子电池应用于电动汽车的类型主要分为纯电动汽车（electric vehicle，EV）、混合式电动汽车（hybrid electric vehicle，HEV）和插电式混合动力汽车（plug in hybrid electric vehicle，PHEV）（图 1.24）。纯电动汽车是指完全以可充电电池作为动力源的汽车。混合式电动汽车是指车上装有集成化混合动力总成系统（电动机、发动机）的汽车，能够在汽车不同行驶状态下选择性提供能源，实现最优组合，达到减少一次能源消耗、降低汽车尾气排放的效果。混合式电动汽车的特点是无外接充电器，电能来源于

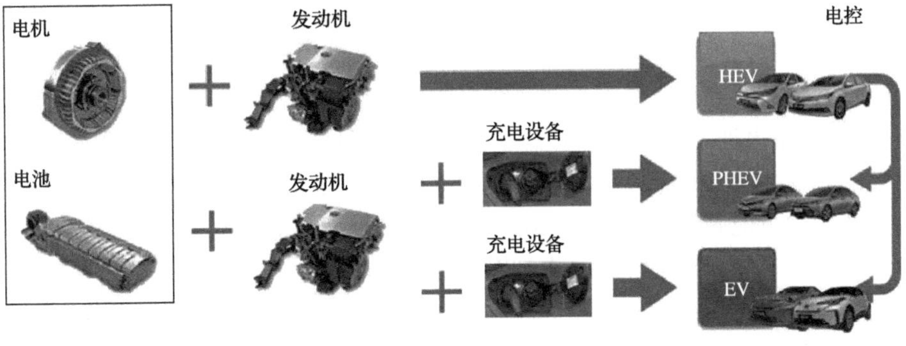

图 1.24　HEV/PHEV/EV 汽车示意图

发动机充电以及动能回收系统。插电式混合动力汽车是综合纯电动汽车和混合式动力汽车的优点，既有内燃机汽车包含的传动系统、油箱、油路，又包含纯电动汽车含有的电池、电动机、控制电路等，在短程行驶过程中可以实现纯电动、汽车零尾气排放；在长途行驶中，可以通过燃油增加汽车续航里程。电动汽车与传统使用石油的内燃机汽车相比具有明显的优势。首先，低污染排放，传统内燃机会释放出大量的二氧化碳和氮氧化合物，同时产生较大的噪声污染。但是电动汽车降低了油耗，甚至不需要使用汽油，降低了污染物的排放；并且电动机声音比发动机声音小，噪声污染会降低。其次，电动汽车的普及会降低一次能源的消费，加速现代能源结构转变，降低能源危机。为促进能源消费结构的转变，推动低碳经济的发展，世界各国颁布了以石油作为能源的燃油车在未来退出汽车市场的政策。

电动汽车使用的锂离子电池常称为动力电池。考虑到锂离子电池的成本和能量密度因素，动力电池使用的正极材料主要为三元正极材料和磷酸铁锂正极材料，少量动力电池使用锰酸锂和钴酸锂正极材料。因为三元正极材料的能量密度高于磷酸铁锂正极材料，2018 年三元正极材料在我国动力电池市场占比超过磷酸铁锂正极材料，达到 52.9%；后续因为部分电动汽车出现了起火和爆炸等安全事故，晶体结构更为稳定的磷酸铁锂正极材料变得更加受电池厂商的青睐，使用磷酸铁锂的动力锂离子电池市场占比达到 50.5%。

因为电动汽车的保有量飞速增长，动力锂离子电池的装机量急剧增加，并且单台电动汽车的电池系统能量逐年增加；2011 年一辆电动汽车携带 20kW·h 系统电量，2021 年电动汽车系统电量超过 70kW·h，未来还会更进一步增加电池系统携带的电量来满足用户需求。2020 年，全球汽车用动力锂离子电池出货量为 158.2GW·h；预计到 2025 年，动力电池出货量将会达到 600GW·h，2030 年将会超过 1000GW·h。按照动力电池电量售价(70$/(kW·h))计算，2030 年仅动力电池的市场规模将超过七百亿美元，被认为是带动锂离子电池市场增长的最大马车[161]。动力锂离子电池的主要供货商是宁德时代、比亚迪、松下、LG 化学、三星 SDI 五家公司，这五家公司出货量之和占比从 2017 年的 58%，发展至 2020 年的 79%；这五家公司技术积累深厚，规模优势明显，在未来会得到进一步的发展。研究学者认为续航里程是限制电动汽车发展的因素，需要提升电动汽车内电池系统的能量密度。2018 年以前，科学家和工程师主要提升电池内材料的能量密度，来增加电池集成系统的能量密度，例如，三元正极材料增加镍元素含量占比和石墨负极掺入部分硅材料来提升电池单体容量。这一阶段，单体电池能量密度从 100W·h/kg 发展至接近 200W·h/kg。2018 年之后，动力电池系统采用新的结构设计，通过高度集成降低非活性材料的使用，减小电池系统质量用来提升电池系统能量密度，出现了比亚迪的刀片电池，宁德时代的 CTP 电池，国轩高科的 J2M 电池等新型结构电池组(图 1.25)。截至 2022 年，宁德时代的动力电池系统能量能到 265W·h/kg，搭载该电池系统的电动汽车续航里程能达到 1000km。研究者预测后续提升电池系统能量密度的方法将围绕新材料体系和电池结构创新两个方向进行，例如，开发锂硫电池、锂金属电池等新晋的电池体系，设计更加集成化的“电池到车”电池系统结构等。

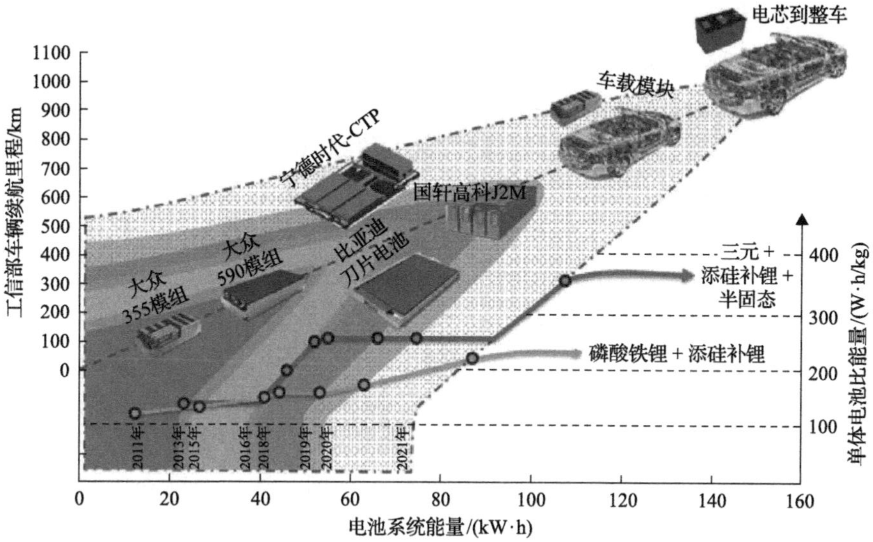

图 1.25　动力电池结构创新进展图

1.5.3　锂离子电池在储能领域中的应用

全球能源供给结构正在由依赖化石能源开始转变成绿色环保的可再生能源(风能、太阳能、水电、生物燃料、地热能等)，储能技术是能源供给结构改变的基石。储能技术根据原理分为化学储能，物理储能，电化学储能；具有代表性的储能技术有电池储能、氢储能、压缩空气储能和蓄水储能等。电池储能技术具有长使用寿命、可扩展性、高度灵活性等优势，成为主要应用的储能技术，表 1.5[166]列出了部分电池储能技术特点。其中，锂离子电池储能技术具有能量密度高、循环寿命长、无记忆效应等优点，是短周期分布式小规模可再生能源储存的最佳选择；因此 2019 年以前，在全球累计电池储能技术装机容量占比中，锂离子电池占比达到 82%[167]。储能使用的锂离子电池要求安全性和低成本，因此电池主要采用的正极材料是磷酸铁锂；储能锂离子电池应用的场景广泛，不仅在大规模储能领域有应用，还包含小规模储能应用，如在家庭、社区充当备用电源，医院、实验室作为紧急电源等。

表 1.5　部分电池储能技术特点[166]

电池类型	质量能量密度/(W·h/kg)	质量功率密度/(W/kg)	体积能量密度/(W·h/L)	能量效率/%	一次循环成本/(美元/(kW·h))
铅酸电池	30～50	75～300	50～80	70～90	20～100
锂离子电池	75～200	150～315	200～500	85～89	15～100
钠硫电池	150～240	150～230	150～250	70～90	8～20
液流电池(钒液流)	10～30	—	16～33	60～85	5～80

世界储能需求在逐年提升，储能锂离子电池发展潜力巨大。2016 年世界多国签订了《巴黎协定》，规定世界各国能源消费结构中，绿色环保的可再生能源占比提升。因此，

储能规模的扩大对于提升可再生能源的消费占比至关重要。2015 年，日本、欧洲和美国三大地区是储能规模扩大的主要区域，分别增加了 0.3GW·h、0.2GW·h、0.2GW·h；2020 年，中国颁布碳达峰碳中和政策，储能容量增加最快，达到 1.6GW·h(图 1.26)，占全球储能容量增幅的 32%。科学家基于近零排放条件，预测 2025 年，储能需求约 148.0GW·h，2030 年将达到 585.0GW·h。锂离子电池储能技术现阶段主要为电网固定式储能技术，未来会依托智慧新能源系统发展车网互动式储能和家庭网络储能技术。智慧新能源系统是通过负荷、电源、储能、智能网络协同互动构建而成的电力系统，主要特点是系统智能化、动力电动化和能源低碳化。车网互动(vehicle to grid)储能技术核心是车辆给电网放电，实现双向互联；需要电动汽车并入储能电网，并在用电低谷时充电，在用电高峰时放电，达到和固定式储能同样的效果。全世界人口数量约 80 亿，4%的人口拥有电动汽车，一辆汽车携带电量为 65kW·h，车网互动储能规模则达到 19500GW·h。家庭网络储能技术是采用集成化微电网设计思路，在低耗电时间内，家用储能系统可以自行充电，在待机功率峰值或断电的情况下使用；处在用电高峰时，家庭储能系统为电网负载供电[168]。基于全球人口总数计算，这部分储能规模也不容小觑；车网互动和家庭网络储能技术依托的器件分散，不但可以灵活使用，降低固定式储能的电网调峰压力，而且地域分散，每个单元内电池系统电量低，提高了锂离子电池在储能领域的安全性。

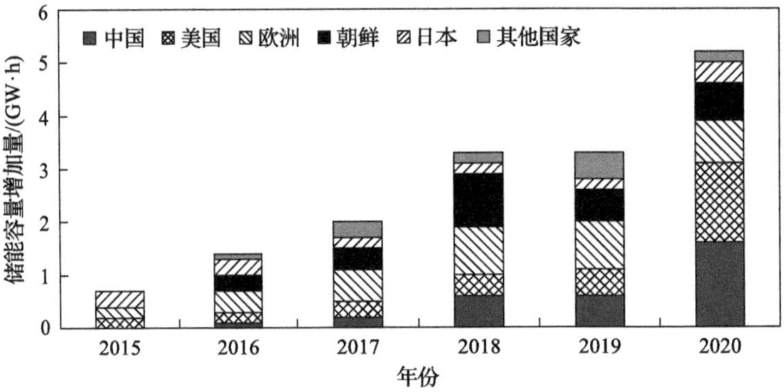

图 1.26　2015～2020 年各国每年新增储能容量

1.5.4　锂离子电池在其他领域中的应用

锂离子电池除消费类电子、电动汽车、储能领域的应用之外，还在航空航天、军事、医学、可穿戴电子设备、电子烟等领域广泛应用，并成为其中重要的组成部件。锂离子电池应用于航空航天电源系统中，包含主电源、应急电源、辅助电源和二次电源等。2004 年，美国发射了机遇号和勇气号火星探测器，探测器因为高性能的锂离子电池完成了长时间工作；2011 年美国波音公司生产的波音 787 民用航空飞机首次使用了锂离子电池；2016 年，空客 A350-900 型飞机大规模使用锂离子电池取得成功，意味着锂离子电池应用于航空领域技术已经成熟[169]。锂离子电池具有能量密度高、形状设计灵活的特点，能够适应军事领域内不同武器装备的需求。锂离子电池循环寿命长、无污染的特点，适用于医学领域的助听器、心脏起搏器和其他一些非医疗器械等。智能可穿戴设备得益于高性能的锂离子电池，发展迅速，涌现了许多新型器件，包括智能眼镜、智能手表、智能腕带、智能臂环和智能腰带等。锂离子电池可以在电子烟中加热烟油，实现和卷烟同样的功效。据世界卫生组织报道，2018 年全球男性烟草使用者人数为 10.93 亿，一只电子烟内电池的容量为 90～1000mA·h，这部分锂离子电池市场也接近 40GW·h[170]。锂离子电池技术的不断迭代升级，电池原材料进一步改性发展，电池的成本逐渐降低，使得锂离子电池应用领域进一步扩展，并带动锂离子电池自身的发展。

1.6 锂离子电池技术的发展及未来挑战

1.6.1 有机液态体系

锂离子电池通常由正极、负极、有机液态电解质和隔膜构成。其中，电解质起到传输锂离子的作用，由锂盐、有机溶剂和添加剂构成[104]。有机液态电解质具有高离子电导率、低成本、高稳定性及成熟的生产路线，不仅在现有锂离子电池产业链中占据主导地位，而且在第三代高比能锂离子电池乃至金属锂电池中也被广泛地研究。电解液的各项成分在很大程度上决定着锂离子电池的能量密度、功率密度和循环寿命，对其进行合理的组合和优化能够有效提高其耐高压性能和倍率性能，进而实现稳定输出高比能及高功率。

目前来说，绝大部分有机液态锂离子电池的研究是基于有机醚类或有机碳酸酯类电解质来进行的[171]。由于醚类溶剂对负极材料的化学稳定性较高，基于醚类电解液中的锂沉积不易析锂且形貌维持较好，通过优化电解液组分，醚类电解液中的沉积库仑效率可超过 99%[172]。目前，基于醚类溶剂的电解液已经广泛应用于锂硫电池体系中。然而，由于有机醚的电化学窗口较窄，其在 4V 以上即有可能发生氧化分解，因此很难应用到高电压正极体系中[173]。基于碳酸酯类的电解液能够耐受更高的电压，也是目前锂离子电池体系中最常使用的电解液，并在商业化锂离子电池领域取得了巨大的成功。然而，基于碳酸酯类的电解液体系中石墨负极存在溶剂共嵌入问题，金属锂负极存在锂枝晶生长挑战，循环库仑效率也较低。在基于有机醚和碳酸酯类电解液的体系中，目前主要的改善方法有采用功能化添加剂[174]、双盐电解液[175,176]、高盐浓度电解液[177,178]和局部高盐浓度电解液[179,180]等。

其中，添加剂的工作原理是利用其优先于电解液组分发生分解，形成致密的 CEI/SEI 保护层，阻隔电极材料和电解液之间的电化学副反应，提高循环性能、倍率性能和安全性。筛选原则需要依据其 HOMO、LUMO 能级和电解液组分间的关系，如图 1.27 所示[181]。正极添加剂的 HOMO 能级需要高于电解液，而负极添加剂的 LUMO 能级需要低于电解液，满足优先分解条件，可原位构建人工 CEI/SEI 修饰层。目前，有机液态电解液中最常用的负极成膜添加剂有硝酸锂、碳酸亚乙烯酯（VC）、亚硫酸丙烯酯（PS）、亚硫酸乙烯酯（ES）和氟代碳酸乙烯酯（FEC）等，正极成膜添加剂有双氟草酸硼酸锂（LiDFOB）、双草酸硼酸锂（LiBOB）、三苯基亚磷酸酯（triphenylphosphine，TPP）、三（三甲基硅烷）硼酸

酯(tris(methylsilane)boron，TMSB)[182]等。锂离子电池在实际应用中需要同时考虑正、负极界面稳定性，因此电解液添加剂通常需要多种搭配使用。例如，陆盈盈教授课题组报道了基于三(五氟苯基)硼烷和硝酸锂改性的新型碳酸酯基电解液[183]，两者协同构建正、负极双界面修饰层(图 1.28)，显著提高了金属锂的沉积效率(98.5%)，并在实用化的NCM811||Li 电池中呈现出优异的循环性能。

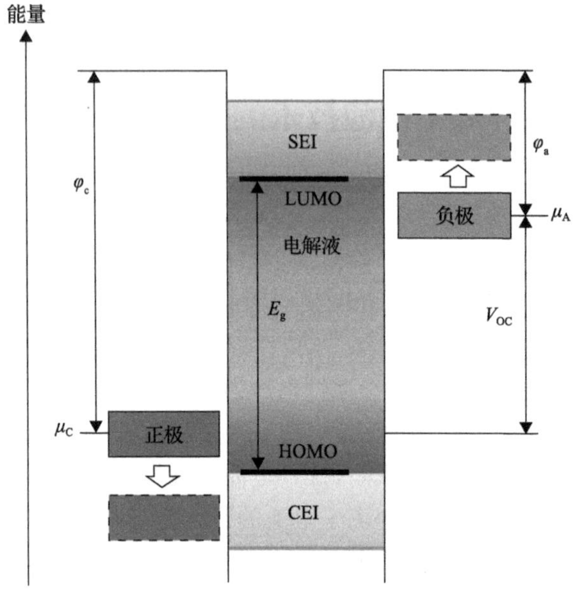

图 1.27　电解液和相应的 CEI/SEI 的 HOMO、LUMO 能级结构示意图[181]

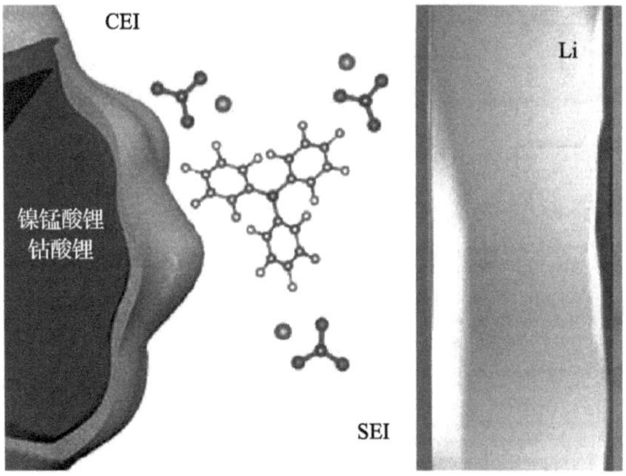

图 1.28　正、负极双界面保护的高电压金属锂电池示意图[183]

此外，通过改变电解液中的盐组分、盐浓度及溶剂组分，从而得到电化学性能更优异的锂电池也是重要的研究路径。Li 等[184]采用 0.6mol/L 四氟草酸硼酸锂和 0.6mol/L 四氟硼酸锂混合双盐体系，在加压条件下，在金属锂软包水平实现了稳定的循环。Qian 等[185]通过提高锂盐浓度，将 4mol/L 的 LiFSI 溶解于 DME 溶剂中，构建了盐包溶剂(solvent-in-salt)的电解液模型，大幅增加锂离子配位数，取得了高的平均库仑效率并抑制了锂枝晶生长

(图 1.29)。另外，通过使用不与锂离子配位的溶剂，去稀释高盐浓度电解液，从而得到局部高盐浓度电解液，可以在不影响电解液与金属锂匹配性的前提下，进一步提高电解液的浸润性和离子电导，并降低成本。Ren 等[186]采用多氟醚(1,2,2-tetrafluoroethyl-2,2,3,3-tetrafluoropropylether，TTE)作为稀释剂(图 1.30)，制备了醚类溶剂的局部高盐浓度电解液，取得了超过 99.3%的高库仑效率，同样在实用化的 NCM811||Li 电池中表现出优异的电化学稳定性。

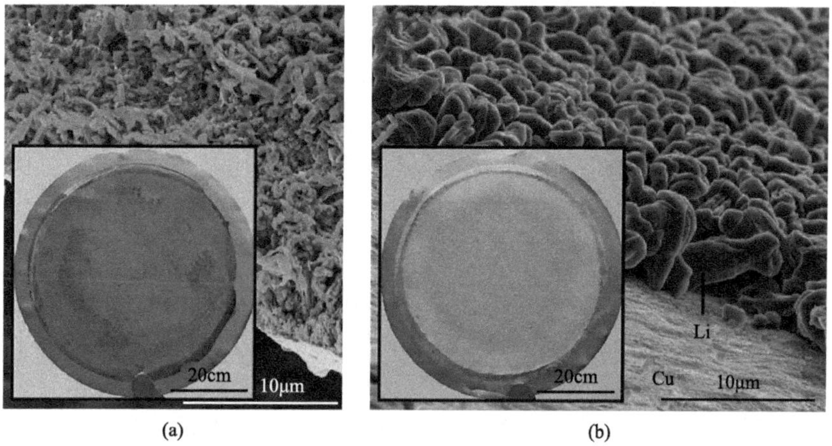

图 1.29 常规盐浓度和高盐浓度电解液中的锂沉积光学照片和扫描电子显微镜(scanning electran microscope，SEM)图[185]

(a) 1mol/L $LiPF_6$-PC；(b) 4mol/L LiFSi-DME

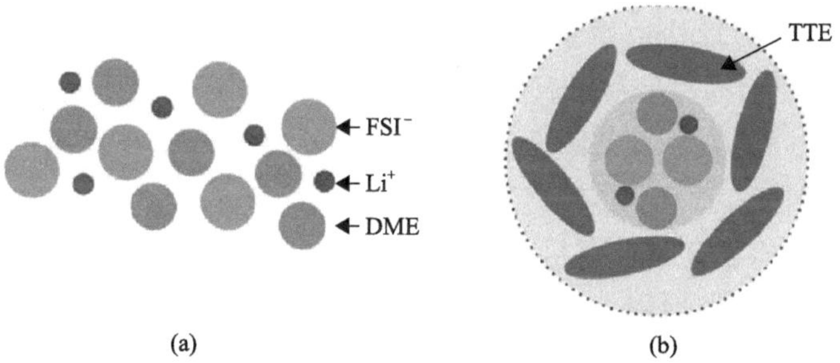

图 1.30 高盐浓度电解液和 TTE 稀释的局域高盐浓度电解液中的分子结构示意图[186]

(a) 高盐浓度电解液；(b) 局域高盐浓度电解液

虽然有机液态电解质体系目前已经取得了很大的进展，也有少量研究在实际软包水平对高能量密度电池进行了探究，但液态电解质中正、负极产气及金属锂枝晶生长的问题仍然值得担忧。同时，考虑到有机醚和碳酸酯类溶剂均为高度易燃的溶剂，从安全性角度出发，这类易燃的电解液将给电池体系带来大的安全隐患。因此，未来的有机液态电池将在保持现有高比能量、长循环稳定的前提下，重点面向高安全、实用化的锂离子电池展开研究。同时，结合原位微分电化学质谱(differential electrochemical mass spectra，DEMS)及加速量热试验(accelerating rate calorimeter，ARC)等先进的电池表征技术，相信高安全、高比能金属锂电池会飞速迈进人们的生活。

1.6.2 水系锂离子电池

水系锂离子电池的概念最早由加拿大的 Dahn 团队提出[184]，以锰酸锂（$LiMn_2O_4$）为正极、五氧化二钒（V_2O_5）为负极、硫酸锂（Li_2SO_4）或硝酸锂（$LiNO_3$）水溶液为电解液的锂离子二次电池，其能量密度（40W·h/kg）高于铅酸电池，与镍镉电池相当。水系锂离子电池的主要优点在于其以非可燃性锂盐的水溶液为电解液，可从根源上避免热失控反应，大大提高了电池安全性。此外，水系电解液的离子电导率通常比有机系电解液高出两个数量级，有助于提高电池的功率性能[187]。另外，水系锂离子电池的组装过程无需严苛的干燥环境，其装配复杂程度及成本低于有机系锂离子电池，有利于实现规模化生产。由此可见，水系锂离子电池具有价格低廉、无环境污染、安全性能高、功率高等优点，这种电池将来可望用于风力、太阳能发电等能量储存、智能电网峰谷调荷和短距离的电动公交车等。

电极材料在水系电解质中的电极反应，远比在有机电解液中复杂，构建稳定的水系电池除了考虑电极材料本身在锂离子嵌入过程中的稳定性外，还需要考虑以下问题：电极材料与水及其中微量氧气的副反应、水溶液中质子的竞争嵌入及水分解导致的析氢反应和析氧反应等[188]。其中，电极材料的副反应及质子共嵌入问题可以通过水中消除氧气、电极材料表面包覆及调整电解液的 pH 环境得以缓解[189]。因此，正、负极材料的析氢反应和析氧反应成为构建水系锂离子电池所需考虑的核心问题。由于水自身的分解电压低（1.23V），当电极材料的脱/嵌锂电位超出水的分解电压窗口时，正、负极会发生明显的析氧现象和析氢现象[190]，因此水系锂离子电池的寿命较差，且电极材料应严格在该电压内选取。即使考虑到析氢反应和析氧反应的过电位，其稳定的工作电压很难超过 2V，其工作电压一般为 1.3～2.0V，显著降低水系电池的能量密度，这也是制约其一直无法投入实际应用的重要因素。

如图 1.31 所示，用于传统有机系电解液的正极材料（如 $LiCoO_2$、$LiNiO_2$、$LiFePO_4$ 和 $LiMn_2O_4$ 等）的嵌锂电位低于氧气析出电位[189]，也是水系锂离子电池中常用的正极材料。但是对负极而言，商用石墨负极的嵌锂电位过低，无法应用于水系锂离子电池。因此，构建稳定的水系锂离子电池的重点就是在水还原的电化学窗口以上选取合适的活性负极材料。例如，高于氢气析出电位的材料有钒氧化物（VO_2 和 V_2O_3）、钒酸盐类物材料（LiV_3O_8）及类磷酸盐材料（$LiTi_2(PO_4)_3$）等，是当前较为适合在水系锂离子电池体系中充当负极的优选（图 1.32[191]）。Luo 等研究发现[189]，负极材料在放电状态时容易和氧气及水发生反应，这是导致负极材料在循环过程中容量衰减严重的关键原因。通过消除水中的氧气、调节水溶液的 pH、对材料进行碳包覆，在 $LiTi_2(PO_4)_3/Li_2SO_4 \| LiFePO_4$ 电池中展现了优异的循环性能和容量保持率。针对水系锂离子电池材料及电解液体系的认识有待进一步提高，后期研发成熟，有望取代部分有机系锂离子电池应用在短距离电动汽车和大规模储能领域。

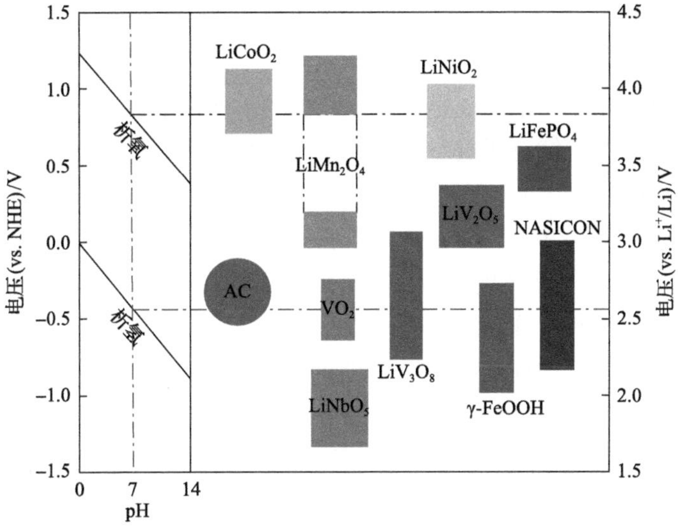

图 1.31　多种电极材料在 1mol/L Li_2SO_4 水溶液中的 H_2/O_2 析出电位图[189]

NASICON 表示钠超级离子导体(natrium super ionic conductor)

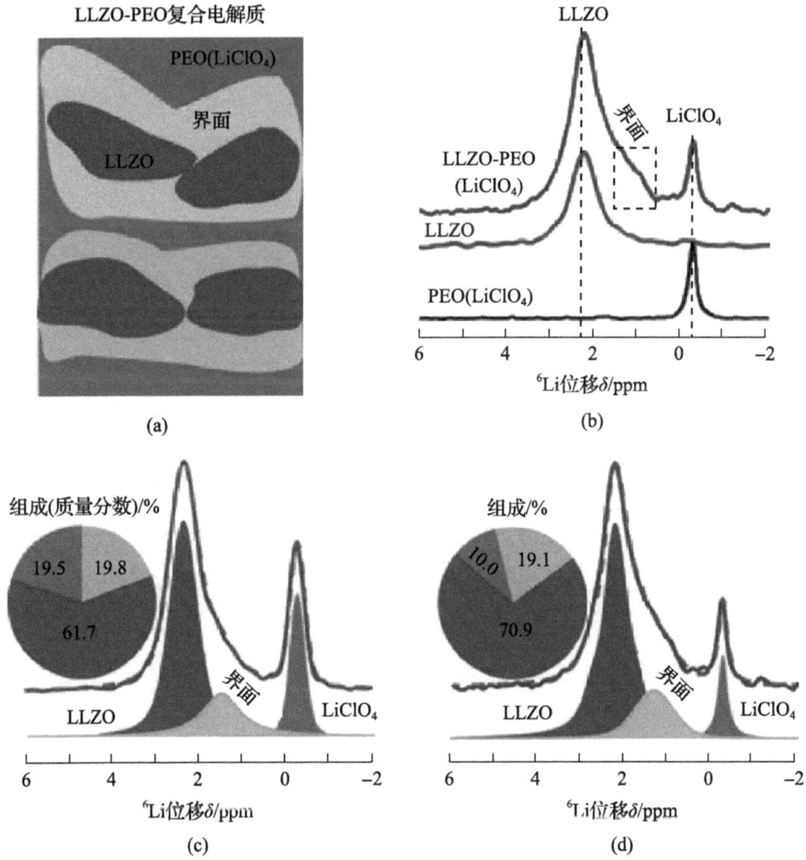

图 1.32　复合电解质中锂的局域化学环境示意图(a)，$LiClO_4$-PEO、LLZO 和复合电解质的 ^{6}Li NMR 谱图(b)，以及复合电解质的直接极化(c)和交叉极化(d) ^{6}Li NMR 谱[191]

LLZO 表示锂镧锆氧；PEO 表示聚环氧乙烷

1.6.3 固态锂电池体系

开发固态锂电池是近年来高能量密度锂电池的重要发展方向，将固态电解质作为核心的离子传导元件取代传统有机液态电解质，匹配高电压正极和金属锂负极，可大幅提升电池体系的能量密度。因此，固态金属锂电池已成为下一代锂电池的重要发展方向之一，将会发展为全世界科学家和动力电池企业关注、竞争的焦点技术。固态电解质具有以下优势[192,193]：①相比于液体电解质具有高的锂离子迁移数，可从根源上改变锂沉积行为，诱导锂金属均匀沉积，抑制枝晶刺穿带来的短路和热失控现象，极大地延长了循环寿命；②普遍具有低的流动性和高的阻燃性，不易泄漏，即使发生短路也不易燃烧，提高了电池的安全性；③通过组分与结构调控可提高固态电解质对正、负极材料的热力学稳定性，应用于各类高电压电池体系，进一步提升能量密度；④可在宽的温度范围内工作，也可设计成薄膜电池或模块电池，应用范围广泛。本节从固态电解质的分类展开介绍。根据固态电解质中的无机、有机组分进行分类，可分为聚合物固态电解质，无机固态电解质和复合固态电解质三大类[194-196]。

聚合物固态电解质：主要由聚合物和锂盐等组分构成[197,198]。其中，聚合物作为锂离子输运载体[199]，主要包括聚氧化乙烯类、聚丙烯腈类、聚丙烯酸酯类、聚偏氟乙烯类及其交联网络等体系。锂盐通过解离提供锂源[200]，主要包括六氟磷酸锂（$LiPF_6$）、四氟硼酸锂（$LiBF_4$）、双三氟甲基磺酸亚胺锂（LiTFSI）、双氟磺酸亚胺锂（LiFSI）、高氯酸锂（$LiClO_4$）和二草酸硼酸锂（LiBOB）等。聚合物基体和锂盐需要搭配选取，具体考虑聚合物的给电子极性、锂盐的解离能力以及两者混合后的玻璃化转变温度和电化学窗口等因素。聚合物电解质的主要缺点有：室温锂离子电导率低（约 10^{-5}S/cm）、锂离子迁移数低、机械强度低等，因此单独使用聚合物电解质很难获得高性能，通常采用有机/无机复合电解质策略改良聚合物电解质，复合固态电解质将在下面详细讨论。

无机固态电解质：通常包含氧化物固态电解质和硫化物固态电解质，具有高的室温离子电导率（超过 1×10^{-4}S/cm），可以满足室温工作条件[197,201]。氧化物电解质主要包括晶态的 NASICON 型（$Li_{1+x}Al_xTi_{2-x}(PO_4)_3$（LATP）等）[202]、石榴石型（$Li_7La_3Zr_2O_{12}$（LLZO）等）[203]、钙钛矿型（$Li_{3x}La_{2/3-x}TiO_3$（LLTO）等）[204]等陶瓷材料和非晶态的 LiPON 等薄膜材料[205]。其中，NASICON 型（LATP 等）氧化物电解质的综合性能最突出[206]，具有低的原料成本、宽的电化学窗口（约 4.5V）[192]、高的空气稳定性[207]和离子电导率[208]等优势。然而，其对金属锂的化学稳定性较差[209,210]，在一定程度上限制了其应用。硫化物固态电解质主要包括二元硫化物体系（$(100-x)Li_2S$-xP_2S_5，$0<x<100$）和三元硫化物体系（Li_2S-M_xS_y-P_2S_5，M 为掺杂元素）。相比于氧化物电解质，硫化物电解质具有更高的离子电导率（高 1～2 个数量级），且粉体与块体材料的合成通常不需要高温煅烧，但是其空气稳定性和对正、负极材料的热力学稳定性极低。Manthiram 等综述了各类无机固态电解质和聚合物电解质的特性[211]，根据雷达图关系，不同固态电解质存在各自的优缺点，因此单一使用某种电解质不是最佳方案。

复合固态电解质，是将聚合物电解质与无机纳米填料进行复合得到的一种固态电解质[212]。其中，无机填料主要起到降低聚合物结晶度、提高锂离子电导率与力学性能等作用，主要分为惰性填料（Al_2O_3、SiO_2 等）和活性填料（快离子导体陶瓷电解质 LATP、LLZTO 等），聚合物基体可实现软接触，弥补无机颗粒的刚性表面导致的接触失效问题。活性填料相比惰性填料具有更多的优势，以其作为填料的复合固态电解质是当前研究最多，也是最具潜力的电解质体系之一。Hu 课题组利用同位素标记和固态核磁锂谱研究发现[191]，锂离子主要经快离子导体陶瓷传输（图 1.32），而不是聚合物或聚合物/陶瓷界面，因此提高陶瓷含量可明显增加离子传输通道，提升迁移数和传输速率。Zhao 等探索了 PLL 聚环氧乙烷-双（三氟甲基磺酰基）酰亚胺锂复合电解质的离子迁移数随 LLZTO 含量的变化[213]，得到含 40% LLZTO 的 PLL 具有最高的迁移数 0.58，有效地固定阴离子，缓解浓度梯度，抑制锂枝晶生长（图 1.33）。综上所述，合理规划复合电解质的组分与结构是推进固态电池发展的有效途径。

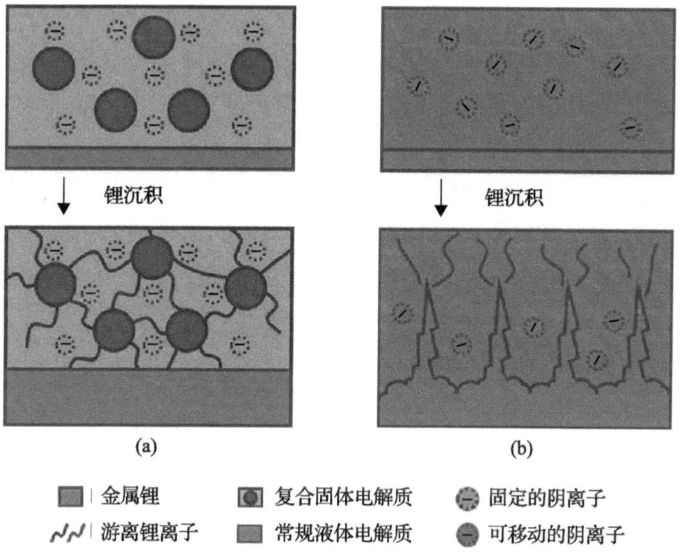

扫码见彩图

图 1.33　金属锂负极在复合固态（a）和液态（b）电池体系中的电沉积行为示意图[213]

1.6.4　其他新型锂电池体系

传统锂离子电池在储能领域得到了广泛应用，随着电池技术的应用领域不断拓宽，面向电动汽车、军工、航空及严寒地区等方向的新型电池应运而生，这就要求电池不仅具有高能量密度、长循环寿命，还对续航能力和环境适应性提出了更高的要求，因此本节重点讲述新型锂电池中的快充电池和低温电池。普通充电技术一般采用 0.5C 的充电倍率，30min 只能充满 25%的电量，而快充技术目前采用 1.2C～1.8C 的充电倍率，能实现在 30min 内充满 60%～80%的电量，未来的快充技术计划采用 4.0C～6.0C 的充电倍率，能实现 15min 内充满 100%的电量[214,215]。另外，国标对于低温电池的容量保持率做出了详细要求：民用低温锂离子电池在–20℃、0.2C 条件下的放电容量占额定容量的 90%以上；特种低温锂离子电池在–40℃、0.2C 条件下的放电容量占额定容量的 80%以上。但是，目前市场上的锂离子电池均基于 $LiPF_6$-碳酸酯基液态体系，难以满足大电流、低温充电要求，因此掌握锂离子电池快充、低温技术，促进其实际应用，具有广阔的商业前景。

理论上，增大充电电流或降低运行温度，均会造成电池内部产生严重的浓差极化，显著阻碍电池功率性能的输出，因此本节将两种电池合并讲述，阐明其中主要的科学问题和相关解决策略。快充、低温和较大的极化过电位使得锂离子在高于 0V (vs. Li^+/Li) 时就会在负极表面沉积，即通常所说的析锂[216,217]。对石墨负极而言，除了表面析锂，还存在锂离子难于脱溶剂化造成的溶剂分子共嵌入、石墨片层结构剥离及产气等问题，带来严重的安全隐患。对于更高能量密度的金属锂电池体系，虽然锂负极只发生简单的沉积、剥离而非固态扩散，但是锂会以细小颗粒的形式沉积，极易生长为针状锂枝晶并与电解液发生副反应，且自发形成的 SEI 层不断破裂、重生，造成容量迅速衰减[218]。此外，在低温条件下，电解液黏度增大，甚至部分凝固，体相离子输运能力骤降；正、负极活性物质内部扩散系数降低，离子电导率降低，电荷在体相传输受阻；另外，电解液与正负极、隔膜之间的兼容性变差，且电极/电解质界面相在低温条件下不易生成，导致锂离子在相界面的转移阻抗显著增大。传统锂离子电池在温度低于–20℃时容量急剧下降，而在–40℃时几乎不能工作，因此提高锂离子电池的低温性能对于拓宽其应用范围具有重要意义[219]。此外，电池制造中的工艺因素也会对电池快充、低温性能产生较大的影响。总体来说，体相离子传输挑战可通过对电极材料体相掺杂、表面包覆以及电解液优化得以有效改善；但是，负极析锂及界面离子输运受阻仍然是当前困扰快充、低温电池面向实际应用的主要难题，不仅电池的可逆容量受到影响，还会带来安全隐患。

本节主要介绍目前学者最常用的两种改性策略：溶解化结构设计和人工 SEI 层构建。如图 1.34 所示[48]，为了降低锂离子和溶剂间的结合力，加速锂离子脱溶剂化，Jiang 等设计了低结合能的氟代醚对高结合能的 DME 改性的电解液体系，其中氟代醚起到稀释剂的作用，使得锂离子形成局域高浓度的配位环境，降低锂离子脱溶剂化能的同时提高了电解液的氧化窗口，匹配石墨负极成功地应用于快充（4C 下的比容量为 220mA·h/g）及低温（0.1C、–20℃下的比容量为 90mA·h/g）电池中。此外，如图 1.35 所示，Thenuwara 等[220]在常规醚基电解液中引入 10%（体积分数）的 FEC 作为低温添加剂，预先构建了富含 LiF 和 Li_2CO_3 的致密无机 SEI 保护层，显著增加低温无机组分，减少有机组分，降低膜厚度，调控金属锂以“大颗粒”的形式沉积，显著提高其沉积效率与稳定性。

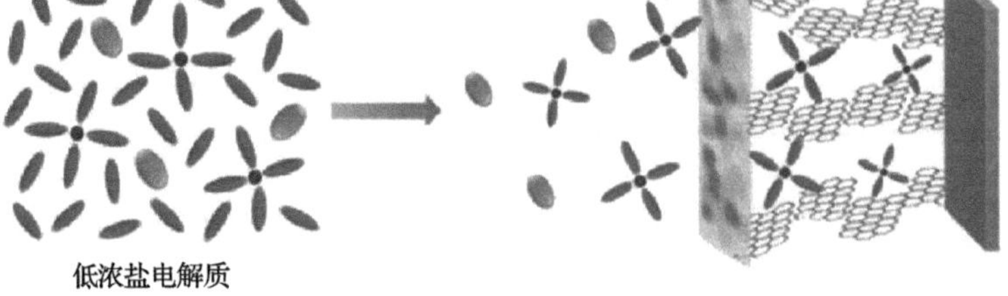

(a)

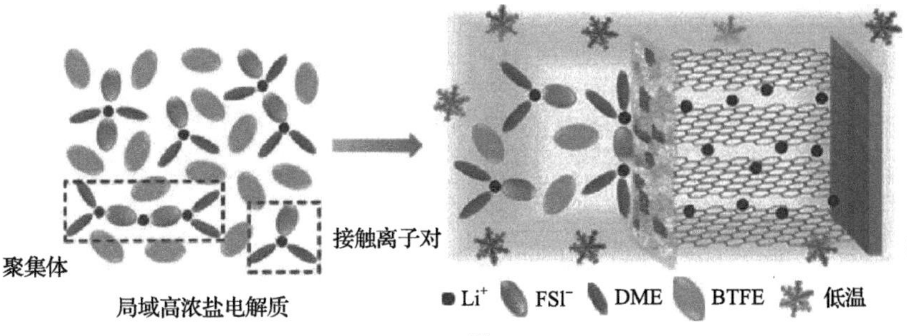

(b)

扫码见彩图

图 1.34 常规醚基电解液(a)和稀释剂改性的醚基电解液(b)的溶剂化结构示意图[48]

图 1.35 FEC 添加剂用于醚基电解液的低温锂沉积形貌示意图[220]

可以说，锂离子电池快充、低温技术是一项复杂的系统工程，需要综合考虑正极、负极、电解液、隔膜等各个方面。根据当前的研究情况，作者认为以下几方面将是重点发展方向：①进一步降低充电过程中的极化，尤其要从电解液的组成与结构出发；②加强对快速嵌锂型锂离子电池负极材料的开发及其表界面研究；③充电方法和电池材料制备技术等方面也需要深入研究。

1.6.5 退役锂离子电池回收与利用

随着锂离子电池在消费电子产品、电动汽车、可再生能源储存等不断扩大的市场中崭露头角并占据主导地位，人们对电池领域的兴趣和投资正日益高涨。随着锂离子电池市场的繁荣，废旧锂离子电池数量也急剧增长，尤其是电动汽车逐渐进入退役潮，大量退役电池需要妥善处理[158]。

退役锂离子电池作为第九类危化品，其管理、运输、保存和回收处理都有严格的要求，在全球减碳的背景下，开发绿色高效环境可持续性的回收技术是当务之急。目前，退役电池的回收仍处于起步阶段，还有许多基础科学问题和技术障碍需要解决和克服，例如，电池的种类繁杂，成分多样，退役电池处理工序复杂等。但退役电池又被誉为“城市矿山”，电池中所含的元素和材料在地球上储量少且分布不均，而这些往往又是电池制造的关键材料。例如，欧盟公布的 30 种高供应风险且高经济价值的关键材料(critical raw material，CRM)中就包括了锂离子电池中常用的钴[159]，包括锂、镍和钴在内的电池中常见的金属已被列入我国的战略资源[159]。因此，退役锂离子电池的回收与利用不仅关乎人类健康与环境，更是经济可持续发展的重要方向。

锂离子电池的回收与其使用状态密切相关。电池的性能会随着使用寿命的延长而出现衰减，以电动汽车中的动力电池为例，当动力电池性能下降到原性能的 80%以下时，将不能达到电动汽车的使用标准。但对于性能要求较低的其他领域，退役的动力电池仍然可以发挥其剩余价值，如储能系统，尤其是小规模分散储能系统。另外，退役动力电池还可以用于慢速交通工具，如电动自行车等。经过梯次利用的电池已经不适合直接使用了，但其内部的材料仍然可以使用，通过精准拆解、简单处理后可实现材料的直接再生。最后，将剩余无法直接利用的材料分类回收，通过冶金工艺实现元素的回收。本节主要讨论退役电池在储能系统中的梯次利用和电池拆解后材料的分类回收，总结退役电池回收利用的代表性工作，简要分析电池回收未来的挑战和机遇。

1. 退役动力电池梯次利用

动力电池的梯次利用旨在减轻制造新电池的负担，并最终提高电池的全生命周期循环利用率。退役动力电池在储能系统中的梯次利用主要考虑经济效益、环境效益和安全性三个方面[221]。

成本分析主要考虑退役动力电池的成本、物流成本、测试和翻新成本，储能系统的运行维护成本和系统均衡成本等。在储能应用中，系统均衡部分是总成本的主要组成部分(54%～58%)。退役电池的再利用成本仅占总成本的 6%～8%[222]。在不同的应用场景下，各部分的成本差异较大，且随退役电池市场价格的波动变化较大。另外，建立完整的供应链体系，以及提高储能系统的管理水平，都是降低整体成本的关键。

环境效益的评估需要考察电动汽车电池在整个生命周期内对环境的影响。Ahmadi 等[223]对电动汽车中使用的电池进行生命周期评估(life cycle assessment，LCA)，电池制造造成的环境影响在全生命周期中占主导。与常规的储能系统相比，动力电池梯次利用建造的系统对环境影响更加有益。结合清洁能源进行使用和再利用，可以有效缓解环境压力，降低碳排放。通过延长电动汽车电池的使用寿命，充分利用非高峰期低成本清洁电力或间歇性可再生能源，车辆电气化的碳排放优势大幅度提高。退役动力电池用于固定式储能电站，结合光能和风能等可再生清洁能源，通过合理的用电策略，可以有效缓解市场供电压力，降低用电成本，且有效减少碳排放[224,225]。虽然目前还很难定量化地评估动力电池梯次利用带来的环境影响，但许多研究工作都已经证实其对减少电池生产带来的环境污染的增益[226]。

安全性是梯次利用能否实现的关键因素，且与回收技术的发展息息相关。退役动力电池种类繁多，且电池性能差异大，剩余容量参差不齐，需要观察检查电池是否有异常、电池容量测量、脉冲特性曲线和电化学阻抗谱等方法对退役电池的外部和内部特性来进行充分的评估。针对使用过程中可能出现的紧急事故，各个国家都制定了相关的安全标准，如中国国家标准(GB/T) 34015 和 18287、日本工业标准(JIS) C8714 等。尽管退役动力电池已经在部分储能系统中实现规模化应用，但潜在的安全隐患仍然有赖于电池一致性管理技术的突破和动力电池性能监测与评价体系的健全。

2. 电池材料资源化利用

电池材料的回收首先需要通过预处理实现材料的初步分离，进而对电池中的正极、负极和其他各部分进行相应的处理。在实验室中通常采用手工拆解的方法[227-229]，获得的活性材料纯度相对较高，其他组分可以作为一个整体去除。但由于加工成品率低，手动预处理不适合工业应用。工业上通常采用机械处理，包括拆解分类、破碎、筛分和分离。回收企业对于大型的废电池组往往利用自动化设备将其拆解为较小的模组或电池，进行初步的分类，然后对其进行破碎。传统的工艺为了最大限度地降低危害，往往在破碎前将电池浸泡在盐水中进行放电，从而避免破碎过程中短路带来的风险[230-232]。最新的研究致力于开发带电破碎技术，避免放电过程中电解液泄漏造成的污染[233]。筛分是分离和富集电池中金属部分的初步过程，分为粗分和细分。经过筛分后的材料，根据它们热性能、密度和磁性等物理特性的差异，进一步分离除杂，得到“黑粉”用于下一步金属提取。

目前，工业上常用的火法冶金和湿法冶金已经得到了广泛应用，如表 1.6 所示。

表 1.6　部分回收企业的技术路线及产能

公司	技术水平	国家	技术路线	产能/t
Akkuser Oy	商业化	芬兰	机械	1000
Umicore	商业化	比利时	火法，湿法	7000
Accurec	商业化	德国	机械，热处理	2500
Valdi	商业化	法国	机械，湿法	20000
格林美	商业化	中国	机械，湿法	10000
邦普循环	商业化	中国	机械，湿法	25000～30000
JX Nippon Mining and Metals	商业化	日本	火法，湿法	5000

火法冶金通过高温熔炼，可以实现废旧电池中的有价金属镍、钴和铜的高效回收，但是锂和铝则进入炉渣中无法得到充分利用。且火法冶金伴随高能耗和有毒气体排放，在当下节能减排的背景下，很难可持续发展。湿法冶金则具有废物排放有限、金属选择性高和回收效率高等特点，尽管仍然存在化学试剂污染等问题，但已经有大量研究旨在开发新型绿色的浸出试剂。此外，有研究者致力于研究生物浸出法，以最大限度地减少回收过程中的污染排放。生物浸出原理涉及微生物通过新陈代谢产生酸以溶解废料中的金属。例如，化学无机营养菌和嗜酸性的氧化亚铁硫杆菌可以利用元素硫和 Fe^{2+} 在浸出介质中生产 H_2SO_4 和 Fe^{3+}[234,235]。黑曲霉真菌有能力产出高浓度有机酸，并且已证明可用于废旧电池的生物浸出[236]。

随着电池技术的不断进步，电池中的成分也变得更加复杂。开发选择性分离技术是当前电池材料回收的重点。常见的处理方法是通过酸或碱将材料溶解，然后使用特定的萃取剂（如酸性磷酸类的 D2EHPA、PC-88A、Cyanex 272）选择性分离出金属元素，尤其是元素周期表中邻近的过渡金属。为避免使用腐蚀性的强酸或强碱，一些研究人员利用环境友好的有机酸实现高的浸出效率[237-239]。Zhang 等[240]报道了一种使用三氯乙酸和过氧化氢的浸出体系，用于镍钴锰酸锂废旧正极的回收，镍、钴、锰和锂的浸出效率分别达到 93.0%、91.8%、89.8%和 99.7%。传统的酸浸出虽然实现了高的浸出效率，但是并不具备选择性分离的效果，仍然需要借助特定的萃取剂，这极大地增加了回收的成本。新型高效的浸出体系仍然需要进一步探索，如离子液体和低共熔溶剂。Tran 等首先将低共熔溶剂用于锂离子电池的回收中，在钴酸锂电池中得到了很好的应用[241]。许多研究已经证实低共熔溶剂用于废旧电池选择性回收中的潜力[242,243]。目前，许多新型绿色高效的浸出体系在实验室中已经得到验证，但能否进一步在工业生产中运用仍然是未知的。

目前，电池回收的研究主要针对正极材料，电池中的其他组分鲜有关注。在传统的回收工艺中，负极通常作为燃料或者滤渣处理，其中高纯度的石墨和残留的锂没有得到充分的利用。有研究将回收的石墨负极用于其他类型的电池体系，解决了循环后的石墨晶格间距增大的问题[177]。电解液的回收也是当前的难点，这是因为电解液中包含的易挥发的有机溶剂和有毒的锂盐对健康和环境有显著影响。有研究通过超临界流体处理电解液，但还没有实现大规模应用[244,245]。

退役锂离子电池的回收与利用除上述讨论的问题外，还涉及退役电池的回收和管理、废旧电池的供应链、电池余能评估、电池诊断、电池精细化拆解等前端工艺。目前的电池包设计并没有考虑拆解的便捷性，这也给后续的回收带来了困难。随着退役电池市场的进一步扩大，未来电池的回收应该在电池制造阶段就加以设计，建立电池全寿命监测，加强电池诊断，在充分发挥电池容量后实现电池资源化回收。

1.6.6 未来挑战与展望

“十四五”是碳达峰的关键期和窗口期，要重点构建以新能源为主体的新型电力系统，实施重点行业重点领域减污降碳，推动绿色低碳技术实现重大突破。如今，人们正积极开发利用可再生的清洁能源，包括光能、潮汐能、核能、水能和风能等。然而，光伏、风电等新能源具有波动性、间歇性等特征，构建以新能源为主体的新型电力体系，必须提升电源系统的稳定性、可靠性以及安全性和智能化水平。国家发展改革委、能源局提出 2025 年新型储能装机目标达 30GW 以上。电化学电源作为新能源储能技术中的一类，具备技术成熟、成本较低、不受自然条件限制、响应迅速、制造过程维持“低碳”特性等优点，在新型储能中占据绝对主力。其中，据中国能源研究会储能专业委员会/中关村储能产业技术联盟（China Energy Storage Alliance，CNESA）全球储能项目库的不完全统计，锂离子电池是电化学储能的主要技术形态，截至 2020 年底，其占比达 92%。锂离子电池具有单体输出电压高、能量密度高、循环性能好、可快速充放电和使用寿命长等优点，广泛应用于消费电子产品、电动汽车和新能源电站的储能电源系统等。锂离子电池研究开发的最终目标是开发出更高、更快、更可靠、更安全的电池，并获得应用。在当前的实际应用中，锂离子电池还存在能量密度较低、倍率性能不够及一致性较差的问题。改善电池电化学性能的关键是开发新材料体系、新的可逆储锂机制、新的材料体相与界面改性办法。未来，锂离子电池将向着进一步提升能量密度的方向发展（≥400W·h/kg），包括采用金属锂、一氧化硅等作为负极材料、更高镍含量镍钴锰酸锂作为正极材料（Ni≥90%）、富锂锰基正极材料、复合固态电解质和采用锂-硫电池、锂-空气电池等。此外，球差电镜、CT 成像技术、X 射线成像技术及各类原位和在线的先进表征技术层出不穷，可以实现原子尺度、三维结构的实时观察。人工智能的快速发展也为我们在新材料、深入理解和模拟电极过程等研究方向提供了强有力支撑。同时，我们也有理由相信，锂离子电池蓬勃持续的基础研究，将会不断带来更加令人兴奋、造福社会的新的电池技术。

参考文献

[1] Armand M, Tarascon J M. Building better batteries[J]. Nature, 2008, 451(7179): 652-657.

[2] Tarascon J M, Armand M. Issues and challenges facing rechargeable lithium batteries[J]. Nature, 2001, 414(6861): 359-367.

[3] Goodenough J B, Park K S. The Li-ion rechargeable battery: A perspective[J]. Journal of the American Chemical Society, 2013, 135(4): 1167-1176.

[4] Goodenough J B, Kim Y. Challenges for rechargeable Li batteries[J]. Chemistry of Materials, 2010, 22(3): 587-603.

[5] Lee H, Lim H S, Ren X D, et al. Detrimental effects of chemical crossover from the lithium anode to cathode in rechargeable lithium metal batteries[J]. ACS Energy Letters, 2018, 3(12): 2921-2930.

[6] Liu W, Oh P, Liu X E, et al. Nickel-rich layered lithium transition-metal oxide for high-energy lithium-ion batteries[J]. Angewandte Chemie International Edition, 2015, 54(15): 4440-4457.

[7] 马璨, 吕迎春, 李泓. 锂离子电池基础科学问题(Ⅶ)——正极材料[J]. 储能科学与技术, 2014, 3(1): 53-65.

[8] Wang K, Wan J J, Xiang Y X, et al. Recent advances and historical developments of high voltage lithium cobalt oxide materials for rechargeable Li-ion batteries[J]. Journal of Power Sources, 2020, 460: 228062.

[9] Bianchini M, Roca-Ayats M, Hartmann P, et al. There and back again—The journey of $LiNiO_2$ as a cathode active material[J]. Angewandte Chemie International Edition, 2019, 58(31): 10434-10458.

[10] Li W D, Erickson E M, Manthiram A. High-nickel layered oxide cathodes for lithium-based automotive batteries[J]. Nature Energy, 2020, 5(1): 26-34.

[11] Sun H H, Ryu H H, Kim U H, et al. Beyond doping and coating: Prospective strategies for stable high-capacity layered Ni-rich cathodes[J]. ACS Energy Letters, 2020, 5(4): 1136-1146.

[12] Noh H J, Youn S, Yoon C S, et al. Comparison of the structural and electrochemical properties of layered $Li[Ni_xCo_yMn_z]O_2$ ($x = 1/3$, 0.5, 0.6, 0.7, 0.8 and 0.85) cathode material for lithium-ion batteries[J]. Journal of Power Sources, 2013, 233: 121-130.

[13] Luo K, Roberts M R, Hao R, et al. Charge-compensation in 3D-transition-metal-oxide intercalation cathodes through the generation of localized electron holes on oxygen[J]. Nature Chemistry, 2016, 8(7): 684-691.

[14] Lee W, Muhammad S, Sergey C, et al. Advances in the cathode materials for lithium rechargeable batteries[J]. Angewandte Chemie International Edition, 2020, 59(7): 2578-2605.

[15] Assat G, Tarascon J M. Fundamental understanding and practical challenges of anionic redox activity in Li-ion batteries[J]. Nature Energy, 2018, 3(5): 373-386.

[16] Asl H Y, Manthiram A. Reining in dissolved transition-metal ions[J]. Science, 2020, 369(6500): 140-141.

[17] Nishimura S I, Kobayashi G, Ohoyama K, et al. Experimental visualization of lithium diffusion in Li_xFePO_4[J]. Nature Materials, 2008, 7(9): 707-711.

[18] Yang X G, Liu T, Wang C Y. Thermally modulated lithium iron phosphate batteries for mass-market electric vehicles[J]. Nature Energy, 2021, 6(2): 176-185.

[19] Zhang L Q, Zhu C X, Yu S C, et al. Status and challenges facing representative anode materials for rechargeable lithium batteries[J]. Journal of Energy Chemistry, 2022, 66:260-294.

[20] Herold A. Recherches sur les composes dinsertion du graphite[J]. Bulletin de la Société Chimique de France, 1955, 187(7-8): 999.

[21] Besenhard J O. The electrochemical preparation and properties of ionic alkali metal- and NR_4-graphite intercalation compounds in organic electrolytes[J]. Carbon, 1976, 14(2): 111-115.

[22] Besenhard J O, Möhwald H, Nickl J J. Electronic conductivity and structure of DMSO-solvated A^+- and NR_4^+-graphite intercalation compounds[J]. Carbon, 1980, 18(6): 399-405.

[23] Xu K. Li-ion battery electrolytes[J]. Nature Energy, 2021, 6(7): 763.

[24] Mizushima K, Jones P C, Wiseman P J, et al. Li_xCoO_2 ($0<x<1$): A new cathode material for batteries of high energy density[J].

Materials Research Bulletin, 1980, 15(6): 783-789.

[25] Reddy M V, Mauger A, Julien C M, et al. Brief history of early lithium-battery development[J]. Materials, 2020, 13(8): 1884.

[26] Seefurth R N, Sharma R A. Investigation of lithium utilization from a lithium-silicon electrode[J]. Journal of the Electrochemical Society, 1977, 124(8): 1207-1214.

[27] Wilson A M, Way B M, Dahn J R, et al. Nanodispersed silicon in pregraphitic carbons[J]. Journal of Applied Physics, 1995, 77(6): 2363-2369.

[28] Winter M, Besenhard J O, Spahr M E, et al. Insertion electrode materials for rechargeable lithium batteries[J]. Advanced Materials, 1998, 10(10): 725-763.

[29] Asenbauer J, Eisenmann T, Kuenzel M, et al. The success story of graphite as a lithium-ion anode material—Fundamentals, remaining challenges, and recent developments including silicon (oxide) composites[J]. Sustainable Energy & Fuels, 2020, 4(11): 5387-5416.

[30] Dahn J R. Phase diagram of Li_xC_6[J]. Physical Review B, 1991, 44(17): 9170-9177.

[31] Ohzuku T, Iwakoshi Y, Sawai K. Formation of lithium-graphite intercalation compounds in nonaqueous electrolytes and their application as a negative electrode for a lithium ion (shuttlecock) cell[J]. Journal of the Electrochemical Society, 1993, 140(9): 2490-2498.

[32] Inaba M, Yoshida H, Ogumi Z, et al. In situ raman study on electrochemical Li intercalation into graphite[J]. Journal of the Electrochemical Society, 1995, 142(1): 20-26.

[33] Franklin R E. The structure of graphitic carbons[J]. Acta Crystallographica, 1951, 4(3): 253-261.

[34] Franklin R E. Crystallite growth in graphitizing and non-graphitizing carbons[J]. Proceedings of the Royal Society of London Series A Mathematical and Physical Sciences, 1951, 209(1097): 196-218.

[35] Tatsumi K, Iwashita N, Sakaebe H, et al. The influence of the graphitic structure on the electrochemical characteristics for the anode of secondary lithium batteries[J]. Journal of the Electrochemical Society, 1995, 142(3): 716-720.

[36] Fujimoto H, Mabuchi A, Tokumitsu K, et al. The estimation of the rotational misorientation by the projected probability function of a displacement of carbon layer planes[J]. Carbon, 1996, 34(9): 1115-1118.

[37] Fujimoto H, Mabuchi A, Tokumitsu K, et al. Relationship between the charge capacity of a turbostratic carbon anode for a Li secondary battery and its structure[J]. Carbon, 2000, 38(6): 871-875.

[38] Kasuh T, Mabuchi A, Tokumitsu K, et al. Recent trends in carbon negative electrode materials[J]. Journal of Power Sources, 1997, 68(1): 99-101.

[39] Kühne M, Paolucci F, Popovic J, et al. Ultrafast lithium diffusion in bilayer graphene[J]. Nature Nanotechnology, 2017, 12(9): 895-900.

[40] Persson K, Sethuraman V A, Hardwick L J, et al. Lithium diffusion in graphitic carbon[J]. The Journal of Physical Chemistry Letters, 2010, 1(8): 1176-1180.

[41] Ota H, Shima K, Ue M, et al. Effect of vinylene carbonate as additive to electrolyte for lithium metal anode[J]. Electrochimica Acta, 2004, 49(4): 565-572.

[42] Arai J. No-flash-point electrolytes applied to amorphous carbon/$Li_{1+x}Mn_2O_4$ cells for EV use[J]. Journal of Power Sources, 2003, 119-121: 388-392.

[43] Ding M S, Xu K, Jow T R. Effects of tris (2,2,2-trifluoroethyl) phosphate as a flame-retarding cosolvent on physicochemical properties of electrolytes of $LiPF_6$ in ECPC-EMC of 3:3:4 weight ratios[J]. Journal of the Electrochemical Society, 2002, 149(11): A1489.

[44] Schmuch R, Wagner R, Hörpel G, et al. Performance and cost of materials for lithium-based rechargeable automotive batteries[J]. Nature Energy, 2018, 3(4): 267-278.

[45] Zhang H, Yang Y, Ren D S, et al. Graphite as anode materials: Fundamental mechanism, recent progress and advances[J]. Energy Storage Materials, 2021, 36: 147-170.

[46] Wang L L, Lu B, Wang S S, et al. Ultra-high performance of Li/Na ion batteries using N/O dual dopant porous hollow carbon

nanocapsules as an anode[J]. Journal of Materials Chemistry A, 2019, 7 (18): 11117-11126.

[47] Kim N, Chae S, Ma J, et al. Fast-charging high-energy lithium-ion batteries via implantation of amorphous silicon nanolayer in edge-plane activated graphite anodes[J]. Nature Communications, 2017, 8 (1): 812.

[48] Jiang L L, Yan C, Yao Y X, et al. Inhibiting solvent co-intercalation in a graphite anode by a localized high-concentration electrolyte in fast-charging batteries[J]. Angewandte Chemie International Edition, 2021, 60 (7): 3402-3406.

[49] Waldmann T, Wohlfahrt-Mehrens M. Effects of rest time after Li plating on safety behavior—ARC tests with commercial high-energy 18650 Li-ion cells[J]. Electrochimica Acta, 2017, 230: 454-460.

[50] Gao T, Han Y, Fraggedakis D, et al. Interplay of lithium intercalation and plating on a single graphite particle[J]. Joule, 2021, 5 (2): 393-414.

[51] Wang H, Zhu Y, Kim S C, et al. Underpotential lithium plating on graphite anodes caused by temperature heterogeneity[J]. Proceedings of the National Academy of Sciences, 2020, 117 (47): 29453-29461.

[52] Jonker G H. Compounds in the system Li_2O-TiO_2 and their stability[C]//Trabajos de la Tercera Reunion International Sobre Reactividad de la Solidas Madrid, Madrid, 1957.

[53] Guo J, Zuo W, Cai Y, et al. A novel $Li_4Ti_5O_{12}$-based high-performance lithium-ion electrode at elevated temperature[J]. Journal of Materials Chemistry A, 2015, 3 (9): 4938-4944.

[54] Huggins R A. Materials science principles related to alloys of potential use in rechargeable lithium cells[J]. Journal of Power Sources, 1989, 26 (1): 109-120.

[55] Huggins R A. Polyphase alloys as rechargeable electrodes in advanced battery systems[J]. Journal of Power Sources, 1988, 22 (3): 341-350.

[56] Rahner D, Machill S, Siury K. Reactive interaction between surfaces of lithium metal and electrolyte components[J]. Solid State Ionics, 1996, 86-88: 925-930.

[57] Idota Y, Kubota T, Matsufuji A, et al. Tin-based amorphous oxide: A high-capacity lithium-ion-storage material[J]. Science, 1997, 276 (5317): 1395-1397.

[58] Ghassemi H, Au M, Chen N, et al. In situ electrochemical lithiation/delithiation observation of individual amorphous si nanorods[J]. ACS Nano, 2011, 5 (10): 7805-7811.

[59] Wang C M, Li X, Wang Z, et al. In situ TEM investigation of congruent phase transition and structural evolution of nanostructured silicon/carbon anode for lithium ion batteries[J]. Nano Letters, 2012, 12 (3): 1624-1632.

[60] Gu M, Wang Z, Connell J G, et al. Electronic origin for the phase transition from amorphous Li_xSi to crystalline $Li_{15}Si_4$[J]. ACS Nano, 2013, 7 (7): 6303-6309.

[61] Eshetu G G, Zhang H, Judez X, et al. Production of high-energy Li-ion batteries comprising silicon-containing anodes and insertion-type cathodes[J]. Nature Communications, 2021, 12 (1): 5459.

[62] Liu X H, Zhong L, Huang S, et al. Size-dependent fracture of silicon nanoparticles during lithiation[J]. ACS Nano, 2012, 6 (2): 1522-1531.

[63] McDowell M T, Lee S W, Harris J T, et al. In situ TEM of two-phase lithiation of amorphous silicon nanospheres[J]. Nano Letters, 2013, 13 (2): 758-764.

[64] Sung J, Kim N, Ma J, et al. Subnano-sized silicon anode via crystal growth inhibition mechanism and its application in a prototype battery pack[J]. Nature Energy, 2021,6: 1164-1175.

[65] Zhu G J, Zhang F Z, Li X M, et al. Engineering the distribution of carbon in silicon oxide nanospheres at the atomic level for highly stable anodes[J]. Angewandte Chemie International Edition, 2019, 58 (20): 6669-6673.

[66] An Y L, Tian Y, Wei H, et al. Porosity- and graphitization controlled fabrication of nanoporous silicon@carbon for lithium storage and its conjugation with MXene for lithium-metal anode[J]. Advanced Functional Materials, 2020, 30 (9): 1908721.

[67] Liu N, Lu Z D, Zhao J, et al. A pomegranate-inspired nanoscale design for large-volume-change lithium battery anodes[J]. Nature Nanotechnology, 2014, 9 (3): 187-192.

[68] Philipp H R. Optical and bonding model for non-crystalline SiO_x and SiO_xN_y materials[J]. Journal of Non-Crystalline Solids,

1972, 8-10: 627-632.

[69] Philipp H R. Optical properties of non-crystalline Si, SiO, SiO_x and SiO_2[J]. Journal of Physics and Chemistry of Solids, 1971, 32(8): 1935-1945.

[70] Dupree R, Holland D, Williams D S. An assessment of the structural models for amorphous SiO using MAS NMR[J]. Philosophical Magazine B, 1984, 50(3): L13-L18.

[71] Temkin R J. An analysis of the radial distribution function of SiO_x[J]. Journal of Non-Crystalline Solids, 1975, 17(2): 215-230.

[72] Hohl A, Wieder T, van Aken P A, et al. An interface clusters mixture model for the structure of amorphous silicon monoxide (SiO)[J]. Journal of Non-Crystalline Solids, 2003, 320(1): 255-280.

[73] Hirata A, Kohara S, Asada T, et al. Atomic-scale disproportionation in amorphous silicon monoxide[J]. Nature Communications, 2016, 7(1): 11591.

[74] Miyachi M, Yamamoto H, Kawai H, et al. Analysis of SiO anodes for lithium-ion batteries[J]. Journal of The Electrochemical Society, 2005, 152(10): A2089.

[75] Lv P P, Zhao H, Wang J, et al. Facile preparation and electrochemical properties of amorphous SiO_2/C composite as anode material for lithium ion batteries[J]. Journal of Power Sources, 2013, 237: 291-294.

[76] Yu B C, Hwa Y, Kim J H, et al. A new approach to synthesis of porous siox anode for Li-ion batteries via chemical etching of Si crystallites[J]. Electrochimica Acta, 2014, 117: 426-430.

[77] Pan K, Zou F, Canova M, et al. Systematic electrochemical characterizations of Si and SiO anodes for high-capacity Li-ion batteries[J]. Journal of Power Sources, 2019, 413: 20-28.

[78] Yasuda K, Kashitani Y, Kizaki S, et al. Thermodynamic analysis and effect of crystallinity for silicon monoxide negative electrode for lithium ion batteries[J]. Journal of Power Sources, 2016, 329: 462-472.

[79] Zhu G J, Chao D L, Xu W L, et al. Microscale silicon-based anodes: Fundamental understanding and industrial prospects for practical high-energy lithium-ion batteries[J]. ACS Nano, 2021, 15(10): 15567-15593.

[80] Chen J, Fan X L, Li Q, et al. Electrolyte design for LiF-rich solid-electrolyte interfaces to enable high-performance microsized alloy anodes for batteries[J]. Nature Energy, 2020, 5(5): 386-397.

[81] Jia H P, Zou L F, Gao P Y, et al. High-performance silicon anodes enabled by nonflammable localized high-concentration electrolytes[J]. Advanced Energy Materials, 2019, 9(31): 1900784.

[82] Lu Y, Yu L, Lou X W D. Nanostructured conversion-type anode materials for advanced lithium-ion batteries[J]. Chem, 2018, 4(5): 972-996.

[83] Bresser D, Passerini S, Scrosati B. Leveraging valuable synergies by combining alloying and conversion for lithium-ion anodes[J]. Energy & Environmental Science, 2016, 9(11): 3348-3367.

[84] Guo Y, Yu L, Wang C Y, et al. Hierarchical tubular structures composed of Mn-based mixed metal oxide nanoflakes with enhanced electrochemical properties[J]. Advanced Functional Materials, 2015, 25(32): 5184-5189.

[85] Yu L, Hu H, Wu H B, et al. Complex hollow nanostructures: Synthesis and energy-related applications[J]. Advanced Materials, 2017, 29(15): 1604563.

[86] Shi Y F, Hua C X, Li B, et al. Highly ordered mesoporous crystalline $MoSe_2$ material with efficient visible-light-driven photocatalytic activity and enhanced lithium storage performance[J]. Advanced Functional Materials, 2013, 23(14): 1832-1838.

[87] Yu L, Guan B Y, Xiao W, et al. Formation of yolk-shelled Ni-Co mixed oxide nanoprisms with enhanced electrochemical performance for hybrid supercapacitors and lithium ion batteries[J]. Advanced Energy Materials, 2015, 5(21): 1500981.

[88] Venugopal G, Moore J, Howard J, et al. Characterization of microporous separators for lithium-ion batteries[J]. Journal of Power Sources, 1999, 77(1): 34-41.

[89] Arora P, Zhang Z J. Battery separators[J]. Chemical Reviews, 2004, 104(10): 4419-4462.

[90] Kim J Y, Kim S K, Lee S J, et al. Preparation of micro-porous gel polymer for lithium ion polymer battery[J]. Electrochimica Acta, 2004, 50(2): 363-366.

[91] Yang Y F, Wang W K, Li L X, et al. Stable cycling of Li-S batteries by simultaneously suppressing Li-dendrite growth and polysulfide shuttling enabled by a bioinspired separator[J]. Journal of Materials Chemistry A, 2020, 8(7): 3692-3700.

[92] Chen X, Huang Y D, Li J, et al. Bifunctional separator with sandwich structure for high-performance lithium-sulfur batteries[J]. Journal of Colloid and Interface Science, 2020, 559: 13-20.

[93] Liu K, Zhuo D, Lee H W, et al. Extending the life of lithium-based rechargeable batteries by reaction of lithium dendrites with a novel silica nanoparticle sandwiched separator[J]. Advanced Materials, 2017, 29(4): 1603987.

[94] Lagadec M F, Zahn R, Wood V. Characterization and performance evaluation of lithium-ion battery separators[J]. Nature Energy, 2019, 4(1): 16-25.

[95] Waqas M, Tan C, Lv W Q, et al. A highly-efficient composite separator with strong ligand interaction for high-temperature lithium-ion batteries[J]. ChemElectroChem, 2018, 5(19): 2722-2728.

[96] Balakrishnan P G, Ramesh R, Prem K T. Safety mechanisms in lithium-ion batteries[J]. Journal of Power Sources, 2006, 155(2): 401-414.

[97] Huang X Z, He R, Li M, et al. Functionalized separator for next-generation batteries[J]. Materials Today, 2020, 41: 143-155.

[98] Choi Y S, Kang D M. Prediction of thermal behaviors of an air-cooled lithium-ion battery system for hybrid electric vehicles[J]. Journal of Power Sources, 2014, 270(15): 273-280.

[99] Ma S, Jiang M D, Tao P, et al. Temperature effect and thermal impact in lithium-ion batteries: A review[J]. Progress in Natural Science: Materials International, 2018, 28(6): 653-666.

[100] 刘亚利, 吴娇杨, 李泓. 锂离子电池基础科学问题(Ⅸ)——非水液体电解质材料[J]. 储能科学与技术, 2014, 3(3): 262-282.

[101] Murugavel S. Origin of non-Arrhenius conductivity in fast ion conducting glasses[J]. Physical Review B, 2005, 72(13): 134204.

[102] Gu G Y, Bouvier S, Wu C, et al. 2-methoxyethyl (methyl) carbonate-based electrolytes for Li-ion batteries[J]. Electrochimica Acta, 2000, 45(19): 3127-3139.

[103] Jean M, Chausse' A, Messina R. Analysis of the passivating layer and the electrolyte in the system: Petroleum coke/solution of $LiCF_3SO_3$ in mixed organic carbonates[J]. Electrochimica Acta, 1998, 43(12): 1795-1802.

[104] Xu K. Nonaqueous liquid electrolytes for lithium-based rechargeable batteries[J]. Chemical Reviews, 2004, 104(10): 4303-4417.

[105] Ue M. Mobility and ionic association of lithium and quaternary ammonium salts in propylene carbonate and γ-butyrolactone[J]. Journal of The Electrochemical Society, 1994, 141(12): 3336-3342.

[106] Hayashi K, Nemoto Y, Tobishima S I, et al. Mixed solvent electrolyte for high voltage lithium metal secondary cells[J]. Electrochimica Acta, 1999, 44(14): 2337-2344.

[107] Krause L J, Lamanna W, Summerfield J, et al. Corrosion of aluminum at high voltages in non-aqueous electrolytes containing perfluoroalkylsulfonyl imides; new lithium salts for lithium-ion cells[J]. Journal of Power Sources, 1997, 68(2): 320-325.

[108] Behl W K, Plichta E J. Stability of aluminum substrates in lithium-ion battery electrolytes[J]. Journal of Power Sources, 1998, 72(2): 132-135.

[109] Abraham K M, Goldman J L, Natwig D L. Characterization of ether electrolytes for rechargeable lithium cells[J]. Journal of the Electrochemical Society, 1982, 129(11): 2404-2409.

[110] Ein-Eli Y, Thomas S R, Koch V R. The role of SO_2 as an additive to organic Li-ion battery electrolytes[J]. Journal of the Electrochemical Society, 1997, 144(4): 1159-1165.

[111] Fong R, von Sacken U, Dahn J R. Studies of lithium intercalation into carbons using nonaqueous electrochemical cells[J]. Journal of the Electrochemical Society, 1990, 137(7): 2009-2013.

[112] Aurbach D, Ein-Eli Y, Chusid O, et al. The correlation between the surface chemistry and the performance of Li-carbon intercalation anodes for rechargeable ‘rocking-chair’ type batteries[J]. Journal of The Electrochemical Society, 1994, 141(3): 603-611.

[113] Yue X Y, Yao Y X, Zhang J, et al. Unblocked electron channels enable efficient contact prelithiation for lithium-ion batteries[J]. Advanced Materials, 2022, 34(15): e2110337.

[114] Cheng H R, Sun Q J, Li L L, et al. Emerging era of electrolyte solvation structure and interfacial model in batteries[J]. ACS Energy Letters, 2022, 7(1): 490-513.

[115] Kanamura K, Okagawa T, Takehara Z I. Electrochemical oxidation of propylene carbonate(containing various salts)on aluminium electrodes[J]. Joural of Power Sources, 1995, 57(1): 119-123.

[116] Ma Y, Ma J, Cui G. Small things make big deal: Powerful binders of lithium batteries and post-lithium batteries[J]. Energy Storage Materials, 2019, 20: 146-175.

[117] Chen H, Ling M, Hencz L, et al. Exploring chemical, mechanical, and electrical functionalities of binders for advanced energy-storage devices[J]. Chemical Reviews, 2018, 118(18): 8936-8982.

[118] Du Pasquier A, Disma F, Bowmer T, et al. Differential scanning calorimetry study of the reactivity of carbon anodes in plastic Li-ion batteries[J]. Journal of the Electrochemical Society, 1998, 145(2): 472-477.

[119] Maleki H, Deng G, Kerzhner-Haller I, et al. Thermal stability studies of binder materials in anodes for lithium-ion batteries[J]. Journal of the Electrochemical Society, 2000, 147(12): 4470.

[120] Bai Y C, Muralidharan N, Sun Y K, et al. Energy and environmental aspects in recycling lithium-ion batteries: Concept of battery identity global passport[J]. Materials Today, 2020, 41: 304-315.

[121] Li J T, Wu Z Y, Lu Y Q, et al. Water soluble binder, an electrochemical performance booster for electrode materials with high energy density[J]. Advanced Energy Materials, 2017, 7(24): 1701185.

[122] Salini P S, Gopinadh S V, Kalpakasseri A, et al. Toward greener and sustainable Li-ion cells: An overview of aqueous-based binder systems[J]. ACS Sustainable Chemistry & Engineering, 2020, 8(10): 4003-4025.

[123] Lee J H, Kim J S, Kim Y C, et al. Effect of carboxymethyl cellulose on aqueous processing of $LiFePO_4$ cathodes and their electrochemical performance[J]. Electrochemical and Solid-State Letters, 2008, 11(10): A175.

[124] Loeffler N, von Zamory J, Laszczynski N, et al. Performance of $LiNi_{1/3}Mn_{1/3}Co_{1/3}O_2$/graphite batteries based on aqueous binder[J]. Journal of Power Sources, 2014, 248: 915-922.

[125] Li C C, Wang Y W. Binder distributions in water-based and organic-based $LiCoO_2$ electrode sheets and their effects on cell performance[J]. Journal of the Electrochemical Society, 2011, 158(12): A1361.

[126] Zhang S M, Gu H T, Pan H, et al. A novel strategy to suppress capacity and voltage fading of Li- and Mn-rich layered oxide cathode material for lithium-ion batteries[J]. Advanced Energy Materials, 2017, 7(6): 1601066.

[127] Yang J S, Li P, Zhong F P, et al. Suppressing voltage fading of Li-rich oxide cathode via building a well-protected and partially-protonated surface by polyacrylic acid binder for cycle-stable Li-ion batteries[J]. Advanced Energy Materials, 2020, 10(15): 1904264.

[128] Pieczonka N P W, Borgel V, Ziv B, et al. Lithium polyacrylate(LiPAA)as an advanced binder and a passivating agent for high-voltage Li-ion batteries[J]. Advanced Energy Materials, 2015, 5(23): 1501008.

[129] Liu Z H, Yu Q, Zhao Y L, et al. Silicon oxides: A promising family of anode materials for lithium-ion batteries[J]. Chemical Society Reviews, 2019, 48(1): 285-309.

[130] Jin Y, Zhu B, Lu Z, et al. Challenges and recent progress in the development of Si anodes for lithium-ion battery[J]. Advanced Energy Materials, 2017, 7(23): 1700715.

[131] Zhao Y M, Yue F S, Li S C, et al. Advances of polymer binders for silicon-based anodes in high energy density lithium-ion batteries[J]. InfoMat, 2021, 3(5): 460-501.

[132] Kwon T W, Choi J W, Coskun A. The emerging era of supramolecular polymeric binders in silicon anodes[J]. Chemical Society Reviews, 2018, 47(6): 2145-2164.

[133] Zhang Q T, Yu Z L, Du P, et al. Carbon nanomaterials used as conductive additives in lithium ion batteries[J]. Recent Patents on Nanotechnology, 2010, 4(2): 100-110.

[134] Palomares V, Goñi A, de Muro I G, et al. Conductive additive content balance in Li-ion battery cathodes: Commercial carbon

blacks vs. in situ carbon from $LiFePO_4/C$ composites[J]. Journal of Power Sources, 2010, 195 (22): 7661-7668.

[135] Liu Z L, Lee J Y, Lindner H J. Effects of conducting carbon on the electrochemical performance of $LiCoO_2$ and $LiMn_2O_4$ cathodes[J]. Journal of Power Sources, 2001, 97-98: 361-365.

[136] Jang D H, Oh S. Effects of carbon additives on spinel dissolution and capacity losses in 4V $Li/Li_xMn_2O_4$ rechargeable cells[J]. Electrochimica Acta, 1998, 43 (9): 1023-1029.

[137] Dominko R, Gaberscek M, Drofenik J, et al. The role of carbon black distribution in cathodes for Li ion batteries[J]. Journal of Power Sources, 2003, 119-121:770-773.

[138] Yang S N, Cheng Y, Xiao X, et al. Development and application of carbon fiber in batteries[J]. Chemical Engineering Journal, 2020, 384: 123294.

[139] Zhang J Y, Zhang C Q, Liu Z, et al. High-performance ball-milled SiO_x anodes for lithium ion batteries[J]. Journal of Power Sources, 2017, 339: 86-92.

[140] Sheem K, Lee Y H, Lim H S. High-density positive electrodes containing carbon nanotubes for use in Li-ion cells[J]. Journal of Power Sources, 2006, 158 (2): 1425-1430.

[141] Su F Y, You C H, He Y B, et al. Flexible and planar graphene conductive additives for lithium-ion batteries[J]. Journal of Materials Chemistry, 2010, 20 (43): 9644-9650.

[142] Park H I, Park Y K, Kim S K, et al. Hollow graphene as an expansion-inhibiting electrical interconnector for silicon electrodes in lithium-ion batteries[J]. ACS Applied Materials & Interfaces, 2021, 13 (30): 35759-35766.

[143] Quan X, Sun J K, Yu Z L, et al. SiO_x encapsulated in graphene bubble film: An ultrastable Li-ion battery anode[J]. Advanced Materials, 2018, 30 (25): 1707430.

[144] Ha J, Park S K, Yu S H, et al. A chemically activated graphene-encapsulated $LiFePO_4$ composite for high-performance lithium ion batteries[J]. Nanoscale, 2013, 5 (18): 8647-8655.

[145] Ke L, Lv W, Su F Y, et al. Electrode thickness control: Precondition for quite different functions of graphene conductive additives in $LiFePO_4$ electrode[J]. Carbon, 2015, 92: 311-317.

[146] Kehrwald D, Shearing P R, Brandon N P, et al. Local tortuosity inhomogeneities in a lithium battery composite electrode[J]. Journal of the Electrochemical Society, 2011, 158 (12): A1393.

[147] Yang J L, Wang J J, Tang Y J, et al. $LiFePO_4$-graphene as a superior cathode material for rechargeable lithium batteries: Impact of stacked graphene and unfolded graphene[J]. Energy & Environmental Science, 2013, 6 (5): 1521-1528.

[148] Seid K A, Badot J C, Dubrunfaut O, et al. Multiscale electronic transport mechanism and true conductivities in amorphous carbon-$LiFePO_4$ nanocomposites[J]. Journal of Materials Chemistry, 2012, 22 (6): 2641-2649.

[149] Sotowa C, Origi G, Takeuchi M, et al. The reinforcing effect of combined carbon nanotubes and acetylene blacks on the positive electrode of lithium-ion batteries[J]. ChemSusChem, 2008, 1 (11): 911-915.

[150] Wang K, Wu Y, Luo S, et al. Hybrid super-aligned carbon nanotube/carbon black conductive networks: A strategy to improve both electrical conductivity and capacity for lithium ion batteries[J]. Journal of Power Sources, 2013, 233: 209-215.

[151] Iclodean C, Varga B, Burnete N, et al. Comparison of different battery types for electric vehicles[J]. IOP Conference Series: Materials Science and Engineering, 2017, 252: 012058.

[152] 蒋立琴, 王记磊, 邹兴华, 等. GB 38031—2020《电动汽车用动力蓄电池安全要求》解析[J]. 电池, 2020, 50 (3): 276-279.

[153] Warner J. Chapter 11 - Mechanical packaging and material selection//Warner J. The Handbook of Lithium-Ion Battery Pack Design[M]. Amsterdam: Elsevier, 2015: 131-137.

[154] Li J H, Lei F, Zhu W, et al. Large-scale zone-based approach to global modeling and optimization for a novel thermal management system of module-free lithium-ion battery[J]. Structural and Multidisciplinary Optimization, 2021, 64 (6): 3621-3636.

[155] Pampel F, Pischinger S, Teuber M. A systematic comparison of the packing density of battery cell-to-pack concepts at different degrees of implementation[J]. Results in Engineering, 2022, 13: 100310.

[156] Jung D Y, Lee B H, Kim S W. Development of battery management system for nickel-metal hydride batteries in electric

vehicle applications[J]. Journal of Power Sources, 2002, 109(1): 1-10.

[157] Cai C H, Du D, Liu Z Y. Battery state-of-charge(SOC)estimation using adaptive neuro-fuzzy inference system(ANFIS) [C]//The 12th IEEE International Conference on Fuzzy Systems, Louis, 2003.

[158] Fan E S, Li L, Wang Z P, et al. Sustainable recycling technology for Li-ion batteries and beyond: Challenges and future prospects[J]. Chemical Reviews, 2020, 120(14): 7020-7063.

[159] Piątek J, Afyon S, Budnyak T M, et al. Sustainable Li-ion batteries: Chemistry and recycling[J]. Advanced Energy Materials, 2021, 11(43): 2003456.

[160] Winter M, Barnett B, Xu K. Before Li ion batteries[J]. Chemical Reviews, 2018, 118(23): 11433-14456.

[161] Bohlsen M. A look at the top 5 lithium-ion battery manufacturers in 2019[EB/OL].[2019-10-1].https://seekingalpha.com/article/4289626-look-top-5-lithium-ion-battery-manufacturers-in-2019.

[162] 彭佳悦, 祖晨曦, 李泓. 锂电池基础科学问题(Ⅰ)——化学储能电池理论能量密度的估算[J]. 储能科学与技术, 2013, 2(1): 55-62.

[163] 义夫正树, 拉尔夫·J.布拉德, 小泽昭弥, 等. 锂离子电池: 科学与技术[M]. 苏金然, 汪继强, 等译. 北京: 化学工业出版社, 2015.

[164] Zubi G, Dufo-López R, Carvalho M, et al. The lithium-ion battery: State of the art and future perspectives[J]. Renewable and Sustainable Energy Reviews, 2018, 89: 292-308.

[165] 靳文婷, 廖满生, 黄骥, 等. 车用高能量密度锂离子电池技术发展态势[J]. 储能科学与技术, 2022, 11(1): 350-358.

[166] 吴皓文, 王军, 龚迎莉, 等. 储能技术发展现状及应用前景分析[J]. 电力学报, 2021, 36(5): 434-443.

[167] 缪平, 姚祯, Lemmon J, 等. 电池储能技术研究进展及展望[J]. 储能科学与技术, 2020, 9(3): 9.

[168] 纪成炜 陈子坤. 储能行业报告系列一: 酝酿储能市场大变局与新机遇[R]. 广东: 广发证券, 2021.

[169] 王超君, 陈翔, 彭思侃, 等. 锂离子电池发展现状及其在航空领域的应用分析[J]. 航空材料学报, 2021, 41(3): 83-95.

[170] 王伟东, 仇卫华, 丁倩倩. 锂离子电池三元材料——工艺技术及生产应用[M]. 北京: 化学工业出版社, 2015.

[171] Jie Y L, Ren X D, Cao R G, et al. Advanced liquid electrolytes for rechargeable Li metal batteries[J]. Advanced Functional Materials, 2020, 30(25): 1910777.

[172] Jiao S H, Ren X D, Cao R G, et al. Stable cycling of high-voltage lithium metal batteries in ether electrolytes[J]. Nature Energy, 2018, 3(9): 739-746.

[173] Liu F Q, Wang W P, Yin Y X, et al. Upgrading traditional liquid electrolyte via in situ gelation for future lithium metal batteries[J]. Science Advances, 2018, 4(10): eaat5383.

[174] Zhang S S. A review on electrolyte additives for lithium-ion batteries[J]. Journal of Power Sources, 2006, 162(2): 1379-1394.

[175] Weber R, Genovese M, Louli A J, et al. Long cycle life and dendrite-free lithium morphology in anode-free lithium pouch cells enabled by a dual-salt liquid electrolyte[J]. Nature Energy, 2019, 4(8): 683-689.

[176] Xiang H F, Shi P C, Bhattacharya P, et al. Enhanced charging capability of lithium metal batteries based on lithium bis(trifluoromethanesulfonyl)imide-lithium bis(oxalato) borate dual-salt electrolytes[J]. Journal of Power Sources, 2016, 318: 170-177.

[177] Yamada Y, Yamada A. Review-superconcentrated electrolytes for lithium batteries[J]. Journal of the Electrochemical Society, 2015, 162(14): A2406-A2423.

[178] Yamada Y, Wang J H, Ko S, et al. Advances and issues in developing salt-concentrated battery electrolytes[J]. Nature Energy, 2019, 4(4): 269-280.

[179] Liang H J, Hou B H, Li W H, et al. Staging Na/K-ion de-/intercalation of graphite retrieved from spent Li-ion batteries: In operando X-ray diffraction studies and an advanced anode material for Na/K-ion batteries[J]. Energy & Environmental Science, 2019, 12(12): 3575-3584.

[180] Ren X D, Chen S R, Lee H, et al. Localized high-concentration sulfone electrolytes for high-efficiency lithium-metal batteries[J]. Chem, 2018, 4(8): 1877-1892.

[181] Zhou Q, Ma J, Dong S M, et al. Intermolecular chemistry in solid polymer electrolytes for high-energy-density lithium

batteries[J]. Advanced Materials, 2019, 31 (50) : 1902029.

[182] Haregewoin A M, Wotango A S, Hwang B J. Electrolyte additives for lithium ion battery electrodes: Progress and perspectives[J]. Energy & Environmental Science, 2016, 9 (6) : 1955-1988.

[183] Zhao Z M, Li F, Zhao J W, et al. Ionic-association-assisted viscoelastic nylon electrolytes enable synchronously coupled interface for solid batteries[J]. Advanced Functional Materials, 2020, 30 (21) : 2000347.

[184] Li W, Dahn J R, Wainwright D S. Rechargeable lithium batteries with aqueous-electrolytes[J]. Science, 1994, 264 (5162) : 1115-1118.

[185] Qian J F, Henderson W A, Xu W, et al. High rate and stable cycling of lithium metal anode[J]. Nature Communications, 2015, 6: 6362.

[186] Ren X D, Zou L F, Cao X, et al. Enabling high-voltage lithium-metal batteries under practical conditions[J]. Joule, 2019, 3 (7) : 1662-1676.

[187] Li W, Mckinnon W R, Dahn J R. Lithium intercalation from aqueous-solutions[J]. Journal of the Electrochemical Society, 1994, 141 (9) : 2310-2316.

[188] Demir-Cakan R, Palacin M R, Croguennec L. Rechargeable aqueous electrolyte batteries: From univalent to multivalent cation chemistry[J]. Journal of Materials Chemistry A, 2019, 7 (36) : 20519-20539.

[189] Luo J Y, Cui W J, He P, et al. Raising the cycling stability of aqueous lithium-ion batteries by eliminating oxygen in the electrolyte[J]. Nature Chemistry, 2010, 2 (9) : 760-765.

[190] Liu Z X, Huang Y, Huang Y, et al. Voltage issue of aqueous rechargeable metal-ion batteries[J]. Chemical Society Reviews, 2020, 49 (1) : 180-232.

[191] Zheng J, Tang M X, Hu Y Y. Lithium ion pathway within $Li_7La_3Zr_2O_{12}$-polyethylene oxide composite electrolytes[J]. Angewandte Chemie International Edition, 2016, 55 (40) : 12538-15342.

[192] Yang C P, Fu K, Zhang Y, et al. Protected lithium-metal anodes in batteries: From liquid to solid[J]. Advanced Materials, 2017, 29 (36) : 1701169.

[193] Fan L, Wei S Y, Li S Y, et al. Recent progress of the solid-state electrolytes for high-energy metal-based batteries[J]. Advanced Energy Materials, 2018, 8 (11) : 1702657.

[194] Quartarone E, Mustarelli P. Electrolytes for solid-state lithium rechargeable batteries: Recent advances and perspectives[J]. Chemical Society Reviews, 2011, 40 (5) : 2525-2540.

[195] Fergus J W. Ceramic and polymeric solid electrolytes for lithium-ion batteries[J]. Journal of Power Sources, 2010, 195 (15) : 4554-4569.

[196] Sun C W, Liu J, Gong Y D, et al. Recent advances in all-solid-state rechargeable lithium batteries[J]. Nano Energy, 2017, 33: 363-386.

[197] Zhao Q, Stalin S, Zhao C Z, et al. Designing solid-state electrolytes for safe, energy-dense batteries[J]. Nature Reviews Materials, 2020, 5: 229-252.

[198] Christie A M, Lilley S J, Staunton E, et al. Increasing the conductivity of crystalline polymer electrolytes[J]. Nature, 2005, 433 (7021) : 50-53.

[199] Stephan A M, Nahm K S. Review on composite polymer electrolytes for lithium batteries[J]. Polymer, 2006, 47 (16) : 5952-5964.

[200] von Aspern N, Roschenthaler G V, Winter M, et al. Fluorine and lithium: Ideal partners for high-performance rechargeable battery electrolytes[J]. Angewandte Chemie International Edition, 2019, 58 (45) : 15978-6000.

[201] Knauth P. Inorganic solid Li ion conductors: An overview[J]. Solid State Ionics, 2009, 180 (14-16) : 911-916.

[202] Jian Z L, Hu Y S, Ji X L, et al. NASICON-structured materials for energy storage[J]. Advanced Materials, 2017, 29 (20) : 1601925.

[203] Thangadurai V, Narayanan S, Pinzaru D. Garnet-type solid-state fast Li ion conductors for Li batteries: Critical review[J]. Chemical Society Reviews, 2014, 43 (13) : 4714-4727.

[204] Zhu P, Yan C Y, Dirican M, et al. $Li_{0.33}La_{0.557}TiO_3$ ceramic nanofiber-enhanced polyethylene oxide-based composite polymer electrolytes for all-solid-state lithium batteries[J]. Journal of Materials Chemistry A, 2018, 6(10): 4279-4285.
[205] Li J C, Ma C, Chi M F, et al. Solid electrolyte: The key for high-voltage lithium batteries[J]. Advanced Energy Materials, 2015, 5(4): 1401408.
[206] Xiao W, Wang J Y, Fan L L, et al. Recent advances in $Li_{1+x}Al_xTi_{2-x}(PO_4)_3$ solid-state electrolyte for safe lithium batteries[J]. Energy Storage Materials, 2019, 19: 379-400.
[207] Hasegawa S, Imanishi N, Zhang T, et al. Study on lithium/air secondary batteries-Stability of NASICON-type lithium ion conducting glass-ceramics with water[J]. Journal of Power Sources, 2009, 189(1): 371-377.
[208] Xu X X, Wen Z Y, Yang X L, et al. Dense nanostructured solid electrolyte with high Li-ion conductivity by spark plasma sintering technique[J]. Materials Research Bulletin, 2008, 43(8-9): 2334-2341.
[209] Wenzel S, Leichtweiss T, Krueger D, et al. Interphase formation on lithium solid electrolytes—An in situ approach to study interfacial reactions by photoelectron spectroscopy[J]. Solid State Ionics, 2015, 278: 98-105.
[210] Hartmann P, Leichtweiss T, Busche M R, et al. Degradation of NASICON-type materials in contact with lithium metal: Formation of mixed conducting interphases(MCI) on solid electrolytes[J]. Journal of Physical Chemistry C, 2013, 117(41): 21064-21074.
[211] Manthiram A, Yu X W, Wang S. Lithium battery chemistries enabled by solid-state electrolytes[J]. Nature Reviews Materials, 2017, 2(4): 16103.
[212] Fu K K, Gong Y H, Dai J Q, et al. Flexible, solid-state, ion-conducting membrane with 3D garnet nanofiber networks for lithium batteries[J]. Proceedings of the National Academy of Sciences of the United States of America, 2016, 113(26): 7094-7099.
[213] Zhao C Z, Zhang X Q, Cheng X B, et al. An anion-immobilized composite electrolyte for dendrite-free lithium metal anodes[J]. Proceedings of the National Academy of Sciences of the United States of America, 2017, 114(42): 11069-11074.
[214] Yang X G, Zhang G S, Ge S H, et al. Fast charging of lithium-ion batteries at all temperatures[J]. Proceedings of the National Academy of Sciences of the United States of America, 2018, 115(28): 7266-7271.
[215] Gao N, Kim S, Chinnam P, et al. Methodologies for design, characterization and testing of electrolytes that enable extreme fast charging of lithium-ion cells[J]. Energy Storage Materials, 2022, 44: 296-312.
[216] Gupta A, Manthiram A. Designing advanced lithium-based batteries for low-temperature conditions[J]. Advanced Energy Materials, 2020, 10(38): 2001972.
[217] Zou Y G, Cao Z, Zhang J L, et al. Interfacial model deciphering high-voltage electrolytes for high energy density, high safety, and fast-charging lithium-ion batteries[J]. Advanced Materials, 2021, 33(43): e2102964.
[218] Gao Y, Rojas T, Wang K, et al. Low-temperature and high-rate-charging lithium metal batteries enabled by an electrochemically active monolayer-regulated interface[J]. Nature Energy, 2020, 5(7): 534-542.
[219] Holoubek J, Yu M Y, Yu S C, et al. An all-fluorinated ester electrolyte for stable high-voltage Li metal batteries capable of ultra-low-temperature operation[J]. ACS Energy Letters, 2020, 5(5): 1438-1447.
[220] Thenuwara A C, Shetty P P, Kondekar N, et al. Efficient low-temperature cycling of lithium metal anodes by tailoring the solid-electrolyte interphase[J]. ACS Energy Letters, 2020, 5(7): 2411-2420.
[221] Zhang X, Li L, Fan E, et al. Toward sustainable and systematic recycling of spent rechargeable batteries[J]. Chemical Society Reviews, 2018, 47(19): 7239-7302.
[222] Narula C K, Martinez R, Onar O, et al. Final Report: Economic analysis of deploying used batteries in power systems[R]. Oak Ridge: Oak Ridge National Laboratory, 2011.
[223] Ahmadi L, Young S B, Fowler M, et al. A cascaded life cycle: Reuse of electric vehicle lithium-ion battery packs in energy storage systems[J]. The International Journal of Life Cycle Assessment volume, 2017, 22(1): 111-124.
[224] Ahmadi L, Yip A, Fowler M, et al. Environmental feasibility of re-use of electric vehicle batteries[J]. Sustainable Energy Technologies and Assessments, 2014, 6: 64-74.

[225] Richa K, Babbitt C W, Nenadic N G, et al. Environmental trade-offs across cascading lithium-ion battery life cycles[J]. The International Journal of Life Cycle Assessment, 2017, 22 (1): 66-81.

[226] Faria R, MarqueS P, Garcia R, et al. Primary and secondary use of electric mobility batteries from a life cycle perspective[J]. Journal of Power Sources, 2014, 262: 169-177.

[227] Fan M, Chang X, Guo Y J, et al. Increased residual lithium compounds guided design for green recycling of spent lithium-ion cathodes[J]. Energy Environment Science, 2021, 14 (3): 1461-1468.

[228] Wang X, Gaustad G, Babbitt C W. Targeting high value metals in lithium-ion battery recycling via shredding and size-based separation[J]. Waste Management, 2016, 51: 204-213.

[229] Zhang T, He Y, Wang F, et al. Chemical and process mineralogical characterizations of spent lithium-ion batteries: An approach by multi-analytical techniques[J]. Waste Management, 2014, 34 (6): 1051-1058.

[230] Nan J M, Han D M, Zuo X X. Recovery of metal values from spent lithium-ion batteries with chemical deposition and solvent extraction[J]. Journal of Power Sources, 2005, 152: 278-284.

[231] Kim S, Yang D, Rhee K, et al. Recycling process of spent battery modules in used hybrid electric vehicles using physical/chemical treatments[J]. Research on Chemical Intermediates, 2014, 40 (7): 2447-2456.

[232] Gratz E, Sa Q, Apelian D, et al. A closed loop process for recycling spent lithium ion batteries[J]. Journal of Power Sources, 2014, 262: 255-262.

[233] Zhong X H, Liu W, Han J W, et al. Pretreatment for the recovery of spent lithium ion batteries: Theoretical and practical aspects[J]. Journal of Cleaner Production, 2020, 263: 121439.

[234] Mishra D, Kim D J, Ralph D E, et al. Bioleaching of metals from spent lithium ion secondary batteries using Acidithiobacillus ferrooxidans[J]. Waste Management, 2008, 28 (2): 333-338.

[235] Xin B P, Zhang D, Zhang X, et al. Bioleaching mechanism of Co and Li from spent lithium-ion battery by the mixed culture of acidophilic sulfur-oxidizing and iron-oxidizing bacteria[J]. Bioresource Technology, 2009, 100 (24): 6163-6169.

[236] Horeh N B, Mousavi S M, Shojaosadati S A. Bioleaching of valuable metals from spent lithium-ion mobile phone batteries using Aspergillus niger[J]. Journal of Power Sources, 2016, 320: 257-266.

[237] Li L, Ge J, Wu F, et al. Recovery of cobalt and lithium from spent lithium ion batteries using organic citric acid as leachant[J]. Journal of Hazardous Materials, 2010, 176 (1-3): 288-293.

[238] Li Y, Li X H, Wang Z X, et al. An Ostwald ripening route towards Ni-rich layered cathode material with cobalt-rich surface for lithium ion battery[J]. Science China Materials, 2018, 61 (5): 719-727.

[239] Li L, Ge J, Chen R J, et al. Environmental friendly leaching reagent for cobalt and lithium recovery from spent lithium-ion batteries[J]. Waste Management, 2010, 30 (12): 2615-2621.

[240] Zhang X H, Cao H B, Xie Y B, et al. A closed-loop process for recycling $LiNi_{1/3}Co_{1/3}Mn_{1/3}O_2$ from the cathode scraps of lithium-ion batteries: Process optimization and kinetics analysis[J]. Separation and Purification Technology, 2015, 150: 186-195.

[241] Tran M K, Rodrigues M T F, Kato K, et al. Deep eutectic solvents for cathode recycling of Li-ion batteries[J]. Nature Energy, 2019, 4 (4): 339-345.

[242] Wang S B, Zhang Z T, Lu Z G, et al. A novel method for screening deep eutectic solvent to recycle the cathode of Li-ion batteries[J]. Green Chemistry, 2020, 22 (14): 4473-4482.

[243] Pateli I M, Thompson D, Alabdullah S S M, et al. The effect of pH and hydrogen bond donor on the dissolution of metal oxides in deep eutectic solvents[J]. Green Chemistry, 2020, 22 (16): 5476-5486.

[244] Mu D Y, Liu Y L, Li R H, et al. Transcritical CO_2 extraction of electrolytes for lithium-ion batteries: Optimization of the recycling process and quality-quantity variation[J]. New Journal of Chemistry, 2017, 41 (15): 7177-7185.

[245] Liu Y L, Mu D Y, Zheng R J, et al. Supercritical CO_2 extraction of organic carbonate-based electrolytes of lithium-ion batteries[J]. RSC Advances, 2014, 4 (97): 54525-54531.

第 2 章

固态锂电池

2.1 概　　述

目前，锂离子电池已经广泛应用于消费电子产品、电动汽车等国民经济的诸多方面，并逐步向无人机，深海、深空、深地、单兵作战装备等特种应用领域进军。国家“双碳”目标的提出，更是对以锂离子电池为典型代表的清洁电化学储能注入了强心剂，同时也带来了极佳的发展机遇。

然而白璧微瑕。随着手机、笔记本电脑等移动智能设备和电动汽车、大规模储能等对锂离子电池安全性能和能量密度要求的不断攀升，传统液态锂离子电池遇到了极大的发展瓶颈：①在过充、短路、挤压、高温等滥用或极端应用场景下，液态锂离子电池会发生严重的自生热现象，面临鼓胀、自燃甚至爆炸的危险，存在重大安全隐患；②液态锂离子电池的能量密度已经接近其能量密度上限。由此不难看出，能量密度和安全需求与传统液态锂离子电池技术之间的矛盾越来越凸显，传统液态锂离子电池已不能完全满足未来高性能器件对锂离子电池多方面的苛刻要求。因此，锂离子电池亟待颠覆性技术突破。面对能量密度与安全性能两座大山，下一代锂离子电池的风口在哪？笔者认为，提前进行针对性研发布局卡位，超前部署、设计和开发兼具高安全性、高能量密度、长循环寿命的固态锂电池器件对于助推清洁电化学储能快速发展意义重大。

2.2 国家战略赋能

2020 年 11 月国务院办公厅印发《新能源汽车产业发展规划(2021—2035 年)》。其中提到：实施电池技术突破行动，加快固态动力电池技术研发与产业化。由此可以看出，发展固态锂电池已经上升为国家战略，国家重点专项也进一步加持。2021 年 2 月，科技部高新司发布了“十四五”国家重点研发计划。在 18 个重点专项中，有 3 个专项与固态电池相关，如高端功能与智能材料重点专项、新能源汽车重点专项以及储能、智能电网技术重点专项。总结来说，在新能源汽车大趋势大浪潮之下，在国家政策层面对于固态电池的重视程度与日俱增。由此可见，现在乃至未来固态锂电池均具有非常好的发展驱动力，俨然已经成为下一个 10 年乃至未来清洁电化学储能发展的新方向和新风口。引用陈立泉院士的话，就是“固态电池大干快上，引领电动中国”。

2.3 固态锂电池特点、工作原理与分类

2.3.1 固态锂电池特点

与传统液态锂离子电池主要由正极材料、负极材料、液态电解液、隔膜四部分组成不同，固态锂电池主要由正极材料、负极材料、固态电解质三部分组成。两类锂电池最显著、最本质的区别就在于所用电解质不同。固态锂电池使用固态电解质，而液态锂离子电池则使用液态电解液。

正是由于采用了固态电解质，固态锂电池具备多重优点。

(1)安全性高。由于采用无腐蚀、不可燃、不易挥发、不易泄漏、不易燃烧的固态电解质，在热失控的触发机制中可以使电池自燃或者爆炸的风险降低且事故烈度明显减小。因此，固态电解质的使用可以从根本上大幅度提升电池的安全性，使人们打破对锂电池安全性恐慌的观念桎梏。

(2)能量密度高。相比传统液态锂离子电池，固态锂电池由于采用固态电解质，可以匹配更高电位的正极材料(如高镍三元正极)以及更低电位、更高容量的锂金属作为负极，因此固态锂电池可以大幅度提升电池的能量密度，预计最高超过 400W·h/kg；此外，由于固态锂电池具有良好的安全性，还可以使电池管理系统更加简化、轻质化，因此可以使整个电芯系统的能量密度进一步提高。这些都为进一步开发具有更高能量密度的新型锂电池技术奠定了坚实的基础。

(3)固态电解质有利于解决充放电过程中形成的固体电解质界面膜的问题和锂枝晶现象，因此循环性能好，服役寿命长。

(4)耐高温性能好，副反应少，应用场景较为广泛，从驱动微型电子器件到大型动力和储能领域均能应用。

(5)更耐机械冲击，使固态锂电池有望应用于军工行业，如单兵作战装备等。

2.3.2 固态锂电池工作原理

本质上来讲，固态锂电池的工作原理与传统液态锂离子电池是相同的。

具体来讲，正极反应：放电时锂离子嵌入，充电时锂离子脱嵌。负极反应：放电时锂离子脱插或脱出，充电时锂离子插入或沉积(不同负极，负极反应不同)。研究人员将这种靠锂离子在正负极之间的转移来完成电池充放电工作的独特机理，称为摇椅式电池。

不同的是，固态锂电池中的电解质是固态的，而传统锂离子电池中的电解质是液态的。

2.3.3 固态锂电池分类

固态锂电池按照不同的分类标准，类型也会有所不同。

固态锂电池按照固态电解质的不同来分类(固态电解质材料是固态锂电池的核心)，

主要分为聚合物固态锂电池、无机陶瓷固态锂电池(包含氧化物、硫化物)两类。相对比而言：聚合物固态锂电池柔韧性好，设计灵活性强，与界面接触紧密，因此在电池弯折、拉伸等条件下可正常工作，适用于可穿戴器件；除此之外，还可适用于批量化制备。国外已经有聚合物固态锂电池商业化应用的案例，在中国也已经有全海深聚合物固态电源系统应用的范例，可以说是最具产业化应用前景的固态锂电池。但该类固态锂电池的最大缺点是低温或室温离子电导率偏低，严重制约了其发展。氧化物固态锂电池循环性能良好，适用于薄膜柔性结构，但该类固态锂电池器件容量较小，较适用于：①医疗器械，如心脏起搏器等；②日用消费品，如芯片等。但氧化物无机固态电解质的缺点是电解质与正负极之间的界面阻抗较大，需要做界面修饰。硫化物无机固态电解质离子电导率最高，是未来的主要研究方向，但是其对空气敏感，抗氧化能力差。

按照固态锂电池中是否含有液体小分子增塑剂来分类，固态锂电池主要分为：①固态锂电池。电池中含有较高质量或体积比的固体电解质，同时含有少量液态电解质(≤5%)的电池，被称为固态锂电池，但实际上这并不是全固态锂电池。②固态锂电池在工作温度范围内，不含有任何质量及体积分数的液体小分子增塑剂，可称为全固态锂电池。

按照所使用负极材料的不同，固态锂电池可以分为固态锂金属电池(包括锂硫电池)和固态锂离子电池(负极主要采用石墨、硅碳等)。

2.4 固态锂电池关键材料与技术

2.4.1 固态锂电池电解质材料及其制备技术

固态电解质是固态锂电池与传统锂离子电池的关键区分。目前，可应用于固态锂电池的固态电解质主要为无机陶瓷电解质、有机聚合物电解质以及两者相结合的有机/无机复合固态电解质。下面将针对不同固态电解质材料及其制备方法详细论述。

1. 无机陶瓷电解质及其制备技术

陶瓷电解质最大的优势是其不燃性。因此，采用陶瓷电解质的固态锂电池具有最高的安全性。其次，经过几十年的发展，陶瓷电解质的室温 Li^+ 电导率已优化至高于 10mS/cm (表 2.1)，如 Kato 等[1]报道的硫化物电解质 $Li_{9.54}Si_{1.74}P_{1.44}S_{11.7}Cl_{0.3}$ 具有室温 25mS/cm 的超高电导率。考虑到 Li^+ 在陶瓷电解质中的迁移系数接近 1，则除安全性外，陶瓷电解质在 Li^+ 输运能力方面也已远超传统 Li^+ 电解液。

表 2.1 代表性无机陶瓷电解质室温离子电导率及活化能比较

材料	晶型	电导率/(mS/cm)	活化能/eV	参考文献
$Li_{1.3}Al_{0.3}Ti_{1.7}(PO_4)_3$	NASICON	0.75	0.36	[2]
$Li_{1.4}Al_{0.4}Ti_{1.6}(PO_4)_3$	NASICON	1.2	0.25	[3]

续表

材料	晶型	电导率/(mS/cm)	活化能/eV	参考文献
$Li_{1.5}Al_{0.3}Ti_{1.7}Si_{0.2}P_{2.8}O_{12}$	NASICON	0.3	—	[4]
$Li_7La_3Zr_2O_{12}$	石榴石	0.3	0.30	[5]
$Li_{7.06}La_3Y_{0.06}Zr_{1.94}O_{12}$	石榴石	0.81	0.26	[6]
$Li_{6.4}La_3Zr_{1.4}Ta_{0.6}O_{12}$	石榴石	1.0	0.35	[7]
$Li_{3.25}Ge_{0.25}P_{0.75}S_4$	硫代快离子导体(thio-LISICON)	2.2	—	[8]
Li_3PS_4	硫代快离子导体(thio-LISICON)	0.16	0.47	[9]
$Li_{10}GeP_2S_{12}$	硫代快离子导体(thio-LISICON)	12	0.22	[10]
$Li_7P_3S_{11}$	玻璃-陶瓷	3.2	0.19	[11]
$Li_7P_3S_{11}$	玻璃-陶瓷	17	0.18	[12]
Li_6PS_5Cl	硫银锗矿(argyrodite)	1.9	0.22	[13]
$Li_{6.6}P_{0.4}Ge_{0.6}S_5I$	硫银锗矿(argyrodite)	5.4	0.21	[14]
Li_3InCl_6	卤化物	2.04	0.35	[15]
Li_3YCl_6	卤化物	0.51	0.40	[16]
$Li_{2.5}Er_{0.5}Zr_{0.5}Cl_6$	卤化物	1.4	0.37	[17]

1)氧化物电解质

目前，氧化物电解质主要为石榴石型、NASICON 型、LiPON 型以及钙钛矿型。其中，由于室温 Li^+电导率及制备技术等因素，石榴石型和 NASICON 型氧化物电解质在固态锂电池中最为常用。

2)石榴石型电解质

石榴石型电解质具有通式 $Li_xLa_3(XO_4)_3$，其中 X 为 Zr、Nb、Ta 等元素。1988 年，具有化学式 $Li_5La_3Ta_2O_{12}$ 和 $Li_5La_3Nb_2O_{12}$ 的石榴石型电解质由 Hyooma 等[18]首次合成并报道。由于其室温离子电导率较低，仅为 10^{-6}S/cm，其后世界各国研究人员不断通过元素掺杂等手段优化其室温离子电导率。2007 年，Murugan 等[5]利用 Zr^{4+}取代 M^{5+}($Li_7La_3Zr_2O_{12}$，LLZO)从而产生大量的间隙 Li^+将石榴石型电解质的室温离子电导率提升至 0.24mS/cm。自此，LLZO 基石榴石型电解质因其高的室温离子电导率及对金属锂和高电压正极材料的稳定性被广泛研究并应用于固态锂电池。

研究发现，LLZO 具有两种晶型，即低温稳定的四方结构(空间群 $I4_1/acd$)以及高温稳定的立方结构(空间群 $Ia3d$)。如图 2.1 所示，四方结构的 LLZO 电解质由十二面体 La(1)O_8、La(2)O_8 和八面体 ZrO_6 组成。Li 在四方结构的 LLZO 电解质中占据三种位置：Li(1)占据四面体的 8a 位置；Li(2)占据八面体的 16f 位置；Li(3)占据八面体的 32g 位置。具有四方结构的 LLZO 离子电导率低，室温下最高为 2.3×10^{-5}S/cm(致密度 98%)[19]。而具有立方相的 LLZO 离子电导率较四方相高两个数量级。在立方相 LLZO 中，Li(1)占据四面体 24d 位置，Li(2)占据八面体 96h 位置。研究发现，扭曲的立方结构以及占据八面体 96h 位置的 Li(2)是立方相 LLZO 电导率高的主要原因，Li^+可以从 24d 位置 96h 做三维运动。立方相是高温相，因此类似于氧化锆，需要将立方相 LLZO 稳定到室温。为此，研究人员发展了多种方法实现此目的，概括起来，主要包括元素掺杂、气氛烧结、多步烧结等手段[20]。

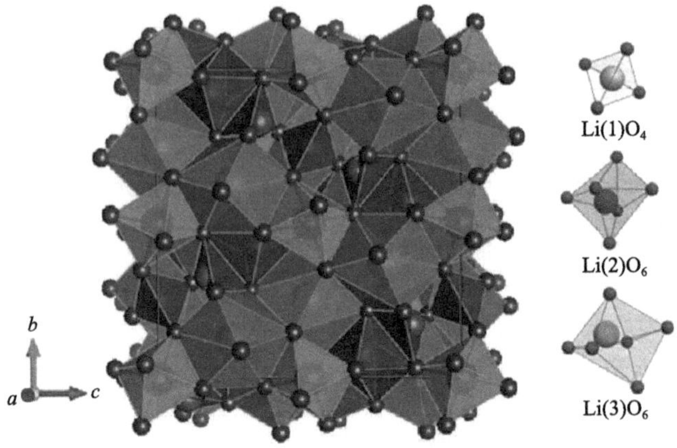

图 2.1　具有四方相结构的 LLZO[20]

Geiger 等[21]发现，通过刚玉坩埚烧结的 LLZO 在室温下具有部分的立方相，因而提出了 Al 可以将高温立方相保持到室温的假设。为此 Rangasamy 等[22]为地向 LLZO 的 Li 位引入 0.24 个 Al 获得 $Li_{6.24}Al_{0.24}La_3Zr_2O_{11.98}$，热压烧结后其室温离子电导率为 0.4mS/cm（致密度 98%）。此外，向 LLZO 中掺入少量的 Sr 元素（0.9%～8.4%（质量分数））也能够将立方相的 LLZO 稳定到室温并有效提升其离子电导率至 0.5mS/cm[23]。除 Li 位掺杂 Al、Sr 等元素外，在 Zr 位掺杂超价元素如 Ta、Nb 等也可将高温立方相稳定到室温，且大幅度提升离子电导率达到甚至超过 1mS/cm。例如，Nb 掺杂 LLZO 获得 $Li_{6.75}La_3Zr_{1.75}Nb_{0.25}O_{12}$，具有 0.8mS/cm 的室温电导率[24]；Ca 掺杂 LLZO 获得 $Li_{7.1}La_3Zr_{1.95}Ca_{0.05}O_{12}$ 具有 0.52mS/cm 的室温电导率[25]；Ta 掺杂 LLZO 获得 $Li_{6.75}La_3Zr_{1.75}Ta_{0.25}O_{12}$ 具有 0.87mS/cm 的室温电导率[26]；Ga、Sc 共掺杂 LLZO 获得 $Li_{6.65}Ga_{0.15}La_3Zr_{1.90}Sc_{0.10}O_{12}$ 具有 1.8mS/cm 的室温电导率[27]。

3）NASICON 型电解质

1968 年，源于 $NaA_2^{IV}(PO_4)_3$（A 为四价的 Ge、Ti、Zr）的 NASICON 结构被首次发现并报道[28]，而 NASICON 这一术语在 1976 年由 Goodenough 等提出[29]。如图 2.2 所示[30]，该结构的三维骨架由 AO_6 八面体和 PO_4 四面体沿 c 轴共角连接构成，Na^+在三维骨架内部传输。利用 Li^+取代 Na^+即可获得导 Li^+的 NASICON 型电解质，其中以对 $LiTi_2(PO_4)_3$、$LiGe_2(PO_4)_3$ 的研究和利用最为广泛。然而，纯相的 $LiTi_2(PO_4)_3$ 或 $LiGe_2(PO_4)_3$ 室温离子电导率很低，通常不高于 10^{-7}S/cm，造成纯相 $LiTi_2(PO_4)_3$ 或 $LiGe_2(PO_4)_3$ 室温离子电导率低的原因是该材料不易烧结致密导致块体材料孔隙率高进而阻碍了 Li^+在晶粒间的输运。因此，早期提升锂 NASICON 型电解质电导率的方法是引入烧结助剂，如 LiI、Li_3PO_4、Li_3BO_3 等，提高材料的烧结致密度。Kwatek 等[31]通过向 $LiTi_2(PO_4)_3$ 中引入 8%（质量分数）的 LiI，提高了 $LiTi_2(PO_4)_3$ 烧结致密度，从而提高其室温离子电导率至 7.3×10^{-6}S/cm。

然而，仅通过增加材料的致密度获得的电导率仍然处在较低水平。为此，Li 等[32]通过利用二/三价元素如 Al、Ga、Sc、In、Y、La、Fe、Cr、Zn、Ca 等部分取代 Ti/Ge 从而产生更高的载流子浓度来提高电解质的电导率，典型的如 $Li_{1.3}Al_{0.3}Ti_{1.7}(PO_4)_3$。特别地，作为 Al 源的 Al_2O_3 同时起到烧结助剂的作用，在增加电解质载流子浓度的同时提高电解质的致密度，得到的 $Li_{1.2}Ti_{1.8}Al_{0.2}(PO_4)_3$ 在室温下具有 3.4mS/cm 的高电导率[33]。

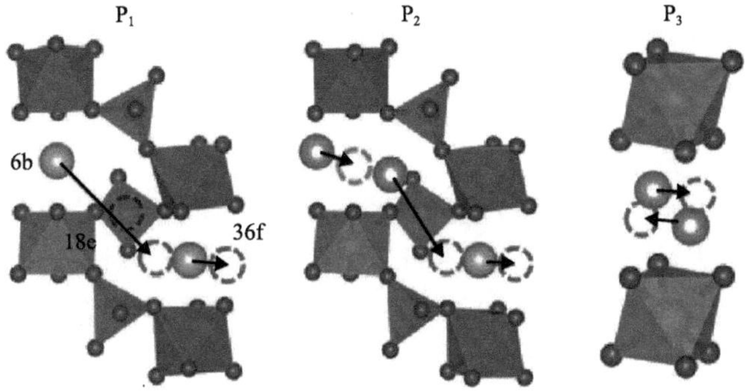

图 2.2　$Li_{1.5}Al_{0.5}Ge_{1.5}(PO_4)_3$ 的晶体结构及三种 Li^+ 的扩散路径[30]

虽然 NASICON 型电解质具有高的抗氧化性，可以与常用的高电压正极材料匹配，但 NASICON 型电解质通常含易变价元素 Ti^{4+} 或 Ge^{4+}，使得 NASICON 型电解质无法与金属锂、硅等低电位负极直接接触使用，增加了电池制备的难度。例如，$Li_{1.3}Al_{0.3}Ti_{1.7}(PO_4)_3$ 与金属锂直接接触时，根据第一性原理计算，两者之间发生如下反应[34]：

$$10Li_{1.3}Al_{0.3}Ti_{1.7}(PO_4)_3 + 17Li \longrightarrow 3AlPO_4 + 10Li_3PO_4 + 17TiPO_4, \quad \Delta G = -0.321eV \tag{2.1}$$

低电压负极的化学不稳定性是限制 NASICON 型电解质在固态锂电池中应用的主要原因，通常会利用聚合物作为 NASICON 型电解质与金属锂的缓冲层提高其负极稳定性。

4) 氧化物电解质的制备技术

目前，高温烧结是制备石榴石型电解质最主要的方法。由于石榴石型电解质不易烧结致密，需要辅以热压及多步烧结法等提高其烧结致密性。热压烧结法需要热压烧结设备，在 1000℃左右即可致密化；多步烧结法通过在不同温度下保温达到反应、转化和致密化的目的。Xu 等[35]提出一种多步法烧结 LLZO（含 0.2%（摩尔分数）Al_2O_3）以达到提高其致密度的目的。首先将反应物升温至 900℃保温 6h，在此温度下反应物分解生成四方和立方相混合的 LLZO；然后升温至 1100℃保温 6h，在此温度下四方相 LLZO 全部转化为立方相 LLZO；最后升温至 1200℃保温 12h 将电解质致密化。

NASICON 型电解质的制备主要有固相反应法、溶胶-凝胶法、共沉淀法等。

（1）固相反应法制备 $Li_{1.5}Al_{0.5}Ge_{1.5}(PO_4)_3$：将化学计量比的 Li_2CO_3、γ-Al_2O_3、GeO_2、$NH_4H_2PO_4$ 在丙酮中研磨、混匀，烘干后在 450℃热处理 20h。收集热处理后的粉末再次研磨并压成块体，在 950℃下热处理 10h 成相[36]。

(2)溶胶-凝胶法制备 $Li_{1.4}Al_{0.4}Ti_{1.6}(PO_4)_3$：将 $Ti(OC_4H_9)_4$，50%(质量分数)的柠檬酸溶液和氨水混合制备钛的柠檬酸溶液。然后，将化学计量比的 $LiNO_3 \cdot H_2O$、$NH_4H_2PO_4$ 和 $Al(NO_3)_3 \cdot 9H_2O$ 溶于前述溶液，并将 pH 调节至 7 左右，之后加入乙二醇。在 80℃保温 8h 后转移入 130℃烘箱烘干 3h，将烘干后的物质在 950℃热处理 6h 获得目标产物[37]。

(3)共沉淀法：在 80℃水浴中，将 $Li_2C_2O_4$ 和 $Al(NO_3)_3 \cdot 9H_2O$ 溶于去离子水中形成溶液并将其逐滴加入过量的 NH_4HCO_3 溶液中，之后将 $Ti(OC_4H_9)_4$ 和 $NH_4H_2PO_4$ 的溶液逐滴加入前述溶液中并搅拌 2h。在 120℃下将溶剂挥发后在 350℃热处理 2h，800℃烧结 30min 获得目标产物[38]。

5)硫化物电解质

硫化物电解质是目前固态锂电池用最流行的电解质，硫化物基固态锂电池的相关研究成果已被《科学》《自然》等顶尖期刊相继报道[39,40]。对硫化物电解质的开发是从 20 世纪 80 年代以玻璃相体系 $Li_2S:GeS_2:P_2S_5:SiS_2:LiI$ 开始的，玻璃-陶瓷相硫化物电解质的室温离子电导率在 10^{-4}～10^{-3}S/cm 数量级[41]；2001 年具有 thio-LISICON (thio-lithium superionic conductor，硫代锂超离子导体)晶体结构的 $Li_{3.25}Ge_{0.25}P_{0.75}S_4$ 被首次报道[28]，其在室温下具有 2.2mS/cm 的电导率，至 2011 年，thio-LISICON 电解质($Li_{10}GeP_2S_{12}$)的室温电导率提高至 12mS/cm[10]，这一数值在 5 年后提升至 25mS/cm ($Li_{9.54}Si_{1.74}P_{1.44}S_{11.7}Cl_{0.3}$)[1]；2008 年，具有硫银锗矿晶型结构的 Li_6PS_5X(X 为卤素)被报道[42]，该体系的室温离子电导率普遍高于 1mS/cm。

6)玻璃-陶瓷电解质

玻璃-陶瓷电解质以 $xLi_2S:yP_2S_5$($x:y = 75:25$～$60:40$)二元系为基础，根据特定需求可引入 LiI、LiCl、GeS_2、SiS_2、P_2O_5 等。$75Li_2S:25P_2S_5$ 玻璃电解质通过高能球磨获得，该比例的玻璃电解质仅含有 PS_4 四面体。将该玻璃电解质在 200℃左右热处理一定时间后，会有结晶质 Li_3PS_4 析出，与未结晶的玻璃相共同组成 Li_3PS_4 玻璃-陶瓷电解质，其室温离子电导率在 10^{-4}S/cm 数量级。玻璃-陶瓷电解质另一常用体系为 $70Li_2S:30P_2S_5$，其玻璃相同样通过高能球磨获得，由 PS_4 四面体及其二聚体 P_2S_7 组成。将该玻璃电解质在 300℃左右热处理一定时间后，会有结晶质 $Li_7P_3S_{11}$ 析出，与未结晶的玻璃相共同组成 $Li_7P_3S_{11}$ 玻璃-陶瓷电解质，其室温离子电导率在 10^{-3}S/cm 数量级，通过特殊技术，如冷却-淬火制备的 $Li_7P_3S_{11}$ 玻璃-陶瓷电解质室温电导率可达 17mS/cm[12]。

7)thio-LISICON 电解质

thio-LISICON 电解质具有通式 $Li_xM_yS_4$(M 为 P、As、Ge、Si、Sn、Al 等)。以 Li_4GeS_4-Li_3PS_4 三元系为例，其由(GeP)S_4 四面体与 LiS_6 八面体沿 c 轴共边连接形成一维骨架，一维骨架之间通过 PS_4 四面体相互连接为三维结构。基于 Li^+可在三维方向输运，thio-LISICON 电解质 $Li_{10}GeP_2S_{12}$ 在室温下表现出 12mS/cm 的高电导率。虽然 thio-LISICON 电解质的室温下离子电导率是所有固态电解质中最高的，但其复杂的制备过程(需要反复的热处理)以及含有的易变价元素(Ge、Sn、Si 等)严重限制了其在固态锂电池中的应用。

8) argyrodite 电解质

argyrodite 电解质 Ag_8GeS_6(空间群，$F\bar{4}3m$)由 Winkler 等首次报道。利用 Li^+和 P^{5+}分别取代 Ag^+和 Ge^{4+}即可得到导锂的 argyrodite 电解质 Li_7PS_6，但其室温离子电导率仅为 10^{-6}S/cm。利用卤素如 Cl、Br 取代 S 以产生更多的 Li^+空位可以极大地提高 argyrodite 电解质的电导率。例如，Li_6PS_5Cl 室温离子电导率高于 1.9mS/cm，更高含量的 Cl 引入可以进一步提高电导率至 10.8mS/cm ($Li_{5.4}PS_{4.4}Cl_{1.6}$[43])。在 Li_6PS_5X 中，三个位于 48h 的 Li(1) 和三个位于 24g 的 Li(2) 构成一个锂六边形，这些六边形之间由位于 16e 的间隙 Li(3) 连接，从而形成围绕 S 原子的三维扩散通道。在硫化物电解质材料中，argyrodite 电解质由于其电导率高且对正负极稳定性好(相对于其他类型的硫化物电解质)，因而在固态锂电池中广泛应用。

9) 硫化物电解质的制备技术

目前，硫化物电解质材料主要有干法和湿法两种制备技术(图 2.3[44])。干法制备，即固相反应法，也是硫化物电解质最常用的制备技术。最简单的固相反应法是仅通过高能球磨 Li_2S、P_2S_5 等原料获得玻璃相电解质。若将获得的玻璃相电解质在一定温度下(190～300℃)保温若干时间，自然降温从而沉淀出结晶质即可得到玻璃-陶瓷电解质。thio-LISICON 和 argyrodite 电解质也可通过相同的方法制得。特殊的制备方法，如在保温完成后急冷淬火(如冰水降温[12])，可以得到特殊结构的高电导率玻璃-陶瓷电解质。

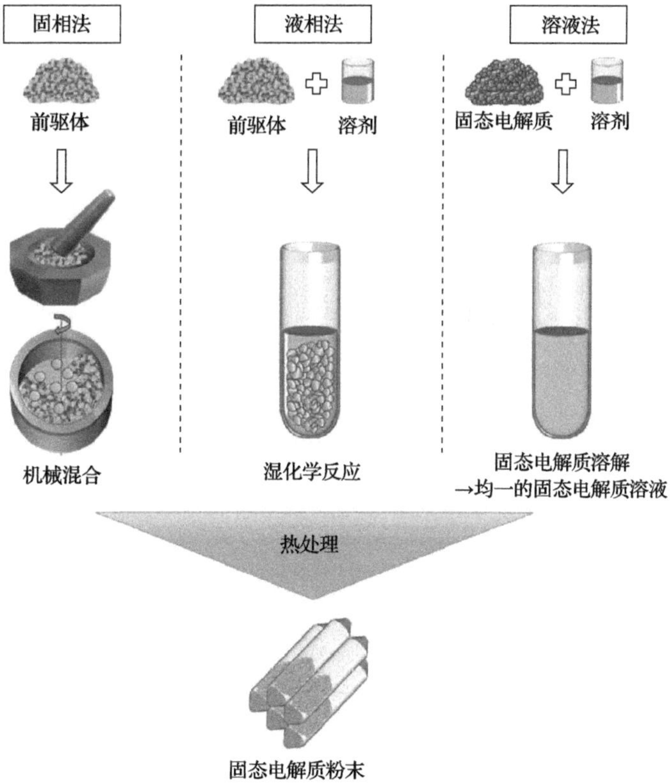

图 2.3 常用硫化物电解质制备技术示意图[44]

湿法制备技术主要包括两种，即原料不溶于溶剂的非均质溶液法以及原料溶于溶剂的均质溶液法。非均质溶液法即将原料，如 Li_2S、P_2S_5，加入非质子性溶剂，如四氢呋喃、乙腈、乙二醇二甲醚等，通过溶剂的作用将原料细化，增大反应物之间的接触面积。例如，将 Li_2S 和 P_2S_5 按 75∶25 的质量比加入四氢呋喃中，充分搅拌后使溶剂挥发，得到 $Li_3PS_4·3THF$ 的结晶物。将此结晶物在 140℃热处理得到 Li_3PS_4 电解质，室温电导率为 0.16mS/cm[9]。相较于固相反应法制备的颗粒尺寸 10μm 以上的电解质，由非均质溶液法可获得纳米尺寸的电解质颗粒，可最大限度提高复合正负极中电极材料与电解质材料的接触，从而减小电池的极化，提高电池的充放电容量和能量密度。

将玻璃电解质或初结晶电解质溶于质子性溶剂，如甲醇、乙醇和水等，可获得均质溶液。将溶剂烘干，一定温度下重结晶即可获得目标电解质。例如，将 Li_2S、P_2S_5 和 LiCl 按照 Li_6PS_5Cl 的比例高能球磨后获得初结晶的 argyrodite 电解质 Li_6PS_5Cl，将其溶于乙醇获得透明均一的黄(褐)色溶液,将乙醇蒸发后在300～500℃热处理即可重结晶出argyrodite 电解质 Li_6PS_5Cl,根据不同的重结晶温度,电解质的室温离子电导率可达 10^{-3}S/cm 数量级。均质溶液制备技术的最大优势是可以利用液体良好的润湿性，特别对于乙醇这种表面张力很小的溶剂，均质溶液可以完全浸润电极，从而在活性物质颗粒表面包覆一薄层高离子电导率的硫化物电解质，增强离子在复合电极中的输运能力，减少复合电极中非活性物质的占比，从而提高电池的能量和功率密度。

10）卤化物电解质

鉴于氧化物电解质低的离子电导率以及硫化物电解质弱的抗氧化性，近年来，兼具高离子电导率和高氧化稳定性的卤化物电解质越来越受到关注和研究。对卤化物电解质的研究始于 20 世纪末，Weppner 等[45]报道了一种 $LiAlCl_4$ 电解质，其室温离子电导率为 10^{-6}S/cm。其后，Steiner 等[46]通过固相反应法在 500～600℃成功合成了 Li_3InCl_6，其室温离子电导率为 10^{-5}S/cm。在 2019 年，Li 等[15]通过液相法将室温离子电导率提升至 1.49mS/cm，并在 $LiCoO_2$-Li_3InCl_6|Li_3InCl_6|In 固态锂电池中表现优异。由于 Li_3InCl_6 中 In^{3+} 在低电位下易被还原，即与负极相容性差，通过ⅢB 组的元素如 Sc、Y、Er 等替换 In 可提高卤化物电解质对负极的稳定性。如 Li_3YCl_6 的电化学窗口为 0.36～4.21V(vs. Li^+/Li)，较 Li_3InCl_6 2.5～4.3V(vs. Li^+/Li)稳定，但其室温离子电导率较低，为 0.72mS/cm[16]。通过在 Y 位引入变价元素制造锂空位或引入额外的卤素制造间隙锂可以有效提高其电导率。例如，Zr 掺杂的 Li_3ErCl_6——$Li_{2.5}Er_{0.5}Zr_{0.5}Cl_6$ 室温下离子电导率为 1.4mS/cm[17]；富 Cl 的 Li_xScCl_{3+x} 室温离子电导率可达 3mS/cm[47]。

11）卤化物电解质的制备技术

卤化物电解质材料的制备同样有干法和湿法两种技术。干法制备技术，即固相反应法，是卤化物电解质材料最常用的制备技术。以 Li_3ErCl_6 为例，将 $ErCl_3$ 和 LiCl 按比例混合，以 400～500r/min 的转速球磨 24h，之后在保护性气氛中于 300～500℃热处理 2～12h 获得目标产物[48]。湿法制备技术由 Li 等[15]在 2019 年报道：以水为溶剂，将 $InCl_3$ 和 LiCl 按比例(Li_3InCl_6)混合溶于去离子水中，待溶剂挥发后获得 Li_3InCl_6 的结晶水合物——$Li_3InCl_6·xH_2O$，在 100～200℃真空干燥后获得目标产物。

2. 聚合物固态电解质及其制备工艺

聚合物基固态电解质是构建高安全锂电池最有前景的电解质体系之一，该类电解质有望取代液态电解质，满足发展高安全、高比能锂电池的需求。聚合物基固态电解质的优势在于本身聚合物基体的优异特性(如机械稳定性、不易泄漏和柔韧性等)。按聚合物基体的不同，聚合物基固态电解质主要包括聚醚类、脂肪族聚碳酸酯类、聚丙烯酸酯类、聚偏氟乙烯类等。

聚醚基固态电解质，是研究最早，也是研究最多的一类聚合物固态电解质体系，主要包括聚氧化乙烯(polyethylene oxide，PEO)、聚甲醛、聚 1,3-二氧五环等[49]。聚醚基固态电解质的优点在于：与锂负极兼容性好，化学稳定性高。缺点是：结晶度高，导致室温锂离子电导率偏低，因此需要在相对高的温度(60～80℃)下运行；电化学窗口较窄(≤4V)，不能搭配高电压的正极材料，组装成的固态电池整体质量能量密度偏低；尺寸热稳定性不好(熔点为 55～64℃)。针对聚醚电解质的上述缺点，科研人员发展了共混、共聚、有机/无机复合、多层电解质等多种策略[50,51]。特别是中国科学院青岛生物能源与过程研究所崔光磊团队[51]，报道了一种区分化锂盐设计的多层 PEO 基聚合物电解质，其在正极界面层选用了三氟(全氟叔丁氧基)硼酸锂(LiTFPFB)，LiTFPFB 不仅可以优化 CEI 组分，还可以通过和 PEO 之间的离子偶极相互作用降低 PEO 的 HOMO 能级，从而提高 PEO 的抗氧化性，使 $LiCoO_2$/Li 金属电池能够在 2.5～4.3V 的电压范围内稳定循环 100 次，容量保持率为 83.5%。

脂肪族聚碳酸酯基固态电解质，由于其特殊的分子结构(含有强极性碳酸酯基团)以及高介电常数，可以有效减弱阴阳离子间的相互作用，提高载流子数量，从而提高离子电导率，被认为是一类非常有前景的聚合物电解质体系[52]。脂肪族聚碳酸酯基固态电解质主要包括聚三亚甲基碳酸酯、聚碳酸乙烯酯、聚碳酸丙烯酯和聚碳酸亚乙烯酯等。相对于高结晶度的聚氧化乙烯电解质体系，其优势在于：脂肪族聚碳酸酯为无定形结构，高分子链柔顺性高，有利于锂离子的传输，室温离子电导率较高；电化学窗口较高(达到 4.45V)；尺寸热稳定性良好(≥150℃)。其中，中国科学院青岛生物能源与过程研究所制备的“刚柔并济”聚碳酸丙烯酯(polypropylene carbonate，PPC)基固态电解质的室温离子电导率可达到 4.2×10^{-4}S/cm[53]，由其组装的 $LiFePO_4$/Li 电池在室温下长循环 1000 次后的容量保持率高达 95%。但是，脂肪族聚碳酸酯电解质与碱性电极材料的兼容性较差。在使用该类电解质时，需要处理电极材料表面的碱性或碱性氧化物。

聚丙烯酸酯基固态电解质，是一类非常适合原位聚合的电解质体系；并且这类聚合物还非常适合进行共聚、嵌段等分子结构设计，通过改变丙烯酸酯单体类型，可以得到结构多样化的聚合物电解质[54]。其中，侧链为氧化乙烯链段的聚丙烯酸酯电解质最受科研人员关注，因为位于侧链的氧化乙烯链段几乎不存在结晶行为，这使聚合物电解质的室温离子电导率可以提高至 10^{-5}S/cm 以上。但是，这种电解质仍然存在聚醚链段氧化稳定性差的问题。为此，Lv 等[55]通过甲氧基聚氧化乙烯丙烯酸酯和 2-乙基氰基丙烯酸酯原位共聚制备了侧链含有氰基的聚丙烯酸酯电解质(polyacrylate electrolyte，CA-PGL)，使电解质的氧化稳定窗口提升至 4.9V，显著降低了氧化乙烯链段的分解。

PVDF 基固态电解质，由于其聚合物主链中含有大量吸电子能力较强的 F 原子以及较高的相对介电常数(约 8)，得到了众多科研工作者的关注[56,57]。该类电解质的聚合物基体主要包括 PVDF 和聚偏氟乙烯-六氟丙烯(polyvinylidene fluoride-hexafluoropropylene，PVDF-HFP)。PVDF 基固态电解质的优点在于：熔点较高，热稳定性良好，具有较高的电化学稳定性，相对介电常数高，有助于促使锂盐离子化，成膜性较好。缺点是聚合物分子的结晶度较高，在不加入增塑剂的情况下，对锂盐表现出较差的解离能力，室温离子电导率较低。当前基于 PVDF 基固态电解质的改性方法主要有共混、接枝、有机/无机复合、静电纺丝等[58]。

聚合物固态电解质的制备工艺可分为原位和非原位两种制备工艺。其中，非原位制备工艺是先将聚合物、锂盐等组分在有机溶剂中混匀，然后将混合物溶液通过浇注、延流、刮涂等方法涂膜，再控制条件将溶剂挥发完全，制得不同类型的聚合物膜。该方法主要包括相转化法、浇注法、膜支撑法、Bellcore 技术等。原位聚合工艺是一种新型的制备聚合物电解质的方法，可以使聚合物电解质与电极间具有良好的界面相容性，有利于提升电池性能。原位聚合的制备工艺是将引发剂、锂盐、聚合物单体等混合后组装电池，随后通过引发聚合反应使单体聚合生成聚合物电解质。根据原位聚合机理的不同，可分为自由基聚合、离子开环聚合等。通过原位聚合工艺，可以有效地提升聚合物固态电解质在室温下的性能，具有良好的应用前景[59]。

3. 有机/无机复合固态电解质及其制备工艺

有机/无机复合固态电解质可以通过陶瓷含量的多少分成两种类型：聚合物含陶瓷(ceramic in polymer，CIP)(陶瓷含量较低)和陶瓷聚合物(polymer in ceramic，PIC)(陶瓷含量较高)[60]，两者都因自身独有的特性而被广泛研究。

CIP 型复合固态电解质，是研究比较早的复合电解质类型，特点是将少量的陶瓷填料加入聚合物基质中。在这类复合固态电解质中，聚合物主体具有良好的柔韧性，与电极之间具有良好的接触，可以减小界面阻抗；陶瓷颗粒的主要作用是增加聚合物的无定形相，提高聚合物的离子电导率。CIP 型复合固态电解质的研究方向主要集中在聚合物基质的改良和陶瓷填料的选择两个方面。目前，CIP 固态电解质的室温离子电导率能够达到 10^{-4}S/cm，足够支持固态电池的工作。Zhang 等[61]研究了不同粒径、不同含量的 LLZTO 纳米颗粒与 PEO 复合得到的电解质，发现在 LLZTO 粒径为 43nm、含量为 12.7%(体积分数)时，复合电解质的离子电导率达到最佳，为 2.1×10^{-4}S/cm。但是因为复合电解质中 PEO 的含量较高，其电化学稳定性和热力学稳定性有所欠缺。因此，开发具有更好电化学稳定性、更高离子电导率的 CIP 型复合固态电解质是未来重要的研究方向。在 CIP 型复合固态电解质中，Li^+的传输涉及聚合物相、导电陶瓷体相和聚合物-陶瓷界面。其中，导电陶瓷体相和聚合物-陶瓷界面的离子传输性能明显高于聚合物相。因此，与陶瓷颗粒相比，聚合物主体中的纳米线、纳米片能够提供连续的 Li^+通道，可以有效提高离子电导率[62]。

PIC 型复合固态电解质的主体为无机固态电解质，这类电解质的特点是将零维的陶瓷颗粒通过堆积成连续的三维骨架，使 Li^+能够通过连续的快离子通路进行迁移，可以获得相比 CIP 电解质更高的室温离子电导率。此外，因为导电陶瓷的含量较高，PIC 复合固态电解质具有优异的抑制锂枝晶生长的能力和更好的热力学稳定性。Wang 等[63]以 SeS_2 为造孔剂制备了自支撑的 Li_6PS_5Cl 多孔骨架，将 PEGMEA 单体溶液注入骨架中，在一定条件下使之发生原位聚合，获得无机相、有机相、有机/无机界面相三相渗流的有机/无机复合电解质，与金属锂负极及高电压 NCM811 正极组装成固态锂电池，在室温下表现良好(图 2.4)。

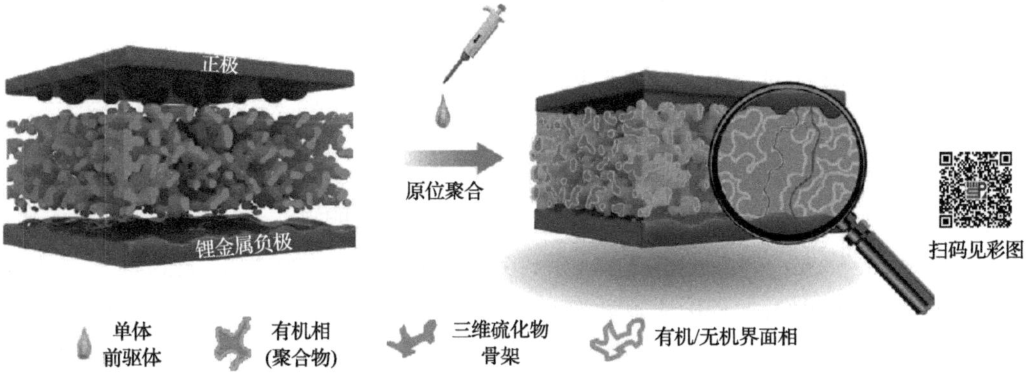

图 2.4 三相渗流有机/无机复合电解质制备示意图[63]

有机/无机复合固态电解质的制备工艺可分为湿法工艺、干法工艺和原位聚合工艺。其中，湿法工艺与聚合物基固态电解质的制备工艺类似：先将聚合物、锂盐、无机组分等组分在有机溶剂中混匀，然后将混合物溶液进行涂膜及溶剂挥发，最终制得不同类型的有机/无机复合电解质膜。干法工艺即将电解质粉体与少量(<5%(质量分数))黏结剂如 PTFE 通过反复揉搓等手段使之混合，然后通过辊压形成电解质膜；原位聚合工艺即将聚合物的单体溶液(其中溶有锂盐及引发剂)注入电池中，在一定条件下，如加热，使引发剂引发单体聚合从而制成聚合物电解质。

2.4.2 固态锂电池正极材料

1. 固态锂电池正极材料概述

目前，固态锂电池领域研究较多的正极材料可以分为含锂正极和无锂正极。其中，含锂正极主要是指含锂的金属氧化物材料，如具有六方层状结构的钴酸锂($LiCoO_2$)、三元镍钴锰酸锂($LiNi_xCo_yMn_zO_2$，$x+y+z=1$，简写为 NCM)、镍钴铝酸锂($LiNi_xCo_yAl_zO_2$，$x+y+z=1$，简写为 NCA)、富锂锰基材料($xLi_2MnO_3\cdot(1-x)LiMn_yM_{1-y}O_2$，其中 M 为除 Mn 之外的一种或两种金属离子)，具有尖晶石结构的 4V 级锰酸锂($LiMn_2O_4$)、5V 级镍锰酸锂($LiNi_{0.5}Mn_{1.5}O_4$)，具有橄榄石结构的磷酸亚铁锂($LiFePO_4$)、磷酸锰铁锂($LiFe_{0.2}Mn_{0.8}PO_4$)[64]。无锂正极主要是指硫单质、氧气，以及基于转化反应的金属硫化物、金属氧化物等。

理论上，常见的锂离子电池正极材料都可以应用在固态锂电池中。实际上，在高能量密度的发展定位、固态电解质材料体系的窗口限制和新能源汽车迅猛发展的研究背景下，在固态锂电池领域得到广泛研究的正极材料主要是 $LiFePO_4$、$LiCoO_2$、高镍

$LiNi_xCo_yMn_zO_2$（$x \geqslant 0.6$）和 $LiNi_xCo_yAl_zO_2$[65]。另外，$LiCoO_2$ 和 $LiNi_{0.5}Mn_{1.5}O_4$ 在薄膜型固态锂电池中得到较多关注[66]。富锂锰基材料具有较高的理论比容量，被认为是下一代正极材料，学者已经开始了富锂锰基固态电池的前瞻性研究与专利布局[67, 68]。

由于锂金属负极在固态锂电池中的应用可行性，具有高理论能量密度、低成本等优点的无锂正极被认为是新一代高比能正极材料。其中，硫单质正极得到的研究最为广泛和深入，也有少量研究工作将过渡金属硫化物正极材料应用于固态锂电池中[69-72]。

2. 固态锂电池正极材料的研究现状

1）磷酸铁锂

$LiFePO_4$ 是一种聚阴离子正极材料，这种稳定的聚阴离子框架结构使其表现出优良的安全性能、好的耐过充性能和循环性能；其缺点也比较明显，电导率偏低，室温电子电导率约为 10^{-9}S/cm，锂离子表观扩散系数为 4.97×10^{-16}～1.29×10^{-14}cm²/s[73]，不利于大电流充放电。$LiFePO_4$ 的理论比容量为 170mA·h/g，目前实际比容量为 130～140mA·h/g，工作电压范围为 3.2～3.7V（vs. Li^+/Li），平均工作电压为 3.4V，循环寿命为 2000～6000 次，适用工作温度为–25～75℃。

$LiFePO_4$ 是在电动汽车领域最早市场化的固态锂电池用正极材料。2011 年，法国 Bollore 公司开发的基于 PEO 聚合物电解质、$LiFePO_4$ 正极材料和锂金属负极的聚合物锂电池的电动汽车 Bluecar 在巴黎成功试运营，续航里程 250km，这是世界上首次用于电动汽车的商业化固态锂电池。Hovington 等[74]制备的 $LiFePO_4$/聚醚基聚合物电解质/Li 固态聚合物锂电池，其首次可逆比容量约为 160mA·h/g，循环 1400 次后仍有 130mA·h/g 的可逆比容量，他们认为该电池具有优异循环寿命的原因是 $LiFePO_4$ 晶体结构稳定，在长循环过程中不会出现结构逐渐恶化、铁离子溶出、阻抗大幅增加的问题。

在聚合物固态锂电池的基础研究中，$LiFePO_4$ 也得到了广泛的使用，其中一个重要的原因是 $LiFePO_4$ 的工作电压较低，能够与电压窗口较窄的聚合物电解质相匹配。而且，$LiFePO_4$ 优异的安全性能和循环性能，使其在大规模储能领域具有重要的应用前景。然而，在追求更高能量密度的无机固态锂电池中，$LiFePO_4$ 因其自身电导率低、能量密度低于层状结构氧化物正极材料等不足，得到的关注相对较少。

2）钴酸锂

$LiCoO_2$ 的理论比容量为 274mA·h/g。在实际使用中，为了避免 $LiCoO_2$ 发生结构严重破坏，一般将充电截止电压限制在 4.2V，可逆比容量约为 137mA·h/g，相当于一个 $LiCoO_2$ 可逆脱嵌 0.5 个锂离子。近几年，在追求更高能量密度的驱动下，高电压钴酸锂的研究取得重大突破。目前，充电截止电压已经达到 4.6V[75-78]，甚至 4.8V[79]，可逆比容量高达 224.9.6mA·h/g[80]。

在固态锂电池中，$LiCoO_2$ 也得到了广泛关注。Chai 等[81]研发了一种新型聚碳酸亚乙烯酯固态聚合物电解质，50℃的离子电导率为 9.82×10^{-5}S/cm。采用原位聚合的方法将该聚合物电解质与 $LiCoO_2$ 组装成固态锂电池，在 50℃和 0.1C 倍率下于 2.5～4.3V 进行充放电时，首次可逆比容量为 146mA·h/g，循环 100 次之后比容量为 123mA·h/g。Wang 等[82]将超薄 $Li_2CoTi_3O_8$ 修饰的 $LiCoO_2$ 与 $Li_{10}GeP_2S_{12}$ 匹配制备硫化物固态锂电池，在 30℃、2.1～4.5V 电压范围内，以 0.2C 倍率进行充放电，首次可逆比容量为 180mA·h/g，循环 100 次之后比容量为 132mA·h/g。

如何兼顾高比容量和长循环寿命是目前固态锂电池用 $LiCoO_2$ 正极材料的研究重点。但是大部分基础研究的电池测试都是在扣式电池或者模具电池中完成的，与实用化大容量固态锂电池还存在较大差距。Zhou 等[83]在氯化物基固态锂电池中评估了高负载 $LiCoO_2$ 的电化学性能。得益于氯化物固态电解质的高离子电导率、低电子电导率、高电化学稳定性和优异的可塑性，高负载（27mg/cm^2）的 $LiCoO_2$ 在高电流密度下表现出出色的可逆比容量，而且在超高负载（52.46mg/cm^2）时稳定循环 500 次以上仍然没有明显的容量衰减。

3）高镍三元材料

高镍三元材料的理论比容量为 273～285mA·h/g，实际比容量为 189～220mA·h/g，循环性能和安全性优于钴酸锂，尤其是其 Co 含量较低，具有显著优于钴酸锂的成本优势，成为下一代电动汽车用动力电池的关键正极材料[84]。三星高等研究院、日本出光兴产株式会社、宁德时代等都在积极布局高镍体系固态锂电池关键技术。

微结构是影响高镍三元材料电化学性能的一个重要因素。高镍三元材料一般有多晶和单晶两种形貌。在固态锂电池中，研究人员发现单晶比多晶形貌的高镍三元材料具有更加稳定的电化学性能[85]。这是因为单晶材料的微结构在充放电过程中能够保持良好的完整性，不会因为晶格的体积变化而发生电化学机械失效。多晶材料由于一次晶粒的取向随机分布，晶格膨胀和收缩过程中不同晶粒之间的体积变化不一致，在反复充放电过程中容易出现裂纹。Jung 等[86]报道了一种棒状单晶径向取向分布的全浓度梯度高镍三元微米材料 $LiNi_{0.75}Co_{0.10}Mn_{0.15}O_2$，能够有效克服 Li_6PS_5Cl 基固态锂电池的电化学机械失效的问题，表现出显著优于随机取向型高镍材料 $LiNi_{0.80}Co_{0.16}Al_{0.04}O_2$ 的电化学性能。

高镍三元材料的晶粒尺寸是影响固态锂电池电化学性能的另一个重要因素。Strauss 等[87]对比了三种粒径的 $LiNi_{0.6}Co_{0.2}Mn_{0.2}O_2$ 正极材料在硫化物固态锂电池中的电化学性能。他们发现，固态锂电池的比容量随着粒径的降低大幅增加，特别是小粒径（$d \ll 10\mu m$）的正极材料几乎能够实现完全充电。他们还对比了三种粒径的正极材料在液态电池中的电化学性能，发现三种材料具有几乎一致的可逆比容量。由此可见，在液态锂电池中表现良好的高镍三元材料不一定适用于固态锂电池。为了充分发挥高镍三元正极材料的性能，需要系统性地考察微结构、尺寸与电池性能的内在联系。

4）5V 级镍锰酸锂

$LiNi_{0.5}Mn_{1.5}O_4$ 的理论比容量为 146.7mA·h/g，对应于 Ni^{2+}/Ni^{3+}和 Ni^{3+}/Ni^{4+}的两个电压平台都处于 4.7V 左右，比能量高达 650W·h/kg，而且成本低、环境友好、不含钴元素，因此具有很好的应用前景。但是，$LiNi_{0.5}Mn_{1.5}O_4$ 与固态电解质的匹配性问题也最为突出。Hänsel 等[88]报道在充电到 3.8V 时，$LiNi_{0.5}Mn_{1.5}O_4$/c-$Li_{6.4}Ga_{0.2}La_3Zr_2O_{12}$ 界面开始形成非活性物相，导致电池出现显著的电压降，因此认为 $LiNi_{0.5}Mn_{1.5}O_4$ 可能与石榴石型电解质

c-$Li_{6.4}Ga_{0.2}La_3Zr_2O_{12}$不匹配。Oh 等[89]将 $LiNi_{0.5}Mn_{1.5}O_4$、$Li_{10}GeP_2S_{12}$、锂金属匹配组装固态锂电池，以 7.3mA/g 的电流密度进行恒流充放电。首次放电比容量约为 80mA·h/g，平均电压为 4.3V，在循环过程中容量逐渐衰减。他们认为 $LiNi_{0.5}Mn_{1.5}O_4$/乙炔黑界面副反应生成的产物阻碍了电子或锂离子的传输，从而导致容量衰减，因此筛选合适的导电剂和硫化物电解质材料对于发展高电压固态锂电池至关重要。

为了克服 $LiNi_{0.5}Mn_{1.5}O_4$ 与硫化物电解质的界面匹配性问题，Wang 等[90]提出了一种固相反应法制备硫化 $LiNi_{0.5}Mn_{1.5}O_4$，获得 S 掺杂的正极材料 $LiNi_{0.5}Mn_{1.5}O_4$-S_x(x = 0.1, 0.15, 0.2, 0.7)的方法，每一种材料的晶胞参数如表 2.2 所示。他们认为，该方法不仅抑制了 $LiNi_{0.5}Mn_{1.5}O_4$ 与 Li_6PS_5Cl 的界面副反应，还提高了复合正极的电子电导率和离子电导率，为成功构建 5V 级高能量密度固态锂电池开辟了一条新途径。

表 2.2　通过 Rietveld 分析获得的 $LiNi_{0.5}Mn_{1.5}O_4$ 和 $LiNi_{0.5}Mn_{1.5}O_4$-S_x(x = 0.1，0.15，0.2，0.7)晶胞参数[90]

样品	空间群	a/Å	晶胞体积/$Å^3$	归一化结构因子 ε/%
$LiNi_{0.5}Mn_{1.5}O_4$	$Fd\bar{3}m$	8.1733(5)	546.0108	—
$LiNi_{0.5}Mn_{1.5}O_4$-$S_{0.1}$	$Fd\bar{3}m$	8.1956(1)	550.4838	0.27
$LiNi_{0.5}Mn_{1.5}O_4$-$S_{0.15}$	$Fd\bar{3}m$	8.2015(7)	551.6851	0.35
$LiNi_{0.5}Mn_{1.5}O_4$-$S_{0.2}$	$Fd\bar{3}m$	8.1978(5)	550.9365	0.30
$LiNi_{0.5}Mn_{1.5}O_4$-$S_{0.7}$	$Fd\bar{3}m$	8.2808(8)	567.8462	1.32

注：1Å=0.1nm。

为了解决镍锰酸锂对固态电解质的极大挑战，Xu 等[91]从聚合物电解质构效关系的角度剖析了六种聚合物电解质的分子结构和能级结构，提出了进一步优化各种聚合物电解质的结构设计建议，为 5V 级镍锰酸锂聚合物固态锂电池的实际应用提供了非常有借鉴意义的指导。

5）富锂锰基材料

富锂锰基材料由于含有更多的锂，在 2～5V 电压范围内可以释放出 250mA·h/g 的比容量，被认为是下一代高比能正极材料，因此富锂锰基固态锂电池具有较高的研究价值。然而，由于富锂锰基材料的工作电压较高，且存在析氧的潜在问题，使其与固态电解质的匹配性面临巨大挑战。另外，富锂锰基正极材料自身的电压降问题尚未得到解决，从而导致富锂锰基固态锂电池的开创性研究还非常少。

张安邦[92]将富锂锰基材料 $Li_{1.15}Mn_{0.53}Ni_{0.265}Co_{0.055}O_2$(LRMO)分别与电解液、硫化物电解质 $Li_{10}GeP_2S_{12}$、卤化物固态电解质 Li_3InCl_6 匹配制备电池，在 0.1C 倍率、2.0～4.8V 电压范围内进行电化学测试，结果如表 2.3 所示。富锂锰基正极材料与 Li_3InCl_6 卤化物电解质匹配时，其首次充电比容量可以达到传统液态电池水平，远高于富锂正极材料与硫化物电解质匹配的固态锂电池。但是，富锂液态锂电池中普遍存在首次库仑效率低和循环性能差的问题，在卤化物固态锂电池中同样存在。认为有以下三个原因：①Li_3InCl_6 在高电压 4.8V 以上发生氧化分解生成 In_2O_3；②高电压下富锂锰基材料的晶格氧 O^{2-} 转变生成具

有高氧化活性的 O^-，加剧了 Li_3InCl_6 的氧化分解反应；③富锂锰基材料的晶格氧脱出后，过渡金属向锂层迁移，导致层状相转变为岩盐相。针对以上两个问题，他们在 $Li_{1.15}Mn_{0.53}Ni_{0.265}Co_{0.055}O_2$ 和 Li_3InCl_6 之间引入了惰性的 $LiNbO_3$ 界面过渡层，抑制了 O^- 对 Li_3InCl_6 氧化分解的作用，显著提升了电池的首次库仑效率和倍率性能，但是晶格氧脱出及其导致的相转变问题依然存在。

表 2.3 富锂锰基正极材料在不同电池体系下的电化学性能[92]

电池体系	首次充电比容量/(mA·h/g)	首次放电比容量/(mA·h/g)	首次库仑效率/%
$Li_{1.15}Mn_{0.53}Ni_{0.265}Co_{0.055}O_2$-电解液	311.2	235.3	75.62
$Li_{1.15}Mn_{0.53}Ni_{0.265}Co_{0.055}O_2$-$Li_{10}GeP_2S_{12}$	104.5	41.5	39.75
$Li_{1.15}Mn_{0.53}Ni_{0.265}Co_{0.055}O_2$-$Li_3InCl_6$	312	183.4	58.79

6) 硫正极

单质硫的理论比容量为 1675mA·h/g，资源丰富，无毒，且价格低廉，是面向未来高比能储能系统的关键正极材料之一。相比于传统的锂硫电池，固态锂硫电池由于不涉及可溶性多硫化物的生成，且固态电解质的机械强度较高，可从根本上解决多硫化物穿梭效应，有效抑制锂枝晶生长，从而提升电池寿命和安全性[70]。因此，固态锂硫电池是极具应用前景的前瞻储能技术。但是，硫正极的导电性差，且从硫单质到 Li_2S 的固相反应动力学较差，导致固态锂硫电池在较高硫载量和较大电流密度下的容量发挥成为亟待解决的首要问题。

目前，科研人员已探索了两种可行的解决方案。叶戈等[71]报道，通过调控电子导体碳纳米管和离子导体 $Li_{10}GeP_2S_{12}$ 的相对含量，获得电子和离子输运通路达到最优平衡状态的 40%高硫载量固态复合硫正极，在室温 0.01C 倍率下首次放电比容量为 621mA·h/g。Gao 等[69]报道了一种可溶性醌基氧化还原介质用于降低锂硫电池固相反应的能垒，促进 Li_2S 氧化反应动力学。他们发现在氧化还原介质的作用下，Li_2S 氧化反应是固态(Li_2S)—多硫化物—固态(S)转化机制，而不是固态(Li_2S)—固态(S)直接转化机制。

2.4.3 固态锂电池负极材料

1. 金属锂

固态锂电池因其安全性高，期望能够匹配金属锂负极，从而大幅提高电池的能量密度(>20%)，这是固态锂电池的另一大优势。金属锂(电)化学性质活泼，会自发地与大部分电解质在室温下发生反应。前已述及，$LiTi_2(PO_4)_3$、$Li_{10}GeP_2S_{12}$ 等含 Ti^{4+}、Ge^{4+}易变价元素的电解质与金属锂直接接触时会被还原。以 $Li_{10}GeP_2S_{12}$ 为例，其与金属锂反应生成 Li_2S(绝缘体)、Li_3P(离子导体)以及 Li-Ge 合金(电子导体)。Li-Ge 合金的存在会使 $Li_{10}GeP_2S_{12}$ 一直分解产生 Li_2S 绝缘体，使得电池的阻抗不断增大直至电池失效。除 Ge^{4+} 外，含高价 Si、Sb、Sn、As、Ti 及 Ta 等的固态电解质在与金属锂直接接触时会在同样的作用机理下发生反应。Hartmann 等[93]指出，此类电解质在与金属锂直接接触时持续分解的原因是产生了电子-离子混合传导相，如(Li_3P+Li-Ge)。因此，此类电解质无法直接在固态锂金属电池中应用,可通过在两者之间添加缓冲层,如LiPON(N掺杂的Li_3PO_4)、聚合物PEO、聚乙二醇甲醚丙烯酸酯(P(PEGMEA))等阻止两者间的反应。

另外，金属锂质地柔软，具有极好的延展性，在外力作用下极易发生形变。由于固态电池固/固界面接触不良，需要添加较大的外部压力(10～100MPa)以保持固/固界面的良好接触。在如此大的压力下，金属锂会穿透电解质从而导致电池短路。鉴于以上原因，目前报道的大部分固态锂电池(采用无机电解质)几乎不采用金属锂作为负极。取而代之，金属铟(In)或锂铟合金(3% Li)是固态锂电池常用的金属负极材料。

2. 金属铟

相较于金属锂，金属铟的形变较小，在外压作用下不易蠕变而防止导致电池短路。同时，In负极的电位高于金属锂0.6V(vs. Li^+/Li)，可以抑制电解质在低电位下被还原，已成为基础研究中最流行的电解质。此外，Li/In合金负极比纯锂负极具有更高的锂扩散率，有利于锂在电解质/负极界面上快速迁移，从而实现锂均匀地沉积/溶解。

虽然In负极较高的电位可以抑制电解质的分解，但同时也限制了固态电池能量密度的提升；除此以外，金属铟的密度为7.31g/cm^3，高于金属锂近14倍，同样影响整电池的能量密度。从价格角度来说，金属铟每吨约为150万元，高昂的价格在未来大规模储能中同样需要考虑其实际应用价值。最近，Luo等[94]发现，以Li/In合金为负极材料的全固态电池在高充放电倍率下，在长循环之后仍会出现枝晶生长问题。综上所述，金属铟在固态电池中的使用仍需要谨慎考虑。

3. 石墨(C)、硅(Si)负极

石墨负极理论储锂容量为372mA·h/g，工作电位为0.1V(vs. Li^+/Li)。由于其工作电位与金属锂(0V(vs. Li^+/Li))接近，因此以石墨为负极的锂离子电池在大倍率或低温下工作时Li^+会在石墨表面沉积为金属锂而与固态电解质反应或形成锂枝晶导致电池短路。在固态电池中，石墨负极导锂性能差(固态电解质无法像液态电解质一样渗透整个负极从而形成Li^+输运通道)，因此即使在小倍率(0.1C)下，金属锂也易在石墨表面沉积从而导致电池性能衰减甚至短路，限制了石墨负极在固态锂电池中的应用。针对此，韩国三星公司Lee等[95]通过在石墨负极中引入纳米银颗粒，利用银易于与锂合金化的趋向，诱导金属锂在石墨负极内部的成核，从而实现了石墨负极稳定的脱嵌锂循环。以高镍$LiNi_{0.90}Co_{0.05}Mn_{0.05}O_2$为正极，$Li_6PS_5Cl$为电解质制备的容量为600mA·h的全固态软包电池(体积能量密度＞900 W·h/L)在室温下可稳定循环1000周，容量保持率99.8%。

硅负极的工作电位稍高于石墨，为0.3～0.05V(vs. Li^+/Li)，但其储锂比容量超过3500mA·h/g，接近石墨的10倍，甚至超过金属锂。其超高的储锂能力同时也赋予硅负极巨大的体积形变(300%～400%)，导致硅颗粒的破碎。在传统锂离子电池中，硅颗粒的不断破碎导致硅负极与电解液不断反应生成SEI相，消耗电解液和负极活性物质，造成电池性能的快速衰减。但在固态电池中，固态电解质无法像液态电解质一样浸润电极的各个角落，因此硅颗粒的破碎不会消耗电解质及活性物质本身，但必须给予较大的外部压力以保持硅在收缩膨胀过程中电极与电解质界面的紧密接触。Tan 等[39]将微米级(3～5μm)硅颗粒刮涂到铜箔上(载量 1.67mg/cm^2)，匹配电解质 Li_6PS_5Cl 和正极 $LiNi_{0.8}Co_{0.1}Mn_{0.1}O_2$($N/P$(电池负极容量和正极容量的比值)=1.1)组装固态锂电池。在 5mA/cm^2(1C 倍率)的电流密度下,固态电池可在室温下稳定循环 500 周,容量保持率为 80%。

2.5　固态锂电池界面问题

2.5.1　固态锂电池界面问题概述

固态锂电池的基本组成材料是正极、负极和固态电解质。其中，正极和负极材料体系相对比较成熟,可以直接采用液态锂电池验证过的材料作为固态锂电池的正负极材料。经过科研人员的不懈努力，固态电解质的材料体系已取得重大突破，多种室温离子电导率＞10^{-3}S/cm 的固态电解质材料已被报道。特别是硫化物固态电解质的室温离子电导率最为突出,甚至优于液态电解质。由此可见,发展固态锂电池的关键材料基础已经具备。然而，固态锂电池在实际工作过程中存在首次库仑效率低、容量衰减快、内短路、比容量远低于对应的液态电池体系等电池失效问题[96],严重阻碍了固态锂电池的市场化步伐。

现有固态锂电池与液态锂电池的性能差距,主要源于固态锂电池中的复杂界面问题。在固态锂电池中，界面是载流子传输的必要通道，也是副反应发生的重要位置，因此界面的导电性、连通性和稳定性是保证固态锂电池中可逆电化学反应顺利进行的前提条件。然而，界面的导电能力不但受到界面结构、组成和反应多方面的影响，而且界面的连通性和稳定性也会影响界面的导电性，同时界面的连通性和稳定性还面临以下多个挑战：①区别于传统有机液态电解质与电极良好的液/固界面接触，固态锂电池中电极与电解质的固/固接触面积小，浸润性差，均匀性差，且界面阻抗高，难以形成均匀、连续、快速的导电通道，导致电池极化较大，从而严重制约了固态锂电池的比容量、循环寿命和倍率性能提升。②在实际工况条件下，电极/固态电解质界面的氧化还原反应不但破坏了电极和电解质材料的结构，而且形成的产物通常不利于载流子传输，这进一步降低了电池的可逆比容量和循环性能。③电极材料在反复充放电过程中因体积变化而改变电池内部应力，当应力分布不均匀时容易形成裂纹，破坏界面接触和载流子的传输通道，成为固态锂电池容量衰减的另一个原因。④固态锂电池中也会发生过充、产气等电池失效现象，降低电池的安全性。因此，界面问题成为制约固态锂电池性能提升的瓶颈。

2.5.2　固态锂电池界面问题研究现状

1. 接触问题

固态锂电池中电极/固态电解质的固/固界面浸润性较差,导致界面阻抗较高且电荷分布不均匀，容易发生电池极化较大和锂不均匀沉积溶解或脱嵌现象，严重制约了固态锂电池的比容量、循环和倍率性能提升。对于杨氏模量较低的固态电解质体系，采用加压的方法可以解决接触问题，对于杨氏模量较高的氧化物型电解质，一般采用助烧结剂共烧结的方法[97]。还有一种工艺简单、效果显著的解决方法，即在电极/固态电解质界面添加少量电解液，这可以有效改善界面浸润效果，是降低固态锂电池界面阻抗的常用手段。但是，由于电解液的加入量较少，在循环过程中可能会出现逐渐耗尽的问题，导致电池容量急剧衰减。而且，使用有机电解液使固态锂电池安全性降低。针对这一问题，Yu等[98]发展了一种选择性浸润+刚柔并济的聚合物电解质设计策略，旨在基于小分子添加剂与聚合物基质之间的差异化分子间相互作用来调控固态锂电池的综合性能。选择高阻燃、热稳定性优异和耐高压的环丁砜作为PVDF/聚乙酸乙烯酯(polyvinyl acetate，PVAC)刚柔并济复合电解质的界面添加剂。柔性PVAC与环丁砜浸润性强，形成高离子电导率的离子传输通道，同时改善了电极/电解质的浸润性和接触效果；刚性PVDF与环丁砜浸润性差或不浸润，提供了优异的机械强度。采用该策略的$LiCoO_2$基聚合物锂电池在室温条件下3.0～4.5V电压范围循环200次容量保持率为85%，循环性稳定性高，软包电池在针刺、切角等测试中展示了优异的安全性。与电解液浸润相对应，固态材料也可以充当界面浸润层。Han等[99]报道的采用原子层沉积技术制备的超薄氧化铝界面修饰层，极大地改善了锂金属与石榴石型固态电解质的界面浸润性，界面阻抗从1710$\Omega\cdot cm^2$降低至1$\Omega\cdot cm^2$，接触效果显著提升。

Ju等[64]和崔光磊团队[100-107]提出并发展了原位固态化界面融合技术，构筑了电极/电解质一体化紧密结构，不仅显著改善了固态锂电池界面接触问题，而且有效提升了固态锂电池的界面相容性和循环性能。针对传统原位固态化界面融合技术的缺点，从优化升级耐高压电解质体系到最大限度抑制残留单体分子，再到探索并验证锂盐引发聚合取代自由基聚合反应机制，该团队开展了长期广泛深入的基础研究和技术积累。2020年该技术入选“全球新能源汽车前沿技术”。更重要的是，原位固态化界面融合技术与现有商品液态锂离子电池生产工艺兼容性强，具有重要的应用推广价值，现已成为下一代高比能锂电池主流技术。

固态锂电池的接触问题不仅体现在电极/固态电解质界面处，还体现在电极或电解质的内部。良好的接触是保证电子和锂离子顺利传输的前提条件，孔洞、团聚、活性颗粒孤岛等都不利于电子或锂离子的传输。粒径、形貌、比例、孔隙率、分散均匀性等是影响固态锂电池电极或电解质微结构的重要因素，也是解决固态锂电池接触问题必须要考察的关键因素，尤其是在电极材料导电性差的固态锂电池中，如固态锂硫电池[108]。微结构调控看似是影响固态锂电池界面接触的一个工程技术问题，尚未得到足够的关注，实则其背后的基础科学问题还有待凝练与解决。在固态锂电池的产业化过程中，微结构调控是实现实用化固态锂电池能量密度赶超液态锂离子电池必须尽快解决的一个重要问题。

2. 稳定性问题

电极/固态电解质的界面化学稳定性可分为三类[97]。

(1)热力学稳定的界面，即两者化学势相同，不存在自反应，无中间层生成的理想界面。复合热力学稳定界面的材料体系比较少。

(2)热力学与动力学不稳定界面，其中热力学不稳定性存在三种情况：①电解质本身的电化学稳定性；②电解质与电极的化学反应；③电解质和电极在特定电压下的电化学反应。动力学不稳定是指界面反应副产物为电子和离子混合导体，导致电解质体相通过界面反应产物不断得失电子，副分解反应持续发生。

(3)热力学不稳定而动力学稳定界面，其主要特征是界面反应副产物为具有锂离子电导率且电子绝缘的钝化层，可抑制界面副反应的持续发生。

符合热力学稳定界面的材料体系比较少，大部分电极/固态电解质界面是热力学与动力学不稳定界面，通过界面修饰可改性为热力学不稳定而动力学稳定界面。因此，接下来将主要对第二类界面的化学和电化学反应及改性策略进行探讨。

1) 化学反应

由于金属锂的锂电化学势非常高，几乎所有的固态电解质都会被金属锂还原。当还原产物中具有可导电子的成分时，电解质的还原反应将持续发生。通过人工引入 SEI 膜修饰金属锂可有效抑制界面反应，这是因为以 LiF、Li_3N、Li_2O 为代表的 SEI 膜主要成分对金属锂热力学稳定，且电子导电性差。Qiao 等[109]采用新型大阴离子结构全氟叔丁氧基三氟硼酸锂(LiTFPFB)在金属锂负极原位形成一层人工 SEI 保护膜，抑制了金属锂与电解质的化学反应。还指出通过筛选合适能级的锂盐和聚合物材料，可以使锂盐和聚合物材料先于固态电解质还原分解成有机-无机复合 SEI 膜，进而起到改善金属锂与固态电解质界面化学稳定性的作用。Ruan 等[110]报道了一种非原位修饰层的制备方法，该方法首先将固态电解质暴露于空气中，利用 Li^+/H^+交换作用形成 Li_2CO_3 钝化层，然后与特制的酸盐共处理溶液进行表面化学反应，形成三维交联结构的 LiF-LiCl 修饰层。该修饰层的电子导电性较差，从而提升了与金属锂的界面稳定性。界面原位合金化是另一种修饰金属锂的方法，如 ZnF_2 在原位锂化过程中会形成 LiF 和 Li-Zn 合金组成的修饰层，该修饰层具有高电子绝缘性和高离子导电性，显著降低了固态电解质与金属锂之间的界面形成能[111]。

正极材料与固态电解质之间的化学反应分为两种情况：一种是物理混合过程中自发的化学反应，另一种是高温处理过程中发生的元素互扩散。Banerjee 等[112]采用 XRD 技术发现 $LiNi_{0.85}Co_{0.1}Al_{0.05}O_2$ 与硫化物电解质 Li_6PS_5Cl 在混合过程中产生了 Li_3PO_4 与 Ni_3S_4，而 Ni_3S_4 具有电子导电性，会使界面反应持续进行。Auvergniot 等[113]借助 XPS 与扫描俄歇微探针(scanning Auger microprode，SAM)技术发现 Li_6PS_5Cl 与 $LiMn_2O_4$ 的界面反应性最强，$LiNi_{1/3}Co_{1/3}Mn_{1/3}O_2$ 次之，$LiCoO_2$ 最弱。由此推断，界面化学反应可能与正极材料的表面离子种类、价态等密切相关。为了改善无机固态电解质与正极材料的接触效果，通常会将它们的复合材料进行高温处理，但是高温加剧了原子之间的热运动与互扩散，导致界面处形成纳米级的元素互扩散层，而元素互扩散层中的产物离子导电性较差，进而会增加界面阻抗。Kim 等[114]发现，热处理后在 $Li_7La_3Zr_2O_{12}$ 和 $LiCoO_2$ 界面处形成了中间相 La_2CoO_4，但是在简单混合过程中并未观察到这一分解产物，这说明当接触不够充分时或者在室温条件下，正极和固态电解质的界面化学反应可能是动力学缓慢的。对正极材料进行表面包覆，进而在正极材料与固态电解质之间形成一层可以导锂离子不易导电子的物理缓冲层，是抑制界面化学反应的有效手段。良好的包覆层应满足以下条件：①对于正极高的氧化稳定性可以阻止新的钝化层形成；②离子导电和电子绝缘特性，如快离子导体材料。

2）电化学反应

电化学反应是电解质和电极在特定电压下发生的界面反应。不同电极材料的工作电压不同，不同电解质的电化学窗口也不相同，而且电极材料在特定电压下会发生电荷转移、价态变化甚至结构变化，导致电极材料与固态电解质的界面发生改变，因此电化学反应的机制更加复杂。目前，关注较多的电化学反应是高电压正极与固态电解质的界面电化学反应，尤其是氧化物正极与硫化物电解质、聚合物电解质的界面电化学反应。

氧化物正极与硫化物电解质的界面在首次充电后就会发生元素互扩散并形成 S、P_2S_5、多硫化物、含有硫元素和过渡金属元素的中间相等，导致界面阻抗增大，电池容量衰减。当加入碳导电剂材料时，氧化物正极与硫化物电解质的界面电化学反应变得更加严重。常用的解决方法是对正极材料进行表面改性，如包覆[115]、表面硫化[90]、原位构建 SEI[98]等。Wang 等[116]提出一种双向兼容缓冲层设计策略，理论计算与实验结果显示 NASICON 结构快离子导体磷酸锆锂与高脱锂态的正极材料和硫化物电解质材料都具有界面化学稳定性，而且锂离子从正极材料经过磷酸锆锂到达硫化物电解质的迁移能垒远低于直接从正极材料迁移至硫化物电解质的迁移能垒，电化学性能测试结果也证实磷酸锆锂缓冲层有效抑制了界面电化学反应，提高了电池比容量和循环性能。

常规聚合物电解质的电化学窗口通常较低，容易与高电压的氧化物正极材料发生电化学反应。Kobayashi 等[117]采用非原位傅里叶变换红外光谱仪（Fourier transform infrared, FTIR）、核磁（nuclear magnetic resonance spectroscopy，^1H NMR）和凝胶渗透色谱（gel permeation chromatography，GPC）技术研究了一种主链和支链均带有醚基的聚合物电解质（P（EO/MEEGE））与 $LiNi_{1/3}Co_{1/3}Mn_{1/3}O_2$ 界面电化学反应，提出了 P（EO/MEEGE）中主链醚键氧化分解的反应机制。但是，界面电化学反应过程的有力证据还有待挖掘，界面电化学反应与电池性能衰退的内在联系也尚未阐明。Ma 等[118]采用 DFT 计算和实验表征相结合的方法，发现在 $LiCoO_2$/PEO-二氟草酸硼酸锂（LiDFOB）/Li 电池中，在高脱锂态时，Co^{3+}/Co^{4+}和 $DFOB^-$之间的相互作用是锂盐在正极界面氧化分解的主要原因；在正极界面引入带有强吸电子基团—CN 的聚 α-氰基丙烯酸乙酯会增加 $LiCoO_2$ 的带隙并降低其氧化能力，从而提高电池性能。有机-无机复合[119]、原位生成界面相[98]、设计多层电解质[120]等，也是改善正极/聚合物固态电解质界面电化学稳定性的有效方法。

部分氧化物固态电解质在高工作电压下也会发生界面电化学反应。钴酸锂正极与石榴石型固态电解质在充电到大约 3.0V 时会发生不可逆的电化学分解，形成高阻抗的分解产物[121]。在 5V 级镍锰酸锂电池中，充电至 3.8V 以上时电池出现电压急剧下降的现象，经过分析发现石榴石型固态电解质与镍锰酸锂的界面处形成了 Li_2MnO_3、（$Li_{0.35}Ni_{0.05}$）NiO_2 等产物，这表明界面处发生了明显的电化学反应[88]。

3）空间电荷层

当电极和固态电解质之间存在锂离子化学势差时，锂离子会通过界面从化学势高的材料向化学势低的材料运动，导致界面处形成贫锂的负电荷区和富锂的正电荷区，从而形成空间电荷层。不同材料体系构成的界面，锂离子自发迁移的方向不同，空间电荷层的厚度和导电性也不同。空间电荷层是固态锂电池界面研究的一个难点，首要原因是难以获得空间电荷层的直接实验证据，另一个原因是缺乏合适的测试技术直观表征空间电荷层的动态变化及其对电池性能的影响。扫描透射电子显微镜结合电子全息[122]、空间分辨电子能量损失谱[123]、原子力显微镜[124]、X 射线光电子能谱[125]等技术已用于研究空间电荷层。但是，直接监测电极/固态电解质界面电荷空间分布和积累的动态变化，导致空间电荷层对固态锂电池电化学性能的影响机制仍然不清晰。而且，部分测试技术对材料具有严格的要求，不能适用于所有的固态锂电池。Wang 等[67]克服电子辐照对硫化物损失严重的问题，首次采用带有分段探测器的差分相位对比扫描透射电子显微镜技术，实现了 $LiCoO_2/Li_6PS_5Cl$ 界面空间电荷层的可视化观察，并且原位观察了空间电荷层在充电过程中对锂离子传输的影响。

固态锂电池空间电荷层调控方法的相关研究尚处于探索阶段。Ohta 等[115,126]提出在电极和电解质的界面构建离子导电且电子绝缘的纳米尺度缓冲层，可以有效抑制空间电荷层的形成。Yada 等[127]则提出通过改变界面电场来影响界面电荷分布，进而抑制空间电荷层对界面锂传输的影响。Wang 等[67]通过设计与构筑具有非连续分布单晶钛酸钡纳米颗粒结构特征的 $LiCoO_2/Li_6PS_5Cl$ 界面层，实现了内建电场与电化学势耦合效应诱导界面电荷重新分布，并且采用原位可视化技术证明了内建电池可以有效抑制空间电荷层的形成，同时在界面处形成锂离子快速传输通道。

3. 力学问题

力学性能是固态材料的重要物理性能，对固态锂电池的机械稳定性和电化学性能具有重要影响。固态锂电池中的应力主要来自外部压力和内部应力两个方面。为了保证固态锂电池各组分的充分接触，在电极制备和电池组装过程中会施加较大的外力作用于电极材料和电解质材料。另外，在电池工作过程中，电极材料的体积一般会随着锂离子的嵌入或脱出而发生动态变化，由此产生内应力。表 2.4 总结了几种典型电极材料在脱嵌

表 2.4 电极材料在电池循环过程中的体积变化[128]

电极材料	分子式	嵌锂/锂化产物	体积变化/%
正极	$LiCoO_2$	$Li_{0.5}CoO_2$	2
	$LiNiO_2$	$Li_{0.5}NiO_2$	2.8
	$LiMnO_2$	$Li_{0.5}MnO_2$	5.6
	$LiNi_{1/3}Co_{1/3}Mn_{1/3}O_2$	$Li_{0.04}Ni_{1/3}Co_{1/3}Mn_{1/3}O_2$	7.2
	$LiFePO_4$	$FePO_4$	7
	S	Li_2S	76
负极	Si	$Li_{15}Si_4$	310
	石墨	LiC_6	13
	$Li_4Ti_5O_{12}$	$Li_6[LiTi_5]O_{12}$	0.2

锂过程中的体积变化情况。在外部压力和内部应力的共同作用下，特别是当应力传递不均匀时，电池内部容易产生应力集中，导致电极材料和固态电解质材料发生破裂、粉化、剥离等力学失效，影响固态锂电池的界面接触效果和电化学反应均匀性，使电池性能降低。

固态锂电池的力学性能很大程度上取决于固态电解质的力学性能。相比于传统的液态锂电池，固态锂电池的显著优势是固态电解质的力学性能较高，可以抑制锂枝晶的生长，提高锂金属电池的安全性。锂金属的剪切模量为 4.25GPa，固态电解质的剪切模量理论上大于 8.5GPa 才可以抑制锂枝晶。而且，在电池加压制备和电极材料体积变化时，高硬度的固态电解质能够抵抗内外应力，避免断裂而导致短路。然而，固态电解质的力学性能并不是越强越好。为了确保固态电解质与体积动态变化的电极之间始终保持紧密接触，要求固态电解质具有低硬度、低模量和低断裂韧性，以容纳电极的体积变化。如果固态电解质的硬度太高，容易导致电极因内应力过大而开裂、破碎。选择弹性高的固态电解质才有助于吸收体积形变带来的应力，从而保证电极和电解质保持紧密接触。综上所述，固态锂电池要获得优异的力学性能，不仅要综合考虑固态电解质的力学性能，还要平衡固态电解质与电极材料之间的力学匹配性。

固态电解质和电极材料的力学性能主要与材料种类有关。部分固态电解质和电极材料的力学性能参数如表 2.5 所示。无机固态电解质机械强度较高，聚合物电解质的柔韧

表 2.5　固态电池材料的力学性能[128]

材料类型	分子式	杨氏模量/GPa	剪切模量/GPa	硬度/GPa	泊松比（B/G）	K_c/（$MPa{\cdot}m^{1/2}$）
氧化物电解质	$Li_{0.33}La_{0.57}TiO_3$	200	80	9.2	1.66	~1
	$Li_7La_3Zr_2O_{12}$	150	59.6	9.1	1.72	0.92-2.73
	$Li_{1.3}Al_{0.3}Ti_{1.7}(PO_4)_3$	115	—	7.1	—	1.10
	$Li_{6.5}La_3Zr_{1.5}Ta_{0.5}O_{12}$	153.8±2.7	61.2±1.1	—	1.59	—
硫化物电解质	$Li_2S–P_2S_5$	18.5	7.1±0.3	1.9	—	0.23±0.04
	$Li_7P_3S_{11}$	—	—	—	—	—
	$Li_{10}GeP_2S_{12}$	21.7	7.9	—	3.44	—
	$Li_{10}SnP_2S_{12}$	29.1	11.2	—	2.09	—
	Li_6PS_5Cl	22.1	8.1	—	3.57	—
聚合物电解质	PEO+LiTFSI	约 10^{-6}	—	—	—	—
	PEO+$LiClO_4$	14.5×10^{-3}	—	—	—	—
	PAN+$LiClO_4$	1.6×10^3	—	—	—	—
	PVDF+$LiBF_4$	0.3×10^{-3}	—	—	—	—
电极材料	$LiCoO_2$	178~191	—	8.3	—	0.94
	$LiFePO_4$	125.9	48.9	—	2.02	—
	NCM	198	—	11	—	—
	石墨	32	12	—	2.34	—
	Si	113	—	16.6	—	—
	Li	5	4.25	10^{-3}	—	—

性较好，因此复合固态电解质是平衡固态电解质力学性能的有效手段。Zhang 等[129]率先提出“刚柔并济”的复合固态电解质设计理念，发展了一系列刚性骨架支撑的固态聚合物电解质材料，在提升固态电解质的综合力学性能方面效果显著。正极材料的杨氏模量较高，在固态锂电池加压制备过程中一般能够承受外界压力。但是，正极材料的体积变化在不同晶粒之间呈现各向异性，使得正极片易因内应力分布不均匀而形成应力集中，导致部分晶粒开裂。典型的正极材料是镍钴锰三元材料，它们在充电(脱锂)过程中体积逐渐收缩，特别是当三元颗粒为二次颗粒时，每个一次晶粒的体积收缩程度和取向各不相同，导致二次颗粒在反复脱嵌锂后出现明显的裂纹，破坏了电荷传输通路的连续性，电池容量迅速衰减。锂金属负极的杨氏模量较低，在受力时容易发生蠕变并渗入固态电解质内部及边缘的空隙，导致电池制备过程中易因加压不当而发生短路。

固态锂电池的力学性能除了与材料种类密切相关，还受到晶体结构、晶粒尺寸、形貌、孔隙率、复合结构组成、接触方式、制备工艺、界面反应、电化学过程等的影响[97,128,130,131]。由此可见，固态锂电池的力学问题是一个受多因素影响的错综复杂的问题。目前，针对固态锂电池力学问题的诱因、失效机制、解决策略的研究工作还相对较少，而且对力学性能、失效机制缺乏系统性的评价与分析，在研究手段方面尚未掌握成熟的表征技术和理论计算模型。力学问题是固态锂电池区别于传统液态电池最严峻的挑战，深入研究并解决力学问题对于实用化固态锂电池的发展具有深远意义。

4. 热稳定性问题

用不易燃的固态电解质取代易燃的有机电解液被认为有望从根本上解决锂电池的热稳定性问题。然而，已有报道指出固态锂电池同样存在产热、产气和热失控的安全问题[132,133]。Wu 等[134]总结了代表性固态电解质材料的热稳定性。他们指出，虽然固态电解质材料在测试温度范围内具有优于电解液的本征热稳定性，但是当固态电解质与电极材料形成界面时，热稳定性就会受到挑战。高氧化电位的正极材料比低氧化电位的正极材料更易降低聚合物和氧化物固态电解质的起始热分解温度。正极材料释放氧气会进一步氧化固态电解质。聚合物电解质对金属锂的界面稳定性相对较高，氧化物电解质与金属锂接触时容易发生剧烈反应，引发热失控。以上研究表明，固态锂电池的界面具有不同于材料本征热稳定性的热分解行为，本征热稳定性高的电解质材料与某种电极材料接触时，热稳定性有时反而降低得更剧烈。因此，界面热稳定性才是从根本上解决固态锂电池热稳定性问题的关键所在。

目前，科研人员通过界面设计获得了热稳定性显著提升的固态锂电池[135,136]，并且提出无氢固态电解质设计思想用于解决固态锂电池的安全性问题[137]。但是，固态锂电池的产热机理尚不完善，热分解过程尚不清晰，与热稳定性研究相关的表征技术和电池制备工艺亟待开发，热稳定的评价标准还比较模糊，热管理技术还不成熟。固态锂电池的热稳定性研究尚处于起步阶段，距离实现真正安全的固态锂电池还有很长的路要走。

5. 锂枝晶问题

锂枝晶问题是固态锂金属电池实用化过程中最重要的问题，也是最难突破的瓶颈。

固态锂电池的高安全性在很大程度上来源于人们对高力学性能固态电解质解决锂枝晶问题的美好愿景，但现实情况并非如此。现有的固态电解质并不能彻底解决锂金属电池中的枝晶生长问题。根据晶体生长理论可知，晶体的成核和长大由晶体生长热力学决定，晶体生长的微观过程和界面结构遵循晶体生长动力学规律，而晶体生长系统中的传输过程则受到热传输、质量输运等的共同影响。在固态锂电池这样一个集合了电场、化学反应、力场、热场多重因素的复杂体系中，锂枝晶的生长机理受到界面接触状态、电化学反应、导电性、电流密度、力学性能等的综合影响。因此，仅依靠固态电解质的高力学性能，不可能完全解决锂枝晶问题。

Monroe 和 Newman 从材料力学的角度提出，高剪切模量电解质可以显著降低树枝状枝晶尖端的高度，但是这一原则仅适用于聚合物电解质和没有任何缺陷的固态电解质。当采用具有晶界、孔洞等缺陷的无机固态电解质时，锂枝晶会优先沿着缺陷生长造成短路。因此，锂枝晶的生长机理在不同的固态电解质体系中并不相同，需要采取针对性的措施来解决枝晶生长问题。曹文卓等[138]系统总结并深入分析了锂沉积前、沉积过程中以及沉积后三个阶段的主要影响因素和解决策略，提出控制锂枝晶需要遵循以下几个基本原则。

(1) 提高固态电解质的机械强度，以防止锂枝晶形成后刺穿固态电解质到达正极。

(2) 增大并改善固态电解质和负极的界面接触，减小接触阻抗，降低局域电流密度。

(3) 减少固态电解质内部及表面的缺陷、杂质和孔隙。

(4) 限制固态电解质内部的阴离子运动，提高锂离子迁移数，减少空间电荷效应诱导锂枝晶形成。

(5) 诱导锂的均匀沉积。

(6) 修复不均匀沉积形成的锂枝晶。

在锂枝晶问题的研究基础上，科研人员更深入地思考并研究了实现锂金属负极商业化应用面临的关键技术挑战。Sun 等[139]指出，仅依靠电化学表征来验证锂金属负极的循环性能具有一定的局限性，使用更广泛、更全面的基础研究测试方法有助于增强科研人员对锂金属负极工作原理的理解。他们还强调，只是通过抑制锂枝晶的产生并不能推动锂金属电池从实验室走向市场应用，还应关注其他形貌沉积锂的化学、电化学本质以及它们的产生机制。Cheng 等[140]和 Liu 等[141]两个研究团队先后在各自工作中指出的“死锂”问题也值得关注。“死锂”是指跟周围导电网络失去接触的孤立的金属锂，在电池工作过程中呈现电化学惰性。“死锂”的形成和积累是电池容量衰减的主要原因，在固态锂电池中如何避免“死锂”的形成以及原位回收“死锂”，将是锂金属负极的另一个研究热点。

2.5.3 固态锂电池界面问题研究方法

固态界面的直观、清晰、准确表征是固态锂电池界面研究中面临的一个主要困难。固态锂电池中存在大量“包埋”界面，常规的表征技术难以穿透各种固体材料对界面结构、组分、反应和电荷迁移能力进行原位测试。通过对“包埋”界面进行解剖处理充分暴露后再进行非原位测试，则不可避免地会因操作不当破坏界面原本的结构特征和组成，难以获得界面的真实信息。而且，电极和固态电解质材料体系多种多样，导致在一种材料体系中适用性强的表征技术难以推广至其他材料体系，如透射电子显微镜技术在原位表征基于氧化物固态电解质的固态锂电池的界面结构、成分及电势分布方面具有独特的先进性和优越性，但是该技术却鲜少用于聚合物固态锂电池或者硫化物固态锂电池的研究，这是因为聚合物电解质和硫化物电解质材料的耐电子辐照能力较差。虽然采用减少电子量的传统方法能够减轻电子损伤，但是像锂、氧等低原子序数的元素会散射电子，导致信噪比变差。尤其是固态锂金属电池中锂金属负极界面的相关表征面临的挑战更加严峻。因此，如何克服现有表征技术的不足，探索新的原位表征技术，以及发展合适的界面制备方法，成为界面问题这一关键科学问题研究过程中首先要解决的一个重要技术问题。

目前，科研人员已经探索了多种适用于固态锂电池界面研究的原位表征方法。原位电子显微分析和谱学表征技术是揭示界面结构、组分、价态动态变化与电化学性能之间构效关系的常用手段。原位扫描透射电子显微镜结合电子能量损失谱，可以在纳米甚至原子尺度上精准表征界面结构、形貌、物相以及电子结构；冷冻电子显微镜技术可以在纳米和原子尺度表征电子辐照敏感材料的结构、组分和形貌；电子全息技术、差分相衬成像技术、开尔文探针原子力显微镜则可以表征界面电势分布和载流子传输情况。近边结构 X 射线吸收谱、X 射线光电子能谱可以监测界面成分、电子结构的演变情况；激光拉曼光谱结合成像技术可以监测界面结构、应力和化学状态的变化；三维 ^{7}Li 核磁共振成像可以无损监测固态锂电池界面和体相处锂的分布情况。基于同步辐射加速器的 X 射线成像技术可以监测裂纹产生与演变过程，以及裂纹对电化学反应均匀性和锂离子导电路径的影响。此外，中子散射技术在探测轻元素方面具有独特优势，可以监测界面结构及形态变化，以及锂的分布和传输路径等；小角 X 射线散射和小角中子散射是无损探测技术，可以获得材料纳米尺度的结构信息，特别是在聚合物结构表征方面具有不可替代的优势[131,142,143]。

另外，在液态锂离子电池研究中发展起来的有创造力的表征技术，也值得在固态锂电池研究中借鉴学习。Cheng 等[140]和 Xu 等[144]在锂金属负极的表征方面取得了一系列具有国际影响力的研究成果。他们将在线差分电化学质谱系统进行巧妙升级，实现在线滴定气体分析功能，在国际上首次发现锂金属失效粉化后出现大量导电性差的氢化锂，并且进一步揭示了氢化锂的生成和分解是由一个温度敏感的化学平衡（$Li^+ + 1/2H_2 \longrightarrow LiH$）决定的。他们还发展了基于荧光分子与锂金属的淬灭反应原理的荧光探针技术，在直接揭示循环过程中锂金属形貌、活性衍化与固态锂电池失效机制方面发挥了巨大作用。以上研究不仅为发展实用型锂金属电池提供了新思路，也为固态锂金属电池的界面研究提供了借鉴。

在固态锂电池界面研究中，除了发展对结构、组分、形貌、电势等某一种或几种因素敏感的表征技术，还需要加强多物理场耦合表征技术及相关理论模拟的研究。固态锂电池是一个具有电-化-力-热多物理场耦合行为的复杂多相体系，单一表征技术难以精准、全面地反映界面状态，从而限制了对界面问题的清晰认识。因此，在实验表征方面，多种谱学、结构、电场力学和热学表征技术互补配合，相辅相成，可以在很大程度上解决单一测试技术难以对电-化-力-热多物理场行为进行全面研究的问题；在理论计算方面，采用基于 DFT 的第一性原理计算方法[97,116]、分子动力学模拟(molecular dynamics，MD)[129]、有限元分析(finite element analysis，FEA)[67]等模拟界面反应、电荷迁移能垒、电势分布、应力应变等多尺度下的多物理场行为，有助于从微观上和理论上解释界面问题的内在机制、预判界面演变趋势、指导界面设计方向。值得关注的是，目前尚无成熟的理论模型或计算方法可以实现固态锂电池电-化-力-热多物理场行为的耦合，一般根据需求采用多种计算方法从不同角度进行建模计算，分别获得电场、力场、电化学/化学反应等界面信息。因此，固态锂电池多尺度下的多物理场耦合模拟是理论计算方面科研人员面临的一个重大挑战。

2.6 固态锂电池的应用

2.6.1 固态锂电池产业化现状

固态锂电池具有安全性高、循环寿命长、能量密度高、工作温度范围宽等诸多优势，引起了各国政府和汽车市场的高度关注。固态锂电池技术的开发已不只是汽车行业的转型升级，更是国家与国家之间技术的竞争和博弈。在市场需求方面，预计到 2030 年全球固态锂电池需求有望达到 500GW·h，有望形成 3000 亿元以上的市场规模。可以说，高安全、高能量密度的固态锂电池已经成为储能领域最重要的发展方向。

传统汽车技术强国，如日本、美国、德国、韩国等，纷纷制定了促进本国固态锂电池技术开发的发展规划。除国家层面外，目前全球共有超过 50 家知名企业，从技术研发到产业链整合，纷纷布局固态锂电池产业，力求抢占国际竞争制高点。为了促进我国固态电池的技术开发，2020 年 11 月国务院办公厅印发了《新能源汽车产业发展规划(2021—2035 年)》，明确提出“加快固态动力电池技术研发及产业化”，并将其列为“新能源汽车核心技术攻关工程”，力争使我国在固态锂电池技术领域快速发展，进而达到国际先进水平。

我国对固态电池的基础研究起步不算晚，但主要以科研机构或院校为支撑，专利保护意识相对薄弱，产业化进程较慢，处于跟跑阶段。目前，从专利申请数量(以 solid electrolyte and lithium battery 为关键词搜索)来看，固态电解质相关专利申请量逐年增长(图 2.5(a))；从国家层面来看，中国、美国、日本、韩国和德国处于第一梯队(图 2.5(b))。在 2018 年统计的固态电池核心专利授权方面，日、韩企业处于优势地位，其中日本丰田汽车公司以 571 件专利高居榜首，日本出光兴产公司和韩国三星电子公司分别以 210 件和 208 件紧随其后(图 2.6)。中国科学院青岛生物能源与过程研究所(中国科学院青岛能源所)授权 70 项固态电池相关的核心专利，在 2018 年全球固态锂电池专利权人排名中位居世界第十。

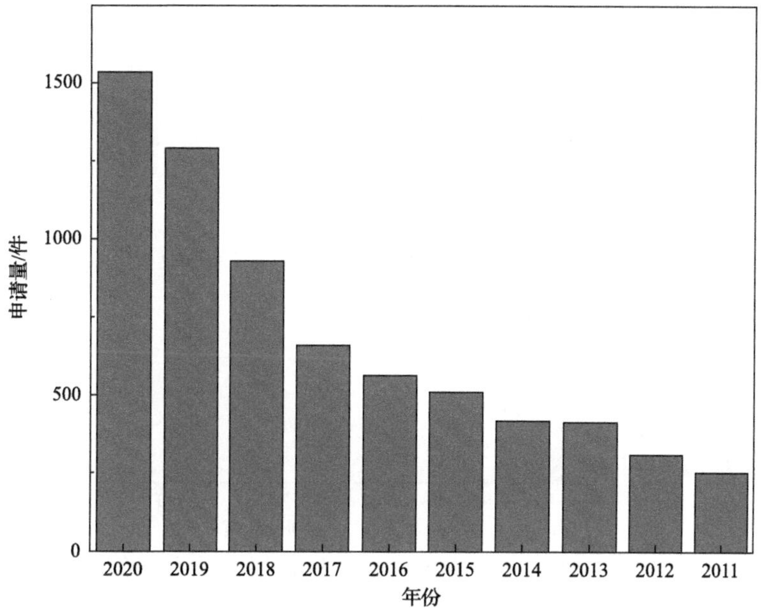

(a)

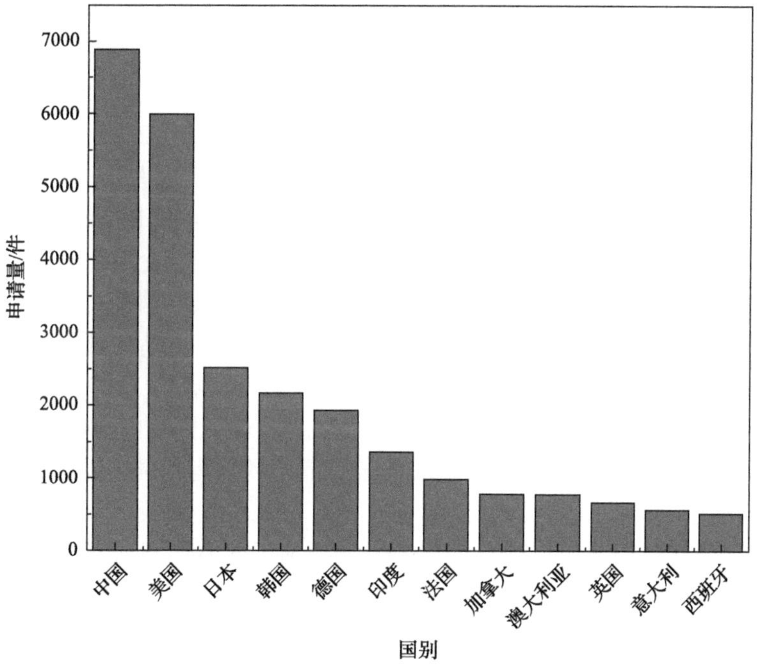

(b)

图 2.5 固态电池相关专利申请量逐年变化情况(a)，以及国家持有现状(b)

传统车企自研固态电池的代表性企业，包括丰田、本田、日产等日本企业。其中，丰田是最早研发固态电池的企业之一，拥有最多相关技术专利。丰田计划在 2025 年实现全固态电池的小规模量产，首先搭载在混动车型上；到 2030 年，实现全固态电池量产。日产汽车则计划到 2028 年推出搭载独创固态电池的电动车型。

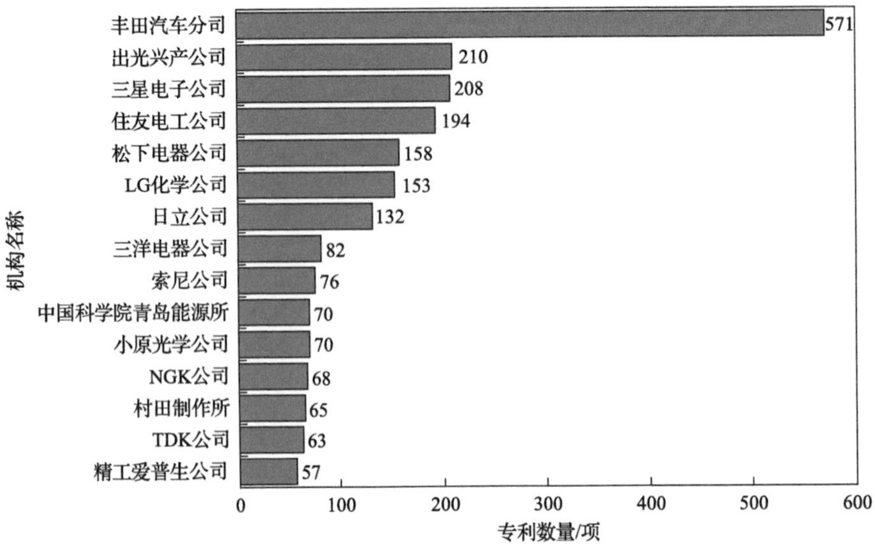

图 2.6　2018 年统计的机构拥有固体电池核心专利的情况

欧洲及美国车企则更多地通过投资动力电池初创企业的方式来进行相关业务布局，并持续加码投资[145]。2018 年，大众汽车集团就向美国固态电池公司 Quantum Scape 投资了 1 亿美元，并开展固态锂电池方面的合作。同年，通用汽车参与了美国固态电池公司 Solid Energy Systems(SES)的多轮融资。2021 年 5 月，宝马集团和福特汽车则宣布联合向固态电池初创企业 Solid Power 投资 1.39 亿美元；2021 年 12 月，戴姆勒和 Stellantis 表示将对固态电池制造商 Factorial Energy 进行战略投资,并与其展开固态电池业务合作。现代汽车与三星 SDI 于 2018 年和 2021 年分别联合投资了 Solid Power 和 SES。

在传统主流车企扩大对固态电池领域布局的同时，国内车企也进行了相关的战略投资与合作。例如，上汽集团与 Solid Energy、Quantum Scape、清陶(昆山)能源发展集团股份有限公司(清陶能源)等固态电池企业开展了战略合作；上汽集团、广汽集团此前则分别领投了固态电池企业清陶能源的 E+轮和 E++轮融资；成立于 2016 年的卫蓝新能源科技股份有限公司是中国科学院物理研究所清洁能源实验室固态电池技术的产业化平台，该公司是蔚来 ET7 固态电池供应商。长城汽车旗下的蜂巢能源科技股份有限公司也提出了非常具体的固态电池技术发展规划。

在资本追捧固态锂电池的背后，固态锂电池产业化的序幕已经开启。目前，在聚合物固态电解质及锂电池设计与开发方面做得较好的国内外企业或机构包括法国 Bolloré 公司、加拿大魁北克水电研究院、中国科学院青岛生物能源与过程研究所等。

固态聚合物锂电池技术已经在法国成功实现了商业化。2011 年 10 月，法国 Bolloré 公司自主研发的电动车 Bluecar 搭载了子公司 Batscap 生产的 30kW·h 金属锂聚合物电池，之后大约有 5000 辆 Bluecar 投放到了巴黎的 Autolib 汽车共享服务项目[146]。这也是国际上第一个采用固态锂电池的电动汽车案例。Bluecar 采用锂金属聚合物固态电池，最高速度可达 130km/h，续航里程为 250km。无一起燃烧事故发生，展现了聚合物固态锂电池在安全性方面的优势。事实上，法国 Bolloré 公司的固态聚合物锂电池技术源于加拿大魁北克水电研究院。加拿大魁北克水电研究院从 1979 年开始开展 PEO 固态电解质关键材料及固态锂电池器件的研究,其第一代技术生产的固态锂电池能量密度可达200W·h/kg，已经转让给法国 Bolloré 公司。第二代固态锂电池技术使用磷酸铁锂（厚度66μm）/PEO-LiTFSI 电解质/锂（39μm）技术路线，能量密度高达 250W·h/kg（80A·h，3.5V平台），循环（100%（放电深度（depth of discharge，DoD））2000 次容量保持率为 80%。电池组能量密度为 150W·h/kg，充电一次续航里程为 250km，设计寿命 11 年（按每天行驶100km 计算）。

与聚合物固态电解质相比，由于无机固态电解质制备成本高、固/固界面阻抗高等原因，尚无成熟的商业化体系，均处于实验室或原型实验阶段[147]。日本丰田汽车公司 2010 年推出了采用硫化物电解质的固态电池，2014 年样品电池能量密度达到了 400W·h/kg。2020 年 10 月，Solid Power 宣布生产和交付其第一代 2A·h 的全固态锂电池，能量密度达到 320W·h/kg。Solid Power 已经与战略合作伙伴进行了产品验证，并证实具备规模量产的可能性。三星高级技术研究所 2020 年 3 月发布的一款全新固态锂电池技术还处于原型阶段，尚未明确这项技术何时实现产业化应用。

在国内，中国科学院青岛生物能源与过程研究所率先建成了百兆瓦时的固态聚合物锂电池生产线，并开发出能量密度为 350W·h/kg 的聚合物固态锂电池，目前正在新能源汽车上进行示范化应用；同时，相关技术入选了 2020 年“全球新能源汽车前沿及创新技术”和中国工程院发布的“全球工程前沿 2020”。天际汽车在 2019 年展出了国内首台固态电池电动汽车 ME7。天际汽车计划在未来几年内显著提升固态电池的循环寿命、批量工艺成熟度等关键指标，实现固态电池电芯能量密度达 300W·h/kg 以上，电池组的能量密度达到 220W·h/kg，达到初步商业化的技术状态；2020 年，搭载清陶能源固态电池的新能源样车在北京汽车公司成功下线，清陶能源一期 1GW·h 的固态动力电池项目也已投产。中国台湾的辉能科技有限公司开发的固态锂陶瓷电池，实现了电池可挠曲、可卷曲，体积比能量最高可达 833W·h/L，结合其开发的电池内部同步串并联的“双极”技术，单颗电芯电压可达 60V，减少了电池管理和分流充电的需求，降低成组成本并大幅提高电池包的体积比能量。辉能科技有限公司于 2017 年与天际汽车合作完成了首个固态电池包的实车验证工作，随后伴随着多轴双极（multi axis bipolar，MAB）电池包的成功开发，辉能与蔚来、天际、爱驰等数家主机厂签署战略合作协议，开展固态电池包的装车测试。2020 年 7 月，国内新能源整车企业北汽蓝谷新能源科技股份有限公司首台固态锂电池样车成功下线，日前已完成 5000km 的模拟用户道路测试以及极寒环境用户极限工况验证[148]。

总体来讲，固态锂电池正处于投资风口，但固态锂电池的规模化应用仍然具有一定的挑战性。但可以预见的是，随着新能源汽车对电池能量密度和安全性能要求的不断提高，电池技术必然从传统的液态锂离子电池转向固态锂电池。目前，无论对传统车企还是动力电池企业而言，固态锂电池的研发都是一个富有市场前景但又极具挑战的新赛道。固态电池的商业化有可能带来传统汽车市场的重新洗牌，这也会带来巨大的商业前景。对我国而言，大力发展固态锂电池技术是成为世界汽车技术强国的关键所在。

2.6.2 固态锂电池全海深示范化应用

深海蕴藏着人类社会未来发展所需的丰富矿产和可再生能源等资源。党的十八大以来，我国提出建设海洋强国的战略部署，要求进一步提升深海装备的智能化作业能力。现有的海上风能、太阳能、波浪能、洋流能、水深温差能等发电装置，受气候、洋流、深度等因素的影响，电力输出存在功率不恒定、效率低等诸多问题，无法直接对海洋装备进行可靠、高效的能量补给。为保障海洋科考的持续探索和深海矿产资源的稳定开发，满足国家重大海洋战略需求，亟须发展高效、稳定的电能供给系统，进而解决国家深海能源供给“卡脖子”的问题。中国科学院青岛生物能源与过程研究所（以下简称青岛能源所）持续提升固态锂电池技术和品质，满足深海特种电源“高耐压”“高安全”“高能量密度”的“三高”苛刻要求，打破国外技术垄断，为国产深海装备提供了可靠的能源动力。深海高压环境模拟实验室压力实验显示：青岛能源所研制的高能量密度固态锂电池电源系统在 121MPa 模拟全海深极端压力下可实现对外正常供电，并连续远赴马里亚纳海沟展开深海科考与探测示范应用。

2017 年 3 月，青岛能源所研发的固态锂电池电源系统随 TS03 航次科考船远赴马里亚纳海沟，为万泉号着陆器控制系统及电荷耦合器件（charge coupled device，CCD）传感器提供能源，累计完成 9 次下潜，其中 6 次超过 10000m，最大工作水深 10901m，累计坐底工作时间 98.5h，顺利完成万米全深海示范应用，这标志着我国成功突破了全海深电源技术瓶颈，填补了全海深高能量密度深海电源系统技术空白，进一步验证了青岛能源所研发的固态锂电池的可靠性和高安全性。

2018 年 8～10 月，青岛能源所开发的模块化固态电源系统随 TS09 航次科考船再次远赴马里亚纳海沟，为天涯号、海角号、万泉号等全海深着陆器提供能源动力，共计完成 27 次潜次的作业，15 次下潜深度超过万米，最大下潜深度 10918m，单次下潜最长作业时间 26 天 10 小时 43 分钟，创世界上单次连续作业纪录，为我国获取首批超万米深度的全海深水文数据及海底复杂地形下实时勘测提供有效能源保障。

2018 年 12 月～2019 年 6 月，青岛能源所研制的高能量固态锂电池系统完成了南海坐底作业，实现长达 198 天持续无故障运行，为长潜伏金鸡号着陆器提供了可靠的能源保障，证明了固态锂电池及电池管理系统（battery management system，BMS）系统具有超高能量密度和低功耗特性。

2020 年 11 月，青岛能源所研发的全海深固态锂电池系统为沧海号视频着陆器提供充足的能量动力，成功保障了沧海号与奋斗者号的万米深海联合作业，实现了全球首次万米洋底直播，为奋斗者号拍摄了清晰的视频画面，视频见证“奋斗者-沧海号”成功标注了中国载人深潜新坐标。同月，青岛能源所研制的高功率固态锂电池系统为“鹿岭”机器人提供了大功率、长航时的能源动力，成功完成 10 个位点 10km 的全海深复杂工况下爬游作业，充分验证了深海固态锂电池系统具有高功率、高可靠、高安全、高能量密度等显著特点，满足水下装备对大功率及长航时运行的需求。

自 2015 年开始，青岛能源所固态能源系统技术中心已经累计为各类深海科考装备用户提供了 68 批次的固态锂电池电源系统。研制的全海深电源系统实现零故障应用，为我国深海事业发展提供了安全、可靠、零事故运行的特种电源保障，表明我国深海装备用全海深电源系统技术已趋于成熟，产生了巨大的社会效益，并得到中央电视台正面报道。除此之外，“高性能聚合物固态锂电池材料与技术”项目技术顺利通过了中国石油和化工联合会组织的鉴定委员会鉴定，专家们一致认为“该项成果创新性强，在全海深极端条件下，实现固态电池能源系统的成功应用，达到国际领先水平。”

2.6.3 固态锂电池潜在市场

固态锂电池具有“高能量密度”“高安全”“高耐压”等显著特性，因此固态锂电池在特种领域和民用领域将进一步大显身手，潜在应用市场和前景十分广阔。

具体来讲，固态锂电池已在全深海领域体现了重要的示范应用价值，实现了全海深示范应用，打破了国外对这一关键技术的封锁。未来固态锂电池在国家“深海”“深地”“深空”“单兵作战装备”等特种领域中将继续扮演极其重要的角色。

除此之外，固态锂电池在民用领域的应用也会更加广泛和深入。随着世界各国“双碳”目标的推出，汽车“电动化”和储能“安全化”已经成为智慧城市的能源趋势。高安全长续航或者高安全快充型的固态锂电池将加速汽车“电动化”的进程，而高安全、大容量的固态锂电池将引发新时代“风、光、储”绿色低碳能源的规模化推广。同时，由于具备更高的安全性，固态锂电池将进一步促进“家庭储能”“智慧家居”的能源革新，促进能源互联网的一体化构建与优化，未来市场前景广阔。

2.7 固态锂电池面临的挑战与未来发展趋势

2.7.1 固态锂电池面临的挑战以及需要解决的关键科学/技术问题

产业界上下均已达成共识：在各类新型电池体系中，固态锂电池是未来最具有应用前景的二次电池储能技术，是距离产业化最近的下一代储能技术，是动力电池的下一个风口。目前，固态锂电池在关键材料、界面研究、器件组装等基础研究和应用示范等方面均已经取得了长足的进步，然而实际上，固态锂电池产业化阶段尚处早期，距离实际应用还存在一定距离，固态锂电池还面临着严峻的挑战。若能解决好以下几方面的关键科学/技术问题，固态锂电池有望在未来实现超速发展。

(1)固态锂电池存在“阻抗高、倍率低”的核心难题。开发高性能固态电解质关键材料与保持优异的界面相容性和稳定性是解决这一问题的关键所在。针对固态电解质，如何开发出同时具备超薄（$\leqslant 10\mu m$）、高机械强度（$\geqslant 50MPa$）、高杨氏模量（$\geqslant 8GPa$）、室温下高离子电导率（$\geqslant 10^{-3}S/cm$）、宽电化学稳定窗口（$0\sim 5V$（vs. Li^+/Li））、Li 沉积/脱出稳定（$4mA/cm^2$、$4mAh/cm^2$）、柔韧性好、超轻、可批量化制备的固态电解质关键材料，是解决问题的关键。这可能需要借助高通量的理论计算以及合理的分子设计和制备。与此同时，颠覆性技术的出现，解决固态电解质与正负极之间的固/固界面接触阻抗，提升界面锂离子快速传导，也是未来必须要解决的问题。

(2)从科学上讲，固态正极也是一项基础研究课题，但它需要解决许多关键的界面科学挑战。例如，需要解决体积变化、界面完整性和相连接性对离子和电子迁移的影响，已开发出可提供所需电流密度和面容量的正极（1～10mA/cm^{2}和＞6mA·h/cm^2）。通过对不同材料之间的固态界面的性能、应力和疲劳效应以及应力松弛机制进行研究，将为固态电池中界面的研究提供借鉴。固态正极的研究还必须填补材料、工艺和电池架构方面的科学空白。

(3)固态锂电池是一个电-化-力-热多物理场耦合行为的复杂多相体系，要表征清晰很难、很具挑战。因此，接下来在固态锂电池界面研究中，需要加强多物理场耦合表征技术以及相关理论计算和仿真模拟的研究。

(4)说到固态锂电池产业化，成本和性价比是难以绕过的且十分必要的话题。固态锂电池的成本相比于液态锂电池还是较高（20%～40%），其高成本主要来源于固态电解质的高成本，对比传统液态锂离子电池不具备竞争优势。因此，如何进一步降低固态电解质成本，从而进一步凸显固态锂电池的性价比，是固态锂电池产业化不容忽视的问题。可以预见，低成本固态电解质的开发，是未来不容忽视的一个研究方向，需要引起科研产业界的关注。

(5)未来固态锂电池势必要应用到电动汽车上，如何兼顾长循环寿命和高能量密度，是两个必须面对与解决的问题。现在的固态锂电池科研机构和企业等宣称能量密度达到400W·h/kg，但其循环寿命仍待考究。这需要从电解质和电极材料体系、界面调控、器件组装等多方面入手，协同解决这两大难题。

(6)大规模储能系统，对电池的安全性能要求极高。在全生命周期内，固态锂电池是否“真的安全”，是否能够满足大规模储能的需要，仍待长期考证，尤其是对于固态锂金属电池。与此同时，未来随着风、光、储一体化电源系统能源互联网的快速发展，储能器件的安全性将更加凸显。因此，要回答和阐明全生命周期内，固态锂电池是否真的安全，需要建立系统化、定制化的长效检测机制和测试手段。

(7)本质上来讲，固态电池是一种能源材料、电池和制备装备方面的改革。固态锂电池的制备和组装需要配套新的技术革新，要改变它的制备方法，要有效融合电池各个行业的一些内容进来，亟待进行智能化组装技术的革新，最后形成一个全新的产业生态。

2.7.2 固态锂电池的未来发展趋势

固态锂电池的未来发展趋势，极有可能聚焦在以下几个方面。

(1)鉴于动力储能，如电动汽车以及大规模储能的需要，开发兼具超高能量密度（≥400W·h/kg）、超长循环寿命（≥3000 次）的固态锂金属电池（如高镍/超薄固态电解质/超薄锂金属、硫正极/超薄固态电解质/超薄锂等）及其产业化关键核心技术，是未来大势所趋，也是固态锂电池发展的终极目标。

(2)鉴于深地等高温领域对电源供给的苛刻需求，耐高温（≥150℃）固态锂电池，也是未来发展的一个重要研究方向。

(3)对于极地探测、高寒地带等应用场景，在兼顾高能量密度和高安全性能的基础上，开发低温（≤–40℃）适用的固态锂电池，也应引起科研界的重视。

(4)鉴于固态锂电池的本质特性，研发可用于军工行业(如单兵作战装备)的抗枪击且可持续往外供电的固态锂电池意义重大。

(5)基于环境友好和以人为本等方面的诸多考虑，未来基于无卤素(如氟、氯)固态电解质和无氟黏结剂的绿色固态锂电池，在密闭空间如深海、深空等特种领域，具有极大的应用前景。

(6)开发无锂负极的全固态锂电池，不仅有助于进一步提升电池的体积能量密度/质量能量密度，还十分有利于解决我国目前锂资源严重短缺问题和依赖国外进口的"卡脖子"问题。

(7)考虑到固态电池的大面积推广，以及电池材料的供应链存在不同程度的环境问题，设计成本效益高、可循环利用和梯次利用的固态电池，必须纳入未来锂电池技术发展的需要。

参考文献

[1] Kato Y, Hori S, Saito T, et al. High-power all-solid-state batteries using sulfide superionic conductors[J]. Nature Energy, 2016, 1(4): 16030.

[2] Morimoto H, Awano H, Terashima J, et al. Preparation of lithium ion conducting solid electrolyte of NASICON-type $Li_{1+x}Al_xTi_{2-x}(PO_4)_3$ (x = 0.3) obtained by using the mechanochemical method and its application as surface modification materials of $LiCoO_2$ cathode for lithium cell[J]. Journal of Power Sources, 2013, 240: 636-643.

[3] Xu X X, Wen Z Y, Yang X L, et al. Dense nanostructured solid electrolyte with high Li-ion conductivity by spark plasma sintering technique[J]. Materials Research Bulletin, 2008, 43(8-9): 2334-2341.

[4] Johnson D K, Watts A S, Chapin B A, et al. Neuropsychiatric profiles in dementia[J]. Alzheimer Disease and Associated Disorders, 2011, 25(4): 326-332.

[5] Murugan R, Thangadurai V, Weppner W. Fast lithium ion conduction in garnet-type $Li_7La_3Zr_2O_{12}$[J]. Angewandte Chemie International Edition, 2007, 46(41): 7778-7781.

[6] Murugan R, Ramakumar S, Janani N. High conductive yttrium doped $Li_7La_3Zr_2O_{12}$ cubic lithium garnet[J]. Electrochemistry Communications, 2011, 13(12): 1373-1375.

[7] Li Y T, Han J T, Wang C A, et al. Optimizing Li^+ conductivity in a garnet framework[J]. Journal of Materials Chemistry, 2012, 22(30): 15357-15361.

[8] Kanno R, Murayama M. Lithium ionic conductor thio-LISICON: The Li_2S-GeS_2-P_2S_5 system[J]. Journal of the Electrochemical Society, 2001, 148(7): A742-A746.

[9] Liu Z, Fu W, Payzant E A, et al. Anomalous high ionic conductivity of nanoporous beta-Li_3PS_4[J]. Journal of the American Chemical Society, 2013, 135(3): 975-978.

[10] Kamaya N, Homma K, Yamakawa Y, et al. A lithium superionic conductor[J]. Nature Material, 2011, 10(9): 682-686.

[11] Mizuno F, Hayashi A, Tadanaga K, et al. New, highly ion-conductive crystals precipitated from Li_2S-P_2S_5 glasses[J]. Advanced Materials, 2005, 17(7): 918-921.

[12] Seino Y, Ota T, Takada K, et al. A sulphide lithium super ion conductor is superior to liquid ion conductors for use in rechargeable batteries[J]. Energy & Environmental Science, 2014, 7(2): 627-631.

[13] Rao R P, Adams S. Studies of lithium argyrodite solid electrolytes for all solid-state batteries[J]. Physica Status Solidi (A), 2011, 208(8): 1804-1807.

[14] Kraft M A, Ohno S, Zinkevich T, et al. Inducing high ionic conductivity in the lithium superionic argyrodites $Li_{6+x}P_{1-x}Ge_xS_5I$ for all-solid-state batteries[J]. Journal of the American Chemical Society, 2018, 140(47): 16330-16339.

[15] Li X N, Liang J W, Chen N, et al. Water-mediated synthesis of a superionic halide solid electrolyte[J]. Angewandte Chemie

International Edition, 2019, 58 (46): 16427-16432.

[16] Asano T, Sakai A, Ouchi S, et al. Solid halide electrolytes with high lithium-Ion conductivity for application in 4V class bulk-type all-solid-state batteries[J]. Advanced Materials, 2018, 30 (44): e1803075.

[17] Park K H, Kaup K, Assoud A, et al. High-voltage superionic halide solid electrolytes for all-solid-state Li-ion batteries[J]. ACS Energy Letters, 2020, 5 (2): 533-539.

[18] Hyooma H, Hayashi K. Crystal-structures of $La_3Li_5M_2O_{12}$ (M=Nb, Ta) [J]. Materials Research Bulletin, 1988, 23 (10): 1399-1407.

[19] Wolfenstine J, Rangasamy E, Allen J L, et al. High conductivity of dense tetragonal $Li_7La_3Zr_2O_{12}$[J]. Journal of Power Sources, 2012, 208: 193-196.

[20] Meesala Y, Jena A, Chang H, et al. Recent advancements in Li-ion conductors for all-solid-state Li-ion batteries[J]. ACS Energy Letters, 2017, 2 (12): 2734-2751.

[21] Geiger C A, Alekseev E, Lazic B, et al. Crystal chemistry and stability of "$Li_7La_3Zr_2O_{12}$" garnet: A fast lithium-ion conductor[J]. Inorganic Chemistry, 2011, 50 (3): 1089-1097.

[22] Rangasamy E, Wolfenstine J, Sakamoto J. The role of Al and Li concentration on the formation of cubic garnet solid electrolyte of nominal composition $Li_7La_3Zr_2O_{12}$[J]. Solid State Ionics, 2012, 206: 28-32.

[23] Dumon A, Huang M, Shen Y, et al. High Li ion conductivity in strontium doped $Li_7La_3Zr_2O_{12}$ garnet[J]. Solid State Ionics, 2013, 243: 36-41.

[24] Ohta S, Kobayashi T, Asaoka T. High lithium ionic conductivity in the garnet-type oxide $Li_{7-X}La_3(Zr_{2-X}, Nb_X)O_{12}$ (X=0-2) [J]. Journal of Power Sources, 2011, 196 (6): 3342-3345.

[25] Song S, Sheptyakov D, Korsunsky A M, et al. High Li ion conductivity in a garnet-type solid electrolyte via unusual site occupation of the doping Ca ions[J]. Materials & Design, 2016, 93: 232-237.

[26] Allen J L, Wolfenstine J, Rangasamy E, et al. Effect of substitution (Ta, Al, Ga) on the conductivity of $Li_7La_3Zr_2O_{12}$[J]. Journal of Power Sources, 2012, 206: 315-319.

[27] Buannic L, Orayech B, Del Amo J M L, et al. Dual substitution strategy to enhance Li^+ ionic conductivity in $Li_7La_3Zr_2O_{12}$ solid electrolyte[J]. Chemistry of Materials, 2017, 29 (4): 1769-1778.

[28] Hagman L O, Kierkegaard P. The crystal structure of $NaMe_2^{IV}(PO_4)_3$; Me^{IV} = Ge, Ti, Zr[J]. Acta Chemica Scandinavica, 1968, 22 (6): 1822-1832.

[29] Goodenough J B, Hong H Y P, Kafalas J A. Fast Na^+-ion transport in skeleton structures[J]. Materials Research Bulletin, 1976, 11 (2): 203-220.

[30] Kang J, Chung H, Doh C, et al. Integrated study of first principles calculations and experimental measurements for Li-ionic conductivity in Al-doped solid-state $LiGe_2(PO_4)_3$ electrolyte[J]. Journal of Power Sources, 2015, 293: 11-16.

[31] Kwatek K, Nowiński J L. Electrical properties of $LiTi_2(PO_4)_3$ and $Li_{1.3}Al_{0.3}Ti_{1.7}(PO_4)_3$ solid electrolytes containing ionic liquid[J]. Solid State Ionics, 2017, 302: 54-60.

[32] Li S C, Cai J Y, Lin Z X. Phase-relationships and electrical-conductivity of $Li_{1+X}Ge_{2-X}Al_XP_3O_{12}$ and $Li_{1+X}Ge_{2-X}Cr_XP_3O_{12}$ systems[J]. Solid State Ionics, 1988, 28: 1265-1270.

[33] Arbi K, Bucheli W, Jiménez R, et al. High lithium ion conducting solid electrolytes based on NASICON $Li_{1+x}Al_xM_{2-x}(PO_4)_3$ materials (M = Ti, Ge and $0 \leqslant x \leqslant 0.5$) [J]. Journal of the European Ceramic Society, 2015, 35 (5): 1477-1484.

[34] Yan Y Y, Ju J W, Dong S M, et al. In situ polymerization permeated three-dimensional Li^+-percolated porous oxide ceramic framework boosting all solid-state lithium metal battery[J]. Advanced Science, 2021, 8 (9): 2003887.

[35] Xu B Y, Duan H N, Xia W H, et al. Multistep sintering to synthesize fast lithium garnets[J]. Journal of Power Sources, 2016, 302: 291-297.

[36] Inada R, Ishida K, Tojo M, et al. Properties of aerosol deposited NASICON-type $Li_{1.5}Al_{0.5}Ge_{1.5}(PO_4)_3$ solid electrolyte thin films[J]. Ceramics International, 2015, 41 (9): 11136-11142.

[37] Liu X G, Tan J, Fu J, et al. Facile synthesis of nanosized lithium-ion-conducting solid electrolyte $Li_{1.4}Al_{0.4}Ti_{1.6}(PO_4)_3$ and its

mechanical nanocomposites with $LiMn_2O_4$ for enhanced cyclic performance in lithium ion batteries[J]. ACS Applied Materials & Interfaces, 2017, 9 (13): 11696-11703.

[38] Huang L Z, Wen Z Y, Wu M F, et al. Electrochemical properties of $Li_{1.4}Al_{0.4}Ti_{1.6}(PO_4)_3$ synthesized by a co-precipitation method[J]. Journal of Power Sources, 2011, 196 (16): 6943-6946.

[39] Tan D H S, Chen Y T, Yang H, et al. Carbon-free high-loading silicon anodes enabled by sulfide solid electrolytes[J]. Science, 2021, 373 (6562): 1494-1499.

[40] Ye L H, Li X. A dynamic stability design strategy for lithium metal solid state batteries[J]. Nature, 2021, 593 (7858): 218-222.

[41] Ribes M, Barrau B, Souquet J L. Sulfide glasses: Glass forming region, structure and ionic-conduction of glasses in Na_2S-SiS_2, Na_2S-GeS_2, Na_2S-P_2S_5 and Li_2S-GeS_2 systems[J]. Journal of Non-Crystalline Solids, 1980, 38-39: 271-276.

[42] Deiseroth H J, Kong S T, Eckert H, et al. Li_6PS_5X: A class of crystalline Li-rich solids with an unusually high Li^+ mobility[J]. Angewandte Chemie International Edition, 2008, 47 (4): 755-758.

[43] Zhang Z H, Wu L P, Zhou D, et al. Flexible sulfide electrolyte thin membrane with ultrahigh ionic conductivity for all-solid-state lithium batteries[J]. Nano Letters, 2021, 21 (12): 5233-5239.

[44] Park K H, Bai Q, Kim D H, et al. Design strategies, practical considerations, and new solution processes of sulfide solid electrolytes for all-solid-state batteries[J]. Advanced Energy Materials, 2018, 8 (18): 1800035.

[45] Weppner W, Huggins R A. Ionic-conductivity of solid and liquid $LiAlCl_4$[J]. Journal of the Electrochemical Society, 1977, 124 (1): 35-38.

[46] Steiner H J, Lutz H D. Neue schnelle ionenleiter vom Typ $M_3^IM^{III}Cl_6$ (M^I = Li, Na, Ag; M^{III} = In, Y) [J]. Zeitschrift für Anorganische und Allgemeine Chemie, 1992, 613: 26-30.

[47] Liang J W, Li X N, Wang S, et al. Site-occupation-tuned superionic Li_xScCl_{3+x} halide solid electrolytes for all-solid-state batteries[J]. Journal of the American Chemical Society, 2020, 142 (15): 7012-7022.

[48] Muy S, Voss J, Schlem R, et al. High-throughput screening of solid-state Li-ion conductors using lattice-dynamics descriptors[J]. iScience, 2019, 16: 270-282.

[49] Zhao Q, Liu X, Stalin S, et al. Solid-state polymer electrolytes with in-built fast interfacial transport for secondary lithium batteries[J]. Nature Energy, 2019, 4 (5): 365-373.

[50] Yu S C, Schmohl S, Liu Z G, et al. Insights into a layered hybrid solid electrolyte and its application in long lifespan high-voltage all-solid-state lithium batteries[J]. Journal of Materials Chemistry A, 2019, 7 (8): 3882-3894.

[51] Wang C, Wang T, Wang L L, et al. Differentiated lithium salt design for multilayered PEO electrolyte enables a high-voltage solid-state lithium metal battery[J]. Advanced Science, 2019, 6 (22): 1901036.

[52] Zhang J J, Yang J F, Dong T T, et al. Aliphatic polycarbonate-based solid-state polymer electrolytes for advanced lithium batteries: Advances and perspective[J]. Small, 2018, 14 (36): 1800821.

[53] Zhang J J, Zhao J H, Yue L P, et al. Safety-reinforced poly (propylene carbonate) -based all-solid-state polymer electrolyte for ambient-temperature solid polymer lithium batteries[J]. Advanced Energy Materials, 2015, 5 (24): 1501082.

[54] Zhou Q, Dong S M, Lv Z L, et al. A temperature-responsive electrolyte endowing superior safety characteristic of lithium metal batteries[J]. Advanced Energy Materials, 2020, 10 (6): 1903441.

[55] Lv Z L, Zhou Q, Zhang S, et al. Cyano-reinforced in-situ polymer electrolyte enabling long-life cycling for high-voltage lithium metal batteries[J]. Energy Storage Materials, 2021, 37: 215-223.

[56] Xu D, Su J M, Jin J, et al. In situ generated fireproof gel polymer electrolyte with $Li_{6.4}Ga_{0.2}La_3Zr_2O_{12}$ as initiator and ion-conductive filler[J]. Advanced Energy Materials, 2019, 9 (25): 1900611.

[57] He X, Ni Y X, Hou Y P, et al. Insights into the ionic conduction mechanism of quasi-solid polymer electrolytes through multispectral characterization[J]. Angewandte Chemie International Edition, 2021, 60 (42): 22672-22677.

[58] Jeschke S, Mutke M, Jiang Z X, et al. Study of carbamate-modified disiloxane in porous PVDF-HFP membranes: New electrolytes/separators for lithium-ion batteries[J]. Chemphyschem, 2014, 15 (9): 1761-1771.

[59] Vijayakumar V, Anothumakkool B, Kurungot S, et al. In situ polymerization process: An essential design tool for lithium

polymer batteries[J]. Energy & Environmental Science, 2021, 14(5): 2708-2788.

[60] Syzdek J, Armand M, Gizowska M, et al. Ceramic-in-polymer versus polymer-in-ceramic polymeric electrolytes—A novel approach[J]. Journal of Power Sources, 2009, 194(1): 66-72.

[61] Zhang J X, Zhao N, Zhang M, et al. Flexible and ion-conducting membrane electrolytes for solid-state lithium batteries: Dispersion of garnet nanoparticles in insulating polyethylene oxide[J]. Nano Energy, 2016, 28: 447-454.

[62] Zhou Q, Ma J, Dong S M, et al. Intermolecular chemistry in solid polymer electrolytes for high-energy-density lithium batteries[J]. Advanced Materials, 2019, 31(50): 1902029.

[63] Wang Y T, Ju J W, Dong S M, et al. Facile design of sulfide-based all solid-state lithium metal battery: In situ polymerization within self-supported porous argyrodite skeleton[J]. Advanced Functional Materials, 2021, 31(28): 2101523.

[64] Ju J W, Wang Y T, Chen B B, et al. Integrated interface strategy toward room temperature solid-state lithium batteries[J]. ACS Applied Materials & Interfaces, 2018, 10(16): 13588-13597.

[65] Peng G, Yao X Y, Wan H L, et al. Insights on the fundamental lithium storage behavior of all-solid-state lithium batteries containing the $LiNi_{0.8}Co_{0.15}Al_{0.05}O_2$ cathode and sulfide electrolyte[J]. Journal of Power Sources, 2016, 307: 724-730.

[66] Liu L L, Xu J R, Wang S, et al. Practical evaluation of energy densities for sulfide solid-state batteries[J]. eTransportation, 2019, 1: 100010.

[67] Wang L L, Xie R C, Chen B B, et al. In-situ visualization of the space-charge-layer effect on interfacial lithium-ion transport in all-solid-state batteries[J]. Nature Communications, 2020, 11(1): 5889.

[68] Lu G I, Li X L, Wang Z Y, et al. Enhanced electrochemical performances of $LiCoO_2$ cathode for all-solid-state lithium batteries by regulating crystallinity and composition of coating layer[J]. Journal of Power Sources, 2020, 468: 228372.

[69] Gao X, Zheng X L, Tsao Y C, et al. All-solid-state lithium-sulfur batteries enhanced by redox mediators[J]. Journal of the American Chemical Society, 2021, 143(43): 18188-18195.

[70] Yang X F, Luo J, Sun X L. Towards high-performance solid-state Li-S batteries: From fundamental understanding to engineering design[J]. Chemical Society Reviews, 2020, 49(7): 2140-2195.

[71] 叶戈, 袁洪, 赵辰孜, 等. 全固态锂硫电池正极中离子输运与电子传递的平衡[J]. 储能科学与技术, 2020, 9(2): 339-345.

[72] 蒋苗, 万红利, 刘高瞻, 等. $Co_{0.1}Fe_{0.9}S_2$@$Li_7P_3S_{11}$ 正极材料的制备及其在全固态锂电池中的性能[J]. 储能科学与技术, 2021, 10(3): 925-930.

[73] Wu M S, Xu B, Ouyang C Y. Physics of electron and lithium-ion transport in electrode materials for Li-ion batteries[J]. Chinese Physics B, 2016, 25(1): 018206.

[74] Hovington P, Lagacé M, Guerfi A, et al. New lithium metal polymer solid state battery for an ultrahigh energy: Nano C-$LiFePO_4$ versus nano $Li_{1.2}V_3O_8$[J]. Nano Letters, 2015, 15(4): 2671-2678.

[75] Liu Q, Su X, Lei D, et al. Approaching the capacity limit of lithium cobalt oxide in lithium ion batteries via lanthanum and aluminium doping[J]. Nature Energy, 2018, 3(11): 936-943.

[76] Qian J W, Liu L, Yang J X, et al. Electrochemical surface passivation of $LiCoO_2$ particles at ultrahigh voltage and its applications in lithium-based batteries[J]. Nature Communications, 2018, 9(1): 4918.

[77] Zhang J N, Li Q H, Ouyang C Y, et al. Trace doping of multiple elements enables stable battery cycling of $LiCoO_2$ at 4.6 V[J]. Nature Energy, 2019, 4(7): 594-603.

[78] Wang L L, Chen B B, Ma J, et al. Reviving lithium cobalt oxide-based lithium secondary batteries-toward a higher energy density[J]. Chemical Society Reviews, 2018, 47(17): 6505-6602.

[79] Seong W M, Yoon K, Lee M H, et al. Unveiling the intrinsic cycle reversibility of a $LiCoO_2$ electrode at 4.8V cutoff voltage through subtractive surface modification for lithium-ion batteries[J]. Nano Letters, 2019, 19(1): 29-37.

[80] Wang L L, Ma J, Wang C, et al. A novel bifunctional self-stabilized strategy enabling 4.6V $LiCoO_2$ with excellent long-term cyclability and high-rate capability[J]. Advanced Science, 2019, 6(12): 1900355.

[81] Chai J C, Liu Z H, Ma J, et al. In situ generation of poly (vinylene carbonate) based solid electrolyte with interfacial stability for $LiCoO_2$ lithium batteries[J]. Advanced Science, 2016, 4(2): 1600377.

[82] Wang C W, Ren F C, Zhou Y, et al. Engineering the interface between $LiCoO_2$ and $Li_{10}GeP_2S_{12}$ solid electrolytes with an ultrathin $Li_2CoTi_3O_8$ interlayer to boost the performance of all-solid-state batteries[J]. Energy & Environmental Science, 2021, 14(1): 437-450.

[83] Zhou L D, Zuo T T, Kwok C Y, et al. High areal capacity, long cycle life 4 V ceramic all-solid-state Li-ion batteries enabled by chloride solid electrolytes[J]. Nature Energy, 2022, 7(1): 83-93.

[84] Zhang S, Ma J, Hu Z L, et al. Identifying and addressing critical challenges of high-voltage layered ternary oxide cathode materials[J]. Chemistry of Materials, 2019, 31(16): 6033-6065.

[85] Liu X S, Zheng B Z, Zhao J, et al. Electrochemo-mechanical effects on structural integrity of Ni-rich cathodes with different microstructures in all solid-state batteries[J]. Advanced Energy Materials, 2021, 11(8): 2003583.

[86] Jung S H, Kim U H, Kim J H, et al. Ni-rich layered cathode materials with electrochemo-mechanically compliant microstructures for all-solid-state Li batteries[J]. Advanced Energy Materials, 2019, 10(6): 1903360.

[87] Strauss F, Bartsch T, de Biasi L, et al. Impact of cathode material particle size on the capacity of bulk-type all-solid-state batteries[J]. ACS Energy Letters, 2018, 3(4): 992-996.

[88] Hänsel C, Afyon S, Rupp J L M. Investigating the all-solid-state batteries based on lithium garnets and a high potential cathode - $LiMn_{1.5}Ni_{0.5}O_4$[J]. Nanoscale, 2016, 8(43): 18412-18420.

[89] Oh G, Hirayama M, Kwon O, et al. Bulk-type all solid-state batteries with 5V class $LiNi_{0.5}Mn_{1.5}O_4$ cathode and $Li_{10}GeP_2S_{12}$ solid electrolyte[J]. Chemistry of Materials, 2016, 28(8): 2634-2640.

[90] Wang Y, Lv Y, Su Y B, et al. 5V-class sulfurized spinel cathode stable in sulfide all-solid-state batteries[J]. Nano Energy, 2021, 90: 106589.

[91] Xu H T, Zhang H R, Ma J, et al. Overcoming the challenges of 5V spinel $LiNi_{0.5}Mn_{1.5}O_4$ cathodes with solid polymer electrolytes[J]. ACS Energy Letters, 2019, 4(12): 2871-2886.

[92] 张安邦. 富锂锰基材料/Li_3InCl_6电解质界面反应特性探究[D]. 北京: 北京有色金属研究总院, 2021.

[93] Hartmann P, Leichtweiss T, Busche M R, et al. Degradation of NASICON-type materials in contact with lithium metal: Formation of mixed conducting interphases(MCI) on solid electrolytes[J]. The Journal of Physical Chemistry C, 2013, 117(41): 21064-21074.

[94] Luo S T, Wang Z Y, Li X L, et al. Growth of lithium-indium dendrites in all-solid-state lithium-based batteries with sulfide electrolytes[J]. Nature Communications, 2021, 12(1): 6968.

[95] Lee Y G, Fujiki S, Jung C, et al. High-energy long-cycling all-solid-state lithium metal batteries enabled by silver-carbon composite anodes[J]. Nature Energy, 2020, 5(4): 299-308.

[96] Ma J, Chen B B, Wang L L, et al. Progress and prospect on failure mechanisms of solid-state lithium batteries[J]. Journal of Power Sources, 2018, 392: 94-115.

[97] 冯吴亮, 王飞, 周星, 等. 固态电解质与电极界面的稳定性[J]. 物理学报, 2020, 69(22): 228206.

[98] Yu X R, Wang L L, Ma J, et al. Selectively wetted rigid-flexible coupling polymer electrolyte enabling superior stability and compatibility of high-voltage lithium metal batteries[J]. Advanced Energy Materials, 2020, 10(18): 1903939.

[99] Han X G, Gong Y H, Fu K K, et al. Negating interfacial impedance in garnet-based solid-state Li metal batteries[J]. Nature Materials, 2017, 16(5): 572-579.

[100] Wu H G, Tang B, Du X F, et al. LiDFOB initiated in situ polymerization of novel eutectic solution enables room-temperature solid lithium metal batteries[J]. Advanced Science, 2020, 7(23): 2003370.

[101] Wang C, Zhang H R, Dong S M, et al. High polymerization conversion and stable high-voltage chemistry underpinning an in situ formed solid electrolyte[J]. Chemistry of Materials, 2020, 32(21): 9167-9175.

[102] Hu R X, Qiu H Y, Zhang H R, et al. A polymer-reinforced SEI layer induced by a cyclic carbonate-based polymer electrolyte boosting 4.45V $LiCoO_2$/Li metal batteries[J]. Small, 2020, 16(13): 1907163.

[103] 中国科学院青岛生物能源与过程研究所. 原位开环聚合制备的聚甲醛类全固态聚合物电解质及应用: 中国, CN111082134B[P]. 2021-06-22.

[104] 中国科学院青岛生物能源与过程研究所. 一种原位制备的环碳酸酯基聚合物电解质及其在固态锂电池中的应用: 中国, CN110218276A[P]. 2019-09-10.

[105] 中国科学院青岛生物能源与过程研究所. 一种聚碳酸亚乙烯酯基锂离子电池聚合物电解质及其制备方法和应用: 中国, CN105826603B[P]. 2018-06-19.

[106] 中国科学院青岛生物能源与过程研究所. 一种包含界面稳定聚合物材料的锂电池电极制备方法及在固态锂电池中的应用: 中国, CN105702919B[P]. 2018-10-02.

[107] 中国科学院青岛生物能源与过程研究所. Polyoxymethylene all-solid polymer electrolyte prepared by in-situ ring-opening polymerization and use thereof: 中国, CN111082134B[P]. 2021-06-22.

[108] 朱鑫鑫, 蒋伟, 万正威, 等. 固态锂硫电池电解质及其界面问题研究进展[J]. 储能科学与技术, 2021, 10(3): 848-862.

[109] Qiao L X, Cui Z L, Chen B B, et al. A promising bulky anion based lithium borate salt for lithium metal batteries[J]. Chemical Science, 2018, 9(14): 3451-3458.

[110] Ruan Y D, Lu Y P, Li Y, et al. A 3D cross-linking lithiophilic and electronically insulating interfacial engineering for garnet-type solid-state lithium batteries[J]. Advanced Functional Materials, 2020, 31(5): 2007815.

[111] Yu J H, Liu Q, Hu X, et al. Smart construction of multifunctional $Li_{1.5}Al_{0.5}Ge_{1.5}(PO_4)_3$|Li intermediate interfaces for solid-state batteries[J]. Energy Storage Materials, 2022, 46: 68-75.

[112] Banerjee A, Tang H M, Wang X F, et al. Revealing nanoscale solid-solid interfacial phenomena for long-life and high-energy all-solid-state batteries[J]. ACS Applied Materials & Interfaces, 2019, 11(46): 43138-43145.

[113] Auvergniot J, Cassel A, Ledeuil J B, et al. Interface stability of argyrodite Li_6PS_5Cl toward $LiCoO_2$, $LiNi_{1/3}Co_{1/3}Mn_{1/3}O_2$, and $LiMn_2O_4$ in bulk all-solid-state batteries[J]. Chemistry of Materials, 2017, 29(9): 3883-3890.

[114] Kim K H, Iriyama Y, Yamamoto K, et al. Characterization of the interface between $LiCoO_2$ and $Li_7La_3Zr_2O_{12}$ in an all-solid-state rechargeable lithium battery[J]. Journal of Power Sources, 2011, 196(2): 764-767.

[115] Ohta N, Takada K, Sakaguchi I, et al. $LiNbO_3$-coated $LiCoO_2$ as cathode material for all solid-state lithium secondary batteries[J]. Electrochemistry Communications, 2007, 9(7): 1486-1490.

[116] Wang L, Sun X, Ma J, et al. Bidirectionally compatible buffering layer enables highly stable and conductive interface for 4.5V sulfide-based all-solid-state lithium batteries[J]. Advanced Energy Materials, 2021, 11(32): 2100881.

[117] Kobayashi T, Kobayashi Y, Tabuchi M, et al. Oxidation reaction of polyether-based material and its suppression in lithium rechargeable battery using 4V class cathode, $LiNi_{1/3}Mn_{1/3}Co_{1/3}O_2$[J]. ACS Applied Materials & Interfaces, 2013, 5(23): 12387-12393.

[118] Ma J, Liu Z L, Chen B B, et al. A strategy to make high voltage $LiCoO_2$ compatible with polyethylene oxide electrolyte in all-solid-state lithium ion batteries[J]. Journal of the Electrochemical Society, 2017, 164(14): A3454-A3461.

[119] Chen R J, Zhang Y B, Liu T, et al. Addressing the interface issues in all-solid-state bulk-type lithium ion battery via an all-composite approach[J]. ACS Applied Materials & Interfaces, 2017, 9(11): 9654-9661.

[120] Zhou W D, Wang Z X, Pu Y, et al. Double-layer polymer electrolyte for high-voltage all-solid-state rechargeable batteries[J]. Advanced Materials, 2019, 31(4): 1805574.

[121] Park K, Yu B C, Jung J W, et al. Electrochemical nature of the cathode interface for a solid-state lithium-ion battery: Interface between $LiCoO_2$ and garnet-$Li_7La_3Zr_2O_{12}$[J]. Chemistry of Materials, 2016, 28(21): 8051-8059.

[122] Yamamoto K, Iriyama Y, Asaka T, et al. Direct observation of lithium-ion movement around an in-situ-formed-negative-electrode/solid-state-electrolyte interface during initial charge-discharge reaction[J]. Electrochemistry Communications, 2012, 20: 113-116.

[123] Yamamoto K, Yoshida R, Sato T, et al. Nano-scale simultaneous observation of Li-concentration profile and Ti-, O electronic structure changes in an all-solid-state Li-ion battery by spatially-resolved electron energy-loss spectroscopy[J]. Journal of Power Sources, 2014, 266: 414-421.

[124] Masuda H, Ishida N, Ogata Y, et al. Internal potential mapping of charged solid-state-lithium ion batteries using in situ Kelvin probe force microscopy[J]. Nanoscale, 2017, 9(2): 893-898.

[125] Fingerle M, Buchheit R, Sicolo S, et al. Reaction and space charge layer formation at the $LiCoO_2$-LiPON interface: Insights on defect formation and ion energy level alignment by a combined surface science-simulation approach[J]. Chemistry of Materials, 2017, 29(18): 7675-7685.

[126] Ohta N, Takada K, Zhang L, et al. Enhancement of the high-rate capability of solid-state lithium batteries by nanoscale interfacial modification[J]. Advanced Materials, 2006, 18(17): 2226-2229.

[127] Yada C, Ohmori A, Ide K, et al. Dielectric modification of 5V-class cathodes for high-voltage all-solid-state lithium batteries[J]. Advanced Energy Materials, 2014, 4(9): 1301416.

[128] 梁宇皓, 范丽珍. 固态锂电池中的机械力学失效及解决策略[J]. 物理学报, 2020, 69(22): 226201.

[129] Zhang J J, Zang X, Wen H J, et al. High-voltage and free-standing poly(propylene carbonate)/$Li_{6.75}La_3Zr_{1.75}Ta_{0.25}O_{12}$ composite solid electrolyte for wide temperature range and flexible solid lithium ion battery[J]. Journal of Materials Chemistry A, 2017, 5(10): 4940-4948.

[130] 赵宁, 穆爽, 郭向欣. 石榴石型固态锂电池中的物理问题[J]. 物理学报, 2020, 69(22): 17-32.

[131] 张桥保, 龚正良, 杨勇. 硫化物固态电解质材料界面及其表征的研究进展[J]. 物理学报, 2020, 69(22): 159-186.

[132] Xia Y Y, Fujieda T, Tatsumi K, et al. Thermal and electrochemical stability of cathode materials in solid polymer electrolyte[J]. Journal of Power Sources, 2001, 92(1-2): 234-243.

[133] Chen R S, Nolan A M, Lu J Z, et al. The thermal stability of lithium solid electrolytes with metallic lithium[J]. Joule, 2020, 4(4): 812-821.

[134] Wu Y, Wang S, Li H, et al. Progress in thermal stability of all-solid-state-Li-ion-batteries[J]. InfoMat, 2021, 3(8): 827-853.

[135] Lu J Z, Zhou J H, Chen R S, et al. 4.2V poly(ethylene oxide)-based all-solid-state lithium batteries with superior cycle and safety performance[J]. Energy Storage Materials, 2020, 32: 191-198.

[136] Chen R S, Yao C X, Yang Q, et al. Enhancing the thermal stability of NASICON solid electrolyte pellets against metallic lithium by defect modification[J]. ACS Applied Materials & Interfaces, 2021, 13(16): 18743-18749.

[137] 黄浪. 青岛能源所开发出高安全性锂电池特色材料体系[EB/OL]. [2021-06-22]. http://www.qibebt.cas.cn/xwzx/tpxw/202106/ t20210622_6115181.html.

[138] 曹文卓, 李泉, 王胜彬, 等. 金属锂在固态电池中的沉积机理、策略及表征[J]. 物理学报, 2020, 69(22): 113-126.

[139] Sun F, Yang C, Manke I, et al. Li-based anode: Is dendrite-free sufficient?[J]. Materials Today, 2020, 38: 7-9.

[140] Cheng X Y, Xian F, Hu Z L, et al. Fluorescence probing of active lithium distribution in lithium metal anodes[J]. Angewandte Chemie International Edition, 2019, 58(18): 5936-5940.

[141] Liu F, Xu R, Wu Y, et al. Dynamic spatial progression of isolated lithium during battery operations[J]. Nature, 2021, 600(7890): 659-663.

[142] 孙兴伟, 王龙龙, 姜丰, 等. 固态聚合物锂电池失效机制及其表征技术[J]. 储能科学与技术, 2019, 8(6): 1024-1032.

[143] 姜丰, 王龙龙, 孙兴伟, 等. 透射电子显微镜技术在固态锂电池界面研究中的应用[J]. 分析科学学报, 2019, 35(6): 775-782.

[144] Xu G J, Li J D, Wang C, et al. The formation decomposition equilibrium of LiH and its contribution on anode[J]. Angewandte Chemie International Edition, 2021, 60(14): 7770-7776.

[145] 师雨菲. 电动汽车频现自燃, 固态电池能否堪大任[J]. 能源, 2020, 7: 47-49.

[146] 武佳雄, 王曦, 徐平红, 等. 车用固态锂电池研究进展及产业化应用[J]. 电源技术, 2021, 45(3): 402-405.

[147] Yang G N, Abraham C, Ma Y X, et al. Advances in materials design for all-solid-state batteries: From bulk to thin films[J]. Applied Sciences, 2020, 10(14): 4727.

[148] 张鹏, 赖兴强, 沈俊荣, 等. 固态锂电池研究及产业化进展[J]. 储能科学与技术, 2021, 10(3): 896-904.

第 3 章

钠离子电池

3.1 概　　述

钠离子电池的诞生可以追溯到 20 世纪 70～80 年代，但由于早期研究者的主要精力集中在锂离子电池，直到 2010 年左右，随着人们逐渐意识到大规模储能技术的重要性，钠离子电池的研究才进入快速发展期(图 3.1)。2011 年，全球首家钠离子电池公司英国 Faradion 成立；2017 年，我国首家钠离子电池公司中科海钠成立；随后几年里，世界范围内有数十家公司也开始了钠离子电池的研究和制造，标志着钠离子电池正式进入产业化探索阶段。

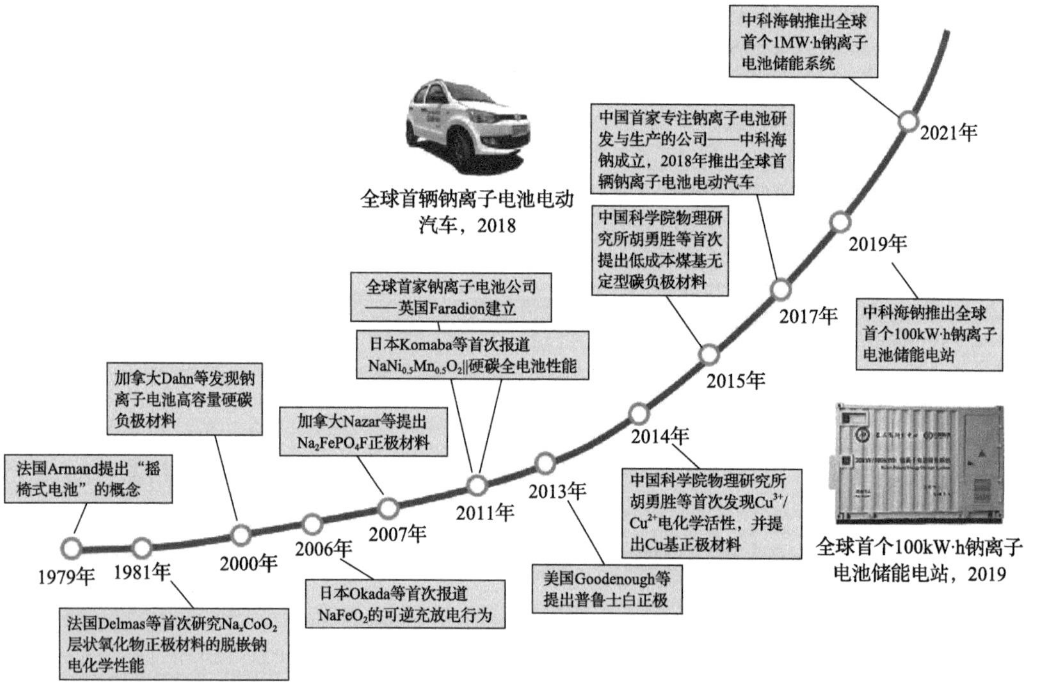

图 3.1　钠离子电池发展史

钠离子电池具有和锂离子电池相似的工作原理，虽然能量密度不及锂离子电池，但是钠元素作为地壳第六丰富的元素，在储量和价格方面相对于锂元素具有显著的优势(图 3.2)。随着新能源技术的蓬勃发展，世界各国将使用电动车取代燃油车的任务提上了日程，但是有限的锂资源限制了这一进程。目前，全球探明的可供开采的锂资源储量仅能满足 25.6 亿辆电动车的需求，而 2020 年全球汽车的保有量已经超过了 14.9 亿辆。除此之外，我国的锂资源储量约占全球总储量 6.3%，目前高度依赖进口，因此学术界和产业界对钠离子电池寄予了厚望。

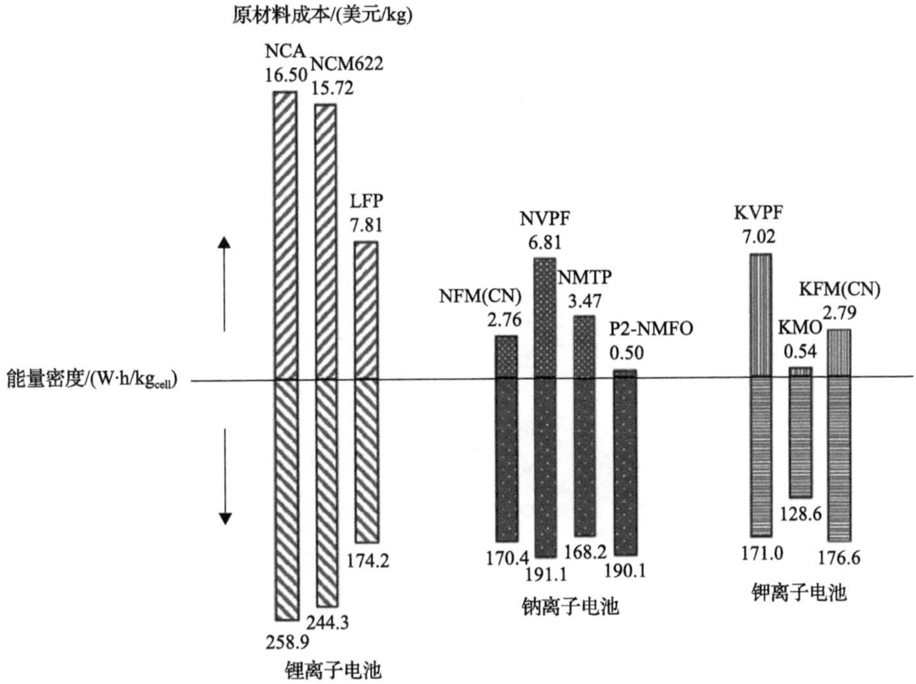

图 3.2　不同的电池体系和技术路线的正极材料成本以及电池能量密度对比[1]

NCA-$LiNi_{0.8}Co_{0.15}Al_{0.05}O_2$；NCM622-$LiNi_{0.6}Co_{0.2}Mn_{0.2}O_2$；LFP-$LiFePO_4$；NFM(CN)-$NaMnFe(CN)_6$；NVPF-$Na_3V_2(PO_4)_2F_3$；NMTP-$Na_3MnTi(PO_4)_3$；P2-NMFO-$Na_{2/3}Mn_{1/2}Fe_{1/2}O_2$；KVPF-$K_3V_2(PO_4)_2F_3$；KMO-$K_{0.27}MnO_2$；KFM(CN)-$KMnFe(CN)_6$

3.2　钠离子电池的工作原理及特点

3.2.1　钠离子电池的工作原理

钠离子电池的工作原理和锂离子电池基本相同，也是一种摇椅式电池。充电时，钠离子从正极材料中脱出，经过电解液嵌入负极材料中，同时电子从正极侧经过外电路流入负极侧，保证了电荷守恒；放电时，钠离子从负极材料中脱出，经过电解液嵌回正极材料中，同时电子从负极侧经过外电路流回正极侧。

钠离子电池的材料体系和锂离子电池也有相似的地方，正极材料主要包括过渡金属层状氧化物、聚阴离子化合物、普鲁士蓝类化合物等；负极材料主要包括碳材料、金属单质或合金、金属氧化物、有机化合物等；电解液一般包含钠盐和有机溶剂；与锂离子电池不同的是，钠离子电池中正极和负极的集流体均可以为铝箔(锂会在低电位和铝形成合金，就需要选择铜箔)。以 Na_xTMO_2||硬碳体系为例(图 3.3)，即以 Na_xTMO_2 为正极材

料，硬碳为负极材料，其电极和电池反应式可分别表示为

正极反应：
$$Na_xTMO_2 \longleftrightarrow Na_{x-y}TMO_2 + yNa^+ + ye^- \tag{3.1}$$

负极反应：
$$nC + yNa^+ + ye^- \longleftrightarrow Na_yC_n \tag{3.2}$$

电池反应：
$$Na_xTMO_2 + nC \longleftrightarrow Na_{x-y}TMO_2 + Na_yC_n \tag{3.3}$$

式中，正反应对应电池的充电过程，逆反应对应电池的放电过程。理想的充放电情况下，钠离子在正负极材料间的嵌入和脱出过程中不会破坏材料的晶体结构，充放电过程发生的是一种可逆的电化学反应。

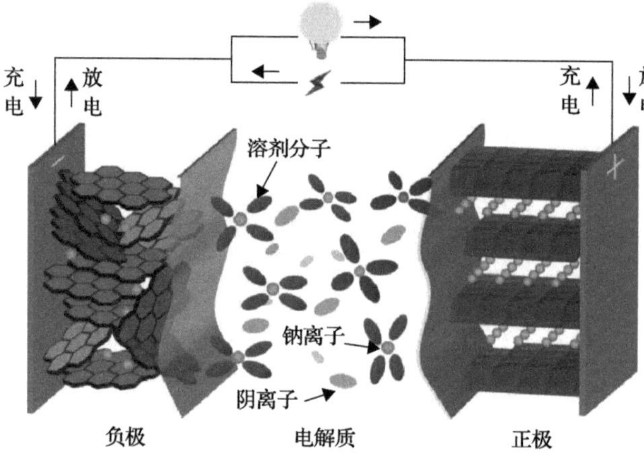

图 3.3　钠离子电池的工作原理示意图

3.2.2　钠离子电池的特点

与锂离子电池相比，钠离子电池的能量密度相对较低(100～150W·h/kg)，但是由于整体成本较低，单位能量的成本仍可以比锂离子电池低 30%左右。相比于能量密度只有 40W·h/kg 的铅酸电池，钠离子电池的单位能量成本和其差不多，但循环寿命是其 10 倍以上，是锂离子电池的重要补充，并在未来逐步取代铅酸电池。

根据目前最新的研究进展，钠离子电池的优势大致可以总结为几个方面(图 3.4)：①钠资源储量丰富，分布均匀，成本低廉；②钠离子电池与锂离子电池的工作原理相似，与锂离子电池的生产设备大多可兼容；③由于铝和钠在低电位不会发生合金化反应，钠离子电池正极和负极的集流体都可使用廉价的铝箔；④在固态电池中，可设计双极性电极，在同一张铝箔两侧分别涂布正极材料和负极材料，将这样的极片周期性堆叠，可在一个单体电池中实现更高的电压，并可节约其他非活性材料以提高体积能量密度[2]；⑤钠离子的溶剂化能比锂离子更低，即在界面更容易去溶剂化；⑥钠离子的斯托克斯直径比锂离子的小，低浓度电解液仍具有较高的离子电导率，可以满足应用需求；⑦根据目前初步的高低温测试结果，钠离子电池高低温性能更优异；⑧在所有安全项目测试中，均

未发生起火现象，安全性能更好。更多钠离子电池特有的优势还会随着研究的深入逐渐显示出来，挖掘这些特有优势将提高钠离子电池产品差异化，使其在未来市场竞争中占据有利地位。

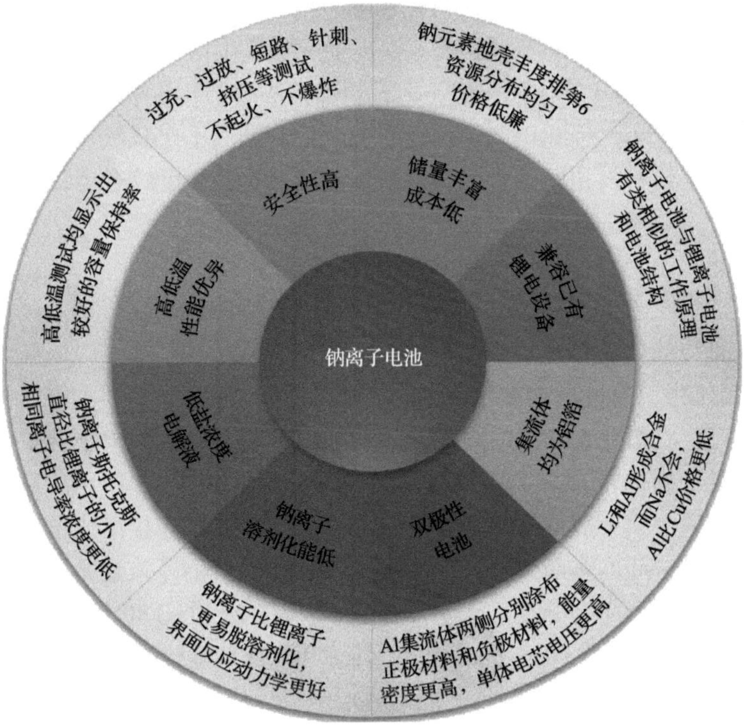

图 3.4 钠离子电池的优势

3.3 钠离子电池关键材料与技术

3.3.1 钠离子电池正极材料

自 20 世纪 70～80 年代发现钠离子在层状化合物 TiS_2 和 Na_xCoO_2 中能够发生可逆脱出/嵌入行为以来，科研人员相继探索不同种类、不同晶体结构的钠离子电池正极材料，主要包括氧化物类、聚阴离子类和普鲁士蓝类等。其中，氧化物类主要包括层状结构氧化物和隧道结构氧化物，聚阴离子类包括磷酸盐、氟化磷酸盐、焦磷酸盐和硫酸盐等。聚阴离子化合物材料通常具有开放的三维骨架结构，加之聚阴离子(PO_4^{3-}, SO_4^{2-})和卤素阴离子的诱导效应，使得该类电极材料通常具有优良的倍率性能、循环性能以及较高的氧化还原电位。但是这类材料的电子电导率一般较差，需要额外的炭材料包覆或纳米化工艺等策略改善。由于结构骨架中有相对较重的聚阴离子，这类材料在稳定的充放电电压窗口内(2.0～4.2V)质量比容量通常处于 90～130mA·h/g。普鲁士蓝类化合物材料由于其开放型的三维结构框架能够为钠离子传输提供良好的通道而受到广泛关注，尤其是低成本的铁锰基普鲁士蓝化合物（如 $Na_xMnFe(CN)_6 \cdot zH_2O$ 和 $Na_xFeFe(CN)_6 \cdot zH_2O$）。相对于聚阴离子化合物，普鲁士蓝类化合物拥有较小的分子质量，使得它们的质量比容量进一步提高到了 110～160mA·h/g。但是，该类材料通常在水溶液中合成，导致晶体结构中常含有一定量的结晶水。结晶水会影响材料在实际应用中的电化学性能，且通过加热除水的过程会对材料造成一定程度的不利影响。钠离子层状氧化物（Na_xTMO_2，TM 一般为过渡金属，$x \leqslant 1$）与锂离子层状氧化物相似，具有制备方法简单、晶体结构紧实、电压范围可调、比容量较高等优势，因此得到了广泛研究。尽管钠离子层状氧化物的电化学性能尚未达到与锂离子层状材料相同的水平，但从性能和成本的角度综合考虑，其仍是一种极具竞争力的钠离子电池正极材料。

1. 氧化物类正极材料

1）层状氧化物类正极材料

（1）层状氧化物正极材料常见晶体结构。

目前钠离子层状氧化物正极材料的通式为 Na_xTMO_2，随着钠离子含量的不同会形成不同结构，常见的结构有 O3、O′3、P3、O2 和 P2 相，如图 3.5 所示。通常，过渡金属位的离子与周围六个氧形成 TMO_6 的八面体结构，通过共棱连接组成过渡金属层，钠离子占据过渡金属层之间的多面体，形成 TMO_6 八面体层与 NaO_6 碱金属层交替排布的层状结构。这些晶体结构的命名分类方法是 Delmas 等[3]在 20 世纪 80 年代提出的。其中，P 和 O 分别代表钠离子三棱柱（prismatic）配位环境和八面体配位（octahedral）环境。数字代表 TMO_6 八面体层（通常由上下两种不同的氧层组成，例如，A 和 B）最少重复单元。例如，P2 相为 ABBA…，O2 相为 ABAC…（通常在电极材料电化学脱钠过程中出现），O3 相为 ABCABC…，P3 相为 ABBCCA…。此外，通常在字母后面用符号“′”表示材料在原有结构基础上晶体对称性降低后的结构（如 O′3 相），这一般是由过渡金属离子姜-泰勒效应引起的晶格扭曲导致的。当符号“′”放置在数字后面时，通常用来表示与原始材料空间群相同，但是晶胞参数有较大差别的结构（如 O3′相）。

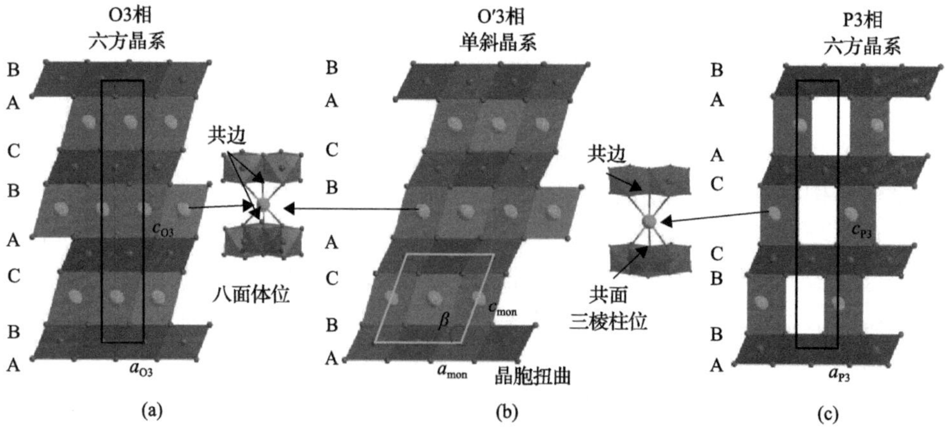

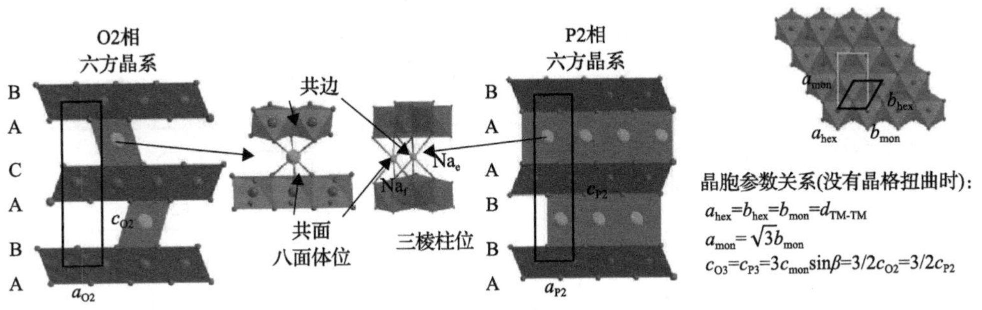

(d) (e) (f)

图 3.5 常见钠离子层状氧化物电极材料的晶体结构示意图[4]

O3 相钠离子层状氧化物(图 3.5(a))中的晶格氧以面心立方(face centered cubic，FCC)密堆积的形式排列，过渡金属离子和钠离子交替分层占据其中的八面体位，并通过共边的形式连接。其中只包含一种钠离子位置 3b(0,0,1/2)，如表 3.1 所示。以 α-$NaFeO_2$ 为代表，属于六方晶系(hexagonal)，空间群为 $R\bar{3}m$。如图 3.6 所示，除了铁元素以外，3d 过渡金属中的钛、钒、铬和钴也能形成一元的 O3 相钠离子层状氧化物。一元的 $NaMnO_2$ 和 $NaNiO_2$ 的结构则是 O′3 相(图 3.5(b))，属于单斜晶系(monoclinic)，空间群为 $C2/m$。这主要是因为 Ni^{3+}($3d^7$)和 Mn^{3+}($3d^4$)具有较强的姜-泰勒效应，引起过渡金属八面体构型发生畸变(沿着八面体对称的顶点拉伸或者压缩)，最终导致材料的对称性从六方转变为单斜。在 O3 材料脱钠过程中，随着过渡金属离子的价态升高逐渐变为有姜泰勒效应的离子，如 $Ni^{2+/3+}$，也会形成 O′3 相[5]。当 O3 相结构中过渡金属位点由两种或两种以上的离子占据并形成蜂巢有序排布时，如 $Na[Na_{1/3}Ru_{2/3}]O_2$(Na_2RuO_3)[6,7]和 $Na[Na_{1/3}Ir_{2/3}]O_2$(Na_2IrO_3)[8]，也会导致晶体的对称性降低，空间群从 $R\bar{3}m$ 变为 $C2/m$。

表 3.1 常见结构对应的空间群和原子坐标

结构	空间群(代号)	原子占位				
		Na_e	Na_f	Na	TM	O
O3	$R\bar{3}m$ (167)	—	—	3b(0, 0, 1/2)	3a(0, 0, 0)	6c(0, 0, ~0.27)
O′3	$C2/m$(12)	—	—	2d(0, 1/2, 1/2)	2a(0, 0, 0)	4i(~0.28, 0, ~0.8)
P3	$R3m$(160)	—	—	3a(0, 0, ~0.17)	3a(0, 0, 0)	3a(0, 0, ~0.4)
P2	$P6_3/mmc$(194)	2d(2/3, 1/3, 1/4)	2b(0, 0, 1/4)	—	2a(0, 0, 0)	4f(1/3, 2/3, ~0.09)
O2	$P6_3mc$(186)	—	—	2b(1/3, 2/3, ~0.24)	2b(2/3, 1/3, 0)	2b(2/3, 1/3, ~0.39)

P2 相钠离子层状氧化物(图 3.5(e))的钠离子含量一般在 2/3mol 左右，钠层中的钠离子通过相互作用使其以三棱柱的配位方式存在，过渡金属离子仍以八面体的配位形式与钠层交替排布，氧离子以 ABBA…的形式排列。因此，P2 材料可以归属于六方晶系，空间群为 $P6_3/mmc$。结构中包含两种钠离子位置，一种与毗邻的过渡金属八面体共边连接(Na_e，e 取自 edge 的首字母)，晶体学位点为 2d 位(2/3, 1/3, 1/4)，另一种与毗邻的过渡金属八面体共面连接(Na_f，f 取自 face 的首字母)，晶体学位点为 2b 位(0, 0, 1/4)，如图 3.5(e)所示。其中，与过渡金属八面体共面连接的钠位因与过渡金属离子面接而具有

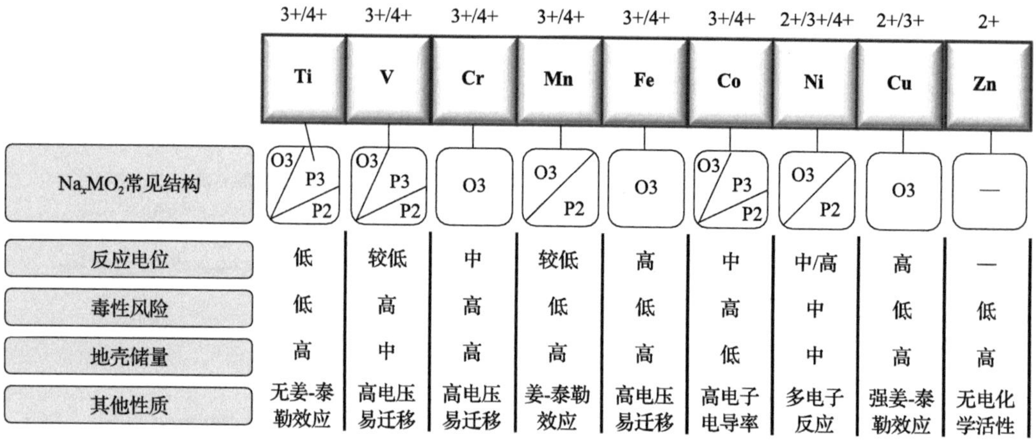

图 3.6 各种 3d 过渡金属元素在钠离子电池层状氧化物中的特点[9]

较高静电排斥力，导致钠离子在该位置的占位率明显低于 Na_e 位置(约为 Na_e 位占位率的 1/2)。常见的组成有 $Na_{2/3}Ni_{1/3}Mn_{2/3}O_2$ 和 $Na_{2/3}Cu_{1/3}Mn_{2/3}O_2$。O2 相(图 3.5(d))通常由 P2 相脱钠后演变而来，钠离子八面体与毗邻的过渡金属八面体共面和共边连接，空间群为 $P6_3mc$。P3 相(图 3.5(c))同样属于六方晶系，空间群为 $R3m$，过渡金属八面体的排列取向与 P2 相相比多了一种选择，因此钠离子三棱柱分别与毗邻的过渡金属八面体共面和共边连接，形成一种钠离子位置 3a(0, 0, 约 0.17)。

钠离子层状氧化物结构繁多，组成丰富，为科学研究和未来大规模产业化应用提供了丰富的探索空间和应用潜力，但是也给研究带来很多不确定性和困难。因此，如果有一种准确且简单的方法能够用来预测和指导电极材料设计，将会加速新型钠离子层状氧化物的发展。胡勇胜课题组基于多年来对层状氧化物晶体结构的认识和探索，提出用“阳离子势”这一参数指导设计合成新的不同种结构的钠离子层状氧化物正极材料。“阳离子势”定义如下面的公式所示[10]：

$$\Phi_{\text{cation}} = \frac{\overline{\Phi_{\text{TM}}\Phi_{\text{Na}}}}{\overline{\Phi_{\text{anion}}}} \tag{3.4}$$

式中，$\overline{\Phi_{\text{TM}}}$ 为过渡金属位离子的加权离子势(离子势则是由 Cartledge 等提出的，为离子所带电荷和半径的比值，用来衡量离子的表面电荷分布)，$\overline{\Phi_{\text{TM}}} = \sum \frac{w_i n_i}{R_i}$，$w_i$、$n_i$ 和 R_i 分别为 TM_i 离子的价态、摩尔分数和离子半径；$\overline{\Phi_{\text{Na}}}$ 为钠离子位离子的加权离子势，当钠位仅有钠离子时，$\overline{\Phi_{\text{Na}}} = \frac{x_{\text{Na}}}{R_{\text{Na}}}$；$\overline{\Phi_{\text{anion}}}$ 为阴离子的加权离子势。

图 3.7 总结了已经报道的钠离子层状氧化物 P2 相和 O3 相的阳离子势分布。仔细观察发现，阳离子势可以很好地区分两相的组成分布。这主要是因为大的阳离子势表明层状结构中的过渡金属层有一个更大的电子云分布，使相邻过渡金属层之间的静电排斥力增大，形成一个较大的钠离子层层间距，即形成 P2 相结构。当增加钠离子层中钠离子含

量时，将会增加钠离子和氧离子间的静电吸引力，降低过渡金属层的排斥力，更容易形成 O3 相结构。因此，根据代表性的 P2 和 O3 相结构的例子，得到了可以很好地区分两相结构的分界线，使得研究人员提前预测不同组成的层状堆叠结构成为可能。

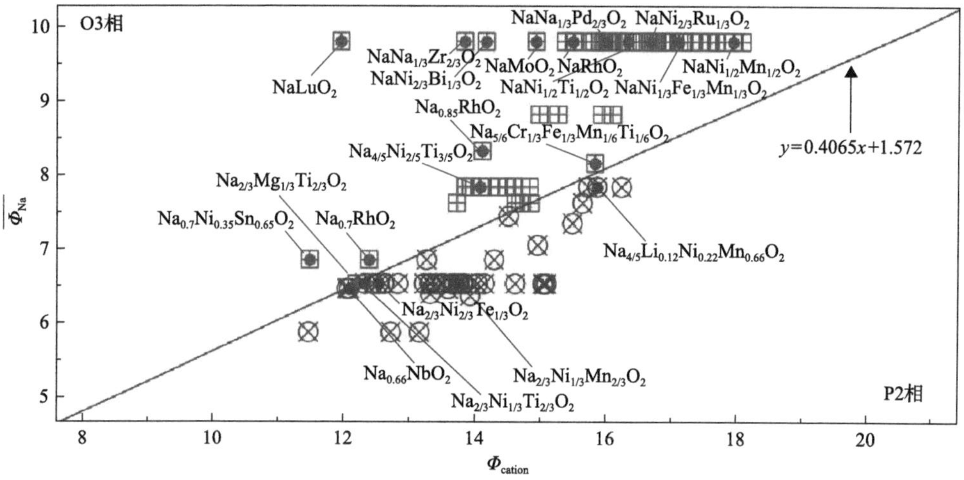

图 3.7　已报道的 P2 相和 O3 相中钠离子层状氧化物的阳离子势[10]

(2) 钠离子层状氧化物常见结构演变。

①P2 相转变。

钠离子 P2 相层状氧化物电极材料，在充放电过程中经历的相变过程主要有：a. 钠离子/空位有序无序转变；b. 深度脱钠后 P2 相向 O2 相、OP4 相或者 Z 相转变；c. 额外嵌钠时 P2 相向 P′2 相的转变。本节主要以 P2-$Na_{2/3}Ni_{1/3}Mn_{2/3}O_2$ 为例，介绍相变的详细过程。

图 3.8(a) 给出了 P2-$Na_{2/3}Ni_{1/3}Mn_{2/3}O_2$ 电极材料在 2.0～4.5V 电压范围内的充放电曲线。其可逆比容量约为 160mA·h/g，非常接近理论比容量的 173mA·h/g，表明结构中的钠离子几乎可以实现全部的可逆脱出/嵌入。与 O3 相相比，P2 相材料明显具有更高的工作电压，这主要是缺钠和晶格氧不同的构型导致的。胡勇胜课题组在 P2-$Na_{2/3}Cu_{1/3}Mn_{2/3}O_2$ 中首次发现了 Cu^{3+}/Cu^{2+} 氧化还原电对在钠离子氧化物中具有电化学活性[11]，平均电压为 3.7V，为后续的材料设计和组成优化奠定了坚实基础。Lu 等[12]首先通过原位 XRD 研究了 P2-$Na_{2/3}Ni_{1/3}Mn_{2/3}O_2$ 在脱钠过程中的结构转变，如图 3.8(b) 所示。在 XRD 图谱的变化上，首先观察到在初始脱钠过程（充电到 3.9V）中 P2 相的 (00*l*) 和 (10*l*) 衍射峰先向低角度偏移，而 (110) 和 (112) 衍射峰向高角度偏移，说明随着钠离子的脱出晶胞参数 *c* 增大，*a* 减小，结构仍保持 P2 相。虽然 XRD 图谱没有发现新的结构出现，但是充放电曲线明显的平台特征预示着可能存在两相转变。后续研究发现，在钠摩尔分数为 2/3、1/2 和 1/3 时存在不同的钠离子和空位有序排布的结构，后面会详细介绍。当钠离子脱出摩尔分数约 1/3 时，充电电压达到 4.2V 左右，位于 21°和 70°左右的新的衍射峰 (002′) 和 (112′) 出现，P2 相转变为 O2 相，体积收缩约 23%。较大的体积变化显著降低电极材料的电子电导和结构稳定性，导致材料的循环性能严重下降。

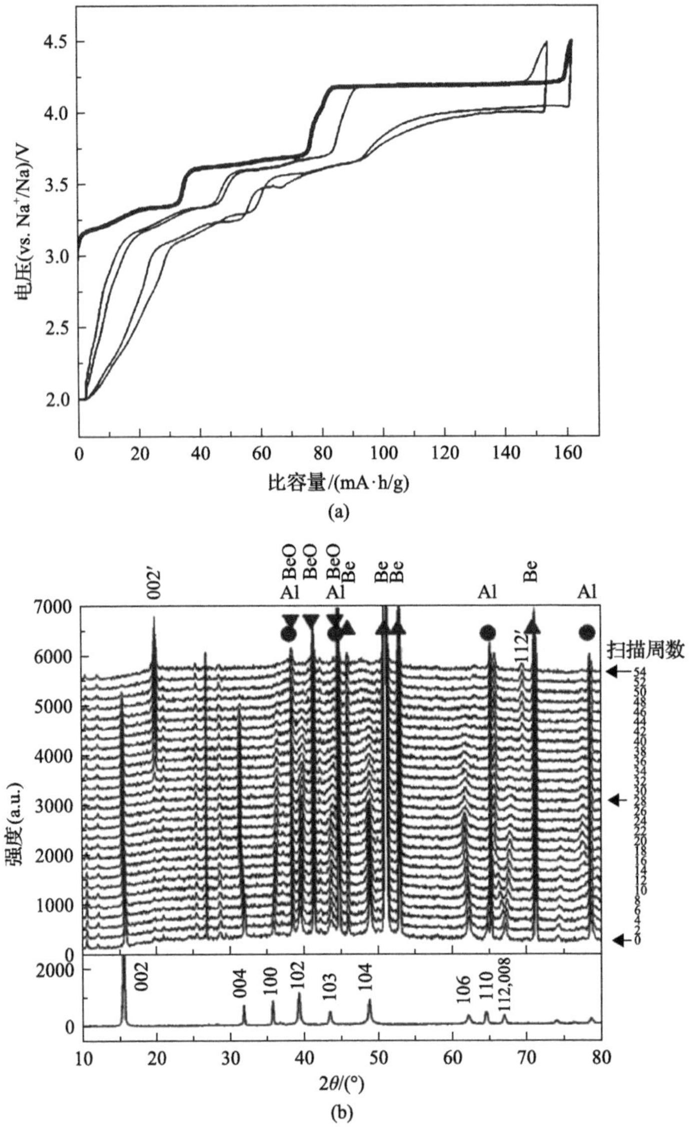

图 3.8　P2-$Na_{2/3}Ni_{1/3}Mn_{2/3}O_2$ 的充放电曲线(a)，以及 P2-$Na_{2/3}Ni_{1/3}Mn_{2/3}O_2$ 首次充电过程中的原位 XRD 图谱(b)[12]

图 3.9 给出了 P2 相在高电压区域向 O 相转变的结构示意图。在 P2 相中毗邻过渡金属层中的八面体和四面体单元面面相接，所以 P2 相过渡金属层仅有一个等效滑移方向，如图 3.9(a) 所示，为 $\{\gamma\}=\{2/3\boldsymbol{a}+1/3\boldsymbol{b}, -1/3\boldsymbol{a}+1/3\boldsymbol{b}, -1/3\boldsymbol{a}-2/3\boldsymbol{b}, 1/3\boldsymbol{a}+2/3\boldsymbol{b}, 1/3\boldsymbol{a}-1/3\boldsymbol{b}, -2/3\boldsymbol{a}-1/3\boldsymbol{b}\}$。P2 相单胞中仅有两层过渡金属层，仅需一个过渡金属层滑移，就可以实现向 O2 相的转变，如图 3.9(b)所示。但是，当沿 c 轴方向的两个单胞中相邻的过渡金属层同时分别发生滑移时，则会形成 OP4 结构(P2 相和 O2 相交替排布)，如图 3.9(c)所示。当更多的过渡金属层协同参与滑移时，还会产生更加复杂的 P2 和 O2 共生相，一般称作 Z 相。研究表明，最终形成 Z 相或者 OP4 相的材料，体相保留的钠离子含量相对较多，

充电比容量较少，结构可逆性相对较好。说明体相钠离子的含量对结构的稳定性至关重要，因此一方面可以通过提高初始材料的钠含量(即设计高钠含量的 P2 相)，使其体相钠含量在充电末态保持相同的情况下提供更多稳定的可逆比容量；另一方面，通过优化组成设计，使其在高脱钠情况下的结构稳定性能够得到有效保持。

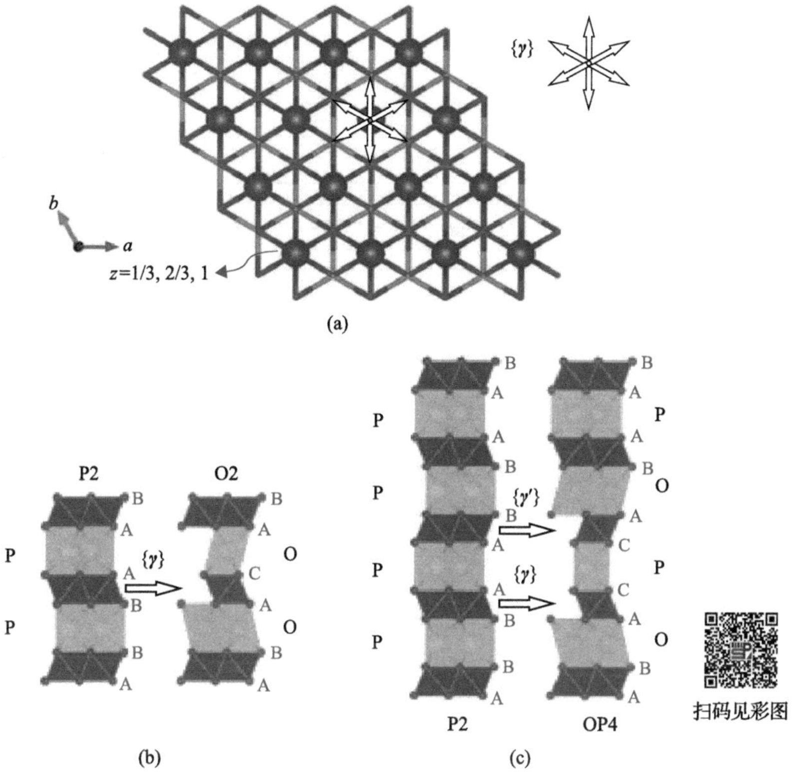

图 3.9 P2 相结构转变示意图[13]

(a)P2 相过渡金属层可能滑移的方向 γ；(b)通过 γ 滑移 P2 相向 O2 相的转变示意图；(c)通过 γ 滑移 P2 相向 OP4 相的转变示意图。晶体结构观察方向为[100]，钠位为黄色多面体，过渡金属位于紫色八面体，结构示意图中没有考虑晶胞参数的变化

针对3.4V和3.6V两个电压平台产生的原因，Lee等[14]研究发现在钠摩尔分数为2/3、1/2 和 1/3 时，钠层存在钠离子/空位有序，从而形成特定钠含量下稳定存在的相。这主要是层内 Na^+-Na^+的排斥力和层间 Na^+-TM^{n+}的排斥力(主要来自 Na_f位)相互作用的结果，如图 3.10。在初始态即钠含量为 2/3 时，Na_f位的钠离子(约占据总钠离子含量的 1/3)间距为 $2a_{hex}$ 并以大锯齿(large zigzag)形式分布。钠摩尔分数为 1/2 时，Na_f位和 Na_e 位的钠离子以 1∶2 的比例呈队列状排布。钠摩尔分数为 1/3 时，两种占位的钠离子以 1∶1 的比例呈队列状分层交替排布。

由于 P2 相材料本身处于缺钠态，在首次放电过程中如果继续放电到较低电压，如 1.5V 时，会有额外的钠离子(一般来自钠金属负极)嵌入晶格框架。试验表明，P2-$Na_{2/3}Ni_{1/3}Mn_{2/3}O_2$ 在 1.5～4.0V 电压范围内可以实现 151mA·h/g 的可逆比容量，1.75V 左右的电压平台贡献了将近 70mA·h/g 的可逆比容量，主要是由 Mn^{4+}还原为 Mn^{3+}提供电荷补偿[15]。大量的 Mn^{3+}存在姜-泰勒效应，导致过渡金属八面体畸变，形成晶格扭曲的

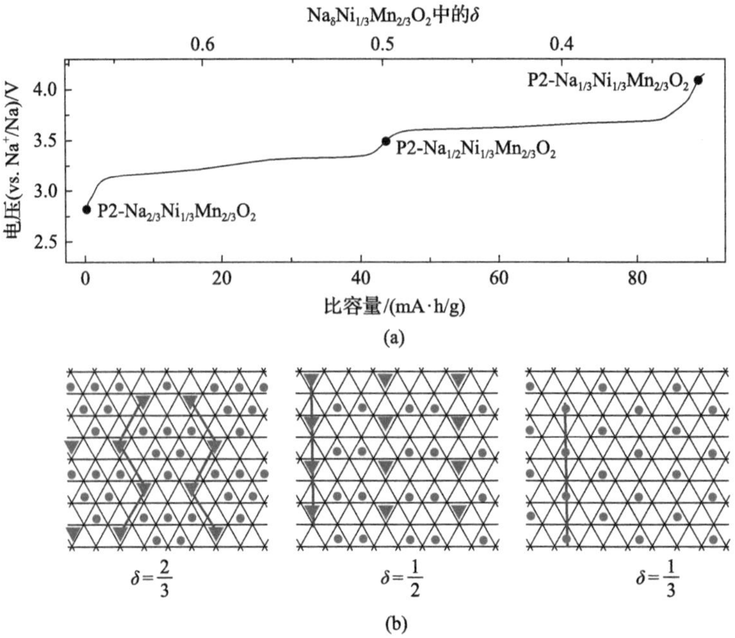

图 3.10　P2-$Na_{2/3}Ni_{1/3}Mn_{2/3}O_2$ 材料充电过程中钠离子/空位有序转变分析[14]

(a) 充电曲线；(b) 三棱柱位置钠离子/空位有序排布示意图（圆球代表占据 Na_e 位钠离子，三角形代表占据 Na_f 位钠离子）

P′2 相结构（空间群为 *Cmcm*）。同样的情况也会出现在 P2-$Na_{2/3}MnO_2$[16]材料中，$Mn^{4+/3+}$ 氧化还原中心往往具有较低的工作电压，会显著降低体系的能量密度，而且姜-泰勒效应会破坏层状结构的稳定性并降低循环性能，因此该氧化还原电对的应用仍然需要进一步合理设计与优化。

图 3.11 总结了 P2 型钠离子层状氧化物正极在脱嵌钠离子过程中常见的容量-电压充放电曲线，以及对应的结构转变行为。在 4.0V 以下电压范围，主要有钠离子/空位有序的结构转变和额外钠离子嵌入时 P2 相向 P′2 相的转变。当充电到 4.0V 以上的高电压区域时，P2 相向 O2 相或者 OP4 相的转变对材料的结构稳定性和电化学性能影响较大，因此需要进一步优化改性。

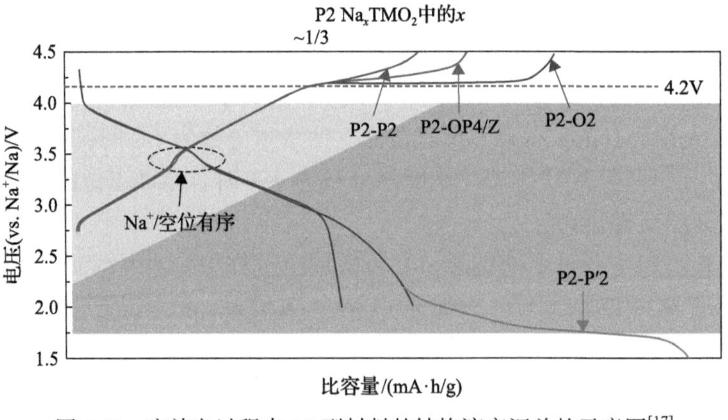

图 3.11　充放电过程中 P2 型材料的结构演变汇总的示意图[17]

②O3 相转变。

在 O3 相材料中，$NaNi_{0.5}Mn_{0.5}O_2$ 材料相对来说更具代表性，几乎涵盖了 O3 相可能发生的所有相变类型。图 3.12(a)给出了 O3-$NaNi_{0.5}Mn_{0.5}O_2$ 电极材料在不同电压范围内的充放电曲线。在 2.2～3.8V 的电压窗口下，可以释放出 125mA·h/g 的可逆比容量，当充电截止电压为 4.5V 时，有 185mA·h/g 的可逆比容量，表明有更多钠离子可逆地脱出或嵌入该材料的晶体结构。Komaba 等[18]首先通过非原位 XRD 研究了 O3-$NaNi_{0.5}Mn_{0.5}O_2$ 在脱钠过程中的结构转变，如图 3.12(b)所示(mon 表示单斜，hex 表示六方)。从 XRD 图谱的变化上，首先观察到在初始脱钠过程中 O3 相位于 17°(2θ)的(003)衍射峰首先劈裂成两个峰，说明有新的相生成。通过对 XRD 特征峰对比发现为单斜的 O′3 相，42°左

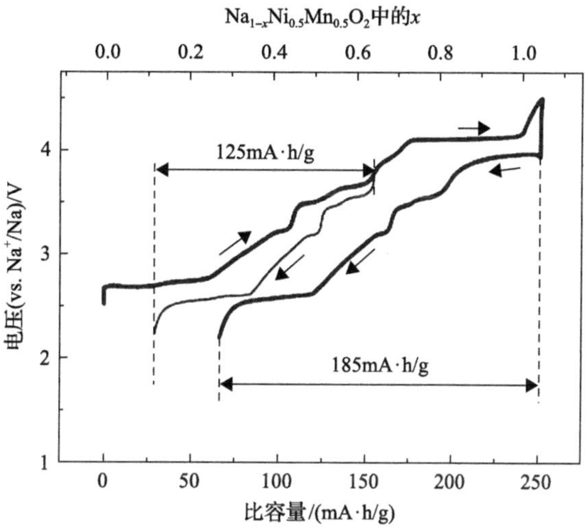

(a)

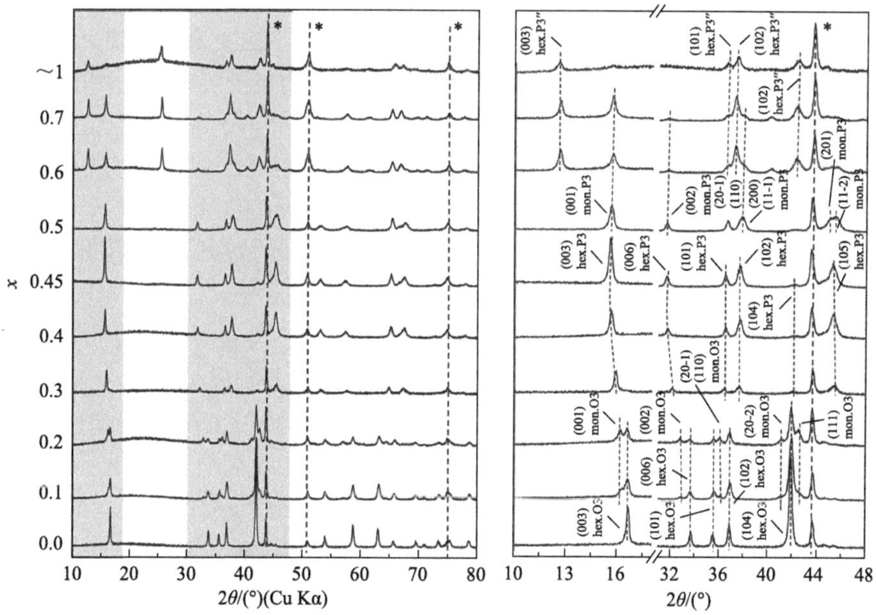

(b)

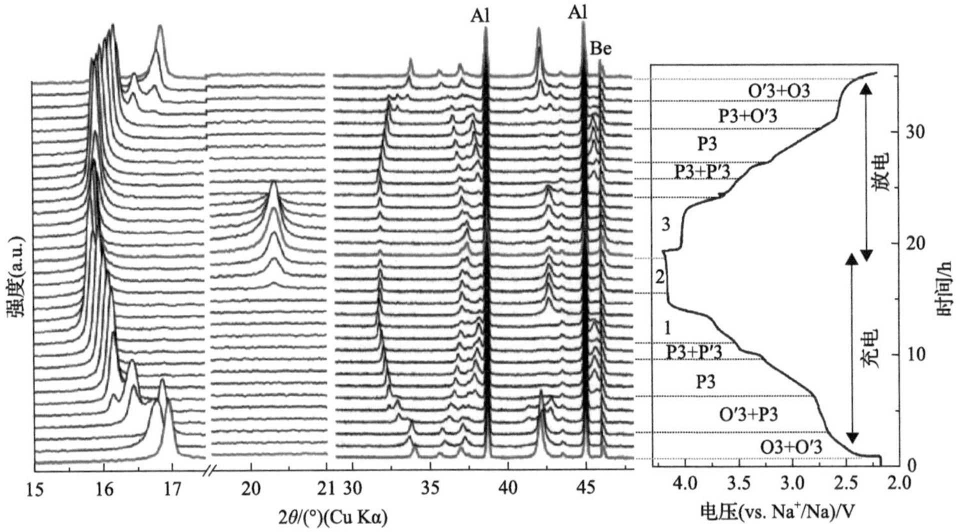

(c)

图 3.12　O3-$NaNi_{0.5}Mn_{0.5}O_2$ 材料的电化学特征和结构转变表征

(a) $NaNi_{0.5}Mn_{0.5}O_2$ 电极在 2.2～3.8V 和 2.2～4.5V 电压范围内的首周充放电曲线[18]；(b) $NaNi_{0.5}Mn_{0.5}O_2$ 电极的非原位 XRD 图谱[18]，星号代表集流体镍网的衍射峰；(c) $NaNi_{0.5}Mn_{0.5}O_2$ 材料首次在 1/20C 倍率下充放电过程中的原位 XRD 图谱[19]

右出现的两个新的衍射峰，分别属于 O′3 相的(20$\overline{2}$)和(111)晶面，而 O3 相在这个位置只有一个衍射峰属于(104)晶面。该转变主要是由晶格扭曲导致的晶体对称性下降引起的。进一步脱出约 0.3mol 钠离子时，发现 O′3 相的衍射峰逐渐减弱，新相 P3 相出现，相比于 O3 相，P3 相(104)衍射峰显著下降而(105)衍射峰明显增强。随后一段时间内的脱钠过程仅为 P3 相的固溶反应。当脱出 0.5mol 钠离子时，P3 相和 O3 相一样发生晶格扭曲转变为单斜的 P′3 相，P3 的(105)衍射峰劈裂为 P′3 的(201)和(11$\overline{2}$)衍射峰。在深度脱钠(钠离子脱出 0.6～1.0mol)时，XRD 图谱在 2θ 为 12.7°、25.3°和 37.2°时出现新的衍射峰。虽然作者认为该脱钠相为 P3″相，但是此处可能为钠离子层状氧化物的吸水相，由非原位测试过程中极片暴露在潮湿的空气中导致。后续 Sathiya 等[19]的原位 XRD 表征发现明显不同的现象，如图 3.12(c)所示，实际上电极材料在 4.2V 左右的充电平台经历了 P 相再到 O 相的转变(图 3.12(c)中区域 2)。新形成的 O 相的(003)衍射峰位于更高角度(约 20.3°)，说明钠离子层层间距急剧减小，十分不利于材料的结构稳定性和循环性能。

图 3.13 进一步给出了 O3 相的晶体结构转变示意图。其中，O3 相和 O′3 相的晶胞对称性满足图 3.13(b)中的矩阵关系，此时 O′3 相晶胞参数 a 与 $\sqrt{3}$ 的比值约为 2.89Å，比 b 值小了 1.5%，表明过渡金属层层间出现明显的扭曲。电极材料从 O 型到 P 型的相变通常发生在室温恒电流脱钠的条件下，主要通过过渡金属层滑移，CA 氧层配位的过渡金属层滑移方向为 1/3$\boldsymbol{a}$+2/3$\boldsymbol{b}$($\boldsymbol{a}$、$\boldsymbol{b}$ 分别代表六方晶系空间点阵的基向量)，BC 氧层配位的过渡金属层滑移方向为 2/3$\boldsymbol{a}$+1/3$\boldsymbol{b}$，最终形成钠离子三棱柱型的配位形式，晶格氧排布为 ABBCCA…。与此同时，晶格扭曲在新的配位形式下得到缓解。但随着脱钠的进行，姜-泰勒效应引起的晶格扭曲再次显现(形成 P′3 相)。P3 相和 P′3 相的晶胞对称性满足图 3.13(c)中的矩阵关系。P′3 相晶胞参数 $a/\sqrt{3}$ 与 b 值仅相差约 0.5%，说明晶格扭曲程度与 O′3 相

相比明显减弱。实验表明，元素替代(如 Li、Mg、Ti、Fe、Co、Cu、Zn 和 Sn 等)可以显著抑制晶格扭曲避免向 O′3 相和 P′3 相的转化，提高材料循环性能。Zhao 等[20]结合高熵构型的策略，设计合成了由九种元素组成的 $NaNi_{0.12}Cu_{0.12}Mg_{0.12}Fe_{0.15}Co_{0.15}Mn_{0.1}Ti_{0.1}Sn_{0.1}Sb_{0.04}O_2$ 钠离子电池高熵正极材料，大幅延缓材料 O3 相向 P3 相的转变并提高了材料的结构转变可逆性，从而获得了优异的电化学性能。针对高熵材料中高比例的非活性过渡金属离子显著降低材料的可逆比容量和其中昂贵、有毒性的钴及锑离子不利于材料的低成本化和可持续性的问题，该课题组进一步以 O3-$NaNi_{0.4}Fe_{0.2}Mn_{0.4}O_2$(NFM424)正极材料为基底，通过替代二价镍和四价锰离子设计了高熵构型的 $NaNi_{0.25}Mg_{0.05}Cu_{0.1}Fe_{0.2}Mn_{0.2}Ti_{0.1}Sn_{0.1}O_2$(HEO424)正极材料[21]。实验结果表明，HEO424 为纯 O3 相，其显著扩宽的过渡金属层扩大了 Na^+八面体-四面体-八面体的传输通道，导致较快的 Na^+传输动力学；并且显著降低了 Ni^{3+}八面体的姜-泰勒扭曲、Na^+/空位有序无序转变和各向异性的晶格参数变化。这些结构特征不仅使高熵 HEO424 材料具有较好的倍率性能、优异的长循环性能，而且过渡金属离子溶解和晶间裂纹也得到了明显的抑制。通过热稳定性研究发现，HEO424 材料具有更高的放热温度和更少的放热量，有利于钠离子层状氧化物热安全性的提升。

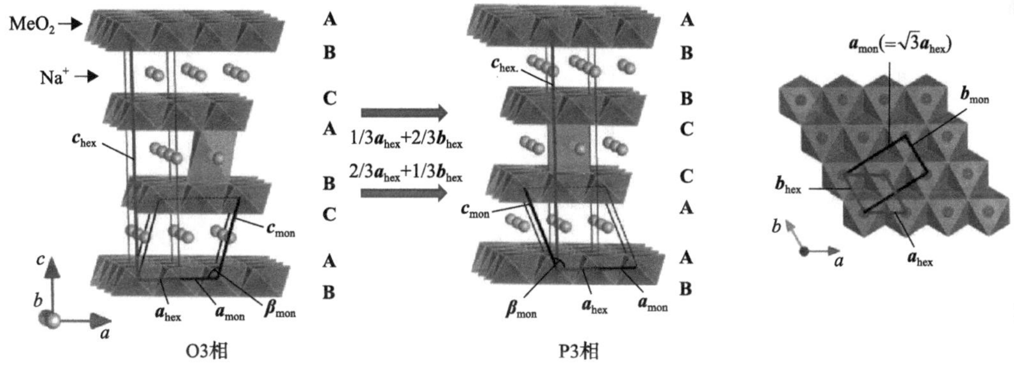

(a)

$$(\boldsymbol{a}_{mon}, \boldsymbol{b}_{mon}, \boldsymbol{c}_{mon}) = (\boldsymbol{a}_{hex}, \boldsymbol{b}_{hex}, \boldsymbol{c}_{hex})\begin{pmatrix} -2 & 0 & \frac{2}{3} \\ -1 & -1 & \frac{1}{3} \\ 0 & 0 & \frac{1}{3} \end{pmatrix}$$

(b)

$$(\boldsymbol{a}_{mon}, \boldsymbol{b}_{mon}, \boldsymbol{c}_{mon}) = (\boldsymbol{a}_{hex}, \boldsymbol{b}_{hex}, \boldsymbol{c}_{hex})\begin{pmatrix} 1 & 1 & -\frac{1}{3} \\ -1 & 1 & \frac{1}{3} \\ 0 & 0 & \frac{1}{3} \end{pmatrix}$$

(c)

图 3.13 O3-$Na_{1-x}Ni_{0.5}Mn_{0.5}O_2$结构转变分析[18]

(a) $Na_{1-x}Ni_{0.5}Mn_{0.5}O_2$ 电极的晶体结构转化示意图；(b) O3 相和 O′3 相之间的转化关系；(c) P3 和 P′3 相之间的转化关系

充电到 4.2V 的电压平台时，层间钠离子不足 0.4mol，为了避免晶格氧面面接触，过渡金属层再次滑移形成 O 相结构。然而，P3 相中的过渡金属层有两个滑移方向可以选择，如图 3.14(a)所示，分别为$\{\boldsymbol{\alpha}\}=\{2/3\boldsymbol{a}+1/3\boldsymbol{b}, -1/3\boldsymbol{a}+1/3\boldsymbol{b}, -1/3\boldsymbol{a}-2/3\boldsymbol{b}\}$和$\{\boldsymbol{\beta}\}=\{1/3\boldsymbol{a}+2/3\boldsymbol{b}, 1/3\boldsymbol{a}-1/3\boldsymbol{b}, -2/3\boldsymbol{a}-1/3\boldsymbol{b}\}$。滑移方向 $\boldsymbol{\alpha}$ 倾向于让过渡金属离子与上层毗邻的过渡金属离子

(z+1/3)面面相接，而滑移方向 $\boldsymbol{\beta}$ 倾向于让过渡金属离子与下层毗邻的过渡金属离子(z−1/3)面面相接。点阵中没有垂直于 c 轴的镜像平面，因此上下不同的滑移方向很重要。例如在 $NaNi_{0.5}Mn_{0.4}Ti_{0.1}O_2$ 和 $NaNi_{0.4}Cu_{0.1}Mn_{0.4}Ti_{0.1}O_2$ 体系中在高电压区域就出现明显不同的相转变，分别为 P3-O1 和 P3-O3′，另外在 $NaFe_{1/2}Mn_{1/2}O_2$ 材料中却发现 P3-OP2 的相转变。下面详细介绍低钠含量时 P3 相向 O 相转变的各种转化类型。

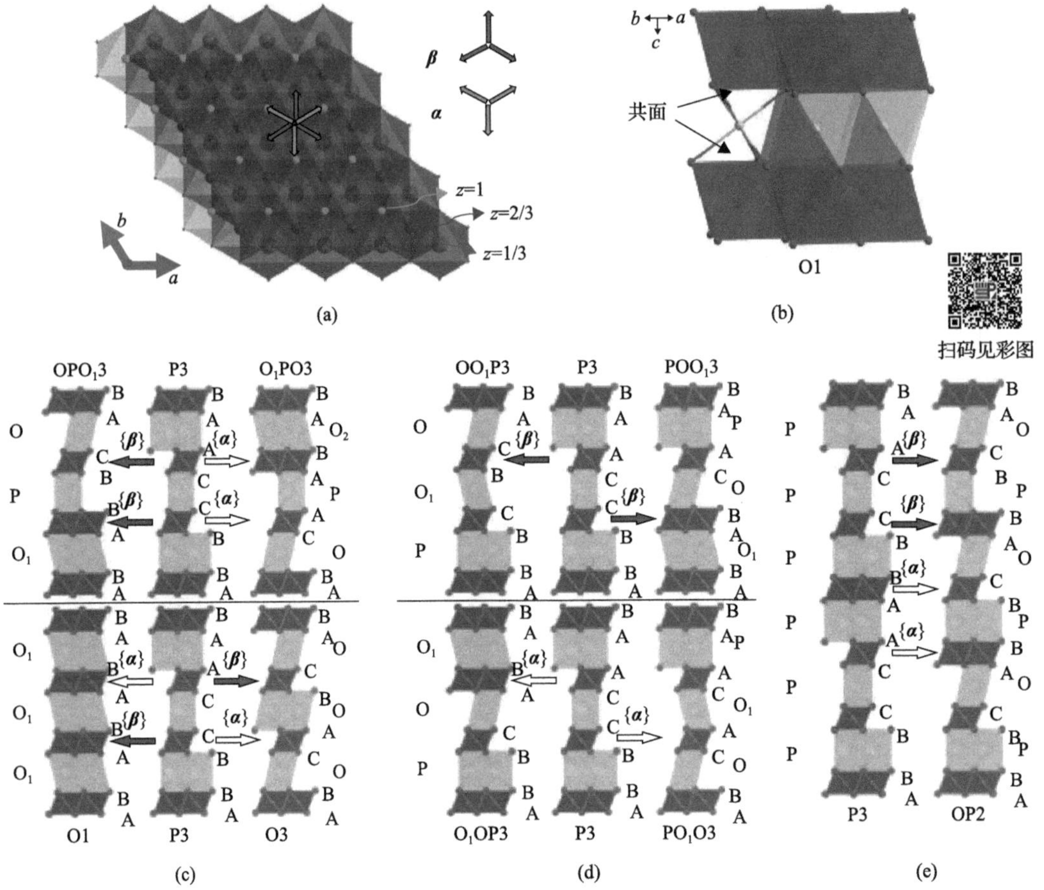

图 3.14　P3 相结构转变示意图[13]

(a) P3 相过渡金属层可能的滑移方向 $\boldsymbol{\alpha}$ 和 $\boldsymbol{\beta}$；(b) O1 相的晶体结构示意图；(c) 通过 $\boldsymbol{\alpha}$ 和 $\boldsymbol{\beta}$ 滑移 P3 相向 O3 相、O1 相、OPO$_1$3 相和 O$_1$PO3 相的转变示意图；(d) 通过 $\boldsymbol{\alpha}$ 和 $\boldsymbol{\beta}$ 滑移 P3 相向 OO$_1$3 相、O$_1$OP3 相、POO$_1$3 相和 PO$_1$O3 相的转变示意图；(e) 通过 $\boldsymbol{\alpha}$ 和 $\boldsymbol{\beta}$ 滑移 P3 相向 OP2 相的转变示意图。晶体结构观察方向为[100]，钠位为黄色多面体，过渡金属位于紫色八面体，结构示意图中没有考虑晶胞参数的变化

假如 P3 相中有两个过渡金属层可以滑移，总共有四种组合$\{\boldsymbol{\beta}\}\{\boldsymbol{\beta}\}$、$\{\boldsymbol{\alpha}\}\{\boldsymbol{\alpha}\}$、$\{\boldsymbol{\alpha}\}\{\boldsymbol{\beta}\}$和$\{\boldsymbol{\beta}\}\{\boldsymbol{\alpha}\}$分别形成 OPO$_1$3、O$_1$PO3、O3 和 O1 结构，如图 3.14(c)所示。O_1、P 和 O 分别代表 O1、P3 和 O3 结构的原子层排布，其中 O1 相晶格氧排列方式为 ABAB…，碱金属八面体与毗邻的过渡金属八面体共面连接，碱金属层层间距大幅度缩小，如图 3.14(b)所示。假如 P 相中仅有一个过渡金属层可以滑移，同样有四种组合$\{\boldsymbol{\alpha}\}_{1/3}$、$\{\boldsymbol{\alpha}\}_{2/3}$、$\{\boldsymbol{\beta}\}_{1/3}$和$\{\boldsymbol{\beta}\}_{2/3}$(角标 1/3 和 2/3 代表滑移层的 z 位置)形成 PO$_1$O3、O$_1$OP3、POO$_1$3 和 OO$_1$P3 结

构，如图 3.14(d)所示。值得注意的是，在六方晶系中 OPO_13、PO_1O3 和 O_1OP3 是等效的，O_1PO3、POO_13 和 OO_1P3 也是等效的，因此根据最小作用原理仅通过一次的{$\boldsymbol{\alpha}$}或{$\boldsymbol{\beta}$}滑移就可以实现 P3 向 OPO_13 或 O_1PO3 的转变。最后，假如在 P3 相两个沿 c 轴方向的单胞中同时发生四次滑移，则可以实现 P3 相到 OP2 相的转变(同 P3 向 O3/O1 转变具有相同的滑移次数，但所需能量小于该两相转变)，如图 3.14(e)所示。

上述转变中最大的不同在于 O1 和 O3 结构的比例，而 O3 相和 O1 相主要由过渡金属离子-配位阴离子之间键的离子性/共价性决定。例如，在极端情况下 Li_xTiS_2 中过渡金属-阴离子(TM-X)更多的共价键性，使其在不同锂离子含量中都可以 O1 结构稳定存在。同样在 Li_xNiO_2 系统中，$x<0.3$ 时 Ni—O 键较高的共价性使空间效应的作用超过 O—O 间静电力的作用，使完全脱锂的 NiO_2 以 O1 结构存在[22]。因此，可以推断在低钠含量时，随着过渡金属-氧键共价性的增强，电极材料最终的结构倾向性排序为 OP2＜O3′＜OPO_13=O_1PO3＜O1，也就意味着最终的钠层层间距缩聚会越来越严重。因此，可以通过调整过渡金属的组成，使最终的结构尽量避免向 O1 相转变。

除了过渡金属层在 a-b 平面方向上的横向滑移之外，过渡金属离子在充电时也有可能发生垂直于 a-b 平面方向的迁移，迁移到相邻的碱金属层中。因此，层状氧化物材料在充电状态下的结构稳定性有时与过渡金属离子的迁移密切相关，并有可能影响电化学性能。特别是脱出/嵌入钠离子时，不可逆的过渡金属离子迁移可能会导致材料的热稳定性急剧下降，进一步导致容量和电压迅速衰减。在锂离子层状氧化物中，由于 Li^+ 和过渡金属离子的离子半径相似，阳离子迁移行为尤为普遍。钠离子的离子半径较大，因此充电时过渡金属离子的迁移主要发生在 O3 型层状氧化物中，如 O3-$NaTiO_2$[23]、O3-$NaVO_2$[24]、O3-$NaCrO_2$[25]和 O3-$NaFeO_2$[26]。

图 3.15(a)和(b)给出了 $NaFeO_2$ 和 $NaCrO_2$ 电极在不同电压窗口内的比容量-电压曲线。可以看出，随着充电截止电压的升高，材料的可逆比容量下降。当充电截止电压为 4.5V 时，两个材料的可逆比容量几乎为 0，表明结构可逆性遭到严重的破坏。Kubota 等[25]进一步结合原位 XRD 测试研究发现，$NaCrO_2$ 电极在充电前期过程中主要经历 O3—O′3—P′3 的相变，当充电到 3.8V 的平台时(脱出约 0.7mol 的钠离子)，出现 P 相向 O 相的转变，但形成的 O 相结构中铬离子没有完全占据过渡金属位置的八面体。这表明铬离子发生了一定的迁移，初步推测铬离子可能占据钠层的八面体位或者四面体位。图 3.15(c)给出了模拟铬离子占据不同位置的 XRD 图谱，发现充电末态结构的 XRD 图谱与铬离子同时占据钠层的四面体和八面体位置的拟合 XRD 图谱相一致。结合 DFT 计算结果，作者提出，当钠离子脱出超过 0.5mol 时，P 相结构开始变得不稳定并通过过渡金属层滑移形成 O3′结构。进一步铬离子会通过钠层的四面体位从过渡金属八面体位迁移到钠层中的八面体位，如图 3.15(e)所示。该过程是不可逆的，会导致可逆容量的损失。研究人员[27]发现，在 $NaFeO_2$ 体系中，当钠离子大概脱出 0.5mol 时铁离子开始迁移，如果迁移量较少(例如，充电到较低的截止电压 3.6V)，钠离子可以回嵌并诱导铁离子迁移回原来的位置。但是当铁离子迁移较多超过一定的阈值(如充电到 4.0V)时，材料结构更倾向于形成 X 相(未知的相结构)，钠离子脱嵌可逆性降低而极化增强，部分铁离子也不能回到初始位置，从而造成容量的急速衰减。

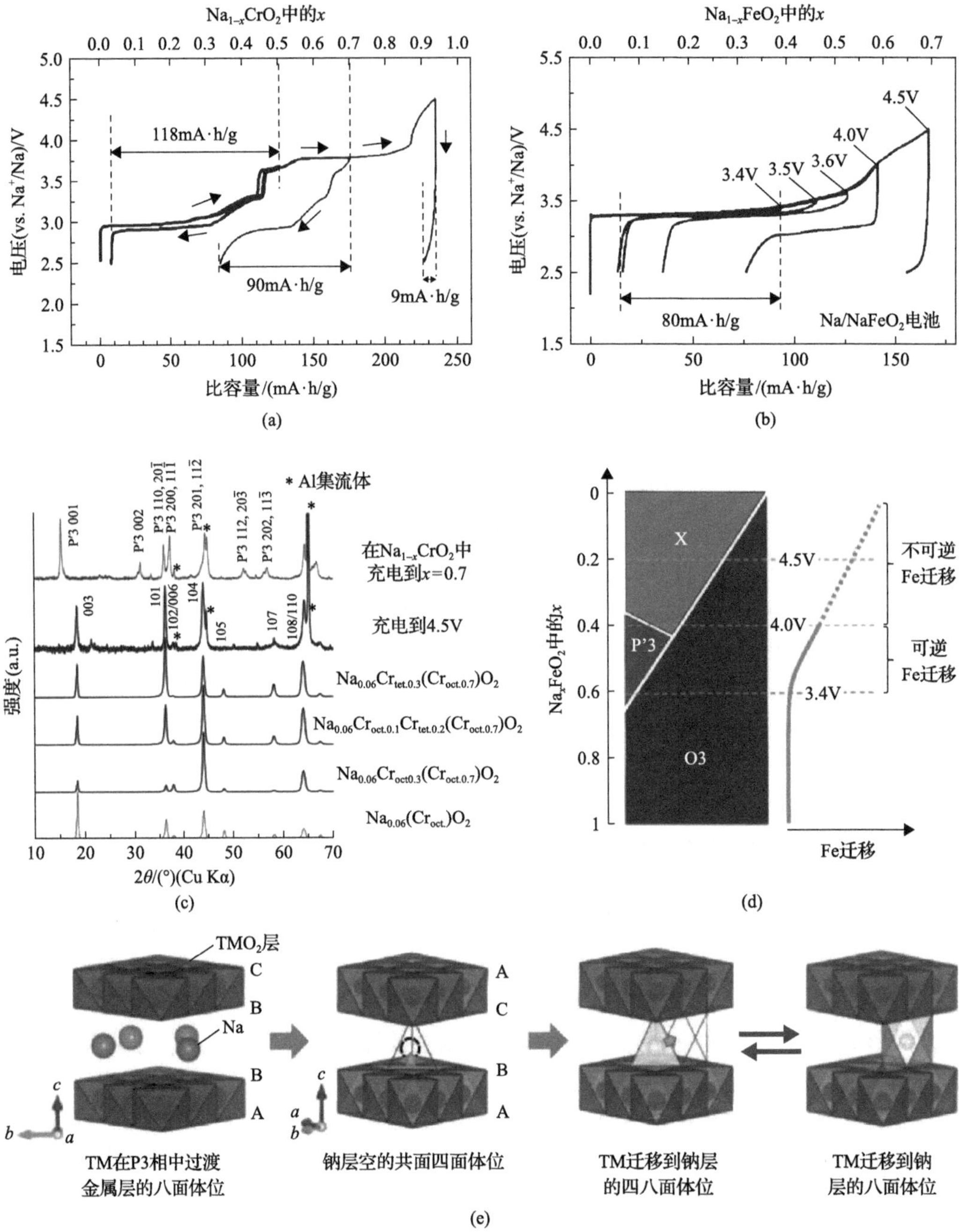

图 3.15 过渡金属离子迁移机理分析

(a) O3-$NaFeO_2$ 和 (b) O3-$NaCrO_2$ 电极在不同充电截止电压的充放电曲线[25,26]；(c) 充电至高电压时 $Na_{1-x}CrO_2$ 材料模拟和测试的 XRD 图谱；(d) Na_xFeO_2 材料在钠离子脱出过程的相图和铁迁移示意图[27]；(e) 脱钠过程中过渡金属离子迁移机理示意图[28]

图 3.16 总结了 O3 型钠离子层状氧化物正极在脱嵌钠过程中常见的结构转变行为，以及对应的充放电曲线。其中，4.0V 以下电压范围内出现的六方晶系向单斜晶系的转变可以通过过渡金属替代完全消除。当充电到 4.0V 以上时，P 相向 O1 相的转变和过渡金

属离子迁移也可以通过过渡金属替代得到一定的缓解，形成晶胞参数变化较小的 OPn 和 O3″相。但是该区域的相变对材料电化学性能的影响远远高于低电压下 O 向 P 的相转变对材料综合性能的影响，并决定着该类型材料高能量密度的高效利用，因此需要进行深入的研究。

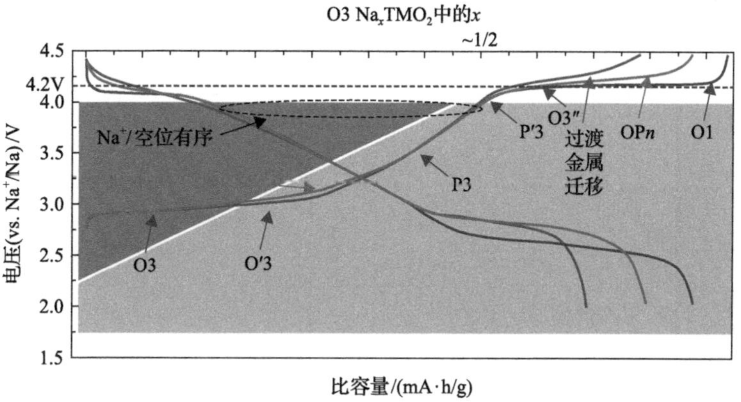

图 3.16　充放电过程中 O3 型材料的结构演变汇总[17]

(3) 空气稳定性。

在层状氧化物制备浆料的过程中经常会遇到凝胶化的问题，即与黏结剂混合时容易形成凝胶状团聚体，这使得浆料无法均匀涂覆在铝箔上(图 3.17(a))，影响电池的容量发挥和循环。这一现象主要与氧化物正极材料表面存在的大量碱性物质(Na_2CO_3、NaOH 和 Na_2O 等)相关，过量的碱会和黏结剂中的 PVDF 反应，降低黏结性，同时也存在腐蚀铝箔的问题。碱性物质的产生主要来自两部分，一部分为材料烧结过后的少量残碱，而绝大部分为烧结降温阶段和存储过程中材料与空气的反应产物。早在 2000 年前后，研究者就已经发现 P2-Na_xTMO_2(TM=Ni、Mn 和 Co 等)在潮湿空气中不稳定[29,30]。如图 3.17(d)所示，P2-$Na_{2/3}Co_{1/3}Mn_{2/3}O_2$ 仅在空气中暴露 6h 后就有新的相生成，图中的(002′)和(004′)衍射峰后被确认为水分子进入 Na 层间形成的水合相的衍射峰；且随着时间的延长，水合相的比例在不断增加。随后在 P2 相的其他材料中也发现了类似的现象，同时微观结构也显示劣化后的材料存在晶面滑移和裂纹产生等现象(图 3.17(b))，预示着其电化学性能的下降。大部分 O3 相材料也存在同样的问题[19,31-34]。例如，O3 相中的代表材料 O3-$NaNi_{1/3}Fe_{1/3}Mn_{1/3}O_2$ 在空气中放置 1h 后便开始脱钠，(003)峰向低角度移动，Na 层间距变大，同时伴随着 Na_2CO_3 的产生(图 3.17(c)和(e))。这使得原始材料本体的 Na 含量降低，可逆比容量大幅衰减，从图 3.17(f)可以看到，仅在潮湿空气中放置 10h，材料的比容量已经低于初始容量的 50%。空气敏感这一问题严重影响了钠离子电池层状氧化物正极材料的真实容量发挥，同时也给后续处理(除杂和表面二次修饰等)、材料存储及极片制备等带来了成本和技术上的问题。

为了解决这些问题，首先需要从反应机理上理解劣化过程。图 3.17(g)总结了近年来研究者提出的若干反应机理。烧结过后的材料表面可能带有 NaOH 和 Na_2O 等残碱，纯 CO_2 会和这些残碱反应产生 Na_2CO_3(反应(1))，也有研究指出 CO_2 会吸引 Na^+脱出[32]，

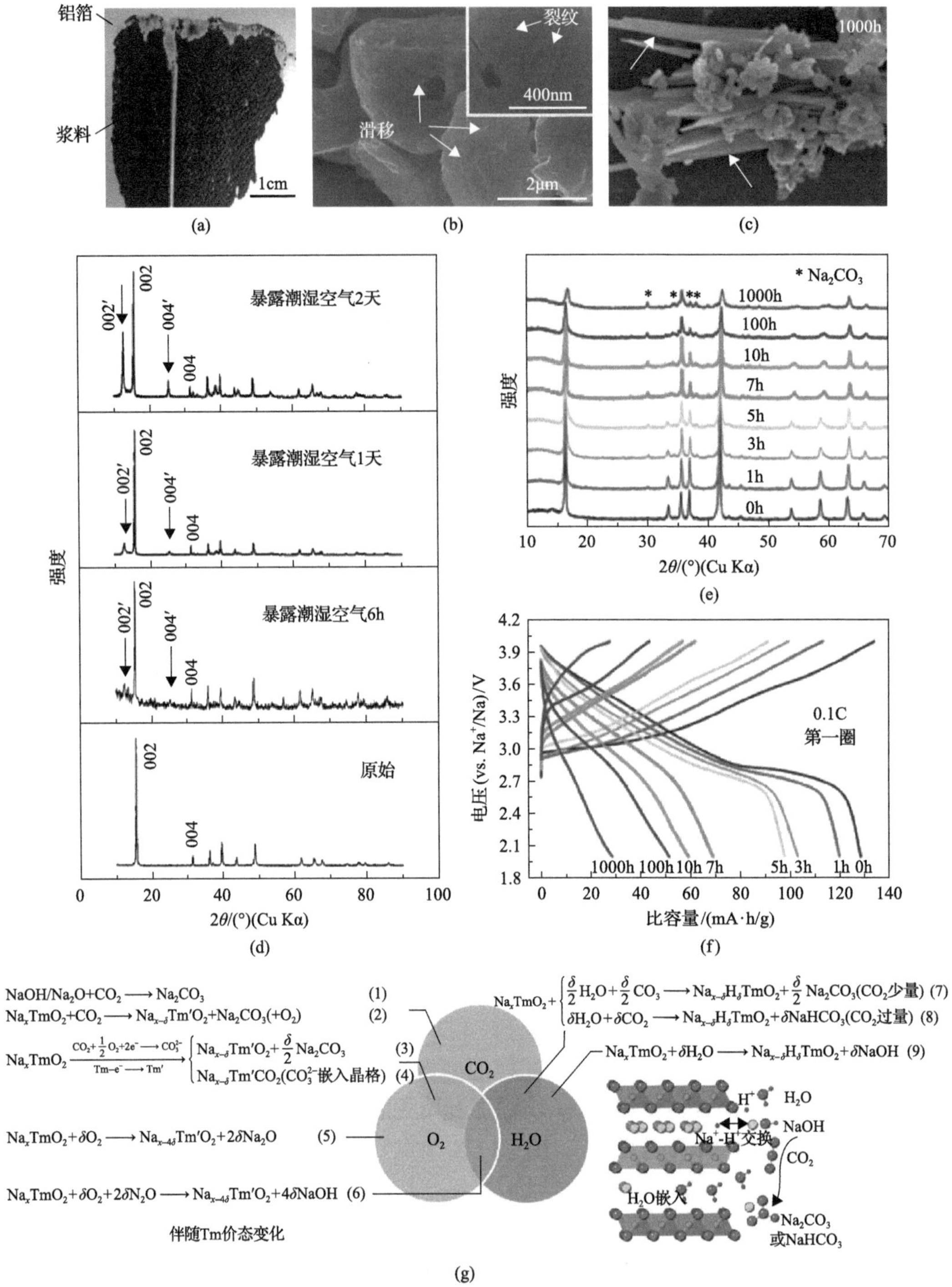

图 3.17　层状氧化物材料空气稳定性机理分析

(a)在一般室内涂覆极片时浆料团聚的情况[35]；(b)P2-$Na_{0.67}MnO_2$ 在 CO_2+H_2O(93%RH)气氛中劣化后形貌[36]；(c)O3-$NaNi_{1/3}Fe_{1/3}Mn_{1/3}O_2$ 在 70%RH 的空气中放置 1000h 后的形貌[37]；(d)(e)P2-$Na_{2/3}Co_{1/3}Mn_{2/3}O_2$ 和 O3-$NaNi_{1/3}Fe_{1/3}Mn_{1/3}O_2$ 在空气中暴露时 XRD 图谱随时间的演化[30,37]；(f)在空气中暴露不同时间的 O3-$NaNi_{1/3}Fe_{1/3}Mn_{1/3}O_2$ 的首次充放电曲线[37]；(g)劣化机理总结

同时为了平衡电荷也会伴随着过渡金属的价态变化和 O_2 的产生（反应(2)）；部分氧化物正极材料含有氧化还原电位较低的 Mn^{3+}，Mn 的平均价态低于+4 价，容易被氧化，因此反应(5)和反应(6)也可能是一类反应路径[36]；在反应(5)和反应(6)的基础上，考虑 CO_2 的参与，可以得到反应(3)或者反应(4)，区别在于反应(4)认为 CO_2 能以碳酸根的形式进入层间[38]；同锂离子电池高镍材料类似，Na^+/H^+ 交换引发的连锁反应也是一类重要的反应路径[35,36,39]，H_2O 首先解离出 H^+（或者 H_2O 在 CO_2 存在的情况下产生），与层间的 Na^+ 交换，脱出的 Na^+ 结合 OH^- 生成 NaOH（反应(9)），NaOH 在 CO_2 少量的情况下生成 Na_2CO_3（反应(8)），在 CO_2 过量的情况下生成 $NaHCO_3$（反应(9)）。当层间的 Na^+ 脱出时，相邻层间的 O—O 之间斥力增大，层间距增大，会伴随着滑移和裂纹的产生，当层间剩余的 Na^+ 到达一定的临界值时（或者 Na 层间距增大到一定值时），H_2O 会嵌入层间，形成水合相，嵌水这一现象在 P2 中更为常见。然而，目前这些机理仍存在争议，亟须采用更多的实验和表征手段给予验证。

基于以上的初步认识，一系列提升空气稳定性的手段也被提出。掺杂惰性或者能够提升整体电位的元素是一类重要的手段。早在 2015 年，Li 等[40,41]注意到氧化还原电位对空气稳定性的影响，通过引入 Cu^{2+} 设计出了空气稳定的 P2 和 O3 型 Cu-Fe-Mn 基正极材料。Cu 掺杂策略也被引入其他 O3 体系中，在一定程度上提升了空气稳定性[42,43]。此外，Al、Li 和 Ti 等元素掺杂也能在一定程度上提升空气稳定性[44-46]。Zuo 等[36]在系统地研究了 Mn 基 P2-$Na_{2/3}TMO_2$ 的空气稳定性反应机理后，进一步探究了不同元素对空气稳定性的影响（图 3.18(a)～(c)），对比劣化后各材料中水合相的比例，按照掺杂元素 TM 和比例 x，以及 Mn 的平均价态 v+的不同（$Na_{0.67}Tm_xMn_{1-x}^{v+}O_2$），这五种氧化物空气稳定性的顺序从高到低依次为 Ni(x=0.33, v=4) > Zn(x=0.2, v=3.66) > Zn(x=0.1, v=3.47) > Al(x=0.1, v=3.37) > Mn(x=0, v=3.33)，与 Mn 的平均价态相对应，符合先前研究者认为的 Mn 的平均价态越低越不稳定的趋势。但进一步的探究显示，虽然控制 v=4，但当 TM=Co(x=0.67)、Ni+Co(x=0.167+0.33)或者 Ni+Fe(x=0.167+0.33)时，空气稳定性依旧较差（在 RH=93%的 CO_2 气氛中）；相比之下，虽然 v<4，但首次充放电平台更高的 TM=Li(x=0.33)和 TM=Mg(x=0.28)的空气稳定性却较好（气氛同上）。因此，他们认为，对于 P2 相材料，首次充电（脱出钠）电势越高，钠越难脱出，在空气中越稳定（图 3.18(d)）。表面修饰和结构改造也是一类重要的方法[18,21]，该类方法有助于减少反应活性界面的暴露，阻止内部材料和空气的直接接触，但目前报道较少，这与原始材料本身的不稳定性所导致的后续处理困难有关，同时修饰后的界面离子电导率和电子电导率也需要考虑。

以上仅总结和列举了目前关于空气稳定的代表性观点，然而这一问题的研究仍然处于初始阶段，机理尚不明了。此外，已经报道的对空气稳定的氧化物数量较少，不同文献的测试标准也不统一，但随着钠离子电池商业化进程的不断推进，这一问题将会变得更加重要。

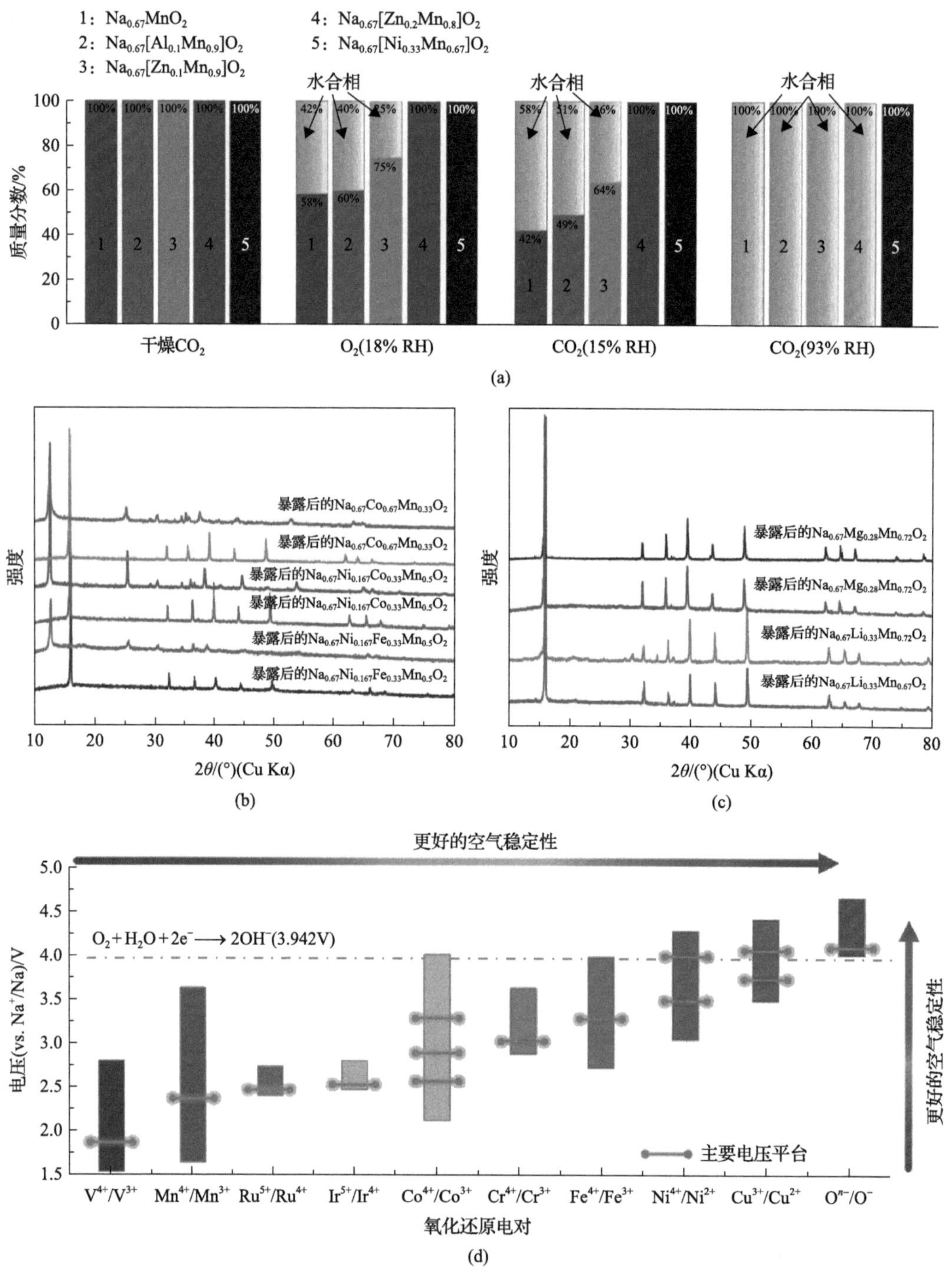

图 3.18　层状氧化物空气稳定性的影响因素[36]

(a)～(c)不同 x、不同元素 TM 替代和 Mn 的价态 v 变化对 $Na_{0.67}Tm_xMn_{1-x}^{v+}O_2$ 空气稳定性的影响；(d)不同氧化还原电对对层状氧化物气稳定性的影响

2) 隧道型氧化物正极材料

当氧化物中钠含量较低时(x<0.5)，主要以三维隧道结构的氧化物为主(图 3.19)，

隧道型氧化物具有独特的 S 型和六边形隧道(图 3.19(a))，具有稳定的结构，在空气中可以稳定存在，充放电过程中性能稳定，但是这种材料首次充电容量较低。1968 年，Mumme[47]在合成 $NaMnTiO_4$ 时发现，当温度升高到 1200℃时，可以得到新型隧道结构的 $Na_4Mn_4Ti_5O_{12}$，其空间群为 *Pbam*，钠离子占据 MnO_6 和 TiO_6 八面体共面和共角连接形成的两个隧道结构中的间隙位。1971 年 Parant 等[48]发现 $Na_4Mn_4Ti_5O_{12}$ 中的 Ti 可以被 Mn 替换，于是制备了相似结构的 $Na_{0.44}MnO_2$ 氧化物，后来该材料作为一种重要的钠离子电池正极材料得以研究。虽然隧道结构氧化物具有优异的循环性能和倍率性能，但在全电池中有着先天钠含量不足的劣势。Xu 等[49]通过引入 Fe^{3+}取代结构中的部分 Mn^{3+}制备空气稳定的高钠含量隧道型氧化物 $Na_{0.61}[Mn_{0.27}Fe_{0.34}Ti_{0.39}]O_2$。该材料在 2.6～4.2V 首次充电比容量为 119mA·h/g，首次放电比容量为 98mA·h/g，对应 0.36 个 Na^+的可逆脱出/嵌入，在充放电过程中仅发生固溶反应。

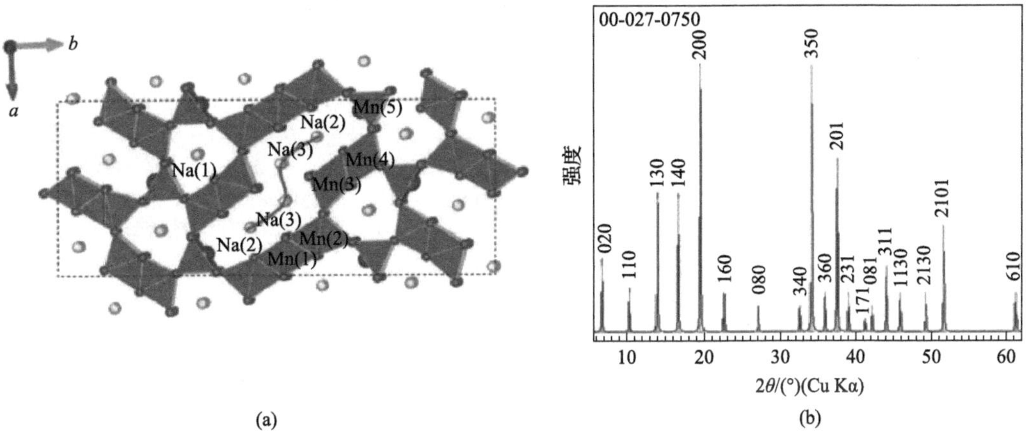

图 3.19　隧道型 $Na_{0.44}MnO_2$ 的结构示意图(其中深色的为 Mn 原子)(a)，以及对应的 XRD 图谱(b)

2. 聚阴离子类正极材料

早在 1976 年，一系列符合化学式 $Na_{1+x}Zr_2P_{3-x}Si_xO_{12}$ $(0\leqslant x\leqslant 3)$ 的材料命名为 NASICON[50]。如今，具有快速的三维 Na^+扩散通道且具有相近化学式的化合物在广义上也可以称为 NASICON 型材料(图 3.20(a))。早期工作所定义的 NASICON 型材料的结构，通常是指化学式为 $AMM'(PO_4)_3$ 的一系列化合物[51]。其中，A 位可能是碱金属离子(Li^+、Na^+、K^+、Rb^+和 Cs^+)、碱土金属离子(Mg^{2+}、Ca^{2+}、Sr^{2+}和 Ba^{2+})、过渡金属离子(Cu^{2+}、Ag^+、Pb^{2+}、Cd^{2+}、Mn^{2+}、Co^{2+}、Ni^{2+}、Zn^{2+}，Al^{3+}、Ge^{4+}、Zr^{4+}、Hf^{4+})、离子分子(H_3O^+、NH^{4+})，也可能是空位。M 和 M′位点被 3d(Sc, Ti, V, Cr, Mn, Fe, Co, Ni, Zn)、4d(Y, Zr, Nb, Mo)、5d(Lu, Hf, Ta)或主族(Al, Si, In, Ge, As, Sn, Sb)元素占据。磷可以部分甚至全部被 Si、As、Mo 和 O 代替，也可以被 F、Cl 代替。根据元素组成，晶体结构可以是菱面体、单斜、三斜、斜方、石榴石、SW 型、刚玉型等。作为上述结构之一，菱面体由于其优越的离子扩散途径而被广泛报道。在该结构中，MO_6 和 $M'O_6$ 八面体与 XO_4 四面体共用所有角，MO_6 和 $M'O_6$ 八面体沿 *c* 轴方向呈直线排列，八面体 MO_6 和 $M'O_6$ 连接三个四面

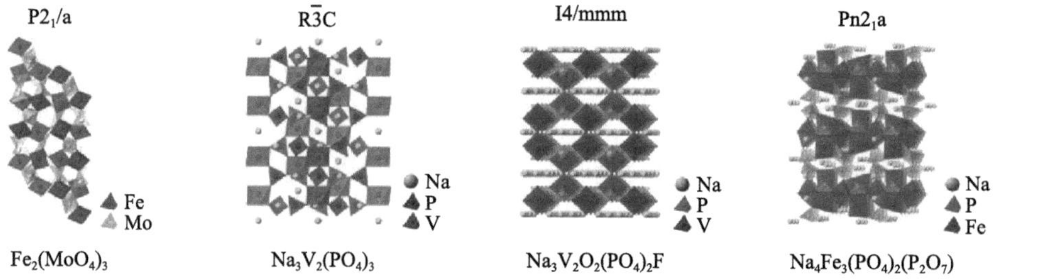

(a)

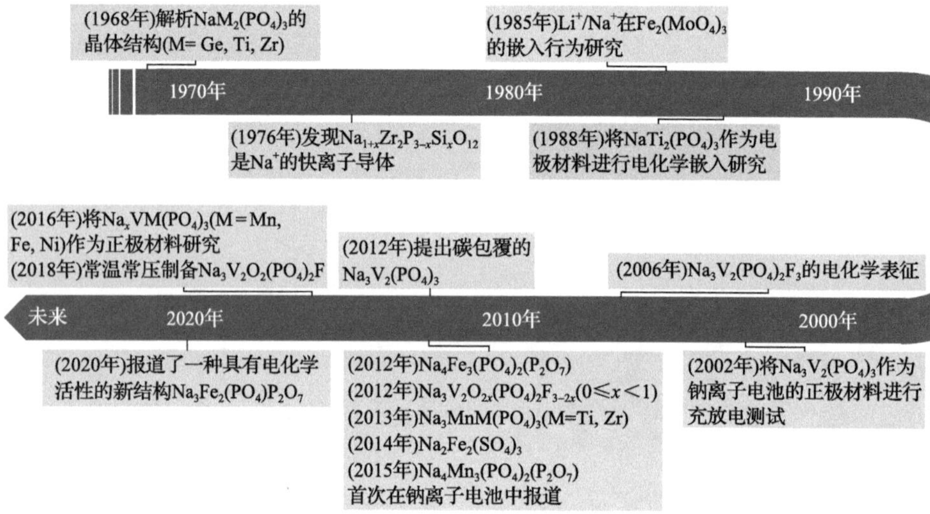

扫码见彩图

(b)

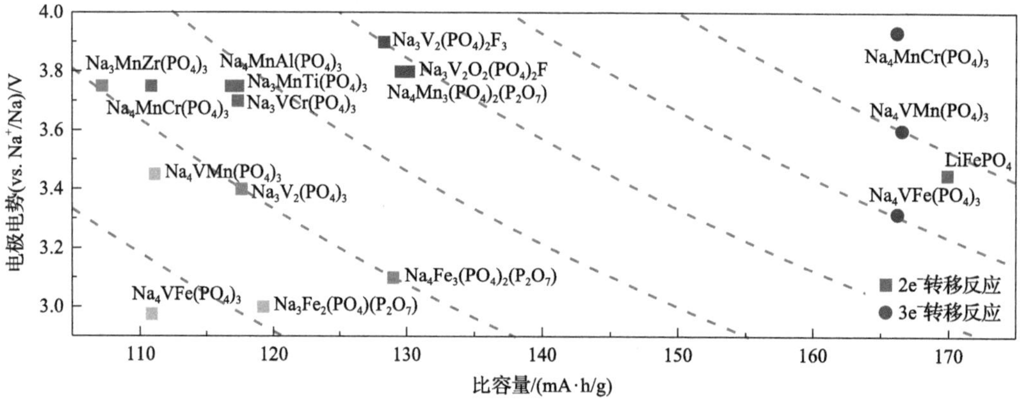

(c)

图 3.20　聚阴离子类正极材料研究进展

(a)几种典型的 NASICON 型化合物的晶体结构，从广义理解这四种结构都为 NASICON 型；(b)NASICON 型化合物从结构确认到作为钠离子电池正极材料的研究历史；(c)不同正极材料的电极电势和比容量的统计图，比容量依据计算的理论值统计。方形符号为 2 电子转移反应，圆圈符号为 3 电子转移反应，虚线为比功率($Na_4Fe_3(PO_4)_2(P_2O_7)$仍旧属于 $2e^-$转移反应类型)

体 XO_4 单元形成一个基本单元，称为“灯笼”。每个灯笼与其他六个灯笼相连，从而构建出稳定的三维骨架结构。在这个开放的三维框架中，相互连接的通道为封装在 A 位点的离子提供高速传输路径。A 位为钠离子时，能够实现钠原子数在 1～5 的变化。

作为聚阴离子化合物的重要组成部分，NASICON 型材料一出现就引起了人们的关注。从确认结构到实现 NASICON 型正极材料的可逆充放电用了 30 年(图 3.20(b))。1968 年，Hagman 等[52]报道了 NASICON 结构为 $NaM_2(PO_4)_3$(M=Ge, Ti, Zr)的化合物。他们提到晶体的三维骨架是由 MO_6 八面体和 PO_4 四面体的角连接构成的，氧原子八面体围绕着钠原子。1976 年，Goodenough 和 Hong 等发现了一系列符合化学式 $Na_{1+x}Zr_2P_{3-x}Si_xO_{12}$ $(0\leqslant x\leqslant 3)$的材料中碱金属离子的快速传输[50,53]。由于具有开放的三维离子传输通道，这种材料被命名为NASICON。随后，Nadiri 等以 $Fe_2(MO_4)_3$ 为正极，以碳酸亚丙酯(propylene carbonate, PCA)中的 $AClO_4$(1mol/L, A=Li/Na)为电解质组装半电池，发现了碱金属离子在该三维骨架中的嵌入行为[54]。1988 年，首次在 $ATi_2(PO_4)_3$ 中成功实现了可逆电化学(脱)插层[55]。然而，自 1991 年第一块商用锂离子电池问世后，大量研究集中在锂离子电池的材料体系上。在 2002 年，日本科学家首次使用 $Na_3V_2(PO_4)_3$ 作为正极材料进行充放电测试(3.4V(vs. Na^+/Na))[56]。

$Na_3V_2(PO_4)_3$ 是探索 NASICON 型正极材料的良好模板材料，但其较差的电子传导特性导致可逆比容量较低。直到 2012 年，胡勇胜团队提出碳包覆 $Na_3V_2(PO_4)_3$，大幅提升其电化学性能，这才引起人们的广泛关注。然而，钒较高的成本及毒性限制了其在大规模领域的应用。2013 年，胡勇胜等提出采用非毒性、资源丰富的过渡金属离子替代部分或全部钒离子(如 $Na_3MnTi(PO_4)_3$)。后续 Mn 基 NASICON 正极材料的开发研究，实现了富锰正极中 Mn^{4+}/Mn^{2+} 的氧化还原反应。另外，通过引入 $P_2O_7^{4-}$ 和 F^- 可以提高 Fe^{3+}/Fe^{2+} 氧化还原电对的电极电位实现该电对在聚阴离子化合物中的利用。已经发现了一系列低成本的正极材料，如 $Na_4Fe_3(PO_4)_2(P_2O_7)$[57]、$Na_3MnTi(PO_4)_3$[58,59]、$Na_4MnCr(PO_4)_3$[60]、$Na_3MnZr(PO_4)_3$[58,59]等。然而，这些材料在 2.5～4.3V(vs. Na^+/Na)中仅能实现可逆的 2 个 Na^+ 脱嵌，容量也比较有限(约 120mA·h/g)。为了超越磷酸铁锂的电化学性能，需要在 NASICON 型正极材料中实现可逆的 $3e^-$ 转移反应(图 3.20(c))。高的极化电压导致充电到 4.7V 才能够完全实现 $Na_4MnCr(PO_4)_3$ 的 $3e^-$ 转移反应，这已远远超出常用电解液体系所能耐受的电压窗口。另外，V 基 NASICON 材料往往存在高电压平台不可逆的问题，同样致使 $Na_4VMn(PO_4)_3$[61]以及 $Na_4VFe(PO_4)_3$[62]可逆 $3e^-$ 转移反应的实现举步维艰。如何解决上述问题，或拓展探究其他的材料体系，实现具有高能量密度正极材料是开发下一代钠离子电池聚阴离子正极材料的关键。

3. 普鲁士蓝类正极材料

普鲁士蓝类似物(Prussian blue analogues，PBAs)是一种典型的具有金属有机骨架结构的材料，引起人们的广泛研究。它具有以下优点：①开放的三维离子扩散通道，有利于 Na^+、K^+ 等体积较大的离子快速嵌入/脱出；②灵活的材料设计性，可通过调控 PBAs 中过渡金属离子的组成，优化材料的电荷存储行为；③稳定的三维框架结构，缓解离子嵌入/脱出时的晶格变化，具有较好的循环性能；④成本低廉，合成简便，可通过简单的共沉淀法或球磨法制备；⑤具有较低的浓度积常数，可以作为水系电池的正极材料。

PBAs 的分子式可表示为 $A_xM_1[M_2(CN)_6]_y\square_{1-y}\cdot zH_2O$ $(0\leqslant x\leqslant 2, 0\leqslant y<1$，□为空位)。

其中，A 主要指 Li、Na、K 等碱金属离子中的一种或几种；M_1 和 M_2 为 Fe、Mn、Co、Ni、Zn、Cu、Mg 等金属离子。在 PBAs 中，铁氰化物具有结构稳定、前驱体简单易得的特点，因此 PBAs 的研究多集中于铁氰化物 $A_xM[Fe(CN)_6]_y\square_{1-y}\cdot zH_2O$（可简写为 MHCF 或 MFePBA）。PBAs 中可提取阳离子的含量（x）取决于过渡金属的价态，而水的含量（z）通常取决于环境条件，如湿度和温度[63]。PBAs 有三个主要的化学计量值，分别为 $M^{III}[Fe^{III}(CN)_6]$、$AM^{II}[Fe^{III}(CN)_6]$ 和 $A_2M^{II}[Fe^{II}(CN)_6]$，由于它们内部氰基负离子拉伸模式频率不同，材料颜色也会随之改变，因此往往分别称为普鲁士黄（PYA），普鲁士蓝（PBA）和普鲁士白（PWA）[64]。

图 3.21(a) 为 $M^{III}[Fe^{III}(CN)_6]\cdot 2H_2O$ 完整的晶体结构。这类材料通常具有面心立方结构（空间群 $Fm\overline{3}m$），Fe 离子和 M 离子与 C≡N 进行八面体配位（其中，M 与 N 配位呈现高自旋态，Fe 与 C 配位呈现低自旋态），Fe—C≡N—M 键的交替连接形成一个三维的开放性骨架，嵌入离子 A^+ 和间隙结晶水（沸石水）则处于立方体空隙中[65,66]。但在传统的快速沉淀法制备过程中，PBAs 化合物容易形成随机分布的 $Fe(CN)_6$ 空位和结晶水[65,67]。图 3.21(b) 显示了 $M^{III}[Fe^{II}(CN)_6]_{3/4}\cdot\square_{1/4}\cdot 3.5H_2O$ 有缺陷的晶体结构，出现在空位上的 6 个水分子与附近的 M 离子配位，形成配位水[68]。

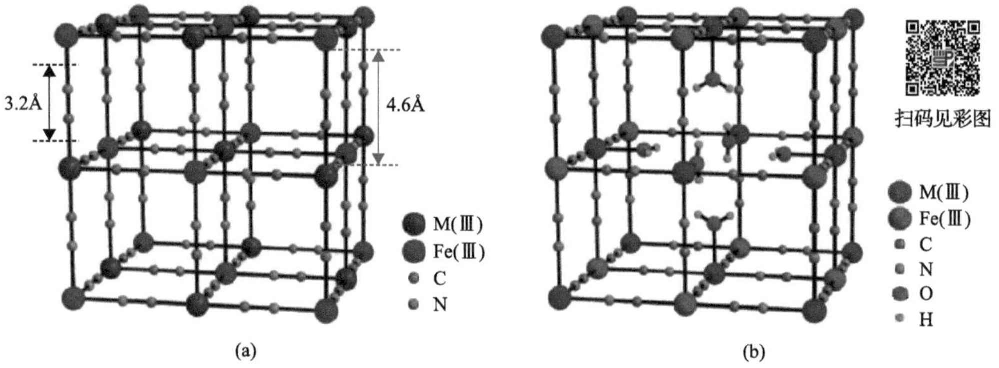

图 3.21　PBAs 的晶体结构示意图[67]

(a) 理想的无缺陷的 $Fe^{III}[Fe^{III}(CN)_6]\cdot 2H_2O$ 结构；(b) 一个含有丰富缺陷的 $Fe^{III}[Fe^{II}(CN)_6]_{3/4}\cdot\square_{1/4}\cdot 3.5H_2O$ 结构

通过调控 A/M1/M2 的不同种类和比例可以得到不同类型的 PBAs。常见的 PBAs 结构包括单斜相[69,70]、菱形相[71,72]、立方相[73,74]、四方相[75]、六方相[76]等。根据电池中氧化还原活性位点的数量，常见的 PBAs 可分为双电子转移型（DE-PBAs，如 FeFe-PBAs、MnFe-PBAs、CoFe-PBAs）和单电子转移型（SE-PBAs，如 NiFe-PBAs、ZnFe-PBAs、CuFe-PBAs）[77]两种。SE-PBAs 具有良好的循环性能和较高的导电性，但因为只有一个具有氧化还原活性的元素，其可逆比容量小于 80mA·h/g，相关研究多集中于传统水系电池。DE-PBAs 具有约 160mA·h/g 的理论比容量，但在充放电过程中结构变化较大，致使材料的结构稳定性丧失，电化学性能恶化。具有不同内部构型的 PBAs 在充放电过程中结构变化不尽相同，并且受外部环境影响较大，因此研究充放电过程中 PBAs 的结构演变很困难[78-80]。总体来讲，PBAs 的电化学机理可通过下列公式（对于 DE-PBA 会经历两个过程，对于 SE-PBA 只经历第二个过程）进行描述：

$$单斜相/菱形相A_2M_1M_2(CN)_6 \Longleftrightarrow 立方相A_1M_1M_2(CN)_6+A^++e^- \quad (3\text{-}5)$$

$$立方相A_1M_1M_2(CN)_6 \Longleftrightarrow 四方相M_1M_2(CN)_6+A^++e^- \quad (3\text{-}6)$$

此外，2014 年 Lee 等研究了单斜相的 MnMn-PBAs。与 C 连接的 Mn 原子可在 1.8V 左右进行 Mn^{II} 到 Mn^{I} 的可逆转换，使得该材料在 1.2～4.0V 的电压范围可以实现三个钠离子的可逆脱出/嵌入，比容量达到 209mA·h/g[81]。但该材料合成条件比较苛刻，需要在黑暗且充满 N_2 的手套箱中合成。

目前，PBAs 面临的主要问题是材料内部存在一定数量的结晶水和缺陷(通常在 15%以上)，而这些问题会导致 PBAs 的首次库仑效率低和比容量低、循环差。以 $Na_2MFe(CN)_6$ 为例：①$Fe(CN)_6^{4-}$空位缺陷会降低 PBAs 材料氧化还原活性中心的数量，并在晶体结构中引入结晶水，降低晶格中的 Na^+含量，影响材料的可逆容量；②$Fe(CN)_6^{4-}$空位缺陷会破坏晶格的完整度，并导致材料的结构在 Na^+脱出/嵌入过程中发生破坏或扭曲，使循环性能下降；③部分结晶水在循环过程中会进入电解液，所形成的游离水会增加有机电解液的电化学副反应，降低电池的库仑效率和长循环性能。

PBAs 的分子式一般都是利用电感耦合等离子体光谱仪(inductively coupled plasma-atomic emission spectrometry，ICP-AES)和热重法(thermogravimetry，TG)确定的，其中 ICP-AES 可以确定过渡金属离子含量，热重法可以测定结晶水的含量。为了合成高钠含量、高结晶度、低缺陷和低结晶水含量的 PBAs，众多研究人员对此进行了不懈的探索和努力。目前，制备 PBAs 的主要方法包括共沉淀法、水热法和球磨法。共沉淀法因其合成简单、成本低、可产业化等优势，是最常见的合成 PBAs 的方法，但快速共沉淀过程往往易使材料含有大量的结晶水和缺陷。因此，通过控制合成条件以降低反应速率是目前主要的研究方向，常见的手段包括螯合剂/表面活性剂辅助[82]、增加 Na^+浓度[83,84]、调整反应温度[85]、单一铁源法[72]等。目前已报道的螯合剂包括柠檬酸钠、$EDTA^{4-}$、草酸盐、磷酸盐等。2015 年，黄云辉课题组首次报道了通过在 $FeCl_2$ 前驱体溶液中加入柠檬酸钠螯合剂，将 NaFeHCF 中的钠含量从 0.7%提高到 1.92%(质量分数)，结晶水质量分数从 18%降到 13.2%，电化学性能也获得了大幅度的提升[84]。

2013 年，Wang 等通过改变前驱体溶液中的钠含量制备出 $Na_{1.72}Mn[Fe(CN)_6]_{0.99}$ 和 $Na_{1.4}Mn[Fe(CN)_6]_{0.97}$ 两种具有不同钠含量和晶体结构的正极[86]。随后他们又合成了单斜相的 $Na_{1.89}Mn[Fe(CN)_6]_{0.97}$，将其在 100℃温度下真空烘干得到除水的菱形相 $Na_{2-\delta}MnFe(CN)_6$。如图 3.22(a)和(b)所示，相比于含水的单斜相，除水的菱形相结构发生了明显的扭曲[87]。图 3.22(c)和(d)分别为含水相和除水相 $Na_{1.89}Mn[Fe(CN)_6]_{0.97}$ 的首次充放电曲线，2～4.0V 的电压范围内，含水相电极有两对充放电平台分别位于 3.45/3.17V 和 3.79/3.49V；而除水相仅有一对充放电平台位于 3.53/3.44V，并且首次库仑效率明显高于含水相，可逆比容量高达 150mA·h/g。其中，极化电压 100mV 也明显低于含水相的 300mV。经过 500 次的循环后，除水相仍有 75%的容量保持率，明显优于含水相。由于两种样品除含水量不同外，其他成分均相同，因此除水样放电平台发生变化的主要原因是由于间隙水的去除。

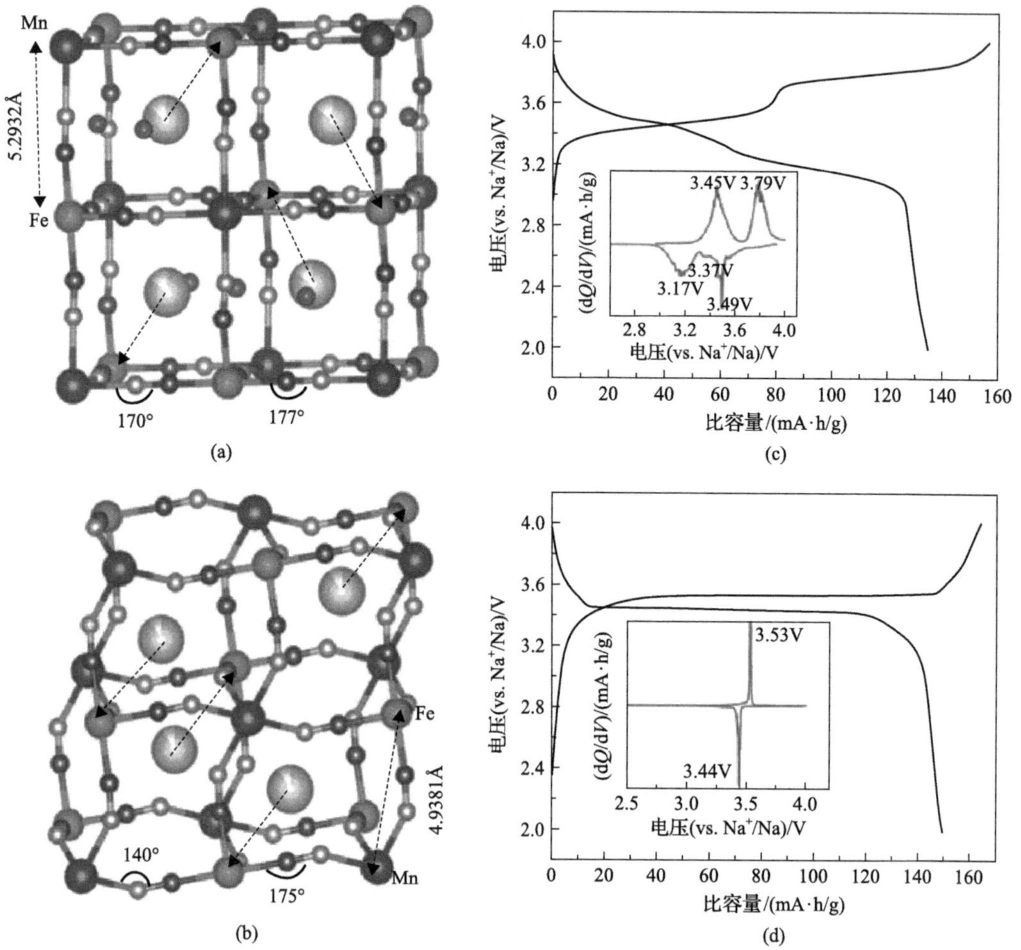

图 3.22　含水相(a)(c)和除水相(b)(d)$Na_{1.89}Mn[Fe(CN)_6]_{0.97}$的首次充放电曲线和晶体结构示意图[87]

水热法常用来制备低缺陷、高结晶性的 PBAs，但合成成本较高且在制备过程中会产生有毒的氰化碱，难以大规模应用。球磨法可以大规模生产且往往可以制备出高钠含量的 PBAs。2022 年，He 等[88]报道了一种简易无水溶剂参与的机械固相合成法，结合球磨和简单的热处理合成了富钠的单斜相 $Na_{1.94}Mn[Fe_{0.99}(CN)_6]_{0.95}\cdot 1.08H_2O$ 材料。该材料具有高达 168.8mA·h/g 的初始比容量和优秀的倍率性能，推进了 PBAs 的工业化生产进程。

在充放电过程中不可逆的结构相变[70,89]和与电解液间的副反应，往往造成 PBAs 的结构崩塌[90,91]和 $M_2(CN)_6$ 溶解，大大缩短了电池的寿命。为了减少合成过程中材料结构缺陷和结晶水的影响，研究人员提出了一系列优化策略来解决这些问题，以延长 PBAs 的循环寿命。Yang 等[92]发现，将上截止电压从 4.0V 降低到 3.8V 可以避免配位水在约 4.0V 时与电解液发生副反应，从而获得更好的循环性能。目前，在 M_1 位点上掺杂/取代不同金属已被证明是在保持较高容量下提高循环性能的有效办法[93]。2018 年，Peng 等[80]报道了在 NaMnHCF 中引入 Fe、Co 或 Ni 过渡金属取代部分 Mn 元素，可抑制充放电过

程中 Mn^{3+}的姜-泰勒效应，激活 Mn^{3+}/Mn^{2+}的还原反应，从而显著提高材料的倍率性能和循环性能。

除了直接的金属替代方法，PBAs 与其他保护材料形成复合材料后同样可以提高循环性能，因为它可以提高 PBAs 材料的电子电导率并抑制电极与电解质之间的副反应。然而，考虑到 PBAs 结构在高温下（>350℃）易分解[94]，保护材料与 PBAs 的结合需在低温下进行，并且形成的复合材料需对电极材料和电解质稳定。导电聚合物由于满足上述条件常常被研究人员报道[95]，它具体包括聚吡咯[96]、聚苯胺[97]、聚多巴胺[98]、科琴黑[99]、聚(3,4-乙烯二氧噻吩)[100]、氧化石墨烯[101]、碳纳米管[102]等。涂覆的导电聚合物被固定在 PBAs 上，作为保护层和电子导体，弱化电极材料在循环过程中的溶解并提高 PBAs 的电子导电性，从而提高电池的循环性能和倍率性能。一些无机材料也可以作为保护层和导体来提高 PBAs 电极的电化学性能，如 MnO_2[103]、ZnO[104]、二维 MoS_2[105]、$Na_3(VOPO_4)_2F$[106]等，都可以与 PBAs 形成复合材料，使其具有更优异的电化学性能。

此外，在 DE-PBAs 表面涂覆具有电化学活性且稳定性高的 SE-PBAs 也是一种很有效的策略[107,108]。该策略在仅损失少量容量的情况下，既能提高复合材料的循环性能，又能提高复合材料的倍率性能。2021 年，Feng 等[109]报道了一种核壳的 NiCo-PBAs@Ni-PBAs，该材料具有良好的循环性能，1000 次循环后，容量保持率为 88.3%，并且倍率性能有所提升。

3.3.2 钠离子电池负极材料

负极材料在钠离子电池中具有举足轻重的地位，根据钠离子电池摇椅式工作原理，充电过程中，负极需要接收并储存正极侧释放的钠离子，并经外电路得到电子；放电过程相反，负极需要可逆地脱出钠离子以回到正极，并经由外电路传输电子回到正极。理想的负极材料应该具有较高的储钠比容量、较低的工作电压、良好的结构稳定性、适宜的界面状态和快速的离子迁移扩散能力。此外，工业生产中还应考虑负极材料的价格成本、与电解液的适配性及电极的压实密度等。

锂离子电池中最常用的石墨负极材料，因为一定的热力学原因无法直接在钠离子电池中使用，但石墨作为经典碳基材料，其钠离子插层机理的探究和理解对碳基负极材料的设计也有指导和借鉴意义。研究发现，以硬碳和软碳为代表的无定形碳材料、钛基氧化物/硫化物/磷化物等、有机材料和合金及转换类材料具有出色的储钠性能。因各类材料在充放电过程中与钠离子的反应机制不同，且结构、成本等特点各异，不同类型的负极材料有不同的优缺点，对应不同的储钠容量、工作电位、倍率性能、循环性能和首次库仑效率等。本章将就石墨类碳材料、无定形碳材料和钛基、有机及合金转换类负极材料进行介绍。

1. *石墨*

宿主材料中离子可逆地嵌入/脱出以进行电化学能量存储是摇椅式电池的工作原理。追溯锂离子电池的商业化进程，到目前为止，不同于正极材料的诸多选择（钴酸锂、磷酸铁锂、三元材料等），石墨一直主导着负极材料的市场。石墨可以提供高比容量（约 360mA·h/g）、低平均工作电位（约 0.1V（vs. Li^+/Li））、稳定的放电曲线等，因此其具有优异的综合性能。同时由于其独特的容纳多种客体的能力，石墨通常被视为可用于钠电池的“通用型电极”[110]。使用这种通用电极的好处之一是能够使用相同或相似的电池生产线，具有很高的工业便利性。然而，直到 2014 年，科研人员才实现了钠离子在石墨中的可逆电化学嵌入。石墨的结构如图 3.23(a)所示，其显示出独特的层状结构，具有六边形 ABA 堆叠(最常见)或菱面体 ABC 堆叠。这种结构在石墨烯平面内具有强共价键合，但在垂直方向上的键合较弱，使得层间距为 3.35Å，能够进行客体离子插层。带正电的碱金属离子嵌入中间层(石墨同时被还原)后石墨就变成了石墨插层化合物(graphite intercalation compounds, GIC)。由于嵌入电位接近碱金属本身的氧化还原电位，石墨插层化合物是具有混合(离子和电子)传导的潜力型负极材料。确切的 GIC 结构取决于碱金属含量，但整体层状结构保持不变可以提供碱金属的二维传导——通过电池中的插层反应进行的电荷存储最大限度地减少了结构变化，这是实现长循环寿命的重要条件。这种机制与其他基于合金或转化型反应的负极非常不同，后者在充电和放电时会发生较大的体积变化，从而导致电极失效。因此，鉴于其高稳定性和长期性能，选择石墨作为负极的首选是非常合理的。虽然石墨晶格理论上可以承载数量可观的锂离子，化学计量比高达 LiC_6(372mA·h/g)，但钠在石墨中的最大计量比仅为 NaC_{186} 或 NaC_{64}(12mA·h/g 或 35mA·h/g)而钾为 KC_8(279mA·h/g)，三者的典型充放电曲线如图 3.23(b)所示。

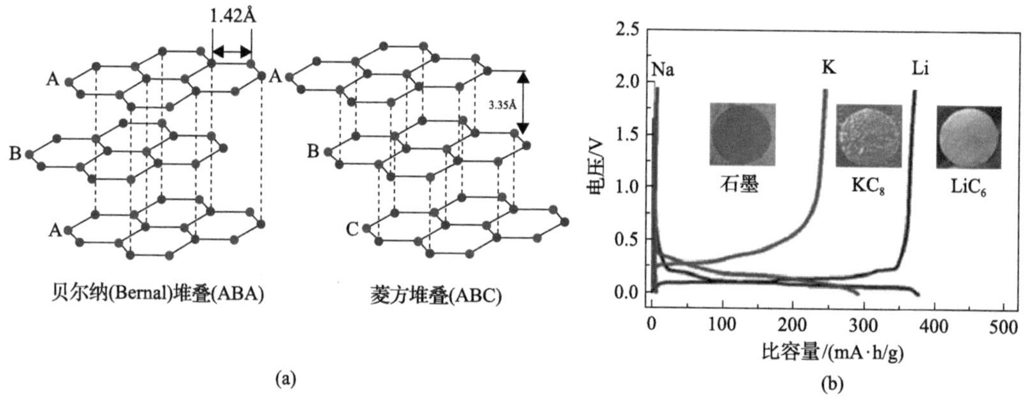

图 3.23 石墨结构和经碱金属嵌入的电化学性能[110-112]

(a)两种不同堆垛形式的层状石墨结构；(b)在常规碳酸酯电解液中碱金属离子嵌入石墨的不同电化学行为

当碱金属离子进入石墨时，原始石墨变成碱金属-石墨插层化合物(alkali metal graphite intercalation compounds, AM-GIC)。在嵌入过程中形成的这种主客体相互作用化合物是了解不同电池体系机理的关键。从广义上讲，所有这些 GIC 通常可以分为两类：基于不同静电键合的共价型 GIC(如一氟化碳)和离子型 GIC(如 AM-GIC)。共价键通常会通过 C sp^3 损害碳层的平面性杂交；因此，术语 GIC 在大多数情况下是指离子型 GIC。在碱金属和石墨结合过程中容易形成离子型 GIC 的原因是活泼碱金属在与非金属碳结合时容易失去其最外层电子。碱金属的三维 p 轨道不仅相互重叠，而且与石墨层之间的 π 键相连。考虑到石墨的电子能带结构，由于石墨的半金属性质(图 3.24(a))，离子型 GIC 可进一步分为供体型和受体型。其独特的氧化还原两性特性使石墨能够同时承载阳离子和阴离子，尽管它不能充当强受体或供体。AM-GIC 属于供体型 GIC，其中碱金属向石墨中的离域π电子碳网络提供一个电子。

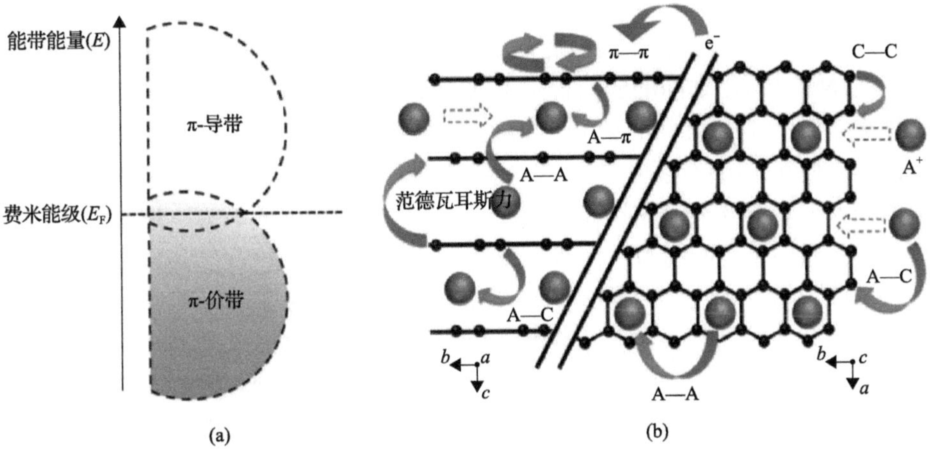

图 3.24 能带和键价结构[110,113]

(a)石墨电子能带结构示意图；(b)碱金属离子嵌入石墨时产生的主要键合作用

原始石墨的独特结构和性质得益于类金属键、共价键和弱范德瓦耳斯力相互作用的组合：共面碳原子由σ键(sp^2杂化)加上离域π键(剩余2p-轨道)并通过弱范德瓦耳斯力相互作用构成彼此平行堆叠的单个石墨烯层。通过这种方式，石墨采用二维平面薄片并将它们组装成三维结构。因此，石墨是一种混合的电子和离子导体，它有助于电化学电荷转移以及通过主客体固态氧化还原反应插入移动客体离子。一旦碱金属离子嵌入石墨中，原来的键必须自然断裂，从而触发新键的形成，从而决定了AM-GIC的特性。AM-GIC中存在如下几种键：C—C平面键、A—A平面键、A—C键、A—π相互作用等，如图3.24(b)所示。与键合过程相关的电荷转移具体机制来自能带效应(主带和客带的重叠)。同时，在三维空间中不同位置和方向之间的键混合使定量分析变得复杂，从而产生了一些有争议的问题，如AM-GIC中碱金属的电离程度。

因此将以Na-GIC的特性为代表，解释在石墨中与客体离子键合的重要性，这也可以解释为什么Li和K可以可逆地嵌入石墨而Na不能。大尺寸的Na^+导致嵌入不良的假设是有争议的，因为具有更大离子半径的K^+、Rb^+和Cs^+能嵌入石墨中。Cao等[114]对嵌入Li^+/Na^+的能量成本作为碳层间距离的函数进行了理论模拟。这些研究表明，当石墨层中的d_{002}间距从0.335nm增加到0.37nm时，Na^+可以克服足够的能垒以实现插层。然而，石墨中0.335nm的初始层间距足以以较小的能量成本嵌入Li^+。硬碳和膨胀石墨具有较大的碳层间距并且具有较好的电化学性能，可以通过实验支持上述观点。增加石墨层距离(例如，通过创建微孔和掺杂杂原子)似乎是实现可逆钠嵌入的有效方式[115,116]，但要注意的是，增加层间距离的实验方法实际上会导致碳材料无序，即失去石墨的独特特征并且发生插入(insertion)而不是插层(intercalation)。比较石墨和无序碳的电压曲线时也可以很容易地区分。Nobuhara等[117]计算了AM-GIC的形成能，并证明Na-GIC由于石墨层中拉伸的C—C键长更大程度的变化而在能量上不稳定。Hérold等[118]将AM嵌入石墨分为五个步骤，如Born-Haber循环，并解释Na嵌入的不规则现象是由于几种负能量和正能量的不同变化趋势的叠加。此外，Liu 等[119]基于赫斯定律将碱金属(Li、Na、K、Rb、Cs)的插层过程分为三个反应步骤。DFT 计算表明，Na 具有最弱的化学结合力，导致 E_{-b}(碱金属离子嵌入应变石墨的能量下降)超过了 E_d(内聚能)+E_s(碳主体重建的能量成本)的降低，这表明 Na 和石墨之间的弱结合是不利于插层的决定性因素。这种弱结合源于电离能和离子-底物耦合趋势之间的竞争。实际上，早在 1985 年和 2004 年，从电子结构的角度来看，Na-C 相互作用就很弱[120,121]。综上所述，Na 的异常插层是多种因素的复杂汇合。

钠离子可与醚类分子形成共客体，一同电化学可逆地嵌入石墨，形成三元石墨插层化合物，并且这一过程的动力学性能非常优异[122]。共嵌入过程经历阶变过程(类似锂嵌入石墨)，同时由于溶剂分子一同进入，其经历了较大的体积膨胀，且膨胀过程并非完全可逆，其电化学过程混合了电容行为和嵌入行为两部分。共嵌入过程 SEI 膜的形成机制非常特殊，至今未明确，SEI 膜可能很薄甚至没有[123]。醚类溶剂因具有强溶剂化作用以及高 HOMO 能级，可与钠离子形成特殊的配位结构实现共嵌入反应，其通过改善宿主内的键合作用从而突破了原有的热力学限制[124]。共嵌入反应可拓展至锂离子/钾离子电池体系，但受制于活泼的碱金属负极影响，全电池体系更能体现共嵌入电极的真实性能。共嵌入在其他电池体系中也有类似的应用，如溶剂化镁离子[125]、水合锌离子[126]。一些预嵌入电极设计也暗示共嵌入反应的更多可能性。

石墨可供多种客体，包括阴离子、单价或多价阳离子和溶剂化离子等嵌入，涉及不同主客体相互作用的嵌入化学，如图 3.25 所示。因此，其可作为一个通用型电极材料，应用至多种摇椅式离子电池中。共嵌入反应意味共客体已可承担更多功能，如贡献额外的容量及促进嵌入动力学等，这些都值得进一步探索与挖掘。石墨材料作为层状材料的代表，其可拓展至更多的宿主与客体，同时促进更多新型插层模式的出现。碱金属离子在石墨中的插层化学在一定程度上能反映碱金属离子电池的发展历程，使用更重的元素作为电荷载体不一定会带来更差的性能，反而会有更多其独特的优势与惊喜等待挖掘。

2. *无定形碳材料*

碳基负极材料由于来源广泛、价格低廉、易于制备、工作电压低等优势，在锂离子电池负极材料中占据着非常重要的地位，同时也成为钠离子电池负极材料的首选材料。石墨作为锂离子电池最通用的负极材料，在钠离子电池中表现出较差的性能。虽然钠与锂的物理化学性质相似，但钠不能与石墨形成稳定的二元插层化合物 Na-C，因此石墨嵌钠的容量很低，不能直接用作钠离子电池负极材料。所以无定形碳材料已成为最有前景和成本效益的钠离子电池负极材料。

与石墨一样，无定形碳是 sp^2 碳的多晶型物，由碳原子层的六方晶格通过弱范德瓦耳斯键堆叠而成。然而，与石墨不同的是，无定形碳由于其结构无序而缺乏长程晶格周期性。在无定形碳的微观结构中，弯曲石墨层状结构排列零乱且不规则，有缺陷而且晶粒微小，含有少量杂原子。石墨微晶区相对较少，结晶度比较低，石墨晶体沿 a 轴方向的平均高度和沿 c 轴方向的平均宽度(L_a 和 L_c)相对小，同时石墨微晶片层的组织结构不像石墨那样规整有序，所以宏观上不呈现晶体的性质。通常根据石墨化的难易程度和结构有序度把无定形碳材料分为软碳和硬碳两大类。

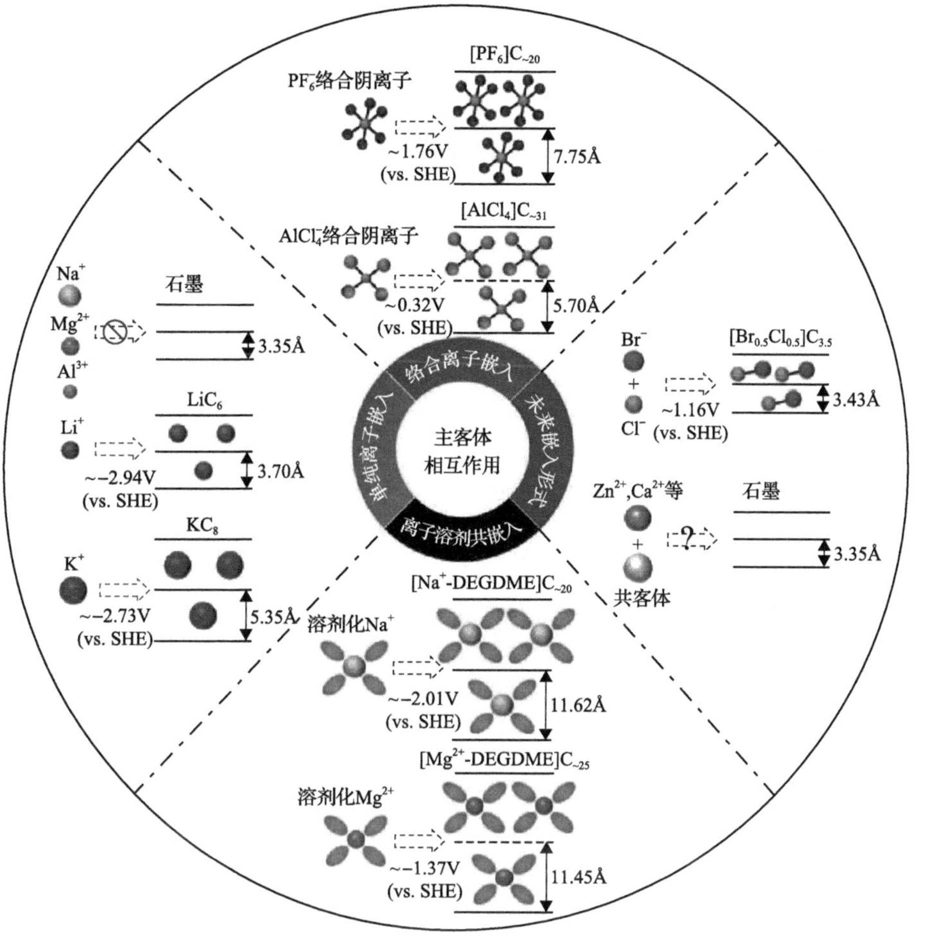

图 3.25　石墨作为普适性的宿主，可供多种离子或溶剂化离子客体的嵌入[110]

1) 软碳

软碳通常是指在 2800℃以上容易石墨化的碳材料，其有序度较高。同石墨一样，软碳也具有一定的层间滑移能力。同时，由于软碳层间的范德瓦耳斯力较弱，其碳层在高温下也具有较大的移动能力，容易形成结晶性的石墨，所以又称为“易石墨化碳”。如图 3.26 所示[127]，软碳有较强的(002)衍射峰，但与石墨相比，其(002)峰明显向低角度移动且宽化。从恒流充放电曲线中可以看到，软碳表现出与硬碳非常相似的倾斜电压区域，但不表现出像硬碳一样的低电压平台。

常见的软碳有沥青、焦炭和无烟煤等，由于成本低廉，也有很大的潜力，成为商用钠离子电池负极。1993 年，Doeff 等[128]首次报道了由石油焦热解制备的无定形碳的储钠性能，讨论了钠离子在软碳中嵌入/脱出反应的程度和其应用于钠离子电池的可能性，但储钠容量较低。与硬碳相比，软碳通常具有较少的孔隙、缺陷和小的层间距，这导致钠离子扩散和电化学性能较差，要提高性能需从中改变条件等。Lu 等[129]和 Qi 等[130]提出了一系列的方法来修饰沥青，以防止碳原子在熔融态到凝聚态转变过程中的重排，从而抑制有序纳米结构的形成，使得电化学性能显著提高。沥青在高温热解条件下具有高度有

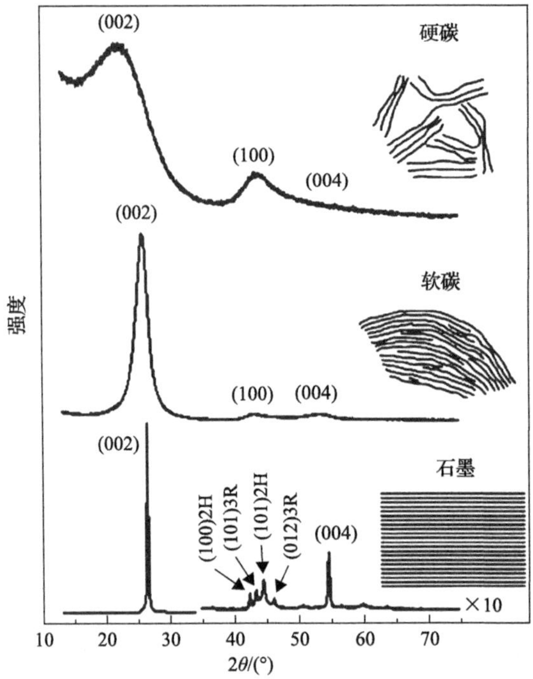

图 3.26 石墨、软碳和硬碳的典型 XRD 和微观结构示意图[127]

2H 表示六边形晶型；3R 表示菱形晶型

序结构，因此还提出了一种反向低温法来调节材料的微观结构，得到了富氧、富缺陷的软碳。800℃合成的样品具有合适的微观结构以及较高的缺陷浓度，因此具有最优的电化学性能。并且，相比于高温法制备碳材料，在较低的温度下制备碳材料可以降低材料的制备成本，从而降低钠离子电池的成本。如图 3.27 所示，与 1550℃合成的样品比较，800℃合成样品的储钠比容量提高了 3.5 倍[131]。Jian 等[132]第一次揭示了软碳储钠机理。以 PTCDA 为前驱体，通过原位透射电子显微镜和 XRD 发现：钠离子插入碳层间导致了在 0.5V (vs. Na^+/Na) 形成了不可逆的小平台及不可逆膨胀。这种高电位平台与软碳的内部局部结构缺陷及 Na^+相关的高结合能有关。并且苝四羧酸二酐(perylenetetracarboxylic dianhydride, PTCDA) 在首次充放电过程中表现出较长的斜坡区域，且高度可逆。由中子总散射和相关对分布函数研究揭示这是软碳所含缺陷较多导致的。

由于低成本、高产碳率和良好的电子传导性，软碳是理想的负极材料，但是较低的可逆容量严重制约了其在钠离子电池中的应用。通过增加缺陷、设计多孔结构、杂原子掺杂以及设计一些特殊的微结构都有利于提高碳材料的储钠容量。因此，如果能以低成本软碳为前驱体，成功制备出高性能的碳负极材料，将进一步促进钠离子电池的发展。

2) 硬碳

在钠离子半电池中，硬碳是第一种接近石墨在锂离子电池中性能的碳材料[133,134]。硬碳是指即使在 2800℃以上也难以完全石墨化的碳，相比软碳，其有序度较低。如图 3.26 所示，硬碳的衍射峰仍然保持着一定的层状结构特征，但是与软碳相比，其(002)峰发生了明显的左移和宽化，但面内衍射峰，如(100)峰与软碳非常接近。这表明软碳和硬碳的

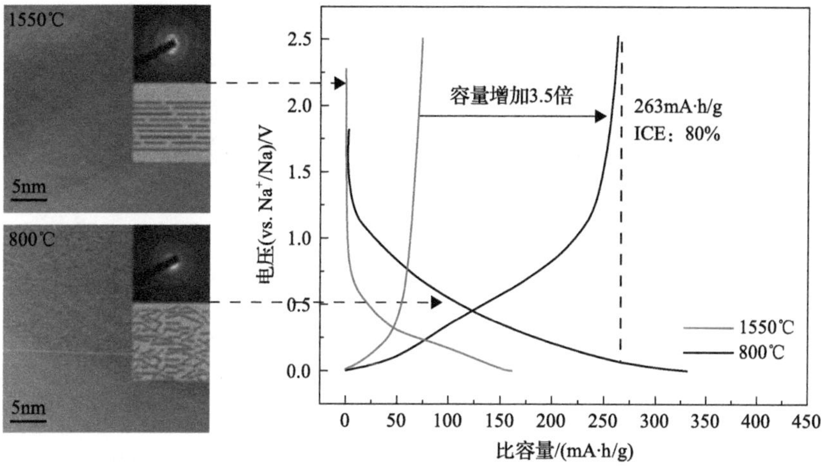

图 3.27 高温炭化沥青 PC1550 和低温炭化沥青 PC800 的微观结构和充放电曲线对比[131]

主要区别在于碳层的堆叠情况发生了变化，即主要在于 c 方向的结晶性差异。与其他 sp^2 碳相比，硬碳的高容量和低平均电压是由于存在低于 100mV 的低电压平台。

硬碳不仅具有丰富的前驱体、低成本和可持续性等优点，还因其固有的无序结构、较大的层间距和一些纳米空隙结构而被认为是最有前途的钠离子电池负极材料。常见的硬碳有树脂碳（如酚醛树脂、环氧树脂和聚糠醇等）、有机聚合物热解碳（如聚氯乙烯、PVDF 和聚丙烯腈(PAN)等）、炭黑(乙炔黑)和生物质碳。

2000 年，Stevens 等[135]首次报道了硬碳作为钠离子电池负极材料，从此揭开了人们对钠离子电池硬碳负极材料的研究热潮，他们以葡萄糖为前驱体通过简单的碳化得到硬碳材料，在 0～2V 电压范围展示了高达 300mA·h/g 的可逆容量，充放电曲线如图 3.28 所示。可以发现，充放电曲线可以明显地分为平台和斜坡两个区域，并且发现提高碳化温度会对硬碳的储钠性能具有改善作用。研究者通过控制合成条件，如预处理、调节升温速度或温度等，合成了具有不同内部结构的硬碳材料。从 2019 年开始，胡勇胜等逐渐发现通过调节孔隙结构可以获得更高的容量[136]，并利用乙醇作为成孔剂合成了另一种具有 410mA·h/g 高可逆容量的硬碳[137]。2021 年，Kamiyama 等[138]报道了由 MgO 模板制备的硬碳，获得了适合 Na^+存储的孔隙结构，显示出 478mA·h/g 的超高可逆容量，这是迄今为止报道的最高值。

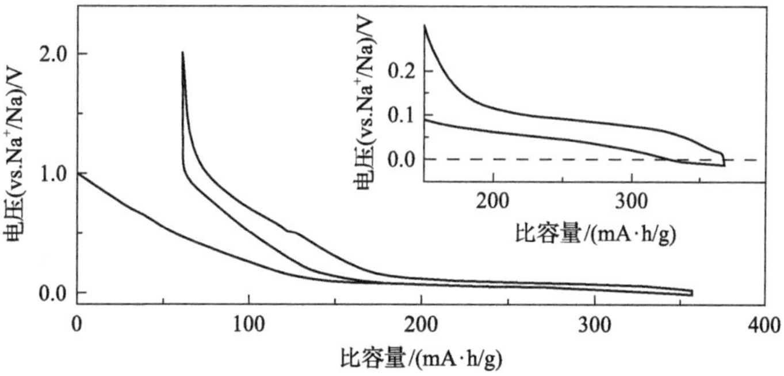

图 3.28 葡萄糖热解碳的充放电曲线[27]

硬碳负极在实际应用中还面临着许多挑战。选择合适的碳源和制造工艺可以显著地提高硬碳材料的储钠容量，改善其循环性能和倍率性能。在之前研究的基础上，应进一步考虑颗粒尺寸、添加剂、空位缺陷和孔隙度等因素对硬碳材料可逆容量和倍率性能的影响。此外，还应该研究硬碳的电化学特性与 SEI 膜之间的关系，并且运用理论计算的方法，对实验进行预测和验证。

3) 硬碳的储钠机理

对于硬碳材料的储钠机理，这些年来一直存在争议。最早是由 Stevens 等[135]在 1000℃和 1150℃的煅烧条件下分别制备了葡萄糖热解炭，研究了其储钠和储锂的电化学性能，探讨并提出了储钠机理模型。认为锂离子与钠离子在硬碳材料中有相似的嵌入/脱出机理，并首次提出了纸牌屋(house of cards)硬碳模型。认定硬碳由大量的芳香化碳层随机堆叠而成，其中一部分碳层平行堆叠形成石墨微晶区，另一部分的碳层则杂乱地排列形成纳米尺寸的微孔。结合 house of cards 硬碳结构模型，硬碳中可能存在的储钠位点可以分为四种：表面/缺陷吸附(吸附)、与杂原子官能团的赝电容反应、Na^+在层间插层、纳米孔填充。

结合硬碳储钠负极的充放电曲线，研究学者对硬碳基材料储钠机理提出了不同的见解。最初，Stevens 等[134]利用小角 X 射线衍射等手段证明，斜坡段为钠离子在碳层间的嵌入，这与膨胀石墨的充放电曲线类似，嵌入电位随嵌入量的增加而降低，而平台段容量与钠离子在纳米级石墨微晶乱层堆垛形成的微孔中的填充行为有关，即“插层-填孔”模型，见图 3.29(a)。2015 年，Bommier 等[139]提出了一个新的硬碳储钠机制。其中，斜坡段为钠离子在碳材料缺陷位置的存储，而他们认为平台部分不仅有钠离子在石墨层间的嵌入，也有钠离子在纳米孔中的填充。该机理为“吸附-插层-填孔”模型，如图 3.29(b)所示。2016 年，Li 等[140]通过对沥青-木质素的软硬碳复合材料进行研究，认为斜坡段应该对应钠离子在表面缺陷的吸附，而平台段则为在纳米孔隙中的填充。Zhang 等[141]利用原位 X 射线衍射等手段对硬碳材料的储钠机理进行了研究。结果表明，斜坡段为钠离子在碳层表面上的吸附，而平台段为钠离子在纳米孔中的填充，即“吸附-填孔”模型。2016 年，Li 等[142]根据非原位透射电子显微镜和 XPS 结果分析再一次验证了“吸附-填孔”模型，如图 3.29(c)所示。2017 年，Qiu 等[143]将聚苯胺热解得到管状硬碳，发现其充放电曲线与石墨储锂的充放电曲线非常相似，而该材料的储钠和储锂行为有较大差异，因此推断硬碳在 0～0.1V 低电位平台区的储钠机理与石墨储锂类似，并提出了“吸附-插层”模型。通过原位 XRD 测试，可以观测到在低电压平台区存在碳层间距的变化，由此推断低电压平台区对应钠离子在石墨层间的嵌入过程，形成钠碳化合物(NaC_x)，如图 3.29(d)所示。除此之外，Yun 等[144]首次看到了纳米晶的金属钠，认为钠离子在纳米孔中以纳米晶的形式沉积出来，而斜坡段为钠离子在硬碳中物理化学吸附，并且认为硬碳的储钠机理与硬碳的结构是息息相关的。从以上分析可以看出，关于斜坡段储钠机理的认识，现在已经基本统一，即钠离子的吸附过程。这些吸附过程可能包括在碳材料的表面、边缘、缺陷位置，可能包括物理吸附与化学吸附。然而，关于平台段储钠机理是碳层间的嵌入、纳米孔中的吸附或填充，还是这两者同时存在，又或者是纳米金属钠的沉积，尚需更高精度的研究手段和更系统的实验设计进行探究。

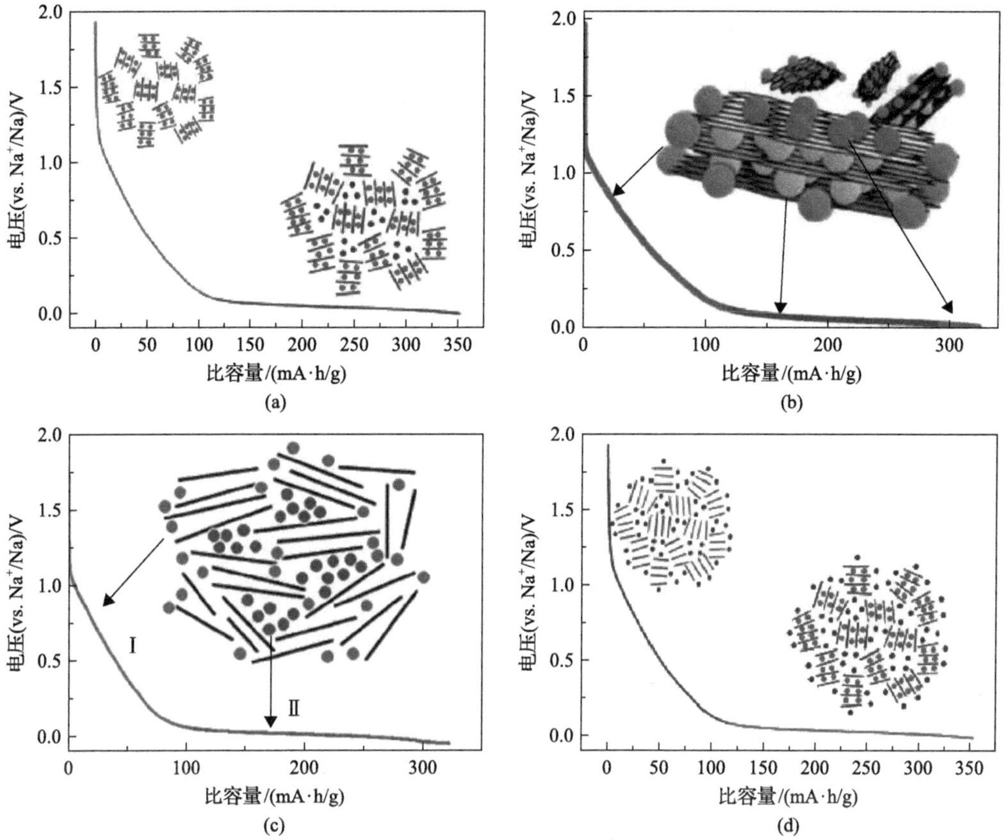

图 3.29　储钠机理模型

(a)“插层-填孔”模型[134]；(b)“吸附-插层-填孔”模型[139]；(c)“吸附-填孔”模型[142]；(d)“吸附-插层”模型[143]

4) SEI 膜

SEI 是由于电解液的电化学和化学分解而在电极-电解质界面上形成的一种界面层。理想的 SEI 膜为离子导体和电子绝缘体，可以防止电解液与电极直接接触分解。现阶段对 SEI 的形成和组成的理解仍然存在争议，但其组成高度依赖电解液配方[145]。Komaba 等[115]对钠离子电池中硬碳电极表面 SEI 组分进行了初步观察，发现 Na_2CO_3、$ROCO_2Na$ 和一些有机化合物如—CO—O—和—CH_2—是 $NaClO_4$-EC/PC 电解液中 SEI 的主要组分。与锂离子电池中以有机组分为主的 SEI 相比，钠离子电池中形成的 SEI 含有更多的无机化合物。然而，在 Eshetu 等[146]的研究中提出了一个相反的结论，即使用 EC/DEC 电解液钠离子电池中形成的 SEI 中有机组分比锂离子电池中发现的有机物质更多。还发现硬碳负极在 $NaPF_6$-EC/DEC 电解液中循环，有机盐的量随着循环的增加而增加，而无机盐的量则逐次减少[147]。相比之下，在双(三氟甲基磺酰)亚胺钠(NaTFSI)-PC 电解液中有机成分主要在循环的早期形成，而无机盐(即 Na_2CO_3 和 NaF)随着循环的增加而增加[148]。除此之外，基于醚的电解液会导致 SEI 外部的有机层更致密、更薄，而内侧的有机物/无机物混合物更均匀，同时它们也会导致有机物/无机物混合物更厚且不均匀[149]。因此，系统地研究 SEI 的形成机理和组成，对于启发相应的电解质和碳负极材料的设计，以获得稳定、合适的 SEI 从而提高其整体性能具有迫切而重要的意义。

高能量密度的钠离子电池需要低的工作电压和高的可逆容量，其可以通过形成封闭的孔隙获得超长平台，而大功率钠离子电池更喜欢缺陷众多、杂原子多、层间距离大的斜坡型碳[150]。需要对结构改性、表面工程和杂原子优化等问题有清晰的认识从而获得实用型碳负极材料。除性能以外，应该关注无定形碳材料的先进表征技术。在大多数报道中，D 和 G 拉曼峰强度比(I_D/I_G)的增加只是简单地归因于缺陷的增加，而一些报道则根据 Ferrari 的研究[151]得出了相反的结论。在不同的报道中，如何区分 XPS 光谱中的官能团也存在争议。这些对基本特征有争议的解释必然会带来不同的结论，需要进一步澄清。早期的研究为钠离子电池无定形碳负极的研究奠定了良好的基础，并为从实验室到商业化铺平了道路。我们认为还需要进一步的研究来解决剩余的问题，突破无定形碳负极的瓶颈将使钠离子电池有更大的进步。

3. 其他负极材料

之前的章节介绍了钠离子电池的碳基负极材料，也是在钠离子电池负极领域中研究最多且被认为最具实际商业前景的首选材料。但仍有许多其他类型的材料具有出色的储钠性能而被广泛报道，下面将主要就钛基负极材料、合金及转换类负极材料和有机负极材料进行简单的介绍。

1) 钛基负极材料

钛基负极材料因其合适的工作电压、安全性、较小的应力变化、低成本和环境友好等特点，也是备受关注的一类负极材料，其与碳基负极材料类似，多为嵌入型反应机制。常见的钛基负极材料见表 3.2，主要可分为钛基氧化物，如 TiO_2、$Na_2Ti_3O_7$、$Li_4Ti_5O_{12}$、$NaTi_2(PO_4)_3$ 等，以及非氧化物，如钛基碳化物、硫化物、碲化物等。

表 3.2 钠离子电池钛基负极材料

TiO_2	非氧化物	Na-Ti-O	磷酸盐	Ti-掺杂化合物	其他
锐钛矿	Ti_2CT_x	层状 $NaTiO_2$	$NaTi_2(PO_4)_3$	Ti-掺杂 $NaMnO_2$	$Li_4Ti_5O_{12}$
金红石	$Ti_3C_2T_x$	层状 $Na_4Ti_5O_{12}$	$Na_3MnTi(PO_4)_3$		K-Ti-O
TiO_2-B	TiS_2	层状 $Na_2Ti_3O_7$	$NaTi_2(PO_4)_3$		(Ni,Co,Fe)TiO_3
TiO_2-H	$TiTe_2$	隧道相 $Na_2Ti_6O_{13}$	$Na_2TiFe(PO_4)_3$		
无定形 TiO_2		隧道相 $Na_2Ti_7O_{15}$			
自缺陷 TiO_2					
非金属掺杂 TiO_2					
金属掺杂 TiO_2					

TiO_2 因其安全稳定、成本低等特点被视为有前景的钠离子电池负极材料之一，常见的有无定形 TiO_2(amorphous)、锐钛矿(anatase)、金红石(rutile)和板钛矿类(brookite)等。

形貌调控对于 TiO_2 类负极材料至关重要，研究发现，特殊的晶体表面特性与其储钠性能息息相关，其中(100)晶面可以更好地储钠[152]，而较小的 TiO_2 晶体尺寸可以影响表面 SEI 从而影响材料的首次库仑效率[153]。而一些特殊的纳米结构，如纳米纤维、纳米管状和纳米片结构以及不同的二维、三维孔隙结构等，都被证实可以有效提升 TiO_2 负极的电化学性能。

$Na_2Ti_nO_{2n+1}$ ($2\leqslant n\leqslant 9$) 化合物也是一类广为研究的钠离子电池钛基负极材料，这类材料合成简便，且拥有层状或隧道状结构，利于钠离子的储存与扩散。其中，最具代表性的 $Na_2Ti_3O_7$ 具有单斜层状结构，钠离子占据层间位置从而可以实现层间的嵌入和脱出。该材料拥有 0.3V 左右的储钠电位和 200mA·h/g 的高可逆比容量，充放电过程中对应两个钠离子的嵌入/脱出[154]。然而，该材料往往因其较低的导电性而限制了其首次库仑效率、倍率性能和循环性能，通过杂原子掺杂、碳负载和形貌优化等策略可以有效改善其综合电化学性能。

具有零应变特性和尖晶石结构的 $Li_4Ti_5O_{12}$ 是离子电池中的常见负极材料，其拥有出色的倍率性能和循环性能，也是快充锂离子电池的常用负极材料。Zhao 等[155]于 2012 年首次发现了该材料在钠离子电池中依然具有电化学活性并可作为负极材料使用，可实现 3 个钠离子的可逆嵌入/脱出，得到约 150mA·h/g 的可逆比容量，且其平均储钠电位低至 0.91V，比在锂离子电池中的处理电位还低 0.5V。通过一系列先进表征手段，发现该材料在充放电过程中对应的新型三相反应机制为

$$2Li_4Ti_5O_{12} + 6Na^+ + 6e^- \rightleftharpoons Li_7Ti_5O_{12} + Na_6LiTi_5O_{12} \tag{3.7}$$

并可直观观察到材料的三相界面(图 3.30)。

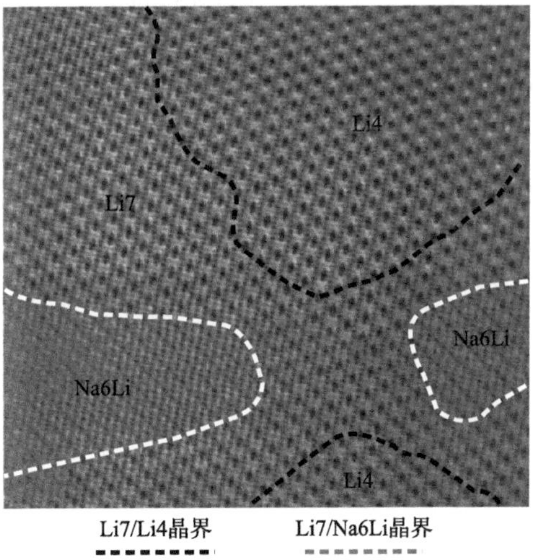

图 3.30 $Li_4Ti_5O_{12}$ 嵌钠状态下的环形亮场图像[156]

2) 合金及转换类负极材料

合金及转换类负极材料，顾名思义，即与钠离子发生合金反应或转换反应来储钠的

负极材料，相比于碳基材料的嵌入式反应，合金反应及转换反应所能转移的电子数更多，其储钠容量远远高于碳基负极材料，是目前已知容量最高的一类负极材料，再加上其相对较低的反应电势，一直以来备受人们关注。然而，该类负极材料反应过程中巨大的体积变化，导致循环过程中材料易出现粉化现象，容量衰减严重，循环性能较差，极大地限制了其实际应用前景。另外，合金类材料的成本相比碳基材料更高，对以低成本取胜的钠离子电池而言也是一大问题，未来在解决其循环性能和降低成本方面依然面临巨大挑战。

可与钠发生合金反应的金属主要在元素周期表的第四主族和第五主族，包括 Sn、Sb、Pb、P、As、Bi、Ge 等。典型的合金反应方程式为

$$a\mathrm{M}+b\mathrm{Na}^{+}+b\mathrm{e}^{-} \rightleftharpoons \mathrm{Na}_{b}\mathrm{M}_{a} \tag{3.8}$$

不同合金负极的理论比容量如表 3.3 所示。

表 3.3 常见合金负极与钠反应的合金化产物及理论比容量

合金负极金属元素	与钠的合金化产物	理论比容量/(mA·h/g)
Sn	$Na_{15}Sn_4$	847
Sb	Na_3Pb	660
Pb	$Na_{15}Pb_4$	485
P	Na_3P	2594
As	Na_3As	1073
Bi	Na_3Bi	385
Ge	NaGe	369

合金反应造成的体积变化巨大，使得材料循环性能较差。Komaba 等[157]首次使用 Sn 作为负极得到了 500mA·h/g 的比容量并循环 20 次。为了解决合金负极的循环问题，常见的策略包括改善材料微观结构和减小粒径[158,159]、与碳基材料等基底或与其他金属复合[160-162]及优化电解液配方[163]等。

与合金负极类似，还有一类负极材料，一般为金属氧化物、磷化物、硫化物等，如 Sn_4P_3、SnS、Sb_2O_3 等，这类材料往往先与钠离子发生转化反应，生成对应的金属和钠的化合物，生成的金属再进一步与钠发生合金反应生成钠的合金。以 Sn_4P_3 为例，其理论反应方程式如下：

$$\mathrm{Sn_4P_3}+9\mathrm{Na} \rightleftharpoons 3\mathrm{Na_3P}+4\mathrm{Sn} \tag{3.9}$$

$$4\mathrm{Sn}+15\mathrm{Na} \rightleftharpoons \mathrm{Na_{15}Sn_4} \tag{3.10}$$

这类材料在储钠时因可以同时利用转换反应和合金反应，其理论比容量相比纯合金负极材料往往更高。

3）有机负极材料

与无机负极材料相比，有机负极材料结构灵活、官能团丰富易调控、含量丰富、成

本低廉。此外，有机负极材料充放电过程中可以进行多电子反应，离子迁移速度快。但是其较低的电子电导率和在有机电解液中的溶解性也会限制其倍率性能和循环性能，是此类负极材料所面临的挑战。通过对材料的形貌进行改进、引入杂原子掺杂、使用碳基负载和优化电解液等方法可以有效解决上述问题并提升储钠性能。

常见的有机负极材料主要包括羰基化合物、席夫碱化合物、有机自由基化合物和有机硫化物。其中，羰基化合物，尤其是共轭羰基化合物，因其成本低、合成简便、分子结构多样且结构稳定等特点是最为常见也是研究最为广泛的有机负极材料，这类材料的理论比容量较高，且拥有很好的离子动力学，主要反应机制如下：

$$\mathrm{C{=}O + Na^+ + e^- \rightleftharpoons C{-}O{-}Na} \tag{3.11}$$

Armand 等[164]首次发现 $Li_2C_8H_4O_4$ 作为锂离子电池时可在 0.8V 可逆嵌入/脱出 2.3 个锂离子且具有出色的循环性能。类似地，Zhao 等[165]首次发现 $Na_2C_8H_4O_4$ 的储钠特性，其可贡献约 250mA·h/g 的高可逆比容量，对应两电子转移，平均工作电位为 0.45V。

对钠离子电池电极材料而言，高性能和低成本是研究者最为关注的两个方面，目前无定形碳材料仍是研究最广、技术相对最成熟、性价比最高且被认为最有前景的负极材料。通过调控其微观结构可以满足高能量密度或高功率密度等不同需求。然而，无定形碳负极材料的压实密度相对较低，其在实际应用过程中的能量密度，尤其是体积能量密度仍然有所限制，因此其他负极材料的研究仍然至关重要，甚至成为直接限制钠离子电池综合性能的瓶颈。目前的研究评价体系主要基于实验室扣式电池来进行电化学性能评估，考虑到实际电芯生产工艺环节，未来开发具有低成本、高容量、高压实密度的电极材料也是重要的发展方向。

3.3.3 钠离子电池电解质材料

电解液是钠离子电池的重要组成部分，其性能直接影响电池的循环寿命、输出功率、安全性、成本等关键性能指标。目前，钠离子电池有机电解液溶剂体系，基本沿用了锂离子电池有机电解液体系。这主要是由低电位下的负极材料(碳、合金负极等)和高电位下的正极材料(普鲁士蓝、层状金属氧化物)决定的。目前，钠离子电池中常用的溶剂主要是碳酸酯类溶剂和醚类溶剂。钠离子电池电解液溶剂的选择与锂离子电池的差异主要基于以下几个方面：①钠盐的溶解性相对锂盐较弱，所以通常可以考虑增大强极性溶剂的占比来提高电导率。②钠离子相对锂离子的去溶剂化能较低，钠的还原电位比锂高。③钠离子电池可以采用低盐浓度电解液，无负极钠金属电池也不需要高盐浓度电解液。

1. 有机溶剂

在锂电池中常用的五大碳酸酯中，碳酸丙烯酯(PC)的使用量最低。通常在配方中所占比例小于 5%，这主要是因为 PC 会造成石墨负极剥离、产气。实际上 PC 的开发利用要早于碳酸乙烯酯(EC)。PC 相对于 EC 具有很多优势，例如，PC 的密度更低，PC 对过渡金属离子的溶解度低，PC 对层状正极材料的兼容性好，PC 具有较低的熔点和较高的沸点等。在钠离子电池中，PC 对硬碳负极具有较好的兼容性。此外，PC 具有较高的介电常数，基于此类优势，钠离子电池中 PC 的地位和锂电池中的 EC 相似，成为钠离子电池电解液的主要溶剂之一。钠离子电池中 EC 的使用主要看电池体系，像磷酸钒钠正极比较适合大量使用 EC。而高电位的层状正极可能不太适合。锂电池中脱锂态的层状正极产生单线氧，直接把 EC 氧化成碳酸亚乙烯酯(VC)和过氧化氢造成电池性能恶化，层状钠离子电池正极可能存在类似反应。三大线性碳酸酯，主要是搭配环状碳酸酯降低电解液的黏度，提高电导率和浸润性。目前，线性酯中碳酸二甲酯(DMC)价格相对便宜，其耐压性能较好、黏度低，其主要缺点是蒸气压较高，熔点高，沸点低，在低温下容易偏析，高温下容易汽化。目前，锂电池中应用最广泛的线性酯是碳酸甲乙酯(EMC)，其综合性能最好，耐高压性能和低温性能优异。其主要缺点是存在歧化反应，两分子的 EMC 转换成 DMC 和碳酸二乙酯(DEC)。DEC 通常和 EMC 或者 DMC 搭配使用，三大线性酯中 DEC 的黏度较高，介电常数较低。钠离子电池中目前使用较多的碳酸酯体系主要包括 EC/PC、EC/DEC、EC/DMC 和 PC/FEC 等二元溶剂体系；三元溶剂体系主要包括 EC/DEC/PC、EC/DEC/FEC、EC/PC/FEC、EC/DMC/FEC 和 EC/PC/DMC。在实际电池设计中，溶剂的选择还要考虑电池的种类，像圆柱电池蒸气压较高的 DMC 会用得多一点，软包电池则尽量避免使用 DMC，其含量通常在 10%(质量分数)以下。

醚类溶剂介电常数低，黏度小，但醚基基团化学性质活泼，故醚类溶剂一般抗氧化性比较差，因而使用受限。在锂电池中醚类溶剂通常作为锂硫电池电解液溶剂使用，或者采用局部高盐浓度、高盐浓度醚类电解液提高电解液的耐压窗口进而用于层状金属氧化物正极。目前，醚类溶剂没有在实际生产中大规模采用，除不耐氧化的特性外，醚类溶剂还存在安全隐患，长时间放置容易产生过氧化醚，因而存储的过程中通常加入稳定剂。最近，Zhou 等采用醚类电解液使高容量合金负极可以稳定循环 500 次以上[166]。醚类溶剂对碱金属负极兼容性比较好，研究还发现其能有效钝化金属钠，在金属钠表面形成较薄(约 4nm)、均一和致密的 SEI 膜[167]。这主要是因为金属钠的电位比金属锂高约 0.3V，电解液抵抗金属钠和钠化的合金负极还原的能力强。此外，钠离子的溶剂化能比锂离子低，在充放电循环中，溶剂更容易完成去溶剂化，这意味着钠离子电池中溶剂到达界面的概率更低，因而在钠离子电池中，醚类电解液具有更好的效果。此外，醚类溶剂和磷酸盐正极的兼容性更好，例如，醚类电解液可以在高电压的氟化磷酸钒钠离子电池中稳定循环。醚类溶剂对层状金属氧化物正极的兼容性相对也可以接受。这些优势使醚类溶剂在钠离子电池中存在广泛应用的可能。另外，在醚类电解液中，石墨可以储钠，醚类与 Na^+形成配合体，在石墨负极中实现共嵌入而又不对石墨结构造成损坏，因而醚类电解液对石墨兼容性较好[168]。在实际电池中这种共嵌入的反应方式也存在一定的问题，例如，需要较多的电解液参与反应和存在较大的体积效应。

其他溶剂：磷酸酯类溶剂拥有较好的阻燃性能，能提高电解液的安全性能，使用较多的主要有磷酸三甲酯(TMP)和磷酸三乙酯(TEP)，其阻燃机理主要是捕获自由氢，使得有机电解液的燃烧无法或者难以进行。一般电解液中 TMP/TEP 含量需要达到 15%(质量分数)以上才具有阻燃效果，TMP 和 TEP 的解离能力较强，电解液中少量加入可以提高电导率。但是其存在黏度较大的问题，大量加入时会降低电导率，且磷酸酯类溶剂无法与目前主流的硬碳负极兼容。学术界主要采用四种方式使磷酸酯与碳负极兼容：①采用高盐浓度电解液，盐浓度的提高可以弱化阻燃剂与钠离子的相互作用，同时体系中大量的阴离子演化的SEI膜可以钝化硬碳负极，以无机成分为主的CEI膜也可以耐受较高的电压[169]。但是高盐浓度电解液的缺点也很明显，盐的价格通常是溶剂的十倍，高盐浓度电解液的成本相对较高。此外，盐浓度的提升会导致电解液黏度上升，引起电导率下降和浸润性差的问题。基于此，局部高盐浓度电解液应运而生。其主要是解决黏度和浸润性的问题，在高盐浓度电解液中加入大量的不与钠离子配位的氟代醚[170]。含卤素多的溶剂有阻燃的效果，氟代醚通常也有阻燃的效果。其主要缺点是，氟代醚蒸气压较高，沸点低，不利于电池的封装。此外，氟代醚具有麻醉效果，大量采购受到管制，不利于产业推广。②采用氟代磷酸酯，氟代磷酸酯可以与碳负极兼容。主要归功于生成以氟化钠为主的SEI膜，抑制了阻燃剂对碳负极的破坏[171]。其主要缺点是，解离能力差，通常只能溶解大阴离子的盐(如NaFSI、NaTFSI等)。由于此类电解液的电导率较低，在小电流场景下应用较多，不适合大电流充放电。③采用特殊的盐(NaBOB)，此类盐的阴离子还原电位较高，先于溶剂分解完成对硬碳负极的钝化。其缺点是盐的溶解度低，成膜阻抗高，电解液的电导率较低[172]，且因SEI膜动态修复导致循环库仑效率较低。④添加成膜添加剂，成膜添加剂一定程度上改善了负极成膜的问题。但是存在添加剂持续消耗、循环过程中库仑效率较低的问题。尽管半电池有一定的循环寿命，但在实际电芯中很难运行。其主要原因是电芯中电解液的用量较低，SEI膜的修复需要牺牲正极中的活性钠，采用添加剂只能缓解问题，不能解决根本问题。要想使阻燃剂大规模商用，必须设计与碳负极本征兼容的阻燃电解液。

除阻燃溶剂外，羧酸酯也经常作为电解液溶剂使用。锂电池中线性羧酸酯(乙酸乙酯、乙酸丙酯、丙酸乙酸等)通常用于低温电解液，其主要优势是凝固点低、介电常数大、黏度低。环状的γ-丁内酯介电常数高，黏度低于EC和PC，拥有类似EC的结构以及出色的溶剂化能力，在高温电解液中有部分应用。羧酸酯类溶剂主要存在的问题是碳负极成膜差、耐高电压能力不足。目前，羧酸酯类溶剂在钠离子电池中报道较少，除羧酸酯在碳负极成膜差的原因外，羧酸酯与高还原性的钠碳负极反应也不能忽略。以乙酸乙酯为例，两分子的乙酸乙酯和金属钠反应得到乙酰乙酸乙酯。钠碳负极可能与羧酸酯也存在类似的反应。羧酸酯类溶剂要在钠离子电池中大量使用，需要引入合适的添加剂钝化硬碳负极。

除了上面提到的溶剂，砜类和亚砜类溶剂介电常数较高，可燃性低；砜类溶剂对各类锂离子电池正极材料表现出优异的抗氧化性，因而对高电压正极材料是较好的选择，但其黏度也相对较高，对电极和隔膜浸润性较差，且在石墨负极成膜性较差。Vo等[173]认为在传统碳酸酯中加入30%的环丁砜，可降低电解液的可燃性，对层状金属氧化物正极显示了较好的耐受性，30%的环丁砜增加的黏度也在可接受的范围内。基于砜类溶剂的高沸点作为室温的钠离子固态电解质的工作也有报道，但是目前基于硬碳负极的钠离子全电池鲜有报道，砜类溶剂对硬碳负极的兼容性仍需要确认。

氟代溶剂是一类新型溶剂，也是目前高电压电解液所采用的共溶剂或添加剂。由于F原子电负性强，将酯类或醚类中非活泼H进行部分或全取代后，这类溶剂的抗氧化能力可以得到有效提高，从而扩展电解液的电化学窗口上限。目前，锂电中全氟电解质可以将电解液的耐压窗口扩展到5V以上。钠离子电池中使用双(2, 2, 2-三氟乙基)醚与乙二醇二甲醚作为共溶剂的电解液；可能有助于在电极表面形成较薄且稳定的界面膜，同时抑制 $NaNi_{0.68}Mn_{0.22}Co_{0.10}O_2$ 表面形成岩盐相，从而提高层状正极的循环性能[174]。同时，多氟代溶剂也可作为阻燃溶剂使用，如1, 1, 2, 2-四氟乙基-2, 2, 2-三氟乙基醚和1, 1, 2, 2-四氟乙基-2, 2, 3, 3-四氟丙基醚等溶剂也可用于提高电解液的阻燃性。目前，氟代溶剂基本覆盖了本节介绍的溶剂，例如，碳酸酯中有氟代碳酸乙烯酯、氟代碳酸甲乙酯等，醚类有常用稀释溶剂氟代醚，羧酸酯有氟代乙酸乙酯等，砜类有二氟甲基苯砜等。对于其他类型的溶剂，目前在锂离子电池和钠离子电池中仍然较少使用，这里不再一一展开介绍。

2. 钠盐

钠离子电池中的电解质钠盐如表3.4所示[175]，主要包括：高氯酸钠($NaClO_4$)、四氟硼酸钠($NaBF_4$)、六氟磷酸钠($NaPF_6$)；三氟甲基磺酸钠($NaSO_3CF_3$(NaOTf))、双(氟磺酰)亚胺钠(Na[$(FSO_2)_2$N](NaFSI))、双(三氟甲基磺酰)亚胺钠(Na[$(CF_3SO_2)_2$N](NaTFSI))等。高氯酸钠是目前实验室研究最常用的钠盐，其主要优点是溶解性好，电导率高，抗氧化性强，成本低，对水分不敏感等。主要缺点是氧化性比较强，存在安全隐患，是管控试剂。$NaBF_4$ 是常用钠盐中分子量最低的，热稳定性好。$NaBF_4$ 对溶剂水含量的耐受力比较强，高低温下的性能要优于 $NaPF_6$。$NaBF_4$ 的主要缺点是在溶剂中较难解离，电解液的离子电导率比较低。$NaPF_6$ 为白色晶体，溶解度高，综合性能最好，也是最具有商用前景的钠盐之一。$LiPF_6$ 化学稳定性较差，在有机溶剂中存在分解平衡，会产生 LiF 和 PF_5，高温下分解加剧，热稳定性也较差。不同于 $LiPF_6$，$NaPF_6$ 的热稳定性较好，其最主要的缺点是，对水分敏感易水解，会与溶剂中的痕量水反应生成 HF。HF一方面会与溶剂继续反应，致使电解液劣化，另一方面也会和界面膜以及电极材料反应，使过渡金属层状氧化物正极材料中的过渡金属离子溶出，破坏界面膜和电极材料原有结构，造成正极材料性能的衰减。

表3.4 常用钠盐的理化性质[175]

钠盐	阴离子结构	摩尔质量/(g/mol)	熔点/℃	电导率*/(10^{-3}S/cm)
$NaClO_4$	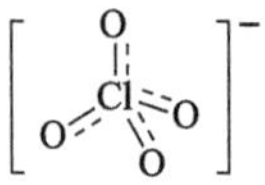	122.4	468	6.4
$NaBF_4$		109.8	384	—
$NaPF_6$	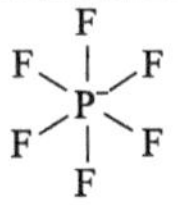	167.9	300	7.98

续表

钠盐	阴离子结构	摩尔质量/(g/mol)	熔点/℃	电导率*/(10^{-3}S/cm)
$NaSO_3CF_3$(NaOTf)	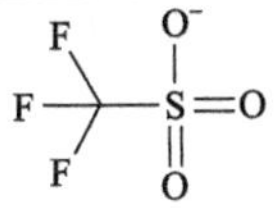	172.1	248	—
$Na[(FSO_2)_2N]$(NaFSI)	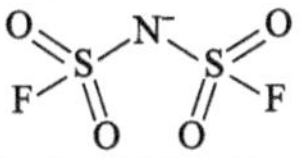	203.3	118	—
$Na[(CF_3SO_2)_2N]$(NaTFSI)	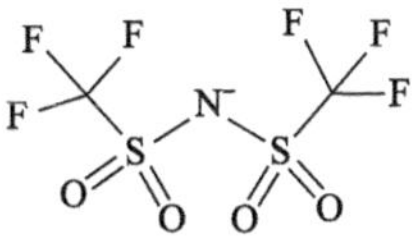	303.1	257	6.2

*盐浓度为 1mol/L，溶剂为 PC。

常用的有机钠盐，如 NaOTf、NaFSI 和 NaTFSI，主要缺点是存在腐蚀铝集流体的问题，其阴离子在较低电位下会与铝发生反应，不能形成稳定的钝化层，使铝集流体发生腐蚀溶解，因此限制了这类钠盐在钠离子电池中的应用。此外，NaOTf 还存在电导率低的问题。这三种有机钠盐对水分的耐受度都好于 $NaPF_6$，氟磺酰亚胺类钠盐(NaFSI、NaTFSI)还具有较高的电导率，目前最有希望大规模使用的是 NaFSI。2013 年，Jian 等[176]最早提出 NaFSI 基电解液，提高了 $Na_3V_2(PO_4)_3$ 的循环效率。目前，锂电池电解液中 $LiPF_6$ 和 LiFSI 的质量比通常为 9∶1，随着 $LiPF_6$ 的涨价，部分厂家将这一比例调整到 1∶1。通常认为此 1∶1 的比例可以忍受 FSI^- 对集流体的腐蚀，这主要是因为 $LiPF_6$ 对铝箔的钝化作用。此外，钠具有较高的元素丰度，使规模化的钠盐比锂盐更具有成本优势。而且与锂离子相比，钠离子斯托克斯直径小，离子电导率高，所以钠离子电池电解液可以采用低盐浓度电解液，这有助于进一步降低电解液的成本。

3. 添加剂

添加剂指的是在电解液中含量较少(一般在 5%以下)的组分，可以是气体、液体或者固体，具有针对性强、用量小的特点，可以在基本不提高生产成本、不改变生产工艺的情况下，明显优化电池某一方面的性能。按照添加剂的组成，钠离子电解液的添加剂可以分为无机添加剂和有机添加剂。无机添加剂主要以固体钠盐为主，包括 $NaBF_4$、$NaNO_3$ 和 $NaC_2O_4BF_2$ 等；有机添加剂则包括含不饱和键的碳酸亚乙烯酯(VC)、碳酸乙烯亚乙酯(vinylethylene carbonate, VEC)等；氟代溶剂包括氟代碳酸乙烯酯(FEC)、反式二氟代碳酸乙烯酯(di-fluoroethylene carbonate, DFEC)等；含硫添加剂包括亚硫酸乙烯酯(ES)、1,3-丙烷磺酸内酯(1,3-propanesultone, 1,3-PS)、丙烯基-1,3-磺酸内酯(prop-1-ene-1,3-sultone, PST)、硫酸乙烯酯(1,3,2-dioxathiolan-2,2-oxide, DTD)；腈类添加剂包括丁二腈(succinonitrile, SN)、乙氧基(五氟)环三磷腈(1,3,5,2,4,6-triazatriphosphorine, EFPN)等。此外，还包括阻燃添加剂、防过充添加剂、浸润剂等。

目前，钠离子电池添加剂的研究尚处于初始阶段，基本沿用了锂电池电解液的添加剂。在常规的硬碳负极表面主要是采用成膜添加剂 VC、VEC、FEC、1,3-PS 等，也包括成膜的钠盐 NaDFOB 和 NaBOB 等。成膜添加剂的使用需要针对特定的体系，既要形成稳定的 SEI 膜，抑制产气等副反应，又要控制成膜内阻，降低阻抗。

其他电解液体系：有机电解液体系电池具有能量密度高、循环寿命长和自放电率低等特点，在性能上可以满足储能系统的技术要求。然而，有机系电解液通常易燃，且较高的能量密度存在一定的安全性问题。水系电解液不易燃，水溶剂和无机盐价格相对低廉，此外水溶液离子电导率比有机电解液高约 2 个数量级，易于实现高倍率[177]。为了扩展水系电池耐压窗口低的问题，近几年主要发展了高盐浓度电解液体系，主要优点包括以下几个方面：①离子数增加使得电极/电解液的界面传质过程得到一定改善，电极上氧化反应和还原反应的稳定性增强，电极上可以进行快速反应；②提高盐浓度可以有效抑制析氢、析氧从而拓宽水系电解液的电化学窗口，同时高盐浓度还可以减少电解液中的自由水，从而有效抑制电极材料的溶解，提高电极的循环寿命[178]。其主要缺点在于，电解液的黏度变大，电导率降低，隔膜浸润性变差。未来高盐浓度水系电池主要应用于特定场景，作为大规模储能用的成本偏高。除水系电池外，以聚合物电解质和无机固体电解质替代液体电解质的固态钠离子电池主要以金属钠作为负极，目前学术研究相对广泛，产业应用相对较远。离子液体电解质体系中，不存在溶剂，主要由熔盐和钠盐组成，其耐压窗口宽，高温性能好，主要缺点是黏度较大，电极浸润性差，成本高，大规模商业化应用受到一定限制，但可以作为功能添加剂使用。

3.3.4 钠离子电池制造技术

钠离子电池的制造技术包含如何按设计预期制备出钠离子电池所需要的电池材料，并将材料有效组装成符合设计预期的电池。

由于钠离子电池与锂离子电池原理和结构上的相似性，钠离子电池的生产工序可参照锂离子电池建立相似的电池生产线，如图 3.31 所示。值得注意的是，相比于锂离子电池，钠离子电池负极可以采用成本更为低廉的铝箔作为集流体。

钠离子电池是一个复杂的体系，制造技术要求正极、负极、隔膜、电解液、外壳组件等部分的制造工艺相互协调。生产工序可以分为电极制造、电芯制造和化成分选三个方面。表 3.5 列出硬碳/Na-Cu-Fe-Mn-O 系圆柱形钠离子电池制造的有关参数。

表 3.5　硬碳/Na-Cu-Fe-Mn-O 系圆柱形钠离子电池制造的有关参数

电池组分	材料	规格
正极活性物质	Na-Cu-Fe-Mn-O	单面面密度 16～25mg/cm^2
正极集流体	铝箔	厚度 12～16μm
负极活性物质	无定形碳（硬碳）	单面密度 6～12mg/cm^2
负极集流体	铝箔	厚度 12～16μm
电解质	$NaPF_6$/EC+PC+DEC	0.5～1.5mol/L
隔膜	基材 PP/PE	12μm/16μm/20μm/25μm

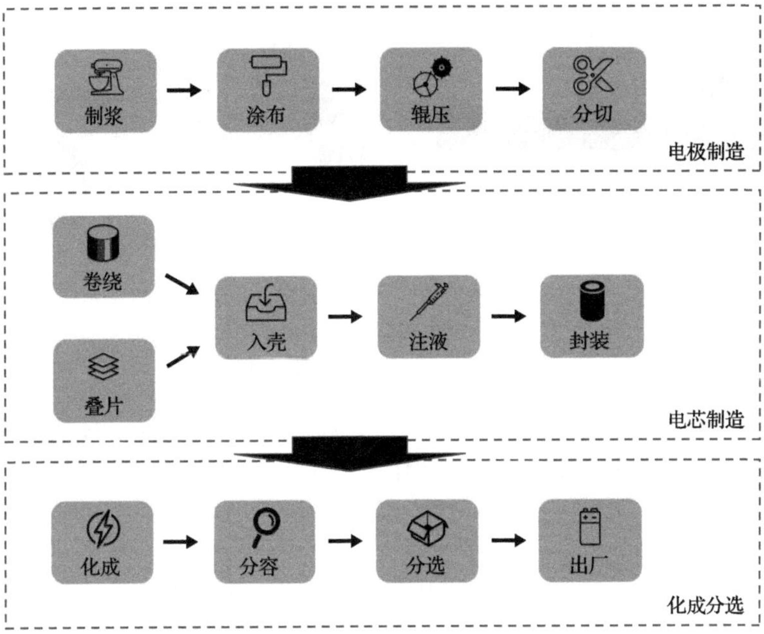

图 3.31　钠离子电池生产工序示意图

1. 电极制造

电极制造关键工序分为制浆、涂布、辊压、分切。

制浆是将黏结剂和溶剂分别与正负极活性物质粉末按一定的比例混合，搅拌机在合适的桨叶公转和分散盘自转下搅拌混合制成电极浆料，如图 3.32(a)所示。主要检测指标为浆料黏度、固体含量、细度和流变特性。

涂布是通过涂布机将经过搅拌工序的电极浆料均匀涂覆于集流体表面，如图 3.32(b)所示，烘干除去浆料中的溶剂。涂布工序是关键工序，要选择合适的干燥温度、涂布面密度、涂布尺寸和涂布厚度等参数，其直接影响电池的工作性能和一致性。

辊压是通过辊压机将极片压实，如图 3.32(c)所示，涂布后松散状态的电极材料经过滚动挤压可以实现颗粒间、涂层与集流体间的紧密接触，能够有效降低电极孔隙率，提高电池能量密度。辊压工序后的活性物质均匀程度也对性能产生了不可忽略的影响。

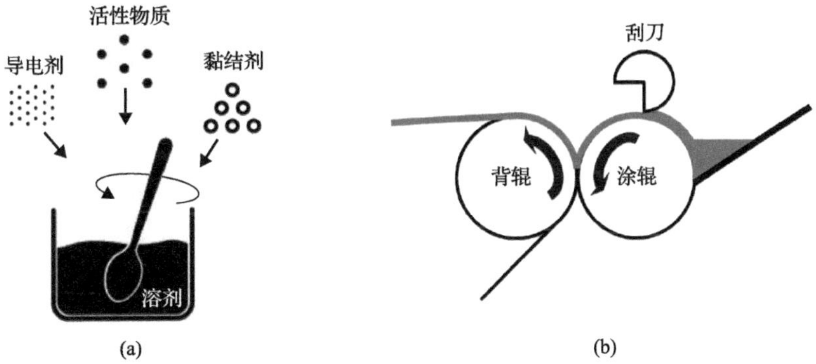

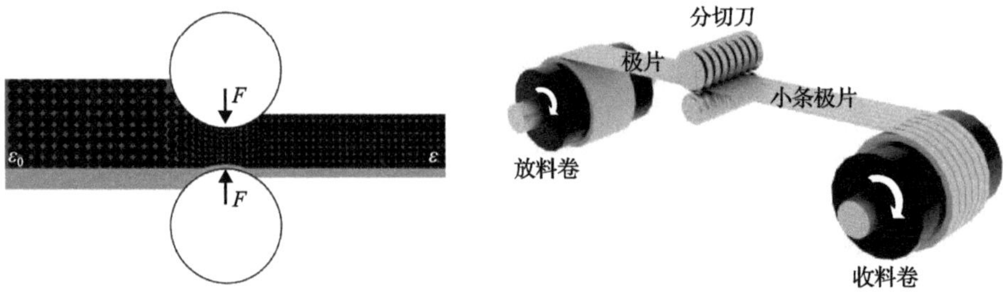

(c) (d)

图 3.32　电极制造工序示意图

(a)制浆搅拌；(b)涂布；(c)辊压；(d)分切

分切是通过分条机将整卷极片纵向切成一定宽度以满足电芯尺寸的需要，如图 3.32(d)所示。在分切中需要避免极片边缘在剪切作用下导致的屈服及断裂失效。

2. 电芯制造

由于不同类型的钠离子电池的内部结构不同，对应的电芯制造工序有较大的差异。圆柱电池内部储能结构为圆柱形卷状，方形电池内部储能结构包括方形卷状和层叠状，方形卷状对应的工序为卷绕、注液和封装；层叠状对应的工序为叠片、注液和封装。卷绕和叠片工艺对比各有优缺点。

卷绕是通过卷绕机将极片按照正极片、隔膜、负极、隔膜、正极片、隔膜……的顺序放置，卷绕成钠离子电池的电芯，可以细分为圆柱卷绕机和方形卷绕机两类，分别对应于圆柱钠离子电池和方形钠离子电池。卷绕结构技术成熟，易于实现大规模生产。相比于圆柱卷绕，方形卷绕存在的问题在于电芯正面和侧面的张力不一致，进而导致内部电极反应不均匀，且韧性不佳的极片在弯折处更容易出现断裂和脱落。

值得注意的是，圆柱钠离子电池的正、负极极耳经过圆形卷针卷绕，从裸电芯两端引出，如图 3.33(a)所示；方形钠离子电池的正、负极极耳从裸电芯同侧引出，如图 3.33(b)所示。

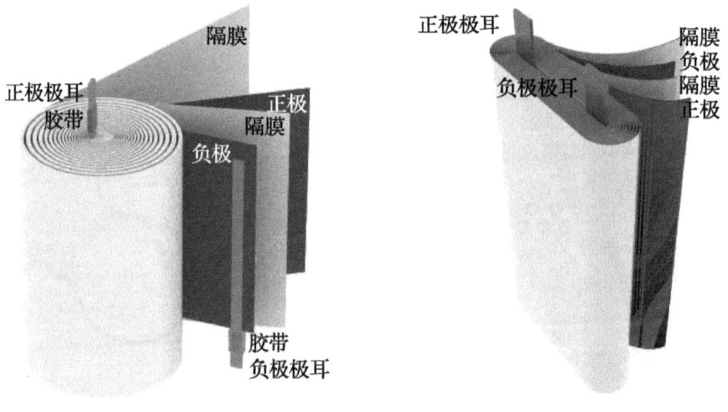

(a) (b)

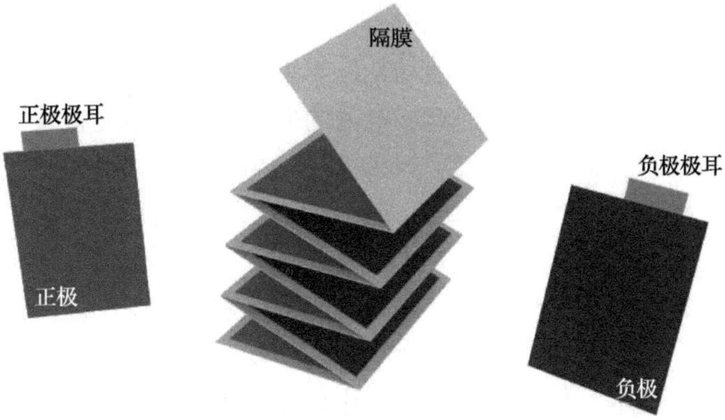

(c)

图 3.33 电芯制造工序示意图

(a)圆柱电池卷绕；(b)方形电池卷绕；(c)叠片示意图

叠片是使用叠片机将切好的极片和隔膜与卷绕相同的放置顺序按照 Z 字形叠加成电芯，如图 3.33(c)所示。叠片结构电芯内阻低，均匀性好，倍率性能好，散热性能优异，同时能够利用电池边缘的空间进而能量可比方形卷绕工艺提高约 5%。问题在于极片的冲切产生较多的断面和毛刺，容易刺穿隔膜进而导致内短路，同时工业生产难度高，不利于量产。

值得注意的是，软包钠离子电池和方形钠离子电池一致，正、负极极耳从裸电芯同侧引出。

入壳工序是指经过卷绕或叠片的电芯封装在外壳中，注液工序是将电解液定量注入电芯，最后进行电芯的封口完成电池装配。

3. 化成分选

化成分选的意义在于将成型的电芯激活、检测并封装成为质量安全、性能可靠的钠离子电池，化成分选分为化成、分容检测和分选等工序。

化成通过充放电设备按照一定的充电方式完成的首次充电激活电芯，并在正极、负极界面分别生成 CEI 和 SEI 钝化膜防止电解液在后续循环过程中的持续分解。

分容检测是通过充放电设备对化成工序之后的电芯按照一定的充放电方式，精确测定电芯的容量。

分选是分容检测工序的合格电芯以电压、容量、内阻、自放电率和充放电曲线等参数为指标，按照一定的标准进行电池筛选。

3.3.5 钠离子电池失效分析技术

1. 失效定义及意义

失效，国标 GB/T 2900.99—2016《电工术语 可信性》中定义为：产品丧失规定的功能，对可修复产品，通常也称为故障。电池的失效是指由某些特定的本质原因导致电池性能衰减或使用性能异常[179]。失效分析是一种判断产品失效模式、分析失效原因、预测或预防失效现象的技术活动和管理活动，近年来开始从军工(机械和航天领域居多)向民用企业普及。在电池领域，对于锂离子电池的失效分析，相关企业、高校和科研院所已经积累了丰富的经验。2016 年，三星 Note 7 手机电池爆炸事件发生之后，三星投入了 700 多名工程师对手机和电池进行测试，并邀请第三方机构针对 Note 7 事件原因的可能性展开独立调查，最终查明了电池的失效原因。

作为后起之秀，钠离子电池经过多年的研究和探索，在电极材料、电解质材料、表征分析、储钠机制探索和电芯技术等方面不断取得突破，以中科海钠为代表的国内外部分钠离子电池企业，技术已趋于成熟，产业化与商业化应用已经拉开帷幕。但是，对于钠离子电池的失效分析工作尚未完全展开，开展对钠离子电池的失效分析刻不容缓。

钠离子电池由于具有原材料来源广泛、成本低廉等优势，在大规模储能和短续航电动车领域具有巨大的应用潜力。但是，近来国内外储能电站事故频发，引发了人们对电化学储能的担忧。特斯拉澳大利亚最大储能电站着火、国内“4·16”北京大红门储能电站起火爆炸事故，对人们的生命财产安全造成了巨大损害。此外，电动自行车电池充电爆炸的安全事故也屡见不鲜。无论是何种类型电池，应用在何种领域，可靠性和安全性无疑是非常关键的属性。

钠离子电池潜在的应用领域决定了其必须具备安全可靠的特性，因此对于钠离子电池开展失效分析具有重大意义。另外，失效分析可以让我们全面认识和了解内部的各种失效机理，建立完善的失效机理数据库，在研发过程中能够更加及时准确地获得相关信息，便于钠离子电池产品的快速开发和迭代，从而在钠离子电池设计、制造和应用等全寿命阶段做好产品潜在失效模式的预防和预测，快速推动钠离子电池的规模化应用。

2. 失效的分类和原因

电池的失效主要分为两类：一类为性能失效，另一类为安全性失效。性能失效指的是电池的性能达不到使用要求和相关指标，如容量衰减或跳水、循环寿命短等；安全性失效指的是电池由于使用不当或滥用，出现的具有一定安全风险的失效，如热失控、胀气等[179]。

电池的全寿命周期中，从研发、生产制造、运输再到使用，环节众多，而且电池本身由多个部分构成，包括正负极材料、隔膜、电解液等，因此可能出现失效的原因很多，失效原因和失效之间的构效关系十分复杂。

电池性能和安全性失效的原因可以分为三个方面：核心材料、设计制造以及使用环境。在核心材料层面，正极结构的变化或破坏、负极侧的析钠和 SEI 的过度生长、电解液的注液量及消耗分解、隔膜的老化等都会影响电池的使用性能和安全性能；在设计制造层面，合理的钠离子电池设计(如材料体系选择、结构设计、工艺参数设计等)和严格的制造过程管控都将是电池性能发挥和安全的关键保证；在使用环境层面，极端环境(如过冷、过热等）和滥用（如过充、过放、挤压、刺穿等）都会对电池造成损伤，从而引发电池性能下降和安全问题。

电池的失效归根结底是材料的失效，材料的失效主要指的是材料结构、性质、形貌等发生异常和材料间失配[179]。图 3.34（a）展示了电池中材料的性质与电池性能的联系。

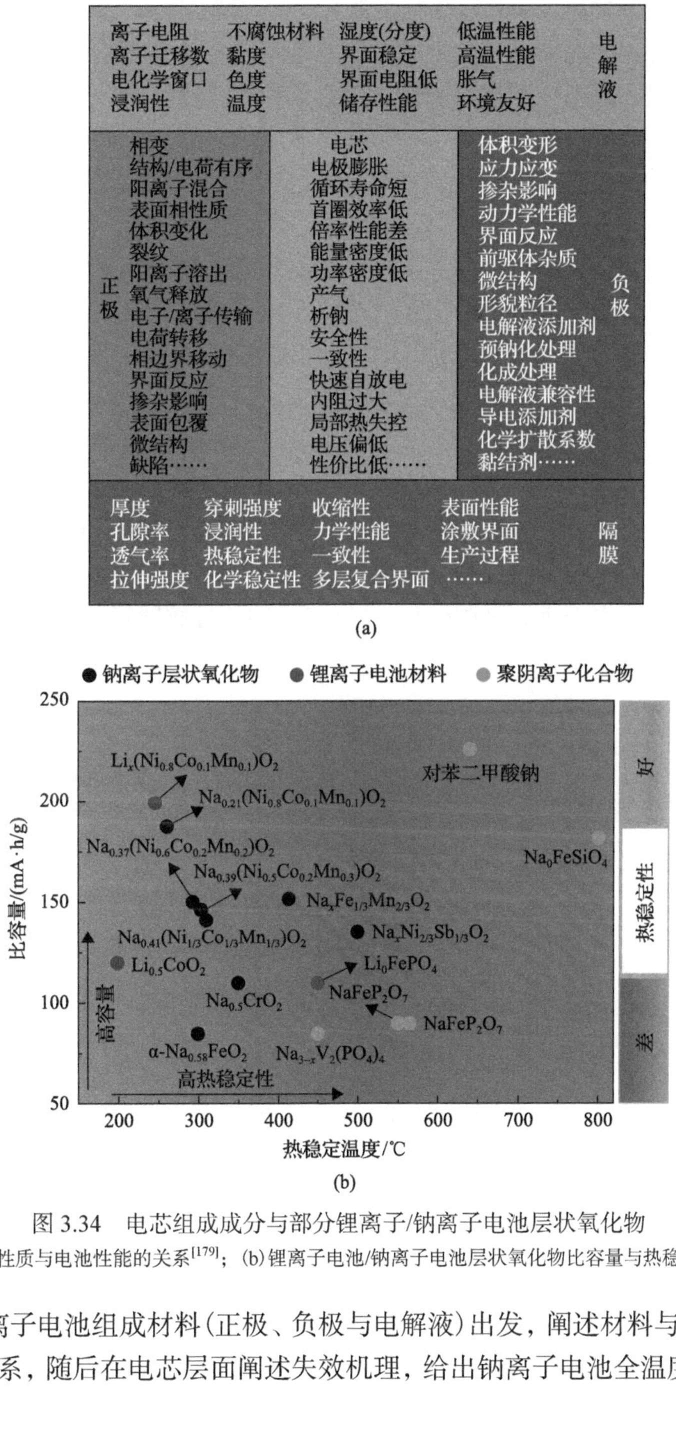

图 3.34 电芯组成成分与部分锂离子/钠离子电池层状氧化物

（a）电池材料性质与电池性能的关系[179]；（b）锂离子电池/钠离子电池层状氧化物比容量与热稳定性比较[180]

本节从钠离子电池组成材料（正极、负极与电解液）出发，阐述材料与电池失效（主要指热失控）的关系，随后在电芯层面阐述失效机理，给出钠离子电池全温度范围的反应特性，并对钠离子电池失效分析技术进行展望。

1) 正极

目前，钠离子电池的正极材料主要包括层状氧化物、聚阴离子类、普鲁士蓝类等。层状氧化物(Na_xTMO_2，TM 为过渡金属)由于制备方法简单、比容量和电压较高，是钠离子电池主要的正极材料。层状氧化物可能存在姜-泰勒效应、过渡金属离子的不可逆迁移溶解以及循环过程中晶体结构的不可逆演变等问题会造成性能衰减。

此外，在高温和高电压状态(脱钠态)下，层状氧化物可能会分解并放出氧气，释放大量的热，氧气会进一步加速电解液的分解，放出更多的热，使电池温度升高，最终可能会引发爆炸。Robinson 等[181]认为正极材料与电解液的副反应是钠离子电池热失控的主要原因。

在锂离子电池和钠离子电池的层状氧化物中，如图 3.34(b)所示，镍含量高的层状氧化物具有较高的比容量，但是热稳定性较差。在 Na_xTMO_2 中，高镍含量的氧化物稳定性最差[180]，因为在高电压下，Ni^{3+}氧化为 Ni^{4+}，而 Ni^{4+}具有很强的氧化性，会氧化电解液，并倾向于自分解。

Xie 等[182]利用加速绝热量热仪(accelerated adiabatic calorimeter, ARC)研究了 $NaNi_{1/3}Fe_{1/3}Mn_{1/3}O_2$ 的热稳定性。如图 3.35(a)所示，SEI 分解导致的放热反应起始温度(T_1)大约为 166℃。经过一次快速放热后，电池温度从 243℃(热失控的起始温度 T_2)升高到热失控过程中的峰值(T_3)约 312℃。高能 X 射线衍射(highly extensible X-ray diffraction, HEXRD)表明，在充电态下，$NaNi_{1/3}Fe_{1/3}Mn_{1/3}O_2$ 的热分解路径受外部环境(如电解液和温度)影响(图 3.35(b))。

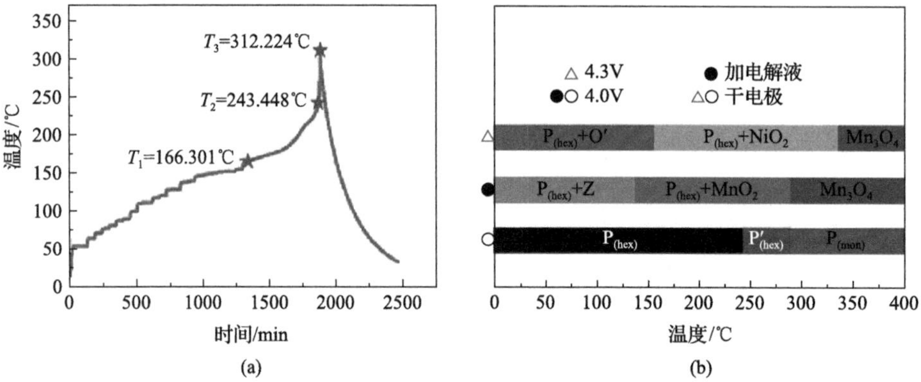

扫码见彩图

图 3.35 $NaNi_{1/3}Fe_{1/3}Mn_{1/3}O_2$ 及其全电池的热稳定性[182]

(a)满充态 $NaNi_{1/3}Fe_{1/3}Mn_{1/3}O_2$/硬碳全电池 ARC 曲线；(b)满充态 $NaNi_{1/3}Fe_{1/3}Mn_{1/3}O_2$ 在不同条件下的热分解过程示意图

Sun 等[183]报道了一种具有浓度梯度的正极材料，内部核层具有高的镍含量，外部壳层具有高的锰含量。内部的高镍含量保证了高容量，而表面非活性的 Mn^{4+}提升了热稳定性。此外，减少氧化物中 Ni 和 Co 的含量可以进一步改善体相结构的热稳定性。Hwang 等[184]研究了 O3-Na[$Ni_xCo_yMn_z$]O_2 (x = 1/3, 0.5, 0.6, 0.8)正极材料在高度脱钠状态下的分解温度，当 x=1/3 时，分解温度最高(310.7℃)，放热量最低(306.4J/g)。这项工作表明，O3 相层状氧化物的电化学、结构和热稳定性能强烈依赖过渡金属的组成。高熵构型的 $NaNi_{0.25}Mg_{0.05}Cu_{0.1}Fe_{0.2}Mn_{0.2}Ti_{0.1}Sn_{0.1}O_2$ 正极材料在不影响材料能量密度的同时热稳定性明显提高。这主要归因于惰性金属离子和高熵构型的协同作用，可以显著抑制氧流失和热释放。因此，在设计发展热稳定的正极材料时，要重视各过渡金属物理化学作用的平衡[180]。

提高正极的热稳定性也可以将 Ni 全部替换成 Cr、Ti、Mn 以及其他热稳定的元素。Xia 等[185]通过 ARC 研究了 $NaCrO_2$ 的热稳定性，发现 $Na_{0.5}CrO_2$(满充态)在 350℃以下没有明显的反应，而 $Li_{0.5}CoO_2$ 在 300℃以下就有放热反应，TG 分析和 XRD 进一步表明，$Na_{0.5}CrO_2$ 的高安全性来源于其晶格氧的稳定性。Zhao 等[186]通过 TG 分析和差示扫描量热法(differential scanning calorimetry，DSC)研究了 α-$NaFeO_2$ 的热稳定性，$Na_{0.58}FeO_2$ 粉末热分解温度高于 300℃，与电解液混合后，在 220～300℃发生放热反应。与 $LiCoO_2$ 相比，$NaFeO_2$ 总放热量较少，而且放热初始温度更高。

聚阴离子类正极材料中特有的聚阴离子结构单元，由很强的共价键紧密连接，晶格氧活性低不易失氧，能支撑和稳定材料的晶体结构，因此相较于层状氧化物，在热稳定性方面具有明显优势。Kim 等[187]利用原位高温 XRD 研究了 $NaFe_3(PO_4)_2(P_2O_7)$ 的热稳定性，结果表明在 530℃，PO_4^{3-}分解成 $NaFeP_2O_7$。因此，高温下焦磷酸根要比磷酸根热稳定性更好。Barpanda 等[188]研究了 $Na_{2-x}Fe_2P_2O_7$(x=0,1)的热稳定性，发现在 600℃以下不会释放氧气(图 3.36(a))，只经历一次不可逆相变(图 3.36(b))，展现了焦磷酸根优异的热稳定性。

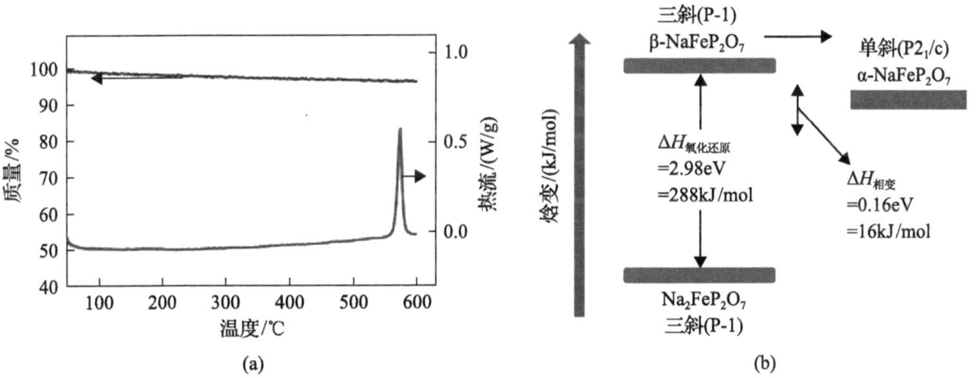

图 3.36 $NaFeP_2O_7$ 的热行为[188]

(a)脱钠态 $NaFeP_2O_7$ 的热分析(TG-DSC)曲线；(b)$Na_{2-x}FeP_2O_7$ 多晶型的对应焓变图

2)负极

现有钠离子电池负极材料主要包括碳基、钛基、有机类、合金及其他负极材料等。其中，碳材料(如硬碳、软碳等)是最有潜力商业化应用的负极材料。但是碳材料存在高温界面 SEI 热稳定性差、与黏结剂和电解液发生副反应以及低电位下易析钠等问题，容易引起电池的热失控。

钠离子电池热失控的起始温度与高温下 SEI 的稳定程度密切相关，提高 SEI 的热稳定性可以提高 T_1，拓宽电池的工作温度区间。可以通过增加 SEI 中的无机成分、减少有机成分来提高 SEI 的热稳定性。SEI 中的有机成分在高温下不稳定，易发生分解；另外，有机成分多孔的特性，可能会导致电极与电解液发生剧烈的副反应[189]。

电解液添加剂，如 VC、FEC 和 1,3-PS 等已用来形成薄且稳定的 SEI。Lu 等[190]研究了 FEC 对 SiC-Sb-C 电极表面结构和组成的影响。FEC 会优先 EC 和 DEC 分解，在电极表面形成致密的 SEI（内层为 NaF，外层为 Na_2CO_3 和 RONa）。FEC 添加剂能够改变电极表面 SEI 的形貌/结构和化学组成，从而减少不可逆容量，改善热稳定性[180]。

此外，实验证明[191]，SEI 中的无机成分可以提高 SEI 的机械强度（杨氏模量），增加坚实程度和热稳定性。Ji 等[191]研究了 FEC 对多孔碳纳米纤维-SnSb 合金负极 SEI 的影响。XPS 结果显示，加入 FEC 形成的 SEI，组成为 NaF 和聚碳酸酯，而未加入 FEC 形成的 SEI 主要由含氧较多的物质组成，如 $NaCO_3$、$ROCO_2Na$ 和 RCH_2ONa 等。加入 FEC 后，SnSb 纤维的形貌在长循环后可以保持，说明富含无机成分的 SEI 机械强度高。SEI 的稳定性还与电解液中的盐种类有关[192]。Eshetu 等[193]研究了不同碳酸酯电解液在金属钠表面 SEI 的热稳定性。放热过程起始温度的顺序为：在选用 EC/PC 作为溶剂时，$NaClO_4$＞NaFTFSI＞$NaPF_6$＞NaTFSI＞NaFSI；而在固定钠盐（$NaPF_6$、$NaClO_4$ 或 NaTFSI）时，EC/DMC＞EC/DEC＞EC/PC。相较于 $LiPF_6$，$NaPF_6$ 热稳定性更好，在钠离子电池中生成的酸较少，因此可以减少 SEI 中 Na_2CO_3 的分解。

此外，优化 SEI 的组成、结构和致密程度可以减缓枝晶生长，从而减少内短路和热失控的可能性[194]。枝晶是由负极表面不均匀电场分布造成的[195]，应避免形成多孔和较厚的 SEI 膜，因为它会阻碍离子传输到负极表面，造成较大的浓度差，加速枝晶的形成[196]。

除 SEI 的不稳定性以外，负极潜在的安全隐患还来源于析钠以及负极与黏结剂或者电解液的副反应。为了具有更高的能量密度，负极材料应具有较低的工作电位，例如，硬碳负极的电化学曲线具有高压的斜坡段和低压的平台段，在平台段，较低的工作电压（＜0.1V）可以提供更高的能量密度，但在高电流密度或者低温条件下容易析钠[136]。Qi 等[131]通过低温碳化法制备了以斜坡容量为主的沥青基碳材料，具有优异的比容量和倍率性能，提高了耐受极化的能力，降低了析钠的风险。此外，具备合适嵌钠电位的负极，如 $NaTi_2(PO_4)_3$[197]、$Li_4Ti_5O_{12}$[198]等，也可以较好地防止钠沉积。

另外，在升温情况下，由于 SEI 较差的热稳定性，嵌钠负极会与电解液发生剧烈的反应，这也应该得到重视。Zhao 等[199]对比了锂电池和钠离子电池硬碳负极在碳酸酯体系下的热行为，如图 3.37(a) 所示。嵌钠硬碳相较于嵌锂硬碳产热量更小，而且具备更高的初始分解温度，说明钠离子电池具有更好的热稳定性。

3）电解液

传统有机电解液由于其易燃和易挥发的特性，在电池滥用的情况下，会存在安全隐

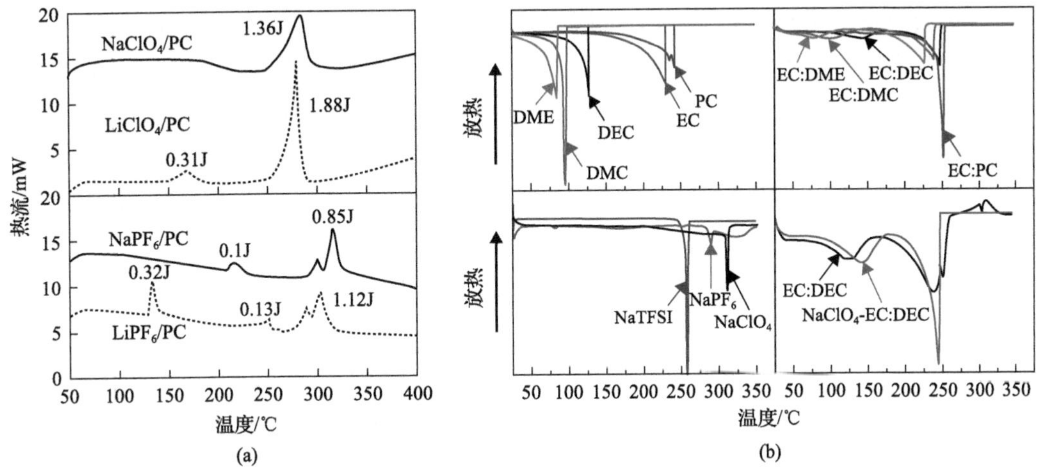

图 3.37 嵌钠硬碳、溶剂、电解液的 DSC 曲线

(a) 嵌钠硬碳与不同钠盐/锂盐电解液混合的 DSC 曲线[199]；(b) 单一溶剂、混合溶剂、1mol/L 不同钠盐 PC 基电解液、ECDEC 溶剂加入/不加入 1mol/L $NaClO_4$ 的 DSC 曲线[200]

患。因此寻找安全、不可燃的电解液是科学研究和商业化亟待解决的重要问题。使用固态电解质是解决安全问题的方法之一，但是较高的固/固界面接触电阻是最大的短板，因此需要解决液态电解质可燃的问题，获得不可燃电解液。目前主要采用添加阻燃溶剂、使用离子液体电解液、提高钠盐浓度等方法解决该问题。

钠离子电池中常用的有机电解液，可参考锂电池电解液。对溶质而言，因为钠盐离子晶体中晶格能更高[193]，所以钠盐通常比锂盐的热稳定性好。对溶剂而言（图 3.37（b）），相较于链状溶剂分子，环状溶剂分子具有更高的起始分解温度，共溶剂可以在某种程度上减少放热[200]。有机电解液的热稳定性介于盐和溶剂之间。但在实际情况下，电极、电解液及 SEI 界面共存，所得到的亚稳相会缩小热稳定性窗口[201]。

加入阻燃溶剂或添加剂是一种较为简便的方法。磷系是较常用的一种体系，包括可以视为溶剂的 TMP 和 TEP，还包括磷酸酯、亚磷酸盐以及环状磷腈类等。$NaTi_2(PO_4)_3$[197] 在 TMP 电解液中比 EC/DMC 电解液中放热量更少、反应温度更高，在 TMP 中，放热量和反应温度分别为 94.8J/g 和 417.4℃，在 EC/DMC 中分别为 106.2J/g 和 295.4℃，体现了磷系电解液的阻燃作用。

离子液体具有低挥发性、高离子电导率、优异的热稳定性、低的易燃性和宽的电化学窗口，所以电解液使用离子液体能使电池热稳定性能更好。Wang 等[202]研究了将 $NaBF_4$、$NaClO_4$、$NaPF_6$ 和 NaTFSI 溶解在丁基甲基吡咯烷鎓-双（三氟甲基磺酰基）酰亚胺（BMPTFSI）离子液体中，并将其作为 $Na_{0.44}MnO_2$ 半电池的电解液。其中，$NaClO_4$/BMPTFSI 电解液使电池 SEI 界面阻抗和电荷转移阻抗最低；另外，相较于传统有机溶剂，BMPTFSI 存在相对较高的分解温度（400℃）。但是离子液体成本高、黏度大等缺点阻碍了在钠离子电池中的应用，可以将其作为功能添加剂使用。

此外，高盐浓度电解液也是提高电池热稳定性的一种方法。在高盐浓度电解液体系中，大多数溶剂分子与 Na^+形成溶剂化结构，自由的溶剂分子数较少，因此电解液的可燃性和挥发性降低。另外，阴离子会优先于溶剂分解，SEI 主要由无机成分组成，有助于 Na^+传输，并且增强了 SEI 的力学性能。这层特殊的 SEI 可以抑制枝晶的生长，保护铝集流体不受阴离子的腐蚀，拓宽了电化学稳定窗口，提高了热稳定性。Wang 等[169]报道了一种高盐浓度电解液(3.3M NaFSA/TMP)，可实现硬碳和石墨负极 1000 次以上的稳定循环。另外，该电解液在 150℃以下基本不挥发。

4) 电芯

冯利利等[203]对 26650 型号高功率钠离子电池进行了安全性测试和热失控机理的研究。如图 3.38(a)所示，对钠离子电池进行了短路、过热、过充、过放、撞击、针刺测试，测试结果不起火不爆炸，表现出良好的安全特性。ARC 结果显示(图 3.38(b))，相较于锂离子电池(T_1<100℃，T_3>400℃)，钠离子电池拥有更高的 T_1(110.14℃)和更低的 T_3(349.87℃)，展现了较好的热稳定性。与锂离子电池相类似，钠离子电池正极产热量在总产热量中占据较大比例，而负极的热稳定性决定了热失控的起始温度。

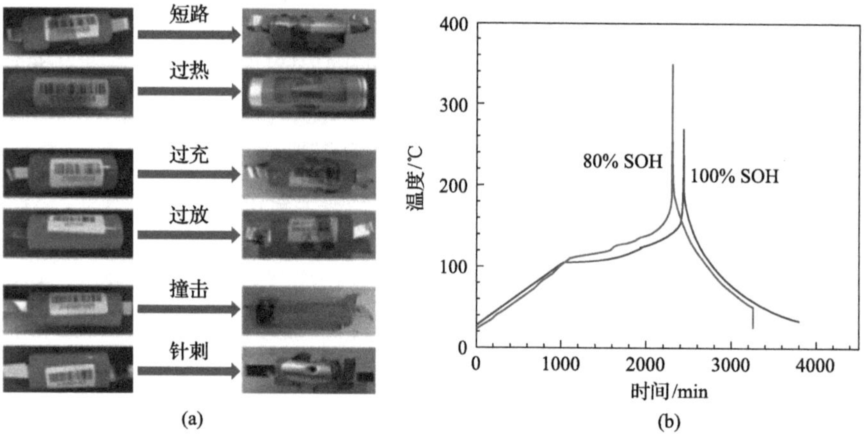

图 3.38 钠离子电池安全性测试结果[203]

(a)钠离子电池不同安全性测试项目；(b)钠离子电池新旧电池的 ARC 曲线

如图 3.39 所示，该工作还总结了钠离子电池从–60℃到 1000℃的全温度范围特征(各种副反应发生的温度并不绝对，受各种因素影响)，为钠离子电池的安全设计和应用提供了借鉴。

目前，有关钠离子电池失效分析的研究还较少，钠离子电池失效检测和相关标准仍然缺乏，建议未来建立钠离子电池失效原因数据库，制定完善的钠离子电池失效分析测试标准，优化测试分析流程，规范测试方法与数据分析，并通过仿真模拟分析电池内部的反应失效历程，便于找出失效原因，避免实际操作过程中带来的危险，希望失效分析技术能够助力钠离子电池产业化、商业化进程，提高钠离子电池的安全性和综合应用水平[203]。

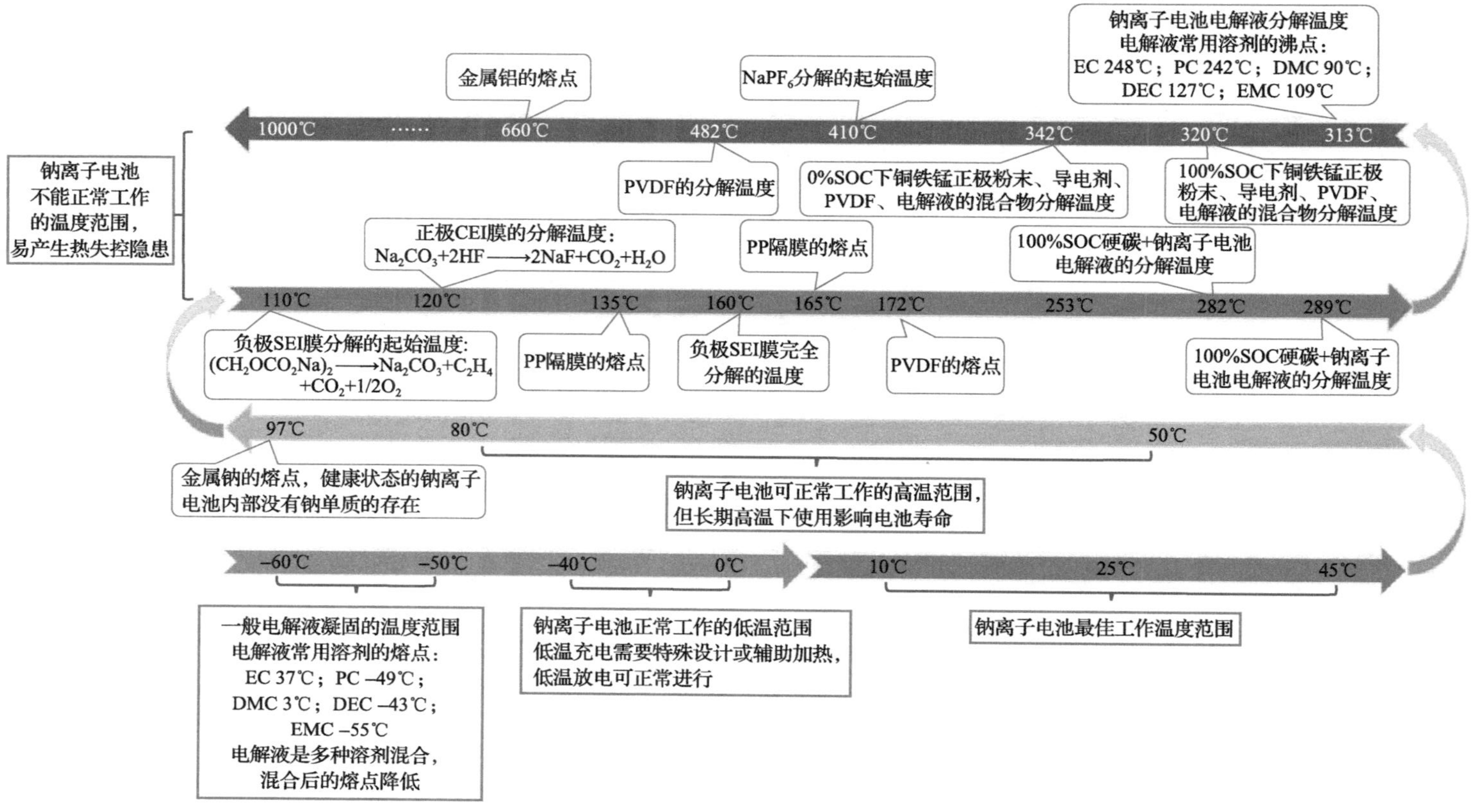

图 3.39 钠离子电池在−60~1000℃全温度区间内的反应温度特性[204]

3.4 钠离子电池的应用

3.4.1 钠离子电池产业化现状

自 2010 年以来，钠离子电池的研究真正进入了黄金期，经过十余年众多科学家的不断研究，钠离子电池关键材料与相关技术的研究成果层出不穷。目前，钠离子电池已经逐步由实验室探索走向了产业化应用阶段，全球已有超过几十家企业针对钠离子电池产业化进行了相关布局，包括英国 Faradion 公司、美国 Natron Energy 公司、法国 Tiamat 公司等，以及中国的中科海钠、宁德时代、钠创新能源、星空钠电等新能源企业[205]。各家企业虽在电池材料体系的选择上有所不同，但均在性能、产能上取得了许多重要进展。

2011 年，全球首家钠离子电池公司——英国 Faradion 成立，并较早地开展了钠离子电池产业化的相关工作。该公司使用的正极材料是 Ni、Mn、Mg、Ti 基的 O3/P2 混合相层状氧化物，负极使用的是硬碳。研制出的 32A·h 软包全电池，在 1～4.2V 电压范围内，平均电压约为 3.15V，能量密度接近 160W·h/kg，在 80%DoD 下的循环寿命预计可超过 1000 次[206]。另外，美国 Natron Energy 公司于 2012 年成立，其采用普鲁士蓝（白）材料所开发的高倍率钠离子电池，循环寿命达到 50000 次，不过能量密度只有 50W·h/L。

与此同时，国内钠离子电池产业化进程也在不断推进。中国科学院物理研究所自 2011 年以来致力于低成本、高安全和高性能的钠离子电池技术研发，已在核心材料方面获得专利授权 40 余项，部分专利获得美国、日本和欧盟授权。2017 年，依托中国科学院物理研究所的钠离子电池核心专利技术，成立了国内首家专注钠离子电池开发与制造的高新技术企业——中科海钠科技有限责任公司。成功研制出能量密度超过 145W·h/kg 的钠离子电芯，平均电压为 3.2V，在 2C 倍率下循环 4500 次后容量保持率为 83%；同时已建成钠离子电池千吨级正负极材料中试线及吉瓦时级电芯中试线[206]。另外，宁德时代也于 2021 年 7 月发布第一代钠离子电池技术，其正极材料采用普鲁士白，负极材料采用硬碳，电芯单体能量密度可达 160W·h/kg，并且具有良好的倍率性能和低温性能[207]。总之，钠离子电池由于低成本、高安全性和高性能等在储能领域的优势，越来越受到各个国家的重点关注。

3.4.2 钠离子电池示范应用

依托中国科学院物理研究所在钠离子电池研发的核心专利技术，中科海钠公司自成立至今，陆续推出了多种钠离子电池示范应用产品。如图 3.40 所示，2017 年底推出了钠离子电池（48V，10A·h）驱动的电动自行车；2018 年 6 月推出首辆钠离子电池（72V，80A·h）驱动的微型电动汽车；2019 年 3 月发布了世界首座 30kW/100kW·h 钠离子电池储能电站；2020 年推出了首辆钠离子电池观光车；2021 年 6 月推出全球首套 1MW·h 钠离子电池储能系统，成功投入运行并获得国家能源局首台（套）重大技术装备（项目）认定。

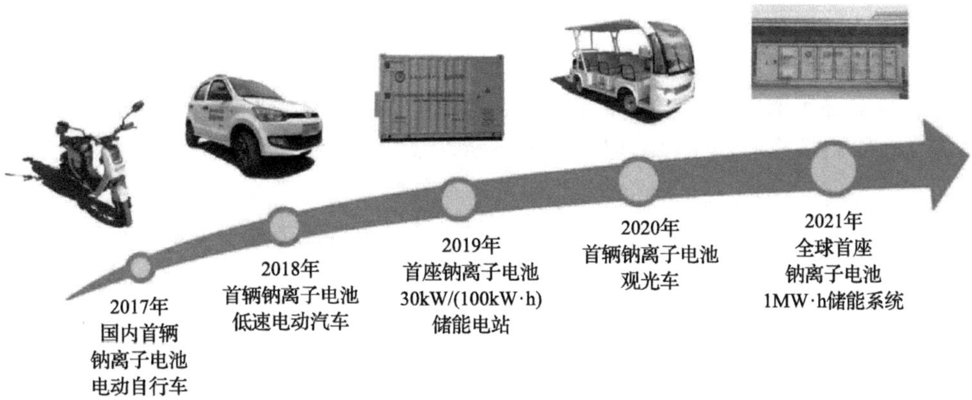

图 3.40　钠离子电池示范应用

3.4.3　钠离子电池潜在市场

虽然钠离子电池在容量、能量密度等方面不及锂离子电池，但由于其成本低廉、倍率性能和高低温性能良好，安全性较高并且环境友好等优势，可以率先应用在大规模储能、微型电动车、混合动力、农业机械、电动船、通信基站、家庭/工业储能和智能电网等多个领域。微型电动车包括电动自行车、电动三轮车、景区观光车、四轮微型电动汽车等。据统计，国内现有电动自行车的保有量已达三亿，若再加上其他类型的微型电动车，整个市场规模可达千亿元。钠离子电池的应用除了可以和锂离子电池形成良好的互补，缓解锂资源紧张的现状，还可以逐步替代铅酸电池，减小环境污染。除了微型电动汽车，钠离子电池后续还有望在公交车、船舶上实现应用，但这同时也要求钠离子电池具备更高的能量密度。

除了交通工具外，钠离子电池还可以应用于大规模储能，包括 5G 通信基站、数据中心、后备电源、家庭储能、可再生能源存储等。得益于丰富的钠资源以及更加低廉的正负极材料，钠离子电池在用于大规模储能系统时，在保证了储能效果的同时，还可以大幅度降低制造的成本。根据国家能源局的最新数据，截至 2021 年底，我国可再生能源发电装机已超过 10 亿 kW，水电、风电装机均超 3 亿 kW，海上风电装机规模跃居世界第一，新能源年发电量首次突破 1 万亿 kW·h 大关。大规模储能系统不但可以减小集中供电对电网的冲击，还可以提高新能源的利用效率。目前，钠离子电池已经在 1MW·h 储能系统成功示范应用，未来必将会向吉瓦时的级别迈进。现阶段储能市场规模不断扩大，产业链布局日益完善，加上国家政策支持，应用场景更加多元化，发展更大规模的储能系统已是必然趋势。

3.5　钠离子电池的挑战与展望

3.5.1　钠离子电池面临挑战

钠离子电池以其丰富的资源和较低的成本优势受到极大关注，被认为是支撑规模储

能可持续发展的变革性技术之一，全球较强的经济实体都在关注钠离子电池的研究。在过去的十年间，钠离子电池的发展蒸蒸日上，有关钠离子电池研究的论文迅速增加，申请的专利数量逐年增多。经过学术界和产业界同行的不断努力，钠离子电池的理论研究不断深入，材料体系日益丰富，电池性能不断提升，逐步从基础研究走向工程化探索，从应用示范走向产品推广，加速钠离子电池的产业化进程。然而，钠离子电池能否迅速被市场接纳，能否成为锂离子电池的有益补充，能否发挥其大规模储能的性价比优势，能否占领不可替代的应用场景仍取决于成本与性能两大关键要素。目前，钠离子电池的能量密度仍低于锂离子电池的 $LiFePO_4$||石墨体系，在未来研究中应注重发展高容量和高电压正极材料、高容量和低电压负极材料，使钠离子电池保持成本优势的前提下持续提升能量密度；继续开发低成本和高稳定的电极材料，进一步提升钠离子电池的功率密度和循环寿命；对钠离子电池的电解质不断进行优化和改性，开发原位和非原位补钠技术，形成稳定的电极/电解质界面膜，在提升循环性能的同时，保证钠离子电池的安全性能，同时拓宽其工作温度范围，满足不同场景下的应用需求。钠离子电池研究领域涉及材料、物理、化学、化工和能源等多个交叉学科，从材料制备到界面构筑再到电芯制造的一系列环节，无论在基础科学还是关键技术中仍存在诸多挑战，未来的研究应主要集中于解决以下关键问题。

(1)层状氧化物正极材料因制备方法简单、压实密度高和能量密度高等优点，仍是钠离子电池的主要正极材料。然而，当充电到高电压时，随着钠离子的脱出和空位的形成，层状材料的初始结构遭受破坏而发生一系列的结构转变，造成钠离子电池容量、电压衰减和循环性能下降。而且，这类材料在潮湿空气中易与氧气、二氧化碳反应而形成绝缘的 NaOH、$NaHCO_3$ 或 Na_2CO_3 等副产物，影响材料性能的发挥。此外，诱导和稳定阴离子氧化还原以进一步提升能量密度和材料稳定性也至关重要。因此，通过晶格共掺杂、表面包覆、核壳结构、多相复合、高熵构型等策略开发具有化学和电化学稳定性的无钴层状氧化物正极材料，使其在放电截止电压大于 2.5V 时，比容量大于等于 200mA·h/g，提升钠离子电池的能量密度和循环性能。

(2)聚阴离子正极材料结构稳定，具有较好的热稳定性和较高的钠离子传输速率，有利于高功率场景的应用。然而，大多数聚阴离子化合物含有毒且昂贵的 V 元素，且电子导电性较差。开发不含贵金属和有毒过渡金属的类似于 $LiFePO_4$ 的聚阴离子正极材料，用环保元素取代 $Na_3V_2(PO_4)_3$ 和 $Na_3(VO_x)_2(PO_4)_2F_{3-2x}$ 中的 V 元素(如 2013 年提出的 $Na_3MnTi(PO_4)_3$)。通过优化金属元素组成和聚阴离子类型，诱导实现两个以上的电子转移，并通过碳涂层和微纳结构改善材料的电子电导率，进一步提升该类材料的能量密度和功率密度。

(3)普鲁士蓝类材料具有开放的三维骨架结构及合适的钠离子扩散通道，通过选择不同的过渡金属可以调控电压和比容量，具备很高的材料设计灵活性。然而，在快速结晶过程中普鲁士蓝晶格中会存在一定量的 $Fe(CN)_6$ 空位和晶格水分子，降低了晶格中的 Na 含量，导致实际储钠比容量降低，同时破坏了晶格的完整度，容易造成晶格扭曲甚至结构坍塌，导致循环性能严重衰减；部分水分子会脱出进入电解液中，导致首次库仑效率和循环效率降低。因此，探索简单高效的方法抑制 $Fe(CN)_6$ 空位缺陷，同时寻找一种简单的方法以低成本方式除去普鲁士蓝类材料中的晶格水，对于实现非水系钠离子电池的良好性能至关重要。

(4)无定形碳材料由于资源丰富、结构可调、综合性能优异，被认为是最具应用前景的负极材料。然而，前驱体结构对碳结构的影响作用仍不明确，无定形碳负极的储钠机制仍存在争议，兼顾容量和首次库仑效率等性能的发挥仍是难点，探索无定形碳材料的控制制备以及钠离子在碳负极中的储存机制和容量极限，为设计制备高性能碳负极材料提供理论依据。

(5)嵌入型钛基负极材料具有稳定的晶体骨架，限制其应用的主要因素是比容量低和界面稳定性差，通过调控晶体结构和表面包覆调节电压和容量已证明是行之有效的策略。开发类似于 $Li_4Ti_5O_{12}$ 的低应变负极材料，使其存储钠离子的电压为 1～1.5V，不会在电极上形成 SEI 膜，有利于高功率和长寿命钠离子电池的构筑。

(6)液体电解质的物理性能(如黏度、液程)、化学性能(与电极材料化学稳定)和电化学性能(如离子电导率、电化学窗口)受溶剂、钠盐、添加剂和浓度等多重因素影响。开发低成本、环保无氟的钠盐，功能性电解液添加剂和不易燃电解液，提升钠离子电池的安全性能。同时，通过调节溶剂组成、钠盐种类、电解液浓度和添加剂成分，调控钠盐和溶剂形成的溶剂化鞘层结构，调节电解液与电极材料的界面，进一步提高电池循环寿命和倍率性能。

(7)可同时代替电解液与隔膜的固体电解质因能够克服有机电解液易挥发和易燃烧等问题而获得广泛研究。提高固体电解质的离子电导率(室温下大于 10^{-2}S/cm)，同时解决电极/电解质的界面兼容性问题，开发高安全的固态钠基电池。

(8)在钠离子全电池中，钠离子源来自正极，在负极上形成的 SEI 对 Na^+的不可逆消耗使放电过程中没有足够的 Na^+嵌回正极，从而降低能量密度。开发简单有效的钠离子补偿(预钠化)技术，弥补循环过程中正极钠源的损失，进一步提升钠离子电池的能量密度和循环寿命。

(9)通过材料创新、界面优化和工艺开发，实现低成本和高性能钠离子电芯的制造，提升钠离子电池的循环寿命至大于等于 10000 次。

(10)发展高通量计算，建立材料基因数据库，通过理论计算筛选出具有优异性能的电极和电解质材料，加速钠离子电池关键材料的研发。

3.5.2 钠离子电池未来展望

在全球大规模储能产业快速发展的今天，特别是在众多电化学储能技术中，作为最接近锂离子电池技术的钠离子电池将凭借其独特的优势在储能领域拥有广阔的用武之地。目前，钠离子电池已逐步开始了从实验室走向实用化应用的阶段，国内外已有多家企业正在进行钠离子电池产业化的相关布局，并取得了重要进展。我国钠离子电池在基础研究、技术水平和产业化推进速度方面都处于国际领先地位，已具备了先发优势。

从核心技术层面来看，我国在钠离子电池的核心材料体系方面具有完全独立自主的知识产权，部分专利还获得了美国、日本和欧盟的授权。这预示着我国不仅不会在核心技术方面遭遇“卡脖子”的危险，还有机会为钠离子电池争取更大的海外市场。对国家能源安全而言，我国富煤、少气、缺油、缺锂的基本国情为钠离子电池在我国的产业化提供了肥沃土壤，有利于我国降低对外进口依赖，降低二氧化碳排放，为能源革命和产业安全保驾护航。对产业需求推动而言，储能产业在世界上和在我国都尚处于发展的初期阶段，尤其是我国市场潜力巨大，完全可能成为全球最大储能应用市场。然而，西方企业在技术研发上紧追不舍，高性价比的钠离子电池一旦大规模投入使用，无疑会改变很多地方的生态，甚至影响地缘政治。强大的应用前景，会诱导更多的国内外巨头进一步开发钠离子电池。目前我国虽有一定优势，但稍有松懈就可能被迎头赶上，且钠离子电池与锂离子电池制备具有相似性，在规模化生产中可借鉴锂离子电池的生产检测设备、工艺技术和制造方法等，一旦在钠离子电池材料体系产生新的突破，发展速度可能远远超出预期，时不我待。

我国政府对新能源技术的研究开发和应用推广给予了高度重视，已出台多项支持政策。2021 年 2 月，国家发展改革委和能源局发布了《关于推进电力源网荷储一体化和多能互补发展的指导意见》，将探索构建源网荷储高度融合的新型电力系统发展路径，进一步突出了储能的重要性。2021 年 4 月 22 日，国家发展改革委、国家能源局《关于加快推动新型储能发展的指导意见(征求意见稿)》中明确提出要加快钠离子电池技术开展规模化试验示范，推动钠离子电池的研究进程。为加快钠离子电池在我国的发展，中国科学院物理研究所联合中科海钠委托两会代表在第十三届全国人民代表大会第四次会议和中国人民政治协商会议第十三届全国委员会第四次会议上提交了《关于在我国大力发展钠离子电池的建议》的提案。工信部于 2021 年 6 月 25 日和 8 月 25 日分别对该提案进行了答复，表示将在“十四五”相关规划中加强布局，做好顶层设计，统筹引导钠离子电池产业高质量发展。有关部门将支持钠离子电池加速创新成果转化，支持先进产品量产能力建设，适时开展钠离子电池标准制定。同时，将根据产业发展进程适时完善有关产品目录，促进性能优异、符合条件的钠离子电池在新能源电站、交通工具、通信基站等领域加快应用；通过产、学、研协同创新，推动钠离子电池全面商业化。

面对行业研究热情、市场需求、政策导向等多方面机遇，由钠所开辟出的新路线，对实现“双碳”目标具有极其重大的意义。为抓住稍纵即逝的历史性机遇，尽快占领钠离子电池这一新兴产业的制高点，使其尽早为我国实现“双碳”目标做出自主贡献，对钠离子电池关键材料的研发还应注意以下几方面的问题。

(1)基础理论研究的长期投入：钠离子电池关键材料的研究虽取得了一定进展，但仍有一些问题尚未解决，需进行持续、深入的研究。如稳定阴离子变价过程，抑制晶体结构相变，解析钠离子存储机制，调控界面结构组成，明晰材料构效关系等，通过对基础理论的突破实现高性能材料体系的创新。

(2)材料基因数据库的建立：钠离子电池电极和电解质材料的性能受到晶体结构、元素种类、制备工艺等多方面因素影响，给实验研究带来了很大的挑战。相比于传统的“试错法”材料研发模式，基于材料基因数据库和材料基因工程理念的高通量材料设计方法，可大幅度缩短钠离子电池关键材料的研发周期，通过理性设计和高效实验相结合，加快新型关键材料的研发。

(3)材料规模合成工艺的开发：电极和电解质材料的合成工艺及方法会直接影响材料

的内部微观结构，进而影响材料的综合性能。研究发现，小试和中试的合成工艺路线并不完全一致，规模合成工艺的创新不仅有望提升材料的性能，还可以提高制备效率，有利于材料的大规模应用。

(4) 电池失效诊断方法的建立：电池的失效包括性能失效和安全性失效，其失效的原因错综复杂，存在“一对多”、“多对一”和“多对多”的关系。确定失效分析流程，并联合各类分析表征技术，对特定失效现象从不同角度诊断分析，快速掌控电池失效的原因，通过对失效机理的理解，从材料和电芯方面进行改进，提升电池的综合性能。

(5) 电池模组集成工艺的优化：通过对模组集成工艺进行优化实现能耗降低、效率提高、成本降低的系统结构创新，并利于对运行的电池进行实时监控，提升电池的安全系数。

(6) 电池修复再生技术的储备：对退役电池进行回收，通过修复再生技术提升电池利用率，降低材料制备能耗，对钠离子电池的绿色发展具有重要意义。

此外，未来钠锂技术会共存互补，共同支撑起庞大的动力及储能市场。能源转型与国家崛起之间存在互为正向的关系，在能源革命领域，我国政府有必要加以引导与推动，将会形成以中国为核心的全球新能源产业体系，为抓住稍纵即逝的历史性机遇，提出发展钠离子电池的建议如下。

(1) 完善政策支持体系；将钠离子电池纳入国家和地方中长期能源发展规划和重点科技支持计划，促进政、产、学、研的协同创新体系。

(2) 优先支持部分性能优异的钠离子电池产品进入国家或地方电池类产品目录，尽快推动钠离子电池的市场化应用。

(3) 尽快推动钠离子电池国家标准建立以及引领国际标准，统一并规范钠离子电池产品的技术要求并作为行业准入门槛，提高我国在钠离子电池产业的国际竞争力，促进整个钠离子电池产业链的健康、可持续发展。

(4) 对于初期进入市场的钠离子电池产品或企业给予一定的扶持或补贴，从国家层面引导相关产业的长远规划和发展。

(5) 加强顶尖人才的培养和引进，建设钠离子电池基础研究和应用开发的国家级平台，例如，作为重要方向纳入相关国家重点实验室，快速推动钠离子电池技术不断迭代升级。

(6) 搭建国际交流的平台，从各类权威渠道大力加强对钠离子电池技术和产品的推广宣传，引导人们全面了解和接受钠离子电池产品，使其快速融入人们的日常生活当中。

我国钠离子电池即将进入商业化应用阶段，相关工作已经走在世界前列。加速钠离子电池的发展，需要从理论、材料、器件和系统等多个方面进行持续的创新性研究，更加注重基础理论的突破、材料数据库的建立、新材料体系的设计、新技术工艺的开发，为钠离子电池率先在我国实现应用做好充分准备。希望我国政府能够高度重视钠离子电池的发展，做好顶层设计、引导市场以及资金和政策上的支持，进一步夯实我国钠离子电池技术的全球领先地位。

参考文献

[1] Tian Y S, Zeng G B, Rutt A, et al. Promises and challenges of next-generation "beyond Li-ion" batteries for electric vehicles and grid decarbonization[J]. Chemical Reviews, 2021, 121(3): 1623-1669.

[2] Zhao C L, Lu Y X, Chen L Q, et al. Flexible Na batteries[J]. InfoMat, 2019, 2(1): 126-138.

[3] Delmas C, Fouassier C, Hagenmuller P. Structural classification and properties of the layered oxides[J]. Physica B+C, 1980, 99(1-4): 81-85.

[4] 丁飞翔, 容晓晖, 王海波, 等. 钠离子层状氧化物材料相变及其对性能的影响[J]. 物理学报, 2022, 71(10): 108801.

[5] Mortemard de Boisse B, Cheng J H, et al. O3-$Na_xMn_{1/3}Fe_{2/3}O_2$ as a positive electrode material for Na-ion batteries: Structural evolutions and redox mechanisms upon Na^+ (de) intercalation[J]. Journal of Materials Chemistry A, 2015, 3(20): 10976-10989.

[6] Mortemard de Boisse B, Liu G D, Ma J T, et al. Intermediate honeycomb ordering to trigger oxygen redox chemistry in layered battery electrode[J]. Nature Communications, 2016, 7(1): 11397.

[7] Nanba Y, Iwao T, de Boisse B M, et al. Redox potential paradox in Na_xMO_2 for sodium-ion battery cathodes[J]. Chemistry of Materials, 2016, 28(4): 1058-1065.

[8] Perez A J, Batuk D, Saubanère M, et al. Strong oxygen participation in the redox governing the structural and electrochemical properties of Na-rich layered oxide Na_2IrO_3[J]. Chemistry of Materials, 2016, 28(22): 8278-8288.

[9] 胡勇胜, 陆雅翔, 陈立泉. 钠离子电池科学与技术[M]. 北京: 科学出版社, 2020: 20-45.

[10] Zhao C L, Wang Q D, Yao Z P, et al. Rational design of layered oxide materials for sodium-ion batteries[J]. Science, 2020, 370(6517): 708-711.

[11] Xu S Y, Wu X Y, Li Y M, et al. Novel copper redox-based cathode materials for room-temperature sodium-ion batteries[J]. Chinese Physics B, 2014, 23(11): 118202.

[12] Lu Z, Dahn J R. In situ X-ray diffraction study of P2-$Na_{2/3}[Ni_{1/3}Mn_{2/3}]O_2$[J]. Journal of The Electrochemical Society, 2001, 148(11): A1225.

[13] Liu J T, Kan W H, Ling C D. Insights into the high voltage layered oxide cathode materials in sodium-ion batteries: Structural evolution and anion redox[J]. Journal of Power Sources, 2021, 481: 229139.

[14] Lee D H, Xu J, Meng Y S. An advanced cathode for Na-ion batteries with high rate and excellent structural stability[J]. Physical Chemistry Chemical Physics, 2013, 15(9): 3304-3312.

[15] Liu Q N, Hu Z, Chen M Z, et al. P2-type $Na_{2/3}Ni_{1/3}Mn_{2/3}O_2$ as a cathode material with high-rate and long-life for sodium ion storage[J]. Journal of Materials Chemistry A, 2019, 7(15): 9215-9221.

[16] Kumakura S, Tahara Y, Kubota K, et al. Sodium and manganese stoichiometry of P2-type $Na_{2/3}MnO_2$[J]. Angewandte Chemie International Edition, 2016, 128(41): 12952-12955.

[17] 赵成龙. 钠离子层状氧化物电极材料的合成设计与性能研究[D]. 北京: 中国科学院大学, 2020: 40-50.

[18] Komaba S, Yabuuchi N, Nakayama T, et al. Study on the reversible electrode reaction of $Na_{1-x}Ni_{0.5}Mn_{0.5}O_2$ for a rechargeable sodium-ion battery[J]. Inorganic Chemistry, 2012, 51(11): 6211-6220.

[19] Sathiya M, Jacquet Q, Doublet M L, et al. A chemical approach to raise cell voltage and suppress phase transition in O3 sodium layered oxide electrodes[J]. Advanced Energy Materials, 2018, 8(11): 1702599.

[20] Zhao C L, Ding F X, Lu Y X, et al. High-entropy layered oxide cathodes for sodium-ion batteries[J]. Angewandte Chemie International Edition, 2020, 59(1): 264-269.

[21] Ding F X, Zhao C L, Xiao D D, et al. Using high-entropy configuration strategy to design Na-ion layered oxide cathodes with superior electrochemical performance and thermal stability[J]. Journal of the American Chemical Society, 2022, 144(18): 8286-8295.

[22] Croguennec L, Pouillerie C, Mansour A N, et al. Structural characterisation of the highly deintercalated $Li_xNi_{1.02}O_2$ phases (with $x \leqslant 0.30$) [J]. Journal of Materials Chemistry, 2001, 11(1): 131-141.

[23] Maazaz A, Delmas C, Hagenmuller P. A study of the Na_xTiO_2 system by electrochemical deintercalation[J]. Journal of

Inclusion Phenomena, 1983, 1(1): 45-51.

[24] Didier C, Guignard M, Denage C, et al. Electrochemical Na-deintercalation from $NaVO_2$[J]. Electrochemical and Solid-State Letters, 2011, 14(5): A75-A78.

[25] Kubota K, Ikeuchi I, Nakayama T, et al. New insight into structural evolution in layered $NaCrO_2$ during electrochemical sodium extraction[J]. The Journal of Physical Chemistry C, 2015, 119(1): 166-175.

[26] Yabuuchi N, Komaba S. Recent research progress on iron- and manganese-based positive electrode materials for rechargeable sodium batteries[J]. Science and Technology of Advanced Materials, 2014, 15(4): 043501.

[27] Silván B, Gonzalo E, Djuandhi L, et al. On the dynamics of transition metal migration and its impact on the performance of layered oxides for sodium-ion batteries: $NaFeO_2$ as a case study[J]. Journal of Materials Chemistry A, 2018, 6(31): 15132-15146.

[28] Yabuuchi N, Kubota K, Dahbi M, et al. Research development on sodium-ion batteries[J]. Chemical Reviews, 2014, 114(23): 11636-11682.

[29] Paulsen J M, Dahn J R. Studies of the layered manganese bronzes, $Na_{2/3}[Mn_{1-x}M_x]O_2$ with M=Co, Ni, Li, and $Li_{2/3}[Mn_{1-x}M_x]O_2$ prepared by ion-exchange[J]. Solid State Ionics, 1999, 126(1): 3-24.

[30] Lu Z H, Dahn J R. Intercalation of water in P2, T2 and O2 structure $A_z[Co_xNi_{1/3-x}Mn_{2/3}]O_2$[J]. Chemistry of Materials, 2001, 13(4): 1252-1257.

[31] Blesa M C, Morán E, Menéndez N, et al. Hydrolysis of sodium orthoferrite [α-$NaFeO_2$][J]. Materials Research Bulletin, 1993, 28(8): 837-847.

[32] Sathiya M, Hemalatha K, Ramesha K, et al. Synthesis, structure, and electrochemical properties of the layered sodium insertion cathode material: $NaNi_{1/3}Mn_{1/3}Co_{1/3}O_2$[J]. Chemistry of Materials, 2012, 24(10): 1846-1853.

[33] Wang J, He X, Zhou D, et al. O3-type $Na[Fe_{1/3}Ni_{1/3}Ti_{1/3}]O_2$ cathode material for rechargeable sodium ion batteries[J]. Journal of Materials Chemistry A, 2016, 4(9): 3431-3437.

[34] Zheng L T, Li L J, Shunmugasundaram R, et al. Effect of controlled-atmosphere storage and ethanol rinsing on $NaNi_{0.5}Mn_{0.5}O_2$ for sodium-ion batteries[J]. ACS Applied Materials & Interfaces, 2018, 10(44): 38246-38254.

[35] Kubota K, Komaba S. Review—Practical issues and future perspective for Na-ion batteries[J]. Journal of the Electrochemical Society, 2015, 162(14): A2538-A2550.

[36] Zuo W H, Qiu J M, Liu X S, et al. The stability of P2-layered sodium transition metal oxides in ambient atmospheres[J]. Nature Communications, 2020, 11: 3544.

[37] Sun Y, Wang H, Meng D C, et al. Degradation mechanism of O3-type $NaNi_{1/3}Fe_{1/3}Mn_{1/3}O_2$ cathode materials during ambient storage and their in situ regeneration[J]. ACS Applied Energy Materials, 2021, 4(3): 2061-2067.

[38] Duffort V, Talaie E, Black R, et al. Uptake of CO_2 in layered P2-$Na_{0.67}Mn_{0.5}Fe_{0.5}O_2$: Insertion of carbonate anions[J]. Chemistry of Materials, 2015, 27(7): 2515-2524.

[39] Han M H, Sharma N, Gonzalo E, et al. Moisture exposed layered oxide electrodes as Na-ion battery cathodes[J]. Journal of Materials Chemistry A, 2016, 4(48): 18963-18975.

[40] Li Y M, Yang Z Z, Xu S Y, et al. Air-stable copper-based P2-$Na_{7/9}Cu_{2/9}Fe_{1/9}Mn_{2/3}O_2$ as a new positive electrode material for sodium-ion batteries[J]. Advanced Science, 2015, 2(6): 1500031.

[41] Mu L Q, Xu S Y, Li Y M, et al. Prototype sodium-ion batteries using an air-stable and Co/Ni-free O3-layered metal oxide cathode[J]. Advanced Materials, 2015, 27(43): 6928-6933.

[42] Yao H R, Wang P F, Gong Y, et al. Designing air-stable O3-type cathode materials by combined structure modulation for Na-ion batteries[J]. Journal of the American Chemical Society, 2017, 139(25): 8440-8443.

[43] Wang Q, Mariyappan S, Vergnet J, et al. Reaching the energy density limit of layered O3-$NaNi_{0.5}Mn_{0.5}O_2$ electrodes via dual Cu and Ti substitution[J]. Advanced Energy Materials, 2019, 9(36): 1901785.

[44] Guo S H, Li Q, Liu P, et al. Environmentally stable interface of layered oxide cathodes for sodium-ion batteries[J]. Nature Communications, 2017, 8: 135.

[45] You Y, Song B H, Jarvis K, et al. Insights into the improved chemical stability against water of LiF-incorporated layered oxide cathodes for sodium-ion batteries[J]. ACS Materials Letters, 2019, 1 (1): 89-95.

[46] Kim E J, Maughan P A, Bassey E N, et al. Importance of superstructure in stabilizing oxygen redox in P3-$Na_{0.67}Li_{0.2}Mn_{0.8}O_2$[J]. Advanced Energy Materials, 2022, 12 (3): 2102325.

[47] Mumme W G. The structure of $Na_4Mn_4Ti_5O_{18}$[J]. Acta Crystallographica Section B, 1968, 24: 1114-1120.

[48] Parant J P, Olazcuaga R, Devalette M, et al. Sur quelques nouvelles phases de formule Na_xMnO_2 ($x \leqslant 1$) [J]. Journal of Solid State Chemistry, 1971, 3 (1): 1-11.

[49] Xu S Y, Wang Y S, Ben L B, et al. Fe-based tunnel-type $Na_{0.61}[Mn_{0.27}Fe_{0.34}Ti_{0.39}]O_2$ designed by a new strategy as a cathode material for sodium-ion batteries[J]. Advanced Energy Materials, 2015, 5 (22): 1501156.

[50] Goodenough J B, Hong H Y P, Kafalas J A. Fast Na^+-ion transport in skeleton structures[J]. Materials Research Bulletin, 1976, 11 (2): 203-220.

[51] Anantharamulu N, Koteswara Rao K, Rambabu G, et al. A wide-ranging review on Nasicon type materials[J]. Journal of Materials Science, 2011, 46 (9): 2821-2837.

[52] Hagman L O, Kierkegaard P, Karvonen P, et al. The crystal structure of $NaM_2^{IV}(PO_4)_3$; Me^{IV} = Ge, Ti, Zr[J]. Acta Chemica Scandinavica, 1968, 22: 1822-1832.

[53] Hong H Y P. Crystal structures and crystal chemistry in the system $Na_{1+x}Zr_2Si_xP_{3-x}O_{12}$[J]. Materials Research Bulletin, 1976, 11 (2): 173-182.

[54] Nadiri A, Delmas C, Salmon R, et al. Cheminfor abstract: Chemical and electrochemical alkali metal intercalation in the 3D-framework of iron (Ⅲ) molybdate $Fe_2(MoO_4)_3$[J]. Chemischer Informationsdienst, 1985, 16 (9): 038.

[55] Delmas C, Nadiri A, Soubeyroux J L. The nasicon-type titanium phosphates $ATi_2(PO_4)_3$ (A = Li, Na) as electrode materials[J]. Solid State Ionics, 1988, 28-30: 419-423.

[56] Uebou Y, Kiyabu T, Okada S, et al. Electlochemical sodium insertion into the 3D-framework of $Na_3M_2(PO_4)_3$ (M = Fe,V) [J]. The Reports of Institute of Advanced Material Study, Kyushu University, 2002, 16: 1-5.

[57] Kim H, Park I, Lee S, et al. Understanding the electrochemical mechanism of the new iron-based mixed-phosphate $Na_4Fe_3(PO_4)_2P_2O_7$ in a Na rechargeable battery[J]. Chemistry of Materials, 2013, 25 (18): 3614-3622.

[58] Gao H C, Li Y T, Park K, et al. Sodium extraction from NASICON-structured $Na_3MnTi(PO_4)_3$ through Mn (Ⅲ) /Mn (Ⅱ) and Mn (Ⅳ) /Mn (Ⅲ) redox couples[J]. Chemistry of Materials, 2016, 28 (18): 6553-6559.

[59] Pan H L, Hu Y S, Chen L Q. Room-temperature stationary sodium-ion batteries for large-scale electric energy storage[J]. Energy & Environmental Science, 2013, 6 (8): 2338-2360.

[60] Wang J, Wang Y, Seo D H, et al. A high-energy NASICON-type cathode material for Na-ion batteries[J]. Advanced Energy Materials, 2020, 10 (10): 1903968.

[61] Chen F, Kovrugin V M, David R, et al. A NASICON-type positive electrode for Na batteries with high energy density: $Na_4MnV(PO_4)_3$[J]. Small Methods, 2019, 3 (4): 1800218.

[62] Park S, Chotard J N, Carlier D, et al. Crystal structures and local environments of NASICON-type $Na_3FeV(PO_4)_3$ and $Na_4FeV(PO_4)_3$ positive electrode materials for Na-ion batteries[J]. Chemistry of Materials, 2021, 33 (13): 5355-5367.

[63] Pasta M, Wessells C D, Liu N, et al. Full open-framework batteries for stationary energy storage[J]. Nature Communications, 2014, 5: 3007.

[64] Wang L, Song J, Qiao R M, et al. Rhombohedral Prussian white as cathode for rechargeable sodium-ion batteries[J]. Journal of the American Chemical Society, 2015, 137 (7): 2548-2554.

[65] You Y, Wu X L, Yin Y X, et al. A zero-strain insertion cathode material of nickel ferricyanide for sodium-ion batteries[J]. Journal of Materials Chemistry A, 2013, 1 (45): 14061-14065.

[66] Wu X Y, Deng W W, Qian J F, et al. Single-crystal $FeFe(CN)_6$ nanoparticles: A high capacity and high rate cathode for Na-ion batteries[J]. Journal of Materials Chemistry A, 2013, 1 (35): 10130-10134.

[67] Wu X Y, Shao M M, Wu C H, et al. Low defect $FeFe(CN)_6$ framework as stable host material for high performance Li-ion

batteries[J]. ACS Applied Materials & Interfaces, 2016, 8(36): 23706-23712.

[68] Imanishi N, Morikawa T, Kondo J, et al. Lithium intercalation behavior into iron cyanide complex as positive electrode of lithium secondary battery[J]. Journal of Power Sources, 1999, 79(2): 215-219.

[69] Xu Y, Wan J, Huang L, et al. Structure distortion induced monoclinic nickel hexacyanoferrate as high-performance cathode for Na-ion batteries[J]. Advanced Energy Materials, 2019, 9(4): 1803158.

[70] Yin J W, Shen Y, Li C, et al. In situ self-assembly of core-shell multimetal Prussian blue analogues for high-performance sodium-ion batteries[J]. ChemSusChem, 2019, 12(21): 4786-4790.

[71] Wang W L, Gang Y, Hu Z, et al. Reversible structural evolution of sodium-rich rhombohedral Prussian blue for sodium-ion batteries[J]. Nature Communications, 2020, 11: 980.

[72] You Y, Wu X L, Yin Y X, et al. High-quality Prussian blue crystals as superior cathode materials for room-temperature sodium-ion batteries[J]. Energy & Environmental Science, 2014, 7(5): 1643-1647.

[73] Kareis C M, Lapidus S H, Her J H, et al. Non-Prussian blue structures and magnetic ordering of $Na_2Mn^{(II)}[Mn^{(II)}(CN)_6]$ and $Na_2Mn^{(II)}[Mn^{(II)}(CN)_6]\cdot 2H_2O$[J]. Journal of the American Chemical Society, 2012, 134(4): 2246-2254.

[74] Rehman R, Peng J, Yi H C, et al. Highly crystalline nickel hexacyanoferrate as a long-life cathode material for sodium-ion batteries[J]. RSC Advances, 2020, 10(45): 27033-27041.

[75] Azzolina G, Bertoni R, Ecolivet C, et al. Landau theory for non-symmetry-breaking electronic instability coupled to symmetry-breaking order parameter applied to Prussian blue analog[J]. Physical Review B, 2020, 102(13): 134104.

[76] Peng J, Li C, Yin J, et al. Novel cerium hexacyanoferrate(Ⅱ) as cathode material for sodium-ion batteries[J]. ACS Applied Energy Materials, 2019, 2(1): 187-191.

[77] Zhou A J, Cheng W, Wang W, et al. Hexacyanoferrate-type Prussian blue analogs: Principles and advances toward high-performance sodium and potassium ion batteries[J]. Advanced Energy Materials, 2021, 11(2): 2000943.

[78] Jiang L W, Lu Y X, Zhao C L, et al. Building aqueous K-ion batteries for energy storage[J]. Nature Energy, 2019, 4(6): 495-503.

[79] Li W J, Han C, Wang W L, et al. Stress distortion restraint to boost the sodium ion storage performance of a novel binary hexacyanoferrate[J]. Advanced Energy Materials, 2020, 10(4): 1903006.

[80] Peng J, Wang J S, Yi H C, et al. A dual-insertion type sodium-ion full cell based on high-quality ternary-metal Prussian blue analogs[J]. Advanced Energy Materials, 2018, 8(11): 1702856.

[81] Lee H W, Wang R Y, Pasta M, et al. Manganese hexacyanomanganate open framework as a high-capacity positive electrode material for sodium-ion batteries[J]. Nature Communications, 2014, 5: 5280.

[82] Liu Y, Qiao Y, Zhang W X, et al. Sodium storage in Na-rich $Na_xFeFe(CN)_6$ nanocubes[J]. Nano Energy, 2015, 12: 386-393.

[83] Li W J, Chou S L, Wang J Z, et al. Facile method to synthesize Na-enriched $Na_{1+x}FeFe(CN)_6$ frameworks as cathode with superior electrochemical performance for sodium-ion batteries[J]. Chemistry of Materials, 2015, 27(6): 1997-2003.

[84] Wu X Y, Luo Y, Sun M Y, et al. Low-defect Prussian blue nanocubes as high capacity and long life cathodes for aqueous Na-ion batteries[J]. Nano Energy, 2015, 13: 117-123.

[85] Hwang S, Lee Y, Jo E, et al. Investigation of thermal stability of P2-Na_xCoO_2 cathode materials for sodium ion batteries using real-time electron microscopy[J]. ACS Applied Materials & Interfaces, 2017, 9(22): 18883-18888.

[86] Wang L, Lu Y H, Liu J, et al. A superior low-cost cathode for a Na-ion battery[J]. Angewandte Chemie International Edition, 2013, 125(7): 2018-2021.

[87] Song J, Wang L, Lu Y H, et al. Removal of interstitial H_2O in hexacyanometallates for a superior cathode of a sodium-ion battery[J]. Journal of the American Chemical Society, 2015, 137(7): 2658-2664.

[88] He S L, Zhao J M, Rong X H, et al. Solvent-free mechanochemical synthesis of Na-rich Prussian white cathodes for high-performance Na-ion batteries[J]. Chemical Engineering Journal, 2022, 428: 131083.

[89] Shang Y, Li X X, Song J J, et al. Unconventional Mn vacancies in Mn-Fe Prussian blue analogs: Suppressing Jahn-Teller distortion for ultrastable sodium storage[J]. Chem, 2020, 6(7): 1804-1818.

[90] Jiang X, Zhang T R, Yang L Q, et al. A Fe/Mn-based Prussian blue analogue as a K-rich cathode material for potassium-ion batteries[J]. ChemElectroChem, 2017, 4 (9): 2237-2242.

[91] Du G Y, Tao M L, Li J, et al. Low-operating temperature, high-rate and durable solid-state sodium-ion battery based on polymer electrolyte and Prussian blue cathode[J]. Advanced Energy Materials, 2020, 10 (5): 1903351.

[92] Yang Y, Liu E, Yan X M, et al. Influence of structural imperfection on electrochemical behavior of Prussian blue cathode materials for sodium ion batteries[J]. Journal of The Electrochemical Society, 2016, 163 (9): A2117-A2123.

[93] Xie B X, Wang L G, Shu J, et al. Understanding the structural evolution and lattice water movement for rhombohedral nickel hexacyanoferrate upon sodium migration[J]. ACS Applied Materials & Interfaces, 2019, 11 (50): 46705-46713.

[94] Li Z, Dadsetan M, Gao J X, et al. Revealing the thermal safety of Prussian blue cathode for safer nonaqueous batteries[J]. Advanced Energy Materials, 2021, 11 (42): 2101764.

[95] Li P, Zhang K, Park J H. Dual or multi carbonaceous coating strategies for next-generation batteries[J]. Journal of Materials Chemistry A, 2018, 6 (5): 1900-1914.

[96] Xue Q, Li L, Huang Y X, et al. Polypyrrole-modified Prussian blue cathode material for potassium ion batteries via in situ polymerization coating[J]. ACS Applied Materials & Interfaces, 2019, 11 (25): 22339-22345.

[97] Zhang Q, Fu L, Luan J Y, et al. Surface engineering induced core-shell Prussian blue@polyaniline nanocubes as a high-rate and long-life sodium-ion battery cathode[J]. Journal of Power Sources, 2018, 395: 305-313.

[98] Liu Y, He D D, Cheng Y J, et al. A heterostructure coupling of bioinspired, adhesive polydopamine, and porous Prussian blue nanocubics as cathode for high-performance sodium-ion battery[J]. Small, 2020, 16 (11): 1906946.

[99] Jiang Y Z, Yu S L, Wang B Q, et al. Prussian blue@C composite as an ultrahigh-rate and long-life sodium-ion battery cathode[J]. Advanced Functional Materials, 2016, 26 (29): 5315-5321.

[100] Wang X, Wang B Q, Tang Y X, et al. Manganese hexacyanoferrate reinforced by PEDOT coating towards high-rate and long-life sodium-ion battery cathode[J]. Journal of Materials Chemistry A, 2020, 8 (6): 3222-3227.

[101] Park J S, Yang S, Kang Y C. Prussian blue analogue nanocubes with hollow interior and porous walls encapsulated within reduced graphene oxide nanosheets and their sodium-ion storage performances[J]. Chemical Engineering Journal, 2020, 393: 124606.

[102] You Y, Yao H R, Xin S, et al. Subzero-temperature cathode for a sodium-ion battery[J]. Advanced Materials, 2016, 28 (33): 7243-7248.

[103] Lu K, Song B, Zhang Y X, et al. Encapsulation of zinc hexacyanoferrate nanocubes with manganese oxide nanosheets for high-performance rechargeable zinc ion batteries[J]. Journal of Materials Chemistry A, 2017, 5 (45): 23628-23633.

[104] Qiao Y, Wei G Y, Cui J B, et al. Prussian blue coupling with zinc oxide as a protective layer: An efficient cathode for high-rate sodium-ion batteries[J]. Chemical Communications, 2019, 55 (4): 549-552.

[105] Morant-Giner M, Sanchis-Gual R, Romero J, et al. Prussian blue@MoS_2 layer composites as highly efficient cathodes for sodium- and potassium-ion batteries[J]. Advanced Functional Materials, 2018, 28 (27): 1706125.

[106] Peng F W, Yu L, Yuan S Q, et al. Enhanced electrochemical performance of sodium manganese ferrocyanide by $Na_3(VOPO_4)_2F$ coating for sodium-ion batteries[J]. ACS Applied Materials & Interfaces, 2019, 11 (41): 37685-37692.

[107] Asakura D, Li C H, Mizuno Y, et al. Bimetallic cyanide-bridged coordination polymers as lithium ion cathode materials: Core@shell nanoparticles with enhanced cyclability[J]. Journal of the American Chemical Society, 2013, 135 (7): 2793-2799.

[108] Zhao Y B, Liang B L, Wei X J, et al. A core-shell heterostructured CuFe@NiFe Prussian blue analogue as a novel electrode material for high-capacity and stable capacitive deionization[J]. Journal of Materials Chemistry A, 2019, 7 (17): 10464-10474.

[109] Feng F, Chen S L, Zhao S Q, et al. Enhanced electrochemical performance of MnFe@NiFe Prussian blue analogue benefited from the inhibition of Mn ions dissolution for sodium-ion batteries[J]. Chemical Engineering Journal, 2021, 411: 128518.

[110] Li Y Q, Lu Y X, Adelhelm P, et al. Intercalation chemistry of graphite: Alkali metal ions and beyond[J]. Chemical Society Reviews, 2019, 48 (17): 4655-4687.

[111] Yacoby A. Tri and tri again[J]. Nature Physics, 2011, 7 (12): 925-926.

[112] Kubota K, Dahbi M, Hosaka T, et al. Towards K-ion and Na-ion batteries as "beyond Li-ion"[J]. Chemical Record, 2018, 18 (4): 459-479.

[113] Ebert L B. Intercalation compounds of graphite[J]. Annual Review of Materials Science, 1976, 6: 181-211.

[114] Cao Y L, Xiao L F, Sushko M L, et al. Sodium ion insertion in hollow carbon nanowires for battery applications[J]. Nano Letters, 2012, 12 (7): 3783-3787.

[115] Komaba S, Murata W, Ishikawa T, et al. Electrochemical Na insertion and solid electrolyte interphase for hard-carbon electrodes and application to Na-ion batteries[J]. Advanced Functional Materials, 2011, 21 (20): 3859-3867.

[116] Wen Y, He K, Zhu Y J, et al. Expanded graphite as superior anode for sodium-ion batteries[J]. Nature Communications, 2014, 5: 4033.

[117] Nobuhara K, Nakayama H, Nose M, et al. First-principles study of Alkali metal-graphite intercalation compounds[J]. Journal of Power Sources, 2013, 243: 585-587.

[118] Hérold A, Marěché J F, Lelaurain M. A short overview on the binary and some new ternary sodium GICs[J]. Molecular Crystals and Liquid Crystals Science and Technology Section A. Molecular Crystals and Liquid Crystals, 1998, 310: 43-49.

[119] Liu Y Y, Merinov B V, Goddard W A 3rd. Origin of low sodium capacity in graphite and generally weak substrate binding of Na and Mg among alkali and alkaline earth metals[J]. Proceedings of the National Academy of Sciences of the United States of America, 2016, 113 (14): 3735-3739.

[120] DiVincenzo D P, Mele E J. Cohesion and structure in stage-1 graphite intercalation compounds[J]. Physical Review B, 1985, 32 (4): 2538-2553.

[121] Zhu Z H, Lu G Q. Comparative study of Li, Na, and K adsorptions on graphite by using ab initio method[J]. Langmuir, 2004, 20 (24): 10751-10755.

[122] Jache B, Adelhelm P. Use of graphite as a highly reversible electrode with superior cycle life for sodium-ion batteries by making use of co-intercalation phenomena[J]. Angewandte Chemie International Edition, 2014, 53 (38): 10169-10173.

[123] Goktas M, Bolli C, Berg E J, et al. Graphite as cointercalation electrode for sodium-ion batteries: Electrode dynamics and the missing solid electrolyte interphase (SEI) [J]. Advanced Energy Materials, 2018, 8 (16): 1702724.

[124] Yoon G, Kim H, Park I, et al. Conditions for reversible Na intercalation in graphite: Theoretical studies on the interplay among guest ions, solvent, and graphite host[J]. Advanced Energy Materials, 2017, 7 (2): 1601519.

[125] Kim D M, Jung S C, Ha S, et al. Cointercalation of Mg^{2+} ions into graphite for magnesium-ion batteries[J]. Chemistry of Materials, 2018, 30 (10): 3199-3203.

[126] Wang F, Sun W, Shadike Z, et al. How water accelerates bivalent ion diffusion at the electrolyte/electrode interface[J]. Angewandte Chemie International Edition, 2018, 57 (37): 11978-11981.

[127] Muñoz-Márquez M Á, Saurel D, Gómez-Cámer J L, et al. Na-ion batteries for large scale applications: A review on anode materials and solid electrolyte interphase formation[J]. Advanced Energy Materials, 2017, 7 (20): 1700463.

[128] Doeff M M, Ma Y P, Visco S J, et al. Electrochemical insertion of sodium into carbon[J]. Journal of the Electrochemical Society, 1993, 140 (12): L169-L170.

[129] Lu Y X, Zhao C L, Qi X G, et al. Pre-oxidation-tuned microstructures of carbon anodes derived from pitch for enhancing Na storage performance. Advanced Energy Materials, 2018, 8 (27): 1800108.

[130] Qi Y R, Lu Y X, Liu L L, et al. Retarding graphitization of soft carbon precursor: From fusion-state to solid-state carbonization[J]. Energy Storage Materials, 2020, 26: 577-584.

[131] Qi Y R, Lu Y X, Ding F X, et al. Slope-dominated carbon anode with high specific capacity and superior rate capability for high safety Na-ion batteries[J]. Angewandte Chemie International Edition, 2019, 58 (13): 4361-4365.

[132] Jian Z L, Bommier C, Luo L L, et al. Insights on the mechanism of Na-ion storage in soft carbon anode[J]. Chemistry of Materials, 2017, 29 (5): 2314-2320.

[133] Thomas P, Billaud D. Electrochemical insertion of sodium into hard carbons[J]. Electrochimica Acta, 2002, 47 (20):

3303-3307.

[134] Stevens D A, Dahn J R. An in situ small-angle X-ray scattering study of sodium insertion into a nanoporous carbon anode material within an operating electrochemical cell[J]. Journal of the Electrochemical Society, 2000, 147 (12) : 4428.

[135] Stevens D A, Dahn J R. High capacity anode materials for rechargeable sodium-ion batteries[J]. Journal of the Electrochemical Society, 2000, 147 (4) : 1271.

[136] Li Y Q, Lu Y X, Meng Q S, et al. Regulating pore structure of hierarchical porous waste cork-derived hard carbon anode for enhanced Na storage performance[J]. Advanced Energy Materials, 2019, 9 (48) : 1902852.

[137] Meng Q S, Lu Y X, Ding F X, et al. Tuning the closed pore structure of hard carbons with the highest Na storage capacity[J]. ACS Energy Letters, 2019, 4: 2608-2612.

[138] Kamiyama A, Kubota K, Igarashi D, et al. MgO-template synthesis of extremely high capacity hard carbon for Na-ion battery[J]. Angewandte Chemie International Edition, 2021, 60 (10) : 5114-5120.

[139] Bommier C, Surta T W, Dolgos M, et al. New mechanistic insights on Na-ion storage in nongraphitizable carbon[J]. Nano Letters, 2015, 15 (9) : 5888-5892.

[140] Li Y M, Hu Y S, Li H, et al. A superior low-cost amorphous carbon anode made from pitch and lignin for sodium-ion batteries[J]. Journal of Materials Chemistry A, 2016, 4 (1) : 96-104.

[141] Zhang B, Ghimbeu C M, Laberty C, et al. Correlation between microstructure and Na storage behavior in hard carbon[J]. Advanced Energy Materials, 2016, 6 (1) : 1501588.

[142] Li Y M, Hu Y S, Titirici M M, et al. Hard carbon microtubes made from renewable cotton as high-performance anode material for sodium-ion batteries[J]. Advanced Energy Materials, 2016, 6 (18) : 1600659.

[143] Qiu S, Xiao L F, Sushko M L, et al. Manipulating adsorption-insertion mechanisms in nanostructured carbon materials for high-efficiency sodium ion storage[J]. Advanced Energy Materials, 2017, 7 (17) : 1700403.

[144] Yun Y S, Park K Y, Lee B, et al. Sodium-ion storage in pyroprotein-based carbon nanoplates[J]. Advanced Materials, 2015, 27 (43) : 6914-6921.

[145] Zhao L F, Hu Z, Lai W H, et al. Hard carbon anodes: Fundamental understanding and commercial perspectives for Na-ion batteries beyond Li-ion and K-ion counterparts[J]. Advanced Energy Materials, 2021, 11 (1) : 2002704.

[146] Eshetu G G, Diemant T, Hekmatfar M, et al. Impact of the electrolyte salt anion on the solid electrolyte interphase formation in sodium ion batteries[J]. Nano Energy, 2019, 55: 327-340.

[147] Pan Y, Zhang Y Z, Parimalam B S, et al. Investigation of the solid electrolyte interphase on hard carbon electrode for sodium ion batteries[J]. Journal of Electroanalytical Chemistry, 2017, 799: 181-186.

[148] Carboni M, Manzi J, Armstrong A R, et al. Analysis of the solid electrolyte interphase on hard carbon electrodes in sodium-ion batteries[J]. ChemElectroChem, 2019, 6 (6) : 1745-1753.

[149] Zhang J, Wang D W, Lv W, et al. Achieving superb sodium storage performance on carbon anodes through an ether-derived solid electrolyte interphase[J]. Energy & Environmental Science, 2017, 10 (1) : 370-376.

[150] Xie F, Niu Y S, Zhang Q Q, et al. Screening heteroatom configurations for reversible sloping capacity promises high-power Na-ion batteries[J]. Angewandte Chemie International Edition, 2022, 61 (11) : e202116394.

[151] Ferrari A C, Robertson J. Interpretation of Raman spectra of disordered and amorphous carbon[J]. Physical Review B, 2000, 61 (20) : 14095-14107.

[152] Longoni G, Pena Cabrera R L, Polizzi S, et al. Shape-controlled TiO_2 nanocrystals for Na-ion battery electrodes: The role of different exposed crystal facets on the electrochemical properties[J]. Nano Letters, 2017, 17 (2) : 992-1000.

[153] Liu Y, Liu J Y, Bin D, et al. Ultrasmall TiO_2-coated reduced graphene oxide composite as a high-rate and long-cycle-life anode material for sodium-ion batteries[J]. ACS Applied Materials & Interfaces, 2018, 10 (17) : 14818-14826.

[154] Senguttuvan P, Rousse G, Seznec V, et al. $Na_2Ti_3O_7$: Lowest voltage ever reported oxide insertion electrode for sodium ion batteries[J]. Chemistry of Materials, 2011, 23 (18) : 4109-4111.

[155] Zhao L, Pan H L, Hu Y S, et al. Spinel lithium titanate（$Li_4Ti_5O_{12}$）as novel anode material for room-temperature sodium-ion

battery[J]. Chinese Physics B, 2012, 21 (2) : 028201.

[156] Sun Y, Zhao L, Pan H L, et al. Direct atomic-scale confirmation of three-phase storage mechanism in $Li_4Ti_5O_{12}$ anodes for room-temperature sodium-ion batteries[J]. Nature Communications, 2013, 4: 1870.

[157] Komaba S, Matsuura Y, Ishikawa T, et al. Redox reaction of Sn-polyacrylate electrodes in aprotic Na cell[J]. Electrochemistry Communications, 2012, 21: 65-68.

[158] Liu Y C, Zhang N, Jiao L F, et al. Tin nanodots encapsulated in porous nitrogen-doped carbon nanofibers as a free-standing anode for advanced sodium-ion batteries[J]. Advanced Materials, 2015, 27 (42) : 6702-6707.

[159] Liu Y C, Zhang N, Jiao L F, et al. Ultrasmall Sn nanoparticles embedded in carbon as high-performance anode for sodium-ion batteries[J]. Advanced Functional Materials, 2015, 25 (2) : 214-220.

[160] Chen B C, Qin H Y, Li K, et al. Yolk-shelled Sb@C nanoconfined nitrogen/sulfur co-doped 3D porous carbon microspheres for sodium-ion battery anode with ultralong high-rate cycling[J]. Nano Energy, 2019, 66: 104133.

[161] Xu Y H, Zhu Y J, Liu Y H, et al. Electrochemical performance of porous carbon/tin composite anodes for sodium-ion and lithium-ion batteries[J]. Advanced Energy Materials, 2013, 3 (1) : 128-133.

[162] Xiao L F, Cao Y L, Xiao J, et al. High capacity, reversible alloying reactions in SnSb/C nanocomposites for Na-ion battery applications[J]. Chemical Communications, 2012, 48 (27) : 3321-3323.

[163] Zhou L, Cao Z, Zhang J, et al. Electrolyte-mediated stabilization of high-capacity micro-sized antimony anodes for potassium-ion batteries[J]. Advanced Materials, 2021, 33 (8) : e2005993.

[164] Armand M, Grugeon S, Vezin H, et al. Conjugated dicarboxylate anodes for Li-ion batteries[J]. Nature Materials, 2009, 8 (2) : 120-125.

[165] Zhao L, Zhao J M, Hu Y S, et al. Disodium terephthalate ($Na_2C_8H_4O_4$) as high performance anode material for low-cost room-temperature sodium-ion battery[J]. Advanced Energy Materials, 2012, 2 (8) : 962-965.

[166] Zhou L, Cao Z, Wahyudi W, et al. Electrolyte engineering enables high stability and capacity alloying anodes for sodium and potassium ion batteries[J]. ACS Energy Letters, 2020, 5 (3) : 766-776.

[167] Seh Z W, Sun J, Sun Y M, et al. A highly reversible room-temperature sodium metal anode[J]. ACS Central Science, 2015, 1 (8) : 449-455.

[168] Jache B, Adelhelm P. Use of graphite as a highly reversible electrode with superior cycle life for sodium-ion batteries by making use of Co-intercalation phenomena[J]. Angewandte Chemie International Edition, 2014, 53 (38) : 10169-10173.

[169] Wang J H, Yamada Y, Sodeyama K, et al. Fire-extinguishing organic electrolytes for safe batteries[J]. Nature Energy, 2018, 3 (1) : 22-29.

[170] Jin Y, Xu Y B, Le P M L, et al. Highly reversible sodium ion batteries enabled by stable electrolyte-electrode interphases[J]. ACS Energy Letters, 2020, 5 (10) : 3212-3220.

[171] Jiang X Y, Liu X W, Zeng Z Q, et al. A bifunctional fluorophosphate electrolyte for safer sodium-ion batteries[J]. iScience, 2018, 10: 114-122.

[172] Mogensen R, Buckel A, Colbin S, et al. A wide-temperature-range, low-cost, fluorine-free battery electrolyte based on sodium bis (oxalate) borate[J]. Chemistry of Materials, 2021, 33 (4) : 1130-1139.

[173] Vo T D, Phan A L B, Tran B T, et al. Electrochemical performance of sulfone-based electrolytes in sodium ion battery with $NaNi_{1/3}Mn_{1/3}Co_{1/3}O_2$ layered cathode[J]. Science and Technology Development Journal, 2019, 22 (3) : 335-342.

[174] Song J H, Wang K, Zheng J M, et al. Controlling surface phase transition and chemical reactivity of O3-layered metal oxide cathodes for high-performance Na-ion batteries[J]. ACS Energy Letters, 2020, 5 (6) : 1718-1725.

[175] Ponrouch A, Monti D, Boschin A, et al. Non-aqueous electrolytes for sodium-ion batteries[J]. Journal of Materials Chemistry A, 2015, 3 (1) : 22-42.

[176] Jian Z L, Han W Z, Lu X, et al. Superior electrochemical performance and storage mechanism of $Na_3V_2(PO_4)_3$ cathode for room-temperature sodium-ion batteries[J]. Advanced Energy Materials, 2013, 3 (2) : 156-160.

[177] 刘双, 邵涟漪, 张雪静, 等. 水系钠离子电池电极材料研究进展[J]. 物理化学学报, 2018, 34 (6) : 581-597.

[178] Suo L M, Borodin O, Wang Y S, et al. "Water-in-salt" electrolyte makes aqueous sodium-ion battery safe, green, and long-lasting[J]. Advanced Energy Materials, 2017, 7 (21): 1701189.

[179] 王其钰, 王朔, 周格, 等. 锂电池失效分析与研究进展[J]. 物理学报, 2018, 67 (12): 279-290.

[180] Yang C, Xin S, Mai L Q, et al. Materials design for high-safety sodium-ion battery[J]. Advanced Energy Materials, 2021, 11 (2): 2000974.

[181] Robinson J B, Finegan D P, Heenan T M, et al. Microstructural analysis of the effects of thermal runaway on Li-ion and Na-ion battery electrodes[J]. Journal of Electrochemical Energy Conversion and Storage, 2018, 15 (1): 011010.

[182] Xie Y Y, Xu G L, Che H Y, et al. Probing thermal and chemical stability of $Na_xNi_{1/3}Fe_{1/3}Mn_{1/3}O_2$ cathode material toward safe sodium-ion batteries[J]. Chemistry of Materials, 2018, 30 (15): 4909-4918.

[183] Sun Y K, Kim D H, Yoon C S, et al. A novel cathode material with a concentration-gradient for high-energy and safe lithium-ion batteries[J]. Advanced Functional Materials, 2010, 20 (3): 485-491.

[184] Hwang J Y, Yoon C S, Belharouak I, et al. A comprehensive study of the role of transition metals in O3-type layered $Na[Ni_xCo_yMn_z]O_2$ (x = 1/3, 0.5, 0.6, and 0.8) cathodes for sodium-ion batteries[J]. Journal of Materials Chemistry A, 2016, 4 (46): 17952-17959.

[185] Xia X, Dahn J R. $NaCrO_2$ is a fundamentally safe positive electrode material for sodium-ion batteries with liquid electrolytes[J]. Electrochemical and Solid-State Letters, 2011, 15 (1): A1.

[186] Zhao J, Zhao L W, Dimov N, et al. Electrochemical and thermal properties of α-$NaFeO_2$ cathode for Na-ion batteries[J]. Journal of The Electrochemical Society, 2013, 160 (5): A3077-A3081.

[187] Kim H, Park I, Seo D H, et al. New iron-based mixed-polyanion cathodes for lithium and sodium rechargeable batteries: Combined first principles calculations and experimental study[J]. Journal of the American Chemical Society, 2012, 134 (25): 10369-10372.

[188] Barpanda P, Liu G D, Ling C D, et al. $Na_2FeP_2O_7$: A safe cathode for rechargeable sodium-ion batteries[J]. Chemistry of Materials, 2013, 25 (17): 3480-3487.

[189] Yang C, Xin S, Mai L, et al. Materials design for high-safety sodium-ion battery[J]. Advanced Energy Materials, 2020, 11 (2): 2000974.

[190] Lu H Y, Wu L, Xiao L F, et al. Investigation of the effect of fluoroethylene carbonate additive on electrochemical performance of Sb-based anode for sodium-ion batteries[J]. Electrochimica Acta, 2016, 190: 402-408.

[191] Ji L, Gu M, Shao Y, et al. Controlling SEI formation on SnSb-porous carbon nanofibers for improved Na ion storage[J]. Advanced Materials, 2014, 26 (18): 2901-2908.

[192] Song J H, Xiao B W, Lin Y H, et al. Interphases in sodium-ion batteries[J]. Advanced Energy Materials, 2018, 8 (17): 1703082.

[193] Eshetu G G, Grugeon S, Kim H, et al. Comprehensive insights into the reactivity of electrolytes based on sodium ions[J]. ChemSusChem, 2016, 9 (5): 462-471.

[194] Zhao Y, Adair K R, Sun X L. Recent developments and insights into the understanding of Na metal anodes for Na-metal batteries[J]. Energy & Environmental Science, 2018, 11 (10): 2673-2695.

[195] Xiao J. How lithium dendrites form in liquid batteries[J]. Science, 2019, 366 (6464): 426-427.

[196] Shi Q, Zhong Y, Wu M, et al. High-performance sodium metal anodes enabled by a bifunctional potassium salt[J]. Angewandte Chemie International Edition, 2018, 130 (29): 9207-9210.

[197] Jiang X Y, Zeng Z Q, Xiao L F, et al. An all-phosphate and zero-strain sodium-ion battery based on $Na_3V_2(PO_4)_3$ cathode, $NaTi_2(PO_4)_3$ anode, and trimethyl phosphate electrolyte with intrinsic safety and long lifespan[J]. ACS Applied Materials & Interfaces, 2017, 9 (50): 43733-43738

[198] Ge Y Q, Jiang H, Fu K, et al. Copper-doped $Li_4Ti_5O_{12}$/carbon nanofiber composites as anode for high-performance sodium-ion batteries[J]. Journal of Power Sources, 2014, 272: 860-865.

[199] Zhao J, Zhao L W, Chihara K, et al. Electrochemical and thermal properties of hard carbon-type anodes for Na-ion batteries[J].

Journal of Power Sources, 2013, 244: 752-757.

[200] Ponrouch A, Marchante E, Courty M, et al. In search of an optimized electrolyte for Na-ion batteries[J]. Energy & Environmental Science, 2012, 5 (9) : 8572-8583.

[201] Lee Y, Lim H, Kim S O, et al. Thermal stability of Sn anode material with non-aqueous electrolytes in sodium-ion batteries[J]. Journal of Materials Chemistry A, 2018, 6 (41) : 20383-20392.

[202] Wang C H, Yeh Y W, Wongittharom N, et al. Rechargeable Na/$Na_{0.44}MnO_2$ cells with ionic liquid electrolytes containing various sodium solutes[J]. Journal of Power Sources, 2015, 274: 1016-1023.

[203] 冯利利, 于天水, 程东浩, 等. 钠电池失效研究进展[J]. 中国科学: 化学, 2020, 50 (12) : 1801-1815.

[204] Zhou Q, Li Y Q, Tang F, et al. Thermal stability of high power 26650-type cylindrical Na-ion batteries[J]. Chinese Physics Letters, 2021, 38 (7) : 076501.

[205] 容晓晖, 陆雅翔, 戚兴国, 等. 钠离子电池：从基础研究到工程化探索[J]. 储能科学与技术, 2020, 9 (2) : 515-522.

[206] Rudola A, Rennie A J R, Heap R, et al. Commercialisation of high energy density sodium-ion batteries: Faradion's journey and outlook[J]. Journal of Materials Chemistry A, 2021, 9 (13) : 8279-8302.

[207] Gupta P, Pushpakanth S, Haider M A, et al. Understanding the design of cathode materials for Na-ion batteries[J]. ACS Omega, 2022, 7 (7) : 5605-5614.

第 4 章

金属钠电池

4.1 引　　言

当前，锂离子电池以其高的能量密度、功率密度和长寿命主导着便携式电子设备和电动汽车的电源市场。然而，由于市场的需求不断增长，锂资源的短缺和分布不均问题日渐凸显，锂离子电池正面临着材料成本急剧上升的局面。随着大规模储能市场的不断开拓，低成本电池体系的发展逐渐受到重视。钠元素与锂元素的物理化学特性相似，但在地壳中的丰度远高于锂元素，且资源分布广泛，因此发展针对规模化储能应用的钠电池技术具有重要的战略意义，近年来得到多方面的广泛关注。在各种钠电池体系中，钠离子电池与锂离子电池具有相似的电化学原理，有潜力作为锂离子电池的一种具有高性价比的替代品，但是由于钠离子尺寸较大，钠离子电池氧化还原电位较高，能量密度仍相对较低。

以金属钠直接作为电池负极的金属钠电池具有高的理论比容量(1160mA·h/g)和极低的氧化还原电位(–2.714V(vs. SHE))。金属钠电池的典型正极材料包括硫、金属氯化物、氧气(空气)、二氧化碳、二氧化硫等的气体电极以及脱嵌钠离子型正极。其中，高温钠硫电池和钠-金属氯化物电池均在 19 世纪被发明，目前技术成熟度较高，已在全球范围内有兆瓦级的装机规模；室温钠硫电池因其资源优势和一定的技术积累，近年来在学术界引起了广泛的关注；钠-气体电池因其超高的理论能量密度，具有较高的研究价值。本章将根据金属钠电池的分类特点，分别从工作原理、关键材料及技术发展、应用现状、发展所面临的挑战及未来的发展趋势等多个方面综合性地介绍高温钠硫电池、钠盐电池、室温钠硫电池和钠-氧气电池等几种典型的金属钠电池。

4.2 金属钠电池的分类

金属钠电池采用金属钠作为电池负极，正极采用可与钠发生氧化还原反应的高电位化合物，如硫、金属氯化物、氧气(空气)、二氧化碳、二氧化硫等的气体电极以及脱嵌钠离子型正极。金属钠的熔点为 97.82℃，熔化的潜热为 113kJ/kg，沸点为 881.4℃，沸腾时潜热为 3877kJ/kg。当电池工作温度高于 100℃时，金属钠负极为熔融态，具有一定的流动性，理论上不存在钠枝晶生长的问题，因此如图 4.1 所示，根据电池负极形态不同，金属钠电池可以分为高温金属钠电池和低温金属钠电池。钠硫电池和钠盐电池是典型的高温金属钠电池。目前，关注较多的低温金属钠电池包括室温钠硫电池、钠-气体电池和脱嵌型金属钠电池等。根据工作原理不同，金属钠电池还可以分为转化反应型金属钠电池和脱嵌型金属钠电池。钠硫电池、钠盐电池和钠-气体电池都属于转化反应型金属钠电池。本章将着重介绍这几种转化反应型金属钠电池，由于每种电池所处的发展阶段不同，对各自介绍的内容也各有所侧重。

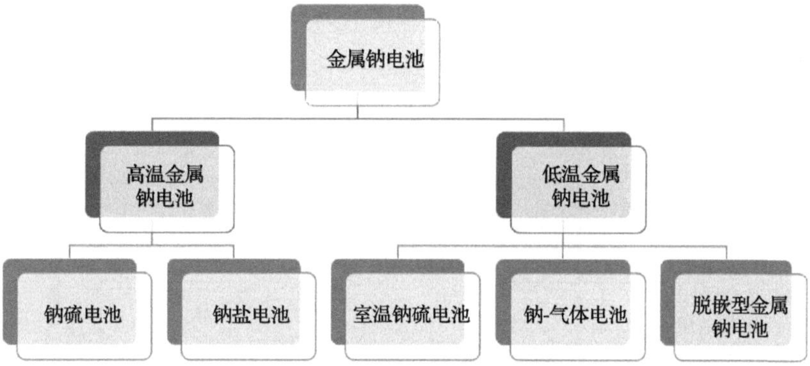

图 4.1　金属钠电池的分类

4.3　高温金属钠电池

4.3.1　高温金属钠电池的结构与工作原理

高温金属钠电池是一种熔融钠作为电池负极，钠离子导电的 β″-氧化铝陶瓷同时作为电解质和隔膜的二次电池[1,2]。正极为熔融硫/多硫化钠的高温钠电池称为钠硫电池，正极为金属氯化物则为钠盐电池。高温钠电池放电时，负极金属钠失去电子氧化为 Na^+，Na^+ 通过 β″-氧化铝固体电解质迁移至正极生成钠盐，同时电子经外电路到达正极，使正极活性材料发生还原反应。反之，充电过程中，Na^+通过固体电解质返回负极与电子结合生成金属钠。

图 4.2 显示了高温钠硫电池的结构和工作原理示意图[3,4]。高温钠硫电池一般设计为中心钠负极的管式结构，即钠装填在固体电解质管内形成负极。电池由钠芯负极、陶瓷固体电解质（一般是 β″-氧化铝）及其封接件、复合碳导电网络的硫（或多硫化钠）正极、集流体和外壳等部分组成。通常固体电解质为一端开口一端封闭的陶瓷管，通过玻璃封接与绝缘陶瓷进行密封，正负极终端与绝缘陶瓷之间通过热压进行密封。中心正极设计的钠硫电池在其发展前期也有研究，但是由于这种设计的能量密度较低而少有进一步的进展。

钠硫电池的电池形式如下：

$$(-)\,Na\,(l)\,|\,\beta''\text{-}Al_2O_3\,|S/Na_2S_x\,(l)\,|C\,(+)$$

基本的电池反应是

$$2Na+xS(充电态) \rightleftharpoons Na_2S_x(x=3\sim5)(放电态) \tag{4-1}$$

电池的开路电压与正极材料(Na_2S_x)的成分有关，通常为1.74～2.08V。图4.3显示了高温钠硫电池的理论放电曲线。随着 Na^+的持续输入，正极活性物质经历了从 Na_2S_5(2.076V)、Na_2S_4(1.97V)到 Na_2S_3(1.74～1.81V)的变化过程。钠硫电池的工作温度控制在300～350℃，此时钠与硫均呈液态，β″-氧化铝具有高的离子电导率(约0.2S/cm)，电池具有快速的充放电反应动力学。

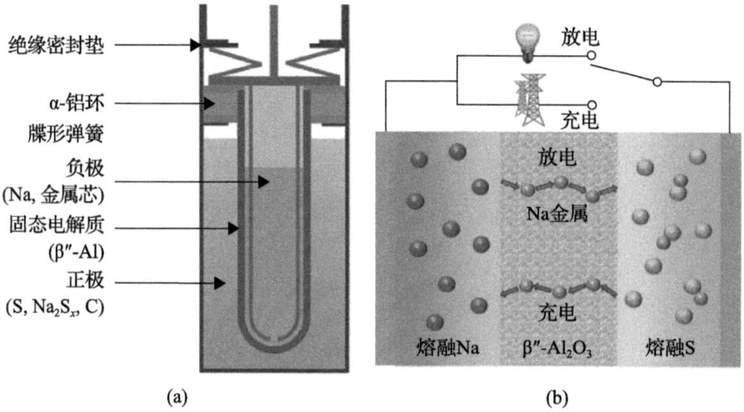

图4.2　高温钠硫电池的结构(a)和工作原理(b)示意图[3,4]

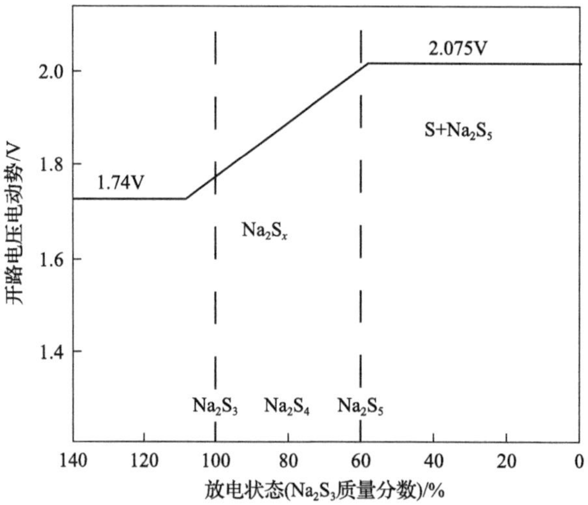

图4.3　高温钠硫电池的理论放电曲线

与钠硫电池类似，由于使用β″-氧化铝陶瓷电解质，钠盐电池同样需要一定的工作温度，通常为270～330℃。与钠硫电池不同的是，工作温度下，正极中的活性物质 $NiCl_2$、Ni及NaCl均为固体，因此电池正极中还包含熔点为156.7℃的辅助电解液四氯铝酸钠($NaAlCl_4$)。钠盐电池通常采用中心正极的结构设计。钠盐电池的电池形式为

$$(-)\,\mathrm{Na}|\,\beta''\text{-}\mathrm{Al_2O_3}\,|\mathrm{MCl_2}\,(+)\ (\mathrm{M{=}Ni、Fe、Cu、Zn}\ 等)$$

以钠-氯化镍电池为例，电池基本的电化学反应如下：

$$\mathrm{NiCl_2{+}2Na}\,(充电态) \longleftrightarrow \mathrm{2NaCl{+}Ni}\,(放电态), \quad E_{300℃} = 2.58\mathrm{V} \tag{4-2}$$

4.3.2 高温金属钠电池的电解质材料及其制备技术

1. 高温金属钠电池的电解质材料

高温钠电池是基于固体电解质的二次电池。固体电解质材料对电池的功率密度、长期稳定性和安全性能都有重要且基础的影响。通常，电化学稳定性通过电极/电解质界面电阻、电解质的电化学窗口以及电池循环过程中的电解质行为进行评估。固体电解质作为高温钠电池结构中的关键部件，需要满足以下几个条件[5]：①高的离子电导率和极低的电子电导率；②与电极之间良好的热动力学和化学稳定性；③高的机械强度和致密度。目前，能满足高温钠电池钠离子导电性要求的固态电解质材料包括 β/β″-Al_2O_3 陶瓷和 NASICON 型陶瓷等。但 NASICON 型陶瓷在 180℃以上的高温下易与金属钠发生反应导致陶瓷退化，因此在高温钠电池中应用困难。此外，β″-Al_2O_3 的 Na^+迁移的能垒比 β-Al_2O_3 更小，离子电导率更高，因此 β″-Al_2O_3 陶瓷成为高温钠硫电池和钠盐电池的首选电解质材料。

图 4.4 显示了 β″-Al_2O_3 的晶胞及其(11$\bar{2}$0)晶面剖面图[6]。β″-Al_2O_3 由几个 Al、O 原子密堆积组成的尖晶石基块层(D 层)和 Na、O 原子疏松排列的中间层组成(H 层)。中间层内存在高比例的空位，为 Na^+在层内的迁移提供了通道，而在尖晶石基块中原子呈密堆

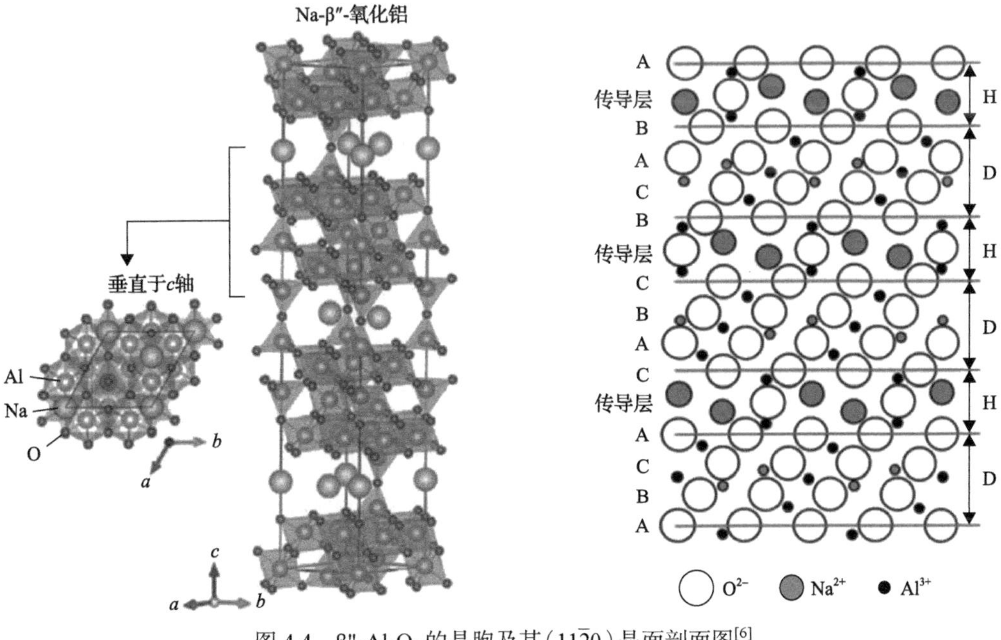

图 4.4　β″-Al_2O_3 的晶胞及其(11$\bar{2}$0)晶面剖面图[6]

积，不能提供离子迁移的空位和通道。每个 β″-Al_2O_3 晶胞由三个尖晶石基块组成，每个尖晶石基块由 3 个密堆积 Al—O 单元组成，且相邻的两个基块呈三次螺旋轴非对称分布，钠氧层非镜面对称。

β″-Al_2O_3 致密陶瓷通常在 1600℃以上烧结得到，由于 β″-Al_2O_3 在 1400℃的高温下转变为 β-Al_2O_3，通常需要通过添加离子半径小于 0.97Å 的离子作为稳定剂取代尖晶石基块中的 Al^{3+} 提高 β″相的热稳定性。研究表明，能有效稳定 β″相，提高钠离子电导率且得到较高致密度陶瓷的外加离子是 Li^+ 和 Mg^{2+}。

2. β″-Al_2O_3 陶瓷电解质管的制备技术

β″-Al_2O_3 固体电解质陶瓷通常通过固相法制备，基本工艺流程包括前驱粉体的合成与造粒、素坯的成型与脱塑、烧结与加工。最简单的方法是将 α-Al_2O_3 或勃姆石（γ-AlOOH）、NaOH 或 Na_2CO_3、$Mg(OH)_2$ 或 MgO、Li_2CO_3 等化合物按照一定的比例在水或有机介质中球磨混合成均匀的浆料，通过喷雾等方法进行干燥和造粒形成高流动性的陶瓷粉体，采用等静压等各种方法成型得到素坯，经 1600℃以上高温烧结后得到致密的陶瓷，再经过必要的加工即得到要求尺寸的陶瓷管。但是，一步固相反应法在制备过程中存在钠组分损耗大、晶粒过分长大和产生 $NaAlO_2$ 副产物、引起湿度敏感等问题，不易获得具有立项性能的 β″-Al_2O_3 陶瓷。

中国科学院上海硅酸盐研究所进一步研制了双 Zeta 工艺[7]。首先，将锂盐和钠盐分别与 α-Al_2O_3 进行反应，合成得到铝酸锂和铝酸钠化合物，Zeta-铝酸锂具有与尖晶石类似的结构，铝酸钠的结构类似 β-Al_2O_3，称作 Zeta-铝酸钠，前驱铝酸盐的形成一方面可以有效提高钠和锂元素在最终产物中分布的均匀性，同时 Zeta-铝酸钠的结构可以引导 β″-Al_2O_3 相的生成，因此用这种双 Zeta 工艺可以获得高均匀性的 β″-Al_2O_3 陶瓷管，并实现规模化制备。

β″-Al_2O_3 陶瓷制备过程的每一步都需要质量控制，如前驱粉体的粒度、混合的均匀度，粉体的合成制度和粉体粒度，成型粉体的颗粒粒度与分布、流动性，素坯管的壁厚均匀性和一致性，烧结炉的温场均匀性、烧结制度和烧结气氛等。在实用化管式高温钠电池中使用的 β″-Al_2O_3 电解质为一端封底的陶瓷管。

4.3.3 高温金属钠电池的正极材料

1. 硫正极

硫正极活性物质在放电态为多硫化钠，充电态为单质硫。充放电产物在工作温度下都呈液态。单质硫是电子绝缘体，因此硫正极活性物质只有负载在电子导电网络内部才能参与充放电过程。该电子导电网络要求是轻质的，且不与硫或多硫化钠发生反应。碳材料是导电网络的首选材料。硫电极通常为碳与硫（多硫化钠）的复合电极。钠硫电池放电开始后，钠离子导电的多硫化钠生成，极大地扩展了电极活性区域，这成为钠硫电池能承受高的极限电流密度的原因之一。

作为硫载体的导电碳材料需要具有相对高的导电性、易于裁剪、化学性质稳定和具有大的比表面积等特性。对碳布、石墨布、碳纤维泡沫材料、不锈钢泡沫材料，以及炭黑、聚丙烯腈纤维与硫复合的粉末材料在钠硫电池中应用的研究表明，这些材料主要存在使用寿命较短、电化学稳定性较差以及电极的单位成本较高等问题。碳纤维毡具有良好的导电性、导热性、机械均一性、电化学活性和耐酸耐强氧化性，是适用于钠硫电池正极的导电辅助材料。

碳纤维毡的选择决定着正极与电解质的润湿、接触，还对硫的饱和含量、正极的导电性及电池阻抗等影响很大，需要综合考察市场供应的碳毡的杂质含量、厚度、密度、弹性、编织方式、纤维直径、孔隙率与比表面积等因素对电池性能的影响。本章作者及其团队对十余种不同的石墨毡进行测试，发现密度为 0.06～0.08g/cm^3、孔隙率约为 97%、比表面积为 $(1\pm0.2)\,m^2/g$ 的碳纤维毡性能良好。

2. 金属氯化物正极

为了保证电池电化学性能稳定高效，钠盐电池的正极主要由金属氯化物和过量的金属组成。因为生成的金属氯化物充电产物导电性差，且包覆在活性金属表面，所以钠盐电池组装时通常在正极中加入适当过量的金属，保证充放电过程中构筑良好的电子导电通路，实现电池稳定的循环性能。为了提高正极的钠离子迁移速度，正极还包含第二相熔盐电解质 $NaAlCl_4$。

首先需要考虑的是各种金属氯化物的电化学性质。$CuCl_2$ 正极的开路电压较高，但是 Cu^{2+} 容易与 β''-Al_2O_3 电解质中的 Na^+ 发生交换，导致 β''-Al_2O_3 固体电解质的晶格常数发生变化，其电导率快速下降。Na-$CuCl_2$ 电池的循环性能难以提高。Na-$FeCl_2$ 电池成本较低，300℃的开路电压为 2.35V，理论比容量为 310mA·h/g，略高于 Na-$NiCl_2$ 电池，理论能量密度为 729W·h/kg，略低于 Na-$NiCl_2$ 电池。Na-$FeCl_2$ 电池在放电过程中，NaCl 与 $FeCl_2$ 在 374℃时形成低共熔物，Fe^{2+} 会溶解在熔盐中，并与电解质陶瓷发生表面离子交换，导致电解质陶瓷电阻增大，因此 Na-$FeCl_2$ 电池的运行温度通常限定在 300℃以下。Na-$FeCl_2$ 电池通常需要在正极中添加少量的金属镍，以防止在过充电（电压大于 2.75V）时形成 $FeCl_3$ 相。$FeCl_3$ 可溶于液态电解质，因此 Fe^{3+} 同样会毒化陶瓷电解液的表面，增加电池的内阻。由于镍的存在，在过充时，金属镍被氧化，可以防止 Fe^{2+} 进一步氧化为 Fe^{3+}。此外，Ni 金属的存在还有另一个优势，即在几次循环后，它也会改变金属基体的形貌，形成包含非常细小颗粒的 Ni-Fe 合金团聚体，这有利于电池循环性能的稳定。

对于钠-氯化镍电池体系，300℃时的开路电压为 2.58V，理论能量密度为 790W·h/kg，氯化镍在熔盐电解质中几乎不溶，因此钠-氯化镍电池电极更加稳定，可以允许更宽的工作温度范围。考虑到电极电位及其稳定性和原材料成本等几个方面的因素，实用化的钠盐电池正极材料主要选用 $NiCl_2$。Fe 作为提高功率密度的重要添加剂加入电池正极。

近年来，将丝网状导电材料应用于导电网络是钠-氯化镍电池正极结构设计的一个重要方向。本章作者团队提出了一种由镍纳米线构建电子传导网络的平板钠盐电池正极结构[8]。镍纳米线材料通过磁力诱导的水热法制备。正极材料通过将一定比例的镍纳米线、氯化钠与正极添加剂在乙醇中超声分散后干燥得到。组装理论容量为 18.3mA·h（比容量为 183mA·h/g）的平板钠盐电池测试电池性能，结果显示镍纳米线正极的比容量达到

130mA·h/g，在 0.05C 下具有 360W·h/kg 的较高能量密度和 100 次以上的稳定循环性能。团队进一步采用多溶液静电纺丝法合成了镍-碳复合纳米纤维网络，构建了一种新型的钠-氯化镍电池三维正极[7]。该正极的特点在于镍和氯化钠两种活性物质在电池组装时无须混合，而是直接将氯化钠平铺于镍-碳复合纳米纤维网络膜下方，在首次充电时通过电化学过程生成氯化镍正极。此后循环生成的氯化钠被导电纤维网络所限制，与碳基稳定导电网络一起得到高效的电池正极，从而达到电极高倍率充放电的目的。该电极在 0.3C 倍率下初始容量为 155mA·h/g，为理论容量的 91.7%。400 次循环后，容量保持率为 81%。值得注意的是，该电极在 2C 的高倍率下仍能稳定工作 350 次循环以上，库仑效率接近 100%，这可以归因于电极稳定高效的导电网络结构。

最近，本章作者团队探索了直接采用 $NiCl_2$/还原氧化石墨烯（reduced graphene oxide, rGO）气凝胶复合材料作为电极组装钠盐电池的设计思路[9]。这一设计能将 Ni 的用量降至几乎不过量的程度。图 4.5 显示了原始 rGO 气凝胶和负载不同含量 $NiCl_2$ 的 rGO 的 SEM 照片，以及负载 51.3%（质量分数）$NiCl_2$ 的 rGO 气凝胶的面分布元素分析图。从图中可以看到，rGO 气凝胶呈现薄片交联网络状结构。rGO 气凝胶负载 51.3%$NiCl_2$（质量分数）的电极显示了 $NiCl_2$ 均匀覆盖在 rGO 片层表面的理想结构。该电极在限容 20%～80%SOC 的充放电制度下，容量可保持 125mA·h/g 稳定循环至少 50 次。

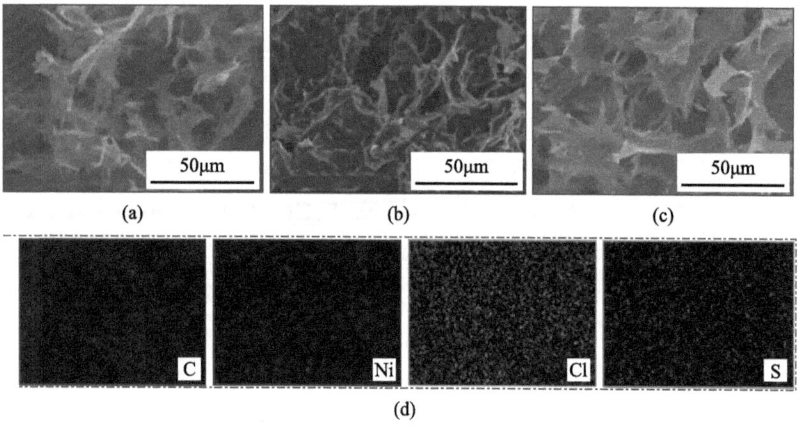

图 4.5　还原氧化石墨烯（rGO）气凝胶（a）、负载 90%$NiCl_2$ 的 rGO 气凝胶（b）和负载 51.3%$NiCl_2$ 的 rGO 气凝胶（c）的 SEM 图片，以及负载 51.3%$NiCl_2$ 的 rGO 气凝胶的面分布元素分析（d）[8]

4.3.4　高温金属钠电池的界面问题

1. 负极熔融钠/固体电解质界面

减少钠极对电池内阻贡献的关键在于优化负极熔融钠/固体电解质界面，使钠在电池循环过程中完全覆盖在 β″-氧化铝电解质表面，从而达到钠/β″-氧化铝界面极化最小的目的。假设熔融钠是理想的可逆电极，那么极化问题将不会出现在钠/β″-氧化铝界面，然而人们的研究多次证实钠/β″-氧化铝界面极化的存在。Sudworth 等通过管式 Na/β″-氧化铝/Na 系统测试了钠/β″-氧化铝界面的直流循环极化曲线和交流阻抗。实验发现，对称电池的交流阻抗随着频率的增大而减小，直流循环极化曲线是非欧姆型，呈非对称且依赖循环速率，表现出明显的钠/β″-氧化铝界面极化特征。钠在 β″-氧化铝表面的不完全润湿会导致钠/β″-氧化铝界面正电荷累积，从而产生界面极化。因此，改善钠/β″-氧化铝界面问题的关键在于提高熔融钠在 β″-氧化铝表面的润湿性。

对于没有经过处理的 β″-氧化铝，Viswanathan 等[10,11]曾经得到类似的结论，即熔融钠在 300℃下不能在其上润湿。多年来，许多研究工作尝试探索钠在 β″-氧化铝上润湿性差的原因以及改善这一润湿性的办法。一般认为两个因素影响了润湿性，即 β″-氧化铝表面的水蒸气以及其内部含有的杂质离子(主要是 Ca 杂质)。Viswanathan 等[10]将 β″-氧化铝陶瓷分别在干燥和潮湿的环境中预处理后测试钠在其上的润湿性，结果发现水蒸气的存在使其润湿性变差，而当 β″-氧化铝在真空高温环境中长时间干燥后润湿性会大大提高。还有研究发现，β″-氧化铝中的 Ca 杂质在电池循环过程中会迁移到钠/β″-氧化铝界面导致电池内阻明显增大[12]。

研究人员通过钠合金化和陶瓷表面涂覆等措施来改善钠在固体电解质表面不完全润湿的问题。Lu 等[13]通过将 Na 与 K、Cs、Rb 等金属合金化降低钠负极的表面能，实现了熔融钠合金在 100℃的较低温度下在 β-氧化铝表面的良好润湿。表 4.1 总结了文献报道的熔融钠在涂覆处理后 β″-氧化铝表面的润湿性。用熔融钠滴在 β″-氧化铝上的接触角表征其在惰性气氛中的润湿性。可见，采用金属(如 Pb、Bi、Ni)、过渡金属氧化物、碳等材料在 β″-氧化铝表面涂覆可以减小接触角。虽然这些处理方法都是有效的，但放大生产仍有难度，往往存在材料具有生物毒性或价格高昂或制备过程能耗高、不环保、生成氧化钠钝化层等问题。最近，中国科学院上海硅酸盐研究所温兆银团队开发出一种高表面能且孔结构可控的多孔镍/碳复合薄膜修饰的 β″-氧化铝陶瓷管，作为负极钠与陶瓷管之间的导电润湿中间层。这种薄膜通过低成本的涂覆后热处理的方法即可得到，孔隙厚度均匀可控。通过喷涂的表面工程技术可以大大降低前驱体用量，实现薄膜涂层的放大生产。

表 4.1 熔融钠在各种涂层修饰后的 β″-氧化铝表面的润湿性

涂覆材料类型	测试温度/℃	润湿性(接触角)	存在的问题
Pb 或 Bi	250	润湿	具有生物毒性
过渡金属氧化物(Fe,Ni,Cu,Mn,Co,Cr,Mo)	250	润湿	生成氧化钠钝化层
液态 $NaNH_2$	210	完全润湿(0°)	不稳定
多孔碳	300	不完全润湿(94°)	润湿性较差
镍网格	300	润湿(40°)	价格昂贵
碳管纤维膜	300	润湿(30°)	涉及多步反应

2. 钠硫电池正极界面

钠硫电池正极反应最初在硫极熔体/固体电解质界面发生，随后推进至硫极熔体/导电碳界面。在充电早期或放电末期，如果硫覆盖在 β″-氧化铝表面，则电荷转移会受到抑制，影响充放电的继续进行。在放电早期或充电末期，低钠多硫化钠容易抑制硫与导电网络的通路，将导致较大的充放电极化[14]。也就是说，硫极熔体/固体电解质界面以及硫极熔体/导电碳界面的电化学特性成为影响硫电极性能的重要因素。为了优化硫极熔体与固体电解质之间的界面，早期通过在 β″-氧化铝电解质表面引入多孔的惰性薄层（一般为金属或氧化物）作为中间层吸附充电生成的硫，避免硫在 β″-氧化铝上的沉积。然而，导电性好的金属作为中间层需要在其上包覆一层氧化层以免金属被电极材料腐蚀，氧化物（如氧化铝）中间层由于导电性不好而需要严格控制其厚度，因此硫极中间层的选择还存在一定的探索空间。

传统的碳毡对于硫和多硫化钠具有较为相当的润湿性，生成的多硫化钠无法很快在碳毡表面扩散，从而出现充放电极化偏大的问题。要解决这一问题，一种方法是添加能优先润湿多硫化钠的物理成分，另一种方法是使用分级孔隙碳或石墨毡来改变硫电极中的电势分布。一般来说，第二种方法由于结构复杂，制备工艺步骤较多，成本较高，而第一种方法生产的电池具有更好的充电特性。基于第一种方法的思路，温兆银等设计了一种复合二氧化硅纤维的碳毡[1]。35%（质量分数）以下的 SiO_2 均匀地分布在碳毡内的碳纤维中共压成型。C/SiO_2 复合材料的电化学行为得到了显著改善。添加了 SiO_2 后，钠硫电池的循环性能得到了显著提高，过电位大大降低。添加 35%（质量分数）的 SiO_2 进一步改善了充放电行为，比含 20% SiO_2（质量分数）的复合碳毡具有更好的循环性能。电池性能的改善与碳和二氧化硅表面不同的吸附和润湿特性有关，大量多硫化钠被选择吸附在二氧化硅表面，从而提供更丰富的活性区域供电极反应。

3. 钠盐电池正极界面

图 4.6 为以钠镍电池为例的钠盐电池充放电过程中涉及的正极界面反应和电荷转移过程[15]，即充电和放电过程同时涉及的正极电解液/固体电解质界面（界面Ⅱ）和 $Ni@NiCl_2$ 颗粒/电解液界面（界面Ⅲ），以及充电过程涉及的 NaCl 颗粒微溶于电解液并提供 Na^+和 Cl^- 的界面过程（界面Ⅳ）[16]。

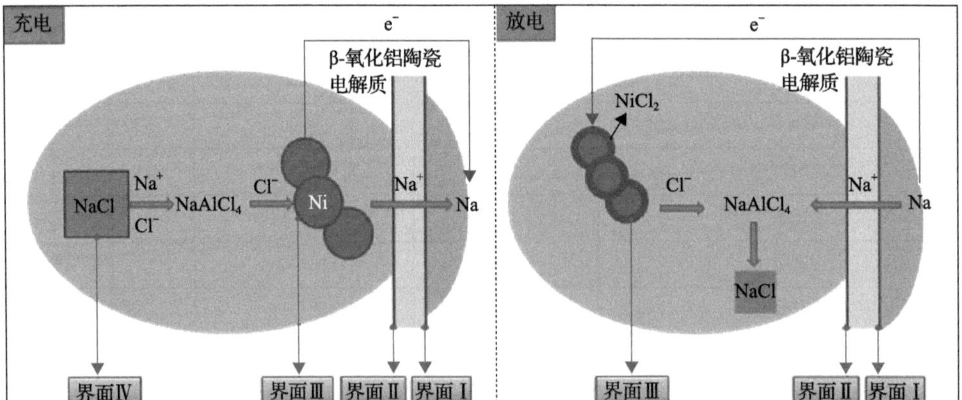

图 4.6　钠镍电池充放电过程涉及的电极界面反应和电荷转移过程[15]

对于正极熔盐 $NaAlCl_4$ 和 β″-氧化铝陶瓷界面（界面Ⅱ），对熔融 $NaAlCl_4$ 在 β″-氧化铝表面的接触角进行了测试，经过 32s 后，$NaAlCl_4$ 逐渐在陶瓷片表面铺展，经过 4min 的时间，$NaAlCl_4$ 几乎在陶瓷表面完全润湿，形成了一个良好的固/液界面。对于正极活性材料与熔盐界面(界面Ⅲ和界面Ⅳ)，温兆银等将 Ni 和 NaCl 按不同比例混合在不同压力下压制正极片，测试了正极片的孔隙率以及 $NaAlCl_4$ 在其上的润湿性能。总体来看，压强低于 6MPa 的所有配比样品均可在一定时间后达到完全润湿。3MPa 和 6MPa 压强下，1.5∶1 的样品最早完全润湿，润湿性能最佳，而 9MPa 下 2∶1 的润湿性能最佳。

4.4 低温金属钠电池

低温金属钠电池通常使用有机电解液，主要存在以下两个问题：一是金属钠对电解液的高反应活性，使钠的溶解/沉积效率下降；二是金属钠负极的枝晶生长问题。根据不同的低温钠电池正极材料，目前认为具有应用前景的两类低温金属钠电池体系是室温钠硫电池和钠-氧气电池。

室温钠硫电池具有 1274W·h/kg 的较高理论能量密度以及丰富的原材料资源等优势，近年来逐渐受到重视。然而，室温钠硫电池面临着类似锂硫电池的穿梭效应问题，以及多硫化钠与电解液之间的副反应等问题。在所有的化学电源体系中，碱金属-氧气电池(如锂-氧气或钠-氧气电池)的理论能量密度最高，是未来便携式电池的理想选择。锂-氧气电池容易出现过高的充电过电位，导致能效相对较低，而由于氧化钠/超氧化钠的电化学可逆性问题，钠-氧气电池的充电过电位较低。此外，钠比锂更具可持续性和成本效益。因此，钠-氧气电池体系仍吸引了很多学者对其进行深入研究。尽管钠-氧气电池的充电过电位较低，但其循环性能并没有显著提高，主要问题在于阴极、阳极与电解液之间存在副反应。接下来就低温金属钠电池的钠负极、室温钠硫电池的工作原理与正极材料以及钠-氧气电池的工作原理、电解液与氧气电极等几个方面的进展进行概述。

4.4.1 低温金属钠电池的钠阳极

低温金属钠电池(low-temperature sodium-metal batteries，LSMBs)的钠阳极面临的核心问题与以下的电池衰退机制直接相关。钠阳极的退化原因主要是金属钠对很多电解液具有较高的反应活性，在电解液中容易产生气体和不稳定的 SEI 膜，导致电解液的过度消耗和低的库仑效率；不稳定的 SEI 膜和金属钠的不均匀沉积使电池发生短路、死钠、大的过电位以及低的库仑效率；钠溶解-沉积过程中的体积变化也使 SEI 膜破裂并暴露更多的钠金属表面，如此循环往复加速电极性能衰退。目前，针对这些问题的解决方案可概括为：采用改进的电解质和电解质添加剂；提供降低局部电流密度的钠电极载体材料；钠/电解质的界面保护层设计；钠合金设计等。除液体电解质添加剂外，其他方案在高温金属钠阳极的研究中均有涉及，下面概要介绍各种方案最新的进展。

FEC 作为钠电池最常用的电解液添加剂，被证实可在很大程度上提高钠阳极的库仑效率和循环寿命。最近，Seok 等[17]利用原位 X 射线成像发现 PC 电解液中添加 FEC 后，金属钠趋向于结合 FEC 在阳极基底上均匀沉积，而非枝晶生长。除此之外，二甲酰氨基金刚烃(bis-*N*,*N'*-propyl-4,9- dicarboxamidediamantane, DCAD)类的电解液添加剂也被报道具有抑制钠枝晶生长的效应[18]。

研究证实，钠离子固体电解质有助于提高钠阳极 SEI 膜的稳定性[18-21]。固体电解质与金属钠之间固/固界面的不均匀接触问题是目前固态钠电池的研究热点。通常的解决方案是在固体电解质表面涂覆一层高表面能的导电材料同时作为界面改性层和钠电极载体，再将金属钠均匀融入涂覆层中得到较坚固的钠/固体电解质界面层。温兆银团队利用医用脱脂棉作为碳源，经过高温碳化后得到无定形碳微管，并将该碳微管用于β″-氧化铝陶瓷表面的涂覆层，结果使钠/β″-氧化铝界面电阻减小至原始的 1/5[22]。该碳微管涂覆层使金属钠在固体电解质表面有效地改善了润湿性和界面接触，界面电阻大大降低，应用于 Na||Na 对称电池和 Na||$Na_3V_2(PO_4)_3$ 电池均使固态金属钠阳极在 0.1～0.2mA/cm^2 电流密度下能稳定工作 2000h 以上[22,23]。最近，同一团队将复合 Sn 纳米颗粒的静电纺丝碳纤维负载在 β″-氧化铝表面，发现 Na/SC-β″-氧化铝/Na 对称电池的极限电流密度达到 1.3mA/cm^2，室温下以 0.5mA/cm^2 电流密度、0.25mA·h/cm^2 容量循环 3000h 以上，以 0.2mA/cm^2 电流密度、0.1mA·h/cm^2 容量循环 3000h 以上[24]。

在金属钠表面设计并制备一层人工 SEI 膜也是一种抑制钠枝晶生长的手段。Zhu 等[25]在金属钠表面设计了一层富苯二硫纶(PhS_2Na_2)保护膜。PhS_2Na_2/Na 电极在 1mA/cm^2、3mA·h/cm^2 的电流密度和容量下能低极化稳定循环 360h，在 5mA/cm^2、1mA·h/cm^2 条件下能稳定循环 280h，且与纯钠电极相比，钠枝晶的生长得到明显的抑制。然而，这种保护膜还含有 Na_2S 等杂质，可能影响电极的长期稳定性。Lu 等[26]采用 1,3-二氧戊环处理金属钠，在钠表面生成一层人工 SEI 膜，该保护层具有快速的界面传输能力和较低的电阻。直接光学观察的结果表明，保护层的引入抑制了钠枝晶生长和阳极产气。

对于以上改善钠电极性能的方案，由于底层阳极的体积膨胀，较薄的涂层不能保持完整，而较厚的涂层造成不可接受的钠离子扩散阻力。因此，还有部分研究通过将金属钠与其他低共熔点金属形成合金作为电极，亦具有抑制钠枝晶生长的功能。目前，研究结果显示具有一定改善效果的合金元素包括 Sn、In、Sb、Te 等[27-29]。

4.4.2 室温钠硫电池的工作原理

室温钠硫(RT Na-S)电池的结构和反应机理与锂硫电池类似。RT Na-S 电池一般采用硫复合材料作为正极，金属钠作为负极，有机溶剂混合钠盐作为电解液。单质硫处于充电状态，因此 RT Na-S 电池的首次电化学反应是一个放电过程。在放电过程中，金属钠在负极被氧化，从而产生钠离子和电子。钠离子通过电池内部电解液迁移到正极，电子通过外部电路迁移到正极，从而产生电流。同时，在正极侧接受钠离子和电子的硫单质被还原生成 Na_2S。在充电过程中，正极侧的放电产物失去电子生成硫单质，钠离子通过电解液重新回到负极，被还原成钠金属单质。RT Na-S 的理论比能量为 1274W·h/kg，以硫计算的理论比容量为 1675mA·h/g，电池的最终放电产物为 Na_2S，对应的电化学反应为

$$S_8 + 16Na + 16e^- \longrightarrow 8Na_2S$$

实际上，RT Na-S 电池的充放电是一个复杂的多步反应过程，RT Na-S 电池在不同的电解液（醚类和酯类电解液）中表现出不同的电化学行为。S_8 分子转化为最终放电产物 Na_2S 经历了以下 4 个区域[30]。

区域Ⅰ：对应约 2.2V 的电压平台，固态长链 S_8 分子转化为可溶性长链 Na_2S_8，这是一个固液反应过程，涉及的反应为

$$S_8 + 2Na^+ + 2e^- \longrightarrow Na_2S_8$$

区域Ⅱ：对应 2.2～1.65V 部分的曲线，可溶性长链 Na_2S_8 通过液液反应转化为较短链的 Na_2S_4，涉及的反应为

$$Na_2S_8 + 2Na^+ + 2e^- \longrightarrow 2Na_2S_4$$

区域Ⅲ：对应约 1.65V 的电压平台，发生液固反应，Na_2S_4 转化为更短链的不可溶性多硫化物 Na_2S_3 和 Na_2S_2，此外，部分最终放电产物 Na_2S 会在此阶段生成：

$$Na_2S_4 + \frac{2}{3}Na^+ + \frac{2}{3}e^- \longrightarrow \frac{4}{3}Na_2S_3$$

$$Na_2S_4 + 2Na^+ + 2e^- \longrightarrow 2Na_2S_2$$

$$Na_2S_4 + 6Na^+ + 6e^- \longrightarrow 4Na_2S$$

区域Ⅳ：对应 1.65～1.2V 的电压平台，对应 Na_2S_2 转变成 Na_2S 的固固反应：

$$Na_2S_2 + 2Na^+ + 2e^- \longrightarrow 2Na_2S$$

在酯类电解液中，RT Na-S 电池的充放电曲线明显不同于醚类。这是因为在初始放电过程中，RT Na-S 电池在酯类电解液中经历了复杂的活化过程[31,32]，包括电解液的分解以及酯类溶剂和多硫化物之间的亲核反应，并在钠阳极上形成 SEI 和复合硫阴极形成 CEI，导致初始放电容量大，甚至超过硫的理论容量[33-36]。在随后的循环中，阴极的单质硫在 CEI 层的保护下转而进行类似于醚类电解液中的准固态转换或固-液-固反应，从而减少甚至避免了可溶性多硫化物中间体的形成。因此，电池通常表现出低于 1.60V 的放电电压[37]，放电曲线往往呈现长且不断下降的趋势。

4.4.3　室温钠硫电池的正极材料

1. 硫/碳复合材料

1）硫/微孔碳复合材料

微孔碳（<2nm）材料具有极高的比表面积、大的吸附体积和精细的多孔结构，可以凭借其强大的体积约束效应限制多硫化钠（NaPS）的溶解，因此微孔碳材料通常被认为是 S 的优良宿主材料。在微孔中，元素 S 可以以环状 S_8 分子或者短链小分子的形式存在，微孔内的小分子 S 倾向于表现出准固态相变行为，在循环过程中不涉及可溶性长链 NaPS

的形成。这种机制避免了 NaPS 溶解到电解液中的可能性，从而消除了所谓的穿梭效应。Xin 等[38]在 2014 年提出使用微孔碳材料作为 RT Na-S 电池正极硫的载体，获得了高达 1610mA·h/g 的比容量，同时在 2C 的高倍率下，获得 815mA·h/g 的比容量。它们的混合阴极材料是通过在具有碳纳米管芯和微孔碳壳的同轴电缆状结构中负载硫进行制备的。根据分子结构模拟，只有小硫分子($S_{2\sim4}$)可以储存在 CNT@MPC 载体中，这是因为所制备的微孔碳的孔径(≈0.5nm)小于 $S_{5\sim8}$ 分子。2017 年，Cater 等[39]利用蔗糖作为碳模板为 S 构建了一个相对均匀的直径为 0.5nm 的限制性微孔碳载体，在所制备的 S@C 复合材料中，元素 S 表现为 $S_{2\sim4}$ 的分子结构。受益于微孔的作用，$S_{2\sim4}$ 分子具有超高反应活性，有效地避免了可溶性高阶 NaPS 的产生，在 1C 的高倍率下循环 1500 次容量保持率仍超过 300mA·h/g，库仑效率超过 98%。Guo 等[40]以咖啡渣为原料，设计了活化的超微孔咖啡碳装载小分子 $S_{2\sim4}$，高分辨率透射电子显微镜观察到的孔径为 0.5nm，微孔空间可以有效地抑制长链多硫化物的产生。原位紫外可见光谱测试进一步证明没有多硫化物形成。在 1C 倍率下循环 2000 次后容量几乎没有衰减，库仑效率高达 100%。此外，该复合材料还在 5C 的超高倍率下表现出 423mA·h/g 的比容量。

尽管将小硫分子 $S_{2\sim4}$ 包裹在微孔碳中可以有效提高 S 的反应性并避免可溶性长链 NaPS 的溶解和穿梭，在 RT Na-S 电池中表现出良好的性能，但微孔结构的孔隙体积有限，很大程度上限制了 S 的负载量(通常低于 40%)，导致全电池整体能量密度较低。

2) 硫/分级孔道碳复合材料

相比之下，大孔碳和中孔碳通常比微孔碳更容易出现多硫化物的溶解和穿梭，但较大尺寸的孔有利于电解液的润湿和硫载量的提高。因此，设计具有分级孔道结构的碳载体可能是实现高能量密度和良好循环性能之间平衡的合理策略。

Wang 等[41]制备了相互连接的介孔中空碳纳米球(mesoporous carbon hollow spheres, iMCHS)作为硫的载体。iMCHS 可以两种形式封装硫，约 46%的硫被限制在介孔中，约 13.4%硫填充在材料的空隙中，阴极活性材料中 S 的质量分数为 60%，面载量为 1.9～2.5mg/cm^2。由于介孔的限制，嵌入的 S 将被局部化，这可以抑制循环过程中形成的多硫化物的穿梭现象。另外，纳米结构的碳壳可以将多硫化钠包裹在中孔和中空空间内，从而抑制多硫化物穿梭到阳极。在 0.1A/g 的电流密度下循环 200 次后，S@iMCHS 阴极的比容量为 292mA·h/g，容量保持率为 88.8%，在 5A/g 的高电流密度下具有 127mA·h/g 的比容量。然而，原位 XRD 分析表明，一旦 Na_2S 在初始放电过程中形成，即使在电池充电至 2.8V 后 Na_2S 也会存在，说明电化学体系中生成的 Na_2S 是不可逆的。因此，RT Na-S 电池的可逆反应仅基于 S_8 与 Na_2S_4 的转化。Zhang 等[42]报道了双碳壳多孔碳微球作为硫载体，其结构内部具有相互连接的空心纳米珠。PCM-S 复合阴极在 0.1A/g 的电流密度下循环 350 次后可提供 290mA·h/g 的容量。原位 XRD 同样证实了 Wang 等对 RT Na-S 机理的解释。

3) 硫/改性碳复合材料

通过杂原子掺杂或纳米粒子装饰可以很容易地对碳材料进行修饰，从而增强碳基体的导电性和提高其固定多硫化物的能力以及催化多硫化物转化的能力。掺入非金属杂原子掺杂剂可以在碳基质中产生丰富的缺陷位点，从而调节碳表面的电子结构和极性，实现对碳材料化学性质的调控，这些杂原子通常包括 N、O、P、B 等，掺入的金属类纳米粒子一般是金属单质或金属化合物，作为多硫化物转化的催化剂。

Qiang 等[43]报道了一种具有高杂原子浓度（约 40%）的分层多孔碳用作 RT Na-S 电池正极。碳框架中高浓度的杂原子阻止了多硫化物与酯类电解液的副反应。同样，溶解在醚类电解液中的多硫化物的扩散受到抑制。用 N,S 掺杂多碳（N-S doped highly porous carbons，N,S-HPC/S）阴极组装的电池在 4.6A/g 的大电流密度下表现出超过 10000 次循环的超长寿命，容量衰减小于 20%（8000 次循环后仅衰减 3%）。N,S-HPC/S 的放电曲线上没有 2.0V 的电压平台区，表明不存在从 Na_2S_2 到 Na_2S 的转变。然而，这种 N,S-HPC/S 复合材料的硫含量（22%（质量分数））太低，极大地限制了 RT Na-S 电池的能量密度。Mou 等[44]通过简单的自组装和热解活化过程制备了氮掺杂多孔碳片用于 RT Na-S 电池。得益于大的比表面积、丰富的微纳米孔结构和氮自掺杂，获得的多孔碳片可以显著地约束硫分子，并有效地缓解 RT Na-S 电池在充放电过程中多硫化钠的溶解。根据 C 原子和 N 原子之间的键合结构，元素 N 可分为三种类型：吡啶 N、吡咯 N 和石墨 N。吡啶 N 和吡咯 N 可以增强碳结构对多硫化物的吸附能力，而石墨 N 主要起到提高碳的电子导电性的作用。最佳的 S@NPC-700 用于 RT Na-S 电池阴极时，在 2C 倍率下可以提供 280.9mA·h/g 的容量，在 0.5C 倍率下循环 400 次后仍可保持 418.9mA·h/g 的可逆容量，所获得的良好的电化学性能归因于碳片的微/纳米孔隙率以及 N 掺杂产生的协同效应。

单原子催化剂和金属团簇很好地分散在多孔碳基体上，已成为实现高效催化的有效策略，也有望应用于 RT Na-S 电池中实现多硫化物快速转化反应的动力学。Zhang 等[45]将三种过渡金属（Fe、Cu 和 Ni）纳米团簇（约 1.2nm）负载在空心碳纳米球上用于 RT Na-S 电池。他们模拟计算了 Na_2S_4 在 Fe-HC、Cu-HC 和 Cu-HC 材料上的吸附能以及动力学的时间效应，提出金属纳米团簇和硫之间存在化学偶联，并有助于硫的固定和电导率及活性的提升。其中，S@Fe-HC 表现出较好电化学性能，在 0.1A/g 的电流密度下循环 1000 次比容量保持在 394mA·h/g，在 5A/g 的高电流密度下具有 220mA·h/g 的比容量。金属纳米簇可作为电催化剂，将 Na_2S_4 迅速还原成短链硫化物，从而避免穿梭效应。Wang 等[33]设计了金纳米点分层装饰的氮掺杂碳微球（CN/Au/S）用作室温钠硫电池正极材料。氮掺杂和金纳米颗粒可以通过极性相互作用增强多硫化物和碳之间的吸附，有效防止 NaPS 的穿梭。此外，由于金纳米点的电催化作用，电化学反应的吉布斯自由能较低，加快了转化动力学反应速率。在 10A/g 的电流密度下循环 2000 次可以获得 396mA·h/g 的比容量，具有较高倍率的循环性能。

Yan 等[46]通过喷雾干燥制备了一种原位生长在分层碳微球中的 FeS_2 纳米颗粒（FeS_2@NCMS）。原位 XRD 等的结果表明，分层碳微球结构与高效电催化活性的 FeS_2 相结合，同时实现了 FeS_2@NCMS/S 阴极的高可逆容量和长寿命。在此基础上，提出了以 Na_2S_2 为中间体的两步电催化反应机理，并将其还原为最终产物 Na_2S。FeS_2@NCMS 结构中，相互连接的纳米笼组成的分层多孔碳能够适应可溶长链 NaPS 的体积变化，并在物理上阻碍其溶解，同时促进碳骨架上更快的电荷转移。可溶性多硫化物可以强烈地

吸附和催化 FeS_2 纳米颗粒的极性表面，通过具有低扩散能垒的极性表面形成 Na_2S_2 中间体，然后转化为最终的放电产物 Na_2S，防止活性物质溶解在碳酸酯类电解液中。因此，该阴极在 0.1A/g 的电流密度下循环 300 次还具有 624mA·h/g 的比容量，在 1A/g 的大电流密度下持续 850 次循环具有 395mA·h/g 的稳定比容量。通过可量化的喷雾干燥技术构建高动力学 S 阴极，这项工作为 RT Na-S 电池的实用化开辟了新的途径。

单组分吸附/催化材料已广泛应用于 RT Na-S 电池。两种或多种化学键合的组分组成的复合材料(异质结构)，可以实现每种组分的协同效应，为解决 RT Na-S 电池的内在问题提供有效的策略。Qin 等[47]设计了由 F 掺杂 CNT(FCNT)阵列和多孔 Co_3C-Co(FCNT@Co_3C-Co)组成的三维框架用于 RT Na-S 电池 S 的载体。通过电化学测量和 DFT 计算研究了 Co、Co_3C 和多硫化物转化的界面耦合效应。带有路易斯酸位点的 FCNT@Co_3C-Co 对带负电荷的多硫化物具有强吸附和催化作用。极性 FCNT 和异质结构 Co_3C-Co 不仅在物理上限制了多硫化物的溶解，而且通过 F 和 Co 与 Na 离子之间的强化学键在化学上限制了多硫化物的扩散。他们提出了一种逐步催化机理，其中极性 Co_3C-Co 异质结构负责从 S_8 到 Na_2S_4 的催化转化，FCNT 催化从 Na_2S_4 到 Na_2S 的转变。FCNT@Co_3C-Co/S 复合材料制备的 RT Na-S 电池 0.1C 倍率时可逆放电比容量为 1364mA·h/g，在 2C 的高倍率下进行 500 次循环后保持了 79%的比容量。Ye 等[48]通过静电纺丝和氮化技术在多束碳纤维中构建异质结构 TiN-TiO_2@MCCFs 用作 RT Na-S 电池阴极。电化学分析与第一性原理计算相结合表明，TiO_2 可以化学吸附多硫化物，被吸附的多硫化物通过 TiN-TiO_2 界面迅速转移到 TiN 中，TiN 进一步催化它们以加速反应动力学(即所谓的吸附-扩散-催化机理)。TiN 高的电催化活性与 TiO_2 强大的化学吸附相结合，可以很好地稳定硫并减轻多硫化物的穿梭效应。MCCF 为离子传导提供了快速丰富的通道，缓解了 S 在充放电过程中的体积变化。在电流密度为 0.1A/g 时循环 100 次后仍有 640mA·h/g 以上的比容量，库仑效率接近 100%。在 5A/g 的高电流密度下，循环 1000 次的比容量达到 257.1mA·h/g。

2. *有机硫复合材料*

由有机单元和硫链组成的有机硫复合材料具有制备简便的独特特点，它提供了硫原子和有机骨架的共价结构，是一种新型的活性物质。这种有机硫复合材料的结构可以避免硫团聚，提高硫的利用率。同时，通过控制硫链的长度，可以减少穿梭效应的影响。

SPAN 阴极可以避免在电池循环期间形成高阶多硫化物。Hwang 等[49]采用静电纺丝与热处理相结合制备平均直径约为 150nm 的一维导电硫化聚丙烯腈纤维(s-PANS)。s-PANS 的三步形成机理为：第一步，丙烯腈基团的键裂和随后被裂解的氮与相邻基团中的碳键合导致 PAN 的环化；第二步，这种环化伴随着与升华硫的反应脱氢，导致 π 共轭主链断裂，并产生 H_2S 副产物；第三步，在相对较高的温度下，单质硫变成自由基，与 PAN 衍生的碳基质反应，形成最终的 C—S 复合结构。s-PANS 结构不仅加速了阴极的电子传输，还以共价键形式固定 S，避免了穿梭效应。此外，一维纤维结构设计使 s-PANS 电极在放电过程中具有增强的钠离子动力学。s-PANS 电极在 1C 倍率下循环 500 次后可提供 153mA·h/g 的比容量。虽然 s-PANS 可以有效地抑制 Na 多硫化物的穿梭，从而改善硫阴极的电化学性能，但 s-PANS 中的硫含量通常低于 50%(质量分数)。因此，平衡阴极硫含量和循环性能仍然是 s-PANS 正极材料的基本关注点。

2017 年，Ghosh 等[50]报道了一种采用腰果酚基苯并噁嗪与硫共聚制备的 CS90，硫含量为 90%(质量分数)。与 rGO 结合后表现出优异的电化学性能，其根本原因是硫共聚物深度放电时形成的小型有机硫化物单元的增塑效应和 rGO 的超高导电性。由于共价键的作用，活性物质的溶解受到明显的抑制，从而增加了硫的利用率。结果表明，深度放电过程中产生了有机硫化物，它能将溶解性低的多硫化物转化为活性较强的可溶相，提高了 RT Na-S 电池氧化还原过程的可逆性。

3. *硫化钠和多硫化钠*

虽然可溶性长链多硫化物会在 RT Na-S 电池系统中引起穿梭效应，但研究发现用硫化钠代替元素硫作为室温钠硫电池的阴极可能是抑制穿梭效应的新方法。液相阴极使整个电极上硫物质均匀分布成为可能，因此与固体硫电极相比，它可以显著改善电极的反应活性。此外，通过硫化钠的可控合成，可以实现不同的钠化状态[51]。

由于硫化钠的密度与单质硫不同，当使用硫化钠代替单质硫作为正极材料时可以避免 Na_2S 基阴极在循环过程中的体积膨胀[52]。2016 年，Yu 等[52]采用易于制备的 Na_2S 作为活性材料，用碳包覆的 Na^+选择性膜(Na-Nafion)作为隔膜，通过将硫化 Na_2S 粉末分散到活性炭纳米纤维(activated carbon nanofibers, AC-CNF)织物中制备了复合阴极材料。Na-Nafion 可以提供简单的 Na^+导电环境，以维持电池的电化学循环。更重要的是，它通过结构效应和静电效应抑制了 NaPS 从阴极到阳极的迁移。将薄的 AC-CNF 涂覆到 Na-Nafion 的阴极侧可以进一步减轻多硫化物的扩散，并提供额外的第二集流体，以电化学方式重复使用多硫化物。AC-CNF 涂层与 Na-Nafion 的结合提高了电池硫活性物质的利用率。Na、Na-Nafion/AC-CNF、Na_2S/AC-CNF 电池在 0.2C 的倍率下具有 790W·h/kg 的能量密度。Wang 等[53]采用聚乙烯吡咯烷酮(PVP)合成了嵌入在分层和海绵状导电碳基质中的空心 Na_2S 纳米球复合材料并用作 RT Na-S 电池正极材料。利用 PVP 具有亲水支链和疏水性碳主链，可以在极性溶剂甲醇中形成囊泡胶束。然后，Na_2S 沉淀在 PVP 胶束的外部，碳化后，得到蛙卵珊瑚状空心 Na_2S 纳米球。结果表明，这种蛙卵珊瑚状空心 Na_2S 纳米球复合材料可以显著提高电化学反应性，减小体积变化和减轻穿梭效应，从而在高电流密度下具有较高的电化学性能。在电流密度为 1.4A/g 和 2.1A/g 时，初始放电容量分别达到 980mA·h/g 和 790mA·h/g，100 次循环后分别保持 600mA·h/g 和 400mA·h/g。即使在 2.8A/g 的高电流密度下循环 100 次后，仍然可以获得 300mA·h/g 的比容量，并具有 95%的高库仑效率。

Yu 等[51]合成了长链 Na_2S_6 作为 RT Na-S 电池的阴极，利用溶解的 Na_2S_6 阴极和无黏结剂的多壁碳纳米管(multi-wall carbon nanotubes, MWCNT)织物制备自支撑电极。以液相中间产物(Na_2S_6)代替 S 为起始阴极，非常便于研究 RT Na-S 电池在低压-平台区域的电化学特性，而不受单质硫转化为长链多硫化钠过程的影响。MWCNT 织物电极还充当高表面积集流体。与传统的硫碳复合阴极相比，Na_2S_6/MWCNT 织物阴极在循环过程中具有更高的活性材料利用率和容量保持率。他们的研究表明，低阶多硫化钠(Na_2S_2)的转变是循环过程中容量衰减的主要原因。Kumar 等[54]报道了一种 MnO_2 修饰碳布(CC@MnO_2)作为液相 Na_2S_6 独立的导电基体,并利用 XPS 证明了 MnO_2 对可溶性 NaPS 的吸附机制。最初锚定在 MnO_2 表面上 NaPS 由于偶极诱导的静电相互作用，在 CC@MnO_2 表面反应原位诱导多硫离子配合物的形成，进一步锚定电解液中的高阶 NaPS 并促进其转化为不可溶性短链硫化钠。CC@MnO_2@Na_2S_6 阴极实现了较长的循环寿命，在 0.2A/g 的电流密度下循环 500 次具有 609mA·h/g 的比容量。

4.4.4 钠-氧气电池的工作原理

钠-氧气电池分别以金属 Na 和 O_2 为负极和正极材料。钠侧的电解液是非质子型的。放电时，金属钠提供电子和 Na^+，分别从外电路和内电路向氧气电极迁移，放电产物储存在氧气电极中。充电时，放电产物在外电场下分解为氧和金属钠。

早期的研究发现，使用碳酸盐类电解质的室温钠-氧气电池的放电产物为过氧化钠(Na_2O_2)和碳酸钠的混合物[55]。Hartmann 等[56]发现，使用醚类电解质将使钠-氧气电池的主要放电产物为超氧化钠(NaO_2)。此时，Na-O_2 电池发生以下可逆的电化学反应：

$$Na^+ + e^- + O_2 \longleftrightarrow NaO_2, \quad E = 2.26V$$

与 Li_2O_2 作为锂-氧气电池的主要产物不同,更软路易斯酸的 Na^+ 具有较高的极化率，可以更有效地稳定 O_2^-，从而 NaO_2 可以成为钠-氧气电池的主要放电产物[57]。超氧化物产物的分解遵循单电子转移途径，因此过电位相对较小。因此，钠-氧气电池相比锂-氧气电池可以表现出更低的充电过电位和更高的能量效率[58]。

钠-氧气电池的放电过程主要涉及氧还原反应(oxygen reduction reaction, ORR)。ORR 的机理与电池的放电极化和有效容量息息相关。ORR 一般有两种机理，即溶液媒介机制(solution-mediated mechanism)和表面媒介机制(surface-mediated mechanism)[59]。ORR 在非质子溶剂中第一步形成 O_2^-。在软路易斯酸 Na^+ 存在的情况下，形成大尺寸 NaO_2 立方晶体沉淀。Hartmann 等用双电极体系对 NaO_2 在醚类电解质中的溶解度进行了估算，约为 10^{-4}g/mol，结论是微米大小的 NaO_2 立方体的生长遵循一种溶液作为媒介的机制[60]。随后，Nichols 等[61]在低电流密度下验证了类似的机理。透射电子显微镜的结果更直接地证实了 ORR 的溶液媒介机理[62]。表面媒介机制的 ORR 产生的 NaO_2 主要限制在电极表面，还包括一部分溶液过饱和析出的 NaO_2。通常溶液媒介机制控制的 ORR 所产生的放电容量远大于表面媒介机制。

4.4.5 钠-氧气电池的电解液

钠-氧气电池的电解液主要成分为有机溶剂和钠盐。对于有机溶剂，如前所述，使用醚类电解液的钠-氧气电池的放电产物主要为超氧化钠(NaO_2)，因此钠-氧气电池的电解液溶剂从早期的碳酸盐类向醚类转变。McCloskey 及其团队通过微分电化学质谱证明，与锂-氧气电池不同，钠-氧气电池首次充电时醚类电解液中碳酸钠的含量持续处于低位，说明醚类电解液对钠-氧气电池的气体电极更加稳定。随后，Lutz 等[59]报道利用较短烷基链的醚作为电解液溶剂，可以显著提高钠-氧气电池的放电能力。他们认为性能改善的原因是适度的溶剂-溶质相互作用有利于电解液中离子对的形成，使放电产物遵循溶液调制的生成机制。研究表明，溶剂的路易斯碱度对 ORR 的机理产生较大影响。在金表面的原位表面增强拉曼光谱（surface-enhanced Raman spectroscopy, SERS）研究表明，当溶剂的施主数（donor number，DN）较低时，溶剂难以形成离子对，从而导致生成 Na_2O_2。DN 较高的溶剂有助于溶解最初形成的 O_2^-，通过将其与 Na^+配对，并将其从电极表面脱离[63]。

然而，O_2^-在电解液中过高的溶解度可能会产生其他问题，主要是即使醚类电解液也不能完全稳定地抵抗溶解 O_2^-的亲核攻击[64]。大量研究表明，NaO_2 长时间暴露在醚类电解质中，表面可能会形成羧酸基或草酸基的副产物[65-67]。例如，研究发现二甘醇二甲醚（diglyme）在溶解 O_2^-的亲核攻击下会分解产生羧酸钠。副产物的数量在电解液暴露 100h 后显著增加。因此，如何提高电解液对溶解 O_2^-的稳定性是钠-氧气电池今后的研究重点之一。

对于电解液中的钠盐，Lutz 等[68]报道二甲醚溶剂中钠盐阴离子的类型对 NaO_2 的形成没有显著影响，但可能会影响金属钠上 SEI 膜的形成。PF_6^- 有助于形成稳定导电的 SEI，$TFSI^-$会使电池的内阻随时间延长而增大。Liu 等[69]报道在二甲醚溶剂中添加 OTF^-作为弱溶剂化作用醚会导致放电容量增加，PF_6^- 却会导致更低的容量。阴离子的 DN 在此起重要作用，阴离子的 DN 越高，放电容量越大。

此外，钠-氧气电池对电池环境中的湿度非常敏感。添加少量水或其他质子添加剂可在电解液中提供自由质子以形成可溶的 HO_2 中间体，增加超氧离子在电解液中的溶解度。Xia 及其团队证明了水以及其他质子溶剂可改变 NaO_2 的生长机制，使其由表面媒介机制变为溶液媒介机制，从而促进 NaO_2 的生成[70]。后续的研究表明，0.04%（质量分数）以下含量的水不会在钠-氧气电池中引发副产物的形成[71]。

4.4.6 钠-氧气电池的氧气电极（阴极）

多孔碳是大多数钠-氧气电池典型的氧气电极。尽管氧气电极本身没有电化学活性，但也可以通过改变其表面态和精细结构改变 ORR 的反应机制。一方面，氧气电极的表面能和表面官能团等表面状态对钠-氧气电池放电产物和放电容量产生影响。Lutz 等[72]通过对比多孔碳和金包覆多孔碳表面的电化学行为，研究了氧气电极表面对产物形貌的影响。使用循环伏安法测量，两种电极显示了类似的 NaO_2 形成和分解的氧化还原过程。碳电极具有较高的放电容量和典型的 NaO_2 立方体，而 Au 电极的放电容量较低，放电产物则呈片状。他们推断 Au 的大表面能和与 O_2/O_2^-的亲和性促进了产物的成核，改变了 NaO_2 的生长机制。

此外，Yadegari 等[73]发现碳质电极表面的含氧官能团对钠-氧气电池放电产物的形态和组成都有显著影响。碳质表面上的含氧官能团亲水性好，可催化 ORR，通过吸附 O_2^- 中间体在电极表面，驱动过氧化物生成的反应，而疏水表面与反应中间体的相互作用较弱，促进了溶液媒介机制的形成，从而形成了大尺寸的NaO_2。

另外，氧气电极的孔隙率和比表面积等精细结构对钠-氧气电池放电产物和放电容量也会产生影响。Yadegari 等[74]系统地研究了空气电极的孔隙率和比表面积的影响，发现钠-氧气电池的放电容量与介孔区域的比表面积有直接关系。所有经过处理的碳材料在2.2V 时均表现出平稳的放电平台，碳的质量损失增加，电池的放电比容量增加。

多孔碳作为氧气电极时，放电产物沉积在其孔中，容易堵塞反应位点，导致电池失效。在多孔碳上负载催化剂则可以提供更分散的反应位点来优化电池的性能。贵金属以及一元或二元过渡金属氧化物是常见的钠氧气电池催化剂。表 4.2[75-81]总结了近年来性能较好的钠-氧气电池的氧气电极、隔膜和电解液体系，以供读者参考。

表 4.2　近年来性能较好的钠-氧气电池的氧气电极、隔膜和电解液体系

氧气电极	隔膜	电解液	工作电流密度	过电位/V	循环次数	参考文献
CNT 复合纳米结构化 Co_3O_4	PP	$NaCF_3SO_3$/DEGDME	150mA/g	0.4	12	[75]
负载镍纳米颗粒的碳纸	NASICON	阳极：1mol/L $NaClO_4$ + 1∶1 EC/DMC+1%(体积分数)FEC 阴极：1mol/L NaOH	$0.1mA/cm^2$	0.57	100	[76]
负载氮掺杂 CNT 的导电碳粉	NASICON	1mol/L $NaCF_3SO_3$/TEGDME	$0.1mA/cm^2$	0.3	35	[77]
90%单晶 $Ti_2Rh_2O_7$ +10%(质量分数) PVDF + Teflon 处理的碳纸	NASICON	1mol/L $NaCF_3SO_3$/TEGDME	120mA/g	0.208	50	[78]
$MnCo_2O_4$尖晶石复合氮掺杂还原氧化石墨烯	NASICON	阳极：1mol/L $NaClO_4$ + 1∶1 EC/DMC+1%(体积分数)FEC 阴极：1mol/L NaOH	$0.13mA/cm^2$	0.39	25	[79]
Co_3O_4纳米线复合多孔碳	—	0.05mol/L $Fe(C_5H_5)_2$ + 1mol/L $NaClO_4$/DME	500mA/g	0.6	570	[80]
泡沫镍负载 $NiCo_2O_4$纳米片	—	0.05mol/L NaI + DME	500mA/g	0.8	限容 1000mA·h/g 下 150 次	[81]

Na_2O_2 作为钠-氧气电池的放电产物具有比 NaO_2 体系更高的放电容量，但纯 Na_2O_2 放电产物难以得到，因此对 Na_2O_2 电池的研究相对较少。纯 Na_2O_2 电池体系是充分探索 Na_2O_2 在钠-氧气电池中的形成和分解机理并评估其潜力的理想方法。最近，中国科学院上海微系统与信息技术研究所、上海硅酸盐研究所与山东大学合作开展了全固态 Na_2O_2 电池体系的研究[82]。该体系采用纳米孔道的金膜作为阴极，β″-氧化铝作为固体电解质，电池过电势约为 0.45V。他们对该体系进行了原位常压 XPS 的研究，结果表明，Na_2O_2 是主要的放电产物，且在充放电过程中发生可逆转变。

4.5 金属钠电池的应用

4.5.1 高温钠硫电池的应用

钠硫电池在能量型电力系统的应用具有低的系统成本、3～8h 长时工作、80%以上的电站系统效率和 10～15 年的长寿命等独特优势[5]。2017 年以前，钠硫电池储能占整个电化学储能市场的 40%～45%。截至 2021 年 3 月，全球共安装了 600MW/4200MW·h 的钠硫电池系统[4]。虽然 2016 年以来，锂离子电池成本快速下降，逐渐挤压钠硫电池的电力储能市场份额，但钠硫电池近年来在亚洲、欧洲和中东地区仍建设了一些大型项目，足见其在电力储能应用方面具有较高的认可度。通常钠硫电池的单体电池被组合成模块，模块再被组合成集装箱，集装箱组成完整的系统。每个集装箱系统包含六个电池模块和一个 BMS。每个模组的铭牌为 200kW/1200kW·h，可储存约 5h 电量。

2016 年 3 月，日本碍子株式会社(NGK 公司)和九州电力公司共同推出的 50MW/300MW·h 钠硫电池储能系统改善电力供需平衡的示范项目开始运行，是当时全球最大的大容量储能电站(图 4.7(a))[9]。该电站位于日本福冈县丰前变电站，于 2016 年正式投运。该大规模钠硫电池储能系统采用集装箱式的布置方式(图 4.7(b))，每 4 个集装箱为 1 组，每个集装箱 200kW/1.2MW·h，一共部署了 63 组，因此总体容量为 50MW/300MW·h。该系统运行时可起到类似抽水蓄能电站的削峰填谷作用，同时可起到稳定可再生能源出力的作用。

(a) (b)

图 4.7 日本丰前变电站 50MW/300MW·h 钠硫电池储能系统(a)以及集装箱式钠硫电池储能系统(b)

2019 年，NGK 公司在阿布扎比酋长国完成的一个项目使用了 108MW/648MW·h 的钠硫电池储能系统，持续放电时间长达 6h。具有较高的能量密度、10 年以上运行寿命和对环境温度不敏感等特性，证明钠硫电池非常适合极端高低温的应用场景。在热带气候的阿拉伯国家以及昼夜温差极大的沙漠气候的蒙古国等国家，钠硫电池被认为是比锂离子电池更优的储能技术。

除电力系统的应用以外，钠硫电池逐渐成为电池分布式储能的备选方案。图 4.8 显示了德国 BASF New Business 公司在韩国祥明风电场部署的 NGK 钠硫电池。该风电场的 21MW 电转气系统，使用钠硫电池作为风力涡轮机输出和电解槽之间的缓冲，以确保稳定的氢气生产。

图 4.8　德国 BASF New Business 公司在韩国祥明风电场部署的 NGK 钠硫电池

国内方面，2010 年上海世博会期间，中国科学院上海硅酸盐研究所和上海电力公司合作，实现了 100kW/800kW·h 钠硫电池储能系统的并网运行。2014 年，钠硫电池储能项目完成了电池性能提升与产品化研制、规模制备技术路线论证等主要工作，贯通生产线，形成定型产品并下线。模块产品于 2014 年 9 月通过第三方检测和厂内验收，交付上海电力公司，开展电站工程应用示范。图 4.9 是上海世博会期间示范的 100kW/800kW·h 以及崇明堡镇电厂内建设的 1.2MW·h 钠硫电池储能示范电站的现场照片。崇明钠硫电池储能示范电站总体储能容量为 1.2MW·h，采用户外堆仓设计。由国网上海崇明供电公司、国网上海市电力公司电力科学研究院（国网上海电科院）、中国电力科学研究院有限公司南京分院（中国电科院南京分院）等单位合作，实现了电站首组堆仓成功并网，进入现场试运行阶段。

(a)　　(b)

图 4.9　上海世博会期间示范的 100kW/800kW·h 钠硫电池储能电站（a）以及崇明 1.2MW·h 钠硫电池储能示范电站（b）

4.5.2 高温钠盐电池的应用

钠盐电池已处于兆瓦级商业化应用阶段，掌握该成熟技术的公司仅美国通用电气有限公司(GE 公司)和欧洲 FZ SoNick 公司。GE 公司于 2007 年购得英国 Beta R&D 公司 $Na\text{-}NiCl_2$ 电池技术，经过 11 年研发，投入资金超过 4 亿美元，建立 Durathon 钠盐电池品牌，已在全球多个国家和地区的电网和电信领域运行了总计 15MW 以上、30 余个钠盐电池储能项目，同时开展在动力电源上的应用开发。钠盐电池主要应用在电动汽车、电信备用电源、风光储能以及不间断电源(uninterruptible power supply, UPS)等方面。2010 年，与 GE 公司拥有同一技术源头的 MES-DEA 公司和意大利非凡电源公司成立新公司 FZ SoNick，并推出了 FIAMM SONICK 商标的 $Na\text{-}NiCl_2$ 电池，主要应用在电动车、储能电站等领域。

近年来，钠盐电池已被用作电网和电网的存储设备、电信备用电源、光伏和风力发电机的直流供电以及负载均衡。FZ SoNick 公司把钠盐电池的技术型号归为能源备份(48～110V 模块)、移动应用(车辆)(300～700V 模块)和储能(48V 和 620V 模块)等三类。典型的电力储能项目有马尔代夫群岛 600kW/1.2MW·h 离网型微网应用(2013 年)、法属圭亚那 1.5MW/4.5MW·h 光伏储能电站(2015 年)、意大利 Terna 1.2MW/4.15MW·h 峰值电力供应项目(2015 年)以及希腊 2.88MW·h 储能系统(2017 年)等，以支持光伏和风能等可再生能源的整合。2014 年 GE 公司利用钠盐电池在意大利建设了 1MW/2MW·h 太阳能加蓄电池电站项目等。

图 4.10 显示的是法国 EDF Toucan 光伏电站 1.5MW/4.5MW·h 钠盐电池储能系统。该系统位于南美洲法属圭亚那 Toucan，由法国电力公司建设。该钠盐电池储能系统与 5MW 光伏电站组成光储混合发电系统。储能系统白天储存多余的光伏发电和市电，晚上供电。储能系统由 5 套 FIAMM SPRING 164 子系统构成，总容量 4.5MW·h，电力转换系统(power conversion system，PCS)容量为 1.6MW，负责混合发电系统运行控制。

图 4.10 集装箱式 1.5MW/4.5MW·h 钠盐电池储能系统

图 4.11 显示的是 FIAMM 公司提供的意大利 Terna 1.2MW/4.15MW·h 钠盐电池电力储能系统[83]。该峰值电力供应应用系统位于意大利撒丁岛 Codrongianos 变电站，由 Terna 建设运行。该 1.2MW/4.15MW·h 兼具能量密集型和功率密集型应用功能，既能削峰填谷满足高峰电力供应需求，又能解决电压跌落问题。储能系统由 5 套 FIAMM SPRING 164

子系统构成，总容量 4.15MW·h，PCS 容量为 1.2MW。集装箱式储能系统能适应岛上多变的气候变化，减少辅助制冷能耗。

图 4.11　意大利 Terna 1.2MW/4.15MW·h 钠盐电池电力储能系统

由于钠盐电池的加热保温系统需要消耗一定的能量，因此长时间不间断、规律性运行、对安全性要求较高的车辆，如物流车、货车或危化品运输车等交通工具更加适合配备钠盐电池作为动力电源。随着电池功率密度的不断提高，列车储能领域也成为二次电池储能潜在的应用领域。FIAMM 公司的钠盐电池储能解决方案被德国航空和运输领域的跨国公司庞巴迪公司选中，为 Innovia Monorail 300 平台项目提供储能服务[84]。这些电池用于在巴西和沙特阿拉伯完成的两个项目，并为所有应急服务提供备用能源，其中一个使用 FIAMM 钠电池储能的单轨是为巴西圣保罗的 Espresso Tiradentes 线路建造的，另一个是位于沙特阿拉伯利雅得金融区的单轨铁路。

钠盐电池也可用于分布式储能[85]。FIAMM 公司在微电网混合能源解决方案上进行了创新[84,86-88]。例如，利用光伏发电，通过 64 个 ST523 钠盐电池提供的电能存储、两个柴油发电机作为备用或分配调制，为度假村提供稳定的微电网系统[84]。另外，FIAMM 公司还为萨沃纳大学校园提供了智能电网储能系统[88]。

由于钠盐电池的温度适应性广以及安全性高，GE 公司和 FIAMM 公司都尝试将钠盐电池用于对安全性要求高的地下高温环境。2013 年，GE 公司生产的钠盐电池成功地为 Coal River Energy 公司位于美国西弗吉尼亚州明矾溪的采矿铲车提供动力支撑[89]。图 4.12(a) 为 GE 公司开发的钠盐电池作为动力电源的地下装载机。2005 年 3 月，英国油井测井设备公司 Sondex 购买了英国 Beta R&D 正在开发的钠盐电池技术，使用钠盐电池替代井下

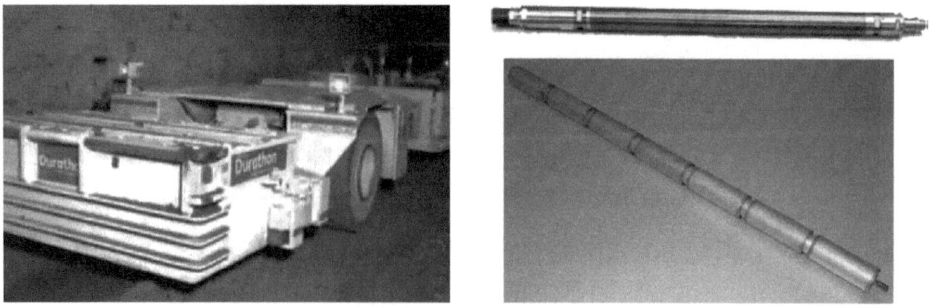

(a)　　(b)

图 4.12　装载 Durathon 钠镍电池的地下装载机(a)，以及用于油井下仪器的钠盐电池(b)

设备中的锂离子电池，认为钠盐电池更耐用、更可靠，也更具有经济性。图 4.12(b) 显示了一种为井下仪器特制的钠盐电池[90]。它是一个由 7 个圆柱电池组成的 18V 电池。整节电池的直径为 36.5mm，长度为 95mm，容量为 14A·h，包含在杜瓦瓶中使用。

4.6　金属钠电池的挑战与未来发展趋势

锂离子电池至今已经形成了完整和庞大的技术及产业链，近年来，从小型电子器件到电动汽车，再到大容量储能等多个领域获得了越来越广泛的应用，也证明了二次电池储能应用强大的适应性，然而也正因为应用领域的不断拓展，锂离子电池的资源问题日渐突出，尤其是低丰度元素相关材料的价格不断攀升，给锂离子电池的市场和未来应用带来了一系列的问题和隐患，因此与锂同族的钠相关的二次电池受到人们空前的关注。与锂系电池类似，基于钠金属负极的二次电池具有比钠离子电池更高的理论能量密度和资源优势，因此钠金属负极电池未来将在各种场景不断展现其应用潜力。钠硫电池和钠盐电池两种固体电解质电池继续在产业化和性能提升的道路上前行，而低温化的室温钠硫电池和钠-空气电池也成为学术界追踪的研究热点，取得了一系列进展。尽管如此，钠金属电池目前的市场份额仍较低，要在今后真正发挥其应用价值，还面临诸多挑战，也有待进一步进行研究和开发。

4.6.1　高温金属钠电池面临的挑战与未来发展趋势

高温金属钠电池以钠硫电池和钠盐电池为代表，以陶瓷钠离子导体作为电池的电解质和隔膜。钠硫电池分别以金属钠和单质硫为负极和正极活性物质，涉及的主要材料还有氧化铝以及不锈钢等。钠硫电池在原材料资源方面的优势使其成为产业和投资人青睐的未来储能技术，尤其是在大容量储能方面更是具有其独到的大容量、大功率、长时、可极寒极冷宽温域使用的优势。目前，在运行的钠硫电池储能电站已经有 15 年以上的实际寿命，其商业价值已经得到验证。然而，钠硫电池的产业规模小，目前仅日本 NGK 公司具有成熟的技术和产业，而且也只有 1GW·h 左右的产能，远不能满足市场的需求。钠硫电池主要面临以下挑战：首先是技术门槛高，这也是钠硫电池没有被大规模推广的主要原因，而至今掌握钠硫电池成套技术的机构并不多，技术也高度保密，从根本上限制了钠硫电池技术的推广，从事钠硫电池研究和开发的队伍规模也很有限；其次，制造难度大，钠硫电池涉及的陶瓷电解质的高温制备技术、与陶瓷部件相关的高温组合及封接技术，以及高温电池的模块及温控技术，不仅难度大，还造成钠硫电池制造的高成本；最后，高温钠硫电池固有的安全隐患，主要来自钠与硫在熔融状态下的直接反应所产生的很大的潜热引发电池燃烧，尽管至今钠硫电池在市场上罕见发生事故，但仍没有完全消除对安全隐患的顾虑。因此，未来钠硫电池仍将是大规模储能技术开发的重要二次电池技术之一，可以重点关注以下研究内容。

(1) 开发低成本化陶瓷和电池制备技术，通过电解质组成的设计以及电池部件组合技术的开发，降低电池的制造成本，提升储能技术的性价比。

(2)研制新型的高抗热震性钠离子固体电解质和电池组合材料体系，缩短钠硫电池的启动时间，拓展电池的应用领域。

(3)优化电池结构，提高电池的安全可靠性，通过电解质陶瓷性能的改善，进一步提高电池和储能系统的本质安全性。

(4)进一步发挥钠硫电池自身的优势，在大容量、大功率的基础上，开发超长时钠硫电池，通过钠硫电池新型结构的设计，开发10h以上的高能量密度电池。

以钠-氯化镍电池为代表的钠盐电池可视为在钠硫电池的基础上以过渡金属氯化物取代硫，基于钠与过渡金属的氯化物转化反应所形成的一类二次电池，兼具高比能量、高安全性、宽温域使用的特征，允许过充、过放，无燃烧隐患，在对安全性有特殊要求的动力和储能应用场合独具魅力，并且得益于其高安全和耐过充过放的特征，作为备用电源是极佳的选择。然而，钠-氯化物电池正极侧多种组分在工作条件下呈固态，严重影响了正极及其与陶瓷电解质界面的动力学特性，导致电池的功率密度受限。与钠硫电池类似，钠-氯化物电池的技术门槛较高，制造难度较大，也严重限制了其产业规模和产业链的形成，使市场难以扩大，电池价格偏高。未来需要重点关注的研究内容包括以下方面。

(1)开发正极新体系，尤其对典型的实用化钠-氯化镍电池的正极组分进行组成和结构设计，减少高成本元素镍等的用量，设计电极材料的微结构和组合状态，提升电极过程的动力学，提升钠-氯化物电池的功率密度。

(2)电池低温化。由于钠-氯化物电池的工作温度在300℃左右，这不仅在一定程度上提高了电池本身的总成本，还降低了储能系统总的能量效率，通过电池的界面修饰和新型的离子液体型第二相电解质的开发，降低电池的运行温度，提高电池的综合性能。

(3)发展新型的高比能量电池体系。在钠-氯化物电池体系的基础上通过对反应电对的优化，提高体系的电压等参数，提升电池的比能量等性能。

(4)开发新型的电池低温化组合技术，进一步降低电池的制造成本，提升电池的商业化应用前景。

4.6.2 低温金属钠电池面临的挑战与未来发展趋势

高温金属钠电池都在约300℃的温度下运行，一方面增加了技术上的难度，同时为了保证运行所需要的温度，需要消耗一定的能量，在一定的程度上降低了电池储能系统总的能量效率(约5%)。低温金属钠电池的一个方向是将目前已经实用化的高温钠硫电池和钠-氯化物电池低温化，另一个方向是发展新型的高能量密度钠-空气电池。低温条件下运行的金属钠电池通常匹配有机液体电解质，随之引入了金属钠负极严重的效率与枝晶问题以及硫正极较大的体积胀缩和穿梭效应，空气电极的严重极化以及有机电解液固有的安全问题，制约了低温钠硫电池和钠-空气电池的综合性能和实用化进程。在很大程度上，低温化钠硫电池和钠-空气电池借鉴甚至吸收了锂硫电池和锂-空气电池的研究基础和技术路线，使它们的研究进程更快、更高效。总体来看，针对低温钠硫电池的研究仍处于基础阶段，重点在解决关键性的科学问题和探索关键技术，而钠-空气电池的研究仍处于非常前瞻的阶段。

未来低温钠金属电池需要关注的研究内容包括以下方面。

(1) 钠负极表面修饰。对钠表面合理的修饰，是实现低温钠金属电池长久稳定性最直接的技术途径，超薄、致密、化学与电化学稳定的钠离子导体修饰层，作为隔绝钠负极与液态电解质之间的屏障，从根本上杜绝两者之间的化学与电化学反应，这种修饰层可以是单相的，也可以是复合材料，但都需要具有足够的力学性能和长期机械稳定性。不仅如此，高度致密化和长期稳定的修饰层还可以有效地抑制钠枝晶的生长，并避免源于硫电极或空气电极的穿梭效应，实现电池的长寿命循环。

(2) 电极结构设计。为了减缓电池运行过程中的体积效应，在理想的正负极比例的前提下，尤其是对金属钠实行合理孔隙率的三维化，将有助于保证在电池的长期循环过程中金属钠沉积与剥离的高度可逆性。轻量化的载体材料结合合理化的孔结构设计，可保证硫电极的高比容量，并有效地约束活性硫，吸收充放电过程中硫的体积变化，为电池长寿命循环奠定基础。在各种硫载体材料中，仍以碳基材料为优选，结合碳纳米线或管以及石墨烯等高比表面积碳材料进行硫极结构设计，在此基础上对其功能化也是重要的研究方向。

(3) 电解质优化。即便在金属钠负极稳定的前提下，无论是酯类还是醚类电解液，多硫化钠的可溶性及导致的穿梭效应仍是制约钠硫电池效率和寿命的关键因素，溶剂的氟化或含氟类添加剂的开发，对稳定电解液与正负极的界面并提高电解质的阻燃特性都具有积极的意义。结合液体电解质的固态化或组合固态电解质，形成准固态的钠硫电池也不失为一种实现低温钠硫电池高比能量和高安全性双高特性的有效措施。

(4) 催化剂与空气电极的突破。钠-空气电池性能的飞跃取决于空气电极催化剂的突破，基于碳载体的催化剂材料和结构是实现空气电池实用性的前提，均匀分布于合理孔结构碳载体中的金属及其化合物纳米粒子仍是未来钠-空气电池研究的首要内容，是实现钠-空气电池低极化、高效率、长寿命的前提。

(5) 钠-空气电池系统设计。钠-空气电池的特点之一在于以空气中的氧气为活性物质，开放性、流动性是空气电极的基本特征，对空气进行外部或电极内部的原位净化是实现钠-空气电池可持续循环所需要的设计路线。空气中碳氧化物、硫氧化物、氮氧化物等的含氧气体及其与钠反应的可逆性是设计开放式空气电极的重要依据，也是钠-空气电池重要的研究内容。

低温钠金属电池在资源和电化学性能方面的优势都赋予其引人瞩目的潜在应用价值，但其实用化仍有艰巨的科学与技术难题需要攻克。

参 考 文 献

[1] Wen Z, Hu Y, Wu X, et al. Main challenges for high performance nas battery: Materials and interfaces[J]. Advanced Functional Materials, 2013, (23): 1005-1018.

[2] 胡英瑛, 温兆银, 芮琨, 等. 钠电池的研究与开发现状[J]. 储能科学与技术, 2013, 2 (2): 81-90.

[3] Nikiforidis G, van de Sanden M C M, Tsampas M N. High and intermediate temperature sodium-sulfur batteries for energy storage: Development, challenges and perspectives[J]. RSC Advances, 2019, 9 (10): 5649-5673.

[4] Tamakoshi T. Development of sodium sulfur battery and application[C]//Grand Renewable Energy 2018 Proceedings, Tokyo, 2018.

[5] 胡英瑛, 吴相伟, 温兆银. 储能钠硫电池的工程化研究进展与展望——提高电池安全性的材料与结构设计[J]. 储能科学与技术, 2021, 10(3): 781-799.

[6] Chi C, Katsui H, Goto T. Effect of Li addition on the formation of Na-β/β″-alumina film by laser chemical vapor deposition[J]. Ceramics International, 2017, (43): 1278-1283.

[7] Gao X P, Hu Y Y, Li Y P, et al. High-rate and long-life intermediate-temperature Na-$NiCl_2$ battery with dual-functional Ni-carbon composite nanofiber network[J]. ACS Applied Materials & Interfaces, 2020, 12(22): 24767-24776.

[8] Wu T, Zhang S P, Ao X, et al. Enhanced stability performance of nickel nanowire with 3D conducting network for planar sodium-nickel chloride batteries[J]. Journal of Power Sources, 2017, 360: 345-352.

[9] Li Y P, Shi L, Gao X P, et al. Constructing a charged-state Na-$NiCl_2$ battery with $NiCl_2$/graphene aerogel composite as cathode[J]. Chemical Engineering Journal, 2021, 421(2): 127853.

[10] Viswanathan L, Virkar A V. Wetting characteristics of sodium on beta-alumina and on nasicon[J]. Journal of Materials Science, 1982, 17: 753-759.

[11] Viswanathan L, Ikuma Y, Virkar A V. Transfomation toughening of β″-alumina by incorporation of zirconia[J]. Journal of Materials Science, 1983, 18(1): 109-113.

[12] Yasui I, Doremus R H. Effects of calcium, potassium, and iron ions on degradation of β″-alumina[J]. Journal of the Electrochemical Society, 1978, 125: 1007-1010.

[13] Lu X C, Li G S, Kim J Y, et al. Liquid-metal electrode to enable ultra-low temperature sodium-beta alumina batteries for renewable energy storage[J]. Nature Communications, 2014, 5(1): 4578.

[14] Dunn B, Sholtes V L. Behavior of a sodium-sulfur cell with a dynamic sulfur electrode[J]. Journal of Power Sources, 1979,4: 33-41.

[15] Hu Y Y, Wen Z Y, Wu X W, et al. Nickel nanowire network coating to alleviate interfacial polarization for Na-beta battery applications[J]. Journal of Power Sources, 2013, 240: 786-795.

[16] Hu Y Y, Zha W P, Li Y P, et al. Understanding the influencing factors of porous cathode contributions to the impedance of a sodium-nickel chloride (ZEBRA) battery[J]. Functional Materials Letters, 2021, 14(3): 2141002.

[17] Seok J, Hyun J H, Jin A, et al. Visualization of sodium metal anodes via operando x-ray and optical microscopy: Controlling the morphological evolution of sodium metal plating[J]. ACS Applied Materials & Interfaces, 2022, 14(8): 10438-10446.

[18] Kreissl J J A, Langsdorf D, Tkachenko B A, et al. Incorporating diamondoids as electrolyte additive in the sodium metal anode to mitigate dendrite growth[J]. ChemSusChem, 2020, 13(10): 2661-2670.

[19] Lei D, He Y B, Huang H, et al. Cross-linked beta alumina nanowires with compact gel polymer electrolyte coating for ultra-stable sodium metal battery[J]. Nature Communications, 10(2019): 4244.

[20] Dugas R, Ponrouch A, Gachot G, et al. Na reactivity toward carbonate-based electrolytes: The effect of FEC as additive[J]. Journal of The Electrochemical Society, 2016, 163: A2333-A2339.

[21] Lee B, Paek E, Mitlin D, et al. Sodium metal anodes: Emerging solutions to dendrite growth[J]. Chemical Reviews, 2019, 119: 5416-5460.

[22] Wu T, Wen Z Y, Sun C Z, et al. Disordered carbon tubes based on cotton cloth for modulating interface impedance in β″-Al_2O_3-based solid-state sodium metal batteries[J]. Journal of Materials Chemistry A, 2018, 6: 12623-12629.

[23] Wang J, Hu Y, Li Y, et al. Reversible $AlCl_4^-$/$Al_2Cl_7^-$ conversion in a hybrid Na-Al battery[J]. Journal of Power Sources, 2020, 453: 227843.

[24] Lai H, Wang J, Cai M, et al. Double-functional 3D cross-linking carbon fiber with Sn particle coating layer for improving interfacial performance of Na-β″-Al_2O_3 batteries[J]. Chemical Engineering Journal, 2022, 433: 133545.

[25] Zhu M, Wang G, Liu X, et al. Dendrite-free sodium metal anodes enabled by a sodium benzenedithiolate-rich protection layer[J]. Angewandte Chemie International Edition, 2020, 59: 6596-6600.

[26] Lu Q, Omar A, Ding L, et al. A facile method to stabilize sodium metal anodes towards high-performance sodium batteries[J]. Journal of Materials Chemistry A, 2021, 9: 9038-9047.

[27] Wang Y, Dong H, Katyal N, et al. A sodium-antimony-telluride intermetallic allows sodium-metal cycling at 100% depth of discharge and as an anode-free metal battery[J]. Advanced Materials, 2022, 34: 2106005.

[28] Wang H, Wu Y, Wang Y, et al. Fabricating Na/In/C composite anode with natrophilic Na-In alloy enables superior Na ion deposition in the EC/PC electrolyte[J]. Nano-Micro Letters, 2021, 14: 23.

[29] Xie H Z, Kalisvaart W P, Olsen B C, et al. Sn-Bi-Sb alloys as anode materials for sodium ion batteries[J]. Journal of Materials Chemistry A, 2017, 5 (20): 9661-9670.

[30] Manthiram A, Yu X W. Ambient temperature sodium-sulfur batteries[J]. Small, 2015, 11 (18): 2108-2114.

[31] Huang X L, Wang Y X, Chou S L, et al. Materials engineering for adsorption and catalysis in room-temperature Na-S batteries[J]. Energy & Environmental Science, 2021, 14 (7): 3757-3795.

[32] Wang Y Z, Zhou D, Palomares V, et al. Revitalising sodium-sulfur batteries for non-high-temperature operation: A crucial review[J]. Energy & Environmental Science, 2020, 13 (11): 3848-3879.

[33] Wang N N, Wang Y X, Bai Z C, et al. High-performance room-temperature sodium-sulfur battery enabled by electrocatalytic sodium polysulfides full conversion[J]. Energy & Environmental Science, 2020, 13 (2): 562-570.

[34] Wang L, Wang H, Zhang S, et al. Manipulating the electronic structure of nickel via alloying with iron: Toward high-kinetics sulfur cathode for Na-S batteries [J]. ACS Nano, 2021, 15: 15218-15228.

[35] Zhang B W, Sheng T, Liu Y D, et al. Atomic cobalt as an efficient electrocatalyst in sulfur cathodes for superior room-temperature sodium-sulfur batteries[J]. Nature Communications, 2018, 9 (1): 4082.

[36] Zhang S P, Yao Y, Jiao X J, et al. Mo_2N-W_2N heterostructures embedded in spherical carbon superstructure as highly efficient polysulfide electrocatalysts for stable room-temperature Na-S batteries[J]. Advanced Materials, 2021, 33 (43): e2103846.

[37] Zhang H, Diemant T, Qin B, et al. Passerini, solvent-dictated sodium sulfur redox reactions: Investigation of carbonate and ether electrolytes[J]. Energies, 2020, 13: 836.

[38] Xin S, Yin Y X, Guo Y G, et al. A high-energy room-temperature sodium-sulfur battery[J]. Advanced Materials, 2014, 26: 1261-1265.

[39] Carter R, Oakes L, Douglas A, et al. A sugar-derived room-temperature sodium sulfur battery with long term cycling stability[J]. Nano Letters, 2017, 17: 1863-1869.

[40] Guo Q, Li S, Liu X, et al. Ultrastable sodium-sulfur batteries without polysulfides formation using slit ultramicropore carbon carrier[J]. Advanced Science, 2020, 7 (11): 1903246.

[41] Wang Y X, Yang J, Lai W, et al. Achieving high-performance room-temperature sodium-sulfur batteries with S@interconnected mesoporous carbon hollow nanospheres[J]. Journal of the American Chemical Society, 2016, 138: 16576-16579.

[42] Zhang L, Zhang B, Dou Y, et al. Self-assembling hollow carbon nanobeads into double-shell microspheres as a hierarchical sulfur host for sustainable room-temperature sodium-sulfur batteries[J]. ACS Applied Materials & Interfaces, 2018, 10: 20422-20428.

[43] Qiang Z, Chen Y M, Xia Y F, et al. Ultra-long cycle life, low-cost room temperature sodium-sulfur batteries enabled by highly doped (N, S) nanoporous carbons[J]. Nano Energy, 2017, 32: 59-66.

[44] Mou J, Liu T, Li Y, et al. Hierarchical porous carbon sheets for high-performance room temperature sodium-sulfur batteries: Integration of nitrogen-self-doping and space confinement[J]. Journal of Materials Chemistry A, 2020, 8: 24590-24597.

[45] Zhang B W, Sheng T, Wang Y X, et al. Long-life room-temperature sodium-sulfur batteries by virtue of transition-metal-nanocluster-sulfur interactions[J]. Angewandte Chemie International Ed in English, 2019, 58: 1484-1488.

[46] Yan Z, Liang Y, Xiao J, et al. A high-kinetics sulfur cathode with a highly efficient mechanism for superior room-temperature Na-S batteries[J]. Advanced Materials, 2020, 32: 1906700.

[47] Qin G H, Liu Y T, Han P Y, et al. High performance room temperature Na-S batteries based on FCNT modified Co_3C-Co nanocubes[J]. Chemical Engineering Journal, 2020, 396: 125295.

[48] Ye X, Ruan J, Pang Y, et al. Enabling a stable room-temperature sodium-sulfur battery cathode by building heterostructures in multichannel carbon fibers[J]. ACS Nano, 2021, 15 (3): 5639-5648.

[49] Hwang T H, Jung D S, Kim J S, et al. One-dimensional carbon-sulfur composite fibers for Na-S rechargeable batteries operating at room temperature[J]. Nano Letters, 2013, 13: 4532-4538.

[50] Ghosh A, Shukla S, Monisha M, et al. Sulfur copolymer: A new cathode structure for room-temperature sodium-sulfur batteries[J]. ACS Energy Letters, 2017, 2: 2478-2485.

[51] Yu X W, Manthiram A. Room-temperature sodium-sulfur batteries with liquid-phase sodium polysulfide catholytes and binder-free multiwall carbon nanotube fabric electrodes[J]. Journal of Physical Chemistry C, 2014, 118(40): 22952-22959.

[52] Yu X W, Manthiram A. Performance enhancement and mechanistic studies of room-temperature sodium-sulfur batteries with a carbon-coated functional nafion separator and a Na_2S/activated carbon nanofiber cathode[J]. Chemistry of Materials, 2016, 28(3): 896-905.

[53] Wang C, Wang H, Hu X, et al. Frogspawn-coral-like hollow sodium sulfide nanostructured cathode for high-rate performance sodium-sulfur batteries[J]. Advanced Energy Materials, 2018, 9: 1083251.

[54] Kumar A, Ghosh A, Roy A, et al. High-energy density room temperature sodium-sulfur battery enabled by sodium polysulfide catholyte and carbon cloth current collector decorated with MnO_2 nanoarrays[J]. Energy Storage Materials, 2019, 20: 196-202.

[55] Sun Q, Yang Y, Fu Z W. Electrochemical properties of room temperature sodium-air batteries with non-aqueous electrolyte[J]. Electrochemistry Communications, 2012, 16(1): 22-25.

[56] Hartmann P, Bender C L, Vračar M, et al. A rechargeable room-temperature sodium superoxide (NaO_2) battery[J]. Nature Materials, 2013, 12: 228-232.

[57] Xia C, Fernandes R, Cho F H, et al. Direct evidence of solution-mediated superoxide transport and organic radical formation in sodium-oxygen batteries[J]. Journal of the American Chemical Society, 2016, 138(35): 11219-11226.

[58] McCloskey B D, Garcia J M, Luntz A C. Chemical and electrochemical differences in nonaqueous Li-O_2 and Na-O_2 batteries[J]. The Journal of Physical Chemistry Letters, 2014, 5(7): 1230-1235.

[59] Lutz L, Yin W, Grimaud A, et al. High capacity Na-O_2 batteries: Key parameters for solution-mediated discharge[J]. The Journal of Physical Chemistry C, 2016, 120: 20068-20076.

[60] Hartmann P, Heinemann M, Bender C L, et al. Discharge and charge reaction paths in sodium-oxygen batteries: Does NaO_2 form by direct electrochemical growth or by precipitation from solution?[J]. The Journal of Physical Chemistry C, 2015, 119: 22778-22786.

[61] Nichols J E, McCloskey B D. The sudden death phenomena in nonaqueous Na-O_2 batteries[J]. The Journal of Physical Chemistry C, 2017, 121: 85-96.

[62] Lutz L, Dachraoui W, Demortière A, et al. Operando monitoring of the solution-mediated discharge and charge processes in a Na-O_2 battery using liquid-electrochemical transmission electron microscopy[J]. Nano Letters, 2018, 18: 1280-1289.

[63] Aldous I M, Hardwick L J. Solvent-mediated control of the electrochemical discharge products of non-aqueous sodium-oxygen electrochemistry[J]. Angewandte Chemie International Edition, 2016, 55(29): 8254-8257.

[64] Black R, Shyamsunder A, Adeli P, et al. The nature and impact of side reactions in glyme-based sodium-oxygen batteries[J]. ChemSusChem, 2016, 9(14): 1795-1803.

[65] Sayed S Y, Yao K P C, Kwabi D G, et al. Correction: Revealing instability and irreversibility in nonaqueous sodium-O_2 battery chemistry[J]. Chemical Communications, 2017, 53(2): 460.

[66] Kwak W J, Luo L L, Jung H G, et al. Revealing the reaction mechanism of Na-O_2 batteries using environmental transmission electron microscopy[J]. ACS Energy Letters, 2018, 3(2): 393-399.

[67] Landa-Medrano I, Pinedo R, Bi X, et al. New insights into the instability of discharge products in Na-O_2 batteries[J]. ACS Appl Mater Interfaces, 2016, 8(31): 20120-20127.

[68] Lutz L, Alves Dalla Corte D, Tang M, et al. Role of electrolyte anions in the Na-O_2 battery: Implications for NaO_2 solvation and the stability of the sodium solid electrolyte interphase in glyme ethers[J]. Chemistry of Materials, 2017, 29: 6066-6075.

[69] Liu C, Rehnlund D, Brant W R, et al. Growth of NaO_2 in highly efficient Na-O_2 batteries revealed by synchrotron in operando X-ray diffraction[J]. ACS Energy Letters, 2017, 2: 2440-2444.

[70] Xia C, Black R, Fernandes R, et al. The critical role of phase-transfer catalysis in aprotic sodium oxygen batteries[J]. Nature Chemistry, 2015, 7: 496-501.

[71] Abate I I, Thompson L E, Kim H C, et al. Robust NaO_2 electrochemistry in aprotic $Na-O_2$ batteries employing ethereal electrolytes with a protic additive[J]. J Phys Chem Lett, 2016, 7(12): 2164-2169.

[72] Lutz L, Corte D A D, Chen Y, et al. The role of the electrode surface in Na-air batteries: Insights in electrochemical product formation and chemical growth of NaO_2[J]. Advanced Energy Materials, 2018, 8: 1701581.

[73] Yadegari H, Franko C J, Banis M N, et al. How to control the discharge products in $Na-O_2$ cells: Direct evidence toward the role of functional groups at the air electrode surface[J]. Journal of Physical Chemistry Letters, 2017, 8(19): 4794-4800.

[74] Yadegari H, Li Y L, Banis M N, et al. On rechargeability and reaction kinetics of sodium-air batteries[J]. Energy & Environmental Science, 2014, 7(11): 3747-3757.

[75] Sun Q, Liu J, Li X, et al. Atomic layer deposited non-noble metal oxide catalyst for sodium-air batteries: Tuning the morphologies and compositions of discharge product[J]. Advanced Functional Materials, 2017, 27: 1606662.

[76] Su F, Qiu X, Liang F, et al. Preparation of nickel nanoparticles by direct current arc discharge method and their catalytic application in hybrid Na-air battery[J]. Nanomaterials, 2018, 8: 684.

[77] Wu Y Q, Qiu X C, Liang F, et al. A metal-organic framework-derived bifunctional catalyst for hybrid sodium-air batteries[J]. Applied Catalysis B: Environmental, 2019, 241: 407-414.

[78] Kim M, Ju H, Kim J. Single crystalline thallium rhodium oxide pyrochlore for highly improved round trip efficiency of hybrid Na–air batteries[J]. Dalton Transactions, 2018, 47(42): 15217-15225.

[79] Kang Y, Zou D, Zhang J, et al. Dual-phase spinel $MnCo_2O_4$ nanocrystals with nitrogen-doped reduced graphene oxide as potential catalyst for hybrid Na-air batteries[J]. Electrochimica Acta, 2017, 244: 222-229.

[80] Yin W W, Fu Z W. A highly efficient bifunctional heterogeneous catalyst for morphological control of discharged products in Na-air batteries[J]. Chemical Communications, 2017, 53(9): 1522-1525.

[81] Liu W M, Yin W W, Ding F, et al. $NiCo_2O_4$ nanosheets supported on Ni foam for rechargeable nonaqueous sodium-air batteries[J]. Electrochemistry Communications, 2014, 45: 87-90.

[82] Jiang C G, Mao B H, Diao F Y, et al. A rechargeable all-solid-state sodium peroxide (Na_2O_2) battery with low overpotential[J]. Journal of Physics D-Applied Physics, 2021, 54: 174005.

[83] Benato R, Cosciani N, Crugnola G, et al. Sodium nickel chloride battery technology for large-scale stationary storage in the high voltage network[J]. Journal of Power Sources, 2015, 293: 127-136.

[84] FIAMM. FIAMM: Sodium batteries, applications and advantages of environmentally-friendly and efficient technology. [2015-03-23].https://www.pv-magazine.com/press-releases/fiamm-sodium-batteries-applications-and-advantages-of-environmentally-friendly-and-efficient-technology_100018722.

[85] Saponara S, Saletti R, Mihet-Popa L. Hybrid micro-grids exploiting renewables sources, battery energy storages, and Bi-directional converters[J]. Applied Sciences, 2019, 9: 4973.

[86] Restello S, Lodi G, Miraldi A K. Sodium nickel chloride batteries for telecom application: A solution to critical high energy density deployment in telecom facilities[C]//International Conference on Telecommunications Energy, Scottsdale, 2012: 1-6.

[87] Restello S, Zanon N, Paolin E. Sodium nickel batteries for telecom hybrid power systems[C]//35th International Telecommunications Energy Conference, Smart Power and Efficiency, Hamburg, 2013: 1-5.

[88] Bracco S, Delfino F, Trucco A, et al. Electrical storage systems based on sodium/nickel chloride batteries: A mathematical model for the cell electrical parameter evaluation validated on a real smart microgrid application[J]. Journal of Power Sources, 2018, 399: 372-382.

[89] 何文胜, 赵金元, 国内外动力电池地下装载机现状与发展趋势[J]. 有色设备, 2020, 34: 87-92.

[90] Sudworth J L, Galloway R C. Secondary batteries-high temperature systems | sodium-nickel chloride[M]//Encyclopedia of Electrochemical Power Sources. Amsterdam: Elsevier, 2009: 312-323.

第 5 章

液 流 电 池

5.1 概　　述

随着“双碳”目标的提出，新型储能技术得到广泛关注。而液流电池技术在安全性、效率、寿命等方面具有突出的优势，在大规模储能领域具有非常好的应用前景。液流电池的概念是 1974 年 Thaller 最早提出的，它是利用可流动的电解液作为活性物质，并通过电化学反应完成电能与化学能之间的转化。液流电池具有循环寿命长、响应快、安全可靠、易于规模化等特点，适合用作大规模长时储能系统。

5.2 液流电池工作原理及分类特点

5.2.1 工作原理

液流电池是将正负极(或其中之一)的氧化还原活性电对溶解在电解液中，电解液由储罐通过泵进入电池发生电化学反应，之后再回到储罐中(图 5.1)。液流电池具有安全性高、寿命长、功率和容量可独立设计等特点，适用于大规模固定式储能技术。

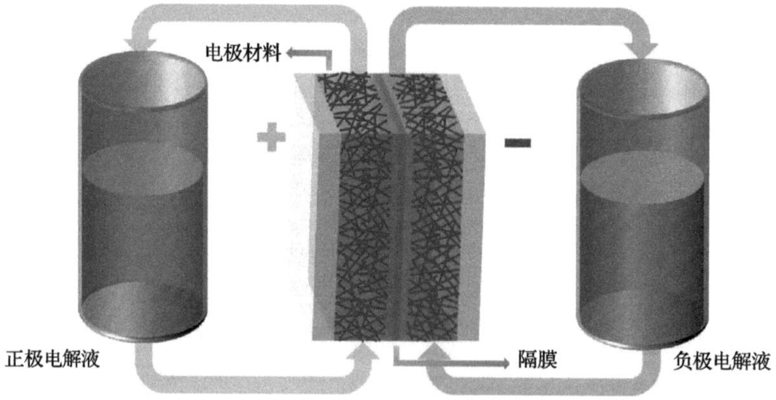

图 5.1 液流电池运行原理示意图

液流电池性能受多种参数影响。其中，电解液理论体积容量反映了单位体积电解液能储存的能量，由活性电对浓度和反应转移电子数决定，常用单位为 A·h/L。而电池理论能量密度除了与电解液活性物质浓度和转移电子数相关，还受正负极活性电对电位差即电池理论电压影响，常用单位为 W·h/L。

工作电流密度直接影响电池的功率密度，常用单位为 mA/cm^2。将其乘以电池电压，常用单位为 mW/cm^2。库仑效率(也称为法拉第效率或电流效率)、电压效率及能量效率是反映电池性能的三个重要参数。库仑效率是同一充放电循环中放电容量与充电容量之比。电池中存在副反应或正负极交叉污染会带来库仑效率的降低。电压效率是指恒电流充放电过程中平均放电电压与平均充电电压之比。电压效率降低说明电池的扩散、极化或欧姆过电位增加。一般情况下，电池工作电流密度增加，电压效率下降。库仑效率与电压效率之积为能量效率，表示电池放电能量与充电能量之比。

液流电池由电化学电池、电解液、储罐及泵和管道组成，电池中包含电极、膜、集流体等组件。液流电池的关键材料包括电解液、膜材料、电极材料等。电解液中氧化还原活性电对的性质直接影响液流电池的性能，如溶解度影响电池的能量密度，其反应动力学影响电池的工作电流密度及电压效率，稳定性和可逆性影响电池的寿命和库仑效率等。

5.2.2 液流电池特点及分类

液流电池具有非常快的启动响应速度，电池系统可以实现全封闭自动运行，设备维护简单，操作成本比较低，液流电池的使用场合选址比较自由，相比于其他的非液流储能装置更加不受地域、环境等限制，优势比较明显，但其密度普遍较低的缺点也比较明显。因为液流电池的电解液为水溶液，其化学反应基本都发生在水溶液中，所以液流电池不存在任何爆炸或者发生火灾的安全隐患，具有相当高的使用安全性；而且其电化学极化反应相对较小，所以可以进行深度的充放电，循环次数多，使得电池寿命更长。

液流电池根据其电解液中活性物质的不同，可以分为多种液流电池，比较典型的有全钒液流电池(vanadion Flow batteries, VFB)、锌-溴液流电池、铁-铬液流电池、锌-铁液流电池、有机液流电池等。液流电池电堆中的单元电池主要由紧固件、端板、集流板、电极框、双极板、电极和离子传导膜组成，各零件之间通过橡胶或者焊接等密封方式进行密封，两侧的端板起到压合固定的作用，通过紧固件将所有组件紧固为一体，电堆则是由若干个单元电池串联起来通过压滤机的叠合方式装配而成的。

5.3 液流电池关键材料

5.3.1 离子传导膜

离子传导膜是液流电池关键材料之一，起到阻隔正负极电解液活性物质之间的交叉共混，同时传递载流子(H^+、OH^-、K^+、Na^+等)形成完整电池回路的作用。理想的液流电池用离子传导膜应该具有选择性高、传导率高、稳定性高和成本低的特点。离子传导膜的低选择性导致正负极电解液的交叉污染，造成电池效率下降和容量衰减；离子传导膜的低传导率导致载流子传输不畅，造成大的电池极化，影响电池电压效率、工作电流密度和功率密度；离子传导膜的低稳定性使液流电池无法长期可靠运行。迄今为止，常用的离子传导膜材料包括离子交换膜和多孔离子传导膜(下称“多孔膜”)两大类，在液流电池中，常用的离子交换膜包括全氟磺酸离子交换膜和非氟离子交换膜。

1. 离子交换膜

1) 全氟磺酸离子交换膜

全氟磺酸离子交换膜是目前液流电池中最常用的膜材料，其具有离子传导率高、化学稳定性好等优点，可以应用于酸性、中性、碱性液流电池体系或无机、有机液流电池体系。全氟磺酸离子交换膜主要包括美国 Dupont 公司的 Nafion 系列膜、美国 Dow 化学公司的 Dow 膜、日本 Asahi Chemical 公司的 Aciplex 系列膜和 Asahi Glass 公司的 Flemion 系列膜等。其区别在于侧链结构和长度不同，因而具有不同的物化性质和生产成本[1]。其中，Dupont 公司 Nafion 系列膜(Nafion 115、Nafion 117 等)是液流电池中最常用的商业化膜材料，其结构如图 5.2 所示，由疏水的全氟骨架和含有亲水磺酸基团(—SO_3H)的侧链组成。疏水全氟骨架可为膜提供优良的机械稳定性和化学稳定性，磺酸基团所构成的亲水区域则为膜提供离子传输通路，使得 Nafion 膜内形成亲/疏水纳米级相分离结构(图 5.2)。因此，Nafion 膜通常具有优良的稳定性和高的离子传导率。

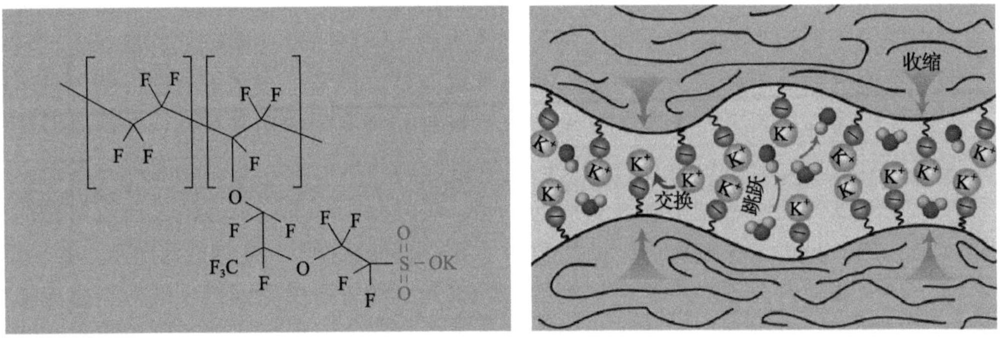

图 5.2　Nafion 的化学结构式和微相分离结构[2]

目前，Nafion 膜在全钒液流电池中的应用最为广泛。然而，在全钒液流电池酸性电解液中，高亲水性磺酸基团容易吸水溶胀，使膜的离子选择性降低，同时影响膜的机械稳定性。为此，多种修饰方法用于改性 Nafion 膜，其基本原理在于向膜表面或内部引入可以阻塞亲水性离子簇的功能性材料，常用的改性方法包括无机纳米颗粒改性、有机化合物改性和聚合物改性等。

常用的改性 Nafion 膜的无机纳米颗粒包括 SiO_2、TiO_2、氧化石墨烯(GO)、磷酸锆、WO_3 等[3]。无机纳米颗粒的填充可以降低离子迁移通路的连续性，阻碍离子迁移，提高 Nafion 膜的选择性。同时，无机纳米颗粒的高机械强度使 Nafion 膜的溶胀得到抑制，稳定性得以提高。然而，离子迁移通路连续性的下降会提高离子在膜内的传输阻力，使其传导率下降。为此，通常对无机颗粒表面进行修饰，使其含有亲水性官能团，如磺酸基团和氨基基团等，以保证改性后的 Nafion 膜依然具有高离子传导率。例如，Zhang 等[4]向 Nafion 膜中引入了磺酸基团修饰的 S-U66(UiO-66-SO_3H)(图 5.3)。S-U66 作为钒离子迁移屏障，提高了膜的选择性。同时，除 Nafion 膜的本征质子传输通路外，两种额外的质子传输通路也形成于膜中，包括 S-U66 内的内部质子多孔通路（通路Ⅰ）和由 S-U66 和 Nafion 的磺酸基团形成的界面质子通路（通路Ⅱ），因此 Nafion 膜的质子传导率得到进一步提高。利用改性后的 Nafion 膜组装全钒液流电池单电池，在 80～220mA/cm^2 的电流密度范围内，其显示出 91.8%～78.4%的电压效率和 86.0%～76.1%的能量效率，高于未改性 Nafion 膜组装的全钒液流电池单电池的电压效率（86.9%～69.0%）和能量效率（80.3%～66.0%）。此外，其效率可以在 1000 个循环内保持稳定，放电容量衰减率仅为 0.13%/循环，显示出优异的性能。

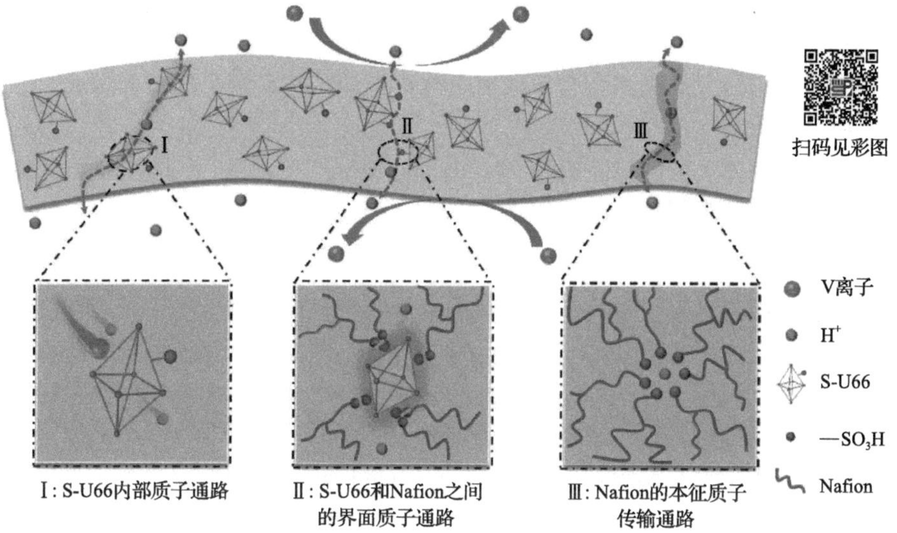

图 5.3 S-U66 嵌入 Nafion 膜基体的示意图[4]

部分氟化或全氟聚合物利用其本征高结晶度和高疏水性来抑制 Nafion 膜的溶胀，阻碍活性物质的迁移并同时提高膜的机械稳定性，如 PVDF 等。然而，与无机纳米颗粒相似，部分氟化或全氟聚合物的高结晶度和高疏水性会影响 Nafion 膜的离子传导率。因此，通常更倾向于利用含有亲水性基团的部分氟化或全氟聚合物来对 Nafion 膜进行改性。

对 Nafion 膜表面进行改性，制备含有阻钒层的 Nafion 复合膜是常用的提升 Nafion 膜选择性的方法。作为离子迁移屏障，阻钒层可以具有荷正电基团或荷负电基团，荷正电基团可以基于对荷正电离子的 Donnan 效应提高膜的选择性，荷负电基团可以基于其优良的离子传输性能保证 Nafion 膜的高离子传导率。此外，荷正电基团和 Nafion 膜中磺酸基团的相互作用可以构建稳定的阻钒层。为了防止引入阻钒层导致 Nafion 膜的传导率下降，阻钒层通常比较薄，以缩短离子传输路径，降低离子传输阻力。例如，An 等基于化学接枝的方法，利用氨基丙基异丁基多面体低聚倍半硅氧烷（NH_2-POSS）对 Nafion 膜进行表面改性，应用于全钒液流电池中[5]。NH_2-POSS 是一种笼状大分子单体，其由七个惰性异丁基包围的无机 Si_8O_{12} 核和一个活性氨基丙基基团构成。为了利用 NH_2-POSS 对膜进行进一步修饰，Nafion 膜表面的磺酸基团可以由 1,1-羰基二咪唑活化，从而在膜表面形成 POSS 层。所制备的有机-无机杂化膜显示出升高的离子选择性和优异的尺寸稳定性，其溶胀率低于 Nafion 115 膜的溶胀率。此外，Nafion 膜表面的 POSS 层缩小了 Nafion 离子簇的空间，有助于阻止钒离子渗透，提升膜的选择性。利用表面改性 Nafion 膜组装全钒液流电池单电池，在 80mA/cm^2 的电流密度下，其平均库仑效率为 98.7%，能量效率为 84.5%，性能优于 Nafion 115 膜(库仑效率为 95.7%，能量效率为 81.7%)。

基于 Nafion 膜中磺酸基团和碱性聚合物中的碱性基团(如胺基团)之间的相互作用，制备具有交联结构的酸碱共混离子交换膜，是提高 Nafion 膜离子选择性和稳定性的有效策略[6]。交联使 Nafion 膜的结构更为致密，提高了膜的选择性和稳定性。且胺基团在酸性介质中容易质子化，与荷负电磺酸基团共同保证离子的传输。Zhao 等向 Nafion 膜中引入聚苯并咪唑(polybenzimidazole, PBI)，其官能团可质子化为正电荷，从而可以基于 Donnan 排斥效应阻止荷正电钒离子穿过膜的交叉共混，使膜具有优异的钒离子选择性。利用所制备的 Nafion/PBI 膜组装全钒液流电池单电池，其显示出优于 Nafion 212 膜的容量保持率和稳定性。

利用上述改性方法可以显著提高 Nafion 膜的离子选择性并抑制其溶胀，而 Nafion 膜的价格仍然太高，限制了其广泛应用。

2) 非氟离子交换膜

非氟离子交换膜基于机械稳定性高和成本低的芳香族类聚合物，其含有刚性苯环、疏水聚合物链以及离子交换基团。与 Nafion 膜相比，非氟离子交换膜内的疏水相和亲水相分离程度更低，离子迁移通路更窄，离子迁移位点之间的距离更远，离子迁移阻力更大，因而具有更高的选择性。根据膜中固定离子基团的不同，非氟离子交换膜分为仅含荷负电基团的阳离子型交换膜(cation exchange membrane, CEM)、仅含荷正电基团的阴离子型交换膜(anion exchange membrane, AEM)以及同时含有荷正电和荷负电基团的两性离子交换膜三类。

(1)阳离子型交换膜。

磺化芳香类聚合物是液流电池中应用最广泛的阳离子型交换膜，主要应用于全钒液流电池和碱性锌-铁液流电池中，是液流电池用膜材料的研究重点之一(图 5.4)。磺化芳香类聚合物的刚性主链保证膜的离子选择性和机械稳定性，磺化基团则为膜提供离子传导率。迄今，应用于液流电池中的磺化芳香类聚合物主要包括磺化聚醚醚酮类、磺化聚醚砜类、磺化聚亚芳基醚砜类、磺化聚砜类、磺化嵌段类、磺化聚苯醚类和磺化聚苯乙烯类等。Yuan 等[2]将磺化聚醚醚酮(sulfonated poly(ether-ether-ketone), SPEEK)膜应用于碱性液流电池体系中。膜材料的刚性骨架结构及其电荷特性使其具有优异的耐碱稳定性；主链上离散的—SO_3H 基团在膜内形成连续的氢键网络，使 OH^-在膜内以 Grotthuss 机理进行快速传递，赋予膜材料高的离子传导率。将所制备的 SPEEK 膜组装碱性锌-铁液流电池，在 80～160mA/cm^2 的工作电流密度下，其可以连续稳定运行 650 余个循环(650h)，性能依然保持稳定。更为重要的是，利用该膜材料，可以集成出 4kW 级碱性锌-铁液流电池电堆。

然而，与 Nafion 膜相似，基于磺酸基团的阳离子交换膜也具有易溶胀、选择性低的缺点。为了提高其在液流电池中的性能，常用的改性方法是向膜中引入功能性材料。常

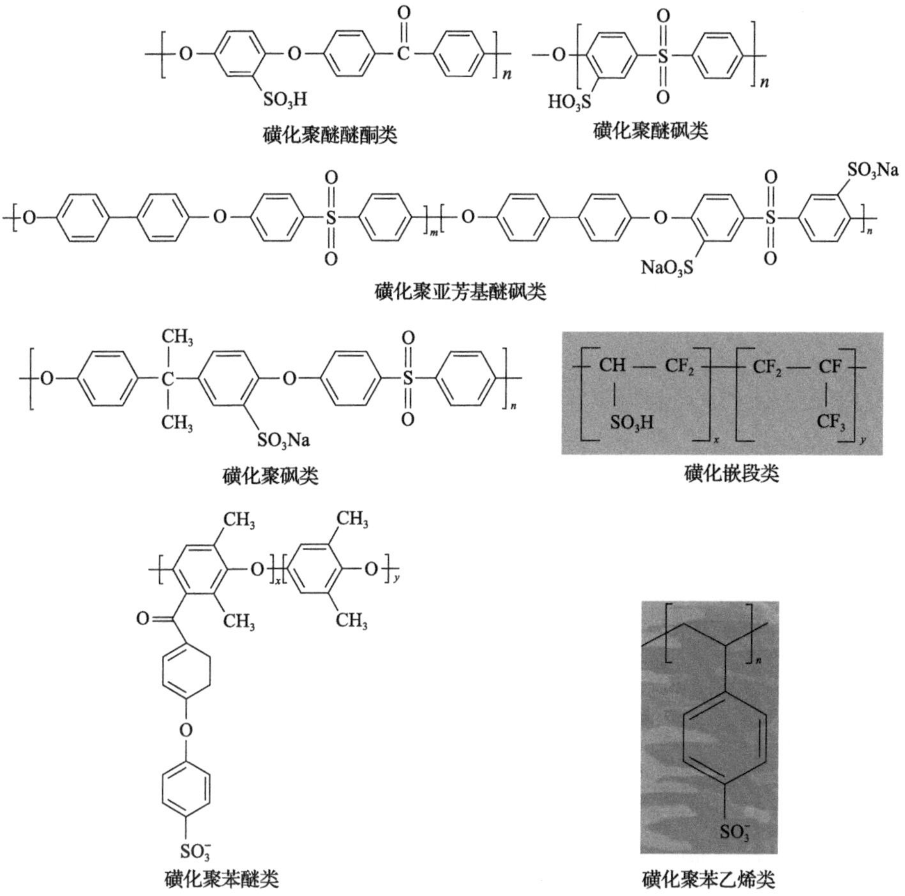

图 5.4 应用于液流电池中的典型磺化离子交换膜

用的功能性材料分为两类：一是无机纳米颗粒，如 SiO_2、TiO_2、CNT、石墨烯、氧化石墨烯、磷钨酸（tungstophosphoric acid, TPA）和三氧化钨（WO_3）等[3,7,8]；二是具有含氮基团的聚合物，如聚丙烯腈（polyacrylonitrile, PAN）、聚醚酰亚胺（polyetherimide, PEI）、聚（丙烯酸-共-4-乙烯基咪唑）、PBI、壳聚糖等，其可以基于酸碱相互作用在膜内构建交联结构，使膜的形貌更为致密，降低膜的溶胀率，提高膜的选择性和稳定性[3]。功能性材料既可以与磺化聚合物共混，也可以作为阻钒层复合于磺化离子交换膜的表面。Zhang 等[8]以磺化二氧化钛（S-TiO_2）为功能性材料，采用溶液浇铸法制备出 SPEEK/S-TiO_2 复合膜。S-TiO_2 功能性材料与 SPEEK 之间的分子内相互作用使 SPEEK/S-TiO_2 复合膜表现出优于 Nafion 117 和 SPEEK 膜的离子选择性，其所组装的全钒液流电池单电池因而显示出更高的库仑效率（98.2%）和能量效率（80.2%）。并且经过 200 次充放电循环后，SPEEK/S-TiO_2 复合膜仍保持良好的结构稳定性，显示出优异的耐久性能。

利用聚丙烯（polypropylene，PP）、聚四氟乙烯（polytetrafluoroethylene，PTFE）等作为多孔基体，降低膜的溶胀率，阻隔离子迁移并提高膜的机械稳定性也是常用的提升磺化离子交换膜性能的有效方法。此外，也可以对磺化聚合物的主链进行设计，获得本征具有高选择性和高稳定性的膜材料。

(2)阴离子型交换膜。

阴离子型交换膜通常含胺基等弱碱性基团，其在酸性条件下容易质子化为荷正电季铵基团，在碱性条件下去质子化为荷负电基团，因而可以基于对荷正电和荷负电离子的Donnan 排斥效应提高膜的离子选择性。季铵型阴离子交换膜分为两类：一是主链含有季铵基团，包括 PBI、聚酰亚胺类、聚乙烯亚胺类和聚邻苯二甲嗪酮醚酮类阴离子型交换膜等；二是侧链含有季铵基团，其基于 Donnan 排斥效应和位阻效应提升膜的选择性，包括季铵化聚苯醚类、季铵化聚烷基类、季铵化聚芴基烷基类、季铵化聚芳醚酮类和季铵化聚亚芳基醚砜类等。其中，PBI 离子交换膜是目前应用最广泛的阴离子型交换膜之一，特别是在全钒液流电池中。PBI 骨架上质子化的咪唑基团和 PBI 聚合物链之间的狭窄空间可以十分有效地抑制钒离子的扩散，使其组装的全钒液流电池单电池的库仑效率通常可达到 99%以上[9]。然而，在全钒液流电池中，与磺化离子交换膜相比，PBI 离子交换膜离子传导率较低。为此，通常采用预处理、引入亲水性侧链或向膜中引入磺化聚合物构建两性离子交换膜的方法对 PBI 离子交换膜进行改性。Mara Ikhsan 等[10]对 PBI 离子交换膜进行磷酸预处理，其显示出高达 18mS/cm 的电导率；对 PBI 离子交换膜进行 KOH 预处理，其显示出高达 56mS/cm 的电导率；对 PBI 离子交换膜进行硫酸预处理，PBI 膜的电导率提高了 9.1mS/cm。此外，Ren 等[11]以 2,3-环氧丙基三甲基氯化铵(epoxypropyltrimethylammonium chloride, EPTMA-Cl)为接枝剂，设计合成出一系列季铵基团接枝的 PBI 膜,并系统研究了 SA 掺杂的 PBI-EPTMA 膜的物理化学性质和单电池性能。结果表明，接枝的 EPTMA 基团增加了膜的亲水性和自由体积，导致 SA 掺杂含量增加，面积电阻降低。

(3)两性离子交换膜。

两性离子交换膜同时含有“阳离子”交换基团和“阴离子”交换基团，其通常利用两种方法制备得到：一是聚合物共混，如酸碱共混；二是利用本征含有两性基团的聚合物为膜材料[12]。两性离子交换膜可以兼具阳离子型和阴离子型交换膜的优点，并且其内部交联结构可以有效提高其选择性和稳定性。例如，Nibel 等[13]提出了一种新的两性离子交换膜的设计理念，其基于辐射诱导乙烯基吡啶接枝到乙烯四氟乙烯基膜中，然后通过两步功能化分别引入阳离子和阴离子交换位点。利用所制备的两性离子交换膜组装全钒液流电池单电池，与 Nafion 117 膜组装的电池相比，其显示出更高的效率、不明显的电解质失衡以及显著降低的容量衰减率。

综上所述，非氟离子交换膜已经在液流电池中显示出优异的性能，是目前液流电池中应用最广泛的离子交换膜类型之一。然而，在强酸性、强氧化性和电场的环境中，非氟离子交换膜容易发生降解[14]。这是因为离子交换基团的引入，改变了聚合物主链电子云的分布，大幅度降低了膜的化学稳定性。

2. 多孔离子传导膜

为了打破了传统离子交换膜由于离子交换基团的引入而导致的稳定性降低问题，中国科学院大连化学物理所 Zhang 等[15]提出了“不含离子交换基团”的“离子筛分传导”机理，将多孔离子传导膜引入液流电池，解决了离子交换基团的引入所导致的非氟离子交换膜稳定性降低的问题，同时大幅度降低了材料成本。该思路为液流电池用离子传导膜的设计开发提供了全新的思路和方法。与离子交换膜不同，多孔膜基于孔径筛分效应，从分子尺度上实现对活性物质的隔离和载流子的传导(图 5.5)[3]。因此，多孔膜摆脱了膜材料传输离子时对离子交换基团的依赖，具有更好的化学稳定性。常用制备多孔膜的方法包括相分离法、拉伸法和静电纺丝法等，其可以制备出具有不同形貌特征的多孔膜，从而满足液流电池的多种需求。

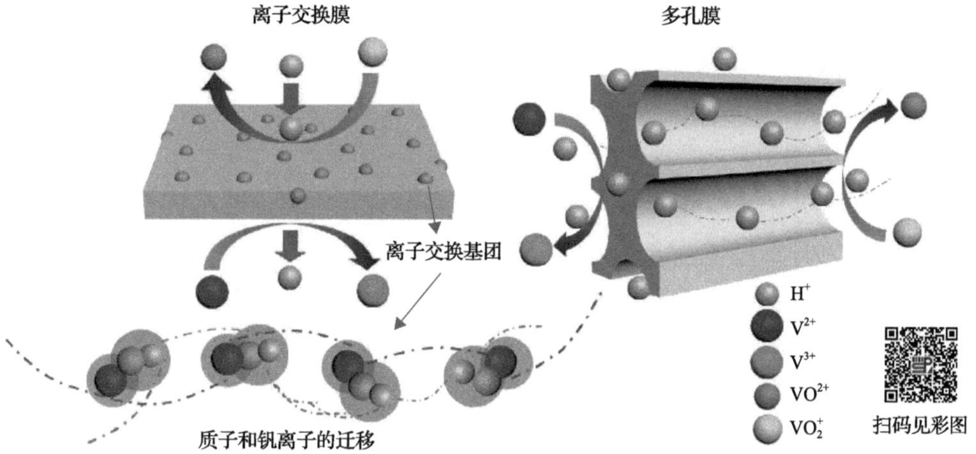

图 5.5　液流电池用离子交换膜和多孔膜的离子传导机理[3]

理想的液流电池用多孔膜应该兼具高离子选择性和高离子传导率，常见的提高多孔膜离子选择性的思路包括两种：一是孔径筛分，通过减小多孔膜的孔径、降低孔隙率和缩小孔径分布的方法增大活性物质进入膜内及其在膜中传输的阻抗，从而达到阻止活性物质迁移的目的；二是 Donnan 排斥，基于荷电基团之间的 Donnan 排斥效应增大活性物质进入和在膜中扩散的阻力，抑制其迁移。然而，孔径的减小、孔隙率的下降和孔贯通性的降低会同时影响载流子的传输，使膜的离子传导率下降。因此，多孔膜的高离子选择性和高离子传导率通常是相互矛盾的，存在平衡(trade-off)效应[3]。

近年来，多孔膜研究的重点在于如何打破其选择性和传导率之间的 trade-off 效应。常用的方法包括以下几种。

(1)调节成膜参数。

浸没相转化法是最常用的制备液流电池用多孔膜的方法。在相转化过程中，多孔膜的形貌受到多种成膜参数的影响，包括铸膜液组成、溶剂类型、添加剂种类和含量、凝固浴组成、铸膜厚度和温度等[3]。这些成膜参数主要影响相转化程中溶剂与非溶剂的交换速度，快速的溶剂-非溶剂交换更倾向于形成不对称型的指状孔结构[16,17]。实际上，调节相转化过程成膜参数的本质在于改变溶剂和非溶剂的交换速度，从而实现对多孔膜形貌的调控[3]。

Wei 等[18]通过调节铸膜液中 PVDF 的浓度和铸膜过程中的铸膜厚度，制备出非对称疏水 PVDF 多孔膜。Xu 等[19]则通过向聚醚砜(polyethersulfone, PES)铸膜液中添加亲水性 SPEEK 来调控膜的孔结构。Qiao 等[20]选取 PBI 为模型化合物，利用浸没相转化法，采用不同浓度的盐($NaCl$ 和 $MgCl_2$)溶液为非溶剂相，对多孔膜的结构进行原位调控，制备出具有不同微观结构的多孔膜(图 5.6)。此后，Qiao 等[21]以 PES/SPEEK 共混多孔膜为研究模型，利用非溶剂和聚合物之间的相互作用对多孔膜结构性能进行调控。

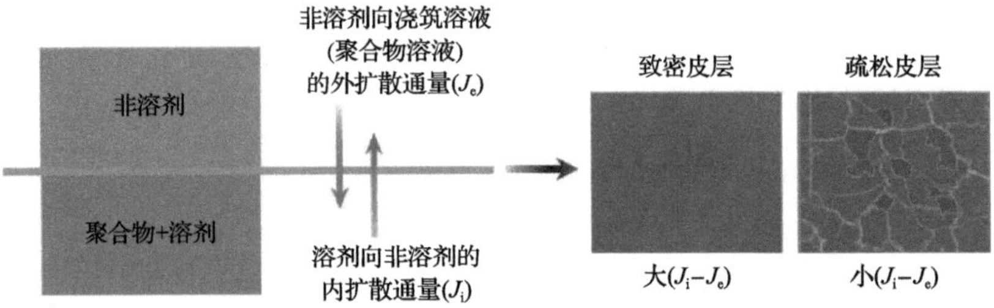

图 5.6　两步非溶剂诱导相分离法制备多孔膜的示意图[22]

因此，在浸没相转化过程中，溶剂-非溶剂交换速度决定了多孔膜的结构和性能。基于此，Shi 等通过控制膜过程和机理，利用两步非溶剂诱导相分离法，构建了具有可控离子传输通路的多孔离子选择层。通过控制浸没相转化法过程中溶剂向非溶剂的内扩散通量(J_i)和非溶剂向聚合物溶液的外扩散通量(J_e)，实现了对膜选择性致密皮层和大孔支撑层的独立精确调节(图 5.6)[22]。首先采用具有 $J_i \gg J_e$ 的混合非溶剂来引发聚合物溶液非溶剂界面附近的相分离，形成致密而薄的分离层，然后采用水作为非溶剂进行快速交换形成大孔支撑层。因此，采用两步非溶剂诱导相分离法制备的膜具有高选择性的超薄分离层与高度多孔的支撑层结构，大幅提高了膜的选择性和传导率。采用所制备的膜材料组装全钒液流电池单电池，在 220mA/cm^2 的电流密度下，其能量效率超过 80%。

(2)引入无机纳米颗粒或荷电基团。

采用共混的方式向多孔膜中引入无机纳米颗粒，如 SiO_2 等，可以缩小多孔膜的孔径，降低多孔膜的孔隙率，缩小多孔膜的孔径分布，并破坏多孔膜的孔贯通性，从而大大增加活性物质在膜内的传输阻力，提升膜的选择性[3,23,24]。值得注意的是，可以对无机纳米颗粒进行适当的亲水化修饰以保证多孔膜的高传导率。

采用共混的方式向多孔膜中引入荷电基团，基于酸碱相互作用构建相对致密的交联结构是常用的提高膜选择性的方法。交联结构会同时提高膜的稳定性，并基于荷电基团对载流子的传导作用保证膜的高传导率。Zhao 等[25]选取荷负电的氯甲基化聚砜(chloromethyl polysulfone, CMPSF)为聚合物，将 1,4-丁二胺引入 CMPSF 膜中，荷正电的胺基团可以与 CMPSF 中荷负电的氯基团反应从而在膜孔壁上构建内部交联网络。柔性的 1,4-丁二胺与刚性聚砜易构建具有较明显的亲/疏水相分离结构，有利于离子的传导，提高膜的传导性。同时，荷正电交联网络保证了膜的选择性与稳定性。因此，组装有 CMPSF 膜的全钒液流电池单电池可以在 120mA/cm^2 的高电流密度下连续稳定运行 4000 个充放电循环以上，性能没有明显衰减，显示出 CMPSF 膜在全钒液流电池强酸性和强氧化性条件下具有超高的化学稳定性。

Qiao 等[26]利用生物仿生法设计制备出具有 pH 响应功能的 PBI 多孔膜(图 5.7)。其通过在铸膜液中添加亲水性的 SPEEK 对 PBI 多孔膜的形貌进行初步调控，然后通过 PBI

和 SPEEK 之间的原位酸碱相互作用在孔壁上构筑内部交联网络。该交联网络通过调控 pH 实现，在酸性条件下 PBI 和 SPEEK 发生原位交联反应。膜内部的交联网络增强了膜的稳定性。亲水性的磺酸基团和胺基团则保证了膜的质子传导性。在 $140mA/cm^2$ 的高电流密度下，组装有 pH 响应的多孔 PBI 膜的全钒液流电池单电池可以连续稳定运行 10000 个充放电循环以上，性能无明显衰减，显示出极高的化学稳定性。

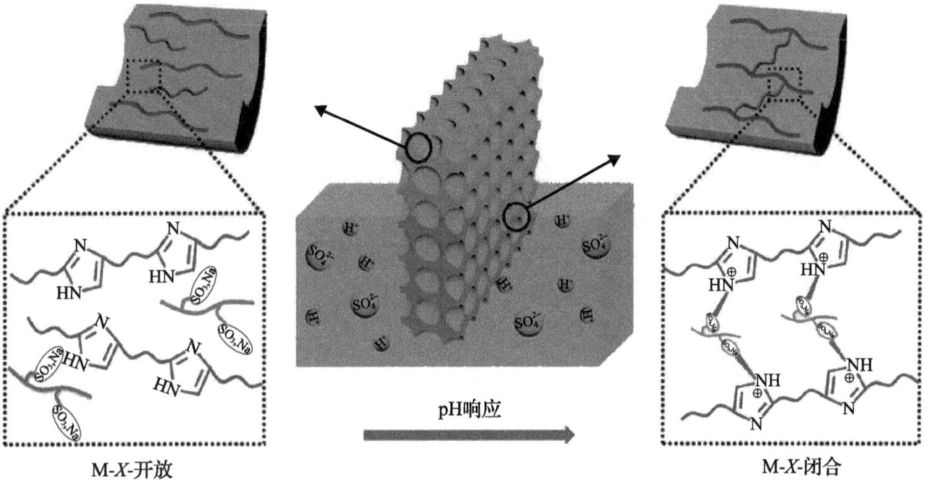

图 5.7　pH 响应的 PBI 多孔膜的制备[26]

(3)后处理。

成膜之后对膜进行后处理是调控多孔膜结构和性能的另一有效方法，与 PBI 膜的预处理方法相似[27-31]。Lu 等[27]首先利用浸没相转化法制备具有大孔径和高孔贯通性的 PES 多孔膜。然后利用异丙醇对 PES 多孔膜进行溶剂处理，溶剂处理过程包括溶剂浸泡和溶剂挥发[27]。在溶剂浸泡过程中，多孔膜受到溶胀力和内聚力的共同作用，且两种作用力的大小相等，方向相反；在溶剂挥发过程中，多孔膜受到的溶胀力逐渐下降，在内聚力和溶胀力合力的作用下，多孔膜的孔结构发生收缩，膜的离子选择性提高。但多孔膜的孔贯通性几乎不受影响，保证了膜传导质子的能力。因此，利用溶剂处理法可以制备出兼具高选择性和高传导性的多孔膜材料。所制备的膜组装的全钒液流电池单电池在 $80mA/cm^2$ 的电流密度下，能量效率高达 90.19%，这是当时已知的最佳性能。此后，利用溶剂处理的方法，Lu 等进一步研究了溶剂处理过程中，聚合物-溶剂相互作用和内聚力的作用机理，阐明了多孔膜的成膜过程和成膜机理。以此为基础，制备出高性能多孔膜，性能优于商业化 Nafion 115 膜。

(4)引入高选择性分离层。

以多孔膜为支撑层，向其表面引入高选择性分离层，制得复合多孔膜是解决多孔膜 trade-off 效应的有效方法。复合多孔膜选择层和支撑层的结构相互独立，因此可以对其进行独立设计。分离层的材料可以为聚合物，也可以为无机纳米颗粒。其中，聚合物分离层通常含有磺化基团和季铵基团[32,33]，以保证在提高膜选择性的同时，不降低膜的传导率。且为了保证高传导率，复合多孔膜的支撑层通常具有大孔结构。无机纳米颗粒通常为具有规整孔道结构的多维纳米材料，如 Mxene、分子筛材料和金属有机框架(metal-organic framework, MOF)材料等[34,35]。这些多维纳米材料结构可调、功能可控、机械稳定性优良，通过将其孔道结构尺寸控制在活性物质离子和载流子的尺寸之间，使膜同时具有高选择性和高传导率。

Li 等[32]将超薄 Nafion 离子选择层引入到 PES/SPEEK 多孔膜基底上，使 PES/SPEEK 膜基底表面的孔径减小，孔隙率下降，提高了膜对活性物质离子的排斥能力，提高了膜在液流电池中的选择性。且分离层超薄的厚度和磺化基团保证了膜对载流子的传输，使膜同时显示出较高的离子传导率。Dai 等[33]采用界面聚合等方法，构建出具有超薄聚酰胺选择层的复合多孔膜，大幅度提高了膜的性能。聚酰胺分离层的交联结构增加了分子链之间的空间位阻，使分子链之间存在较大的自由体积，形成了尺寸小于 1nm 的分子间通道，通道的尺寸介于水合质子与水合钒离子之间，能够高效阻挡钒离子；而质子可以通过 Grotthuss 机理在聚酰胺中的水分子和羧基之间跳跃传递。利用该膜组装全钒液流电池单电池，在高达 260mA/cm^2 的电流密度下，其能量效率可达到 80%，是当时报道的最高值。

Yuan 等[35]将具有规整孔道结构的分子筛 ZSM-35 复合到 PES/SPEEK 多孔基体上，大大提高了膜的离子选择性。Dai 等[34]通过界面聚合将 ZSM-35 沸石分子筛原位复合在多孔聚醚砜/磺化聚醚醚酮基膜表面，制备出具有高选择性分离层的复合膜，应用于全钒液流电池之中(图 5.8)。ZSM-35 具有均一的孔径和贯通的孔道结构，其孔径介于水合质子(＜0.24nm)和水合钒离子尺寸(＞0.6nm)之间，因而能够高效传导质子并阻挡钒离子。所制备复合膜组装的全钒液流电池单电池显示出优异的性能，在 80mA/cm^2 的电流密度下，库仑效率＞99%，能量效率＞91%。Wu 等[36]采用限制二次生长方法，选择不同孔径

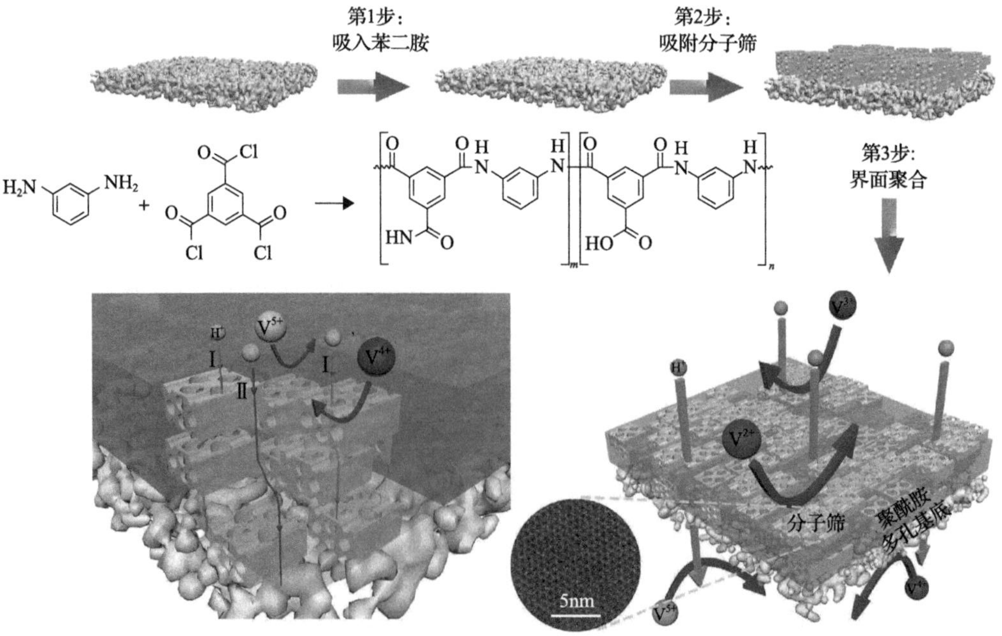

图 5.8　利用界面聚合法制备复合分子筛层的多孔膜的过程示意图[34]

的 MOF 材料，通过平衡黏结剂溶解速度与 MOF 晶体生长速度，成功构筑了规整可控的离子选择性传输通道，实现对金属阳离子(K^+，Na^+，Li^+，Mg^{2+}，Ca^{2+})透膜速度的有效调控。将所制备的复合膜组装锌碘液流单电池，复合膜的 MOF 分离层可有效透过载流子 K^+，同时阻碍活性物质 I_3^-。

此外，Hu 等[37]通过水热法合成百纳米级的层状水滑石(layered double hydroxide, LDH)纳米颗粒，然后通过喷涂法将 LDH 层复合到 PES 多孔基膜上，得到水滑石复合膜(图 5.9)。通过有效控制水滑石层的间距大小，达到初步筛分以及延长离子在膜中扩散路径的目的，实现对不同阳离子和铁氰根离子的高选择性。同时，利用水滑石层间丰富的氢键网络实现对 OH^- 的快速传递，提高复合膜的选择性和离子传导性。此外，通过优化以及第一性原理分子动力学(molecular dynamics, AIMD)模拟，探究了 OH^- 在水滑石层间通过其氢键网络传递的过程，证明了 OH^- 以 Vehicular 和 Grotthuss 机制通过水滑石复合膜进行传递。其中，Grotthuss 机理起主导作用。因此，利用水滑石复合膜组装的碱性锌-铁液流电池表现出更高的能量效率。此后，Hu 等[38]通过水热合成的方法，成功实现了在多孔聚合物基底上原位生长直立型、无缺陷的三维水滑石层，制备了水滑石复合离子传导膜(图 5.9)。垂直排列的水滑石纳米片具有特定的离子传输通道，可实现快速的 OH^- 传输，使得直立型水滑石复合膜兼具高离子选择性和离子传导率。且部分 LDH 的表面具有荷正电特性和丰富的羟基基团，使其能够与带负电荷的锌酸根离子发生静电相互作用，从而将锌酸根离子均匀分布在膜-电极界面，实现金属锌的均匀沉积，提高电池的循环性能。

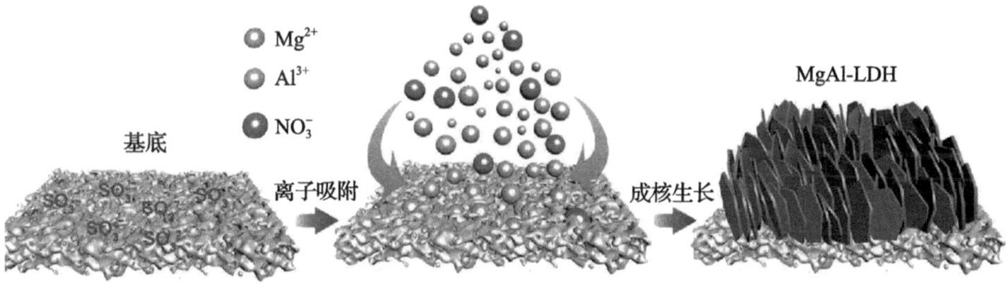

扫码见彩图

图 5.9 直立型水滑石复合膜的制备及其离子传输机理[38]

因此，通过一系列的改性方法，可以制备出兼具高选择性、高传导性、高稳定性和低成本的多孔膜材料。以此为基础，中国科学院大连化学物理研究所储能技术研究部李先锋研究员团队对多孔膜进行了规模放大，通过优化膜材料的规模放大技术和批量化生产工艺，建成膜材料批量化生产线，实现了非氟多孔离子传导膜的批量化生产，成功实现了液流电池用高性能、低成本非氟多孔膜材料国产化。然而，多孔膜的选择性、传导性、耐久性和成本仍然无法完全满足液流电池商业化和产业化需求，还需要进一步研究其成膜机理、离子传输机理和构效关系等关键科学问题，从而为高性能、低成本多孔膜材料的设计开发提供理论指导。

5.3.2 电极和双极板材料

1. 电极

电极作为全钒液流电池(vanadium flow battery, VFB)的关键部件之一，其本身并不参与电化学反应，只为正负极氧化还原反应提供反应场所。电解质溶液中的活性物质，如钒离子，在电极-电解液界面接收或给出电子发生电化学反应，进而实现电能与化学能之间的转变。电极材料的性能直接影响电化学反应速率、电池内阻以及电解质溶液的分布均匀性，进而影响电池的极化以及电池内阻，最终影响电池的能量效率和功率密度，故而要求其具有优异的导电性、电催化性能、稳定性和机械强度[39]。因此，开发具有高活性、高导电性和具有合适孔结构的电极材料是提高液流电池功率密度的关键。目前常用的电极材料主要为碳毡、石墨毡、碳纸、碳布等碳纤维材料，其由于具有三维立体结构、良好的稳定性、较高的比表面积及良好的导电性能，是液流电池使用最多的电极材料[40-42]。

然而，石墨毡由于其较高的石墨化程度及极少的表面官能团，表现出较差的电化学活性，而碳毡、碳纸和碳布由于较高的微晶无序度以及较多的 N、O 官能团，其电化学活性较石墨毡高，但仍然不足以满足液流电池对电极材料活性的要求[43]。因此，在提高电极材料的电化学活性方面，研究者通过表面改性或修饰等手段，开展了较多研究工作。改性方法主要包括以下三种。

1)表面官能团修饰

研究表明[44-48]，通过对碳毡或石墨毡进行氧化或掺氮处理，可以增加纤维表面含氧官能团和含氮官能团的数量，改善碳纤维的亲水性，提高电极的电催化活性。澳大利亚新南威尔士大学的 Maria Skallas-Kazacos 团队在空气条件下将石墨毡在 400℃下热处理 30h，利用空气中的氧气对碳纤维表面进行氧化，使碳纤维表面—OH 和—COOH 等含氧官能团含量增加，改善活性物质与电极界面的相容性，明显降低了电极反应极化电阻。之后，研究者研究了臭氧处理、等离子处理、微波处理等氧化方法，都可以增加碳纤维表面含氧官能团的数量，进而提高其电催化活性。然而，如果引入过多含氧官能团会损害碳材料的导电性，而氮掺杂提高了费米面的态密度而有利于导电性的提高。Xu 等[49]通过密度泛函理论探究了不同类型的氮原子在钒负极反应中的可行性。他们发现，相较于石墨氮，吡啶氮与水的交互作用更强，更容易提高电解液的浸润性，故吡啶氮对负极反应的电催化活性更强。

2)提高比表面积

碳纤维材料的比表面积通常很低，只有 0.1～1m^2/g，Liu 等[50]通过对碳纤维材料进行 CO_2 物理活化，在碳纤维表面造孔，其比表面积提高了一个数量级，进而大大提高了其电催化活性，使电荷转移电阻从 970$m\Omega\cdot cm^2$ 降到了 120$m\Omega\cdot cm^2$，单电池能量效率提高了 13%(图 5.10)。其他的活化方法，如水蒸气活化[51]、碱活化[52]，也表现出类似的影响。此外，一些研究者也通过在碳纤维材料上担载碳纳米管[53]、碳纳米纤维[54]、石墨烯[55]

等高比表面积碳纳米材料来增大活性表面积，从而提高其电催化活性。然而，单纯的碳纳米材料，如碳纳米管电极，尽管导电性好，氧化还原活性高，但动力学可逆性差，对其进行氧化或掺氮处理后，才能显示出较好的电催化性能。

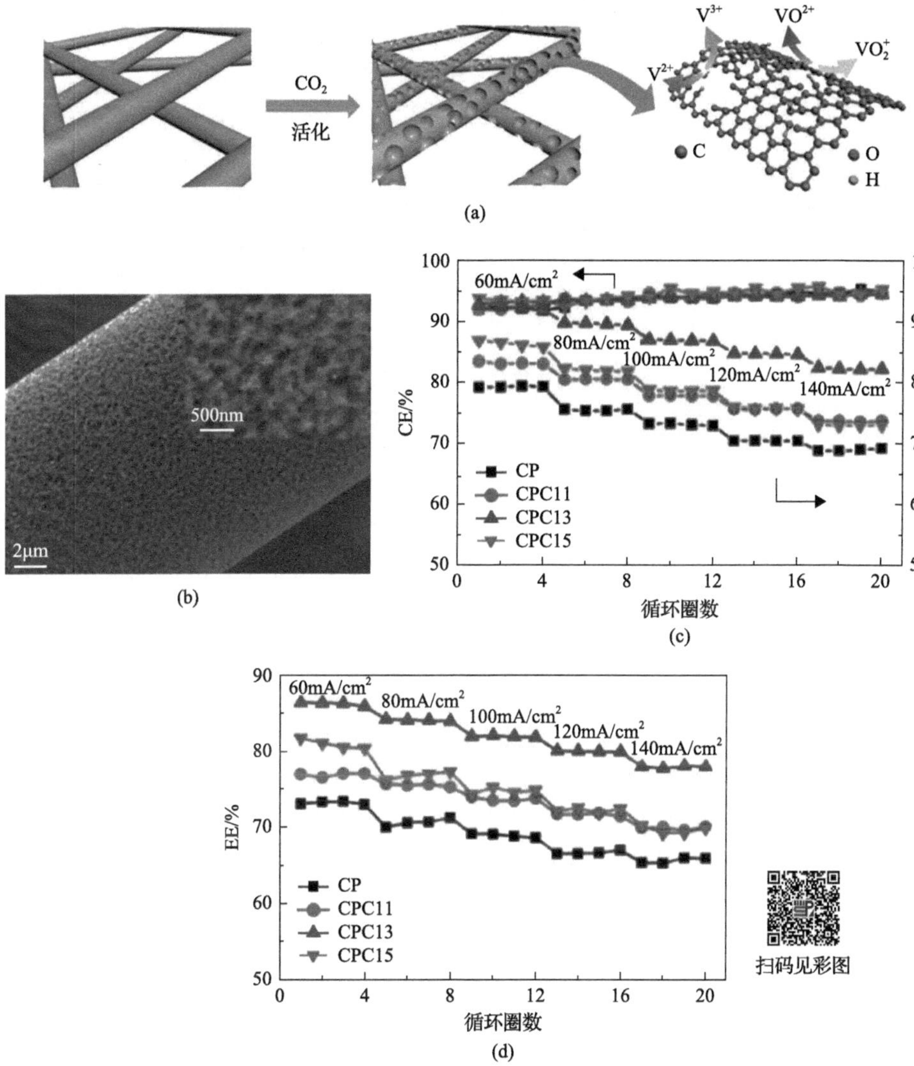

扫码见彩图

图 5.10　CO_2活化碳纸电极[50]

(a)活化碳纸电极制备示意图；(b)1300℃活化处理的碳纸的 SEM 照片；使用未处理和活化处理的碳纸作为电极的 VFB 在不同工作电流密度时的库仑效率 CE、电压效率 VE(c)和能量效率 EE(d)

碳纳米管和石墨烯等碳材料的制备需要化石燃料的前驱体，合成条件苛刻，对环境压力较大且生产成本较高，生物质碳材料由于来源的多样性，其微观结构也表现出相应的多样性，如球状、纤维状、棒状以及管状，而且具有较高的比表面积，非常适合用作电极材料和电极催化剂。Wang 等[56]利用枯树叶开发了一种三明治状的多级富孔隙羟基化碳(图 5.11)，开孔的中间层具有多孔结构，能够为活性物质提供更多反应活性位点，致密表面的外层可以保护内部的孔免受电解液流动的损害，外层分布的凸起进一步增加活性位点的数量。所制备的复合电极组装的全钒液流电池在电流密度为 200mA/cm^2 时，其能量效率达到 77.8%。

扫码见彩图

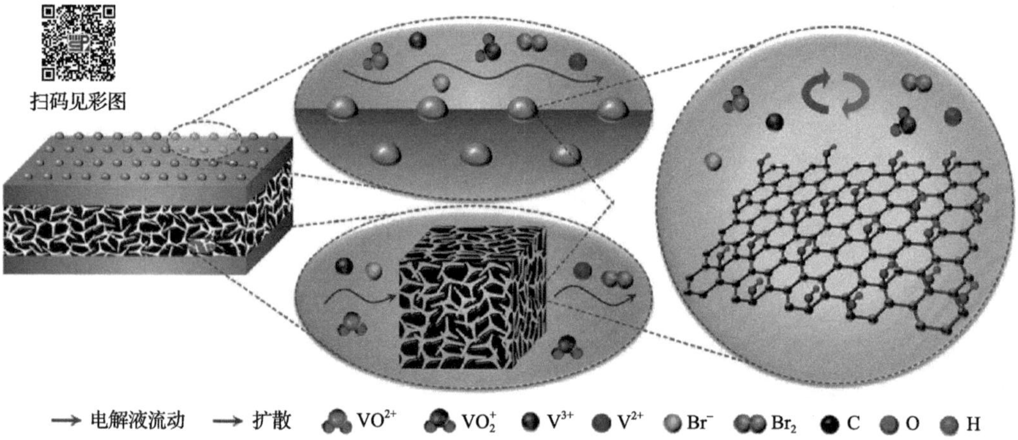

图 5.11　三明治状富孔隙羟基化碳示意图[56]

3) 担载金属或金属氧化物电催化剂

在碳材料表面担载电催化剂是通过离子交换、浸渍-还原或电化学沉积等方法在碳材料表面引入金属、合金、金属氧化物等活性组分，加快反应速率，降低电极反应极化电阻，提高碳材料的电催化活性。早期 Parasuraman 等[57]采用在溶液中离子交换的方法对石墨毡电极进行金属离子修饰，并研究了修饰电极的电化学行为。研究发现，Pt、Au 和 Pd 金属修饰的电极具有较低的析氢过电位，导致库仑效率降低；Mn、Te、In 修饰的电极循环伏安行为相似，电化学活性及可逆性较未修饰电极均有较大幅度的提高；而 Ir 修饰的电极表现出最好的电化学行为。近年来，Bi、Ag、WO_3、Mn_3O_4 和 Nb_2O_5[58-62]也陆续被发现对钒离子的氧化还原反应具有较好的催化作用。

通过上述方法尽管可以使得石墨毡电极材料的电催化活性大幅提高，VFB 的工作电流密度也只是达到 100～200mA/cm^2 左右，距离其极限电流密度仍有较大差距。这是因为目前电极材料多采用厚度大于 3mm、孔隙率为 90%左右的碳毡或石墨毡，极间距较大。电极和电解液的本体电阻较大，导致电池的极化主要为欧姆极化。采用减小极间距的方式可大幅度减小电池内阻，即电池的欧姆极化，而且还能减小电池的质量和体积，进而提高电池的功率密度，降低成本。美国田纳西大学的 Aaron 等[63]通过将燃料电池结构引入全钒液流电池中开发出零间距电池结构，以碳纸为电极，其电池内阻可大幅度降低，仅为 0.5Ω·cm^2，峰值电流密度可达到 860mA/cm^2。

综上所述，为进一步提高全钒液流电池的功率密度以降低电堆成本，电极材料正向着更薄、更高活性的方向发展，因此具有更小厚度的碳纤维材料以及更高活性的改性方法正受到越来越多的关注。

2. 双极板

全钒液流电池电堆是按照压滤机的方式进行组装的，双极板在电堆中实现单电池之间的连接，隔离相邻单电池间的正负极电解质溶液，同时收集双极板两侧电极反应所产生的电流。此外，电堆中的电极要求一定的形变量，双极板需对其提供刚性支撑。因此，液流电池双极板材料需要具有优良的导电性、致密性、耐腐蚀性以及机械强度。

可用于全钒液流电池的双极板材料主要有金属材料、石墨材料和碳塑复合材料。

非贵金属材料在全钒体系的强酸强氧化性环境下易被腐蚀或形成导电性差的钝化膜，铂、金、钛等贵金属虽然耐腐蚀性较好，但价格高昂。人们通过电镀、化学沉积等方法对不锈钢材进行表面处理，以期增强其耐腐蚀性，提高其作为双极板的使用寿命，但效果甚微，仍然无法在全钒液流储能电池的运行环境中长期稳定工作。因此，金属材料目前并不适合用作全钒液流电池的双极板材料。

石墨材料在全钒液流电池运行条件下具有优良的导电性、优良的抗酸腐蚀性和抗化学及电化学稳定性。无孔硬石墨板材料致密，能有效阻止电解质溶液的渗透。这些特性可以使硬石墨板用作全钒液流电池双极板板材，但复杂的制造过程使得无孔石墨板价格昂贵，而且无孔石墨板是脆性材料，其抗冲击强度和韧性均很低，容易在电堆装配过程中发生断裂，限制了无孔石墨板在全钒液流电池中的产业化应用。

柔性石墨双极板材料是由天然鳞片石墨经插层、水洗、干燥和高温膨胀后制得的膨胀石墨压制而成的一种石墨材料。柔性石墨板具有良好的导电性和耐腐蚀性，与无孔石墨板相比，其质量轻，价格低廉，并且由于是柔性材料，在电堆装配过程中不容易发生脆裂。但柔性石墨是由蓬松多孔的膨胀石墨压制而成的，因此致密性欠佳，容易造成双极板两侧电解质溶液的互渗。而且，长期在全钒液流电池运行环境下，柔性石墨双极板材料会发生溶胀，因此柔性石墨双极板必须经过改性才能够应用于全钒液流电池中作为双极板材料使用。德国 SGL 公司依托柔性石墨板，通过混入含氟聚合物封闭柔性石墨板中的孔隙，制备出了电导率高达 500S/cm 的双极板，但这种双极板阻液性不如碳塑复合双极板，并且价格昂贵，在 1000 元/m^2 以上，会带来电堆成本过高的问题。

碳塑复合双极板材料是由聚合物和导电填料混合后经模压、注塑等方法制作成型的，其力学性能主要由聚合物提供，通过在聚合物中加入碳纤维、玻璃纤维、聚酯纤维、棉纤维等短纤维以提高复合材料的机械强度，其导电性能则由导电填料形成的导电网络提供，可以用来作为导电填料的材料有碳纤维、石墨粉和炭黑，聚合物通常为聚乙烯、聚丙烯、聚氯乙烯等。碳塑复合双极板比金属双极板的耐腐蚀性好，与无孔石墨双极板相比，碳塑复合双极板的韧性又有大幅度提高，且制备工艺简单，成本较低，因此在目前的全钒液流电池中应用最为广泛。但碳塑双极板的电阻率比金属双极板和无孔石墨双极板的电阻率高 1～2 个数量级，因此提高碳塑复合材料的导电性能是目前研究开发的热点。

通常，为提高碳塑复合双极板材料的导电性，往往需要添加多种的导电填料，这就导致碳塑复合双极板的力学性能下降严重，尤其是韧性和抗冲击强度，难以满足电堆特别是大功率电堆的组装要求。在保持碳塑复合双极板高机械强度和高韧性的同时，制备具有较高导电性能和较大面积的双极板一直是碳塑复合双极板开发的难点。中国科学院大连化学物理研究所的研究团队提出了在碳塑复合双极板内构建“有机增韧网络”和“碳素导电网络”的概念，通过对原料种类选择、配比、混合方式与复合材料导电性、阻液性及机械强度等性能的关联规律进行系统研究，在小试材料性能优化研究的基础上开展了中试和工程化放大研究。为了在保持强度的同时高效率制备具有良好的力学性能及韧性、较高导电性能和较大面积的碳塑复合双极板，采用了挤出压延成型工艺，应用该工艺制备出厚度和宽度可调的碳塑复合双极板，复合双极板厚度均匀、表面光洁度高，其宽度达到 600mm，厚度为 1mm，材料体电导率达到 15S/cm 以上，抗弯强度达到 40MPa 以上并具有良好的阻液性，目前已形成年产 10 万 m^2 的生产能力。

综上所述，对于全钒液流电池的双极板材料，今后的研究重点应当放在保持双极板材料较高力学性能的前提下，进一步提高材料的导电性。柔性石墨双极板具有良好的韧性和优异的导电性能，若能提高其阻液性并大幅降低其成本，将会对高功率密度全钒液流电池的开发具有重要意义，也是今后应该重点关注的研究领域。

5.3.3 电解质溶液

电解质溶液是全钒液流电池系统的重要组成部分，它不仅决定着全钒液流电池系统的储能容量，还直接影响系统的性能及稳定性。全钒液流电池所用的电解质溶液是以不同价态的钒离子作为活性物质，通常采用硫酸水溶液作为溶剂。全钒液流电池电解质溶液中，钒离子有 V^{2+}、V^{3+}、V^{4+}、V^{5+}四种价态，分别以 V^{2+}、V^{3+}、VO^{2+}、VO_2^+四种形式存在于溶液中。正极电解质溶液的活性电对为 VO_2^+/VO^{2+}，负极电解质溶液的活性电对为 V^{3+}/V^{2+}，电池充电时，正极的 VO^{2+}失去电子变成 VO_2^+，负极的 V^{3+}得到电子变成 V^{2+}，电子通过外电路从正极到达负极形成电流，H^+则以水和质子的形式通过离子传导膜将电荷从正极传递到负极形成闭合回路。放电过程与之相反。电解质溶液中的 H^+有两个功能：一是参与电化学反应，二是充当导电离子。在电池内部，离子通过离子传导膜定向移动形成了电池内部回路，从而保持了电荷平衡；而反应所产生的电子通过外电路定向移动，形成电流。

对全钒液流电池电解质溶液的研究目前主要集中在以下几个方面。

1）电解质溶液的制备

电解质溶液浓度和体积决定了全钒液流电池系统的储能容量，而全钒液流电池尤其适用于大规模储能领域，因此电解质溶液的规模化生产技术是行业内十分关注的热点。

目前，全钒液流电池电解质溶液常用的制备方法主要有化学合成法和电解合成法。化学合成法是以钒的化合物或氧化物（主要是五氧化二钒）为原料，与一定浓度的硫酸溶液混合，通过加热或加入还原剂的方法将难溶性的高价钒化合物还原为易溶的低价钒化合物，制备出硫酸氧钒的水溶液。化学合成法的优点是不涉及电化学反应，制备工艺比较简单，缺点是反应较慢，需要较高浓度的硫酸参与反应。电解合成法是利用电解槽，在阴极加入含有 V_2O_5 或 NH_4VO_3 的硫酸溶液，阳极加入硫酸钠或硫酸溶液，在两极之间通直流电，V_2O_5 或 NH_4VO_3 在阴极表面被还原，根据槽压的不同，生产的产物有四价钒（VO^{2+}）、三价钒（V^{3+}）和二价钒（V^{2+}）溶液，生成的低价钒又加速了 V_2O_5 或 NH_4VO_3 的溶解。电解合成法是目前制备全钒液流电池电解液的主要方法，其操作流程比化学合成法更简单，可以根据需要生产不同价态的电解液，并且适合大规模生产。

2) 电解质溶液能量密度低

由于受钒离子在硫酸溶液中的溶解度所限，全钒液流电池系统的能量密度较低(约25W·h/L)，如何提高电解质溶液中钒离子浓度，从而提高其能量密度，并保证在电池运行过程中的稳定状态是研究人员一直致力解决的问题。

改变支持电解质类型，利用混酸作为支持电解质，是提高钒离子在支持电解质中的溶解度、扩大全钒液流电池工作温度范围的一种方法。此外，混酸还可以提高电解质溶液的电导率和电化学活性。事实上，使用混酸的想法类似于在电解质溶液中引入添加剂。Cl^-、PO_4^{3-}、HPO_4^{2-}、$H_2PO_4^-$等离子可提高全钒液流电池电解质溶液的浓度和热稳定性。结合上述的作用机理和相关的研究，盐酸、磷酸、甲磺酸(methanesulfonic acid，MSA)等可作为添加剂应用于硫酸支持电解质中，特别是盐酸。VFB中使用了含硫氯的混合酸支持电解质，可以溶解2.5mol/L的钒离子。使用含硫氯的混合酸电解质溶液可大幅提高全钒液流电池的能量密度，并且可以在较宽的温度范围内(–5～50℃)保持稳定。其主要原因如下：一是高温下形成了一个稳定的钒-氯配合物，二是盐酸的加入降低了SO_4^{2-}浓度。然而，由于盐酸的高挥发性和高腐蚀性，在充放电过程中可能会释放出氯气。由于这些缺点，使用硫氯混合酸电解质溶液的全钒液流电池面临一系列安全、环保等严重问题。不过，在提高钒离子溶解度方面，其他混合酸体系无法与硫氯混合酸体系相比。事实上，能否阻止氯气的释放是成功实现混合酸体系商业化的关键。目前，在安全性、可靠性、稳定性和经济性上，硫酸仍然是未来一段时间内最常用的支持电解质。

3) 电解质溶液中钒离子的稳定性

全钒液流电池电解质溶液中只有钒离子一种活性物质，但钒离子是以VO_2^+、VO^{2+}、V^{3+}和V^{2+}等4种价态存在于电解质溶液中的。其中，正极电解质溶液中的VO_2^+的高温稳定性相对较差，而负极电解质溶液中的V^{2+}低温稳定性较差，且在空气中易氧化。因此，提高电解液中钒离子的高低温稳定性是亟待解决的问题之一。

针对正极VO_2^+高温稳定性相对较差的问题，目前常见的方法是通过改变酸浓度、改变支持电解质类型及引入电解质溶液添加剂等，提高正极钒离子的高温稳定性。酸浓度越高越有利于VO_2^+的高温稳定性，或者利用支持电解质或添加剂中的离子或基团与钒离子相互作用，提高钒离子的高温稳定性。针对负极电解质溶液V^{2+}容易被氧化的问题，通常采用的做法是在负极电解质溶液储罐中通入氮气、氩气等惰性气体来保护V^{2+}。曾在负极罐中的电解质溶液表面覆盖一层0.5mm厚的难溶于电解质溶液的矿物油等液体的方法，有效防止V^{2+}的氧化。

4) 电解质溶液的价态失衡

同其他电池一样，全钒液流电池经过长期运行，由于微量电极析氢析氧副反应的长年累积，以及钒离子和质子等透过离子传导隔膜往复互串，引起电池的自放电，不同价态的钒离子所携带的水和离子数不同，在离子传导隔膜中的迁移速度也不同，会引起电解质溶液总体价态和正负极电解质溶液中钒离子质量分配失衡，从而造成储能容量的衰减。而电解质溶液的储能容量衰减后的恢复技术，也是全钒液流储能电池亟待解决的关键技术之一。

目前，针对电解质溶液的价态失衡，有两个主要策略：一是从源头减缓价态失衡的程度。对于析氢析氧副反应，控制充放电深度，或者提高电解质溶液纯度等，能有效降低析氢析氧副反应。但该措施会降低电解质溶液的利用率，增加电解液成本，不利于系统的成本控制。对于由钒离子等的互串引起的自放电，通过提高离子传导隔膜的离子选择性，或者加入添加剂，利用添加剂与钒离子的相互作用，提高钒离子的离子半径，降低钒离子透过离子传导膜的互串速率，进而降低电池的自放电程度。二是对电解液价态已经失衡的电解液进行恢复。由于电解质溶液中的活性物质均为钒离子，不存在正负极电解质溶液交叉污染的问题，通过一定的技术手段，可较为方便地将价态失衡的电解质溶液恢复至初始状态，这也是全钒液流电池电解质溶液的优势特色。针对失衡电解质溶液中的高价态钒离子累积，可通过还原的方式，将失衡的电解质溶液恢复至低价态。针对失衡电解质溶液中的低价态钒离子累积，可通过氧化的方式，将失衡的电解质溶液恢复至高价态。

5.4 液流电池电堆

电堆是液流电池系统的核心部件，直接决定系统的成本、性能与可靠性。电堆是由多个单电池通过双极板相互连接，并通过压滤机的方式叠合压紧，用紧固件紧固而成的。从结构上来说，与燃料电池的组装过程类似。全钒液流电池电堆的结构示意图如图 5.12 所示。电堆的正、负两极电解液通过电堆上设置的正、负极电解液入口管路和出口管路分别与电池系统的电解液循环管路相连通。在电路上可通过多个电堆之间的串并联满足外部系统的电压、电流要求，满足输出功率。

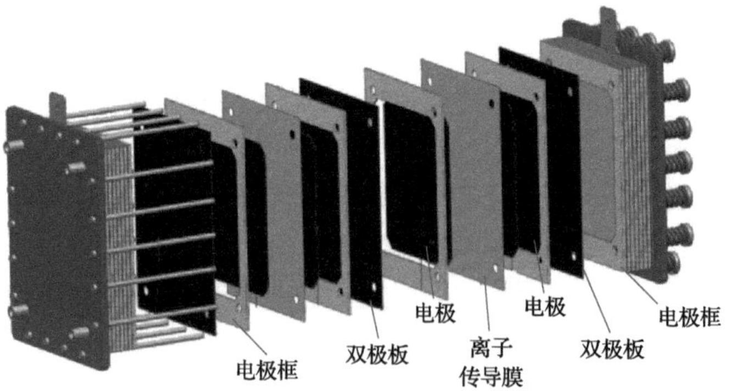

图 5.12　全钒液流电池电堆结构示意图

液流电池系统可用于发电侧的电网削峰填谷、可再生能源风能和太阳能的储存及并网以及分布式用户的储能需求等。这就要求电池系统的设计应该具有高度的灵活性：电堆的输出功率从千瓦级至几十千瓦级，甚至更大的百千瓦级以满足不同用户的用电要求；系统容量可以灵活配比。在如此大的功率输出范围内，保证电堆的高效率、高可靠性、低成本，需要一套完整的理论设计方法和组装集成工艺来实现。下面从液流电池电堆结构的模拟仿真、电堆的设计与集成以及电堆发展所面临的挑战方面进行具体介绍。

5.4.1 液流电池电堆结构的模拟仿真

液流电池电堆内部的反应机理与化工过程比较复杂，需要对其流场、浓度场、质量场、温度场、化学反应及其之间的耦合作用关系进行分析，找出影响上述物理场的主要因素以及调控机制，通过对结构参数、运行参数的设计优化，提高电堆的工作电流密度和效率，进而降低电堆的成本。模拟仿真的方法在上述研究中起到了重要的作用，经过多年的发展逐渐趋于完善。其中，尤以全钒液流电池的模型发展最为完善，其主要针对不同的分析尺度开发了不同的模型[64]。

模型的建立与发展，促进了研究人员对液流电池内部机理的认识，使得采用流场结构的优化设计来提高电堆性能的方法在高性能全钒液流电池电堆的研发上发挥了重要作用。近年来，不断有研究者提出创新的结构设计提高电堆的功率密度，将电堆的发展推向更高的水平。随着对电堆研究的深入，阻抗谱图揭示了欧姆极化是限制电堆性能进一步提高的主要原因。通过材料的开发和电池极间距降低，电堆的欧姆电阻显著下降。但在电极厚度降至较薄的水平时，传统的较为简单的电解液穿过电极的流动方式因为流动阻力的增大而使得浓差极化显著增加，同时较薄的电极减小了电极反应面积，电化学极化的影响也逐渐凸显。因此，如何开发更为高效的电解液流动结构来平衡电池极化的影响，使之始终保持在较低的水平成为电池结构开发的主要课题。因为液流电池与燃料电池电堆在结构上的相似性，众多学者采用燃料电池的流场结构来提高电极内反应物浓度的均匀性。常用的流场结构是在双极板上雕刻有并行流道、蛇形流道和交指流道[65]，如图 5.13 所示。而其中被研究和应用最多的为后两种。

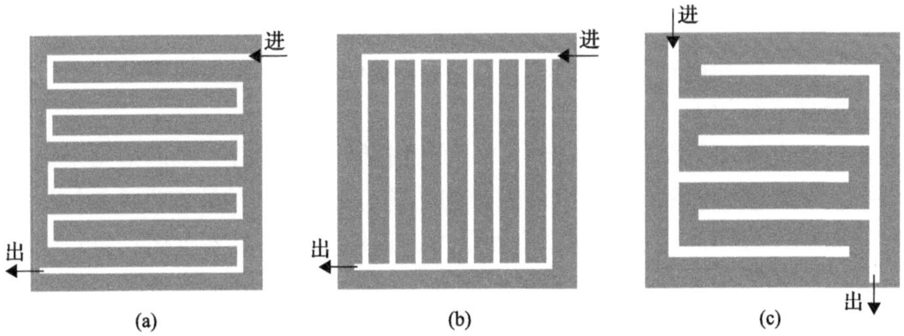

图 5.13 传统液流电池流道结构

(a)蛇形流道；(b)并行流道；(c)交指流道

蛇形流道是依靠相邻流道间的压力差使电解液渗入电极中，由于入口处电解液的动量较大，渗入现象最为明显，在转弯处的渗透量远小于平行流道的区域。这种不均匀的流动极易造成电流密度分布的不均匀[66]。因此，该结构一般应用于厚电极或者高流速的电池结构中。然而，这种电流密度和反应物分布不均匀的影响可以应用窄而密的流道布局来缓解[67]，但会带来更大的压降和泵耗，降低系统效率。为了降低蛇形流道的流动阻力，采用流体力学的方法对流道进行设计和优化，在提高电解液分布均匀性的同时，最大限度地降低了蛇形流道中电解液的流动阻力[68]，其结构如图 5.14 所示。为了进一步强化液相传质，通过在电极上开孔的方式增强电极内电解液的湍流程度，以此提高电池内电解液分布的均匀性[69]。与并行流道相比，蛇形流道结构的流道深度与宽度对电解液流动的影响更大。流道深度越小，电解液在流道中的流动阻力越大，相应的电解液在电极中的渗透率越高。而并行流道的电解液渗透电极的能力较差，进而导致电池性能较差[70]。

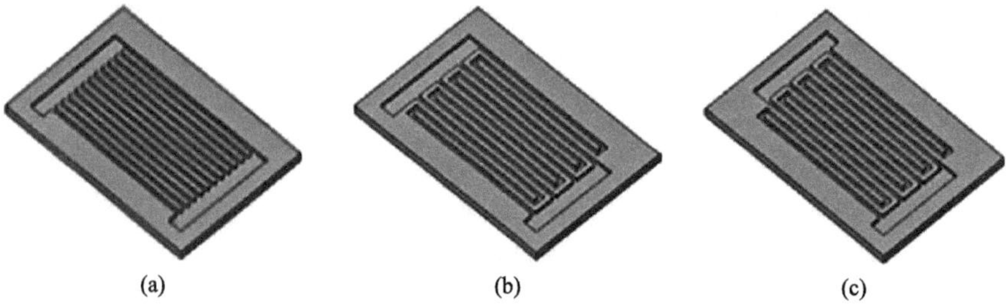

图 5.14　为降低流阻对流道的改进

(a)初始并行流道；(b)优化后的蛇形流道；(c)二次优化后的蛇形流道

交指流道的结构中，电解液进液流道和出液流道交错排列，将电解液强行挤入电极中进行电化学反应。电解液先后经穿流—平流—穿流的方式流动。采用交指流道的流场结构可以提高电解液溶液的分布均匀性[71]。在蛇形流道与交指流道结构的比较中发现，当电解液流速较低或者电极厚度较薄时，采用交指流道的电池容量较前者高 30%左右；而电解液流速较高或者电极较厚时，两者电池容量相当。但该结论并不是说交指流道结构最好，而是指出两种结构对电解液流速和电极厚度变化的响应方式不同。结构应与电极、电解液性能以及运行参数密切相关[72]。当采用交指流道时，电堆的压降低于蛇形流道，电解液的更新率更高，因而浓差极化更小，电池性能更好[73]。考虑到电堆压降对系统能耗的影响，以系统效率为目标，对比了采用等流程结构、交指流道和蛇形流道结构的电池性能。通过缩短电解液在电极内的流程来减小流阻，在不损失电化学性能的同时降低泵耗，提高系统效率。

在上述三种基本流道结构的基础上，研究者相继开发了衍生流道结构来提升电池性能。为解决并行流道中电解液渗入电极困难的问题，设计了一种波浪形流道[74]，如图 5.15 所示。通过周期性分布的流道口调节流动阻力，迫使电解液流入电极；将双极板成型为一种具有波纹状的结构，在电极压缩时形成高低压缩比区域分别降低欧姆电阻和降低泵耗[75,76]。采用该结构的电池峰值功率密度和极限电流密度均有明显的提高。为解决交指流道在电极面积放大过程中均匀性下降的问题，设计了多级交指流道[77,78]。使得电极中的电解液分布均匀性提高，流动阻力下降，浓差极化减小，电池性能和系统效率均有所提高。为解决蛇形流道电池压降较大的问题，用多重蛇形流道[79]增加流道的等效面积，虽然流道间的压降降低，电极中的电解液流速下降导致放电电压降低，但是系统效率却得到了提高。除此之外，一种旋转式的蛇形流道[80]因优化了流道的排布而增加了相邻流道之间的压降，使得更多的电解液渗入电极中，电解液流速增大，因而获得了更高的电池性能，如图 5.16 所示。

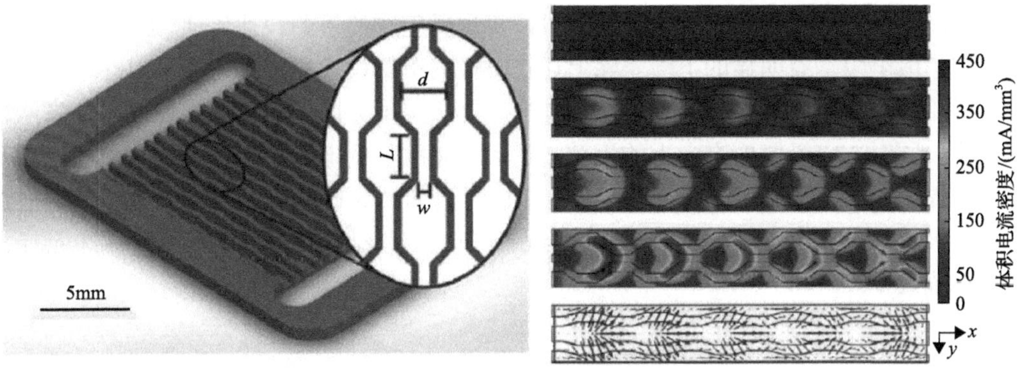

图 5.15 一种波浪形流道结构

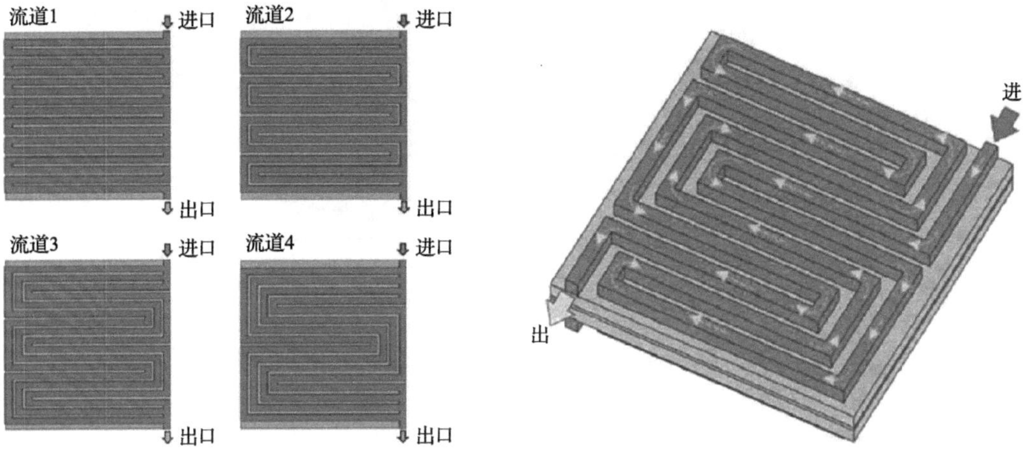

(a) (b)

图 5.16 蛇形流道的衍生流道

(a) 具有不同数量多重蛇形流道结构；(b) 旋转式蛇形流道结构

综上所述，得益于更低的电池压降和泵耗、更高的电流密度和反应物分布均匀性、更高的电池性能、更容易的放大策略，交指流道表现出较优的特性，尤其适用于薄电极（薄碳毡、碳纸和碳布），更是突出了其作为高功率密度电堆首选结构的优越性。但是在双极板上加工或者成型流道结构会导致成本上升，流道也会加速正极电解液的氧化腐蚀，同时会增加单电池的厚度、增大电堆体积。因此，不少研究者考虑在电极上设置流道结构，既保留了双极板流道的优势，又避免了上述问题。但该结构基本应用于碳毡或石墨毡电极，碳纸和碳布因反应面积和加工流道的空间不足而不适用。

将并行流道、交指流道设置在靠近双极板一侧的电极表面上，或者采用打孔的方式将交指流道和交叉流道设置在电极厚度的中间处[71]。采用并行流道结构虽然电池压降降低了，但是电解液仍然难以渗入电极中，而采用交指流道的结构均有利于电解液在电极中的均匀分布，电池效率有所提高。综合考虑泵耗降低带来的系统效率的提升，该结构具有明显的优势。进一步调控并行流道的流道宽度以及间距，采用激光刻蚀的方法使流道布置得更密[81]，由于刻蚀的细小流道起到了毛细管的作用，有利于电解液对电极的浸润，提高了反应活性，同时快速地浸润可以实现反应物离子的快速传递，进而电荷转移电阻和扩散电阻均有明显的下降。除上述在电极的单侧设置流道外，还可以在电极两侧均设置相应的蛇形流道[82]。该流道结构加速了电极厚度方向上的传质，可以显著降低浓差极化。同时，电极厚度方向上的流动必然会大幅度降低电池压降，系统效率可以获得明显的提升，还可将流道深度加深至贯穿电极[83]，如图 5.17 所示。采用该电极的电池在中部的极化较大，电流密度呈现树叶脉络状分布，但该结构依然有利于减小系统泵耗，提高系统效率。

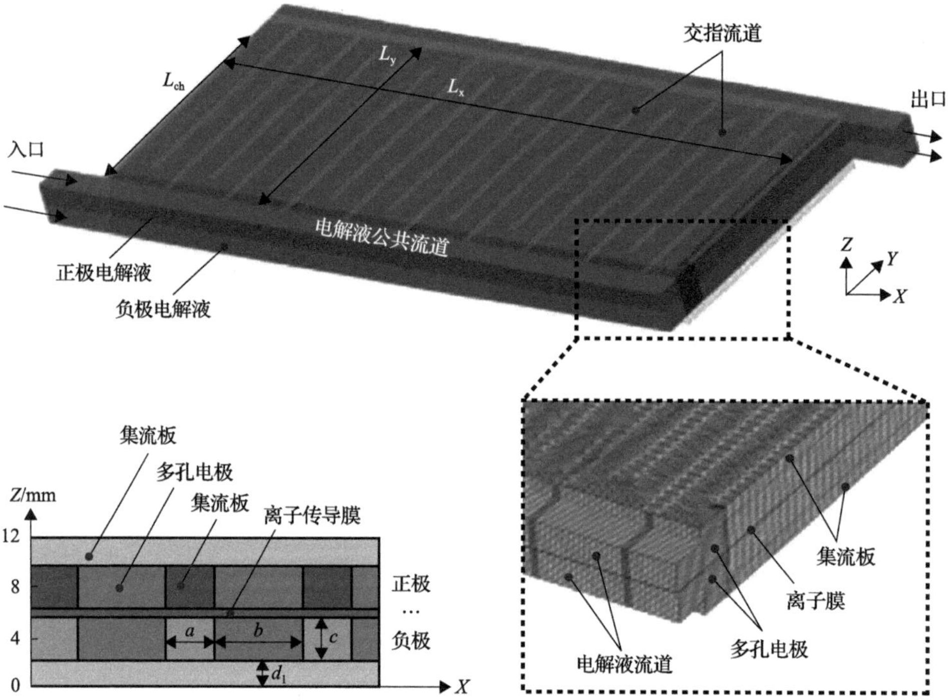

图 5.17　贯穿电极式交指流道结构

经过多年的发展与完善，液流电池模拟仿真模型已经成为发掘电池内部机理的重要手段，相比传统的实验手段，具有速度快、成本低的优势。但由于模型的适用性和局限性，仍需要辅助实验来获得更加精确的参数以提高模型的精度和应用范围。虽然已经有很多将模型应用于电池结构设计的案例，但仍然需要建立更为主动的结构设计与优化模型，来实现不同目标函数要求下的最优结构。综合实际试验与加工能力，提高技术转化的效率。

5.4.2　液流电池电堆的设计与集成

液流电池电堆包括的主要部件有端板、电解液导流板、集流板、双极板、电极框、电极、离子传导膜以及配套的密封材料。典型的双液流电池电堆的电解液流动示意图如图 5.18 所示。如果是包含离子传导膜的单液流电池电堆，可取消图 5.18 中的一级电解液流路，并将活性物质分装在电堆的该级电极中。如果是不含有离子传导膜的单液流电池电堆，可取消图 5.18 中的离子传导膜以及一级电解液流路，电解液在两侧双极板之间的空腔内循环流动。一般情况下，电堆中各节单电池通过双极板实现电路上的串联。电解液通过电堆中的公共主管路分配至各个电极框上的电解液分配支路上，实现电解液的并联分配。电堆电压和电流通过电堆两端的集流板输出，电堆电压由串联的单电池电压和节数确定。电堆电流由单电池的电极面积和施加的电流密度决定。电堆的输出功率取决于电堆的电堆电压和电流的乘积。

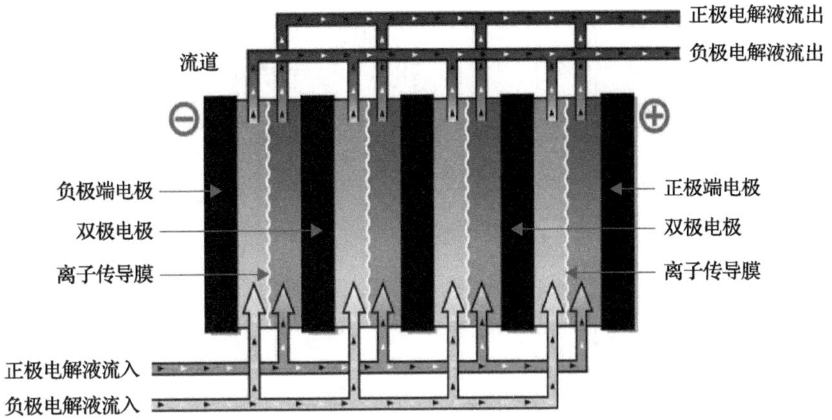

图 5.18　由 4 节单电池组成的液流电池电堆电解液流动示意图

液流电池电堆的设计与制造过程中电解液分布、电极压缩、电解液管路的布置等都会对电堆的性能与可靠性产生重要的影响。电解液由电堆的入口管路流入，进入公共主管路，并逐一流入各单电池电极框内的入口分配支路中，而后流经电极参与反应，再从出口分配支路和公共主管路经出口管路流出电堆。流入电极框内的电解液应通过电解液分配支路上的电解液通道使得电解液均匀地分布在电极上参与反应，达到减小浓差极化、提高电流密度的效果。电极上的反应物分布调控是影响电堆性能的关键因素之一。因此，在电堆设计初期，合理有效地设计电极中电解液均匀分布的流场结构往往是最重要的一环。除此之外，反应物分布不均匀引起的局部高过电位极易造成电极或者双极板的腐蚀，严重情况下材料会被破坏引起局部短路，缩短电堆寿命。上述液流电池电堆的模拟仿真中引入的各种结构，均是为了达到上述目的的同时减小电池流阻，进而提升系统效率。

除了满足单节电池内的电解液分布均匀性，还要通过对电堆中的公共主管路的流动方式和结构进行设计使得电解液可以均匀地分配至每节电池中，来提高电堆中的单电池电压的一致性，减小因单电压一致性较差带来的性能下降、容量不一致甚至电堆失效的影响。常见的电堆公共主管路的流动方式，为 U 型和 Z 型流动方式[84]。两者的差异主要在于电解液进出电堆的方式不同。

电解液内部的管路布置，尤其是公共主管路与每个电极框内的电解液分配支路管路，极大地影响电堆的漏电电流。电堆中的漏电电流主要依据基尔霍夫定律建立的等效电路图[85]来计算，如图 5.19 所示。一般来说，较长的管路布置和较小的管路流通截面更有助于增大电解液管路的等效电阻，减小漏电带来的容量损失。减小电池的内阻和电堆的电

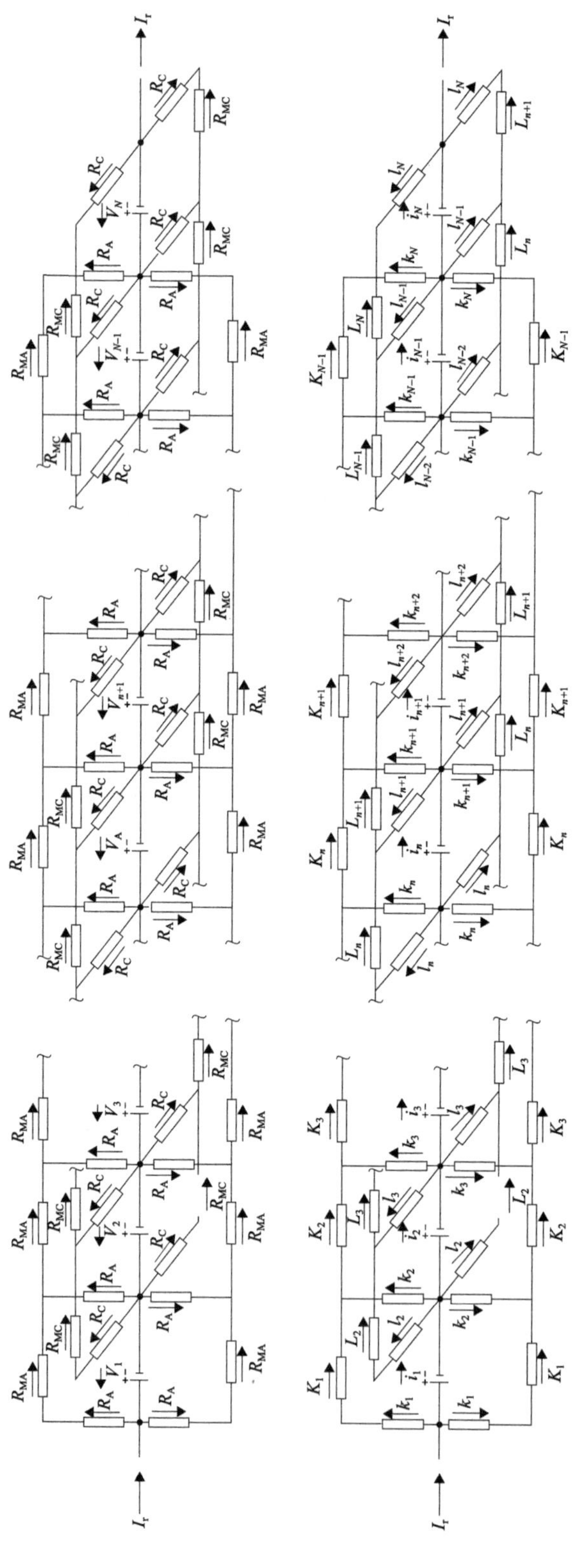

图 5.19　双液流电池电堆的计算漏电电流等效电路图

池数量也都是控制漏电损失的有效手段。上述方法相比增加外电路的反向电流来抵消漏电电流的方法来说，更容易在电堆的结构设计中实现。

对液流电池电堆来说，除组成电池的必要组件，如电极、电极框、离子传导膜、双极板之外，构成电堆并且极度影响电堆可靠性的组件为密封结构和材料、导液板和电堆端板及电堆紧固件。液流电池由离子传导膜分隔正、负两极电极和电解液。在实际操作中，电堆内两极电解液之间的泄漏会发生放电反应，进而影响电堆的库仑效率和容量，严重情况下甚至难以完成充放电，并对电极或者膜材料产生破坏；电解液向电堆外侧泄漏不仅直接影响电堆的性能和使用寿命，还会造成环境污染，因而选择合适的密封材料和密封方式保证电堆的密封而不发生泄漏是电堆制造的关键。液流电池电堆的密封方式分为密封材料密封、黏结密封和焊接密封三种。其中，使用密封材料来密封电堆是最常见的方式。密封材料多为橡胶材料，如氟橡胶或者三元乙丙橡胶，其要求要有较强的耐酸碱腐蚀性、优秀的抗氧化性和耐久性以及低的气体渗透率。密封方式一般分为面密封与线密封。采用面密封时，密封面积大，组装压力大，对组装平台的要求高，并且随着电堆长时间运行，密封件容易老化变形，需要加装自紧装置。另外，面密封所需橡胶量大，会造成成本增加。若采用线密封，虽可避免上述面密封的诸多缺点，但对关键部件的加工精度和装配精度均有较高要求。黏结密封一般使用常温压敏胶和高温热熔胶进行关键组件的黏结，并要具有较强的耐腐蚀性和抗氧化性、高黏接强度以及不同材质之间较高的黏结适应性等。黏结过程一般需要 0.1～0.5MPa 的冷压机或者热压机进行辅助。焊接密封一般采用激光焊接、超声波焊接、红外焊接或者振动摩擦焊接将关键组件焊接在一起，相比于黏结密封和密封材料密封，可靠性更高。对电堆成本控制来说，焊接密封成本最低，容易全自动化施工，是液流电池电堆理想的密封方式。

端板作为电堆最外侧的部件起到紧固电堆的作用，一般为钢板或者铝板，其要求有较高的刚性和平整度。刚度不佳的端板极易产生挠曲变形，造成电极内的碳毡压缩比不均匀，进而影响电堆性能。高刚性、轻质和低成本是端板设计要达到的三个目标。其中，常见的设计方法为在达到设计刚度的条件下尽量减小材料的用量。例如，采用加强筋的结构形式，另外也可进一步运用多目标优化算法来布置加强筋的位置[86]。导流板可将流入电堆的电解液进行分配，按照设计要求流入电解液公用管路，尤其在大功率电堆中常用。导流板的材料多为 PP 或者硬聚氯乙烯（unplasticized polyvinylchloride, UPVC）等耐腐蚀的塑料，同时较大的厚度也可以起到增大端板刚度的辅助作用。

将端板、导流板、集流板、密封垫片、电极框、电极、密封垫片、离子传导膜、密封垫片、电极、电极框、密封垫片、双极板、如此的多个单电池叠放的顺序依次组装，最后通过将两端的端板压紧组成电堆。组装过程的关键在于以下几个方面。装配定位：电堆组件随着电池数量的增多有明显增加，往往一个几十千瓦电堆的组件有上百件，将这些组件逐一按照定位结构进行组装，可以避免因错位而造成关键件的破坏，如离子传导膜和双极板，同时也可保证电解液分配的均匀性；装配压力：在压力机进行施压时，施压面与端板的平行度以及油缸的运行速度是关键，平行度不好或者运行速度过快都会导致电堆的变形，甚至组件弹出等危险情况；关键部件装配：离子传导膜的强度相比其余部件弱很多，装配过程中易出现破损，因此在装配的过程中需要注意关键部件的保护；

电堆初始压紧之后的一段时间内，电堆会因为应力的平衡和释放产生变形，尤其是厚度方向上的变化会导致密封失效，引起电解液泄漏，因此需要加装弹力部件，例如，模具弹簧来持续给电堆施加压紧力，保持密封的稳定性。

5.4.3 电堆的发展现状及挑战

经过几十年的发展，液流电池技术如全钒液流电池和锌-溴液流电池等已经进入产业化阶段。其中，尤其以全钒液流电池技术更加成熟稳定，示范项目规模已达几百兆瓦级，已经成为最具商业化前景的液流电池技术。不断涌现出日本住友电工、美国 UniEnergy Technologies（UET）、Invinity Energy System、中国普能世纪科技有限公司以及大连融科储能技术发展有限公司等一批有实力、有经验的全钒液流电池技术与方案供应商。高性能的全钒液流电池电堆是上述各个企业的技术核心，体现了关键的技术竞争力。电堆的规格型号逐渐丰富，有适用于用户侧储能系统的 5～20kW 电堆至兆瓦级规模储能系统的 30～125kW 电堆。电堆的能量效率为 75%～80%，工作电流密度为 100～300mA/cm^2，电堆成本也由万元每千瓦下降至 3000 元每千瓦左右，极大地推动了全钒液流电池技术的商业化进程。虽然在技术方面已经取得了巨大的进步，最有代表性的是电堆的工作电流密度由 80mA/cm^2 提高至 200～300mA/cm^2，但仍然需要继续在功率密度、可靠性方面加大研发投入。电堆的功率密度不仅要考虑电堆的工作电流密度，还需要引入体积功率密度的综合性概念，即电堆单位体积可输出的功率。体积功率密度的提升不仅包括工作电流密度的提高，还包含单位体积内可输出电压的增加。在电池设计与工艺的快速发展中，在单位体积内集成更多的电池，减小电堆配件的成本占比也是降低电堆成本，提升电堆性能的有效手段。尤其是在电池系统箱体内塞进更多的电堆对减少系统箱体数量、简化系统连接、降低系统成本更有实际意义。在电池技术进入商业化的重要关口阶段，稳定可靠的产品相比高性能更加重要，提升材料的均匀性和耐久性、结构的稳定性、电堆集成的规范化、产品的一致性，形成一整套完善的上下游供应链体系和生产制造标准，推出性能优异、质量过硬的电堆产品，才是液流电池企业的生存之本，由此才能打开储能产业的突破口，在众多储能技术中脱颖而出。

5.5 液流电池的应用

液流电池具有本征安全、循环寿命长、响应迅速、储能系统设计灵活、易于扩展、环境友好等特点，适合用于输出功率为数千瓦至数百兆瓦、储能容量为数百千瓦时至数百兆瓦时的储能范围，尤其适合中长时储能。据美国能源部发布的《2020 年电网规模储能技术成本与性能评估》，对于 2020～2030 年即将建设的储能时长为 4～10h 的电网规模储能项目，液流电池储能系统具备化学电池中最低的平准化能源（发电）成本（levelized cost of energy, LCOE），是超长时、大规模储能应用的首选技术。按照在电力系统中的应用领域可以将其分为发电侧、电网侧和用户侧。

5.5.1 液流电池在发电侧的应用

"双碳"目标的提出大大促进了风电、太阳能发电等可再生能源的发展，可再生能源正从辅助能源向主力能源迈进。

然而，风能和太阳能具有不连续、不稳定的特点，无法实现全天候持续稳定供电。因此，对于可再生能源离网发电，采用储能系统可保证电力的不间断稳定供应。而对于并网型风电和光伏发电，其电压、频率波动将会影响电力质量，甚至对电网造成冲击。大规模储能系统可对并网电能进行调峰、频率控制、平滑输出，也可以对电力系统进行无功调节，因此在可再生能源并网发电系统中同样不可或缺。目前，国内多个省份出台的文件中都明确提出了在新增风电或光伏发电项目中配备一定比例储能的政策，以缓解电力消纳问题，降低弃风率和弃光率。

在发电侧应用领域，从储能系统的安全性、生命周期的性价比和环境负荷方面综合考虑，液流电池特别是全钒液流电池储能技术是最佳技术方案之一，可实现风能、太阳能发电的跟踪计划发电，保证联合出力的稳定性和连续性，同时可提高可再生能源电站的电能质量。日本住友电工公司于 2005 年在日本北海道 Subaru 风力发电场安装 4MW/6MW·h 全钒液流电池储能系统，用于风电平滑输出并网和调幅调频的示范验证实验，运行最为频繁的电堆的充放电循环达到 27 万次；并于 2015 年在安平町南早来变电站建成 15MW/60MW·h 的储能系统并运营至今，这是目前国际上已投运的最大规模的全钒液流电池储能系统。国内的大连融科储能技术发展有限公司近 10 年来实现了包括目前国内规模最大的大唐国际镇海网源友好型风电场和国电投驼山网源友好型风电场 10MW/40MW·h 全钒液流电池系统在内的多套兆瓦级以上的全钒液流电池储能系统集成与应用示范。

最具代表性的是于 2012 年 12 月并网运行的当时世界上规模最大的"国电龙源卧牛石风电场 5MW/10MW·h 全钒液流电池储能应用示范电站"。该风电场装机容量为 45MW，风电机组由 35kV 线路连接至风电场升压站。储能电站总容量为 5MW/10MW·h，由全钒液流电池系统、储能逆变器、升压变压器和就地监控系统及储能电站监控系统等设备组成(图 5.20)。全钒液流电池储能系统由 15 个 352kW/700kW·h 全钒液流电池单元电池系统组成。该全钒液流电池储能电站已安全、稳定运行 9 年多，并仍在运行中，证实了全钒液流电池储能技术的长寿命、高可靠性及高安全性。这是目前国内外运行时间最长的兆瓦以上级商业示范全钒液流电池储能电站之一。

在能量管理系统的统一调度下，该储能系统实现了以下功能。

(1)实现了功率的平滑输出(图 5.21)。

(2)提高了风电场跟踪计划发电能力。

(3)实现风场弃风限出力情况下储电，增加风电场收益。

(4)满足风电场并网点处的暂态有功出力紧急响应和暂态电压紧急支撑功能需求。

(5)接受电网调度，参与电网调频。

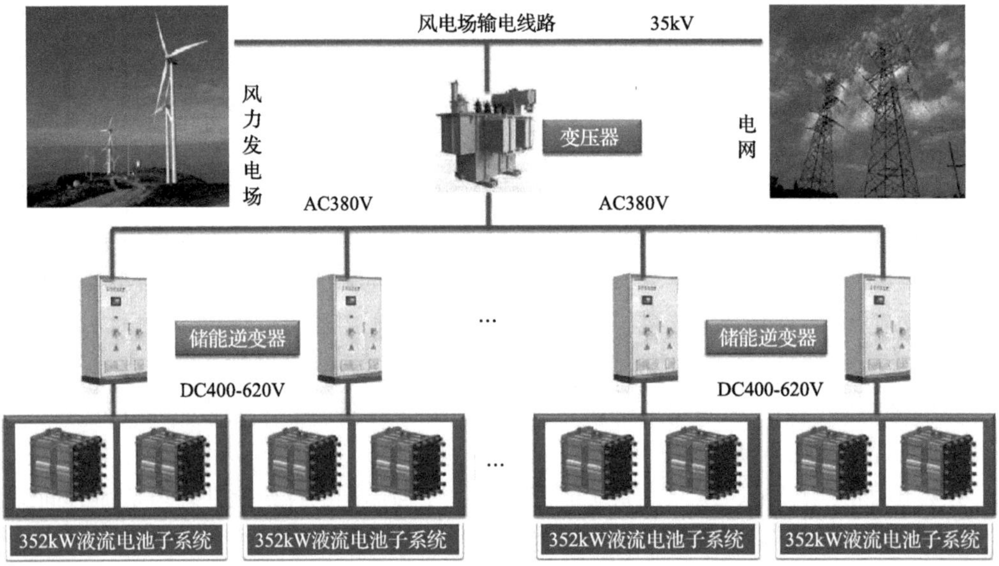

图 5.20 5MW/10MW·h 全钒液流电池储能系统电路示意图

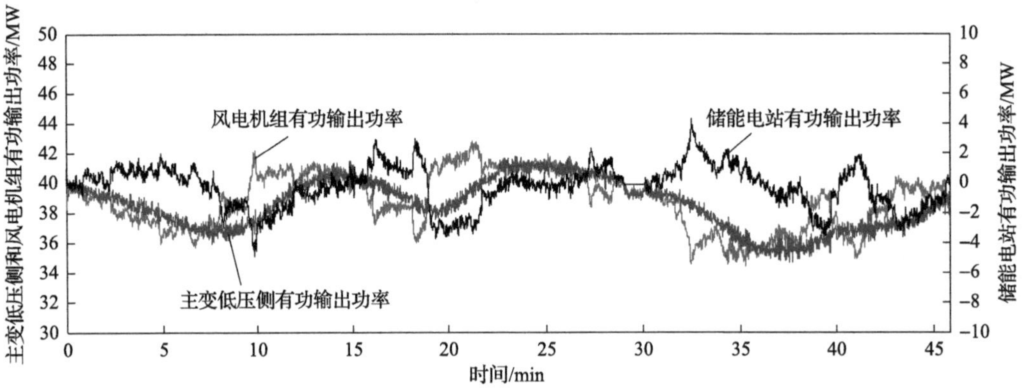

图 5.21 主变低压侧和全钒液流电池储能系统有功功率监测曲线

5.5.2 液流电池在电网侧的应用

电力系统中传输和分配电能的部分称为电网，我国电网系统按照电压等级分为输电网和配电网两种类型。通常情况下，电压等级在 110kV 及以上的输电线路称为输电网，电压等级低于 110kV 的称为配电网。输电网多采用双回/多回线路输电，多发电厂/电源/变电站互联成网，联系更加紧密可靠，其功能是将远离负荷中心的发电设备所发电能输送到负荷中心。配电网一般采用单回线输电，其结构一般为单电源辐射状网络结构，同时开环运行，输电可靠性要弱于输电网，主要职能是将电能从总负荷中心进一步分配给用户。

液流电池储能系统在能量管理控制系统的调度下，通过功率变换装置快速进行有功/无功功率调整，可以保持电力系统内部瞬时功率平衡，避免负荷与发电之间出现较大的功率不平衡，维持电力系统电压、频率和功角的稳定，提高供电可靠性；可以改善电能质量，满足用户的多种电力需求，减少电网电能质量降低带来的损失；可以协助电力系统在灾变事故后重新启动与快速恢复，提高电力系统的自愈能力；是提升传统电力系统灵活性、经济性和安全性的重要手段。其在输电网和配电网中的作用具体包括以下几个方面。

(1)响应速度快，能有效提高系统的调峰和调频效率，减少电力系统备用容量。

(2)抑制低频振荡，提供动态、暂态稳定控制，提高电网的电能质量和系统稳定性。

(3)削峰填谷，减小峰谷负荷差，缓解高峰负荷供电需求的压力，提高现有电网设备的利用率和电网的运行效率。

(4)液流电池储能系统具有快速的充放电响应能力，无论是在充放电转换，还是在爬坡速率方面都具有优异表现，可以在几十毫秒内快速地释放或吸收有功功率和无功功率，调节配电网供电区域内部的频率和电压，提高供电电能质量。

(5)作为备用电站，实现配电网孤岛运行供电，提高供电安全保障能力。

2005 年，加拿大的 VRB Power System 公司在美国犹他州的 Castle Valley 阿蒙德农场建设了一套 250kW/2MW·h 的全钒液流电池储能系统。该地区配电线路长达 85mile (1mile=1609.344m)，在用电高峰时出现电压下降造成系统可靠性不足。采用传统架设新的输送线路和变电站方式的价格非常高，并且铺设难度很大，建成后的线路利用率也不高。配备储能系统后，用电峰值可控制在供电负荷以内，使配电设施更新延后十年，每年节省的费用达二十多万美元。2016 年，由辽宁省大连市发展改革委牵头组织，经国家能源局批准建设大连液流电池储能调峰电站国家示范项目，这是我国第一个大型化学储能国家示范项目。大连液流电池储能调峰电站拟采用国内自主研发、具有自主知识产权的全钒液流电池储能技术，项目建成后将成为全球规模最大的全钒液流电池储能电站，对电化学储能电池的价值验证、产业化推广以及政策制定都起到重要的引领作用。项目总体建设规模为 200MW/800MW·h，总投资 38 亿元，分两期建设。一期工程投资 19 亿元，建设规模 100MW/400MW·h，占地面积约 25400m^2，总建筑面积 47450m^2，包括一座储能车间及两栋生产综合楼，厂房分两层布置，一层安装 800 个电解液灌，二层安装 400 个集装箱式储能电池，二层楼顶安装 200 个 PCS 变流器、一座 220kV 厂内电站等。该储能电站采用模块化的模式建设，基础单元模块是由两个 250kW/1000kW·h 子模块组成的可实现独立充、放电控制的 500kW/2000kW·h 储能模块；再由 50 个该储能模块构成一套 25MW/100MW·h 储能单元，由 4 套该储能单元组成一套 100MW/400MW·h 分系统。最终，由两套分系统组合成 200MW/800MW·h 全钒液流电池调峰电站。目前，一期 100MW/400MW·h 储能系统项目已并网发电(图 5.22)。

该全钒液流电池储能调峰电站在辽宁省调度中心统一管理下调度运行，根据电网运行的需要将实现以下功能。

(1)参与电网调峰：全钒液流电池储能电站具有削峰填谷的功能，是解决辽宁省尤其是大连市电网调峰缺额问题的有效措施，可以起到提高电网调峰能力、改善能源结构、节能降耗、促进节能减排的作用。

(2)作为重要负荷紧急备用电源：当遇到严重灾害天气或特殊情况而导致线路故障时，该液流电池储能电站将充当 UPS 为大连重要负荷提供电能。

(3)提升电网对可再生能源的接入能力：全钒液流电池储能电站和调频、热备机组联合运行，利用全钒液流储能电池良好的快速响应及过载能力，能够弥补风电的不连续性和间歇性，可在辽宁省电力系统调度室的统一调配下，储能电站和调频、调峰、热备机组联合运行，提升电网对风电的接纳能力。

(4)黑启动：全钒液流电池储能电站具有自启动能力，可作为地区火电机组黑启动的辅助电源，用于启动区域内火力发电机组发电，提升大连电网供电可靠性。

图 5.22　大连全钒液流电池储能调峰电站国家示范项目一期(100MW/400MW·h)

5.5.3　液流电池在用户侧的应用

《“十四五”新型储能发展实施方案》中提出要灵活多样地发展用户侧新型储能，即支撑分布式供能系统建设，提供定制化用能服务及提升用户灵活调节能力。液流电池应用于用户侧，可以实现分布式发电的最优化运行和配置，调节分布式发电中可再生能源的出力和电能质量；可以参与需求侧响应，获得政府的补贴；还可以实现用户端的峰谷套利以及降低最大需量，提升用户的用能可靠性并降低用电成本。《关于进一步完善分时电价机制的通知》中提出了合理确定峰谷电价价差、建立尖峰电价机制、健全季节性电价机制等；随着电价市场化改革的推进，工商业用户全部进入电力市场，取消工商业目录销售电价，分时电价机制完善、高耗能用电成本上升刺激工商业用户的储能配置需求。因此，用户侧储能在工业、通信、金融、互联网等用电量大且对供电可靠性、电能质量要求高的领域的应用需求将大幅提升。

2012 年，日本住友电工在其横滨工厂内建设了微电网储能电站，该微电网系统由 28 台聚光光伏(最大总发电 200kW)、全钒液流电池系统(规模为 1MW/5MW·h)和 6 台燃气发电机系统(总计 3.6MW)构成。微电网采用能量管理系统(energy management system, EMS)，监控聚光光伏产生的电量、电池电量和电量消耗，并将测量数据存储在中央服务器中，结合工厂实时的购售电价，通过储能电池的充放电调节，最经济化地给工厂提供电力，同时可以反馈给商业电网获益。2013 年，德国北海佩尔沃姆岛建设了一个太阳能和全钒液流电池配套的微电网系统，其中全钒液流电池的规模为 200kW/1600kW·h，由德国的 Gildemeister 公司生产。2012 年，金风科技在北京亦庄金风工业园区内进行了可再生能源多能互补微网项目的示范。该系统发电系统包含一台 2.5MW 风能发电机组，3 套 500kW 太阳能光伏电池，以及 2 台共 130kW 微型燃机。储能系统由一套 200kW/

800kW·h 的全钒液流电池、一套 200kW/800kW·h(200kW/4h)的锂离子电池、一套 200kW/10S 的超级电容器和一套 200kW/10S 的飞轮储能装置构成。其中，全钒液流电池系统作为整个微电网系统的核心储能设备，功能包括平滑可再生能源出力、削峰填谷、辅助控制电压频率等。园区负荷主要是金风科技办公楼和生产车间。微电网通过能量管理系统可以实现对用户进行柔性电力管理，既可以与外部电网并网运行，又可以独立运行。这套微网系统每年可为企业提供清洁电力约 260 万 kW·h，占园区总用电量的 30%，局部时间段甚至超出用电需求量，每年向电网售电创收 40 余万元。该 200kW/800kW·h 全钒液流电池储能系统已经安全稳定运行了 10 年，并仍在继续可靠运行。图 5.23 给出了大连融科储能技术发展有限公司提供的 200kW/800kW·h 全钒液流电池储能系统照片。

图 5.23　200kW/800kW·h 全钒液流电池储能系统照片

其他类型液流电池在用户侧领域也有一定数量的应用示范。ZBB 能源公司在纽约安装了 50kW/100kW·h 的锌-溴电池系统，用于屋顶光伏发电系统的储能装置。ZBB 还在澳大利亚新南威尔士的边远地区安装了一套 250kW/500kW·h 锌-溴电池储能系统，该系统用作 20kW 聚光光伏电池发电储能装置，提高该地区夜间供电的稳定性。Premium Power 公司在加利福尼亚州、纽约等地微网系统中设立的五套 500kW/3MW·h 锌-溴液流电池储能系统，用于微电网系统平衡负荷的需求，保证电力供应的稳定性和可靠性。澳大利亚的 Redflow 公司主要致力于高性能、低成本的锌-溴液流电池系统的商业化开发，初期集中于小型家用光伏发电锌-溴液流电池储能系统(5kW/10kW·h)的离网式应用，这种小型储能系统的示范项目已在澳大利亚、新西兰、美国等地成功实施。此外，该公司还致力于大中型锌-溴液流电池系统的开发，并计划在美国加利福尼亚州的一家垃圾发电厂中部署一个储能容量近 2MW·h 的锌-溴液流电池储能系统，将其作为 Rialto 生物能源发电厂运营的微电网的一部分。2022 年，中国科学院大连化学物理研究所成功开发出 10kW/30kW·h 用户侧锌-溴液流电池系统(图 5.24)。该系统的成功开发，将进一步推动用户侧新型液流电池的发展与产业化应用，对于推动液流电池可持续发展具有重要意义。

综上所述，液流电池在电力系统的应用近年来呈增长趋势，尤其在电力系统新能源发电侧和输电网络中的应用更是成为其主要应用方向。全钒液流电池因为其安全、环保、寿命长，不存在交叉污染和容量易恢复等特性而成为液流电池技术中的主流应用技术，也是目前最成熟最可靠的液流电池技术，在全球范围内受到越来越广泛的关注。随着各

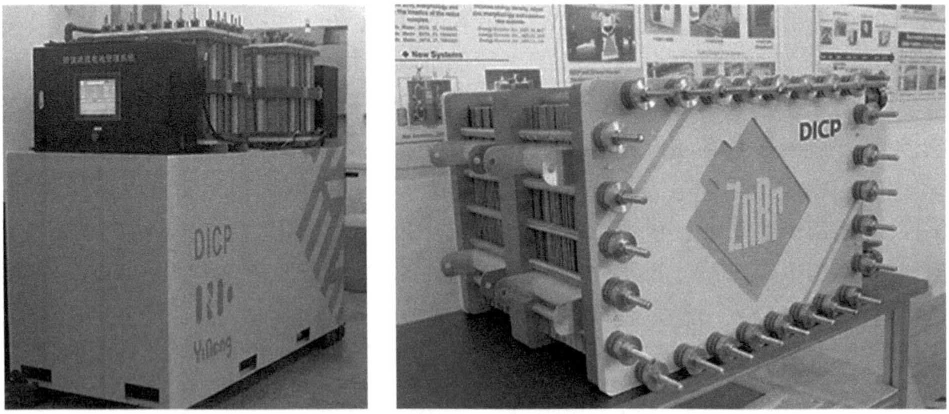

图 5.24　中国科学院大连化学物理研究所开发的 10kW/30kW·h 锌-溴液流电池系统

个国家储能相关激励政策的密集出台，储能产业迎来了巨大的发展机遇，为液流电池提供了广阔的市场空间。液流电池在各个领域的应用也将在我国的“双碳”目标的实现中发挥重要作用。

5.6　液流电池技术的发展及未来挑战

5.6.1　无机体系

目前，以全钒液流电池为代表的液流电池储能技术发展迅速，已经处于产业化推广阶段。但相比其他电池技术，全钒液流电池技术存在一次性投入偏高、能量密度偏低的问题，更适合用于兆瓦级以上的大规模储能。与全钒液流电池不同，以金属锌为负极活性组分的锌基液流电池体系具有储能活性物质来源广泛、价格便宜、能量密度高等优势，已衍生成为目前液流电池储能技术中种类最多的一类储能技术(图 5.25)，主要包括锌-卤素(溴、碘)液流电池、锌-镍单液流电池、锌-铁液流电池等。锌基液流电池使用水溶液作为电解质且活性物质来源广泛，因此具有安全性高、循环寿命长以及成本低的优势，在分布式储能领域具有很好的应用价值和竞争优势。

美国 Lim 等[87]于 1977 年提出了锌-溴液流电池，电池正、负极反应分别为溴的氧化还原反应和锌的沉积溶解反应，锌-溴液流电池电压为 1.82V，通常以溴化锌为电解液，通过加入溴化钾或氯化钾等来提高电解液的电导率。在大电流或长时间充电过程中，负极电极表面会发生严重的浓差极化，进而形成锌枝晶。在电池长期循环过程中，锌枝晶脱落或刺穿隔膜，将导致电池效率降低或者电池完全失效[88]。因此，负极半电池常在膜与电极之间留足够的空间来保证锌的沉积。此外，锌-溴液流电池正极充电产物 Br_2 具有较强的腐蚀性和氧化性，对电池关键材料的稳定性要求较高，且 Br_2 的挥发性以及扩散性会影响电池可靠性，降低电池容量、效率及使用寿命。锌-溴液流电池发展历程如图 5.26 所示。

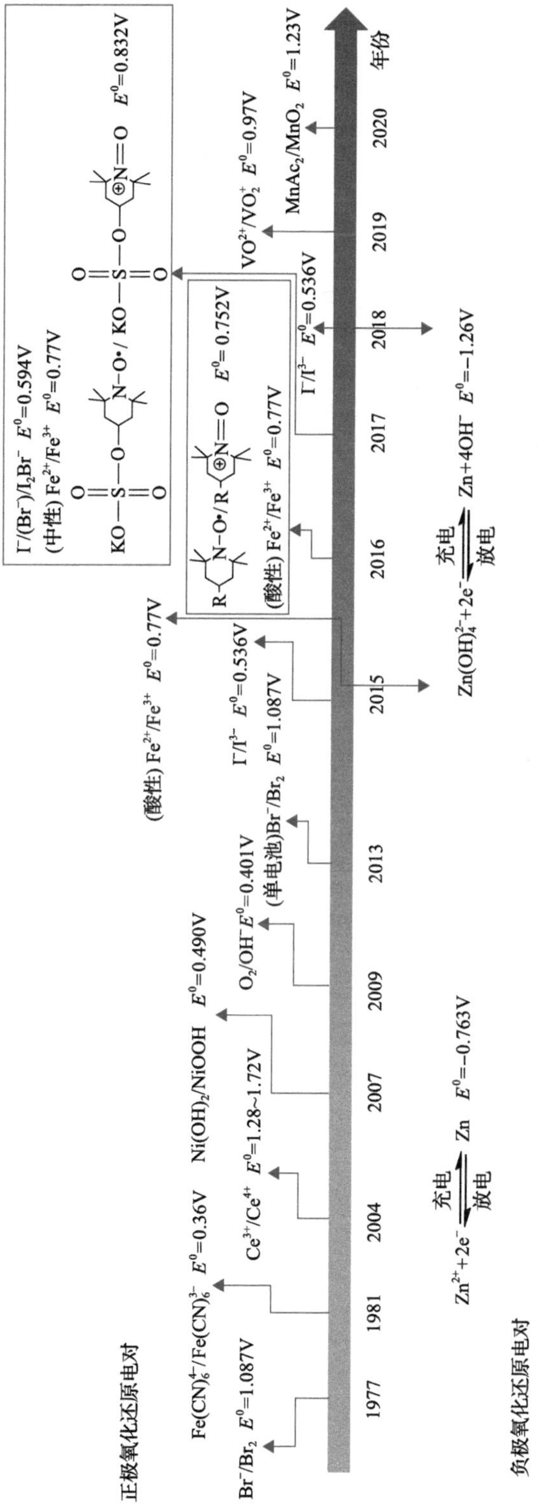

图 5.25 锌基液流电池储能技术的发展

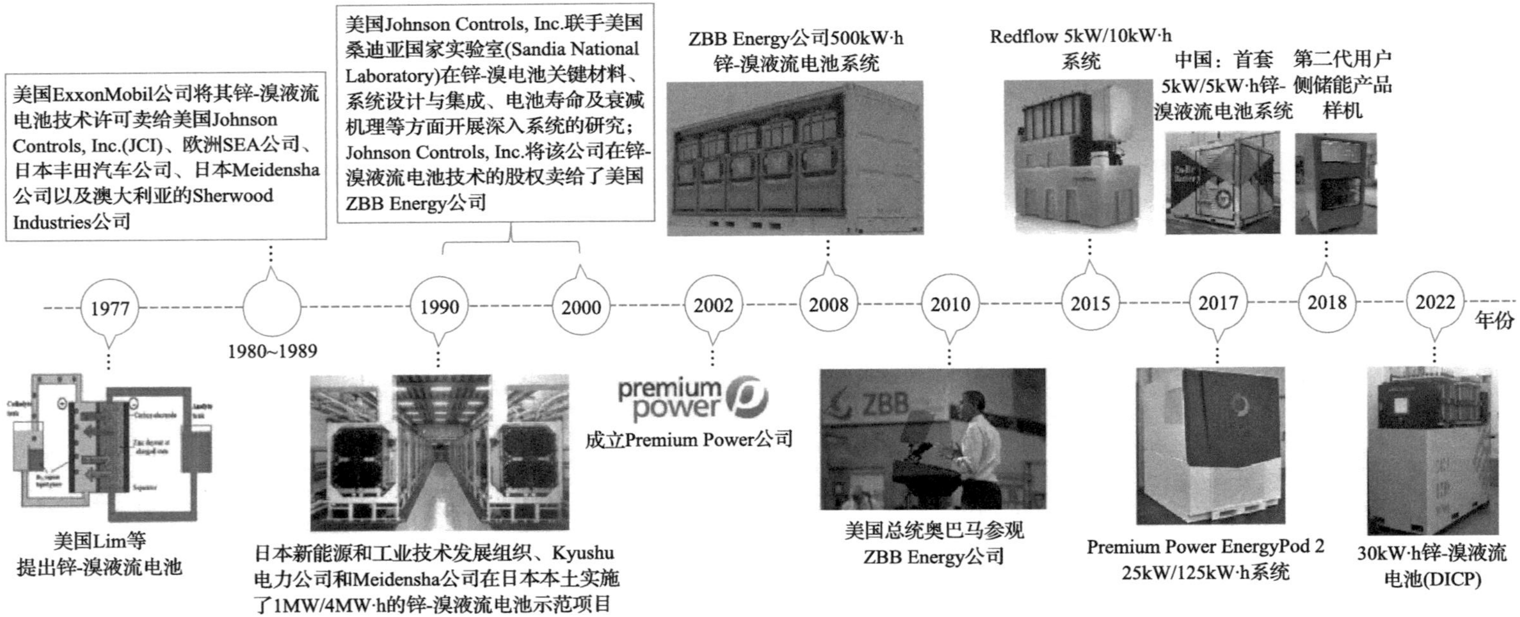

图 5.26　锌-溴液流电池发展历程

针对上述关键技术问题，20 世纪 70 年代中期到 80 年代初期，美国 ExxonMobil 公司和 Gould 公司两家公司进行了一系列技术改进，初步突破了制约锌-溴液流电池技术发展的两大瓶颈：抑制锌枝晶的形成；通过络合技术，抑制溴单质渗透性和挥发性。20 世纪 80 年代，美国 ExxonMobil 公司将其锌-溴液流电池技术许可卖给美国 Johnson Controls, Inc.（JCI）、欧洲 SEA 公司、日本丰田汽车公司、日本 Meidensha 公司以及澳大利亚的 Sherwood Industries 公司。1980 年，日本政府在 Moonlight Project 高技术发展计划中，将锌-溴液流电池列为重点发展的储能技术之一。日本 Meidensha 公司在 Moonlight Project 资助下，大力发展锌-溴液流电池，获得该领域的上百项专利授权。1990 年，由日本新能源和工业技术发展组织、Kyushu 电力公司和 Meidensha 公司在日本本土实施了 1MW/4MW·4h 的锌-溴液流电池示范项目，将该系统安装在福冈市 Kyushu 电力公司的变电站，是当时世界上最大的锌-溴液流电池系统。

美国 JCI 联手美国桑迪亚国家实验室在锌-溴电池关键材料、系统设计与集成、电池寿命及衰减机理等方面开展深入系统的研究。1994 年，JCI 将该公司在锌-溴液流电池技术的股权卖给了美国 ZBB Energy 公司，经过 10 多年的发展，ZBB Energy 公司在锌-溴液流电池技术方面取得了长足的进展。欧洲 Powercell 公司成立于 1993 年，由 SEA 公司发展而来。随后，成立于 2002 年的 Premium Power 公司（总部设在美国）继承了 Powercell 公司的一些技术专利，同时基于应用进行了大量的开发工作。

1999 年，美国能源部、桑迪亚国家实验室对 ZBB Energy 公司的 200kW/400kW·h 锌-溴液流电池系统在储能方面的应用进行了研究和评价；2000 年后，ZBB Energy 公司成功开发出 250kW/500kW·h 锌-溴液流电池系统；2006 年，美国能源部、桑迪亚国家实验室和美国加利福尼亚州能源委员会联合 ZBB Energy 公司对其 250kW/500kW·h 锌-溴液流电池系统性能、可靠性及技术竞争力进行了示范研究。结果表明，ZBB Energy 公司的锌-溴液流电池系统在充放电性能、长期循环性能以及运行可靠性方面都有了很大程度的提高，适合应用于规模储能领域。2008 年，ZBB Energy 宣布向爱尔兰提供一套 500kW·h 锌-溴液流电池系统，用于储能与风能发电技术联用。2009 年以后，ZBB Energy 又陆续向军事、商业建筑、微网、通信基站等多个领域提供了锌-溴液流电池系统。美国奥巴马政府于 2009 年宣布了包括 16 个储能示范项目在内的智能电网相关的经济复兴计划，其中 Premium Power 公司获得了 732 万美元的资助，从 2010 年第三季度开始，在 3 年内设计、制造、安装 7 套 TRANSFLOW 2000（500kW/3000kW·h）锌-溴液流电池储能系统，将在 5 个州陆续实施，用以验证其技术在光伏、微网等领域的应用能力。美国总统奥巴马在 2010 年 8 月参观了 ZBB Energy 公司，并发表了演讲，表示作为大型液流电池储能技术代表之一的锌-溴液流电池体系，将会在美国不断向前发展。2011 年 4 月，ZBB Energy 公司与伊顿电气公司签署一项合作协议，提供一套 500kW·h 的锌溴液流电池储能系统以应用于微型电网系统中[89]，该微型电网系统用于美国俄克拉何马州的军队电力设施的连接运营；2011 年 8 月，ZBB 为圣尼古拉斯岛的海军基地提供用于微电网的 500kW/1000kW·h 的储能系统。2017 年，Premium Power 公司推出用于分布式储能领域的 25kW/125kW·h 锌-溴液流电池模块，该电池模块的设计具有单槽、低成本钛电极、无膜等特点，大大减少电池成本，使用寿命长达 20 年，在使用过程中无需更换电极堆芯，每次可全功率(25kW)持续运作 5h。

澳大利亚 RedFlow 公司是锌-溴液流电池技术的后起之秀，该公司成立于 2005 年，致力于高性能低成本的锌-溴液流电池系统的商业化开发，公司创始人于 2001 年开始对锌-溴液流电池进行深入的研究，初期集中于小型家用光伏发电储能的离网应用(5kW/10kW·h)，这种小型储能系统的示范项目已在澳大利亚、新西兰、美国等地成功实施。此外，该公司后期致力于大中型锌-溴液流电池系统的开发，目前已在昆士兰大学安装了一套 90kW/180kW·h 的锌-溴液流电池储能系统。

根据美国能源部数据统计，2023 年澳大利亚 RedFlow 公司总装机功率为 913kW，总装机容量为 2228kW·h；ZBB Energy 公司总装机功率为 2535kW，总装机容量为 5666kW·h；Premium Power 公司总装机功率为 82020kW，总装机容量为 327072kW·h。

国内在分布式储能领域的锌-溴液流电池的产业化研发起步相对较晚，从事锌-溴液流电池开发的企业较少，主要包括美国 ZBB Energy 公司与安徽鑫龙电器股份有限公司合资成立的安徽美能储能系统有限公司及北京百能汇通新能源科技有限公司(百能汇通)，其中安徽美能主要以美国 ZBB Energy 公司的 EnerStoreTM 技术为基础，进行锌-溴液流电池储能系统产品的总装。2016 年，全球最大的锌-溴液流电池关键材料生产基地落户保定，由百能汇通投资，预期建成投产后，储能系统年产能达 50MW·h。2019 年 5 月，澳大利亚 Redflow 公司与百能汇通签署合作，参与百能汇通负责的海东市公交基团光储充智能微电网项目。然而，2020 年，百能汇通转让 100%的股权。

中国科学院大连化学物理研究所自 2008 年开始从事锌-溴液流电池储能技术的研究开发工作，在多年的锌-溴液流电池研究基础上，通过坚持不懈地进行自主技术攻关，对锌-溴液流电池技术进行了深入系统研究，在溴渗透、溴腐蚀、电池运行工作电流密度、锌枝晶及锌累积等方面取得了重要的研究成果，于 2017 年 11 月，开发出国内首套 5kW/5kW·h 锌-溴单液流电池储能示范系统，锌-溴单液流电池示范系统的成功运行，将为其今后工程化和产业化开发奠定坚实的基础。2018 年 11 月，开发出第二代用户侧 5kW/5kW·h 锌-溴单液流电池系统样机，相比第一代锌-溴单液流电池系统，该系统集成于“冰箱式”的小型柜体中，系统体积减小 70%，在用户侧分布式储能领域具有很好的应用前景。2022 年成功开发出 30kW·h 用户侧锌-溴液流电池系统。该系统由电解液循环系统、2 个独立的电堆以及与其配套的电力控制模块组成，设计容量为 30kW·h。经测试，系统在额定 10kW 功率下放电时放电电量为 30kW·h。该系统可用于分布式能源及家用储能领域应用。

碱性锌-铁液流电池正极采用 $Fe(CN)_6^{4-}/Fe(CN)_6^{3-}$ 电对，负极采用 $Zn(OH)_4^{2-}/Zn$ 电对，具有活性物质来源广泛、电位高(1.74V)、成本低等优势，较适合分布式能源及家用储能领域应用。2018 年，总部位于美国蒙大拿州的锌液流电池厂制造商 ViZn 能源系统公司濒临破产，将其技术授权给纬景储能科技有限公司，纬景公司将进行电池产品的生产和开发，合作企业还包括江苏华盛电气股份有限公司(Hasen Electric)、上海智炼机电工程技术有限公司(Intelion)和江西乐莱建设工程有限公司(Jiangxi Lelai)等公司，这些公司与中国电力建设集团的子公司开展合作。此外，国内企业还收购了 ViZn 公司部分股权。以美国 ViZn 能源系统公司技术为基础，中国电建集团江西省电力建设有限公司于 2019 年 6 月实施的与余干县祥晖光伏发电有限公司 20MW 扶贫光伏发电项目配套的 200kW/

600kW·h 锌-铁液流电池储能系统示范项目成功并网运行。同年，该公司的《锌铁液流电池储能系统及综合能源一体化解决方案》在第十三届国际太阳能光伏与智慧能源（上海）展览会上备受关注。在锌-溴液流电池研发基础上，中国科学院大连化学物理研究所于2020 年开发出 10kW 碱性锌-铁液流电池系统，该系统与 13kW 光伏配套组成智能微网，系统采取并离网相结合的模式，实现谷电峰用、新能源消纳、重要负载不间断供电等用途。锌基液流电池示范系统的成功运行为其今后工程化和产业化开发奠定了坚实的基础，为推动国内分布式能源的普及应用提供了关键技术支撑。

除锌-溴液流电池和碱性锌-铁液流电池体系外，近年来，为实现锌基液流电池储能技术的迭代发展，一系列不同类型的锌基液流电池储能技术不断涌现。以德国耶拿大学 Ulrich S. Schubert 为代表的团队提出了锌聚合物液流电池，该体系正极使用 2,2,6,6-四甲基哌啶氧化物（2,2,6,6-tetramethylpiperidoxyl, TEMPO）的聚合物作为电池的活性物质[90]，以廉价的渗析膜作为电池的隔膜。虽然该体系取得了比较理想的循环性能，但是电池的工作电流密度不能满足工业化的需求，并且聚合物的溶解度限制了能量密度的提高。为了追求更高的能量密度，美国西北太平洋国家实验室的 Li 等[91]提出了锌-碘液流电池体系，该体系使用高溶解度的 ZnI_2 作为正负极电解质活性物质，以 Nafion 115 作为电池膜，能量密度最高可达 167W·h/L，远高于普通的液流电池，但该体系的工作电流密度较低（$10mA/cm^2$），循环性能差，体系中有 1/3 的活性物质无法被利用（I^- 用来络合 I_2，形成稳定的 I_3^-）。同时，Nafion 膜的使用大大提高了电池的成本，不利于实际应用。因此，香港中文大学的 Weng 等提出采用 Br^- 络合技术[92]，将无法被利用的 1/3 的 I^- 释放出来，使电解质溶液中有效活性物质浓度进一步增加。采用 Br^- 作为 I_2 的络合剂，电池体系能量密度最高可达 202W·h/L，远高于前期所报道的锌-碘液流电池体系的能量密度。但该体系的工作电流密度依然较低（$10mA/cm^2$），Nafion 膜的使用同样增加了电池的成本，不利于实际应用。随后，加拿大滑铁卢大学的 Zhang 等提出了碱性锌-碘液流电池体系的概念[93]，该体系负极采用碱性锌酸盐作为电解质溶液，正极采用中性的 KI 与 I_2 作为电解质溶液，以 Nafion 117 作为离子传导膜。在碱性体系下，负极锌的沉积电位较中性体系下锌的沉积电位更负，电池的开路电压可达到 1.8V，远高于中性锌-碘液流电池体系的开路电压（1.3V），因而所构筑的碱性锌碘液流电池能量密度最高可达 330.5W·h/L，是目前水系液流电池中能量密度最高的液流电池体系。但由于负极采用 KOH 作为支持电解质溶液，电池运行过程中，OH^- 会透过离子传导膜到达正极与正极活性物质（I_3^-）发生化学反应，从而导致电池的循环性能较差，不利于电池的长期稳定运行。虽然科研工作者在这些锌基液流电池新体系的研究方面做了大量研究工作，发表了许多研究论文，但这些体系目前还处于实验室研发阶段，距离示范应用任重而道远。

锌基液流电池目前存在的关键科学问题在于以下方面。

（1）负极锌在电池运行过程中不均匀沉积造成锌枝晶和锌累积的问题导致电池循环性能较差：锌基液流电池在充电过程中，负极金属锌的沉积会沿着膜和电极两侧方向生长，沿着膜方向不断生长的锌易形成枝晶并对膜造成破坏使电池短路失效。因此，如何调控电池充电过程中金属锌的沉积形貌以获得均匀致密的锌沉积层，避免锌枝晶对膜造成破坏，是提高电池循环寿命、推进锌基液流电池应用的关键。

(2)工作电流密度偏低导致电池的功率密度偏低：锌基液流电池在高工作电流密度条件下运行时，锌枝晶及锌累积问题更加突出；同时，部分正极活性物质如溴电对、镍电对等在现有电极材料上的电化学活性较差，使得电池在高工作电流密度条件下运行时性能较差。而较低的运行工作电流密度会使得锌基液流电池在相同功率条件下电堆尺寸更大，从而使得电堆材料的使用量增加，电堆成本也随即增加。因此，需要在规模化应用对电池性能和经济性的要求之间寻找合理的平衡点，并从应用层面上对锌基液流电池储能技术的发展提出具体的要求，从而确立锌基液流电池的应用领域和应用方式。

(3)锌基液流电池的系统集成、智能化控制策略的开发成熟度较低：目前，国内锌基液流电池应用示范项目较少，处于市场探索阶段，锌基液流电池的系统集成、智能化控制策略开发相对薄弱，不利于锌基液流电池的推广。因此，针对锌基液流电池存在的锌的沉积不均匀、电堆一致性差、运行电流密度低的关键科学问题，以关键材料的设计、开发、制备为主线，以电堆结构设计与系统控制策略开发为两翼，需要突破锌基液流电池关键材料制备技术；加大研发设计力度，在锌基液流电池关键材料、电堆和电池系统结构设计等方面取得突破，提高锌基液流电池的工作电流密度，降低成本，制定国标、国内行业标准的主导地位，推动分布式储能产业的市场开发和分布式储能企业的快速发展。

针对锌基液流电池存在的锌枝晶问题，中国科学院大连化学物理研究所 Wang 等[94]对锌基液流电池中锌沉积形貌的演变和沉积机理进行深入的研究，采用原子力显微镜(atomic force microscope，AFM)首次原位观察到锌的沉积过程，发现致密块状金属锌的形成受高浓电解质中瞬时形核的控制；在低浓度电解液中，金属锌因渐进成核而呈苔藓状。通过电极结构设计，降低锌的沉积过电位[95]，增加锌沉积位点，调整锌沉积形貌[96-98]，大幅提高锌基液流电池可靠性。针对锌基液流电池正极氧化还原电对活性低、动力学性能差的关键科学问题，创新性地利用“孔径筛分效应”，设计、制备出兼具高活性和固溴功能的笼状多孔碳电极材料，实现了其在锌-溴液流电池中的应用[99]；利用吸附、催化等原理，设计、制备出高活性电极材料，大幅提高了锌基液流电池的工作电流密度，为高功率密度、低成本的锌基液流电池的开发奠定了良好的基础[100-102]。

锌基液流电池在充电过程中，负极锌枝晶的生成对膜材料提出了更高的要求。根据锌基液流电池对膜材料的要求，Li 等基于对离子传导膜的深刻认识，创新性地从膜材料结构设计的角度调控膜与电极界面性质，包括温度分布特性[103]、活性物质浓度分布特性[104,105]、空间分布特性[39]等来调控锌的沉积历程，避免了枝晶对隔膜造成的破坏，大幅度提高电池的循环性能，解决了锌基液流电池锌负极面容量受限的问题。通过深入研究锌基液流电池用膜材料构效关系及离子传输机理[38]，实现了膜材料离子选择性和传导性的同步提升，显著提高了电池功率密度。

为解决锌基液流电池正极活性物质渗透到负极造成的电池自放电及溴等活性物质的腐蚀问题，通过电解质溶液化学的研究，在电解液中加入活性物质和络合剂，络合剂与活性物质络合并独立成像，降低电解液中游离态活性物质含量，改善正极活性物质腐蚀及渗透问题[106,107]；进一步通过正极氧化还原电对的研究，先后开发出新一代高能量密度低成本中性锌-铁液流电池体系[108]，高能量密度、长寿命锌-碘液流电池[109]，高能量密度、长寿命锌-碘单液流电池[110]及基于Mn^{2+}/MnO_2可逆双电子溶解-沉积型反应的锌锰液流电池体系[111]，大幅提高了锌基液流电池的能量密度。

5.6.2 水系有机体系

有机活性电对具有资源丰富可持续，结构、性质易调节等优点，在液流电池中得到广泛关注。经过近几年的研究，水系有机液流电池取得了一定的研究进展，但是其实际能量密度、稳定性和成本等问题桎梏着其进一步发展。本节主要总结近年来提出的典型水系有机液流电池新体系，包括羰基化合物、二茂铁衍生物、TEMPO 衍生物和杂环类分子。

1. 羰基化合物

醌类有机物是一种常见的生物碳基化合物，带有两个羰基的芳香族共轭结构有机物，在氧化还原反应中，羰基和烯醇相互转化，并利用共轭结构稳定电子。根据分子结构和电解液 pH 的不同，醌基电对的电位范围为–0.8～0.9V（vs. SHE）。近年来，醌基液流电池，如醌溴、醌铁液流电池等，受到了广泛的研究与关注。Xu 等首次报道了将 1,2-二氢苯醌-3,5-二磺酸（1,2-benzoquinone-3,5-disulfonic acid, BQDS）有机活性分子用于水系液流电池中[112,113]。从 2014 年 Huskinson 等报道了使用醌类有机分子用于 AQDS/Br_2 液流电池以来，有机活性分子在液流电池中的报道越来越多。Liu 等将 Na 型的 Na_2AQDS 替换成 NH_4^+型的$(NH_4)_2$AQDS，提高了 AQDS 的溶解度至 1.9mol/L。研究发现，醌类分子在碱性中具有较低的还原电位，适合作为负极电对。例如，在蒽醌结构上引入羟基官能团，得到2,6-二羟基蒽醌。在 1mol/L KOH 电解液中，2,6-二羟基蒽醌的电位为–0.7V（vs. SHE）。但是 2,6-二羟基蒽醌的溶解度较低，稳定性较差。为进一步提高溶解度，可在苯醌中引入羟基官能团，得到的 2,5-二羟基-1,4-苯醌，在 1mol/L KOH 中的溶解度高达 4mol/L。为进一步提高分子的稳定性和可逆性，Aziz 课题组合成了多种蒽醌分子，提高碱性条件下的稳定性。表 5.1 列举了常见的基于醌类分子的特点和液流电池性能。

表 5.1　基于不同醌类分子的液流电池性能

有机分子	分子结构	氧化还原电位/V	溶解度/(mol/L)	配对电解液	稳定性	循环次数	功率密度/(W/cm^2)
tiron	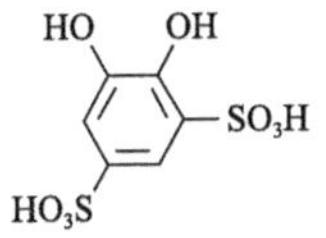	0.65（vs. SCE）	1	$PbSO_4$	＞90%	10	—
DHBS	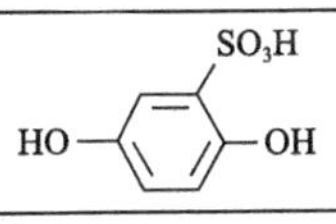	0.47（vs. SCE）	0.8	$PbSO_4$	—	—	—
AQDS	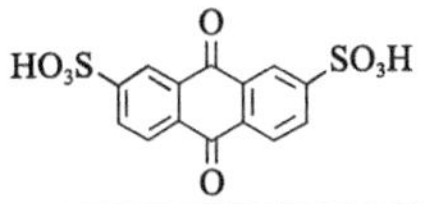	0.21（vs. SHE）	＞1	Br_2	＞99%每次	15	0.60

续表

有机分子	分子结构	氧化还原电位/V	溶解度/(mol/L)	配对电解液	稳定性	循环次数	功率密度/(W/cm²)
DHAQDS	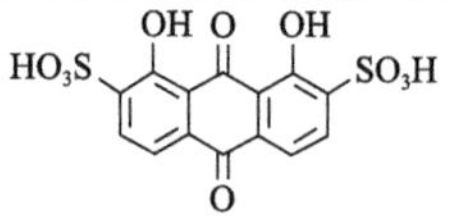	0.23(vs. SHE)	>1	Br_2	差	15	0.7
FQH_2	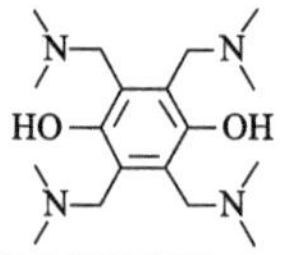	0.7(vs. SHE)	1.4	Zn	>99.92%每次	50	0.15
TSTQ	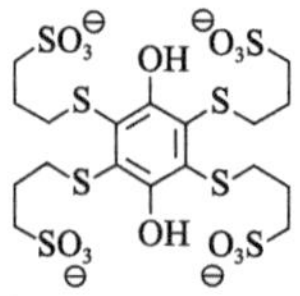	0.605(vs. NHE)	1.0	AQDS	几乎无衰减	150	0.18
TABP	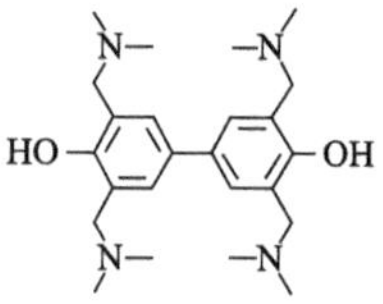	0.91(vs. SHE)	>1.5	SWO	衰减很小	900	0.14
PHQ	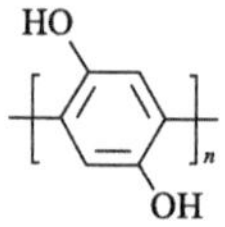	0.69(vs. SHE)	—	PI2	70%	300	—
DHBQ	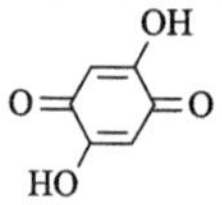	−0.72(vs. SHE)	8	$K_3Fe(CN)_6$/$K_4Fe(CN)_6$	>99.96%每次	150	0.3
NQ(1,4)H	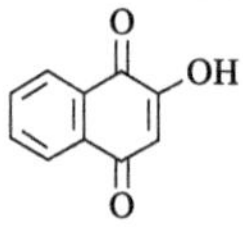	−0.5(vs. SHE)	0.48	$K_3Fe(CN)_6$/$K_4Fe(CN)_6$	50%	30	—
HCNQ	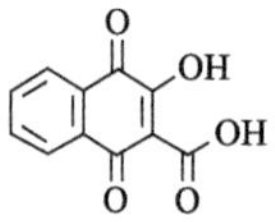	−0.53(vs. SHE)	1.2	$K_3Fe(CN)_6$/$K_4Fe(CN)_6$	94.7%	100	0.25
2,6-DHAQ	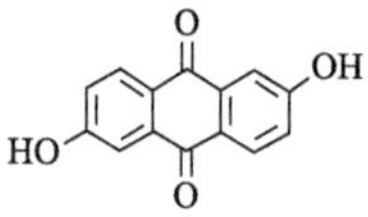	−0.68(vs. SHE)	0.6	$K_3Fe(CN)_6$/$K_4Fe(CN)_6$	>99.9%每次	100	—
4C7SFL	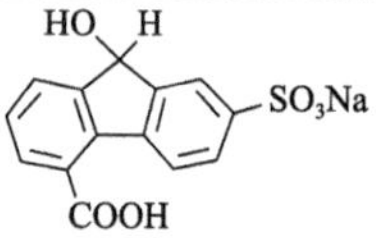	−2.4/1.3(vs.Ag/$AgNO_3$)	2	$K_3Fe(CN)_6$/$K_4Fe(CN)_6$	>99.98%每次	700	—

芴酮类分子(9-fluorenone，FL)中间只有一个羰基。所以无论在水系还是非水系，其电化学反应都会有自由基产生。如果在 FL 的芳环中引入吸电子基团，如磺酸盐和羧酸盐基团，可提高其还原产物 FL-OH 的酸离解常数 K_a。在通过避免阴离子发生不可逆质

子化，并允许在水中可利用的电位窗口内发生氧化还原反应，以稳定荷电的 FL 物种(如 $FL\cdot^-$ 自由基阴离子和 FL^{2-} 二价阴离子)用于电池循环。2-羧酸-7-磺酸盐芴酮，以 1.36mol/L 2-羧酸-7-磺酸盐芴酮的 NaOH 溶液作为负极电解质，$K_4Fe(CN)_6/K_3Fe(CN)_6$ 混合物作为正极电解质构建了液流电池，在 20mA/cm^2 电流密度下循环 4 个月以上，容量衰减仅为 2.62%，相当于每天容量只衰减 0.02%[114]。

2. 杂环类分子

1)联吡啶电池体系

联吡啶分子在中性溶液中有良好的电化学可逆性和溶解性，可应用于有机液流电池负极。其中，结构最简单的是甲基紫精，即 4,4′-二甲基联吡啶鎓二氯化物(4,4′-dimethylbipyridinium dichloride, MVi)，其在水中的溶解度大于 3mol/L，并且具有两步单电子反应。在氧化还原反应过程中，二价阳离子 MVi^{2+} 先得到一个电子被还原成自由基阳离子 MVi^+，电位为–0.45V(vs. SHE)。该步反应可逆性高、反应动力学好，且由于未成对电子在联吡啶结构上的离域作用，反应产物 MVi^+ 在水中稳定性较高。之后 MVi^+ 再次得到电子发生第二步反应，生成 MVi^0，电位为–0.76V(vs. SHE)。然而，由于 MVi^0 溶解度很低，该步反应可逆性较差。另外，甲基紫精分子比较容易透过隔膜导致电池容量衰减。基于这两方面，研究者采用官能团取代修饰的方法，提升其稳定性。如在 4,4′-联吡啶结构上引入季铵基团合成了 1-甲基-1′-[3-(三甲基氨)丙基]-4,4′-联吡啶三氯化合物([(Me)(NPr)V]Cl_3)，成功利用了紫精的双电子反应。由于亲水性的季铵基团，MVi^0 的水溶性大大提高，同时也提高了紫精的第二步反应的可逆性。为了抑制不可逆的二聚歧化副反应，在联吡啶鎓盐上引入了两个季铵基团，合成了双(3-三甲基铵)丙基四氯化紫精(BTMAP-Vi)，该分子上带有 4 个正电荷，分子之间有很强的静电斥力，可以有效抑制紫精的二聚副反应。BTMAP-Vi 的溶解度约为 2mol/L，并且反应速率比 MVi 高两个数量级。此外，在联苯胺杂环上引入甲基，在元素氮上引入长链磺酸基团，可以降低分子透过率，实现长寿命的有机液流电池[115]。

2)吩嗪和吩噻嗪类分子

吩嗪和吩噻嗪分子内大 π 键的共轭结构使其电化学反应稳定性。它的电化学反应步骤为两个电子过程，由于种类繁多，易于根据应用领域的需求进行化学修饰改性。在吩嗪两侧苯环上修饰羟基、羧基、磺酸基和季铵盐等亲水性的基团可以改善吩嗪衍生物的溶解度和电化学性能[116]，7,8-二羟基-2-磺酸吩嗪(7,8-dihydroxyphenazine-2-sulfonic acid, DHPS)在 1mol/L 的 NaOH 溶液中的溶解度分别为 1.45mol/L，其氧化还原电位分别约为 –1.06V。$K_3[Fe(CN)_6]$作为正极材料，电池开路电压为 1.4V。在 1.4mol/L 时对应负极容量为 67A·h/L，利用率为 90%。此外，亲水基团在不同取代位置也会影响分子的稳定性。吩噻嗪分子中间环上的元素氮作为电化学活性中心，S 原子则可以起到增加氧化环电位的作用，作为电池材料，吩噻嗪分子适合作为正极材料。亚甲蓝在乙酸的辅助下，酸性水溶液中的溶解度可以达到 2.0mol/L 以上。组装的电池，充放电循环 1200 次后几乎容量衰减。在 1.5mol/L 的高浓度下，电池可逆容量达 71A·h/L，并具有稳定的高容量输出。

3. TEMPO

TEMPO 是一种氮氧自由基有机物，具有良好的电化学活性和可逆性，且电位较高(0.8～1.1V(vs. SHE))，是一种良好的液流电池正极活性物质。但是 TEMPO 难溶于水，在 TEMPO 上引入了羟基官能团(4-OH-TEMPO)溶解度提高至 2.1mol/L。将 TEMPO 与 MVi 组成电池，在 40mA/cm^2 电流密度下循环 100 次，容量保持率为 99%。但是，4-OH-TEMPO 易发生自氧化还原反应，稳定性较差。为了解决这一问题，在羟基基团上进一步修饰长链季铵盐或者直接用磺酸基团替换，可有效抑制自氧化还原副反应，电池稳定性大大提高。季铵基团的引入也大提高了 TEMPO 的溶解度，且进一步提高电位至 0.95V(vs. SHE)。将其与 MVi 组成电池，电池电压 1.4V，在 1.5mol/L 浓度下，单电池循环稳定了 250 次[117]。

4. 金属配合物

二茂铁是水系研究最多的金属茂合物体系之一。二茂铁不溶于水，需要修饰亲水基团提高水溶性，如常见的官能团季铵盐、磺酸等。(ferrocenylmethyl)trimethylammonium chloride (FcNCl)和 N^1-ferrocenylmethyl-N^1,N^1,N^2,N^2,N^2-pentamethylpropane-1,2-diaminium dibromide(FcN_2Br_2)两种二茂铁衍生物，在水中的溶解度可以达到 4.0mol/L 和 3.1mol/L。以 MV 为负极，两种衍生物为正极组装的电池中，循环 700 次后平均每次的容量保持率为 99.99%，功率密度达到 125mW/cm^2[118]。

金属配合物的有机配体可以改变金属活性中心的电化学性质，Li 等报道了具有一种不对称的铁配合物(2,2′-联吡啶 4,4′-二羧酸，H_2Dcbpy)和氰化物配体。通过在金属中心引入两个配体，配合物($M_4[Fe^{II}(Dcbpy)_2(CN)_2]$，M=Na，K)显示出比 $M_4[Fe^{II}(Dcbpy)_3]$高 4.2 倍的溶解度(1.22mol/L)和比亚铁氰化物高 50%的电位。1mol/L $Na_4[Fe^{II}(Dcbpy)_2(CN)_2]$的液流电池在前 400 个循环中仍表现出 0.008%的每循环容量衰减率[119]。

目前，水系有机液流电池最大挑战在于其稳定性问题：其一是易被氧化，导致大多数电池只能在惰性气体氛围中运行，只有亚甲基蓝、联苯和芴酮等几类分子能够在空气中稳定；其二是易发生不可逆副反应，导致电池容量不可逆衰减。因此，水系有机液流电池的研究重点是通过分子结构设计和机理研究，设计高稳定性、高溶解度有机活性电对。

5.6.3 非水体系

与水系电池相比，非水溶剂可以提供更宽的电化学窗口和丰富的活性电对，因此在理论上可提高液流电池的能量密度(表 5.2)。1988 年，Matsuda 等[120]将$[Ru(bpy)_3](BF_4)_2$有机金属配合物作为非水活性材料。Ru 有 0、+1、+2、+3 多个价态，其配合物在有机溶剂中可以发生多步氧化还原反应，电池开路电压大约为 2.6V，高于水系液流电池。有关非水体系的活性电对的研究取得了重要的进展，特别是在新型活性电对的设计和活性电对物理化学特性调变方面(溶解性、电化学可逆性和分子结构稳定性)。例如，2,5-di-tert-butyl-1-methoxy-4-[2′-methoxyethoxy]benzene(2,5-二叔丁基-1-甲氧基-4-[2′-甲氧基乙氧基]苯，DBMMB)分子，在 0.5mol/L LiTFSI 溶液中其氧化态自由基形式的半衰期可以达到 230h[121,122]。非水有机液流电池的开路电压理论上可以达到 4V 以上，然而，非水有机液流电池的研究仍面临非常多的科学问题，如高浓度电解液离子电导率急剧下降、黏度升高，缺乏合适的非水用隔膜材料等。

表 5.2 不同非水有机活性分子的特性

有机活性分子	分子结构	溶解度/(mol/L)	还原电位/V(vs. Ag/AgNO$_3$)
联苯类分子	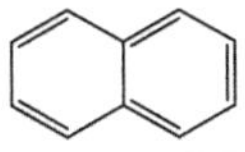	3.9	−3.16
吡啶类分子	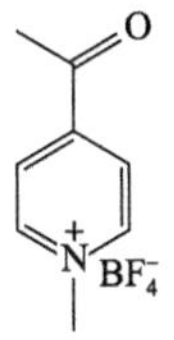	1.6	−2.2
二苯甲酮	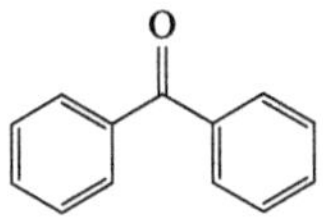	4.3	−2.16
偶氮类分子	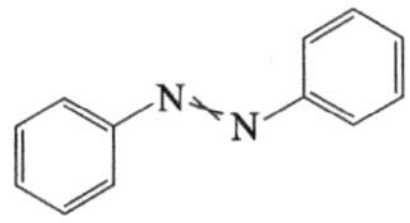	5.0	−1.76
N-甲基-邻苯二甲酰亚胺	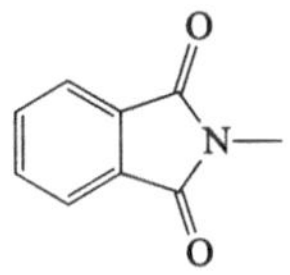	4	−1.77
2,1,3-苯并噻二唑	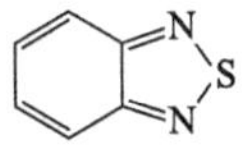	2.1	−1.58
9-芴酮	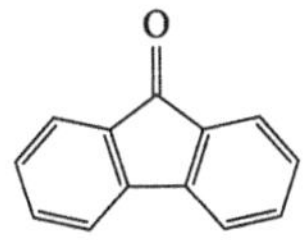	0.9	1.64
吩嗪类分子	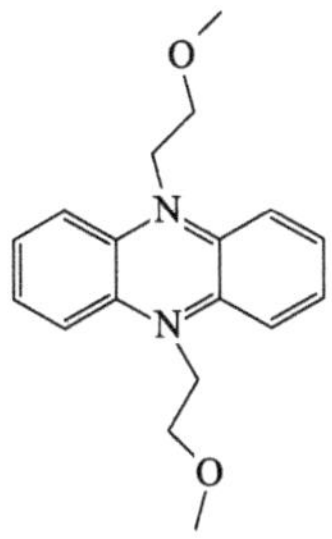	2.5	−1.72

续表

有机活性分子	分子结构	溶解度/(mol/L)	还原电位/V(vs. Ag/$AgNO_3$)
吩噻嗪类分子	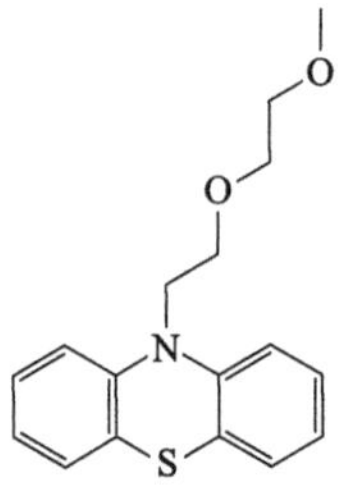	3	0.45
甲氧基苯类分子	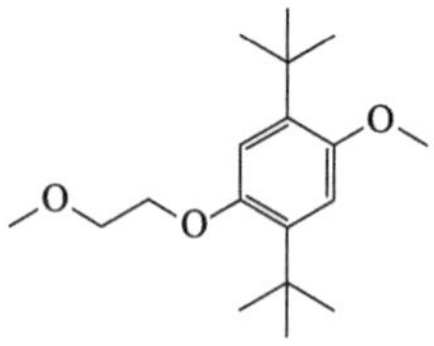	4	0.73
环丙烯类分子	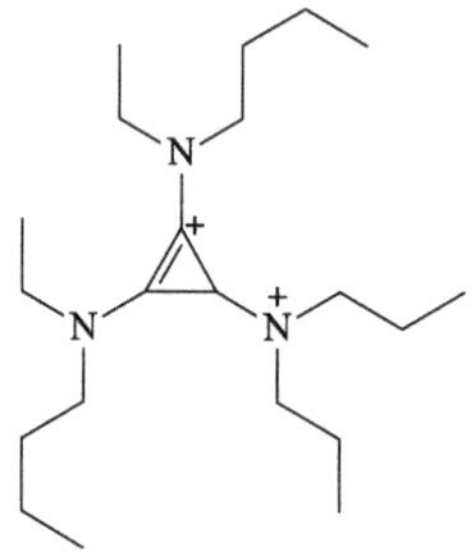	1.45	0.87～1.56

虽然活性电对在非水电解液中能够实现高的溶解度，但是非水体系下高浓度电解液也会影响电解液的黏度、离子电导率和离子扩散等，从而限制了活性电对的利用率和电池功率输出[123]。2,1,3-苯并噻二唑(2,1,3-benzothiadiazole, BzNSN)分子的结构稳定并且溶解度高，但是当溶解度超过 0.4～0.6mol/L(此时电解液离子电导率最高)后，电解液的电导率下降明显[124]。Shkrob 等研究了高溶解性的 *N*-[2-(2-甲氧基乙氧基)乙基]吩噻嗪(*N*-[2-(2-methoxyethoxy)ethyl]phenothiazine, MEEPT)分子电解液的物理化学性质，发现电解液随浓度升高逐渐变为难以流动的胶体[125]。此外，有机活性电对的溶解性和电化学特性也受电解液和支持电解质的影响。如表 5.2 所示，虽然理论上以 NaP 分子和 CP 分子分别为负极和正极电对，开路电压可以达到 5.35V，但是 NaP 的还原态只能在非极性如 DME、THF 溶液中稳定，而 CP 分子在极性强的乙腈等溶液中才具有良好的电化学稳定性。

另外，目前废水体系所用的隔膜种类十分有限。固态陶瓷膜(磷酸钛铝锂(lithium aluminum titanium phosphate, LATP)、Al_2O_3)和致密膜(Nafion®、FAPQ®)的离子电导率很低，电池的实际电流密度大多小于 1mA/cm^2。虽然多孔膜(Daramic®、Celgard®)电导率高，但是选择性较差，电池性能衰减较快[125]。研究者也开发了大尺寸的氧化还原聚合物或寡聚物抑制活性电对的迁移，但这也同样增加了电解液浓度[126]。Peng 等[127]将铜的 MOF(copper(Ⅱ)benzene-1,3,5-tricarboxylate(CuBTC))引入 Celgard 隔膜表面增加多孔膜的选择透过性。梯度浓度分布的 MOF 能够降低复合膜的孔径，并且由于 MOF 的三维通道结构，复合膜的离子电导率没有明显下降，电池的库仑效率得到显著提高。Tung 等采用层层组装(layer-by-layer)方法制备了多层堆积的纳滤膜(nanofiltration membrane, ANF，8.5μm)，然后在其表面采用同样的方法涂覆了聚二烯丙基二甲基氯化铵(poly(diallyldimethylammonium chloride，PDDA)和聚苯乙烯(poly(styrene sulfonate)，PSS)聚合物。纳滤膜孔径较小，涂覆很薄的聚合物电解质就能够起到很好的作用，同时带正电荷的 PDDA/PSS 层能够增强纳滤膜的唐南(Donnan)排斥效应，进一步降低膜的透过率。

5.6.4 其他新型液流电池体系

1. 基于氧化还原靶向反应的液流电池

为了提高液流电池的能量密度，新加坡国立大学的 Wang 等[128]于 2006 年提出了一种新的电池，即“氧化还原靶向反应液流电池”(redox targeting flow battery)。该电池正、负电极的设计是基于电极电位相似的固体材料和液相氧化还原媒介分子，通过媒介分子在电极表面发生电化学反应得失电子继而对储罐中的固体材料进行化学氧化、还原从而实现固体材料的间接充放电。这种设计方式可以将固体活性材料高能密度的优势与液流电池设计灵活、功率能量分开设计的优势完美结合(图 5.27)。以正极为例，充电过程中媒介分子首先在电极表面失去电子被氧化，然后随着泵和管路进入储罐中并氧化罐内的固体活性物质同时媒介分子自身被还原[129]。之后媒介分子继续进入电池腔体并在电极表面继续被电化学氧化，最终实现媒介分子和固体活性物质的完全充电。放电过程与充电过程正好相反。

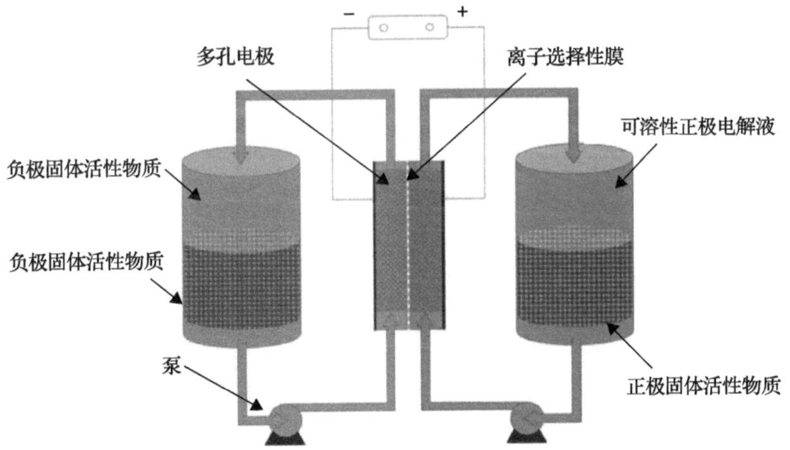

图 5.27 氧化还原靶向反应液流电池的结构示意图

“氧化还原靶向反应”最为典型的应用是将液流电池与锂离子电池相结合从而开发出高能量密度的锂离子液流电池。得益于锂离子电池材料如磷酸铁锂、钴酸锂、二氧化钛等具有极高的 Li^+浓度(22.8mol/L-$LiFePO_4$, 26.6mol/L-$LiCoO_2$, 22.5mol/L-TiO_2)，借助氧化还原媒介电对与上述固体材料的耦合有望获得较高的能量密度[129]。2013 年，Huang 等[130]使用二溴二茂铁($FcBr_2$)/二茂铁(Fc)作为媒介分子，多孔的 $LiFePO_4$ 固体作为正极活性物质，开发出锂离子液流电池体系。循环伏安的电化学测试结果表明，$LiFePO_4$ 的电极电位（$E_{1/2}$=3.45V（vs. Li^+/Li））介于二溴二茂铁（$E_{1/2}$=3.55V（vs. Li^+/Li））与二茂铁分子之间（$E_{1/2}$=3.25V（vs. Li^+/Li）），因此可以通过媒介分子实现 $LiFePO_4$ 嵌入-脱出 Li^+ 的氧化、还原过程。组装电池实际测试结果表明，70%的 $LiFePO_4$ 容量可以发挥出来，对于正极一侧比容量的提高具有重要意义。然而，该半电池体系亟须开发能够储存-释放锂离子的合适负极材料与之相匹配。

2014 年，Pan 等[131]使用（五甲基环戊二烯基）钴 $CoCp_2^*$ 和二茂钴 $CoCp_2$ 作为媒介分子，使用锐钛矿 TiO_2 作为活性物质从而构建了能够作为锂离子液流电池负极使用的靶向反应。电化学测试结果表明，TiO_2 嵌入-脱出 Li^+ 的电极电位 $E_{1/2}$=1.8V（vs. Li^+/Li）处于 $CoCp_2^*$（$E_{1/2}$=1.36V（vs. Li^+/Li））和 $CoCp_2$（$E_{1/2}$=1.9V（vs. Li^+/Li））之间，借助媒介分子可以有效实现 TiO_2 中 Li^+ 的嵌入、脱出。但是，由于两组氧化还原媒介的电化学电位相差较大（1.36V 和 1.9V），组装电池的充放电极化较大。

基于上述两项工作，分别使用 $LiFePO_4$ 和 TiO_2 作为锂离子液流电池的正、负极活性物质，$FcBr_2$/Fc、$CoCp_2^*$/$CoCp_2$ 作为正、负极的媒介分子，从而构建锂离子液流电池全电池[132]，电池的体积能量密度可达 500W·h/L，远远高于常规液流电池的能量密度，如全钒液流电池。然而，在上述液流电池体系中，正负极两侧均需要借助两种氧化还原媒介分子来实现固体活性物质的氧化、还原两个过程。由于媒介电对的电极电位与固体材料相差较大容易造成较大的电化学极化。2018 年，Yu 等[133]分别选择使用 $LiFePO_4$(LFP) 和 $LiTi_2(PO_4)_3$(LTP) 作为正、负极的活性材料，以 $[Fe(CN)_6]^{4-}/[Fe(CN)_6]^{3-}$ 和 S^{2-}/S_2^- 作为正、负极的氧化还原媒介从而构建了一种新的锂离子液流电池体系（图 5.28）。由于 $[Fe(CN)_6]^{4-}/[Fe(CN)_6]^{3-}$ 的电极电位与 $LiFePO_4$ 嵌入-脱出 Li^+ 的电极电位极为接近，同样 S^{2-}/S_2^- 与 $LiTi_2(PO_4)_3$ 嵌入-脱出 Li^+ 电极电位也极为接近，因此该锂离子液流电池正、负

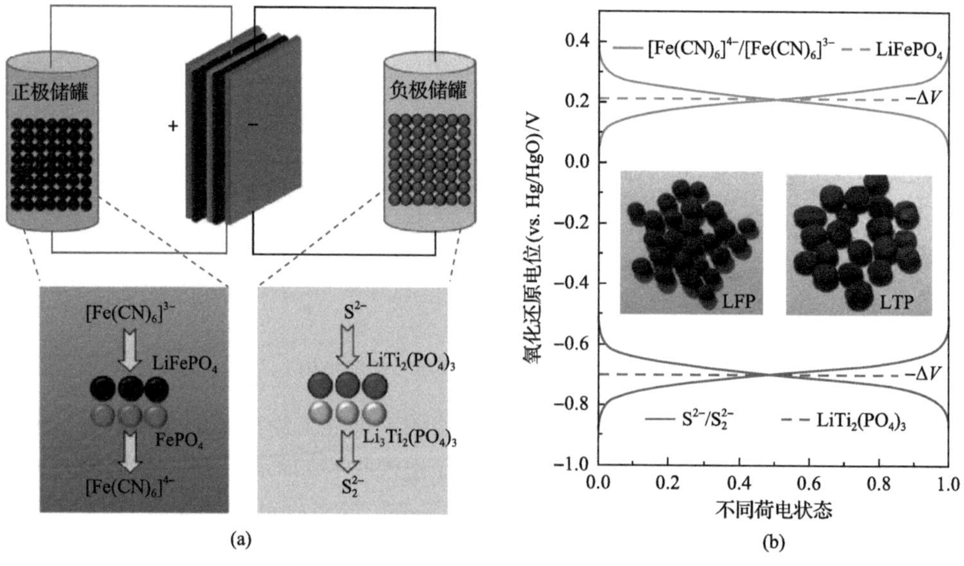

图 5.28 $[Fe(CN)_6]^{4-}/[Fe(CN)_6]^{3-}$ 和 S^{2-}/S_2^{2-} 作为媒介分子的锂离子液流电池[133]

(a)电池的结构及原理图；(b)固体活性材料及媒介分子在不同荷电状态下的氧化还原电位

极均只需要一种氧化还原媒介即可实现靶向反应过程。其中，氧化还原媒介对于固体材料的氧化或者还原主要取决于溶液中媒介分子的浓度，即媒介分子氧化态浓度高时可以氧化固体材料；反之，固体材料可以氧化媒介分子。所构建的电池体系的正负极比容量分别达到了 207A·h/L 和 305A·h/L。相对于两种媒介分子的设计，仅用一种媒介分子可以有效地降低电池的极化。

氧化还原靶向反应液流电池是解决液流电池受限于电解液浓度、能量密度较低问题的一种有效途径。通过液相媒介分子和固体活性材料之间的电位耦合可以有效提高电池的能量密度。然而，这种设计仍然存在许多缺陷：①媒介反应的电极电势和固体材料相差较大容易造成严重极化；②固体材料较低的利用率以及电化学反应速率和化学反应速率之间的差距容易造成电池在循环过程中的容量衰减问题；③固体材料颗粒的形状和尺寸设计、堆积方式均是影响其利用率的关键因素，这需要对固体材料具有良好的设计性；④最后也是最重要的，即如何探索这样的靶向反应电对是个较大的难题。虽然 Yan 等[129]给出了许多指导性的建议，如循环伏安法、基于活性物质-绝缘材料双层电极的计时电流法以及扫描电化学显微镜等，但是实际探寻的过程中仍然需要基于大量的电化学经验。相信随着这些问题的逐步解决，氧化还原靶向反应液流电池必然能在大规模储能中发挥重要作用。

2. 浆料型液流电池

与上述氧化还原靶向反应液流电池类似，浆料型液流电池也算是一类基于固体颗粒参与反应的电池体系。浆料电池是将导电颗粒和活性物质分散到电解液中处于流动状态并且可以在电极表面得失电子的一类特殊电池体系。1928 年，Heydecke 和 Beck 首次引用了泥浆电极的说法[134]。目前，浆料电极作为一类新的储能技术受到越来越多的关注。相比于传统的泡沫或者碳毡电极，泥浆电极的理论表面积巨大、设计灵活并且在电池不拆卸的状态下容易更换；将活性物质和导电颗粒做成泥浆状替代传统的均相电解液，能够打破活性物质溶解度限制，提高液流电池的能量密度。2019 年，Yan 等[135]通过将聚对苯二酚以及萘-1,4,5,8-四羧酸二酐-乙二胺共聚物的微米颗粒作为电池的正、负极材料构建了一种新型的聚合物浆料电池。使用浆料作为活性物质可以有效地降低电解液中离子的互串问题，从而避免使用昂贵的离子交换膜以及循环过程中容量的衰减问题。与之类似，许多难以导电的电极材料，如 $LiFePO_4$ 等氧化物等可以直接用于液流电池不需要使用黏结剂进行传统的刮涂处理。这种设计有效解决了由于活性物质刮涂较厚造成的电极开裂、活性物质剥离甚至是传质困难的问题。Wei 等[136]使用 $LiV_aX_b(PO_4)_c$ 和 VO_2 分别作为正、负极的活性物质并与多壁碳纳米管/科琴黑混合做成浆料设计了一款锂离子浆料液流电池。实际测试过程中，电池可以稳定地运行超过 1000 次循环展现出良好的循环性能，并且由于设计简单、活性物质容易回收再利用，该类电池有望用于可再生能源的大规模存储。

浆料电池另一个比较广泛的应用在于混合型液流电池，即负极存在金属沉积-溶解过程的电池体系。由于浆料电池的电极随电解液流动可以有效降低电极表面由金属沉积造成的枝晶问题，有望突破传统混合型液流电池负极面容量的限制从而达到混合型液流电池功率-能量分开设计的目的。以全铁液流电池为例，浆料用作全铁液流电池的负极，铁金属被镀到浆料颗粒上并伴随浆料循环从电化学电池腔体返回外部储液罐中，从而使储能容量与额定功率分离[137]。类似的工作同样适用于锌基液流电池体系，检测的结果证明这种设计确实可以很大程度上抑制锌枝晶的产生[138,139]。浆料电解液的应用能使得电极材料的设计更加灵活，拓宽活性物质的选择范围；同时浆料电极可灵活设计、可回收的优点大大降低了操作成本；另外，针对混合型液流电池负极的金属沉积问题，浆料电解液对于改善负极的枝晶、提高面容量起到了明显作用。然而，浆料电解液的应用同样带来很多问题，首先就是浆料的稳定性是个很值得商榷的问题，浆料颗粒在电池运行过程中可能发生沉降从而引起电池极化增大；另外，浆料型电极的设计往往会增大电池的极化并降低活性材料的利用率。因此，对于浆料的设计尤其是固体活性物质的设计，如颗粒枝晶、堆积方式等，仍然是研究的重点；另外，浆料的流型与液体差别很大，因此对于浆料流道的设计和模拟也是一项任重而道远的工作。

5.6.5 未来挑战

作为以新能源为主体新型电力系统的关键支撑技术，液流电池储能技术未来发展的前景极其广阔。全钒液流电池技术进入了大规模商业示范运行和市场开拓阶段，未来全钒液流电池的发展一方面仍需要进一步推进电池关键核心部件的技术研发，在提高电池性能的同时降低电池成本；另一方面，加快钒电解液产业的规模化，从钒矿开采到电解液制备回收技术优化，降低钒电解液的成本、实现电解液的高效利用。以锌-溴液流电池为代表的锌基液流电池储能技术处于应用示范阶段，不同体系的锌基液流电池储能技术不断涌现，其适用于不同应用场景，面临的关键问题也不相同，需要对不同体系的锌基液流电池储能技术的优缺点、技术难点、技术突破的难易程度、潜在应用领域的实用价值做全面科学判断，并提炼出技术发展路线，解决影响锌基液流电池储能技术实用化和产业化的关键技术瓶颈。以有机体系为代表的新型液流电池，得到越来越多的关注，但是无论在水溶液还是非水电解液中，新型液流电池仍有许多问题需要解决，如活性电对的稳定性和种类单一、电解液黏度和隔膜电极等匹配度。目前，有机液流电池的研究仍处在实验室探索阶段，国外几家初创公司正在进行有机液流电池储能技术的商业化探索工作。总体来说，无论从成本还是性能上来说，有机液流电池距商业化还有一段距离，有待研究者开发新型高性能的液流电池储能技术。

参考文献

[1] Yeager H L, Steck A. Cation and water diffusion in Nafion ion exchange membranes: Influence of polymer structure[J]. Journal of the Electrochemical Society, 1981, 128(9): 1880-1884.

[2] Yuan Z Z, Liang L X, Dai Q, et al. Low-cost hydrocarbon membrane enables commercial-scale alkaline-based flow batteries for long-duration energy storage[J]. Joule, 2022. http://dx.doi.org/10.2139/ssrn.3981895.

[3] Lu W J, Yuan Z Z, Zhao Y Y, et al. Porous membranes in secondary battery technologies[J]. Chemical Society Reviews, 2017, 46(8): 2199-2236.

[4] Zhang D Z, Xin L, Xia Y S, et al. Advanced Nafion hybrid membranes with fast proton transport channels toward

high-performance vanadium redox flow battery[J]. Journal of Membrane Science, 2021, 624: 119047.
[5] An H L, Zhang R, Li W H, et al. Surface-modified approach to fabricate nafion membranes covalently bonded with polyhedral oligosilsesquioxane for vanadium redox flow batteries[J]. ACS Applied Materials & Interfaces, 2022, 14 (6): 7845-7855.
[6] Wang L, Yu L H, Mu D, et al. Acid-base membranes of imidazole-based sulfonated polyimides for vanadium flow batteries[J]. Journal of Membrane Science, 2018, 552: 167-176.
[7] Zhang Y X, Wang H X, Qian P H, et al. Hybrid proton exchange membrane of sulfonated poly (ether ether ketone) containing polydopamine-coated carbon nanotubes loaded phosphotungstic acid for vanadium redox flow battery[J]. Journal of Membrane Science, 2021, 625: 119159.
[8] Zhang L, Jiang Y H, Wang H X, et al. Sulfonated poly (ether ketone)/sulfonated titanium dioxide hybrid membrane with high selectivity and good stability for vanadium redox flow battery[J]. Journal of Energy Storage, 2022, 45: 103705.
[9] Noh C, Serhiichuk D, Malikah N, et al. Optimizing the performance of meta-polybenzimidazole membranes in vanadium redox flow batteries by adding an alkaline pre-swelling step[J]. Chemical Engineering Journal, 2021, 407: 126574.
[10] Mara Ikhsan M, Abbas S, Do X H, et al. Polybenzimidazole membranes for vanadium redox flow batteries: Effect of sulfuric acid doping conditions[J]. Chemical Engineering Journal, 2022, 435: 134902.
[11] Ren X R, Zhao L N, Che X F, et al. Quaternary ammonium groups grafted polybenzimidazole membranes for vanadium redox flow battery applications[J]. Journal of Power Sources, 2020, 457: 228037.
[12] Liu L, Wang C, He Z F, et al. An overview of amphoteric ion exchange membranes for vanadium redox flow batteries[J]. Journal of Materials Science & Technology, 2021, 69: 212-227.
[13] Nibel O, Rojek T, Schmidt T J, et al. Amphoteric ion-exchange membranes with significantly improved vanadium barrier properties for all-vanadium redox flow batteries[J]. ChemSusChem, 2017, 10 (13): 2767-2777.
[14] Schwenzer B, Zhang J L, Kim S, et al. Membrane development for vanadium redox flow batteries[J]. ChemSusChem, 2011, 4 (10): 1388-1406.
[15] Zhang H Z, Zhang H M, Li X F, et al. Nanofiltration (NF) membranes: The next generation separators for all vanadium redox flow batteries (VRBs)?[J]. Energy & Environmental Science, 2011, 4 (5): 1676-1679.
[16] Strathmann H, Kock K. The formation mechanism of phase inversion membranes[J]. Desalination, 1977, 21 (3): 241-255.
[17] Strathmann H, Kock K, Amar P, et al. The formation mechanism of asymmetric membranes[J]. Desalination, 1975, 16 (2): 179-203.
[18] Wei W P, Zhang H M, Li X F, et al. Hydrophobic asymmetric ultrafiltration PVDF membranes: An alternative separator for VFB with excellent stability[J]. Physical Chemistry Chemical Physics: PCCP, 2013, 15 (6): 1766-1771.
[19] Xu W X, Li X F, Cao J Y, et al. Morphology and performance of poly (ether sulfone) /sulfonated poly (ether ether ketone) blend porous membranes for vanadium flow battery application[J]. RSC Advances, 2014, 4 (76): 40400-40406.
[20] Qiao L, Zhang H M, Lu W J, et al. Advanced porous membranes with tunable morphology regulated by ionic strength of nonsolvent for flow battery[J]. ACS Applied Materials & Interfaces, 2019, 11 (27): 24107-24113.
[21] Qiao L, Zhang H M, Lu W J, et al. Advanced porous membranes with slit-like selective layer for flow battery[J]. Nano Energy, 2018, 54: 73-81.
[22] Shi M Q, Dai Q, Li F, et al. Membranes with well-defined selective layer regulated by controlled solvent diffusion for high power density flow battery[J]. Advanced Energy Materials, 2020, 10 (34): 2001382.
[23] Zhang H Z, Zhang H M, Li X F, et al. Silica modified nanofiltration membranes with improved selectivity for redox flow battery application[J]. Energy & Environmental Science, 2012, 5 (4): 6299-6303.
[24] Wei X L, Nie Z M, Luo Q T, et al. Nanoporous polytetrafluoroethylene/silica composite separator as a high-performance all-vanadium redox flow battery membrane[J]. Advanced Energy Materials, 2013, 3 (9): 1215-1220.
[25] Zhao Y Y, Lu W J, Yuan Z Z, et al. Advanced charged porous membranes with flexible internal crosslinking structures for vanadium flow batteries[J]. Journal of Materials Chemistry A, 2017, 5 (13): 6193-6199.
[26] Qiao L, Zhang H M, Li M R, et al. A Venus-flytrap-inspired pH-responsive porous membrane with internal crosslinking

networks[J]. Journal of Materials Chemistry A, 2017, 5(48): 25555-25561.

[27] Lu W J, Yuan Z Z, Zhao Y Y, et al. High-performance porous uncharged membranes for vanadium flow battery applications created by tuning cohesive and swelling forces[J]. Energy & Environmental Science, 2016, 9(7): 2319-2325.

[28] Lu W J, Yuan Z Z, Li M R, et al. Solvent-induced rearrangement of ion-transport channels: A way to create advanced porous membranes for vanadium flow batteries[J]. Advanced Functional Materials, 2017, 27(4): 1604587.

[29] Lu W J, Yuan Z Z, Zhao Y Y, et al. Advanced porous PBI membranes with tunable performance induced by the polymer-solvent interaction for flow battery application[J]. Energy Storage Materials, 2018, 10: 40-47.

[30] Lu W J, Qiao L, Dai Q, et al. Solvent treatment: The formation mechanism of advanced porous membranes for flow batteries[J]. Journal of Materials Chemistry A, 2018, 6(32): 15569-15576.

[31] Lu W J, Zhang H M, Li X F. Membranes fabricated by solvent treatment for flow battery: Effects of initial structures and intrinsic properties[J]. Journal of Membrane Science, 2019, 577: 212-218.

[32] Li Y, Li X F, Cao J Y, et al. Composite porous membranes with an ultrathin selective layer for vanadium flow batteries[J]. Chemical Communications, 2014, 50(35): 4596-4599.

[33] Dai Q, Liu Z Q, Huang L, et al. Thin-film composite membrane breaking the trade-off between conductivity and selectivity for a flow battery[J]. Nature Communications, 2020, 11(1): 13.

[34] Dai Q, Lu W J, Zhao Y Y, et al. Advanced scalable zeolite "ions-sieving" composite membranes with high selectivity[J]. Journal of Membrane Science, 2020, 595: 117569.

[35] Yuan Z Z, Zhu X X, Li M R, et al. A highly ion-selective zeolite flake layer on porous membranes for flow battery applications[J]. Angewandte Chemie International Edition, 2016, 55(9): 3058-3062.

[36] Wu J E, Dai Q, Zhang H M, et al. A defect-free MOF composite membrane prepared via in situ binder-controlled restrained second-growth method for energy storage device[J]. Energy Storage Materials, 2021, 35: 687-694.

[37] Hu J, Tang X M, Dai Q, et al. Layered double hydroxide membrane with high hydroxide conductivity and ion selectivity for energy storage device[J]. Nature Communications, 2021, 12(1): 3409.

[38] Hu J, Yuan C G, Zhi L P, et al. In situ defect-free vertically aligned layered double hydroxide composite membrane for high areal capacity and long-cycle zinc-based flow battery[J]. Advanced Functional Materials, 2021, 31: 2102167.

[39] Ding C, Zhang H M, Li X F, et al. Vanadium flow battery for energy storage: prospects and challenges[J]. The Journal of Physical Chemistry Letters, 2013, 4(8): 1281-1294.

[40] Inoue M, Tsuzuki Y, Iizuka Y, et al. Carbon fiber electrode for redox flow battery[J]. Journal of the Electrochemical Society, 1987, 134(3): 756-757.

[41] Skyllas-Kazacos M. Novel vanadium chloride/polyhalide redox flow battery[J]. Journal of Power Sources, 2003, 124(1): 299-302.

[42] Kazacos M, Skyllas-Kazacos M. Performance characteristics of carbon plastic electrodes in the all-vanadium redox cell[J]. Journal of the Electrochemical Society, 1989, 136: 2759-2760.

[43] Liu T, Li X F, Nie H J, et al. Investigation on the effect of catalyst on the electrochemical performance of carbon felt and graphite felt for vanadium flow batteries[J]. Journal of Power Sources, 2015, 286: 73-81.

[44] Jin J T, Fu X G, Liu Q, et al. Identifying the active site in nitrogen-doped graphene for the VO^{2+}/VO_2^+ redox reaction[J]. ACS Nano, 2013, 7(6): 4764-4773.

[45] Kim K J, Kim Y J, Kim J H, et al. The effects of surface modification on carbon felt electrodes for use in vanadium redox flow batteries[J]. Materials Chemistry and Physics, 2011, 131(1-2): 547-553.

[46] Yue L, Li W S, Sun F Q, et al. Highly hydroxylated carbon fibres as electrode materials of all-vanadium redox flow battery[J]. Carbon, 2010, 48(11): 3079-3090.

[47] Sun B T, Skyllas-Kazacos M. Chemical modification of graphite electrode materials for vanadium redox flow battery application: Part Ⅱ. Acid treatments[J]. Electrochimica Acta, 1992, 37(13): 2459-2465.

[48] Sun B, Skyllas-Kazacos M. Modification of graphite electrode materials for vanadium redox flow battery application—I.

Thermal treatment[J]. Electrochimica Acta, 1992, 37(7): 1253-1260.

[49] Xu A, Shi L, Zeng L, et al. First-principle investigations of nitrogen-, boron-, phosphorus-doped graphite electrodes for vanadium redox flow batteries[J]. Electrochimica Acta, 2019, 300: 389-395.

[50] Liu T, Li X F, Xu C, et al. Activated carbon fiber paper based electrodes with high electrocatalytic activity for vanadium flow batteries with improved power density[J]. ACS Applied Materials & Interfaces, 2017, 9(5): 4626-4633.

[51] Kabtamu D M, Chen J Y, Chang Y C, et al. Water-activated graphite felt as a high-performance electrode for vanadium redox flow batteries[J]. Journal of Power Sources, 2017, 341: 270-279.

[52] Zhang Z Y, Xi J Y, Zhou H P, et al. KOH etched graphite felt with improved wettability and activity for vanadium flow batteries[J]. Electrochimica Acta, 2016, 218: 15-23.

[53] Li W Y, Liu J G, Yan C W. Multi-walled carbon nanotubes used as an electrode reaction catalyst for VO_2^+/VO^{2+} for a vanadium redox flow battery[J]. Carbon, 2011, 49(11): 3463-3470.

[54] Park M, Jung Y J, Kim J, et al. Synergistic effect of carbon nanofiber/nanotube composite catalyst on carbon felt electrode for high-performance all-vanadium redox flow battery[J]. Nano Letters, 2013, 13(10): 4833-4839.

[55] Han P X, Wang H B, Liu Z H, et al. Graphene oxide nanoplatelets as excellent electrochemical active materials for VO^{2+}/VO^{2+} and V^{2+}/V^{3+} redox couples for a vanadium redox flow battery[J]. Carbon, 2011, 49(2): 693-700.

[56] Wang R, Li Y S, Liu H Y, et al. Sandwich-like multi-scale hierarchical porous carbon with a highly hydroxylated surface for flow batteries[J]. Journal of Materials Chemistry A, 2021, 9(4): 2345-2356.

[57] Parasuraman A, Lim T M, Menictas C, et al. Review of material research and development for vanadium redox flow battery applications[J]. Electrochimica Acta, 2013, 101: 27-40.

[58] Li B, Gu M, Nie Z M, et al. Nanorod niobium oxide as powerful catalysts for an all vanadium redox flow battery[J]. Nano Letters, 2014, 14(1): 158-165.

[59] Kim K J, Park M S, Kim J H, et al. Novel catalytic effects of Mn_3O_4 for all vanadium redox flow batteries[J]. Chemical Communications, 2012, 48(44): 5455-5457.

[60] Yao C, Zhang H M, Liu T, et al. Carbon paper coated with supported tungsten trioxide as novel electrode for all-vanadium flow battery[J]. Journal of Power Sources, 2012, 218: 455-461.

[61] Zhang Q, Liu T, Zhang H M, et al. Highly active Ag nanoparticle electrocatalysts toward V^{2+}/V^{3+} redox reaction[J]. ACS Applied Energy Materials, 2021, 4(4): 3913-3920.

[62] Li B, Gu M, Nie Z M, et al. Bismuth nanoparticle decorating graphite felt as a high-performance electrode for an all-vanadium redox flow battery[J]. Nano Letters, 2013, 13(3): 1330-1335.

[63] Aaron D S, Liu Q, Tang Z, et al. Dramatic performance gains in vanadium redox flow batteries through modified cell architecture[J]. Journal of Power Sources, 2012, 206: 450-453.

[64] Zheng Q, Li X F, Cheng Y H, et al. Development and perspective in vanadium flow battery modeling[J]. Applied Energy, 2014, 132: 254-266.

[65] Zheng Q, Xing F, Li X F, et al. Flow field design and optimization based on the mass transport polarization regulation in a flow-through type vanadium flow battery[J]. Journal of Power Sources, 2016, 324: 402-411.

[66] Ke X Y, Prahl J M, Alexander J I D, et al. Redox flow batteries with serpentine flow fields: Distributions of electrolyte flow reactant penetration into the porous carbon electrodes and effects on performance[J]. Journal of Power Sources, 2018, 384: 295-302.

[67] Lee J, Kim J, Park H. Numerical simulation of the power-based efficiency in vanadium redox flow battery with different serpentine channel size[J]. International Journal of Hydrogen Energy, 2019, 44(56): 29483-29492.

[68] 刘记, 左春柽, 于海明, 等. 全钒液流电池双极板流道的建模及其优化[J]. 装备制造技术, 2012, (12): 1-4, 14.

[69] 汪钱, 陈金庆, 王保国. 导流结构和电极结构对全钒液流电池性能的影响[J]. 电池, 2008, 38(6): 346-348.

[70] 殷聪, 王晶, 汤浩. 全钒氧化还原液流电池的流场工程设计与优化[J]. 东方电气评论, 2011, 25(4): 7-12.

[71] Bhattarai A, Wai N, Schweiss R, et al. Advanced porous electrodes with flow channels for vanadium redox flow battery[J]. Journal of Power Sources, 2017, 341: 83-90.

[72] Houser J, Clement J, Pezeshki A, et al. Influence of architecture and material properties on vanadium redox flow battery performance[J]. Journal of Power Sources, 2016, 302: 369-377.

[73] Jyothi Latha T, Jayanti S. Hydrodynamic analysis of flow fields for redox flow battery applications[J]. Journal of Applied Electrochemistry, 2014, 44(9): 995-1006.

[74] Lisboa K M, Marschewski J, Ebejer N, et al. Mass transport enhancement in redox flow batteries with corrugated fluidic networks[J]. Journal of Power Sources, 2017, 359: 322-331.

[75] Choe J, Kim J, Lee D G. Shape optimization of the corrugated composite bipolar plate (CCBP) for vanadium redox flow batteries (VRFBs)[J]. Composite Structures, 2016, 158: 333-339.

[76] Choe J, Kim K H, Lee D G. Corrugated carbon/epoxy composite bipolar plate for vanadium redox flow batteries[J]. Composite Structures, 2015, 119: 534-542.

[77] Sun J, Zheng M L, Yang Z S, et al. Flow field design pathways from lab-scale toward large-scale flow batteries[J]. Energy, 2019, 173: 637-646.

[78] Zeng Y K, Li F H, Lu F, et al. A hierarchical interdigitated flow field design for scale-up of high-performance redox flow batteries[J]. Applied Energy, 2019, 238: 435-441.

[79] Ali E, Kwon H, Kim J, et al. Numerical study on serpentine design flow channel configurations for vanadium redox flow batteries[J]. Journal of Energy Storage, 2020, 32: 101802.

[80] Lu M Y, Deng Y M, Yang W W, et al. A novel rotary serpentine flow field with improved electrolyte penetration and species distribution for vanadium redox flow battery[J]. Electrochimica Acta, 2020, 361: 137089.

[81] Daugherty M C, Hsieh C T, Aaron D S, et al. Enabling high rate capability, low internal resistance, and excellent cyclability for vanadium redox flow batteries utilizing ultrafast laser-structured graphite felt[J]. Electrochimica Acta, 2020, 344: 136171.

[82] Sun J, Zheng M L, Luo Y S, et al. Three-dimensional detached serpentine flow field design for redox flow batteries[J]. Journal of Power Sources, 2019, 428: 136-145.

[83] Yin C, Gao Y, Xie G Y, et al. Three dimensional multi-physical modeling study of interdigitated flow field in porous electrode for vanadium redox flow battery[J]. Journal of Power Sources, 2019, 438: 227023.

[84] 周汉涛. 多硫化钠/溴液流储能电池的研究[D]. 大连: 中国科学院大连化学物理研究所, 2016.

[85] Xing F, Zhang H M, Ma X K. Shunt current loss of the vanadium redox flow battery[J]. Journal of Power Sources, 2011, 196(24): 10753-10757.

[86] Lin P, Zhou P, Wu C W. Multi-objective topology optimization of end plates of proton exchange membrane fuel cell stacks[J]. Journal of Power Sources, 2011, 196(3): 1222-1228.

[87] Lim H S, Lackner A M, Knechtli R C. Zinc-bromine secondary battery[J]. Journal of the Electrochemical Society, 1977, 124(8): 1154-1157.

[88] Barnartt S, Forejt D A. Bromine-zinc secondary cells[J]. Journal of the Electrochemical Society, 1964, 111: 1201-1204.

[89] 贾旭平. 美国 ZBB 能源公司的锌/溴液流储能系统[J]. 电源技术, 2011, 35(5): 489-492.

[90] Winsberg J, Janoschka T, Morgenstern S, et al. Poly(TEMPO)/zinc hybrid-flow battery: A novel, "green," high voltage, and safe energy storage system[J]. Advanced Materials, 2016, 28(11): 2238-2243.

[91] Li B, Nie Z M, Vijayakumar M, et al. Ambipolar zinc-polyiodide electrolyte for a high-energy density aqueous redox flow battery[J]. Nature Communications, 2015, 6: 6303.

[92] Weng G M, Li Z J, Cong G T, et al. Unlocking the capacity of iodide for high-energy-density zinc/polyiodide and lithium/polyiodide redox flow batteries[J]. Energy & Environmental Science, 2017, 10(3): 735-741.

[93] Zhang J, Jiang G P, Xu P, et al. An all-aqueous redox flow battery with unprecedented energy density[J]. Energy & Environmental Science, 2018, 11(8): 2010-2015.

[94] Wang S N, Wang Z Y, Yin Y B, et al. A highly reversible zinc deposition for flow batteries regulated by critical concentration induced nucleation[J]. Energy & Environmental Science, 2021, 14(7): 4077-4084.

[95] Yin Y B, Wang S N, Zhang Q, et al. Dendrite-free zinc deposition induced by tin-modified multifunctional 3D host for stable

zinc-based flow battery[J]. Advanced Materials, 2020, 32(6): 1906803.

[96] Lu W J, Zhang C K, Zhang H M, et al. Anode for zinc-based batteries: Challenges, strategies, and prospects[J]. ACS Energy Letters, 2021, 6(8): 2765-2785.

[97] Yuan Z Z, Yin Y B, Xie C X, et al. Advanced materials for zinc-based flow battery: Development and challenge[J]. Advanced Materials, 2019, 31(50): e1902025.

[98] Wang S N, Yuan C G, Chang N N, et al. Act in contravention: A non-planar coupled electrode design utilizing "tip effect" for ultra-high areal capacity, long cycle life zinc-based batteries[J]. Science Bulletin, 2021, 66(9): 889-896.

[99] Wang C H, Lai Q Z, Xu P C, et al. Cage-like porous carbon with superhigh activity and Br_2-complex-entrapping capability for bromine-based flow batteries[J]. Advanced Materials, 2017, 29(22): 1605815.

[100] Lu W J, Xu P C, Shao S Y, et al. Multifunctional carbon felt electrode with N-rich defects enables a long-cycle zinc-bromine flow battery with ultrahigh power density[J]. Advanced Functional Materials, 2021, 31(30): 2102913.

[101] Wang C H, Lu W J, Lai Q Z, et al. A TiN nanorod array 3D hierarchical composite electrode for ultrahigh-power-density bromine-based flow batteries[J]. Advanced Materials, 2019, 31(46): e1904690.

[102] Wang C H, Li X F, Xi X L, et al. Bimodal highly ordered mesostructure carbon with high activity for Br_2/Br^- redox couple in bromine based batteries[J]. Nano Energy, 2016, 21: 217-227.

[103] Hu J, Yue M, Zhang H M, et al. A boron nitride nanosheets composite membrane for a long-life zinc-based flow battery[J]. Angewandte Chemie International Edition, 2020, 59(17): 6715-6719.

[104] Wu J E, Yuan C G, Li T Y, et al. Dendrite-free zinc-based battery with high areal capacity via the region-induced deposition effect of turing membrane[J]. Journal of the American Chemical Society, 2021, 143(33): 13135-13144.

[105] Yuan Z Z, Liu X Q, Xu W B, et al. Negatively charged nanoporous membrane for a dendrite-free alkaline zinc-based flow battery with long cycle life[J]. Nature Communications, 2018, 9(1): 3731.

[106] Li X J, Li T Y, Xu P C, et al. A complexing agent to enable a wide-temperature range bromine-based flow battery for stationary energy storage[J]. Advanced Functional Materials, 2021, 31: 2100133.

[107] Li X J, Xie C X, Li T Y, et al. Low-cost titanium-bromine flow battery with ultrahigh cycle stability for grid-scale energy storage[J]. Advanced Materials, 2020, 32(49): e2005036.

[108] Xie C X, Duan Y Q, Xu W B, et al. A low-cost neutral zinc-iron flow battery with high energy density for stationary energy storage[J]. Angewandte Chemie International Edition, 2017, 56(47): 14953-14957.

[109] Xie C X, Zhang H M, Xu W B, et al. A long cycle life, self-healing zinc-iodine flow battery with high power density[J]. Angewandte Chemie International Edition, 2018, 57(35): 11171-11176.

[110] Xie C X, Liu Y, Lu W J, et al. Highly stable zinc-iodine single flow batteries with super high energy density for stationary energy storage[J]. Energy & Environmental Science, 2019, 12(6): 1834-1839.

[111] Xie C X, Li T Y, Deng C Z, et al. A highly reversible neutral zinc/manganese battery for stationary energy storage[J]. Energy & Environmental Science, 2020, 13(1): 135-143.

[112] Xu Y, Wen Y H, Cheng J, et al. Primary study of Tiron as active materials for the redox flow battery[J]. Journal of Electrochemistry, 2008, 14(4): 354-357.

[113] Xu Y, Wen Y H, Cheng J, et al. A study of tiron in aqueous solutions for redox flow battery application[J]. Electrochimica Acta, 2010, 55(3): 715-720.

[114] Feng R Z, Zhang X, Murugesan V, et al. Reversible ketone hydrogenation and dehydrogenation for aqueous organic redox flow batteries[J]. Science, 2021, 372(6544): 836-840.

[115] Li H B, Fan H, Hu B, et al. Spatial structure regulation: A rod-shaped viologen enables long lifetime in aqueous redox flow batteries[J]. Angewandte Chemie International Edition, 2021, 60(52): 26971-26977.

[116] Hollas A, Wei X L, Murugesan V, et al. A biomimetic high-capacity phenazine-based anolyte for aqueous organic redox flow batteries[J]. Nature Energy, 2018, 3: 508-514.

[117] Liu Y H, Goulet M A, Tong L C, et al. A long-lifetime all-organic aqueous flow battery utilizing TMAP-TEMPO radical[J].

Chem, 2019, 5(7): 1861-1870.

[118] Hu B, DeBruler C, Rhodes Z, et al. Long-cycling aqueous organic redox flow battery (AORFB) toward sustainable and safe energy storage[J]. Journal of the American Chemical Society, 2017, 139(3): 1207-1214.

[119] Li X, Gao P Y, Lai Y Y, et al. Symmetry-breaking design of an organic iron complex catholyte for a long cyclability aqueous organic redox flow battery[J]. Nature Energy, 2021, 6: 873-881.

[120] Matsuda Y, Tanaka K, Okada M, et al. A rechargeable redox battery utilizing ruthenium complexes with non-aqueous organic electrolyte[J]. Journal of Applied Electrochemistry, 1988, 18(6): 909-914.

[121] Huang J H, Duan W T, Zhang J J, et al. Substituted thiadiazoles as energy-rich anolytes for nonaqueous redox flow cells[J]. Journal of Materials Chemistry A, 2018, 6(15): 6251-6254.

[122] Sevov C S, Samaroo S K, Sanford M S. Cyclopropenium salts as cyclable, high-potential catholytes in nonaqueous media[J]. Advanced Energy Materials, 2017, 7(5): 1602027.

[123] Shkrob I A, Robertson L A, Yu Z, et al. Crowded electrolytes containing redoxmers in different states of charge: Solution structure, properties, and fundamental limits on energy density[J]. Journal of Molecular Liquids, 2021, 334: 116533.

[124] Zhang J J, Corman R E, Schuh J K, et al. Solution properties and practical limits of concentrated electrolytes for nonaqueous redox flow batteries[J]. The Journal of Physical Chemistry C, 2018, 122(15): 8159-8172.

[125] Yuan J S, Pan Z Z, Jin Y, et al. Membranes in non-aqueous redox flow battery: A review[J]. Journal of Power Sources, 2021, 500: 229983.

[126] Montoto E C, Nagarjuna G, Hui J S, et al. Redox active colloids as discrete energy storage carriers[J]. Journal of the American Chemical Society, 2016, 138(40): 13230-13237.

[127] Peng S S, Zhang L Y, Zhang C K, et al. Gradient-distributed metal-organic framework-based porous membranes for nonaqueous redox flow batteries[J]. Advanced Energy Materials, 2018, 8(33): 1802533.

[128] Wang Q, Zakeeruddin S M, Wang D Y, et al. Redox targeting of insulating electrode materials: A new approach to high-energy-density batteries[J]. Angewandte Chemie International Edition, 2006, 45(48): 8197-8200.

[129] Yan R T, Wang Q. Redox-targeting-based flow batteries for large-scale energy storage[J]. Advanced Materials, 2018, 30(47): e1802406.

[130] Huang Q Z, Li H, Grätzel M, et al. Reversible chemical delithiation/lithiation of $LiFePO_4$: Towards a redox flow lithium-ion battery[J]. Physical Chemistry Chemical Physics, 2013, 15(6): 1793-1797.

[131] Pan F, Yang J, Huang Q Z, et al. Redox targeting of anatase TiO_2 for redox flow lithium-ion batteries[J]. Advanced Energy Materials, 2014, 4(15): 1400567.

[132] Jia C K, Pan F, Zhu Y G, et al. High-energy density nonaqueous all redox flow lithium battery enabled with a polymeric membrane[J]. Science Advances, 2015, 1(10): e1500886.

[133] Yu J Z, Fan L, Yan R T, et al. Redox targeting-based aqueous redox flow lithium battery[J]. ACS Energy Letters, 2018, 3(10): 2314-2320.

[134] Percin K, Rommerskirchen A, Sengpiel R, et al. 3D-printed conductive static mixers enable all-vanadium redox flow battery using slurry electrodes[J]. Journal of Power Sources, 2018, 379: 228-233.

[135] Yan W, Wang C X, Tian J Q, et al. All-polymer particulate slurry batteries[J]. Nature Communications, 2019, 10(1): 2513.

[136] Wei J, Zhang P B, Liu Y Z, et al. Hypersaline aqueous lithium-ion slurry flow batteries[J]. ACS Energy Letters, 2022, 7(2): 862-870.

[137] Petek T J, Hoyt N C, Savinell R F, et al. Slurry electrodes for iron plating in an all-iron flow battery[J]. Journal of Power Sources, 2015, 294: 620-626.

[138] Liu Y, Hu Q Y, Zhong J, et al. A renewable sedimentary slurry battery: Preliminary study in zinc electrodes[J]. iScience, 2020, 23(12): 101821.

[139] Choi N H, del Olmo D, Milian D, et al. Use of carbon additives towards rechargeable zinc slurry air flow batteries[J]. Energies, 2020, 13(17): 4482.

第6章

铅炭电池

6.1 概　　述

现代工业社会的正常运转离不开能源。人口数量、国内生产总值、消费水平与能源消耗及环境污染密切相关。美国人口不足全球的5%，却消耗了22%的能源，其CO_2排放量也达到了全球的22%[1]。我国是一个人口大国，随着经济发展和人民生活水平的不断提高，对能源的需求量逐年增加，由此带来的环境和生态保护压力也日益增大。

能量有多种形式，其来源也各不相同，如动能由运动的粒子产生，势能由粒子的位置差产生。常见的能量形式包括机械能、电能、热能、化学能、磁能、核能、生物质能、潮汐能和地热能等。

太阳能来源于在太阳核心发生的由氢原子核向氦原子核转变的核反应。太阳的寿命还有40亿～50亿年，来自太阳的电磁辐射能量每天都会被源源不断地传送到地表，所以认为太阳能是可再生的。其他类型的可再生能源还包括风能、生物能、地热能、水力能、潮汐能和波浪能等。这些可再生能源本质上均与太阳辐射密切相关。风能源自地表的不均匀加热。在赤道附近过多的热量输入会通过水的汽化与冷凝引起水和热能的传输，所以从这种意义上来讲，河流和水坝中蕴含的水利能就是存储的太阳能。生物质能是通过植物的光合作用储存的太阳能，是太阳能的另外一种存在形式。还有一种可再生能源是地热能，其来源于地球形成过程中由引力产生的熔岩的残存热量及放射性粒子的衰变。

与上述可再生能源不同，化石燃料是来自过去久远地质年代的动植物残骸，是储存的太阳能。尽管石油、天然气和煤炭的储量巨大，但它们的储量是有限的。从百年时间尺度来看，化石燃料是不可再生的。

全球变暖是目前人类社会面临和亟待解决的重要问题之一。全球变暖主要是由人类的活动造成的。1750年以来的人类活动造成大气中二氧化碳、甲烷和氧化氮浓度显著提高，目前其数值已经远高于工业革命前的浓度。化石燃料的大量使用是大气中二氧化碳浓度升高的主要原因。如果不改变能源结构，不减少化石能源的使用比例，按目前的趋势估计，未来大气中二氧化碳的浓度将翻番[2-4]。

可再生能源的优点包括具有可持续性、易取得性和基本无污染。与用化石燃料和核能产生蒸汽发电不同，用风力发电机组和光伏板生产电能不需要消耗水。

可再生能源的缺点是能量密度低、不连续和不稳定。风力的起伏、太阳光强度的变化、负载的突然变化和线路故障均会引起系统电压的短暂下降。研究表明，储能系统的引入能够补偿可再生能源的随机属性和突然中断。此外，可再生能源生产电能并网时会引起供电系统电压的较大幅度摆动，造成用电设备的损坏。在发电端配置用于能量平滑和电压调节的储能系统能够在不对供电网络进行升级的前提下实现可再生能源生产电能的安全利用[5]。在大规模储能领域，目前真正实现商业化应用的储能技术只有抽水电站储能。但是，受地理条件限制，抽水电站储能技术难以获得广泛应用。电化学储能技术具有能量密度高、设计规模灵活等诸多优点，不仅在大规模储能领域具有广阔的应用前景，在交通运输、通信基站、备用电源和移动电子设备等领域同样发挥着不可替代的作用。

近年来，为了应对环境污染的日益加剧和化石能源的逐渐枯竭，电动汽车的研发与应用推广受到各国政府的重视。目前，国内外已有汽车公司将纯电动汽车和插电式混合动力电动汽车投放市场。

伴随着可再生清洁能源市场份额的提高和电动汽车的快速普及应用，对电化学储能技术的需求迅速增加。预计到 2025 年，全球电池储能市场规模将达到 20000MW·h[6]。此后，对储能电池的市场需求仍将持续增长。多领域对电池需求的迅速增长带来了电池技术发展的黄金时代。从洁净能源存储到混合动力及电动车辆，对高性能和可持续电池的需求正驱动着全球电池技术研究与开发的发展。

储能需求的快速增长意味着对多种储能技术的需求。没有哪种电池能够满足所有应用场合的需求。针对不同的应用需求，研究和开发不同类型的储能电池，是学术界和产业界长期面临的挑战。电化学储能技术的研发日益受到多国政府、研发机构和产业界的重视。

2019 年，中国科学院在前瞻战略性科技先导专项（简称 A 类先导专项）“变革性洁净能源关键技术与示范”中设立“大规模储能关键技术与应用示范”项目，对多种电化学和物理储能技术予以支持[7]。

2021 年 1 月 26 日，作为欧洲电池联盟（European Battery Alliance）的一个里程碑，欧盟批准了第二个电池领域的欧洲共同利益重要项目“欧洲向气候中和过渡的关键技术”[8]。该项目有 12 个成员方参与，总投资达到 29 亿欧元，共支持由 42 个公司承担的 46 个项目。该项目将带动三倍的私营企业投资。该泛欧项目将通过聚焦先进锂离子电池和次时代后锂离子电池技术实现电池市场的革命。

6.1.1 铅酸电池的优缺点与应用领域

铅酸电池是人类开发的第一种可充电电池（二次电池）。自从 1859 年 Gaston Plante 发明铅酸电池以来，铅酸电池经历了一百六十多年的发展历程[9]。铅酸电池所具有的优缺点如表 6.1 所示[9]。铅酸电池由于具有低成本、免维护和高安全性等突出优点，目前已经广泛用作启动电源、牵引电源、通信电源及备用电源等。由于数以十亿计的汽车在使用铅酸电池作为启动电源，进一步提高铅酸电池的循环寿命将有利于对地球环境的保护。

表 6.1 铅酸电池的优缺点

优点	缺点
(1)成本低 (2)免维护 (3)安全性高 (4)较高的倍率性能 (5)较宽的工作温度区间(–40～60℃) (6)电池材料可循环使用 (7)易于大批量生产	(1)循环寿命较短(约 500 次深度放电循环) (2)能量密度较低(一般 30～40W·h/kg) (3)长期亏电状态搁置会造成电池永久损坏 (4)板栅含有砷和锑有害健康的元素 (5)难以制成小容量的电池 (6)短路会造成电池的永久损坏

先进铅酸电池联盟(Advanced Lead Acid Battery Consortium, ALABC)是国际性铅酸电池行业组织。近年来，ALABC 资助了启停电池和轻混车辆用电池的开发。目前，启停铅酸电池已经得到广泛的应用。这是电池行业和 ALABC 近年来所取得的重大成就。

2016～2018 年 ALABC 在国际铅协会(the International Lead Association, ILA)的支持下，开展了如下研究工作[10]。

(1)与福特、现代/起亚合作，开展两个使用 48V 先进铅酸电池中混合动力电动车(hybrid electric vehicle, HEV)项目。初步研究结果表明，所开发的技术有望将 CO_2 的排放量降低 15%～20%。

(2)研究与开发改善铅酸电池充放电性能和循环性能的新技术，以满足储能应用对其性能的要求。

目前，在配备启停系统的民用车辆、混合动力及工业用车辆中大多数都在使用铅酸电池。尽管铅酸电池的市场份额近年来受到来自锂离子电池等新型储能技术的挤压，其目前仍占世界可充电储能市场的 60%。具有重要影响力的市场分析机构 Avicenne Energy 在欧盟研究与创新地平线计划(Horizon 2020)的资助下对全球汽车、工业、储能、UPS 和动力电池领域的铅基电池(主要包括铅酸电池和铅炭电池)市场规模进行了预测。图 6.1 所示为铅基电池市场总规模随时间的增长情况[6]。全球铅基电池市场将从 2020 年的 415GW·h 增长到 2030 年的 490GW·h，其中从 2025 年到 2030 年的增长幅度达到

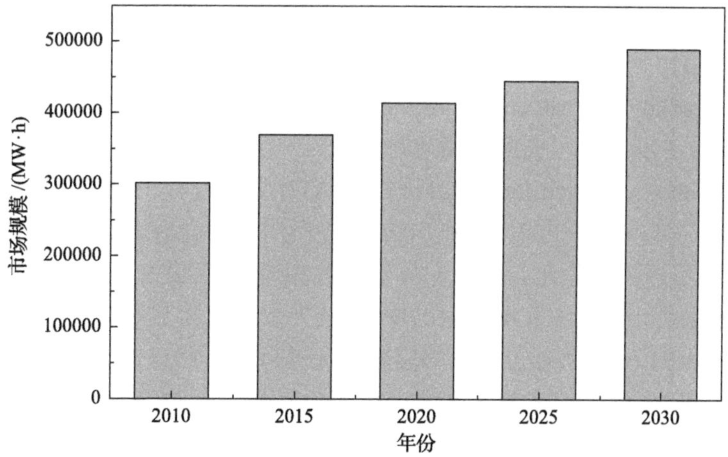

图 6.1 铅基电池不同年份实际市场规模及其预测

61000WM·h。铅基电池在全球实现减排和电气化过程中所发挥的关键作用驱动了铅基电池市场规模的巨大增长。根据预测，到 2030 年，12V 铅基电池的市场将达到 333GW·h。在电动叉车等应用领域，铅基电池满足 89%动力电池需求，其市场规模预计到 2030 年将达到 34.3GW·h。全球储能市场 2025 年对电池的需求将达到 35GW·h，其中铅基电池在可再生能源存储和应用方面将起到关键作用。铅基电池将在电信基站备用电源领域发挥主导作用，市场规模从 2025 年到 2030 年将增加 5.6GW·h。此外，铅基电池将占据 90%的 UPS 市场，其市场规模从 2025 年到 2030 年将增加 5.5GW·h。

6.1.2 铅酸电池的工作原理及其所面临的挑战

在满电状态下，铅酸电池由二氧化铅正极和金属铅负极构成，作为电解质的硫酸溶液的浓度约为 37%(密度约为 1.28g/cm^3)。在放电阶段，正极活性物质(postive active material, PAM)二氧化铅和负极金属铅均与硫酸发生反应，转变为 $PbSO_4$[11]。在这个过程中，硫酸根被大量消耗，致使电解质溶液的相对密度逐渐降低。至放电末期，电解质的相对密度降至与水接近。通常情况下，正极性能是影响铅酸电池循环寿命的主要因素，而负极性能则决定铅酸电池的低温性能。

铅酸电池中所发生的电化学反应如下[12]。

正极

充电过程：$PbSO_4 + 2H_2O - 2e^- \xlongequal{} PbO_2 + 4H^+ + SO_4^{2-}$

放电过程：$PbO_2 + SO_4^{2-} + 4H^+ + 2e^- \xlongequal{} PbSO_4 + 2H_2O$

负极

充电过程：$PbSO_4 + 2e^- \xlongequal{} Pb + SO_4^{2-}$

放电过程：$Pb + SO_4^{2-} - 2e^- \xlongequal{} PbSO_4$

总反应

充电过程：$PbSO_4 + 2H_2O \xlongequal{} PbO_2 + 2H_2SO_4 + Pb$

放电过程：$PbO_2 + 2H_2SO_4 + Pb \xlongequal{} 2PbSO_4 + 2H_2O$

尽管大多数铅酸电池在定期再生充电和适宜充电的情况下具有足够长的循环寿命，但当将其应用于 HEV、可再生能源存储、智能电网等大规模或分布式储能领域时，即在部分荷电状态(partial state of charge, PSoC)或高倍率部分荷电(high rato tartial state of charge, HRPSoC)工况下进行充放电循环时，循环寿命会大幅度降低。Atlung 等[13]揭示，阀控铅酸电池(valve regulated lead battery, VRLA)在循环过程中的失效原因来源于负极。在充电后期相当一部分的充电电流被水电解反应所消耗，会造成 VRLA 负极充电不足，导致活性物质不可逆硫酸盐化。Nakamura 等[14]发现应用于 HEV 的 VRLA 在 HRPSoC 工况下工作时，要承受无规律大充电电流的冲击，其失效模式为 $PbSO_4$ 在负极板上的积累。Cooper 等[15]对 VRLA 在实际工况下的应用情况进行了研究，提出负极逐渐硫酸盐化是 VRLA 在 HRPSoC 工况下的主要失效模式。Lam 等[16]对 VRLA 在 HRPSoC 工况下的循环寿命进行了测试，并对测试后的电池进行了解剖和检测。结果表明 VRLA 寿命缩短的主要原因是 $PbSO_4$ 在负极表面的逐渐积累。

上述研究证实，在 HRPSoC 工况下 VRLA 的失效模式是 $PbSO_4$ 在负极的累积。

在充放电过程中，铅酸电池负极上所发生的基本反应和 $PbSO_4$ 重结晶过程如图 6.2 所示[17-19]。通常情况下，在放电过程中会在 Pb 的表面生成具有较高溶解度的 $PbSO_4$ 小颗粒。这些小颗粒 $PbSO_4$ 溶解所产生的 Pb^{2+} 在后续的充电过程中会被还原生成金属 Pb。造成 $PbSO_4$ 在负极逐步累积的主要原因有：①电池长期在 PSoC 状态下工作时，在充电过程中没有被还原的 $PbSO_4$ 会发生重结晶反应，即小颗粒 $PbSO_4$ 溶解并沉积到较大的 $PbSO_4$ 颗粒上，逐渐形成坚硬的 $PbSO_4$ 大颗粒[20]。在后续的充电过程中，这些坚硬的 $PbSO_4$ 颗粒难以被还原，会转变成金属铅[16]。②高倍率放电时在负极表面生成一薄层 $PbSO_4$，妨碍电池的进一步放电。$PbSO_4$ 层会逐渐生长，最终在负极表面生成一层坚硬的 $PbSO_4$，从而降低负极的充电接收能力和充放电库仑效率[11, 21]。③高倍率充电会增大电池反应的传质过电位，导致正极电位的升高和负极电位的降低，促进正极析氧和负极析氢反应的发生。一部分充电电流消耗于产气反应，会造成电池充电不足。由于铅负极的比表面积远低于二氧化铅正极，致使其在流过相同大小的电流时产生更高的过电位。因此，随着充电的进行，负极析气反应开始发生并不断加剧，造成电池充电不完全，最终会导致 $PbSO_4$ 在负极中的不断积累。不具有电化学活性大颗粒 $PbSO_4$ 的大量生成，即负极电化学活性物质减少，会造成负极容量降低，最终导致铅酸电池失效[22]。

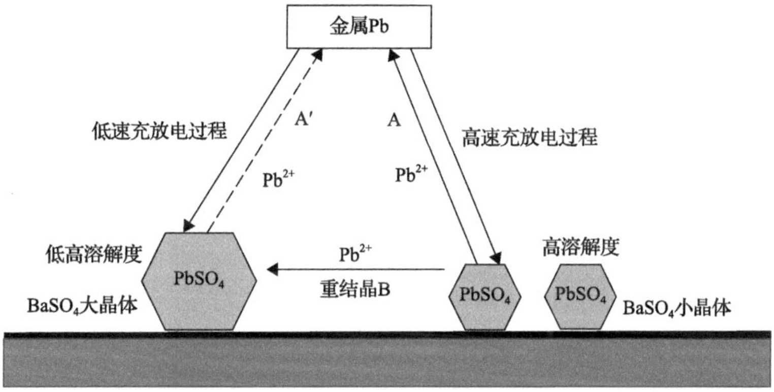

图 6.2 铅酸电池负极上所发生的基本反应和 $PbSO_4$ 重结晶过程

6.1.3 铅炭电池的特点及其发展历程

铅炭电池是一种在铅酸电池基础上发展起来的新型储能器件。在铅炭电池中，电池电极作为能量源，电容电极作为动力源，可以实现对电池性能的改良，从而弥补了普通阀控式铅酸电池不能应对 PSoC 和 HRPSoC 工况的不足。在铅炭电池中，超级电容器与铅酸电池两种储能方式以内结合的方式集成，不需要外加特殊的电子控制器件和电路，使电池尺寸减小，储能系统简化，从而显著降低储能成本[23, 24]。

和传统的铅酸电池不同，铅炭电池能够长期高效工作在 PSoC 工况下。此外，研究还表明，铅炭电池在生命周期内需要较少次数的恢复充电，因而具有更长的服役时间。典型的铅酸电池失效模式也不会出现在铅炭电池中，致使其在部分荷电工况下的循环寿命达到传统 VRLA 的数倍以上。此外，铅炭电池能够快速吸收 HEV 制动产生的电能，及时为车辆加速提供电能。早期铅炭电池的性能已经与价格昂贵的 Ni-MH 电池相当，能够满足 HEV 对电池的动力、能量、冷启动和自放电性能的需求。铅炭电池在模拟用户端调频和风电平滑的 HRPSoC 工况下同样表现出优异的特性。

除上述优点外，铅炭电池还具有如下特点：适合低温大电流放电；制造成本低；安全性和可靠性高。此外，和铅酸电池一样，寿命终止的铅炭电池的材料可以实现 99%以上的回收和循环利用率。可以说，铅炭电池技术的出现使铅酸电池这项古老的储能技术迎来了新的发展机遇。

作为一个全球性的联盟，电池创新联盟(Consortium for Battery Innovation, CBI)一直致力于先进铅酸电池新技术的孵化，旨在通过研究机构与生产企业的协同创新，开发出满足建设低碳社会所需要的储能用先进铅酸电池技术。

铅炭电池经历了如下发展历程[25]。

1997 年：研究发现将碳材料加入铅酸电池中能够显著抑制 $PbSO_4$ 的积累，提高电池性能和循环寿命。Lam 等开发出一种使用电容器电极消纳高倍率充电电流的铅酸电池。

2002 年：发现不同种类的碳材料对提高电池性能和寿命发挥不同类型的有益作用。

2006 年：ALABC 启动铅炭电池示范项目，开展搭载铅炭电池乘用车的路面测试。

2007 年：美国东宾制造公司获得授权，开拓铅炭电池在日本和泰国以外的全球市场。

2009 年：美国东宾制造公司的铅炭电池研究与开发工作获得美国能源部多个项目的资助。

2010 年 8 月：美国桑迪亚国家实验室与东宾制造公司签署研究与开发合作协议，共同研究碳材料在铅酸电池中的作用。

2011 年 10 月：启动美国新墨西哥州公共服务部门(Public Service Company of New Mexico, PNM)电网级储能示范项目。该项目采用内并型铅炭电池实现光伏输出平滑、先进铅酸电池实现谷电峰用。

2012 年 6 月：PJM 公司启动 3MW 铅炭电池电网级储能示范。

2019 年 1 月：中国科学院启动 A 类先导专项。在该专项中设立“兆瓦级铅炭电池储能系统关键技术与应用示范”课题，对铅炭电池关键技术的研究与开发予以资助。

目前，国外已有多个公司推出铅炭电池产品，铅炭电池技术正处于大规模推广与应用的前夜。现阶段，寻求全球公共事业部门和可再生能源公司将电池储能系统引入现有能源系统，对铅炭电池的市场拓展至关重要。

虽然国内已有一些高等院校、研究所和企业开展相关领域的研究与开发工作，但国内铅炭电池的发展水平和发达国家比仍有较大的差距，特别是产业化关键技术的缺乏制约了整个行业的发展。

6.2 铅炭电池的工作原理及特点

铅炭电池按照所采用的技术方案不同，大致可以分为三种：采用超级电容器电极作为负极的纯炭负极型铅炭电池(PbC battery)，采用铅负极与超级电容器电极并联技术的内并型铅炭电池（又称超级电池，ultrabattery）和采用在铅负极中掺入碳材料技术的内混型铅炭电池（advanced lead acid battery）。

6.2.1　纯炭负极型铅炭电池

纯炭负极型铅炭电池是由美国 Axion 动力公司开发的一种用活性炭（activated carbon, AC）作为负极、二氧化铅作为正极的混合型储能器件，该公司将其称为 PbC®电池。纯炭负极型铅炭电池的结构如图 6.3 所示。Axion 动力公司所开发的这种铅炭电池实际上也是一种混合型超级电容器。

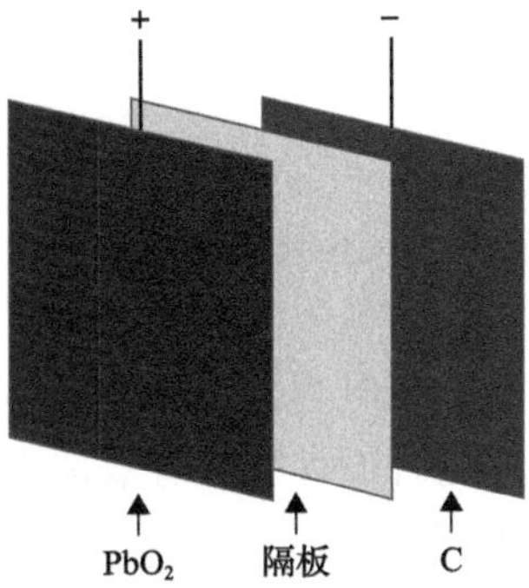

图 6.3　纯炭负极型铅炭电池结构示意图

普通铅酸电池在使用时，在放电过程中生成 $PbSO_4$ 颗粒，在充电过程中 $PbSO_4$ 颗粒溶解。随着充放电过程的不断循环，部分 $PbSO_4$ 颗粒会逐渐长大。这些大颗粒 $PbSO_4$ 在充电过程中难以溶解，不但会增大电池的内阻，降低电池的输出功率和效率，还会降低电极活性物质的利用率，影响电池容量的发挥，从而显著降低电池的使用寿命。在铅酸电池中所发生的水电解反应会生成氧气和氢气，腐蚀正极板栅，造成电池的失水，进一步缩短电池的使用寿命。

纯炭负极型铅炭电池正极发生的反应与铅酸电池相同：

$$PbO_2 + 4H^+ + SO_4^{2-} + 2e^- \rightleftharpoons PbSO_4 + 2H_2O(+1.685V)$$

与铅酸电池不同，其在该电池负极上发生如下反应：

$$nC_6^{x-} \cdot (H^+)_x \rightleftharpoons nC_6^{(x-2)-} \cdot (H^+)_{x-2} + 2H^+ + 2e^-(\text{放电})$$

因为在铅炭电池负极上不再发生如下反应，所以可以从根本上避免负极性活性物质（negative active material, NAM）的硫酸盐化，有利于延长负极的使用寿命。

$$Pb + SO_4^{2-} \rightleftharpoons PbSO_4 + 2e^-(-0.365V)$$

在传统的铅酸电池中，随着放电反应的不断进行，电解质溶液的浓度逐渐降低。相反，在处于完全充电状态的纯炭负极型铅炭电池中，质子存储在活性炭负极中。在放电过程中，质子迁移到正极，在那里被中和生成水。据 Axion 动力公司称，用 AC 负极替代 Pb 负极的结果是降低了从充电状态变为放电状态过程中电池内部电解质溶液浓度的波动，减轻了正极的栅极腐蚀，从而显著延长了正极的循环寿命。

纯炭负极型铅炭电池在 PSoC 工况下具有优异的循环性能，其在 80% SoC 下循环 40000 次几乎无性能衰减。纯炭负极型铅炭电池还具有出色的 100% DoD 充放电性能，其 100% DoD 循环寿命达到 3000 次以上，而普通的铅酸电池的 100% DoD 循环寿命仅为 100～300 次。此外，纯炭负极型铅炭电池还具有充电接受能力强、生命周期费用低等优点。

但是由于 AC 在酸性体系中的析氢过电位很低，在充电后期容易引起电解质溶液中的水在负极上的分解，严重时会造成电池干涸，致使电池失效。因此，在纯炭负极铅炭电池开发过程中遇到的最大挑战是如何解决负极析氢问题。

纯炭负极型铅炭电池的负极为 AC 电容电极，致使其具有超级电容器的特征。纯炭负极型铅炭电池的能量密度为 20～30W·h/kg，低于传统的铅酸电池。此外，纯炭负极型铅炭电池负极的自放电速率也与超级电容器相当，显著高于传统海绵铅负极。

6.2.2 内并型铅炭电池

内并型铅炭电池又称超级电池，其概念由澳大利亚联邦科学及工业研究组织(Commonwealth Scientific and Industrial Research Organisation, CSIRO)的 Lam 等首先提出[25, 26]。

在内并型铅炭电池中，将可快速充放电的长寿命混合型超级电容器与能量型的铅酸电池集成在同一电池槽内，并使用相同的电解质溶液。采用这种设计能够有效地克服传统铅酸电池及纯炭负极型铅炭电池的缺点[27]。图 6.4 所示为内并型铅炭电池与铅酸电池及混合型超级电容器电极布局关系[26]。内并型铅炭电池采用铅电极和 AC 电极相互并联的负极结构。

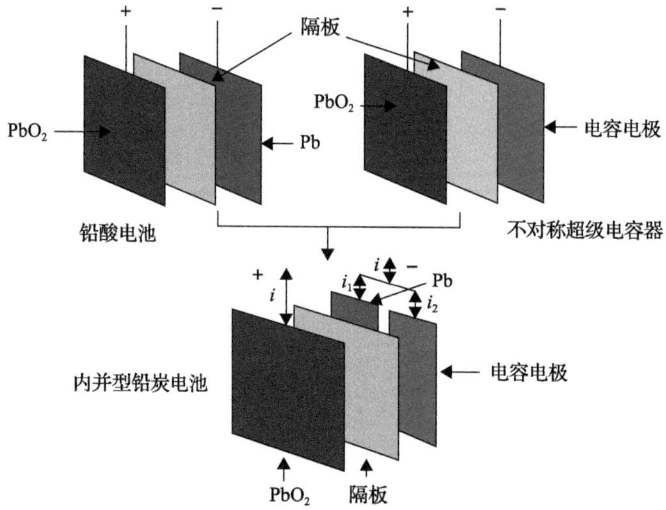

图 6.4　内并型铅炭电池与铅酸电池及混合型超级电容器电极布局关系

图 6.5 所示为铅负极和碳基电容器负极充放电过程中的电极电位变化规律[26]。在传统铅酸电池中，高倍率充电和放电会在负极产生过高的过电位，在负极上会发生严重的产气反应，降低充电效率，并造成负极充电不足。在内并型铅炭电池中，与铅电池相互并联的 AC 电容电极能够共同承受过大的输入电流，能够有效地降低流过铅负极的电流。因此，当内并型铅炭电池在 HRPSoC 工况下工作时，在每个充放电循环过程中，充放电电流中的一部分由 AC 电容电极释放或吸收，从而有效地抑制铅负极的硫酸盐化，延长电池的循环寿命。内并型铅炭电池频繁在低 SoC 工况下工作，可以有效地减轻正极板栅的腐蚀，避免电池因失水而干涸。内并型铅炭电池能够长期在 PSoC 下工作，并具有优

异的充电接收能力，所以在长期使用过程中无需对其频繁进行容量恢复操作。

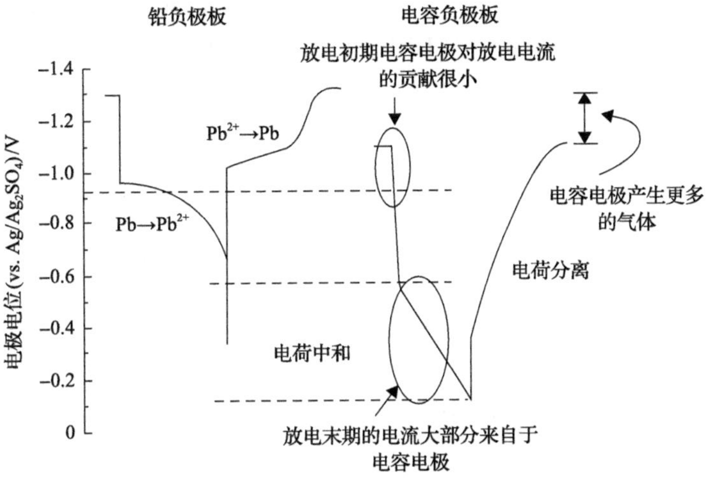

图 6.5 铅负极和碳基电容器负极充放电过程中的电极电位变化

构建内并型铅炭电池并不是简单地将 AC 极板与铅极板焊接在一起，而是要面临较大的技术挑战。其原因是放电过程中炭电极会快速下降至较低的电位，导致铅负极板的电位也急剧下降。此外，碳材料的析氢问题通常比较严重，因此在电池设计过程中要设法解决该问题。

由于内并型铅炭电池的循环寿命远高于传统铅酸电池，将其作为机动车的启停电源使用具有比较明显的优势[28-31]。在 HEV 中，电池通常在 30%～70%的部分荷电状态下工作，这种工况会大幅度降低传统铅酸电池的寿命。内并型铅炭电池在启停工况下具有更好的工作特性：更高的输出功率、更长的循环寿命、更优的充电接收能力和较低的负极硫酸盐化程度等[30]。

采用 US Freedom CAR Battery Test Manual（DOE/ID-11069, October 2003）规定的方法对内并型铅炭电池进行测试。结果表明，内并型铅炭电池能够满足甚至超过最小或最大动力辅助 HEV 对电池能量、功率、冷启动和自放电性能的要求，循环寿命与 Ni-MH 电池相近，达到 VRLA 的 4 倍以上[31]。Lam 等开发的内并型铅炭电池不但具有比传统铅酸电池更高的能量密度和循环性能，而且可以在传统铅酸电池 10 倍以上的电流密度下工作[26]。

此外，内并型铅炭电池可以用于对电能波动性的持续管理，促进可再生能源的大规模并网应用。内并型铅炭电池不仅在可再生能源波动管理方面表现出很强的适用性，还在提供能源调节服务方面表现出优异的性能。和其他储能技术相比，内并型铅炭电池具有降低用于控制可再生能源波动的每兆瓦时电能存储成本的潜力。总之，内并型铅炭电池技术能够为可再生能源的可靠应用和调度提供服务。目前，内并型铅炭电池已在全球多个兆瓦级储能项目中获得成功应用[32]。

6.2.3 内混型铅炭电池

内混型铅炭电池（carbon enhanced lead acid battery）是为了满足 PSoC 和 HRPSoC 工况

对长寿命电池迫切需求而发展起来的一种新型铅酸电池。内混型铅炭电池通过在负极活性物质(NAM)中引入不同种类的碳材料提高电极电化学性能，解决负极不可逆硫酸盐化问题，从而显著延长电池在 PSoC 和 HRPSoC 工况下的循环寿命和提升电池的充电接收能力[33]。

内混型铅炭电池的结构如图 6.6 所示。内混型铅炭电池和铅酸电池结构基本相同，两者的主要区别在于碳材料掺入种类和掺入量的不同。在铅酸电池负极中碳材料的掺加量较低，一般在 0.5%(质量分数)以内，所掺加碳材料的种类以高导电性的碳材料为主。而在内混型铅炭电池负极中，碳材料的掺加量在 1.0%(质量分数)以上，一般为 1.0%～5.0%(质量分数)，且所选用碳材料的范围较广。

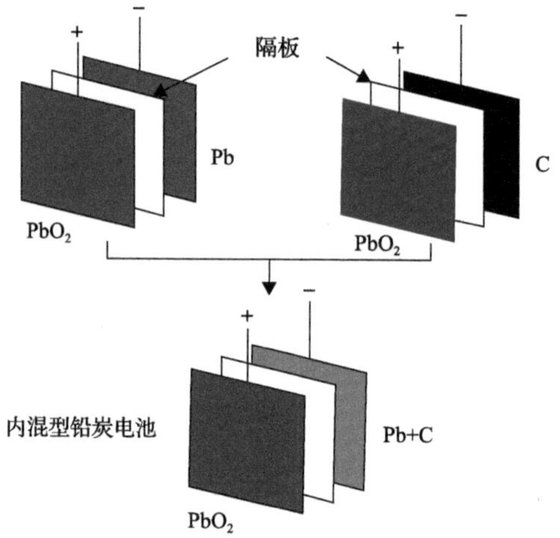

图 6.6　内混型铅炭电池结构示意图

HRPSoC 工况下内混型铅炭电池和铅酸电池负极的充放电过程对比如图 6.7 所示[31]。在高倍率放电条件下，会在铅酸电池的 NAM 中形成一些不均匀的 $PbSO_4$ 大颗粒。这些 $PbSO_4$ 大颗粒会逐渐积累，在正极表面形成致密的 $PbSO_4$ 层，致使那些被不可逆 $PbSO_4$ 颗粒包围的 Pb 颗粒在放电过程中难以被氧化。在高倍率充电过程中，表面致密的 $PbSO_4$ 层阻止了充电过程中电解液进入负极板内部，从而导致许多 $PbSO_4$ 颗粒难以被还原。在内混型铅炭电池 NAM 中加入了 AC 或炭黑等碳材料。这些碳材料的引入会导致在 NAM 内部大量电化学活性表面的产生。这些电化学活性表面可为 $PbSO_4$ 晶体生长提供额外的成核位点，促进小尺寸 $PbSO_4$ 晶体，即较高溶解度的均匀 $PbSO_4$ 晶体的形成。在随后的高倍率充电过程中，碳颗粒可以为容纳 H_2SO_4 提供大量空间，并在 $PbSO_4$ 晶体之间形成导电网络；另外，小而均匀的 $PbSO_4$ 颗粒在电化学反应过程中很容易溶解，其大量生成有利于 Pb 和 $PbSO_4$ 之间的相互转化，抑制负极的不可逆硫酸化过程。总之，在 NAM 中适当添加 AC 或炭黑等碳材料可以抑制 $PbSO_4$ 的积累，提高活性物质的利用率，使电池表现出更高的比容量和更长的循环寿命[30, 34]。

美国桑迪亚国家实验室和东宾制造公司较早开展了内混型铅炭电池的研究工作[35]。我国高校、研究机构和企业所开展的研究与开发工作主要集中在内混型铅炭电池领域。

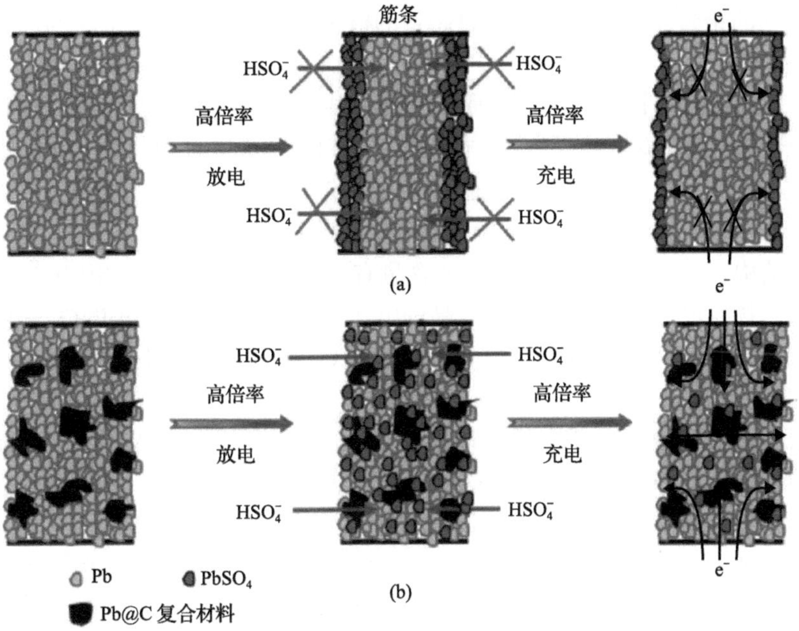

图 6.7　HRPSoC 工况下内混型铅炭电池和铅酸电池负极的充放电过程对比

(a)铅负极板；(b)铅炭负极板

6.3　铅炭电池的关键材料

6.3.1　电极材料

1. 正极材料

现有铅炭电池和传统铅酸电池的主要差别在于负极的材料组成和结构，两种电池正极活性物质(positive active material, PAM)的材料组成和结构则比较接近。

传统铅酸电池失效的主要原因是 NAM 的硫酸盐化，PAM 的变化对电池循环寿命的影响相对较小。而对于铅炭电池，由于其负极循环寿命和铅酸电池负极相比有了数倍的提高，正极结构和性能的变化对电池循环寿命的影响变得逐渐明显。随着充放电循环的进行，PAM 会逐渐出现泥化或发生硫酸盐化，板栅筋条的腐蚀也变得更加严重，甚至被完全氧化，从而引起正极的欧姆阻抗显著增大，大幅度降低充放电容量，造成电池的失效。为了进一步提高铅炭电池的充放电循环寿命，有必要对 PAM 和板栅合金材料的失效机制进行深入的研究，并在此基础上开发低成本、长寿命的铅炭电池正极。

正极的电化学反应(充电和放电)是通过双电子转移过程在 PbO_2 和 $PbSO_4$ 之间进行的。电池在能量效率和循环寿命方面的性能很大程度上取决于材料成分/形态、电极设计/结构和制造过程。铅酸电池正极的结构可以设计成平板形或管形，其中平板形设计应用得比较广泛。平板形电极通常由称为板栅的铅骨架(网状或其他形式)和紧密覆盖网格整个表面的干膏组成。正极的制备方法是：首先制造板栅，然后将含有 Pb、PbO、$PbSO_4$、

H_2SO_4和H_2O的铅膏涂覆其上，最后将制备的极板放入温度、湿度可控的固化干燥室中进行固化和干燥。

固化干燥后的正极板中的活性物质为PbO和Pb_3O_4等组成的混合物。在固化过程中，PAM主要转变成两种硫酸盐：三碱式硫酸铅$3PbO·PbSO_4·H_2O$(3BS)和四碱式硫酸铅$4PbO·PbSO_4·H_2O$(4BS)。根据晶体-凝胶(crystal-gel)理论，在后续的化成过程中，4BS将转变成α-PbO_2，3BS将转变成β-PbO_2[36]。α-PbO_2属于正交晶系，颗粒尺寸较大，在PAM中形成骨架结构。提高PAM中α-PbO_2的含量有利于电池循环寿命的提升[37]。β-PbO_2属于立方晶系，颗粒尺寸较小[38]，具有较高的电化学活性。PAM中β-PbO_2含量高的电池具有较高的初始容量[39]。电极活性物质中的α-PbO_2和β-PbO_2的比例变化会直接影响电池的容量和循环性能。

虽然用4BS铅膏制造的正极板表现出较高的循环寿命，但大尺寸4BS晶体的存在会导致电池初始容量的降低。为了解决这一问题，研究人员开发出一种在Pb_3O_4存在条件下制备4BS铅膏的技术[40-42]。采用不同的Pb_3O_4引入方法可以制备出具有不同性能的铅膏：①4BS和Pb_3O_4的混合物作为初始材料制备的铅膏；②用在$P_{b3}O_4$存在条件下得到的4BS制备的铅膏；③用Pb_3O_4与H_2SO_4预分解得到的PbO_2+$PbSO_4$制备的铅膏。实验结果表明，上述正极的初始容量可能高于100%额定容量。此外，采用这种正极板的铅酸电池的寿命明显长于使用传统铅膏的铅酸电池。

正极表面$PbSO_4$生成与积累过程的机理如图6.8所示。在充放电过程中所发生的PbO_2和$PbSO_4$间的相互转化在理论上是可逆的。但是，α-PbO_2只能在弱酸性和碱性溶液中生成，β-PbO_2只能在pH低于2～3的强酸性溶液中生成[43]。由于和α-PbO_2相比，β-PbO_2在电解液中向$PbSO_4$转化的平衡电位较低，β-PbO_2更稳定。在初始阶段，正极板中的α-PbO_2含量比β-PbO_2高。随着循环的进行，α-PbO_2不断转变成β-PbO_2。β-PbO_2以小颗粒形式

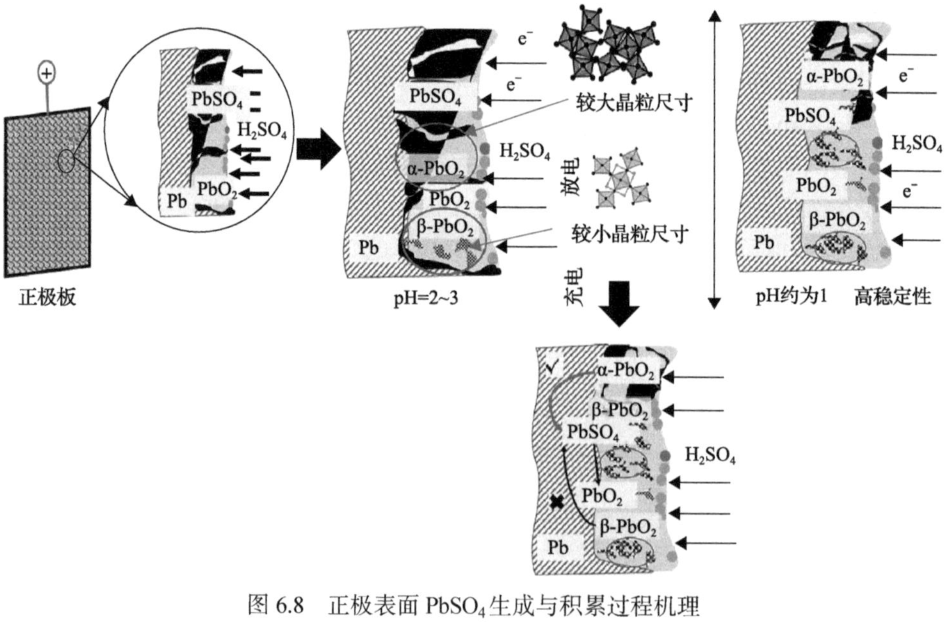

图6.8 正极表面$PbSO_4$生成与积累过程机理

存在，结合力较弱，其含量的增加容易导致 PAM 的软化和脱落，造成正极泥化[22]。与此同时，$PbSO_4$ 在电极表面的积累会堵塞电极活性物质的孔结构，致使电解质难以扩散到活性物质内部。$PbSO_4$ 对活性物质 PbO_2 包裹，不但会导致电极内部的活性物质不能参加电极反应，还会增大电极的内阻[44]。上述原因会导致电极活性物质利用率降低。研究人员尝试通过使用添加剂，如导电添加剂、多孔添加剂和黏结剂等，通过改变电极活性物质的电导率、孔隙率、晶体形态、几何形状和机械强度等，来提高铅酸电池或铅炭电池正极的性能，取得了显著的效果[45]。

1) 导电添加剂

PAM 中添加导电剂的目的是确保正极拥有良好的充放电性能。在正极板制备过程中，通常要加入一定量的导电剂。导电剂可以连接 PbO_2 和 Pb 板栅的筋条，在两者之间构建电子导通路径，使活性物质和 Pb 筋条间的产生的微电流得到高效收集[46]。与此同时，在 PAM 中掺入导电剂可以显著提升氢离子在活性物质中的迁移速度，从而改善电极的充放电效率。正极中常用的导电剂包括碳材料、金属和金属氧化物等。

(1) 碳材料。

由于具有高的电导率和不溶于稀硫酸，碳材料是应用最广泛的正极添加剂[45, 47]。碳材料作为添加剂引入 PAM 中是解决 PAM 泥化问题和减缓 PAM 硫酸盐化的可能途径之一，但这方面的研究工作目前报道较少。一些研究工作发现，碳材料的加入能够对正极带来有益的影响，但也有一些研究人员发现碳材料加入对正极性能的改善作用很小。

Dietz 等[48]发现，在正极活性物质中添加 0.2%～1%(质量分数) 的炭黑有利于正极活性物质中孔道的形成并增加其孔隙率。在化成的第一阶段，炭黑的存在能够提供更大的电化学活性面积，并使电流在 PAM 中的分布更均匀。对化成后的电极活性物质进行表征，发现含有炭黑的 PAM 微观结构更加均匀。此外，炭黑的存在还可以改善 PAM 的电子导电性，增大 $\alpha/\beta\text{-}PbO_2$ 的比例和 $PbO/\alpha\text{-}PbO_2$ 的接触面积，使更多的 PbO 在化成早期低电压阶段被直接氧化为 $\alpha\text{-}PbO_2$[49]。但由于炭黑在充放电循环过程中容易被氧化，将其加入 PAM 中没有使电池的循环寿命得到提高。

Tokunaga 等[50]对掺加 0.1%～2%(质量分数) 石墨的正极的充放电性能和循环性能进行了研究。结果表明，和未添加石墨的正极材料相比，掺加石墨正极的放电容量和循环性能均得到了显著的提升。在 PAM 中，石墨的膨胀作用增加了 PAM 的孔隙率，促进了放电产物 $PbSO_4$ 在电极表面的均匀分布。Baker 等对此现象做了进一步的研究，发现碳材料的掺加起到了类似于微电渗泵的作用，有助于硫酸电解液对正极材料的润湿，使硫酸能更好地进入活性物质孔中[51]。

添加碳纤维也可以改善 PAM 的电化学性能。任晴晴等[52]研究了碳纤维掺加对正极性能的影响。研究发现，碳纤维的引入有助于正极板的化成，提高 PAM 的电导率，并使电流分布更加均匀，从而改善电池的放电性能。此外，碳纤维的引入还能够提高正极板的机械强度，减缓活性物质的软化和脱落。Ball 等[53]研究了添加 0.25%(质量分数) 碳纤维 PAM 的力学性能、导电性能及电化学性能。结果表明，碳纤维的加入在增加 PAM 孔隙率的同时提高了 PAM 的机械强度。

在 PAM 中添加少量碳纳米管有助于细化 $PbSO_4$ 晶粒，提升电池的充放电循环性能[54]。Banerjee 等[54-56]对单壁碳纳米管和多壁碳纳米管的掺入对 PAM 性能的影响进行了研究。结果表明，碳纳米管的加入通过促进 PAM 中更多 β-PbO_2 的生成提高了电池的初始放电容量，通过降低内阻延长了电池的充放电循环寿命。由于单位质量的单壁碳纳米管较多壁碳纳米管含有更多充分分散的碳纳米管，其在 PAM 中所发挥的构建导电网络等作用更加显著。

总之，向 PAM 中加入碳材料添加剂可以提高电极电子传导效率，促进导电骨架结构的形成，可以减缓 PAM 的硫酸盐化，增加正极的机械强度，防止活性物质泥化脱落。但碳材料的掺入对正极性能的改善程度远低于其对负极的改善程度，致使其至今尚未在铅炭电池产品中得到广泛应用。

(2)金属和金属氧化物。

在 PAM 中掺入金属单质或金属氧化物，能够通过增加电导率、改善活性物质结构等方式，提高活性物质的利用率，使不可逆硫酸盐化反应得到抑制，从而延长正极的使用寿命。

研究发现，在 PAM 中掺入 2.3%(质量分数)的钛丝效果最佳。在低倍率放电条件下，钛丝的掺入能够将活性物质的利用率提高 12.3%。而在高倍率放电条件下，钛丝的掺入能够将活性物质利用率提高 13.6%[57]。该结果得到 Edwards 等二维模型模拟结果的支持[58]。该模型预计，掺入少量长径比为 1/100 的导电添加剂可以将正极活性物质的利用率从 60%提高到 65%～70%。高根芳等[59]将 Magneli 相的 Ti_4O_7 掺加到 PAM 中，通过提高析氧过电位使水电解反应得到抑制，从而提高活性物质的利用率，并使电极的不可逆硫酸盐化反应得到抑制。在 PAM 中掺加 0.5%和 0.2%(质量分数)的 Ti_4O_7，可使电池的放电容量和循环寿命分别提高 11.72%和 16.81%。

Lam 等[60]指出，在 PAM 中掺加 0.05%(质量分数)的铋能够增大 PAM 颗粒间以及 PAM 与 Pb 筋条间的电子导通能力，从而提高电池的初始容量和显著缩短电池的满充时间。更重要的是，正极掺入金属铋的电池拥有更低的自放电速率和更长的充放电循环寿命。Pavlov 等[61, 62]也发现，铋能够改善 PbO_2 颗粒间的接触和电极对活性物质密度的敏感性。此外，对 PAM 进行铋掺杂还能够加速 PAM 的结构恢复，降低正极早期容量衰减速度[62]。Chen 等[63]阐明了铋化合物作为 LAB 正极板添加剂的作用机制：可溶性铋化合物与硫酸电解液发生反应，使 Bi^{3+}通过化学或物理迁移过程离开 PAM，进入电解液中。铋化合物的溶出在电极活性物质中留下大量的微孔，提高了 PAM 的孔隙率。这种“造孔”机制可以提高 PAM 的利用率。

Shiomi 等[64]发现，当 PAM 的密度不低于 3.75g/cm^3 时，在活性物质中掺加高活性的锑有利于降低氧还原电流，提高电池的循环寿命。在化成过程中，锑保留在 PAM 中，不会通过电解质迁移到负极，对负极性能产生不利的影响。锑的上述特性有助于减轻筋条腐蚀层的生成。周颖等[65]发现，掺加一定量的超细 Sb_2O_3，能够增大 PAM 的电导率和表面积，改善 PAM 颗粒间的接触，降低电极电阻。此外，超细 Sb_2O_3 的掺入还能够增大电极反应界面和离子扩散系数，提高电池的放电容量和 PAM 利用率。通过掺加 2%～3%(质量分数)Sb_2O_3，还可以改变板栅筋条腐蚀产物的结构，提高活性物质的结构完整性。

二氧化锡是一种具有良好电子导电性的材料，将其应用到PAM中，可以改善正极的电子导电性[66-69]。周颖等[69]发现，掺入SnO_2能够改变PAM的结构，将其从球状颗粒转变成细棒状结构。这种结构能够增强活性物质强度，避免其在充电过程中脱落。此外，SnO_2的掺入可以抑制α-PbO_2的生成。

2) 多孔/造孔添加剂

使用多孔/造孔添加剂可以提高 PAM 的离子传输能力。多孔添加剂中的孔道能够为电解质离子提供存储空间，从而降低电解质离子在电极活性物质中的迁移阻力[70]。造孔添加剂可以通过溶出或膨胀提高 PAM 的孔隙率，增加电解质的存储量，改善正极的充放电性能和循环性能。

在PAM中掺加1%～5%(质量分数)铝硅酸盐陶瓷可以显著提高电池的容量和循环寿命，其原因是均匀分散的铝硅酸盐陶瓷添加剂可以储存电解质溶液，促进电解质离子的扩散[71]。Toussaint 等[72]发现，孔径约为 0.5nm 的沸石 ZSM-5 作为正极板的添加剂，无论放电倍率高低，均可将放电容量提高近 20%。沸石具有多孔结构，可以吸附硫酸，促进阳离子交换，提高活性物质的利用率，进而提高电池的容量和寿命。

将多孔中空玻璃微球(porous hollow glass microspheres, PHGM)添加到 PAM 中，可以增强其电解质的储存能力，有利于电解质离子的扩散，从而提高电池的比能量[73-75]。Newell 等[76]用 HF 稀溶液刻蚀市售硼硅酸盐空心玻璃微球制备了 PHGM，并将其作为添加剂掺加到 PAM 中。测试发现，极板中的 PHGM 可以储存更多的电解质，增强电池的高倍率储能性能。McAllister 等[77]发现，在 PAM 中掺入负载二氧化铅的 PHGM 可以显著提高 PAM 的利用率和电池的比能量。

SiO_2 气凝胶因其具有多孔结构而擅长储存硫酸。SiO_2 的储酸能力由其比表面积(specific surface area, SSA)决定。具有较高比表面积的 SiO_2 由于在循环时能够补充更多的硫酸根离子和提供更大的电极与电解质接触面积，可以提高正极活性物质的有效利用率。在相同条件下，含有比表面积为 213.9m^2/g SiO_2 气凝胶的正极的能量密度比含有比表面积为 159.8m^2/g SiO_2 气凝胶的正极高 10%[78]。Wang 等[79]也发现，添加 SiO_2 可以增加 PAM 的孔隙率，在高倍率放电过程中强化正极板内部的酸供应，从而降低每个循环的容量损失。此外，掺加 SiO_2 凝胶能够提高正极在部分充电状态下的稳定性[80]，原因是在化成过程中 SiO_2 凝胶可以覆盖 PbO_2 颗粒[81]。含 3%(质量分数)SiO_2 凝胶正极的铅酸电池在 HRPSoC 工况下的容量损失率低于不含该添加剂的电池[82]。Bao 等[83]采用阳极共电沉积法制备了具有高比表面积、分级多孔结构和良好电化学性能的 SiO_2+PbO_2 粉末。将 SiO_2+PbO_2 粉末作为添加剂应用到铅炭电池正极中后，可以在正极活性物质内部建立良好的离子传递通道，从而通过增强离子扩散性和促进离子与电极活性物质之间的接触来提高正极的能量密度和稳定性。在 HRPSoC 工况下循环 3000 次后，改性铅炭电池的能量密度和容量保持率分别比不含该添加剂的铅炭电池高 12%和 10%。

正极板中添加各向异性的石墨可以增加电池的容量和循环寿命，因为石墨膨胀增加了 PAM 的孔隙率[84]。Baker 等[51]报道，当合成石墨用作管状正极的添加剂时，会增加活性物质的孔隙率。因为石墨的掺入有利于 H_2SO_4 扩散到电极内部，从而降低浓差极化。

总之，这种多孔结构有利于电极反应在电极活性物质表面和内部均匀进行，可提高 PAM 的利用率。

3) 成核添加剂

$BaSO_4$ 等硫酸盐能够作为放电过程 $PbSO_4$ 晶体生长的成核剂。成核添加剂的引入有利于放电过程的进行，提高电池的放电容量。成核添加剂能够通过在 PAM 中生成大量均匀分布的细小晶核来抑制 $PbSO_4$ 大晶粒的形成。

此外，在 PAM 中引入添加剂 $BaSO_4$ 还可以提高固化正极中 4BS 的含量。XRD 测试发现，不含 $BaSO_4$ 的 PAM 中 4BS 在 27.7°的衍射峰强度仅为 350，而含有 0.1%(质量分数) $BaSO_4$ 的 PAM 中 4BS 在该位置的衍射峰强度则高达 1521。4BS 相的含量随着 $BaSO_4$ 掺入量的增大而提高。4BS 含量的提高的原因是 4BS 晶体成核位点密度增大。在后续化成过程中 4BS 会转变为 α-PbO_2[85]。

Karami 等[86]发现，浓度为 1×10^{-5}mol/L 的硫酸钡可作为铅酸电池正极浆料的添加剂。纳米结构二氧化铅的氧化还原动力学在硫酸钡存在的情况下得到改善。在电池电解液中使用硫酸钡添加剂同样可以提高铅酸电池正极板的放电容量和循环寿命。

4) 其他添加剂

在 PAM 中掺入 0.25%～2%(质量分数)的 $CaSO_4$ 能够提高电池在任何倍率下的放电电压。这种效果在低温高倍率放电条件下表现得尤为突出。由于 $CaSO_4$ 的晶型和 $PbSO_4$ 不同，其溶解度比 $PbSO_4$ 高几个数量级，电池的放电电压和 PAM 的硫酸盐化过程均不受 $CaSO_4$ 的影响[87]。

4BS 也是铅酸电池常用的正极添加剂[88-91]。将溶胶-凝胶法合成的微纳结构 4BS 添加到 PAM 中，显著改善了正极的充放电和循环性能。小颗粒的 4BS 具有较高的化成转化率，从而使电池表现出良好的性能[92, 93]。4BS 会在 PAM 中形成稳定的骨架，并牢固地附着在格栅上。与此同时，微纳米结构的 4BS 会抑制固化过程中不良导体 $PbSO_4$ 晶体的快速生长。随着纳米 4BS 添加量的增加，PAM 的晶体变小，且分布变得更加均匀。测试表明，含有微纳结构 4BS 的 PAM 具有更高的电子传导能力和更低的极化电阻。随着放电倍率的增加，放电比容量和放电电压没有急剧下降，放电平台也变得更加平坦[94]。

Ferg 等[95]报道，在 PAM 中加入 25%(质量分数)的红丹(Pb_3O_4)可以通过在初始阶段生成 β-PbO_2 提升化成效率，从而使首次放电容量接近电池的标称容量。Wang 等[96]和 Boden[97]也发现红丹的掺入能够提升电池的初始容量和倍率性能。

2. 负极材料

铅炭电池和铅酸电池的主要区别在于负极的结构布局和材料组成。在内并型铅炭电池中含有铅负极。内混型铅炭电池中的铅炭负极，其主要成分与铅酸电池负极相近，两种电池负极的主要区别是其中含有碳材料的种类和用量。

1) 海绵铅

负极由涂在铅或铅合金板栅上的海绵状金属铅组成。该海绵铅是电极活性物质，由两种晶体结构的铅构成：①由相互连接的铅晶体形成的初级骨架结构；②由沉积在初级骨架上的细小铅晶体组成的次级结构。在化成的第一阶段（充电），将固化极板中充满电解质溶液孔隙中的 PbO 和 $PbSO_4$ 部分还原为 Pb，形成初级骨架。由离散铅晶体构成的二级结构在化成的第二阶段形成。此时，$PbSO_4$ 在 H_2SO_4 电解液中被还原为 Pb[98]。铅晶体的二级结构参与充放电过程，而初级结构中的铅则在 NAM 中作为集流体发挥作用。在负极材料中加入膨胀剂，可以促进 Pb 二级结构的形成。这些膨胀剂还可以增强活性物质的骨架结构，防止其坍塌，从而提高电池循环寿命[99]。

应用最广泛的负极结构为 Faure 结构，即在铅合金板栅上涂覆活性物质。通常，NAM 的起始材料是 PbO、H_2SO_4、木质素磺酸钠、硫酸钡、炭黑、腐植酸和水[100]。这些组分之间的比例根据电池的类型进行选择。例如，低比例 PbO/H_2SO_4 方案适用于启动、照明和点火（starting lighting and ignition, SLI）电池，而高比例 PbO/H_2SO_4 方案适用于深度循环电池。木质素磺酸盐、碳材料和 $BaSO_4$ 可用于防止由 $PbSO_4$ 沉积引起的海绵铅表面钝化。应用添加剂还可以将铅的利用率提高 20%～50%。木质素磺酸盐（0.5%（质量分数））可以吸附在铅颗粒上，阻止 $PbSO_4$ 的持续生长，增大电极活性物质的表面积，并抑制正交 PbO 相的形成[101]。膨胀剂的吸附会影响 Pb 的阳极氧化、$PbSO_4$ 的阴极还原和 $PbSO_4$ 的形态。当活性炭或炭黑用作膨胀剂时，可以增加 NAM 的比表面积、电导率和孔隙率，防止多孔铅活性物质颗粒的长大，从而提高电池充放电和循环性能。$BaSO_4$ 是一种成核剂，可促进放电过程中多孔 $PbSO_4$ 晶体的沉积和充电过程中 Pb 颗粒的形成。$BaSO_4$ 小颗粒的均匀分布不但可以最大限度地减小放电过程中生成的 $PbSO_4$ 晶体尺寸，而且可以促进充电过程中 $PbSO_4$ 向 Pb 的转化。与木质素磺酸盐不同，$BaSO_4$ 不会改变负极的过电位[102]。

铅膏与集流体的黏合通过在受控温度和湿度下的固化过程实现。在固化阶段，铅膏会与板栅铅合金的表面物质发生反应，产生很强的附着力。在固化过程中，若温度控制在 $T>70$℃，铅膏物质会形成以 4BS 为主的晶体结构。加入 Pb_3O_4 可促进 4BS 晶体结构的形成；如果温度控制在 $T<70$℃，则可以形成以 3BS 晶体为主的结构[103-105]。3BS 晶体尺寸（3μm）通常比 4BS（≫ 3μm）小，易于形成更均匀的多孔涂层。在化成阶段，所有与 Pb^{2+} 相关的物质都被电化学还原为多孔金属 Pb。铅酸电池的放电容量很大程度上取决于这种铅涂层的孔隙率和比表面积。在汽车应用的 SLI 电池中，负极板中的 3BS 是优选的负极组分，而 4BS 化合物是深循环电池的首选负极组分。

2）碳材料

制备铅炭电池负极，除了使用铅粉、膨胀剂等的常规原料外，还要使用专用的碳材料。不同类型的铅炭电池使用碳材料的方式不同，对碳材料的要求也有差别。本部分将重点介绍铅炭电池用碳材料的种类作用机理，并对负极析氢反应机理和抑制方法进行归纳和总结。

（1）纯炭负极型和内并型铅炭电池用碳材料。

在纯炭负极型铅炭电池中，$Pb/PbSO_4$ 负极用碳基电容电极全部替换，所以从另一个角度看，纯炭负极型铅炭电池是一种混合型超级电容器。而在内并型铅炭电池中，部分 $Pb/PbSO_4$ 负极用碳电极替换，其中剩余的 $Pb/PbSO_4$ 电极和 $PbO_2/PbSO_4$ 正极构成传统的铅酸电池，而引入的碳电极与 $PbO_2/PbSO_4$ 正极构成混合型超级电容器。上述传统铅酸电池与混合型超级电容器相互并联。因此，影响纯炭负极型和内并型铅炭电池性能的关键因素是碳电极的性能及其与 $PbO_2/PbSO_4$ 正极和 $Pb/PbSO_4$ 负极的匹配程度。

对于碳基双层电容器，表面基团的存在会极大地影响碳表面的电化学界面状态及其双层特性，包括润湿性、接触电阻、离子吸附特性和自放电特性等[106]。石墨碳的表面可以认为由两种或两种以上不同化学性质的位点组成，即中心碳位点和边缘碳位点。与中心位碳原子相比，边缘位碳原子具有更高的电化学活性。边缘位碳原子经常与未配对的电子联系在一起[107]，因此碳的化学性质也随边缘位和中心位碳原子的占比不同而发生变化，具有较高边缘位点密度的碳材料表现出较高的电容特性。

在超级电容器中研究和应用最广泛的碳材料有活性炭、碳纳米管等。在电位窗口固定的情况下，这类电容电极的容量大小取决于所用活性材料的特性。通常情况下，碳材料的容量随着比表面积的提高而增大[108]，所以在碳材料的研究中通常要重点考察其稳定电位窗口和比表面积这两个参数。

①活性炭。

碳材料是优良的电子导体，具有化学稳定性、比表面积高等特点，是电化学超级电容器首选的电极材料。活性炭因其具有比表面积高、成本适中和易于生产等特点得到了广泛的应用。

二十多年前，研究人员首次采用纤维布制备了碳电极，并用其组装出超级电容器。碳纤维布的比表面积为 1500～2500m^2/g，用其组装的超级电容器比容量和比能量分别达到 36.5F/g 和 6～13W·h/kg。此后，研究人员采用不同的原料和工艺提高碳材料的比表面积和比容量，取得了显著的效果。通常情况下，活性炭材料的制备采用富含碳元素的有机物作为原料，通过干馏生成碳化有机前驱体，然后再进行高温碳化。最后要通过物理或化学方法对碳化产物进行活化，以提高其孔体积和比表面积[109]。

采用椰壳、酚醛树脂或煤作为原料通过蒸汽活化法得到的活性炭的比表面积大小受活化时间影响较大，其最高可达 1860～2120m^2/g[110]。Wu 等[111]将木材置于密闭的窑炉内在氧气不足的条件下在 500℃进行焙烧，得到比容量达到 120F/g 的活性炭。活性炭纳米纤维网的比表面积为 500～1220m^2/g，比电容达到 35～202F/g[112]。Wang 等[113]使用石油焦作为原料，通过 KOH 和蒸汽刻蚀和 $FeCl_3$ 催化活化，得到了比表面积为 1180m^2/g 的活性炭，该活性炭的比电容达到 160F/g。Kierzek 等[114]通过在 800℃下活化 5h 的方法制备了多种煤基和沥青基碳材料。这些碳材料的比表面积一般为 1900～3200m^2/g，比电容达到 200～320F/g。

原料种类和制备方法是影响碳材料比表面积和比电容的两大关键因素。通过对比比表面积为 86～3000m^2/g 的不同种类的活性炭和活性炭纤维进行研究，发现电容受电解质种类及电解质离子与碳材料中孔道尺寸关系的影响[115, 116]。Raymundo-Piñero 等[117]对电解质的影响进行了研究，发现孔尺寸比比表面积对提高电极电容更重要。由于离子传输阻力的影响，比电容与比表面积之间并不存在简单的比例关系。比表面积的大幅度提高并不会带来比电容相同幅度的增大。在充放电过程中孔径小的电极相比孔径大的电极表现出更高的孔道内离子迁移延迟。通过优化孔分布可以显著提高活性炭的电容性能[118]。

据文献报道，一种比表面积为 700m^2/g 的碳材料表现出与比表面积为 2000m^2/g 的活性炭和活性炭纤维相当的比电容[119]。大孔的存在能够为离子的传输提供畅通的通道，而小孔的存在能够产生大的内表面。介孔活性炭的比电容与微孔活性炭相当或低于微孔活性炭，但在大电流放电的情况下，介孔活性炭的比电容远高于微孔活性炭[120]。对活性炭电极的高功率应用特性研究表明，具有高比例大孔的活性炭更适合作为高功率超级电容器的电极材料[121]。

截止到目前，文献所报道的活性炭材料的比表面积一般为 400～3000m^2/g，比电容为 30～300F/g。除比表面积和孔径分布外，一些其他因素也会影响电容电极的性能。

Jung 等[122]发现氟化对活性炭性能有较大的影响。对活性炭进行氟化处理能够增大其表面积和孔体积，显著提高其比电容。氟化使活性炭在 2mV/s 和 50mV/s 条件下的比电容分别从 375F/g 和 145F/g 提高到 491F/g 和 212F/g。采用表面活性剂油酸钠对活性炭的暴露表面进行处理，可以显著提高其比电容。原因是暴露表面润湿性的提高增大了活性炭的可用表面积[123-125]。

将金属氧化物引入活性炭中制成复合电极，可以显著提高电极活性物质的比电容。但是，这类复合材料一般只适合作为正极的活性物质，因为将其应用于负极时会引起严重的析气反应。

②碳纳米管。

近年来，已有大量将碳纳米管应用于超级电容器的研究工作报道。据报道，多壁碳纳米管的比电容一般为 4～135F/g[126, 127]，而单壁碳纳米管在 KOH 电解质中的最大比电容达到 180F/g[127]。使用 KOH 作为活化剂对碳纳米管进行高温处理，可以得到活化碳纳米管。活化碳纳米管相比碳纳米管具有更高的比表面积和比电容[128]。通过电化学氧化法可以将碳纳米管的比电容提高到 335F/g[129]。

此外，碳纳米管的润湿性对其比电容的发挥具有很大的影响。羰基表面官能团的引入可以显著提高多壁碳纳米管的亲水性，将其在水系电解质中的比电容提高 3.2 倍[130]。与此相反，引入烷基表面官能团会降低碳纳米管的比电容。长链烷基官能团疏水性很强，能够完全阻止氢离子接近碳纳米管表面，从而使长链烷基官能化的碳纳米管失去电容特性。

通过加入具有导电性的聚吡咯可以将碳纳米管的比电容提高到 170F/g[131]。将碳纳米管与氧化钌复合制备碳纳米管/氧化钌电极，通过发挥金属氧化物纳米颗粒的赝电容，可以显著提高电极活性物质的比电容[132-134]。

研究表明，在可比较的条件下活性炭的比电容要高于碳纳米管[135]。掺入碳纳米管的活性炭的比电容要高于掺入石墨粉或乙炔黑的活性炭[136]。碳纳米管的掺入虽然可以提高活性炭电极的比电容，但是会促进氢气反应的进行[137]。由于 AC 和碳纳米管均具有较高的比表面积，对充电过程中氢的电化学还原反应，即析氢反应（hydrogen evolution reaction, HER）具有促进作用，在碳电极制备过程中需要采取措施对负极析氢反应加以抑制。

多壁碳纳米管垂直阵列在 200A/g 的大电流下的比电容仍达到 10～15F/g，非常适用高功率应用场合[138]。

全碳负极型铅炭电池可以采用将铅负极完全替代为含少量铅单质的碳负极的工艺方案[139]，这种负极材料最需要具备的特性是对铅元素具有较高的浸润性，碳材料的尺寸对两者互相浸润的结果也具有较大影响。当碳材料的孔尺寸在几十微米量级时，可能会在其表面形成铅碳活性材料。当具有高的比表面积和微孔结构的碳颗粒的孔隙内充满电解液时，即水和氢离子渗透至碳孔中，这种复合电极就具有了超级电容器特性。在充电过程中，这些碳颗粒以微型电容器的方式储存电荷并提升负极的充电接收能力。

尽管碳基电容电极制备技术已经相当成熟，并广泛应用于超级电容器中，但是将其应用到铅酸电池中仍面临很大的挑战。首先，通过引入活性炭负极所构建的铅炭电池需要满足用户对电池的能量需求。更重要的是，碳电极必须能够在酸性环境下稳定工作，同时其工作电位窗口还要与铅负极相适应。优化铅炭电池用碳电极的两个最重要的目标为：①使铅炭电池的容量与传统铅酸电池相当或高于传统铅酸电池；②在电极电位窗口内析气反应得到有效的抑制。

(2) 内混型铅炭电池用碳材料。

①碳材料的种类及性能。

内混型铅炭电池对碳材料的基本要求是：能够促进铅的电化学沉积和溶解反应，同时能够有效抑制负极析氢反应。关于何种碳材料适合作为 NAM 的添加剂，虽然已有较多的研究，但目前尚无统一结论。不同研究者得出的结论相差较大，甚至相互矛盾。例如，Boden 等[140]观察到添加片状石墨的负极性能最好，而 Valenciano 等[141]则发现掺入片状石墨会降低负极的性能。上述结果表明，除碳材料种类以外的其他因素，如电极制备工艺等，可能会对碳材料所发挥的作用以及电极过程产生不可忽视的影响。

(a) 多孔碳材料。

活性炭是内混型铅炭电池中负极常用的添加剂种类之一。活性炭所含表面官能团种类和含量对其电化学性能具有很大的影响。活性炭表面官能团主要包括含氧官能团和含氮官能团。含氧官能团可分为酸性官能团(包括羧基、内酯酸基和酚醛基等)、中性官能团(包括苯醌基和其他基团)和碱性官能团(醌羰基、吡喃酮基和苯并吡喃基)。

Wang 等[142, 143]通过酸碱浸渍和高温处理方法制备了含有碱性官能团和酸性官能团的活性炭材料，并对其表面所发生的铅沉积反应进行了研究。研究发现，碱性官能团能够抑制活性炭表面的析氢反应，但不利于铅的电沉积反应。活性炭含有较多的酸性官能团，对铅的电沉积反应有利，但会加剧负极的析氢反应。适宜的酸性官能团，能够促进铅的电沉积反应，而不会加剧析氢反应。当铅炭电池在高倍率下充电时，从 $PbSO_4$ 晶体表面溶解出的 Pb^{2+}通过在电解质溶液中扩散，被吸附到电极活性物质和活性炭颗粒表面，通过电极/电解质界面的电子传递，完成铅的沉积反应。在含有酸性表面官能团的活性炭表面沉积纳米金属铅，能够抑制析氢反应和提高电极活性物质的利用率，从而提高铅炭电池的循环性能。

Xu 等[144]通过在 N_2 中不同温度下焙烧甲壳胺，制备了 N 掺杂的多孔碳材料(NC)。NC 中 N 的含量达到 3.6%。XRD 和拉曼光谱表征结果显示，随着焙烧温度的提高，所得到的 NC 的石墨化程度逐渐提高，导电性逐渐增强。掺加 1.5%(质量分数)NC 的负极性能最佳，其循环寿命为铅酸电池的 3.6 倍。SEM 显示，NC 的掺入，使放电产物中 $PbSO_4$ 的粒度从 18μm 降低至 3μm。能量色散 X 射线谱(X-ray energy dispersive, EDS)图像显示不规则形貌的碳材料分布在 $PbSO_4$ 表面。碳导电网络除了为 $PbSO_4$ 结晶过程提供成核位点，还在充电过程中为电子导通提供通道，从而增强 $PbSO_4$ 和金属 Pb 间转换反应的可逆性，使负极的不可逆硫酸盐化得到抑制，循环性能得到改善。

Yin 等[145]将稻壳基分级多孔碳(rice husk-based hierarchical porous carbon, RHHPC)应用到铅炭电池负极中，用于改善铅炭电极的电化学动力学。结果表明，由于 RHHPC 提供了额外的电化学活性表面，铅炭电极的充电接收能力得到显著提升。与其他碳添加剂相比，具有高比表面积和中孔/大孔分级结构的 RHHPC 对 $Pb/PbSO_4$ 氧化还原电对的电化学动力学具有显著影响。含有 RHHPC 的铅炭电池在深度充放电部分充电状态下表现出良好的倍率性能和较强的充电接收能力。

(b)碳纳米管。

Swogger 等[146]报道了一种由离散碳纳米管组成的新型 NAM 添加剂。研究人员将离散碳纳米管以不影响浆料流变性、密度或稠度的方式均匀分散到负极浆料中。SEM 表征结果表明，固化后含有离散碳纳米管的极板孔隙率更高。与不含碳纳米管的对照电池相比，含有离散碳纳米管的电池化成需要的电压更低。化成电压的降低缩短了电池在过电压条件下的保持时间，减轻了极板的劣化。离散碳纳米管的引入不会对电池的容量和冷启动性能产生不利的影响。负极掺加离散碳纳米管的电池在 18℃时可在较长时间内保持更高的电压，并在 0℃时接收更多的电荷。极化研究表明，离散碳纳米管的引入使电池能够在相同电压下多输出或接收 200%的电荷，或者在相同电流下充放电过电压降低 21%。更高的充电接收能力降低了过电压带来的负面影响，有利于延长电池的循环寿命。在含有离散碳纳米管的电池中，塔费尔(Tafel)斜率降低，达到产气电压的充电时间延长。上述结果表明，离散碳纳米管的引入使电极过程发生了变化。在离散碳纳米管表面倾向于发生 Volmer Heyrovsky 析氢反应，而不是更常见的在铅表面发生的 Volmere Tafel 析氢反应。此外，与控制电池相比，引入离散碳纳米管的电池在较低的温度下表现出至少 10%的功率提升和更快的充电速度。

Marom 等[54]发现将商品碳纳米管添加到铅酸电池铅负极和二氧化铅正极中，可以显著提高电池性能，使电池的循环寿命增加一倍。使用带有羧基的改性碳纳米管能够进一步提高电池的性能。使用羧基官能化多壁碳纳米管添加剂的电池表现出比使用商品化碳纳米管添加剂的电池更长的循环寿命。将多壁碳纳米管添加到负极和正极的活性物质中明显延长了 SLI 型富液电池的循环寿命。使用商业电极的标准电池 25% DoD 平均循环寿命为 170 次，而使用碳纳米管修饰电极的电池 25% DoD 循环寿命达到 360 次。通过对循环后的电池进行解剖分析，发现含有碳纳米管的电极中生成的 $PbSO_4$ 晶体要小得多。由于碳纳米管具有独特的物理特性，碳纳米管的存在使活性物质在循环过程中能够更好地参与电子传输过程。初步研究表明，与常规碳纳米管相比，带有羧基的改性碳纳米管，由于其对活性物质的黏附性更好，更适合作为铅酸电池电极添加剂。由于电极中存在碳纳米管，在 HRPSoC 工况下以 1.3% DoD 循环，所制备的 SLI 汽车电池性能得到显著改善。与对照电池相比，电极中含有碳纳米管的商用电池循环寿命提高了 100%以上。

(c)石墨烯。

为了抑制硫酸盐化和延长循环寿命，Yeung 等[147]在铅酸电池的负极活性材料中添加石墨烯。实验结果表明，添加百分之几的石墨烯，能够使部分充电状态(PSoC)下的循环寿命从 7078 次循环提高到 17157 次，提高幅度达到 140%以上。与 Pb 极板相比，PSoC 测试后满电 Pb-石墨烯(PbG)极板上的电极活性物质的颗粒尺寸减少了约 25%。PbG 极板具有较高的电化学活性表面积，有利于在活性材料和电解质之间的界面处 Pb^{2+}吸附和脱附，同时减少电荷迁移阻力。循环伏安法测试结果显示，添加石墨烯后电极的充电和放电电流密度均有所增大，表明 $PbSO_4$ 的沉积/溶解反应可逆性有所改善。

Long 等[148]通过水热法成功制备了一种三维还原氧化石墨烯(3D-rGO)材料，并将其用作抑制铅酸电池硫酸化的负极添加剂。添加 1.0%(质量分数)3D-rGO 时，电池的初始放电容量(0.05C，185.36mA·h/g)比对照电池(0.05C，161.94mA·h/g)提高了 14.46%。HRPSoC 工况下的循环寿命从 8142 次到 26425 次，提高幅度高达 224%以上。与活性炭和乙炔黑等传统碳添加剂相比，3D-rGO 还表现出最高的初始放电容量、最佳的倍率性能和最长的 HRPSoC 循环寿命。3D-rGO 具有丰富的孔隙结构和优异的导电性，这两方面在促进负极板的充放电过程方面能够发挥协同作用。

(d)复合碳材料。

Wang 等[149]开发了一种通过热解 $Pb(NO_3)_2$浸渍的淀粉凝胶制备 PbO@C 纳米复合材料的方法。所得到的材料包含均匀嵌入碳颗粒中的粒径约为 10nm 的单分散 PbO 纳米颗粒。在纳米复合材料中嵌入的 PbO 是 α-PbO 和 β-PbO 的混合物。由于碳的还原作用，在复合材料内部会生成大量的 Pb，所以当将 PbO@C 用作负极添加剂时，可以显著提高电池的性能。

Wang 等[150]通过 NaOH 活化和空气氧化对介孔碳材料进行改性，然后将其用于制备纳米铅掺杂介孔碳复合材料(Pb@MMC)。结果表明，通过 NaOH 活化和随后的空气氧化，可以得到含有更大体积中孔和含有酸性基团的介孔碳材料。在这些介孔中可以容纳更多的铅沉积物，通过限域效应将铅沉积物的尺寸限制在纳米级。这些纳米铅电沉积物不仅可以有效抑制碳材料引起的析氢反应，提高 $Pb/PbSO_4$ 沉积溶解反应的可逆性，而且可以通过贡献赝电容显著提高负极的充电接收能力。通过向负极活性物质中添加 1%(质量分数)Pb@MMC，使负极的不可逆硫酸化得到有效抑制，电池的 HRPSoC 循环性能得到显著提升。

Yin 等[151]采用溶胶-凝胶/焙烧相结合的方法制备了一种具有分级孔隙的 RHHPC@PbO_{1-x}复合材料。负极使用 RHHPC@PbO_{1-x}添加剂的 2V/4A·h 阀控式铅炭电池采用中国国家标准 GB/T 22473.1—2021《储能用蓄电池 第 1 部分：光伏离网应用技术条件》规定的方法进行测试，其循环寿命达到 900 次，为负极不掺加该添加剂对比电池的 3 倍。掺加 RHHPC@PbO_{1-x} 电池的优异性能源于 RHHPC@PbO_{1-x} 含有的独特铅碳中间相。该中间相的存在不仅能够抑制析氢反应，还可以加强铅与碳之间的连接，扩大电化学活性表面。

Yang 等[152]采用热解法制备氧化铅/氧化石墨烯复合材料，并将其用作负极板中的添加剂，以改善铅酸电池的 HRPSoC 循环性能。在 PbO/GO 复合材料中，一定量的 PbO 吸附在氧化石墨烯片层上，可以有效减少 $PbSO_4$ 晶体的聚集，加速铅物种的氧化还原反应，使电池在 HRPSoC 下的循环寿命得到显著的提升。含有复合碳材料的负极板在 HRPSoC 下的循环寿命达到 17614 次。此外，在氧化石墨烯片层上吸附少量的 PbO 对负极析氢反应也具有一定的抑制作用。研究还发现，对氧化石墨烯进行N掺杂和未溶解的氧化铅纳米颗粒上少量羧基的存在均有助于提高电池的循环寿命。

②碳材料在NAM中所发挥的作用。

为了研究在铅酸电池的负极中掺入不同碳材料所产生的效果及其作用机理，2011财政年度美国桑迪亚国家实验室和东宾制造公司共同承担了美国能源部的“Lead/Carbon Functionality in VRLA Batteries”项目。通过对乙炔黑、活性炭及炭黑/石墨材料结构、杂质和物性的表征以及掺加效果的考察，对碳材料的在NAM中的作用机理进行了研究。研究发现，将不同种类的碳材料掺加到NAM中其所产生的效果不同，作用机理也不相同。多种类型的碳材料，如石墨、炭黑、活性炭、碳纳米管及其混合物等，均对铅炭电池负极性能具有一定的提升作用。

研究者普遍认为，在铅炭电池负极中碳材料是通过构建导电网络、改变电极孔结构、贡献电容和提供空间位阻等方式来抑制$PbSO_4$颗粒长大、降低电极极化和提高电极反应速度的。

(a)构建导电网络。

放电过程中形成致密度高和导电性差的$PbSO_4$大颗粒在充电过程中很难完全还原，会造成电极活性物质利用率的降低和导电性的下降。减缓负极不可逆硫酸盐化的途径之一是提高电极活性物质的电导率。碳材料可以在NAM中构建导电网络，提高电极的电导率，从而促进$PbSO_4$向Pb转变。

不同种类的碳材料导电性差异较大，一般石墨化程度高的碳材料的导电性要远高于石墨化程度低和无定形的碳材料。高导电性碳材料对提高NAM的导电性作用更明显。虽然高比表面积活性炭的电导率低于金属Pb，但远高于放电产物$PbSO_4$。将活性炭掺加到NAM中可以提高满电状态下负极活性物质的电导率。

Shiomi等[153]在负极板中加入不同量的碳材料，考察了碳材料的掺入量对负极板电化学性能的影响。研究结果表明，随着碳材料掺加量的增大，负极板中$PbSO_4$的积累逐步得到抑制，特别是在PSoC工况下这种抑制作用更加明显。研究结果表明，在电极活性物质颗粒表面形成的碳导电网络有助于提高对负极的充电性能，从而减缓高密度低活性$PbSO_4$颗粒的形成和不断长大。

马彦芬等[154]研究了添加活性炭对铅酸电池负极板在HRPSoC工况下电化学性能的影响。研究发现，活性炭作为刚性构架形成了三维网状结构，实现了电极活性物质分隔，从而阻止海绵铅收缩，为$PbSO_4$沉积和溶解反应提供了更多的活性位，从而使电池的充电接收能力和HRPSoC工况下的循环性能得到显著提升。

(b)改变电极孔结构。

当铅酸电池在HRPSoC工况下使用时，会在负极板表面生成高强度高致密度的$PbSO_4$大颗粒层，使电解质离子难以进入负极板内部，从而显著降低电极活性物质的利用率。解决负极不可逆硫酸盐化的方法之一是通过掺加碳材料使负极板中的活性物质形成疏松多孔结构。电解质溶液容易进入具有疏松多孔结构的负极板内部，从而使大部分活性物质能够参加充电反应，实现$PbSO_4$向Pb的转化。

Pavlov等[17,19,139,155]认为，在充电过程中$PbSO_4$的还原在NAM中的铅和碳的表面并行。因此，碳的作用是提高负极的电化学活性面积，从而使充电更完全，使电极的容量得到提高。此外，碳材料还起到减小 NAM 孔径的作用。一旦孔径减小到 1.5μm 以下，硫酸向孔内扩散的过程将受到制约，在放电过程中将生成 PbO，而不是 $PbSO_4$，从而使负极不可逆硫酸盐化过程得到抑制。

Boden 等认为碳材料的作用是改变 NAM 的孔结构，从而可以使电解质储存于孔结构内，这样电解质不用从电极表面扩散到反应活性位，而是可以直接从孔内得到供应。

(c)提供电极反应活性位点。

Pavlov 等[19]观察到碳材料的引入通过提供反应活性位和新的反应途径来消除 $PbSO_4$ 在负极表面上的积累，从而使电池的寿命得到延长(图 6.9)。Boden 等[140]认为，铅炭电池容量的提升来源于 NAM 电化学效率的提升，即电极活性物质得到充分利用。一些学者的研究结果支持在充电过程中碳材料提供反应活性位的观点。Settelein 等[156]研究发现，碳材料的外比表面积与铅炭电极的电化学活性有明显的相关性。要提高铅炭电池的动态充电接收能力，需要在 NAM 中掺入具有较高外比表面积的碳材料。

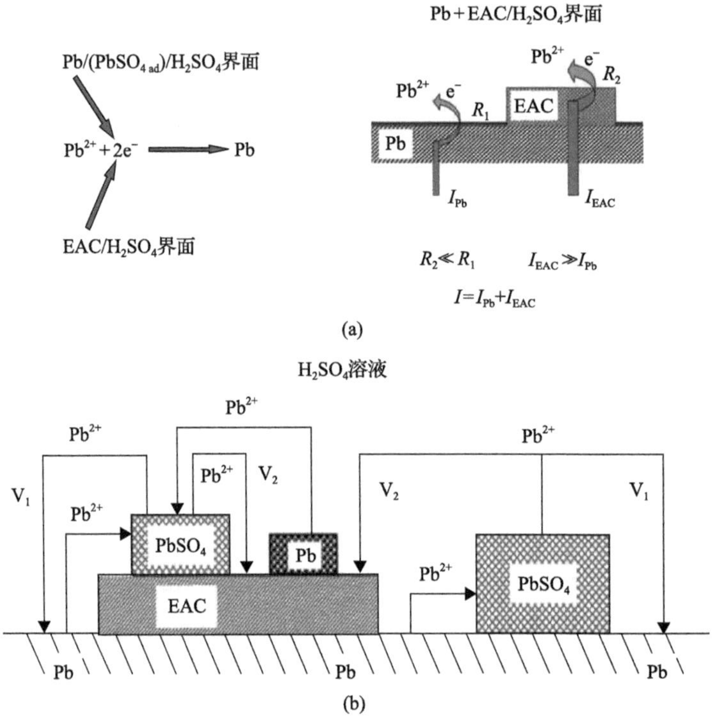

图 6.9　活性炭为 $Pb/PbSO_4$ 间的氧化还原反应提供活性位和新反应途径

(a)活性炭的作用机理；(b)铅炭负极的反应历程

Pavlov 等[17,19,155]指出，碳添加剂能够降低 NAM 的平均粒径，有利于小颗粒、高溶解性 $PbSO_4$ 的生成。在接下来的充电过程中，将有足够的 Pb^{2+}参与生成 Pb 的反应，从而减缓负极的不可逆硫酸盐化过程，延长电池的循环寿命。

(d)提供空间位阻。

虽然负极板中孔道的存在有利于电解质进入活性物质内部，但是当孔道过大时，大

颗粒的 $PbSO_4$ 会在这些大孔道中生长。当负极板中孔道的尺寸达到微米级时，$PbSO_4$ 向 Pb 的转化效率会降低。通常 PAM 的比表面积远大于 NAM，也就是说 NAM 的孔尺寸要远远大于 PAM，致使负极中 $PbSO_4$ 颗粒生长的空间更大。利用空间位阻效应可以一定程度上降低负极的不可逆硫酸盐化速度。一些碳材料可以起到空间位阻的作用，即通过碳材料对 $PbSO_4$ 生长空间的占据来实现对大颗粒 $PbSO_4$ 生长过程的抑制。

Micka 等[157]比较了石墨粉、纯化片状石墨、炭黑、TiO_2 粉末、多壁碳纳米管和玻璃纤维作为负极添加剂对铅酸电池性能的影响。实验发现，不仅在 NAM 中掺加几种碳材料能够提高电池在 PSoC 工况下的循环寿命，而且在 NAM 中掺加惰性材料粉末同样能够提高电池在 PSoC 工况下的循环寿命。掺入的添加剂通过提供空间位阻来限制 $PbSO_4$ 颗粒的生长，使电池在 PSoC 工况下的循环寿命得到延长。上述结果表明，粉末状的碳材料和粉末状的惰性材料可以通过空间位阻效应抑制 $PbSO_4$ 颗粒的长大。

(e) 提供双电层电容。

一些碳材料在铅炭电池负极中会产生双电层电容效应。活性炭中存在大量的微孔和中孔，这些微孔和中孔中充满电解质溶液，构成许多微型电化学电容器。当电池在 HRPSoC 工况下充电时，这些微型电化学电容器能够吸收充电电流，使充电电流得到一定程度的释放，从而促进 $PbSO_4$ 向 Pb 的还原反应。在接下来的放电过程中，被微型电容器吸收的电流将会释放出来，从而提高电池的高倍率放电性能。

Pavlov 等[19]在研究碳材料对铅酸电池负极性能影响时发现，微米级活性炭对 Pb 有很好的亲和性，活性炭颗粒能够嵌入海绵铅中，形成铅炭复合材料。由于活性炭具有丰富的微孔和较高的比表面积，当电解液进入这些微孔后，能够构成大量微型超级电容器。这些微型超级电容器能够在充放电过程中聚集电荷，使负极的电荷接收能力得到提高，从而减缓 NAM 的不可逆硫酸盐化过程。

Blecua 等[158]将不同种类的碳材料和木质素添加到负极中，发现电极充电接收能力均得到增强，电池在 PSoC 工况下的循环寿命也因不可逆硫酸盐化过程减缓而得到提升。他们认为在充电过程中碳材料起到了超级电容器的作用。即在充电过程中，电荷能够聚集在碳材料的多孔结构中，从而导致负极欧姆阻抗的降低和充电接收能力的增强。

(f) 蓄液。

作为内部电解质提供者的活性炭添加剂不但能够增大 NAM 中的微孔体积，而且能够在 NAM 中引入大量的介孔。在负极板中，电极活性物质通过如下“溶解结晶”过程进行充电：(i) $PbSO_4$ 晶体的溶解；(ii) 产生 Pb^{2+} 迁移到金属铅表面；(iii) 电子从金属铅表面传递给 Pb^{2+} 形成 Pb 原子；(iv) Pb 原子通过表面迁移到达 Pb 金属生长位点，与 Pb 晶体结合。与此相反，放电过程包括 Pb 电化学溶解和 $PbSO_4$ 的化学结晶步骤。如果上述任何步骤受阻，整个充电或放电过程将变缓。

在 HRPSoC 循环过程中，由于 H_2SO_4 从电极表面到内部的扩散速度赶不上电子的传输速度，放电过程终止在极板表面。因为放电反应不能深入到极板内部，电极活性物质利用率显著降低。此外，放电末期电解质硫酸溶液的相对密度处于较高水平，会降低 $PbSO_4$ 的溶解度。较低浓度的 Pb^{2+} 会阻碍后续 Pb^{2+} 到 Pb 原子的电化学反应，引起负极电位的负移，直至析氢反应的发生[16]。随着循环次数的增加，$PbSO_4$ 会逐渐积累在负极板表面，导致电池失效。

将活性炭加入 NAM 中，会引起电极反应动力学过程的显著改变。具有较大孔体积的活性炭吸附大量的 H_2SO_4，在负极板内部起到蓄酸的作用。由于 H_3O^+和 HSO_4^-半径远小于活性炭中介孔的尺寸[159, 160]，活性炭能够为电极反应提供所需的 H_3O^+和 HSO_4^-。图 6.10 所示为活性炭的电解质蓄液作用示意图[161]。由于有足量的 H_2SO_4 从 AC 颗粒中的孔道释放到极板内部，在高倍率放电过程中，电极反应不再终止于电极表面，而是进行到极板内部。$PbSO_4$ 在极板的整个断面上生成，导致活性物质利用率显著提高和放电后电解质相对密度降低。较低的 H_2SO_4浓度有利于 $PbSO_4$的溶解，即 Pb^{2+}和 SO_4^{2-} 的生成反应，使充电过程中所发生的 Pb^{2+}还原成海绵铅的反应得以顺利进行，同时降低负极的析氢反应风险。

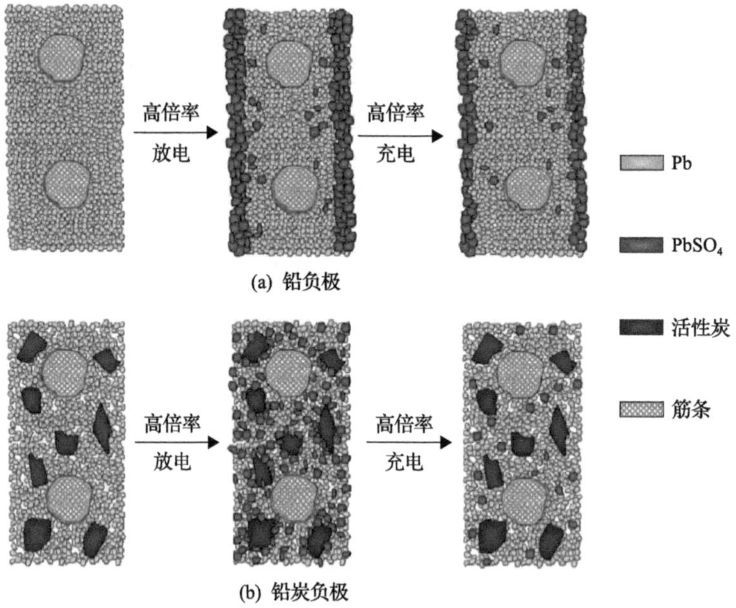

图 6.10　活性炭电解质蓄液作用示意图

简而言之，在负极板中微孔活性炭与海绵铅能够很好地发挥协同作用：铅颗粒构成导电网络，在充放电过程中为铅的电化学溶解（Pb/Pb^{2+}）和电化学结晶（Pb^{2+}/Pb）提供电子快速传输通道。而微孔活性炭颗粒作为蓄液材料，在 HRPSoC 循环过程中，从 NAM 内部为 $PbSO_4$的化学结晶（$Pb^{2+}/PbSO_4$）和化学溶解（$PbSO_4/Pb^{2+}$）提供 HSO_4和 H_3O^+。

（3）负极析氢反应机理及抑制策略。

虽然碳添加剂对提升 HRPSoC 工况下铅炭电池的性能具有重要的作用，但是也会导致电池容量的降低和引发严重的析氢反应[162]。在充电末期，靠近负极的电解质中的 H^+会被电化学还原成氢原子，这些氢原子随即结合成氢分子排出，造成铅炭电池大量产气、电解液水分大量消耗甚至干涸，从而降低电池的循环寿命。此外，大量氢气排到环境中还会带来严重的安全问题。因此，对在酸性介质中炭电极上的析氢反应机理及析氢反应抑制策略的研究就显得尤为迫切。

①负极析氢反应机理。

如果工作电位窗口不合适，在水系电解质储能器件的炭电极上容易出现产气现象。对于电化学超级电容器，需要通过测定电极的工作电位窗口来确定电容器的最高充电电压和最低放电电压。在工作电位窗口内，电极上不能有气体产生或产气量低至可以忽略。在铅炭电池中，炭电极的电位窗口需要与 $PbO_2/PbSO_4$ 正极的电极电位相匹配(约为 1.7V(vs.SHE))，以确保电池的电压为 2V。因此，为了在特定电位窗口内抑制析氢反应，需要对炭电极的材料和制备方法进行优化。电极析气反应速率受活性物质表面积和表面活性的影响。在不过多牺牲容量的前提下降低比表面积有利于降低炭电极的产气量。碳材料的表面活性通常用析氢反应的交换电流密度和析氢反应过电位等动力学参数表示。

析氢反应包括三种过程：Volmer 过程、Heyrovsky 过程和 Tafel 过程(图 6.11)[163, 164]。析氢反应按照哪种途径进行取决于电极表面的物理、化学和电化学性质。可以通过分析析氢反应的极化曲线斜率确定析氢反应的机理。

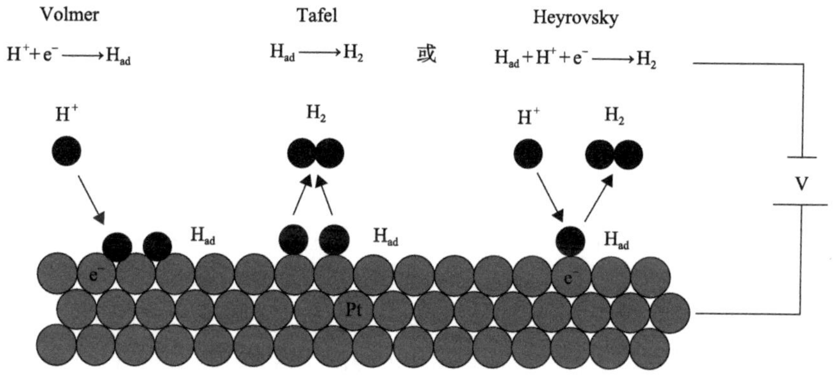

图 6.11　析氢反应机理

以下因素会加剧电极的析氢反应：(a)对电池施加的电压过高[165]；(b)电极活性物质表面积的增加；(c)电极活性物质或电解液中一些杂质的存在。

碳材料的引入会增大电极活性物质的表面积和(或)增强杂质引入，造成析氢反应过电位的降低，从而增大负极析氢反应速率。此外，表面官能团的种类和含量对碳材料的产气行为有较大的影响。

②抑制负极析氢反应的策略。

一般可以通过提高析氢反应的过电位来降低电极的析氢电流。Trasatti[164]将描述酸中交换电流密度的“火山图”(图 6.12)用于计算金属-氢(M—H)键强度。该“火山”关系表明，具有过高或过低金属-氢键强度的材料会导致较慢的析氢反应动力学过程。上述规律可以用于指导析氢反应抑制剂的选择。

sp 金属元素及ⅠB 元素(Cu、Ag、Au)位于火山图的左分支，其对氢的吸附较弱，此时析氢反应主要受电极速控步骤放电过程的控制。所有的过渡元素位于火山图的右侧分支，由于其对氢的吸附较强，氢在其表面的浓度接近饱和，致使析氢反应难以进行。贵金属具有中等的 M—H 键强度，其与 H—H 键强度接近。根据催化反应 Sabatier 等效原理，析氢反应将按照具有低 Tafel 斜率的反应机理快速进行。Pt 为活性最高的电解水制氢催化剂。

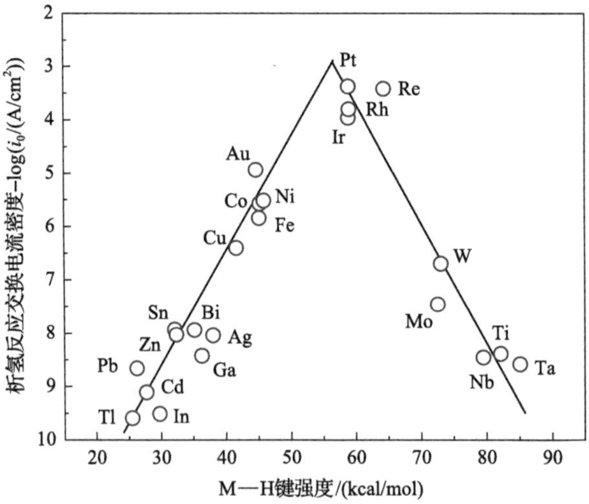

图 6.12　酸性溶液中析氢反应交换电流密度与 M—H 键强度的关系

1Cal=1kcal=4.1868×10^3J

Ni、Fe 和 CO 在火山图中的位置存在争议。如果采用气相反应中获得ΔG(M—H)，其应该位于火山图的下降分支。如果采用原位电化学试验获得ΔG(M—H)，这三种元素则位于火山图的上升分支。在电解制氢过程中因氢被吸附，造成ΔG(M—H)降低，是出现上述矛盾的原因。Bi、Cd、Ge、Ag 和 Zn 这五种金属元素在抑制铅酸电池负极板产气方面具有很好的应用前景。已有 Pb、Zn 和 Bi 氧化物能够抑制铅酸电池负极碳添加剂上析氢反应的报道。此外，研究者还发现，Pb、Bi 氧化物的引入还能够提高碳材料的比电容。

在铅炭电池中通常采用的析氢反应抑制策略包括钝化、在电极或电解质中引入添加剂等，具体方法如下。

(a)杂原子掺杂。

对碳材料进行非金属杂原子掺杂，可以改变周围碳原子的电负性，影响氢键强度以及析氢反应反应物和产物的吸脱附速度，使析氢反应得到抑制。

为了抑制负极析氢反应，Hong 等[166]制备了富含 N 官能团的活性炭(NAC)。实验结果表明，NAC 电极的析氢电流要比活性炭电极低得多。由于 N 原子的电负性较 C 原子大，当将 N 原子掺杂到活性炭中时，N 原子会吸附 C 原子周围的电子，降低 C 原子周围的电子密度，削弱 C 原子和 H^+间形成的氢键强度，从而使析氢反应得到抑制。

然而，关于 N 掺杂发挥的作用，文献中也存在一些与上述观点相矛盾的报道。Zheng 等[167]和 Zhang 等[168]使用商品活性炭作为基础材料，使用单氰胺作为氮源进行掺杂。结果表明，氮掺杂提高了 AC 的析氢反应活性。这种相反作用可以归因于氮在碳晶格中占据位置的不同。当 N 位于碳材料中的某些位置时会使相邻 C 原子中电子密度增大，从而使碳材料更容易提供电子。

Wang 等[143]报道，P 掺杂可以使 AC 上的析氢反应得到明显抑制。P 掺杂不但可以降低析氢反应的起始电位，而且可以显著降低析氢电流强度。P 原子与 C 原子靠共价键相互结合，会增加临近 C 原子周围的电子密度，促进 H^+的吸附，使反应产物 H_2 的脱附过程变得困难，从而实现对活性炭表面析氢反应的有效抑制。

(b) Pb 毒化。

Hong 等[166]用超声吸收和化学沉淀法制备了纳米 Pb 掺杂的活性炭。他们发现，当负极电位低于起始析氢电位时，析氢电流随电极电位降低呈指数上升。Pb/活性炭、活性炭和 Pb 电极的起始析氢电位分别为–1.14V、–1.02V 和–1.23V，在–1.36V 下 Pb/活性炭电极的析氢电流仅为活性炭的 16%。在 Pb/活性炭复合物中，纳米铅离子吸附在活性炭孔道表面，可以阻止 H^+在活性炭孔道表面的吸附，从而使析氢反应得到较大程度的抑制。

Lin 等[169]通过简单的化学沉积/热解耦合策略成功制备了 PbO 沉积率可控的铅炭复合材料(称为 PbO@AC)，考察 PbO 沉积率对活性炭基铅炭复合添加剂性能的影响。研究结果表明，通过沉积 PbO 能够有效地抑制活性炭和铅炭电极的析氢反应。PbO 沉积率为 9.9%的铅炭复合材料(PbO@AC-1)作为负极添加剂时，铅炭电极在 HRPSoC 工况下的倍率容量和循环寿命等性能得到明显提高。PbO@AC-1 作为负极添加剂的铅炭电池的最长循环寿命超过 10000 次，是活性炭作为负极添加剂的铅炭电池的 1.956 倍。PbO@AC-1 对铅炭电极性能的改善源于其对析氢反应的抑制和 $Pb/PbSO_4$ 氧化还原反应的电化学可逆性增强。PbO@AC-1 在抑制析氢和为 Pb 沉积建立额外的电化学活性位点之间达到最佳平衡。

(c) 掺加其他金属氧化物。

将析氢过电位高的金属元素的氧化物掺加到碳材料中，可以提高电极析氢反应的过电位，使析氢反应得到抑制。

Zhao 等[170, 171]将具有高析氢过电位的 In_2O_3、Ga_2O_3 和 Bi_2O_3 引入电学活性炭(EAC)中，然后再得到的复合碳材料掺加到 NAM 中制备了铅炭电池负极。测试结果表明，In_2O_3、Ga_2O_3 和 Bi_2O_3 的引入均能使电极的析氢反应得到抑制，从而显著提高铅炭电池的充放电循环寿命。

Lian 等[172]用水热法制备了 $Bi_2O_2CO_3$ 掺杂的活性炭复合材料，并考察了其作为铅酸电池负极添加剂的可行性。结果表明，将 4%(质量分数) $Bi_2O_2CO_3$ 掺杂的活性炭加入 NAM 中，可以将电极析氢反应过电位提高 230mV，析氢电流降低 93.1%，进而将电池的循环寿命提高到 19637 次，达到 NAM 中掺加活性炭的电池的两倍。$Bi_2O_2CO_3$ 和活性炭间存在的相互作用是使电极析氢反应得到有效抑制的主要原因。

6.3.2 板栅材料

板栅是正、负电极的必要组成部分，它既对正、负极活性物质起到机械支撑作用，又作为集流体为电极反应提供电子传输通道。为了实现板栅的这种双重功能，网格设计和用于板栅制造的材料必须满足某些特定的要求。为了制造具有高能量密度、高效率和长循环寿命的高性能电池，电池生产企业通常采用最大化活性物质所占区域面积的技术路线。此外，上述目标也可以通过在较小的电池外壳内装入更多的薄极板来实现。然而，薄极板的制造需要使用薄板栅。为了制造薄板栅，需要开发物理化学特性更好的板栅材料。

铅炭电池和传统铅酸电池的板栅大多采用铅合金材料进行制造。

1. 铅合金

为了满足铅酸电池行业的需求，研究人员已经制备和测试了含有元素周期表中几乎所有其他元素的各种铅合金。在已经探索的这些合金中，研究最深入和应用最广泛的是铅锑合金和铅钙合金。

1) 铅锑合金

锑(Sb)含量对铅锑(Pb-Sb)合金的浇注性具有很大的影响。当 Sb 含量低于 8%(质量分数)时，材料的浇注性无明显变化，可通过调节熔体和模具温度来控制浇注过程。但是，Sb 含量低于 5%的合金存在产生热裂纹的趋势，用此合金制造的板栅脆性较大。通常，低锑合金凝固时会沿晶界形成包含裂纹的粗晶粒，从而导致板栅质量不佳。这可能是低锑 Pb-Sb 合金在铅酸电池行业没有广泛应用的原因之一。

为了解决开裂问题，在铸造过程中将成核剂加入合金熔体中，可以消除板栅开裂。这些成核剂可以在温度高于铅枝晶形成温度的熔体中结晶。因此，虽然铅固溶体晶体的成核速度更快，但是这些添加剂可以抑制其生长速度，导致合金结构的细化，从而防止枝晶形成，避免筋条中裂纹的产生。低锑合金制备常用的成核剂包括 Se、S 和 Cu。Se 和 S 可以形成在冷却过程中能够充当晶核的 Pb-Se 相和 Pb-S 相。一般来说，Se 对晶粒尺寸的减小作用要比 S 强得多。这可以归因于 Se 在 Pb-Sb 合金中的溶解度比 S 高。Cu 的加入可以增大熔体中的 S 溶解度，增强其成核作用。因此，S 通常与 Cu 一起使用。此外，Cu 也可以与 As 一起使用，二者可以形成 Cu_3As 并产生成核效应。

一般来说，使用 Pb-Sb 合金制备正极板栅，存在如下问题：加速水分解和降低低温耐受性。为了克服这些缺点，研究人员尝试用 As、Sn 和 Ag 等作为添加剂[173]。研究发现，如果 As 的添加量超过 0.2%(质量分数)，α-Pb 枝晶的尺寸会减小，从而导致 Pb-Sb-As 合金的硬化速度异常加快。含量 0.1%以上的 As 可以降低熔体的化学氧化速率，有效抑制晶间腐蚀。此外，向 Pb-Sb 合金中添加 0.1%～0.2%(质量分数)的 As 也可以降低合金在铸造过程中的流动性。当合金中的 Sb 含量降低时，这种效果会增强。向合金中添加 Sn，由于在熔体表面形成保护性 SnO_2 膜，可以减少 Pb-Sb 熔体的氧化，从而减少因熔渣形成造成的金属损失。SnO_2 薄膜的形成可以增加表面张力，从而提高熔体的流动性。这种高流动性熔体可以在低温下充满板栅模具，从而实现板栅的高速率铸造。此外，只有当 Sn 质量分数高于 0.4%时，合金的力学性能和耐腐蚀性才会受到影响。

2) 铅钙合金

铅钙(Pb-Ca)合金是制造负极板栅的优选材料，因为其在铅酸电池工作环境下的产气和腐蚀速度均最小。通常，在 Pb 中添加少量的 Ca 和 Sn，形成的合金可以为电极提供足够的力学性能。其中，Sn 是改善 Pb-Ca 合金力学性能的合适添加剂。Ca 在 Pb 中的最大溶解度在包晶温度 328℃下约为 0.1%(质量分数)，在室温下为 0.01%(质量分数)。正常情况下，正极板栅合金中 Ca 的含量应控制在 0.07%(质量分数)以下。保持熔体中恒定的

Ca 含量对于减少 Ca 氧化至关重要。向 Pb-Ca 合金中添加 Al 可以使 Ca 的含量恒定保持在 0.07%（质量分数）。Al 的添加可以影响合金的结构，有利于低 Sn 含量的 Pb-Ca 合金加工性能的提升。

2. 碳基材料

铅酸电池的理论能量密度约为 168W·h/kg，但实际电池产品的能量密度仅为 30～40W·h/kg，理论与实际之间存在巨大的差异。造成这种现象的主要原因是电极活性物质的质量比和利用率均过低，其中板栅质量的占比高达 67%[174]。铅板栅虽然质量很大，但其在电池中所起的作用仅为增强极板的机械强度和收集电流，其本身并不参与氧化还原反应。此外，铅炭电池负极板填充的电极活性物质的利用率较低。在 0.1C 倍率放电时，只有 40%～50%（质量分数）的金属铅和氧化铅转化为 $PbSO_4$[173]。因此，电池中有 65%～75%（质量分数）的材料不参加任何电化学反应。

用碳基流体替代传统铅集流体可以显著降低电池的质量，提高其能量密度。传统铅酸电池中活性物质质量与集流体面积比 γ 为 2～2.5g/cm^2。如果使用碳材料集流体，则 γ 值可以降低至约 0.25g/cm^2[175]。γ 值越小，电极的电流密度越小，活性物质利用率越高，电池放电容量也就越大。此外，网状集流体可以为活性物质提供更高的机械支撑，从而提高电池的充放电循环寿命。当碳材料作为负极集流体使用时应采取措施提高碳材料的析氢过电位，以避免产生大量析氢的问题。当碳材料作为正极集流体使用时，应注意避免其因氧化而导致集流体结构的破坏。

研究人员研制了由不同碳材料制备的网状集流体的铅酸电池。Chen 等[176-178]探索了使用炭化沥青浸渍聚氨酯泡沫制备泡沫碳集流体的可能性。在所构建的铅酸电池中，负极集流体采用块状泡沫碳材料制备[176]。与传统铅酸电池相比，改进后的铅酸电池 0.05C 放电容量提升了大约 13%。但是与标准铅酸电池负极相比，该负极的析氢过电位更低，导致电池在充放电过程出现严重的析氢问题。此外，该团队还研究了涂层厚度为 50μm 的正极和负极泡沫碳集流体[179]。采用这种集流体的极板具有较低的 γ 系数和较高的比表面积，将其应用到铅炭电池中，可以提高 NAM 利用率和电池的容量密度。

Gyenge 等[180]开发了一种用于正极和负极的高比表面积集流体。该集流体通过在网状碳板上沉积铅锡合金来制造，铅锡涂层厚度根据电池应用场景和对循环寿命的要求确定，一般在 100～300μm 范围内。网状碳基集流体的结构特点是多孔并且具有较高的比表面积和较高孔隙率。0.33C 倍率放电时，电沉积网状集流体上 PAM 的利用率达到 47%，而传统铅板栅上 PAM 的利用率仅为 26%。0.0667C 倍率放电时，电沉积网状集流体上 PAM 的利用率达到 62%，而传统铅板栅上 PAM 的利用率仅为 37%[181, 182]。

网状玻璃碳（reticulated vitreous carbon, RVC）是具有应用前景的铅炭电池集流体材料[183, 184]。Czerwiński 等[175]最早开展了在铅酸电池中使用 RVC 的研究工作。研究表明，采用 RVC 集流体替代铅合金板栅可显著减小电池质量和铅消耗量（约 20%）。此外，使用具有三维网络空间结构的碳集流体，可以缩短电子传输距离，显著提高活性物质接收电荷的效率。在加速实验中基于 RVC 集流体的铅炭电池完成了 200 次以上的循环寿命测试，表现出优异的循环性能。考虑传统板栅材料和改性碳集流体在材料和生产成本上的差异，铅炭电池的综合生产成本有小幅度的下降。总之，这种采用新型集流体的电池具有更好的电化学性能，且更加环保[175]。

Kirchev 等[173, 185]使用铋和碳制备出具有蜂窝状结构的复合集流体。该集流体的制备方法是首先将酚醛树脂和乙醇浸泡在瓦楞纸板构成的模具中，通过加热将浆料固化，然后将产物切成薄片，进行干燥，最后将其置于氮气中进行炭化。通过在整个碳骨架网格中填涂铅膏制备电极板。电池的集流体、汇流排以及极群组件均由碳材料制成。这种电池的优点是更高的活性质量利用率以及更低的 γ 系数。该电池表现出良好的循环性能，在进行了 191 次深度充放电循环后，电池容量仍可达到初始容量的 1/3[173]。

新西兰的 ArcActive 公司开发出在给定电流中活化碳纤维织物制备碳集流体的工艺[186]。首先将所制备的集流体充满活性物质，然后在集流体的顶部焊接铅极耳，制备出铅酸电池。上述铅酸电池在 PsoC 工况下表现出良好的循环性能。

6.3.3 电解质

由于铅炭电池是一个复杂的电化学系统，其中涉及铅的氧化还原反应和水分解反应的竞争。许多杂质通过加速水分解反应对电池性能产生不利影响。因此，电池制造要使用具有一定纯度等级的硫酸溶液。用于制备电解质溶液的水应经过蒸馏或去矿物质，其电导率应小于 10^{-5}S/cm，pH 为 5～7。氯、氮和硫的化合物，以及能够和 H_2S 或 $(NH_4)_2S$ 反应生成沉淀的金属离子的含量应低于任何分析技术的检测阈值，蒸发 1L 水后所得沉淀物应小于 100mg，用高锰酸盐处理后的杂质量应小于 20mg/L。

铅炭电池具有相对较低的比能量。增加电极活性物质的利用率是一种具有应用前景的提高电池比能量的方法。在电解液中使用添加剂可以提高电极活性物质的利用率。

用于运输车辆的铅炭电池应具有较高的充电接收能力。充电接收能力与 $PbSO_4$ 在负极板转化为 Pb 和在正极板转化为 PbO_2 的反应有关。为了保持这些反应能够高速率进行，$PbSO_4$ 的溶解度应该足够高。将添加剂引入 H_2SO_4 溶液或/和 NAM 中，能够增大 $PbSO_4$ 的溶解速率，促进电子在负极板上的转移，从而提高其充电接收能力。

为了最大限度地减少甚至消除 VRLA 的维护需求，电池在运行过程中的失水量应该尽可能地低一些。当 Pb 和 PbO_2 表面上的氢气和氧气析出反应过电压足够高时，就可以实现这一目标。因此，必须降低负极板的析氢速率，并找到合适的方法来氧化电池内析出的氢。氧气很容易在负极板上和氢重新结合。通过提高析氢反应的过电位，可以降低铅表面析氢反应的速率。这可以通过向电解质或 NAM 中引入某些添加剂来实现。氧气循环在 VRLA 电池中运行。在正极板上释放的 O_2 在负极板处被消除。氧还原的速率很大程度上取决于铅表面的硫酸盐化程度。

除 $PbSO_4$ 晶体外，吸附在铅表面的 SO_4^{2-} 还可在 Pb 电极表面形成 $PbSO_4$ 薄膜（分子膜）。该薄膜在铅表面充当电子向氧分子转移的屏障，从而延缓其还原速率。添加到电解质中的一些金属离子（Sn^{2+}、Bi^{3+}）会吸附到铅表面，增加 $PbSO_4$ 层的氧传导性，从而提高氧循环的效率。

此外，添加剂应在 H_2SO_4 溶液中长期保持化学、热和电化学稳定性，且成本低廉。

常用的电解质添加剂可分为三类：①无机化合物；②碳悬浮液；③聚合物乳液。

1. 无机化合物

铅酸电池电解质溶液中常用的无机添加剂包括磷酸、硼酸、柠檬酸和一些可溶性金属硫酸盐。

1) 磷酸

磷酸在硫酸电解液中能够发挥多种作用。首先，H_3PO_4 通过减少正极活性材料的脱落和不可逆硫酸盐化来延长电池的循环寿命，但会降低电池的容量。研究发现，磷酸的加入会使正极的平衡电势向更正的方向移动[187]。在充电过程中，可逆地吸附在 PbO_2 中的磷酸根离子改变了 PbO_2 的成核和晶体生长。当 H_3PO_4 的添加量低于 0.8%(质量分数)时，其对正极板的性能具有有益的影响。当高于此浓度时，磷酸会对正极板产生不利的影响[188]。其次，在硫酸电解液中添加 H_3PO_4 会提高正负极的析氧和析氢过电位，防止使用 Pb-Ca 板栅的正极板在深度放电循环过程中的早期容量下降[189, 190]。

向电解液中添加 H_3PO_4 可使 VRLA 在太阳能发电系统中表现出稳定的容量性能[191]。此外，H_3PO_4 可防止车用胶体铅酸电池在循环过程中所发生的正极容量衰减[192]。研究表明，在硫酸电解液中添加 H_3PO_4 有助于在放电过程中 α-PbO_2 和 $PbSO_4$ 细小晶体的生成，可防止使用无 Sb 板栅正极板在深度放电循环中发生钝化[193]。当 H_3PO_4 与 H_3BO_3、$SnSO_4$ 和苦味酸等一起添加到电解液中时，正极板栅的腐蚀过程明显减慢[194]。磷酸与胶体二氧化硅一起使用可防止 PAM 软化，减少高放电率循环时的酸分层，从而显著提高铅酸电池的循环寿命[195]。

2) 其他无机酸或盐

铅炭电池中常用的电解质无机盐型添加剂是硫酸钠(Na_2SO_4)。这种化合物被引入深度充放电循环和低温应用模式的铅炭电池中。Na_2SO_4 充当缓冲剂并保持电解质的导电性，使深度放电后电池的再充电接收能力得到显著的提高。但是，硫酸钠的添加会促进板栅的腐蚀，尤其是负极板接线片和铅合金制成的连接件的腐蚀。在板栅合金中添加硒可以大大减轻这种不利影响[196]。此外，添加 Na_2SO_4 会加速电池的自放电过程，因此该化合物只能与其他能够抑制硫酸钠自放电效应的添加剂一起使用。

硼酸是一种使用较广泛的替代 H_3PO_4 的添加剂。添加浓度为 0.4%的 H_3BO_3 可抑制 $PbSO_4$ 硬块的形成，并减小 PbO_2 电极的自放电[197]。

柠檬酸是另外一种可替代 H_3PO_4 的添加剂。通过对柠檬酸在 Pb/$PbSO_4$ 和 PbO_2/$PbSO_4$ 电位区间内对电极氧化和还原过程的影响进行研究，发现柠檬酸对充电和放电过程具有有益的影响。但随着其浓度的增加，氧气和氢气的释放也会增加。当柠檬酸添加量为每升电解质溶液 2g 时，柠檬酸产生的效果最佳[198]。

研究表明，向 H_2SO_4 电解液中添加 $SnSO_4$ 可显著提高铅酸电池在深度充放电循环过程中的充电接收能力[199]。当把 $SnSO_4$ 添加到电解质中时，Sn^{2+} 被氧化为 Sn^{4+}，然后结合到 PbO_2 相中，从而提高电极活性物质的导电性、正极板的放电容量和充电效率，减小正极板栅的腐蚀速度[200]。

2. 碳悬浮液

Kozawa 等[201]提出使用超细碳(ultrafine carbon, UFC)和聚乙烯醇(PVA)复合胶体作为电解质添加剂的技术路线。证明 UFCePVA 胶体能够将负极中积累的非活性 $PbSO_4$ 转化为活性 $PbSO_4$,并提高其溶解度。UFC 胶体降低放电时产生的 $PbSO_4$ 微晶尺寸的影响。UFCePVA 胶体溶液包含 0.15mm 大小的炭黑颗粒和 PVA，两者的质量比为 10∶4。UFCePVA 胶体不仅可以减轻负极板的自放电，并且可作为硫酸盐化铅电极的活化剂。该添加剂改善了正极板中 PbO_2 颗粒之间的接触，从而提高了电池的放电容量、充电接收能力和循环寿命。

3. 聚合物乳液

研究人员尝试将多种有机物质，如苯甲醛衍生物、苯甲酸、苯醛和苯乙酮作为电解质的添加剂，并对其抑制析氢反应的作用进行了研究。结果表明，在富液铅酸电池中应用这些添加剂可将充放电循环过程中的失水量减少 50%。

最近，聚合物材料作为硫酸电解液添加剂的可行性引起了人们的关注。FORAFAC 1033D(多氟烷基磺酸)是一种可在电解质溶液中应用的聚合物添加剂。使用 FORAFAC 1033D 质量分数为 0.1%的电解质，可显著提高电池的循环寿命。含有 FORAFAC1033D 的备用电源用电池的使用寿命提高了 1.5 倍，且失水量有所降低，自放电有所减轻[202]。

聚天冬氨酸(polyaspartic acid, PASP)作为电解质添加剂可以通过改变晶体的形状和尺寸来控制 $PbSO_4$ 的结晶过程。在电解液中加入 PASP 提高了 NAM 的利用率，降低了负极板的内阻。在 HRPSoC 工况下使用，当电解液含有 0.1% PASP 时，观察到 PASP 对铅酸电池性能的有益影响，即在电解质中添加 PASP 可防止在 HRPSoC 工况下“硬硫酸盐”在负极板上的积聚[105]。

铅炭电池在运行过程中会发生大量不同性质的基本过程，包括电子通过相界面的转移、$PbSO_4$ 的溶解、离子的扩散以及 $PbSO_4$ 和 PbO_2 的结晶及溶解等化学过程。几乎不可能找到一种对所有这些过程都有益的通用添加剂。有必要为硫酸电解液寻找合适的复合添加剂，以促进电池容量的发挥和循环寿命的延长，从而提升电池的整体性能。

6.4 铅炭电池技术的发展

6.4.1 纯炭负极型铅炭电池

随着汽车制造商试图满足最新的燃油经济性和二氧化碳排放标准，对微型混合动力系统(micro hydrid power system, MHPS)的效率要求也越来越高。下一代 Micro-II 混合动力车辆将扩大制动能量回收(braking energy recovery, BER)和怠速停止系统(idle stop system, ISS)的使用范围，包括被称为“巡航”的低速滑行条件，从而对电池提出更高的动态充电接收能力(dynamic charge acceptance, DCA)和循环寿命要求。Micro-I 混合动力车辆已经超过了传统富液铅酸电池和 VRLA 技术应对 PSoC 工况能力的要求[203, 204]，而 Micro-II 混合动力车辆对电池性能提出了更高的要求[205, 206]。

为了应对这些技术挑战，Axion 动力公司开发了一种独特的储能产品 PbC®电池——纯炭负极型铅炭电池。这种非对称储能装置是一种可靠、经济、高效和可量产的铅酸电池替代品，其在 DCA 循环测试期间表现出很高的充电接受能力，且几乎不受静置、充电延迟和低温环境的影响。使用纯炭负极型铅炭电池的微型混合动力系统架构的应用，可以大大提高燃油经济性，同时显著减少二氧化碳排放。

由于去掉了负极板中的铅，纯炭负极型铅炭电池表现出独特的 DCA 性能。铅酸电池会因上述 $PbSO_4$ 的生长而导致 DCA 的快速劣化，与铅酸电池不同，纯炭负极型铅炭电池能够在 PSoC 循环条件下保持较高的充电接收能力。碳负极储能所依赖的静电离子吸附过程不受铅酸电池中铅基负极的溶解/沉积步骤的限制。因此，与所有其他类型的铅酸电池相比，纯炭负极型铅炭电池在更长的循环寿命内表现出更强的 DCA 性能。

纯炭负极型铅炭电池的构建基于数十年来一直用于构造铅酸电池的部件、工具和制造技术。在纯炭负极型铅炭电池中，包括正极板、外壳/盖、铅元件、隔板和电解质等在内的主要部件与传统的铅酸电池相同。纯炭负极型铅炭电池所需的唯一新组件是专有的多孔活性炭负极。这种纯炭负极型铅炭电池设计使 Axion 动力公司能够通过与传统铅酸电池制造企业合作快速扩大生产能力。

按照 DKE EN-50342-6 规定的方法在循环过程中对纯炭负极型铅炭电池进行 DCA 测试。结果表明，纯炭负极型铅炭电池充电接收能力超过三年等效车辆运行(40000 次循环)测试规范规定的最大值(100A)。

然而，对早期纯炭负极型铅炭电池进行的 DCA 性能评估表明，最佳轻混架构涉及将电器负荷和车辆启动的放电负荷分别分配给相互独立的电池系统。在这种配置中，将负责回收能量的纯炭负极型铅炭电池和负责提供启动动力的小型传统铅酸电池组合到一个双电池解决方案中。该解决方案无需高成本的高级架构组件就可以最大限度地提高车辆效率。因此，测试的初始阶段(0～40000 次循环)包括启动放电步骤，而在剩余的 60000 多次循环中则不包括启动放电步骤，以此证明这种微型混合动力汽车架构具有比较理想的性能。

充电时间能比 DCA 指标提供更多的信息，因为它考虑了每个单独充电步骤的累积充电接收能力。纯炭负极型铅炭电池在超过三年的测试中保持 100A 的恒定充电接收能力，充电时间保持 35～40s。在没有启动步骤的情况下恢复测试后，DCA 最终确实显示出劣化迹象。但是，这仅代表充电步骤结束时的电流，并且在 103637 个总循环的其余部分中，充电时间保持在 5s 以下。这种持续优化的充电接收能力通过增加充电速率、ISS 事件频率、发动机关闭时间等来提高燃油效率以及减少 CO_2 排放，改善轻混车辆的性能。纯炭负极型铅炭电池表现出更高的 DCA，和对比车辆相比，运行 2～9 个月后试验车辆 DCA 提高 10～20 倍。纯炭负极型铅炭电池的充电时间更短，和对比车辆相比，运行 2～9 个月后试验车辆的充电时间缩短至 1/10～1/5。此外，当与纯炭负极型铅炭电池的高充电接收能力结合使用时，BER 功能(如再生制动)的价值显著增加。纯炭负极铅炭电池能够在最苛刻的驾驶模式和条件下接受最大的制动能量，从而在各个驾驶工作周期和车辆使用寿命期间实现最佳 ISS 性能。换言之，纯炭负极型铅炭电池的充电接收性能没有表现出铅基负极板电池不可避免的快速劣化。

目前，Axion 动力公司已经推出多个型号的铅炭电池商品。Axion 动力公司铅炭电池深度循环库仑效率达到 95%～98%，能量效率为 65%～70%，部分荷电状态循环库仑效率达到 98%～99%，能量效率达到 85%。使用温度范围为–20～50℃。型号为 PBC-L5-16V 的铅炭电池在 25℃下 1h 率能量密度为 15.6W·h/kg，20h 率能量密度达到 27W·h/kg。

为了加快数据收集，标准 DCA 循环测试在三个不同方面偏离了真实世界的车辆运行条件。第一个折中方案涉及循环静置时间（每 500 次循环静置 6h），这表明静置对纯炭负极型铅炭电池的充电时间没有显著影响，即在整个测试过程中，电池的充电时间几乎恒定（35～45s）。

同样，增加的充电延迟对纯炭负极型铅炭电池 DCA 性能没有影响，因为铅基负极板的相变储能已被碳负极板的静电离子吸附储能所取代。

最后，纯炭负极型铅炭电池在低温下保持高充电接收能力，在–10℃下 500 个循环后静置 6h，电池的 DCA 性能略有下降，但充电时间在 10000 个循环中一直保持小于 45s。

总体而言，在标准 DCA 循环测试条件下，纯炭负极型铅炭电池表现出优异的 DCA 性能，其 2000 次循环后的 DCA 较对比电池提高 10～20 倍。在实际驾驶条件下 DCA 性能可能会提高更多。此外，静置、延迟充电和低温对纯炭负极型铅炭电池的 DCA 性能几乎没有影响。

6.4.2 内并型铅炭电池

在过去的十年中，内并型铅炭电池技术逐渐从概念发展为商业测试产品，即将实现量产。人们越来越认识到，将能源存储系统纳入电力基础设施时，电网可以更有效地运行并可接受更高的可再生能源渗透率。与此同时，HEV 市场在快速增长和逐渐趋于成熟。内并型电池结合了新化学物质的充电/放电率和性能特征（如超级电容器），能够满足 HEV 对电池寿命和效率的要求。此外，内并型铅炭电池还具有 VRLA 的低成本、高安全性等特点。

CSIRO 的研究团队首先认识到 VRLA 应用于 HEV 最主要的障碍是，与其他类型的化学电源相比，VRLA 的充电接收能力较低及负极硫酸盐化严重导致的在 PsoC 工况下工作的循环寿命显著缩短。如果对电池结构进行改进，使其包含超级电容器电极则可以同时解决上述两个问题。由于 VRLA 的负极部分用超级电容器电极替代，内并型铅炭电池这种超级电容器增强型铅酸电池又称为超级电池。

据推测，在其充电和放电化学过程中，内并型铅炭电池中的铅酸电池和超级电容器可以共享其中的正极和电解质（H_2SO_4 水溶液）。这一假设被证明是正确的，这就为开发内并型铅炭电池和纯炭负极型铅炭电池开辟了道路。内并型铅炭电池可以使用标准化的铅酸电池外壳进行装配，使用现有的铅酸制造设施进行批量生产。

在内并型铅炭电池的开发过程中，对负极进行了重大改进：在 VRLA 的标准海绵铅负极板旁边插入一个专门制备的活性炭电极，并使之与海绵铅电极相连接。双负极并联使得超级电容器的高充电接受能力和铅酸电池的高能量存储能力均能得到充分发挥。研究发现，活性炭负极的存在改变了在负极上发生的化学反应过程，减缓了铅负极的不可逆硫酸盐化进程，使内并型铅炭电池在 PSoC 工况下能够长时间工作。

原型电池制作完成并开始测试后，人们很快意识到内并型铅炭电池技术的应用领域可能远比最初设想的 HEV 广泛。内并型铅炭电池技术有可能在多个领域获得应用，包括可再生平滑、电网辅助支持和备用电源系统(如 UPS)。测试很快证实，内并型铅炭电池与标准 VRLA 相比具有显著的性能优势。在多种测试条件下，内并型铅炭电池的寿命可以达到现有 VRLA 的两倍，甚至比现有 VRLA 延长几个数量级。

在接下来的十几年中，研究人员根据测试结果对内并型铅炭电池不断进行改进，性能得到了显著提高。内并型铅炭电池已从实验室原型发展为经过现场测试的规模化能量存储系统的优先选用电池，且已为大规模生产做好了准备。

内并型铅炭电池技术具有“双重用途”应用的潜力。尽管大多数可充电电池只能设计成“功率型”(高放电倍率，然后较慢地充电至满容量)或“能量型”(在较长时间段内较慢地持续释放能量，然后慢速充电至满容量)，而内并型铅炭电池非常适合同时对功率和能量具有较高要求的场合。更重要的是，内混型铅炭电池可以长时间运行(数百、数千次循环，对于某些应用则可达数百万次循环)，无需周期性对电池进行满充“再生”，而传统 VRLA 则需要频繁进行周期再生，以防止其因硫酸盐化而失效。

国际上开展内并型铅炭电池研究、开发和测试等工作的主要单位有美国桑迪亚国家实验室、ALABC、CSIRO、美国东宾制造公司，澳大利亚的 Ecoult 公司和日本古河电池(Furukawa Battery)株式会社。

ALABC 已经验证，在 HEV 的高倍率 PsoC 工况下工作，内并型铅炭电池表现出优异的循环耐久性，其循环寿命达到传统 VRLA 的两倍。使用内并型铅炭电池的本田思域混合动力示范车的每加仑[①]汽油的续航里程与使用镍氢电池的同型号混合动力汽车相近，但其制造成本要低得多。

日本古河电池株式会社于 2004 年获得 CSRIO 的专利授权，开始内并型铅炭电池的研究和商业化开发工作。2006 年，古河电池株式会社开发出内并型铅炭电池样品，并参加了 ALABC 的 HEV 项目，开展内并型铅炭电池替代 Ni-MH 电池作为中型 HEV 主电池的车载试验。2011 年，采用 ISS 的日本汽车生产企业开始将注意力转向铅炭电池。2012 年，古河电池株式会社参加 NEDO 的演示验证试验，开始工业用内并型铅炭电池的测试工作。2013 年，汽车生产企业开始采用内并型铅炭电池，古河电池株式会社的内并型铅炭电池也获得日本汽车新闻社汽车配件奖。

古河株式会社生产的微型混合动力电动车用内并型铅炭电池负极采用在海绵铅负极板双侧表面覆盖活性炭层的三明治结构。古河电池株式会社车用铅炭电池产品的工作电压为 12V，有 33A·h、36A·h、54A·h、64A·h 四种型号。

至 2008 年，使用铅炭电池的混合动力电动车的运行里程达到 160000km。车载性能测试表明，由于电容层的存在，铅炭电池的充电恢复能力和传统铅酸电池相比提升 30%。充电不足条件(80%充电状态)下铅炭电池的使用寿命为传统铅酸电池的 2 倍。

储能电站用于电能存储和输出平滑，要求电池在大电流充放电和 PSoC 工况下使用

① 1 加仑(gal)=3.78543L。

拥有 10 年及以上的循环寿命。古河电池株式会社报道，内并型铅炭电池的使用寿命至少是传统铅酸电池的 4 倍，并再次证实它的循环性能与更昂贵的镍氢电池相当或更好[30]。在固定电站和智能电网应用测试中，内并型铅炭电池表现出高能效、长寿命的突出优点，尤其是在部分荷电工况下表现出优异的容量恢复特性。

2012 年，美国桑迪亚国家实验室对在供电系统中使用内并型铅炭电池技术的可行性进行了详细的研究。由于桑迪亚国家实验室所采用的 HPSoC 循环寿命测试程序反映了实际的应用场景，所取得的研究结果在业内引起了人们对内并型铅炭电池的积极关注。测试结果表明，由东宾制造公司生产的内并型铅炭电池可运行超过 20000 次循环，且测试终止时其容量非常接近初始容量。相比之下，传统 VRLA 在 2500 次循环后容量降至初始容量的 80%以下。

总部位于美国宾夕法尼亚州里昂站的东宾制造公司拥有世界上单条生产线规模最大的铅酸电池生产厂，已经实现内并型铅炭电池的批量生产。该公司的内并型铅炭电池生产线配备计算机中控系统和先进的电池制造设备。

Ecoult 作为东宾制造公司的子公司，致力于对内并型铅炭电池性能的技术改进和全面测试，以开发适用于固定电站储能的器件、系统和软件。该公司不但对负极板的尺寸进行了优化，而且对电池制造技术进行了改进。为了最大限度地提高电池的电容特性，减缓其负极在 HRPSoC 工况下的硫酸盐化进程，已经确定了铅电极和炭电极之间的最佳容量匹配方案。

此外，Ecoult 针对多种应用场景对电池最小单元容量进行了优化。虽然最初的内并型铅炭电池是以 2V 大型工业电池的形式进行开发的，但由多个单电池构成的 12V 内并型铅炭电池技术在诸多应用领域表现出显著的优势。将内并型铅炭电池的端电压从 2V 提高到 12V，可以创造在从大型发电厂到单个家庭不同规模装置上安装储能系统的新机会。

12V 铅炭电池的应用为电池监控带来了新的挑战，因为内并型铅炭电池储能系统的初始算法、硬件和软件都是为单独管理每个电池而开发的，而 12V 铅炭电池仅允许软件把其中的六个单电池作为一个模块进行监控。因此，需要开发新算法来监控 12V 铅炭电池的充电状态、健康状态、电能吞吐量和单电池的温度。

在美国能源部资助下，美国桑迪亚国家实验室对内并型铅炭电池储能系统为风电场能源平滑提供调节服务的能力进行了测试。结果表明，Ecoult 生产的内并型铅炭电池在车载和光伏混合储能应用中的寿命远高于传统 VRLA。在风场功率平滑应用中，内并型铅炭电池在 HRPSoC 工况下的循环寿命达到传统 VRLA 的 13 倍，在两次电池容量恢复作业间的充放电次数提高了 10 倍。

为了满足储能电站对电池的要求，日本古河电池株式会社研发了内并型铅炭电池。日本古河电池株式会社开发出的工业用铅炭电池 UB1000 的电压为 2V，0.1C 倍率容量为 1000A·h，最大充电倍率为 0.4C，最大放电倍率为 0.6C，使用温度范围为 0～40℃。

2014 年 6 月，圣阳公司与日本古河电池株式会社签署合作协议，引进古河电池株式会社具有国际领先水平的内并型铅炭技术，并获授权在中国生产，在国内风能、太阳能发电的储能及通信电源市场推广和销售[207]。FCP 型铅炭电池是圣阳电源引进日本古河电池株式会社国际领先的铅炭技术，国内生产的能量型先进储能电池，其 70% DoD 循环寿命可达4200次以上，可满足项目对长寿命、高可靠性储能系统的需求。

6.4.3 内混型铅炭电池

在内混型铅炭电池产业化方面，国内有多家企业与高校、科研院所开展合作，进行相关材料与技术的研究与开发。

浙江南都电源动力股份有限公司(南都电源)是国内最早开展铅炭电池研究和产业化的企业之一。他们通过与中国人民解放军防化研究院、哈尔滨工业大学等合作，将高比表面积碳材料等应用于负极铅膏，生产出铅炭电池产品。该公司是国内最早与ALABC开展合作并承担ALABC国际性前沿研究课题的单位。2012年该公司成功研发出REXREX-C铅炭储能电池并通过省级工业新产品成果鉴定，得到了“产品已达到国际先进水平”的评价。

南都电源与中国人民解放军军事科学院防化研究院合作开展了铅炭电池的研发与示范，所开发的关键技术包括：①超级活性炭材料；②铅炭配方；③合膏与化成技术；④正极引晶技术；⑤针对储能型应用的其他技术；⑥针对混合动力和快速能量回收应用的其他技术。目前，南都电源已成功生产出铅炭电池产品，开始在多个储能示范项目中对铅炭电池加以应用。

2015年，山东圣阳电源股份有限公司启动了高能环保型长寿命铅炭储能和动力电池扩建项目[208]。该项目的设计产品为高能环保型长寿命铅炭储能电池和动力电池，将引进连铸连轧连冲连涂极板制造系统、自动化装配生产线、酸循环化成生产线，生产装备自动化、智能化水平将达到国内领先、国际先进水平。项目总投资2.1亿元，建筑面积2.6万m^2，生产规模为200万kW·h，建设周期为2年。项目建成后，公司年生产能力将达到600万kW·h。

2015年以来，中国科学院大连化学物理研究所和风帆有限责任公司(隶属中国船舶集团有限公司)合作，成立“先进电池技术联合研发中心”，对先进铅炭电池产业化关键技术开展研究。2017年，中国船舶重工集团有限公司设立“化学储能技术研究”项目，对风帆有限责任公司与中国科学院大连化学物理研究所的合作研究予以资助。通过对铅炭电池负极电极过程和析氢反应机理的深入系统研究，开发出了拥有自主知识产权的铅炭电池专用碳材料并实现了批量制备。在此基础上，开发出一系列储能用贫液铅炭电池和启停用富液铅炭电池产品。所开发的储能用铅炭电池的充放电循环寿命、充电接收能力分别达到铅酸电池的3～5倍和2倍以上。所开发的启停用铅炭电池的循环寿命和充电接受能力均达到铅酸电池的2倍以上。目前已经完成了12V/38A·h、2V/1000A·h储能用铅炭电池产品的线上批量试制。

6.5 铅炭电池的应用

6.5.1 纯炭负极型铅炭电池

纯炭负极型铅炭电池拥有高且稳定的动态充电接收能力，为汽车制造商提供了一种简单且廉价的优化轻混架构途径，以设计一种经济的轻混车辆，充分利用发动机启停功能，显著提高燃油效率，减少二氧化碳排放。纯炭负极型铅炭电池性能优势包括：①适用于轻混运行模式，实现高燃油经济性和低二氧化碳排放。②在 2000 次循环后，HEV 的 DCA 就达到传统铅酸电池的 10 倍。③无需额外的电压转换、环境控制和安全保障设备。④易于扩大制造规模，可以使用原有铅酸电池生产设施进行生产，降低前期设备投资。

纯炭负极型铅炭电池 DCA 循环测试结果表明，纯炭负极型铅炭电池具有充电接收能力强的优势。由于消除负极的溶解/沉积机制，纯炭负极型铅炭电池的循环寿命可以达到 100000 次以上。因此，Axion 动力公司推出了一种在轻混车辆中利用纯炭负极型铅炭电池储能的新架构。该架构中使用 8 芯 16V L5 纯炭负极型铅炭电池。使用具有较高充电电压的 16V 纯炭负极型铅炭电池简化了电池管理系统。

该电动车电池管理系统所采用的技术方案是：将廉价的二极管/开关用于在不需要发动机启动时将铅酸电池与电气系统进行隔离，并允许通过标准交流发电机对两个电池模块进行在线充电。在这种双电池模块配置方案中，将具有强大启动效率的铅酸电池和具有高充电接收能力的纯炭负极型铅炭电池结合到低成本的 MHPS 中。该方案不需要其他先进电池技术所必需的复杂电压转换电路。此外，纯炭负极型铅炭电池不需要额外的热量管理、电池平衡或其他管理硬件来确保其安全运行。总之，使用纯炭负极型铅炭电池能够最大限度地提高轻混动力性能，为用户提供了一种耐用且价格低廉的能量存储技术方案。

需要指出的是，DCA 循环测试低估了在正常车辆使用中电池所承受的应力。在实际使用过程中，造成大量 $PbSO_4$ 晶体生成的静置操作更加频繁，每次静置的时间也更长。此外，能量回收制动将增大充电延迟。随着微型混合动力车技术的发展，从 Micro-Ⅰ 车型转向 Micro-Ⅱ 车型，电池应对更长时间、更频繁发动机停机事件的能力将变得至关重要。充电接收能力成为影响燃油效率和二氧化碳排放的关键指标。在改善循环寿命和充电接收能力方面，纯炭负极型铅炭电池具有一定的优势。

此外，Axion 动力公司还向宾夕法尼亚州立大学应用研究实验室提供纯炭负极型铅炭电池，用于与美国陆军坦克和汽车司令部联合进行测试[209]。测试包括在极端天气条件下运行的柴油发动机的启动、照明和点火系统（spark ignition system, SLI）、混合动力电动汽车驱动系统、静音系统以及其他军事应用，目标是提高现有系统的性能并促进新系统的推出。

在规模化储能方面，2015 年 1 月 28 日，Axion 动力公司宣布了一项与太平洋能源集团有限公司（Pacific Energy Ventures, PEV）签署的铅炭电池战略市场开拓、营销与分销协议。PEV 将促进纯炭负极型铅炭电池的 PowerCube 产品在可再生能源和储能项目中的应用，应用范围包括在宾夕法尼亚-新泽西-马里兰互联互通有限责任公司（Pennsylvania-New Jersey-Maryland Interconnection L.L.C, PJM Interconnection LLC，以下简称 PJM）运营的东北地区和哥伦比亚的 13 个州的全部或部分电网。

Axion 动力公司宣布，其获选向宾夕法尼亚州一座 9.1MW 光伏电站提供储能和频率调节系统服务。预计该电站竣工时，将成为迄今该州最大的光伏发电设施。该项目的名称为科茨维尔太阳能计划（Coates ville Solar Initiative），占地面积 $19.4hm^2$，于 2013 年 2 月获得土地审批。该电站在 2012 年首次被提出时最初的规划容量为 7.2MW，但是自此项目规模一直拓展。该项目将分为几个阶段建设，其中前两个阶段建设规模相等，装机容量均为 2.4MW，预计年发电量约为 6.3MW·h。该项目将根据为期 25 年的购电协议向当地茨维尔学区出售电能。

Axion 动力公司的 PowerCube 是基于公司纯炭型铅炭电池专利的新产品，是一种移动储能系统，旨在捕获和存储太阳能和风能等可再生能源生产商产生的间歇性电力，并在放电事件后迅速恢复，尤其是在 PSoC 工况下的应用。电池的长循环寿命和电压自我调节，特别是在大型串联应用中，使其非常适合加利福尼亚州倡议的可再生能源应用场景。

PowerCube 的第一个应用场景是为塔照明系统供电。根据美国联邦航空管理局的规定，必须在任何高于 200ft[①]的结构顶部装备照明信标。信标只需要低电压电源，但在偏远地区，有时没有可用的公用电源，因此需要配备离网备用电源。在弗吉尼亚州伯克利斯普林的 Mountain View Solar 进行了三个月的测试后，Axion 动力公司的 PowerCube 已在该地区的灯塔照明系统上得到推广应用。

PowerCube 的第二个应用场景是为位于宾夕法尼亚州的 RAR Engineering 抽水和过滤系统提供备用电源。这是一个带有太阳能电池板和充电控制器的离网电池系统，可以持续服务 8～10 年而不会因极低的温度而出现性能劣化。

此外，Axion 动力公司已经通过参与 PJM 电网建设验证了 PowerCube 的可靠性（图 6.13）。自 2011 年 11 月以来，PowerCube 开始用于为 PJM 提供日常频率调节和需求

(a)

(b)

图 6.13 Axion 动力公司的 PowerCube 储能系统

① 1ft=3.048×10^{-1}m。

响应服务。PJM 的服务提供商 Viridity Energy 负责 Axion 动力公司的 PowerCube 和 PJM 网络之间信号链路的管理。全碳负极型铅炭电池 PowerCube 的响应时间为 55ms，其日均 PJM 得分高于 94。

6.5.2 内并型铅炭电池

化石燃料在交通运输业的大量应用是大气中二氧化碳浓度升高的主要原因之一。使用电池储能的混合动力电动车的推广应用有助于减少二氧化碳排放。与发动机启动的应用不同，在混合动力电动车中使用的储能电池要能够适应频繁充放电循环的工况。

内并型铅炭电池能够满足中型混合动力电动车对电池充电接收能力、放电速度及寿命的要求。在车辆加速过程中，内并型铅炭电池输出电能驱动电机运转，以满足峰值功率需求。当车辆减速时，通常浪费掉的制动能量被回收，存储到内并型铅炭电池中备用。在美国 ALABC 执行的一个为期两年的示范项目中，将日本古河电池株式会社的内并型铅炭电池整合到本田思域混合动力电动车中，在亚利桑那州的凤凰城地区对内并型铅炭电池进行了耐久性试验，该车累计行驶超过 160000km。试验结果表明，内并型铅炭电池技术可以满足 HEV 应用的苛刻要求。此外，内并型铅炭电池在长期使用过程中无需外部充电，也没有出现性能的显著衰减。配备更低价格内并型铅炭电池的混合动力电动车具有与配备镍氢电池的同型号混合动力电动车相近的油耗。

总之，内并型铅炭电池能够在混合动力电动车的 SoC 工况下高效工作，且价格低廉，使其成为这一领域其他类型电池的有力竞争对手。

可再生能源使用和并网规模的快速增长为铅炭电池的发展提供了机遇。光伏板和风力发电机的输出不稳定性是可再生能源生产电能大规模并网遇到的新挑战。可再生能源的间歇性使电网通过不断平衡供应与需求来实现电能稳定可靠供应的工作变得更加困难。内并型铅炭电池能够为电网提供平滑和可预期的电能，从而很好地解决上述问题。

内并型铅炭电池的快速充放电能力使其能够在可再生能源影响电网前控制可再生能源的变化速度。内并型铅炭电池还可以为不利天气条件和用电高峰存储电能，实现可再生能源的可靠供给和按需供给。

总之，由于具有长循环寿命、高能量转换效率、低储能成本和可循环利用等突出优点，内并型铅炭电池能够为兆瓦级和千瓦级固定式储能应用提供一种经济、安全和环境友好的解决方案。

内并型铅炭电池能够适用于如下储能应用：电网辅助服务；太阳能和风能不连续性的平滑处理；能量转移；独立电力系统柴油机效率优化。此外，内并型铅炭电池还可以为边远地区微网、不间断电源和多用途数据备份中心提供储能服务，允许传统 UPS 服务与需求管理、削峰填谷等节支创收功能相结合。

内并型铅炭电池在固定电站储能领域已经有较多的应用，具体实例如下。

1. 调频服务

为 PJM 电网提供 3MW 调频业务的内并型铅炭电池储能系统于 2012 年在宾夕法尼

亚州的里昂投入运行(图 6.14)。该系统同时用于峰电需求侧管理。储能系统由四串电池构成，其中每串电池馈入 900kW 逆变器，这些逆变器又连续馈入 13.8kV 线路以提供频率调节。每个单池串由 480 个 2V 铅炭电池组成。铅炭电池的总功率为 3.6MW。其中，3MW 功率可以作为输出或输入进行交换。铅炭电池为了应对每分钟数兆瓦功率的波动，以亚秒级精度响应来自电网的需求信号，以至于电池的全部容量每天被循环利用多次。该系统的直流/直流(direct current/direct current, DC/DC)效率达到 92%～95%。在执行调节服务时，交流/交流(alternating current/alternating current, AC/AC)的平均效率达到 80%[210]。电池储能系统能够对电网波动做出快速准确的响应，完成调频任务。

图 6.14 PJM 投入运行的 3MW 内并型铅炭电池储能

2. 太阳能的变换与平滑

美国电力研究所(American Electric Power Research Institute, EPRI)报道，美国新墨西哥州的主要电力公司 PNM 将 0.75MW 规模的内并型铅炭电池储能系统与光伏发电系统进行了集成，以为新墨西哥州 500kW 太阳能发电场的可再生能源电网稳定和平滑处理提供服务。图 6.15 为运行中的太阳能光伏板和内并型铅炭电池储能集成系统。这是美国首个利用储能实现太阳能生产电能全部并网的项目。

图 6.15 PNM 项目所建设的美国最大的太阳能光伏板与内并型电池储能集成系统

根据可再生能源的波动情况，内并型铅炭电池能够通过在秒级时间尺度范围内对电能吸收或释放，实现对电能的平滑处理，在较大程度上减小对电网稳定性的干扰。与此同时，PNM Prosperity 项目中内并型铅炭电池储能系统对光伏系统所生产电能实现了谷电峰用。可以看出，内并型铅炭电池储能系统可以在光照条件好的时间段存储电能，在用电需求高峰时间段释放电能，从而提高电网的供电能力和稳定性。

PNM Prosperity 项目表明，通过将光伏发电系统与内并型铅炭电池储能系统集成，可以为用户可再生能源应用提供成套服务。

3. 风电平滑

风能是一种清洁能源，可开发利用潜力巨大，但是利用风力生产的电能具有不稳定的特点。风电的大幅度波动会给电力独立系统调度机构(independent system operator, ISO)、区域输电组织(regional transmission organization, RTO)电力设施的可再生能源并网带来挑战，制约风力发电企业的快速发展。

为此，Ecoult 公司在澳大利亚新南威尔士的 Hampton 风场开展了一个风电平滑试验项目，目的是对内并型铅炭电池储能系统应用于风力发电系统的方法进行展示和优化。图 6.16 所示为位于 Hampton 风场的内并型铅炭电池储能系统。试验结果表明，当储能系统的容量为风场额定输出容量的 1/10 时，可以将风场输出电能的 5min 波动速率限制在原始输出电能的 1/10 以内。

图 6.16　位于 Hampton 风场的内并型铅炭电池储能系统

4. 商用建筑储能

日本古河电池株式会社在日本清水公司开展了内并型铅炭电池在智能微网中的应用示范。该给智能建筑所使用的储能系统由 163 块 2V/500A·h 内并型铅炭电池构成(图 6.17)。

此外，古河电池株式会社还在其磐城工厂开展了内并型铅炭电池在微网中的应用示范(图 6.18)。该用于负荷平抑的储能系统由 192 块内并型铅炭电池、100kW 功率调节系统和电池管理系统构成。该储能系统用于控制工厂对电能的需求，于 2012 年 10 月开始试验运行。试验表明，内并型铅炭电池的容量可以得到充分利用，但是不能有效地控制电能需求。

图 6.17 应用于清水公司智能微网的内并型铅炭电池储能系统

图 6.18 应用于古河电池株式会社磐城工厂微网的内并型铅炭电池储能系统

5. 社区储能

在日本北九州市“智慧社区创建项目”中，内并型铅炭电池与社区能源管理系统(community energy management system, CEMS)协同工作，达到了调整电能供给以及在灾难发生或大规模断电时提供电能的目的。该系统包括安装在前田地区的 336 块 UB1000 内并型铅炭电池(168 块串联，2 串并联)、安装在北九州自然历史与人类历史博物馆的 192 块 UB500 内并型铅炭电池和 32 块 UB100-6 内并型铅炭电池以及安装在人类媒体创作中心(九州)的 32 块 UB100-6 内并型铅炭电池。图 6.19 为安装在北九州自然历史与人类历史博物馆的内并型铅炭电池储能系统。该示范工作始于 2012 年。此后数年实际运行结果表明，内并型铅炭电池在能量效率、充电间隔均衡和循环寿命方面具有显著的优势。

(a) (b)

图 6.19 位于日本北九州市的社区储能用内并型铅炭电池系统

(a)储能集装箱；(b)集装箱内部的铅炭电池

6.5.3 内混型铅炭电池

内混型铅炭电池的应用示范在国内开展得较多。

南都电源所开发的铅炭电池已在港口货物吊装、风能、太阳能发电系统的储能装备等领域获得较广泛的应用，成为国内铅炭电池龙头企业。近年来，南都电源在国内外实施了多个兆瓦级以上的风电及光伏电站用铅炭电池储能系统的应用示范项目。

2013 年，南方电网启动了光储一体化储能电站联合设计项目。该项目中 3MW·h 混合式微网储能电站采用铅炭电池、锂电池等多种先进储能技术。该项目对于谷电峰用、改善电的电能质量，解决电压波动，电压暂降等影响重大，为风能及太阳能等新型能源接入电网的电能质量提供了保障[211]。

2013 年，南都电源中标了浙江鹿西岛储能项目。该项目是“含分布式电源的微电网关键技术研究”国家 863 课题的两个示范工程之一。主要建设风力发电、光伏发电、储能三个系统，实现并网和孤网两种运行模式的灵活切换。该系统具有提升可再生能源利用率、平滑风光功率输出等功能，具备暂态有功出力紧急响应、暂态电压紧急支撑功能。这是当时浙江省最大的微网铅炭储能示范项目。该项目采用铅炭电池、超级电容器等多种先进储能技术，提供储能系统解决方案。该储能系统由在微网控制综合大楼内配置 2MW×2h 的铅炭电池组、500kW×30s 的超级电容和 5 台 500kW 的双向变流器构成[212]。该项目已于 2014 年 5 月正式投入运行。

2015 年，南都电源作为总承包商和合作运维方，成功中标江苏中能硅业科技发展有限公司储能电站工程项目。南都电源作为总承包方提供该储能电站所需铅炭储能电池及相关系统集成设备，并负责该电站整体工程建设及后续合作运维[213]。系统额定功率 1.5MW，额定容量 12MW·h。该铅炭电池储能系统的装机容量为 12MW·h，整个系统的构建共使用 6048 只 2V/1000A·h 的铅炭电池。该型号铅炭电池在 70% DoD 工况下的循环次数为 4000 次，使用寿命可达 10 年以上。预计 10 年后该储能系统的容量剩余 60%、项目残值为 25%[214]。

2018 年 1 月，浙江南都电源动力股份有限公司承接的无锡新加坡工业园 20MW/160MW·h 智能配网储能电站，得到国家电网批准，正式投入商业运行(图 6.20)。该储能电站在 10kV 高压侧接入，在配电端为园区提供的储能服务，与产业园共同为园区企业提供综合能源服务，结合了分布式可再生能源与智能微电网技术，实现了传统能源与新能源多能互补和协同供应。

(a)

(b)

图 6.20 无锡新加坡工业园 20MW/160MW·h 智能配网储能电站
(a) 储能电站的建筑外观；(b) 储能电站内部的铅炭电池

2018 年 5 月，南都电源发布公告，宣布其与中天钢铁集团有限公司签署对针对实施电力需求侧管理、削峰填谷、改善电能质量、有效平抑负荷波动，并实现能源有效利用为目的的储能电站项目运营管理服务合同。该项目所要建设的储能系统的功率为 50MW，容量为 400MW·h。该项目实现了商用化储能电站规模上的重大突破，标志着公司商用化储能项目进入规模化应用阶段[212]。

除上述储能项目外，南都电源还实施了珠海万山海岛 8.4MW·h 新能源微电网示范项目、国家风光储输工程 6MW·h 新能源微电网示范项目、中国广核集团有限公司 6MW·h 共和新能源微网示范项目、大丰万吨级海水淡化新能源微网示范项目、广东电网有限责任公司电力科学研究院(广东电科院) 1.5MW·h 新能源微网示范项目、大丰风电产业园区新能源微电网示范项目和新疆吐鲁番新能源示范城市微电网示范工程。

2016 年，山东圣阳电源股份有限公司(圣阳电源)参与了西藏光储柴(油)微网电站工程项目。该工程由中国华电集团公司西藏分公司建设，国电南京自动化股份有限公司设计和总承包。整体工程由光储柴(油)电站和城区配电网组成，包括 22MW 光伏发电站系统、12MW 储能电源双向逆变器、12MW·h 锂离子电池组、36MW·h 铅炭电池组以及 2 台 1500kW 柴油发电机。

2016 年，圣阳电源建设了由 120kWp 光伏、1MW·h 储能系统构成的独立海岛微电网。圣阳电源根据实际应用场景和用电负荷，结合海岛用电的重要性、可靠性、安全性等因素，在该储能系统选用了高性能、长寿命的深循环型铅炭电池(FCP-1000)。

2018 年，中国科学院大连化学物理研究所和中船重工风帆有限责任公司还开展了铅炭电池在太阳能路灯上的应用示范(图 6.21)。铅炭电池与太阳能发电系统联用，将有效地解决太阳能发电的储存难题。本应用示范系统主要为中国科学院大连化学物理研究所能源楼周围路灯及景观灯提供优质稳定的照明用电，其成功运行将为该系统工程化和产业化奠定基础。

图 6.21　中国科学院大连化学物理研究所星海二站园区的铅炭电池储能太阳能路灯

2019 年，在中国科学院战略先导专项的支持下，中国科学院大连化学物理研究所和中船重工风帆有限责任公司共同开展了 100kW·h 光伏离并网储能系统的构建与应用示范（图 6.22）。该系统由太阳能光伏发电模块、铅炭电池、离/并网逆变器、电能计量系统、电池管理系统、远程监控系统等构成。并网/离网混合运行模式，可实现可再生能源的消纳、低储高发、谷电峰用，保证不间断供电。离网模式中，太阳能光伏发电模块优先给食堂供电，多余电能用于铅炭电池系统充电；并网模式中，电网在用电低谷时段给电池系统充电，用电高峰时段及电网异常时，由电池系统供电。该系统用于为中国科学院大连化学物理研究所的食堂负荷提供电能，可实现源网荷储动态平衡等功能。

(a)　　　　　　　　(b)

图 6.22　中国科学院大连化学物理研究所星海二站园区的
100kW·h 屋顶光伏发电与铅炭电池储能系统
(a) 屋顶光伏发电系统；(b) 铅炭电池储能集装箱

2020 年，在中国科学院战略先导专项的支持下，中国科学院大连化学物理研究所和中船重工风帆有限责任公司共同开展了兆瓦级多种能源互补智慧微网铅炭电池储能系统的构建与应用示范。

6.6 铅炭电池技术所面临的挑战与未来发展趋势

1. 铅炭电池技术所面临的挑战

铅炭电池技术通过以不同方式将碳材料引入铅酸电池负极中来解决其在 PSoC 工况下或 HRPSoC 工况下负极快速硫酸盐化的问题。虽然铅炭电池和传统铅酸电池相比具有循环寿命长、充电接收能力强和锂离子电池等其他类型化学储能技术相比具有安全性高和储能成本低廉等突出的优势，但是其在许多方面仍然存在不足。要想使铅炭电池技术得到大规模应用，研究人员必须面对这些挑战，通过技术进步，不断地提高铅炭电池的性能和价格竞争力。铅炭电池技术所面临的主要挑战如下。

1)其他类型化学储能技术高比能量所带来的挑战

铅、二氧化铅电化学当量较大，致使铅炭电池产品单位容量的铅消耗量偏高。此外，由于电极的放电产物 $PbSO_4$ 为绝缘性物质，为保证铅炭电池具备良好的循环寿命，电极活性物质必须过量。由于电极中部分活性物质用于构建支撑骨架和导电网络，不参与电化学反应，致使电极活性物质利用率偏低。上述各种因素造成铅炭电池和锂离子电池等其他种类的电池相比比能量显著偏低。性能优异的锂离子单池的能量密度一般可达200～300W·h/kg，即使是能量密度偏低的以磷酸铁锂作为正极的锂离子电池，其能量密度也可达到 120W·h/kg 以上。铅炭电池的能量密度和铅酸电池相近，仅为 40～60W·h/kg。这也就意味着，储存相同的能量，所用的铅炭电池更重。基于这个原因，在对比能量要求比较高的移动储能领域，铅炭电池的竞争力不强。原有铅炭电池所占据的低速电动车市场也正逐渐被锂离子电池等所取代。

2)其他类型化学储能技术安全性不断提高所带来的挑战

由于使用水系溶液或胶体作为电解质，铅炭电池具有安全性高的先天优势，在大规模储能等对安全性要求高的领域具有广阔的应用前景。但是，近年来锂离子电池技术突飞猛进，多种涉及电池安全性的新技术，如锂枝晶抑制技术、耐高温隔膜等，不断被开发出来，使锂离子电池的安全性得到较大幅度的提升。目前，虽然铅炭电池及铅酸电池的高安全性优势仍然存在，但有被逐渐弱化的可能性。

3)其他类型化学储能技术储能成本不断下降所带来的挑战

铅炭电池的制造成本虽然较铅酸电池略有提高，每千瓦时储能电池成本一般在500～800 元，但和锂离子电池等其他类型的电池相比，其价格优势依然存在。近年来，磷酸铁锂作为正极的锂离子电池的制造成本逐年降低，每千瓦时储能电池成本已降至1000 元左右。铅炭电池和锂离子电池制造成本的差距在逐渐降低，铅炭电池储能成本低的优势在逐渐降低。

4)政府及社会对铅污染固有认识所带来的挑战

铅酸电池是人类最早实际应用的化学储能产品，虽然在其漫长的发展过程中为人类社会的进步做出了巨大的贡献，但是由于其早期的制造技术比较落后和回收利用不普及，给人留下了不环保的印象。近年来，铅酸电池生产技术获得了较大的发展，不但生产过程中的污染问题得到很好的控制，而且废旧电池的铅资源得到接近100%的回收利用，但是人们的固有观念难以迅速改变。近年来，一些领域出现了限制铅酸电池使用的现象。铅炭电池技术是在铅酸电池基础上发展起来的一种新型储能技术，其发展与应用近年来逐渐受到国家的重视，但因受对铅酸电池固有偏见的影响，短期内要想获得全社会的普遍认可仍然具有一定的难度。

2. 铅炭电池技术的未来发展趋势

随着电网运营商、政府和市场意识到对电网规模储能的需求不断增长，铅炭电池将发挥重要作用。

纯炭负极型铅炭电池由于存在电压范围与现有铅酸电池不同和能量密度低的缺点，近年来发展和推广应用遇到瓶颈。未来需要重点发展的铅炭电池包括内并型铅炭电池和内混型铅炭电池。

内并型铅炭电池和内混型铅炭电池的能量存储能力已经获得实际应用验证。未来电网规模储能的研究重点将在软件设计、低功耗冷却系统、串联电池管理、降低电池阻抗和提高电池寿命等方面。发挥退役铅炭电池的价值，在通过提升资源循环性和可持续性支撑绿色发展的同时，能够为社会带来更大的经济效益。

为了推动铅炭电池在机动车和储能领域的应用，确保铅炭电池处于车用与储能市场的最前沿，需要通过新材料、新技术的开发大幅度提升其动态充电接收能力和满充满放循环寿命。

通过材料和结构上的创新，提高活性物质质量占比和利用比能量，实现铅炭电池能量密度的较大幅度提升，对增强铅炭电池技术的竞争力意义重大。

为了拓展应用市场，提升储能技术对大型和小型企业的吸引力，一些铅炭电池生产企业正在尝试在铅炭电池推广应用方面与电力市场参与者发展战略合作伙伴关系。通过这种创新安排，消费者可以购买或租赁铅炭电池储能系统，以应对重大停电，同时通过向辅助服务和能源市场销售获得收入。这种模式最早可能被数据中心所采用。由于内并型铅炭电池和内混型铅炭电池具有与现有UPS电源相同的电压和安装特性，只需将其插入现有基础设施即可实现数据中心储能技术的升级。

未来内混型铅炭电池领域需要重点开展的研究与开发工作包括：①负极析氢机理研究与抑制技术开发；②低成本、高性能新型碳材料添加剂的设计与批量制备技术；③正极软化与脱落抑制技术；④耐腐蚀正极板栅用合金材料的研究与开发；⑤轻型板栅材料与板栅制造技术的开发；⑥新型内混型铅炭电池技术（如胶体铅炭电池、双极性铅炭电池）的研究与开发。

参考文献

[1] Nelson V. Introduction to Renewable Energy[M]. Boca Raton, London, New York: Taylor & Francis Group, 2011.

[2] Nelson V. Wind Energy[M]. Boca Raton, London, New York: Taylor & Francis Group, 2009.

[3] Robert F, Majid G, Alma C. Solar Energy[M]. Boca Raton, London, New York: Taylor & Francis Group, 2010.

[4] Glassley W. Geothermal Energy[M]. Boca Raton, London, New York: Taylor & Francis Group, 2011.

[5] Rufer A. Energy Storage: Systems and Components[M]. Boca Raton, London, New York: Taylor & Francis Group, 2018.

[6] Lead battery market data[EB/OL]. [2024-01-05]. https://batteryinnovation.org/resources/lead-battery-market-data/.

[7] 中国科学院战略性先导科技专项(A类)变革性洁净能源关键技术与示范[J]. 中国科学院院刊, 2019, 34(4): 376.

[8] State aid: Commission approves €2.9 billion public support by twelve member states for a second pan-european research and innovation project along the entire battery value chain[EB/OL]. [2021-01-26]. https://ec.europa.eu/commission/presscorner/detail/en/IP_21_226.

[9] Yin J, Lin H, Shi J, et al. Lead-carbon batteries toward future energy storage: From mechanism and materials to applications[J]. Electrochemical Energy Reviews, 2022, 5(3): 2-32.

[10] An innovation roadmap for advanced lead batteries: Technical specifications and performance improvements[R]. Durham, London: The Consortium of Battery, 2019.

[11] Yan J H, Li W S, Zhan Q Y. Failure mechanism of valve-regulated lead-acid batteries under high-power cycling[J]. Journal of Power Sources, 2004, 133(1): 135-140.

[12] Jung J, Zhang L, Zhang J J. Lead-acid Battery Technologies: Fundamentals, Materials, and Applications[M]. Boca Raton, London, New York: CRC Press, 2016.

[13] Atlung S, Zachau-Christiansen B. Failure mode of the negative plate in recombinant lead/acid batteries[J]. Journal of Power Sources, 1994, 52(2): 201-209.

[14] Nakamura K, Shiomi M, Takahashi K, et al. Failure modes of valve-regulated lead/acid batteries[J]. Journal of Power Sources, 1996, 59(1-2): 153-157.

[15] Cooper A, Moseley P T. Progress in overcoming the failure modes peculiar to VRLA batteries[J]. Journal of Power Sources, 2003, 113(2): 200-208.

[16] Lam L T, Haigh N P, Phyland C G, et al. Failure mode of valve-regulated lead-acid batteries under high-rate partial-state-of-charge operation[J]. Journal of Power Sources, 2004, 133(1): 126-134.

[17] Pavlov D, Nikolov P. Lead-carbon electrode with inhibitor of sulfation for lead-acid batteries operating in the HRPSoC duty[J]. Journal of the Electrochemical Society, 2012, 159(8): A1215-A1225.

[18] Moseley P T, Nelson R F, Hollenkamp A F. The role of carbon in valve-regulated lead-acid battery technology[J]. Journal of Power Sources, 2006, 157(1): 3-10.

[19] Pavlov D, Rogachev T, Nikolov P, et al. Mechanism of action of electrochemically active carbons on the processes that take place at the negative plates of lead-acid batteries[J]. Journal of Power Sources, 2009, 191(1): 58-75.

[20] Tomantschger K, Valeriote E M, Sklarchuk J, et al. Laboratory and field evaluations of Optima VRLA batteries utilizing rapid charging[C]//Thirteenth Annual Battery Conference on Applications and Advances. Proceedings of the Conference, Long Beach, 1998: 173-178.

[21] Valenciano J, Sánchez A, Trinidad F, et al. Graphite and fiberglass additives for improving high-rate partial-state-of-charge cycle life of valve-regulated lead-acid batteries[J]. Journal of Power Sources, 2006, 158(2): 851-863.

[22] Yang J, Hu C, Wang H, et al. Review on the research of failure modes and mechanism for lead-acid batteries[J]. International Journal of Energy Research, 2017, 41(3): 336-352.

[23] 胡信国, 王殿龙, 戴长松. 铅碳电池[M]. 北京: 化学工业出版社, 2015.

[24] 李先锋, 张洪章, 郑琼, 等. 能源革命中的电化学储能技术[J]. 中国科学院院刊, 2019, 34(4): 443-449.

[25] Carbon-enhanced lead-acid batteries: Improving the performance and reducing the cost of lead-acid batteries for large-scale

energy storage[R]. Albuquerque: Sandia National Laboratories, 2012.

[26] Lam L T, Louey R. Development of ultra-battery for hybrid-electric vehicle applications[J]. Journal of Power Sources, 2006, 158(2): 1140-1148.

[27] Lam L T, Haigh N P, Phyland C G, et al. High performance energy storage devices: US, US 7923151 B2[P]. 2011.

[28] Furukawa J, Takada T, Monma D, et al. Further demonstration of the VRLA-type UltraBattery under medium-HEV duty and development of the flooded-type UltraBattery for micro-HEV applications[J]. Journal of Power Sources, 2010, 195(4): 1241-1245.

[29] Huang P H, Kuo J K, Huang C Y. A new application of the UltraBattery to hybrid fuel cell vehicles[J]. International Journal of Energy Research, 2016, 40(2): 146-159.

[30] Cooper A, Furakawa J, Lam L, et al. The UltraBattery—A new battery design for a new beginning in hybrid electric vehicle energy storage[J]. Journal of Power Sources, 2009, 188(2): 642-649.

[31] Lam L T, Louey R, Haigh N P, et al. VRLA Ultrabattery for high-rate partial-state-of-charge operation[J]. Journal of Power Sources, 2007, 174(1): 16-29.

[32] Wood J. Integrating renewables into the grid: Applying UltraBattery® Technology in MW scale energy storage solutions for continuous variability management[C]//2012 IEEE International Conference on Power System Technology (POWERCON), Auckland, 2012: 1-4.

[33] 马洪涛, 孙建逊, 赵文超, 等. 炭材料对硫酸铅电化学还原过程的影响[J]. 蓄电池, 2015, 52(3): 119-122.

[34] Pavlov D, Popov A, Comm I G P M. Proclamation of the gaston plante medal committee[J]. Journal of Power Sources, 2012, 207: 1-2.

[35] Enos D, Ferreira S, Shane R. Understanding the function and performance of carbon-enhanced lead-acid batteries final report[R]. Albuquerque, Livermore: Sandia National Laboratories, 2011.

[36] Pavlov D. Suppression of premature capacity loss by methods based on the gel-crystal concept of the PbO_2 electrode[J]. Journal of Power Sources, 1993, 46(2-3): 171-190.

[37] Guo Y L. Investigation of active mass utilization of positive plate in automotive lead-acid batteries[J]. Journal of the Electrochemical Society, 2005, 152(6): A1136-A1141..

[38] Ruetschi P. Aging mechanisms and service life of lead-acid batteries[J]. Journal of Power Sources, 2004, 127(1-2): 33-44.

[39] Papazov G, Pavlov D. Influence of cycling current and power profiles on the cycle life of lead/acid batteries[J]. Journal of Power Sources, 1996, 62(2): 193-199.

[40] Pavlov D, Bashtavelova E. Structure of PbO_2 active mass of lead-acid-battery[J]. Journal of the Electrochemical Society, 1984, 131(8): C283.

[41] Pavlov D, Bashtavelova E. Structural properties of the PbO_2 active mass determining its capacity and the "breathing" of the positive plate during cycling[J]. Journal of the Electrochemical Society, 1986, 133(2): 241-248.

[42] Pavlov D, Bashtavelova E, Simonsson D, et al. Processes at the micro-level in the oxidation of $PbSO_4$ to PbO_2 during charging of lead/acid battery positive plates[J]. Journal of Power Sources, 1990, 30(1-4): 77-97.

[43] Berndt D. Maintenance-free Batteries: Lead-acid, Nickel/Cadmium, Nickel/Hydride-A Handbook of Battery Technology[M]. Baldock: Research Studies Press, 1993.

[44] Simonsson D. Current distribution in the porous lead dioxide electrode[J]. Journal of the Electrochemical Society, 1973, 120(2): 151-157.

[45] Dietz H, Garche J, Wiesener K. The effect of additives on the positive lead-acid battery electrode[J]. Journal of Power Sources, 1985, 14(4): 305-319.

[46] Ponraj R, McAllister S D, Cheng I F, et al. Investigation on electronically conductive additives to improve positive active material utilization in lead-acid batteries[J]. Journal of Power Sources, 2009, 189(2): 1199-1203.

[47] Mandal S, Thangarasu S, Thong P T, et al. Positive electrode active material development opportunities through carbon addition in the lead-acid batteries: A recent progress[J].Journal of Power Sources, 2021, 485: 229336.

[48] Dietz H, Garche J, Wiesener K. On the behaviour of carbon black in positive lead-acid battery electrodes[J]. Journal of Applied Electrochemistry, 1987, 17(3): 473-479.

[49] Pavlov D, Papazov G, Iliev V. Mechanism of the processes of formation of lead-acid battery positive plates[J]. Journal of the Electrochemical Society, 1972, 119(1): 8.

[50] Tokunaga A, Tsubota M, Yonezu K, et al. Effect of anisotropic graphite on discharge performance of positive plates in pasted-type lead-acid batteries[J]. Journal of the Electrochemical Society, 1987, 134(3): 525-529.

[51] Baker S V, Moseley P T, Turner A D. The role of additives in the positive active mass of the lead/acid cell[J]. Journal of Power Sources, 1989, 27(2): 127-143.

[52] 任晴晴, 蔡晓祥, 马永泉, 等. 碳纤维正极添加剂对阀控铅酸蓄电池性能的影响[J]. 蓄电池, 2014, 51(1): 45-48.

[53] Ball R J, Evans R, Thacker E L, et al. Effect of valve regulated lead/acid battery positive paste carbon fibre additive[J]. Journal of Materials Science, 2003, 38(14): 3013-3017.

[54] Marom R, Ziv B, Banerjee A, et al. Enhanced performance of starter lighting ignition type lead-acid batteries with carbon nanotubes as an additive to the active mass[J]. Journal of Power Sources, 2015, 296: 78-85.

[55] Banerjee A, Ziv B, Shilina Y, et al. Single-wall carbon nanotube doping in lead-acid batteries: A new horizon[J]. ACS Applied Materials & Interfaces, 2017, 9(4): 3634-3643.

[56] Banerjee A, Ziv B, Levi E, et al. Single-wall carbon nanotubes embedded in active masses for high-performance lead-acid batteries[J]. Journal of the Electrochemical Society, 2016, 163(8): A1518-A1526.

[57] Zou X P, Kang Z X, Shu D, et al. Effects of carbon additives on the performance of negative electrode of lead-carbon battery[J]. Electrochimica Acta, 2015, 151: 89-98.

[58] Edwards D B, Zhang S. Influence of different aspect ratio additives on the performance of lead-acid batteries[J]. Journal of Power Sources, 2004, 135(1/2): 297-303.

[59] 高根芳, 朱健, 代飞, 等. Ti_4O_7正极添加剂在铅蓄电池中的应用[J]. 蓄电池, 2015, 52(2): 59-61, 74.

[60] Lam L T, Haigh N P, Lim O V, et al. Capacity and cycle-life of batteries using bismuth-bearing oxide[J]. Journal of Power Sources, 1999, 78(1-2): 139-146.

[61] Pavlov D, Dakhouche A, Rogachev T. Influence of arsenic, antimony and bismuth on the properties of lead/acid battery positive plates[J]. Journal of Power Sources, 1990, 30(1-4): 117-129.

[62] Pavlov D. Effect of dopants (Group Va) on the performance of the positive lead/acid battery plate[J]. Journal of Power Sources, 1991, 33(1-4): 221-229.

[63] Chen H Y, Wu L, Ren C, et al. The effect and mechanism of bismuth doped lead oxide on the performance of lead-acid batteries[J]. Journal of Power Sources, 2001, 95(1-2): 108-118.

[64] Shiomi M, Okada Y, Kimura A, et al. Valve regulated type battery and producing method thereof: US, US 6284411 B1[P]. 2001.

[65] 周颖, 竺培显, 孙勇. Sb_2O_3作为铅酸蓄电池正极添加剂的研究[J]. 电源技术, 2009, 33(4): 291-294.

[66] Lam L T, Lim O, Ozgun H, et al. Seeking enhanced lead/acid battery performance through the use of conductive tin-dioxide-coated glass-flakes[J]. Journal of Power Sources, 1994, 48(1-2): 83-111.

[67] Hariprakash B, Mane A U, Martha S K, et al. Improved lead-acid cells employing tin oxide coated dynel fibres with positive active-material[J]. Journal of Applied Electrochemistry, 2004, 34(10): 1039-1044.

[68] Chen Y, Ni Q, Han W Q, et al. Electroless deposition of SnO_x-Sb nanocoating in ordered titania pores for enhancing electrical conductivity[J]. Scripta Materialia, 2011, 65(11): 986-989.

[69] 周颖, 竺培显, 孙勇. SnO_2对铅酸蓄电池正极材料的影响[J]. 蓄电池, 2008, 45(2): 62-64, 72.

[70] Metzendorf H. The capacity limiting role of the electronic conductivity of the active material in lead-acid batteries during discharge[J]. Journal of Power Sources, 1982, 7(3): 281-291.

[71] Foudia M, Matrakova M, Zerroual L. Effect of a mineral additive on the electrical performances of the positive plate of lead acid battery[J]. Journal of Power Sources, 2015, 279: 146-150.

[72] Toussaint G, Torcheux L, Alzieu J, et al. Effect of additives in compressed lead-acid batteries[J]. Journal of Power Sources,

2005, 144(2): 546-551.
[73] Woodland T, Sorge M, Zhang S, et al. Experimental and theoretical investigation of nonconductive additives on the performance of positive lead acid battery plates[J]. Journal of Power Sources, 2013, 230: 15-24.
[74] Xie Y Q, McAllister S D, Edwards D B, et al. Fabrication of porous hollow glass microspheres[J]. Journal of Power Sources, 2011, 196(24): 10727-10730.
[75] Fuji M, Takai C, Rivera Virtudazo R V. Development of new templating approach for hollow nanoparticles and their applications[J]. Advanced Powder Technology, 2014, 25(1): 91-100.
[76] Newell J D, Patankar S N, Edwards D B. Porous microspheres as additives in lead-acid batteries[J]. Journal of Power Sources, 2009, 188(1): 292-295.
[77] McAllister S D, Patankar S N, Cheng I F, et al. Lead dioxide coated hollow glass microspheres as conductive additives for lead acid batteries[J]. Scripta Materialia, 2009, 61(4): 375-378.
[78] Chen M Q, Guo W X, Zhang M, et al. Effect of polyols on the electrochemical behavior of gel valve-regulated lead-acid batteries[J]. Electrochimica Acta, 2015, 164: 243-251.
[79] Wang L F, Fang B J, Lin Y K, et al. Investigation of silica additive for high-rate sealed lead-acid cells[J]. Electrochimica Acta, 2006, 51(20): 4135-4141.
[80] Hao H H, Chen K L, Liu H, et al. A review of the positive electrode additives in lead-acid batteries[J]. International Journal of Electrochemical Science, 2018, 13(3): 2329-2340.
[81] Gençten M, Dönmez K B, Şahin Y, et al. Voltammetric and electrochemical impedimetric behavior of silica-based gel electrolyte for valve-regulated lead-acid battery[J]. Journal of Solid State Electrochemistry, 2014, 18(9): 2469-2479.
[82] Tantichanakul T, Chailapakul O, Tantavichet N. Influence of fumed silica and additives on the gel formation and performance of gel valve-regulated lead-acid batteries[J]. Journal of Industrial and Engineering Chemistry, 2013, 19(6): 2085-2091.
[83] Bao J P, Lin N, Dan Y Y, et al. Anodic co-electrodeposition of hierarchical porous nano-SiO_2+PbO_2 composite for enhanced performance of advanced lead-carbon batteries[J]. Journal of Energy Storage, 2021, 35: 102285.
[84] Tokunaga A, Tsubota M, Yonezu K. Application of anisotropic graphite to sealed lead-acid batteries[J]. Journal of the Electrochemical Society, 1989, 136(1): 33-36.
[85] Yuan X Q, Hu J P, Xu J Y, et al. The effect of Barium sulfate-doped lead oxide as a positive active material on the performance of lead acid batteries[J]. RSC Advances, 2016, 6(32): 27205-27212.
[86] Karami H, Yaghoobi A. Barium sulfate effects on the electrochemical behaviors of nanostructured lead dioxide and commercial positive plates of lead-acid batteries[J]. Journal of Cluster Science, 2010, 21(4): 725-737.
[87] Ramanathan C S. Influence of calcium sulphate in the positive material on the discharge performance of lead/acid batteries[J]. Journal of Power Sources, 1991, 35(1): 83-89.
[88] Cruz-Yusta M, Morales J, Sánchez L. Positive thin electrodes obtained from hydrothermally synthesized 4BS for lead-acid batteries[J]. Journal of Power Sources, 2006, 157(1): 579-583.
[89] Lang X S, Zhao Y L, Cai K D, et al. Preparation of four basic lead sulfate nano-rods additives and effect on the electrochemical performance of lead-acid battery[J]. Journal of Energy Storage, 2017, 13: 137-142.
[90] Lang X S, Wang D L, Hu C Y, et al. The use of nanometer tetrabasic lead sulfate as positive active material additive for valve regulated lead-acid battery[J]. Journal of Power Sources, 2014, 270: 9-13.
[91] 虞东东, 高云芳, 肖云飞. 四碱式硫酸铅在铅酸电池正极中应用的进展[J]. 电池, 2010, 40(2): 112-114.
[92] Pavlov D, Ruevski S. Semi-suspension technology for preparation of tetrabasic lead sulfate pastes for lead-acid batteries[J]. Journal of Power Sources, 2001, 95(1/2): 191-202.
[93] Ferg E E, Billing D G, Venter A M. Thermal characterization of tetrabasic lead sulfate used in the lead acid battery technology[J]. Solid State Sciences, 2017, 64: 13-22.
[94] Lang X S, Zhao Y L, Cai K D, et al. Study on the electrochemical performance of lead-acid battery with micro/nanostructure tetrabasic lead sulfate prepared via sol-gel method[J]. Ionics, 2018, 24(2): 571-576.

[95] Ferg E E, Loyson P, Poorun A. The addition of red lead to flat plate and tubular valve regulated miners cap lamp lead-acid batteries[J]. Journal of Power Sources, 2006, 155(2): 428-439.

[96] Wang J, Zhong S, Liu H K, et al. Beneficial effects of red lead on non-cured plates for lead-acid batteries[J]. Journal of Power Sources, 2003, 113(2): 371-375.

[97] Boden D P. Improved oxides for production of lead/acid battery plates[J]. Journal of Power Sources, 1998, 73(1): 56-59.

[98] Pavlov D, Iliev V. An investigation of the structure of the active mass of the negative plate of lead-acid batteries[J]. Journal of Power Sources, 1982, 7(2): 153-164.

[99] Iliev V, Pavlov D. The effect of the expander upon the two types of negative active mass structure in lead-acid batteries[J]. Journal of Applied Electrochemistry, 1985, 15(1): 39-52.

[100] Pavlov D. Leade-Acid Batteries: Science and Technology[M]. Amsterdam, Oxford: Elsevier B.V., 2011.

[101] Ritchie E J. Addition agents for negative plates of lead-acid storage batteries.2. Pure organic compounds[J]. Journal of the Electrochemical Society, 1953, 100(2): 53-59.

[102] Bullock K R. Carbon reactions and effects on valve-regulated lead-acid (VRLA) battery cycle life in high-rate, partial state-of-charge cycling[J]. Journal of Power Sources, 2010, 195(14): 4513-4519.

[103] Pavlov D, Gancheva S, Andreev P. Effect of hydrogen and oxygen on stability of expanders and performance of lead/acid batteries[J]. Journal of Power Sources, 1993, 46(2-3): 349-359.

[104] Pavlov D, Myrvold B O, Rogachev T, et al. A new generation of highly efficient expander products and correlation between their chemical composition and the performance of the lead-acid battery[J]. Journal of Power Sources, 2000, 85(1): 79-91.

[105] Petkova G, Nikolov P, Pavlov D. Influence of polymer additive on the performance of lead-acid battery negative plates[J]. Journal of Power Sources, 2006, 158(2): 841-845.

[106] B. E. Conway. Electrochemical Supercapacitors: Scientific Fundamentals and Technological Applications[M]. New York: Springer, 2013.

[107] León C A L, Radovic L R. Interfacial chemistry and electrochemistry of carbon surfaces[J]. Chemistry & Physics of Carbon, 1994, 24: 213-310.

[108] Shi H. Activated carbons and double layer capacitance[J]. Electrochimica Acta, 1996, 41(10): 1633-1639.

[109] Ströbel R, Garche J, Moseley P T, et al. Hydrogen storage by carbon materials[J]. Journal of Power Sources, 2006, 159(2): 781-801.

[110] Nakamura M, Nakanishi M, Yamamoto K. Influence of physical properties of activated carbons on characteristics of electric double-layer capacitors[J]. Journal of Power Sources, 1996, 60(2): 225-231.

[111] Wu F C, Tseng R L, Hu C C, et al. Physical and electrochemical characterization of activated carbons prepared from firwoods for supercapacitors[J]. Journal of Power Sources, 2004, 138(1-2): 351-359.

[112] Kim C. Electrochemical characterization of electrospun activated carbon nanofibres as an electrode in supercapacitors[J]. Journal of Power Sources, 2005, 142(1/2): 382-388.

[113] Wang X F, Wang D Z, Liang J. Performance of electric double layer capacitors using active carbons prepared from petroleum coke by KOH and vapor re-etching[J]. Journal of Materials Science & Technology, 2003, (3): 265-269.

[114] Kierzek K, Frackowiak E, Lota G, et al. Electrochemical capacitors based on highly porous carbons prepared by KOH activation[J]. Electrochimica Acta, 2004, 49(4): 515-523.

[115] Endo M, Maeda T, Takeda T, et al. Capacitance and pore-size distribution in aqueous and nonaqueous electrolytes using various activated carbon electrodes[J]. Journal of the Electrochemical Society, 2001, 148(8): A910-A914.

[116] Endo M, Kim Y J, Maeda T, et al. Morphological effect on the electrochemical behavior of electric double-layer capacitors[J]. Journal of Materials Research, 2001, 16(12): 3402-3410.

[117] Raymundo-Piñero E, Kierzek K, Machnikowski J, et al. Relationship between the nanoporous texture of activated carbons and their capacitance properties in different electrolytes[J]. Carbon, 2006, 44(12): 2498-2507.

[118] Eikerling M, Kornyshev A A, Lust E. Optimized structure of nanoporous carbon-based double-layer capacitors[J]. Journal of

the Electrochemical Society, 2005, 152 (1) : E24-E33.
[119] Endo M, Kim Y J, Takeda T, et al. Poly (vinylidene chloride) -based carbon as an electrode material for high power capacitors with an aqueous electrolyte[J]. Journal of the Electrochemical Society, 2001, 148 (10) : A1135-A1140.
[120] Wen Y H, Cao G P, Cheng J, et al. Correlation of capacitance with the pore structure for nanoporous glassy carbon electrodes[J]. Journal of the Electrochemical Society, 2005, 152 (9) : A1770-A1775.
[121] Qu D Y, Shi H. Studies of activated carbons used in double-layer capacitors[J]. Journal of Power Sources, 1998, 74 (1) : 99-107.
[122] Jung M J, Jeong E, Kim S, et al. Fluorination effect of activated carbon electrodes on the electrochemical performance of electric double layer capacitors[J]. Journal of Fluorine Chemistry, 2011, 132 (12) : 1127-1133.
[123] Fang B, Wei Y Z, Suzuki K, et al. Surface modification of carbonaceous materials for EDLCs application[J]. Electrochimica Acta, 2005, 50 (18) : 3616-3621.
[124] Fang B, Wei Y Z, Kumagai M. Modified carbon materials for high-rate EDLCs application[J]. Journal of Power Sources, 2006, 155 (2) : 487-491.
[125] Fang B Z, Binder L. A modified activated carbon aerogel for high-energy storage in electric double layer capacitors[J]. Journal of Power Sources, 2006, 163 (1) : 616-622.
[126] Frackowiak E, Metenier K, Bertagna V, et al. Supercapacitor electrodes from multiwalled carbon nanotubes[J]. Applied Physics Letters, 2000, 77 (15) : 2421-2423.
[127] Frackowiak E, Jurewicz K, Delpeux S, et al. Nanotubular materials for supercapacitors[J]. Journal of Power Sources, 2001, 97: 822-825.
[128] Jiang Q, Lu X Y, Zhao Y, et al. Effects of the activating agent dosage on the electrochemical capacitance of activated carbon nanotubes[J]. Journal of Inorganic Materials, 2006, 21 (5) : 1253-1257.
[129] Liu C, Fang H T, Li F, et al. Single-walled carbon nanotubes modified by electrochemical treatment for application in electrochemical capacitors[J]. Journal of Power Sources, 2006, 160 (1) : 758-761.
[130] Kim Y T, Mitani T. Competitive effect of carbon nanotubes oxidation on aqueous EDLC performance: Balancing hydrophilicity and conductivity[J]. Journal of Power Sources, 2006, 158 (2) : 1517-1522.
[131] Frackowiak E, Béguin F. Electrochemical storage of energy in carbon nanotubes and nanostructured carbons[J]. Carbon, 2002, 40 (10) : 1775-1787.
[132] Kim Y T, Tadai K, Mitani T. Highly dispersed ruthenium oxide nanoparticles on carboxylated carbon nanotubes for supercapacitor electrode materials[J]. Journal of Materials Chemistry, 2005, 15 (46) : 4914-4921.
[133] Lee J K, Pathan H M, Jung K D, et al. Electrochemical capacitance of nanocomposite films formed by loading carbon nanotubes with ruthenium oxide[J]. Journal of Power Sources, 2006, 159 (2) : 1527-1531.
[134] Sun Z Y, Liu Z M, Han B X, et al. Microstructural and electrochemical characterization of RuO_2/CNT composites synthesized in supercritical diethyl amine[J]. Carbon, 2006, 44 (5) : 888-893.
[135] Emmenegger C, Mauron P, Sudan P, et al. Investigation of electrochemical double-layer (ECDL) capacitors electrodes based on carbon nanotubes and activated carbon materials[J]. Journal of Power Sources, 2003, 124 (1) : 321-329.
[136] Portet C, Taberna P L, Simon P, et al. Influence of carbon nanotubes addition on carbon-carbon supercapacitor performances in organic electrolyte[J]. Journal of Power Sources, 2005, 139 (1/2) : 371-378.
[137] Fernández P S, Castro E B, Real S G, et al. Electrochemical behaviour of single walled carbon nanotubes—Hydrogen storage and hydrogen evolution reaction[J]. International Journal of Hydrogen Energy, 2009, 34 (19) : 8115-8126.
[138] Honda Y, Haramoto T, Takeshige M, et al. Aligned MWCNT sheet electrodes prepared by transfer methodology providing high-power capacitor performance[J]. Electrochemical and Solid-State Letters, 2007, 10 (4) : A106-A110.
[139] Pavlov D, Nikolov P, Rogachev T. Influence of carbons on the structure of the negative active material of lead-acid batteries and on battery performance[J]. Journal of Power Sources, 2011, 196 (11) : 5155-5167.
[140] Boden D P, Loosemore D V, Spence M A, et al. Optimization studies of carbon additives to negative active material for the

purpose of extending the life of VRLA batteries in high-rate partial-state-of-charge operation[J]. Journal of Power Sources, 2010, 195(14): 4470-4493.

[141] Valenciano J, Trinidad F, Fernández M. The influence of different negative expanders on the performance of VRLA batteries[J]. Journal of Power Sources, 2003, 113(2): 318-328.

[142] Wang L Y, Zhang H, Cao G P, et al. Effect of activated carbon surface functional groups on nano-lead electrodeposition and hydrogen evolution and its applications in lead-carbon batteries[J]. Electrochimica Acta, 2015, 186: 654-663.

[143] Wang L Y, Zhang W F, Gu L, et al. Tracking the morphology evolution of nano-lead electrodeposits on the internal surface of porous carbon and its influence on lead-carbon batteries[J]. Electrochimica Acta, 2016, 222: 376-384.

[144] Xu X L, Liu J B, Zhang Q Q, et al. A facile approach to suppress the sulfation in lead acid batteries using N-doped carbon derived from chitosan[J]. Materials Letters, 2019, 247: 29-31.

[145] Yin J, Lin N, Lin Z Q, et al. Towards renewable energy storage: Understanding the roles of rice husk-based hierarchical porous carbon in the negative electrode of lead-carbon battery[J]. Journal of Energy Storage, 2019, 24: 100756.

[146] Swogger S W, Everill P, Dubey D P, et al. Discrete carbon nanotubes increase lead acid battery charge acceptance and performance[J]. Journal of Power Sources, 2014, 261: 55-63.

[147] Yeung K K, Zhang X F, Kwok S C T, et al. Enhanced cycle life of lead-acid battery using graphene as a sulfation suppression additive in negative active material[J]. RSC Advances, 2015, 5(87): 71314-71321.

[148] Long Q Y, Ma G Z, Xu Q Q, et al. Improving the cycle life of lead-acid batteries using three-dimensional reduced graphene oxide under the high-rate partial-state-of-charge condition[J]. Journal of Power Sources, 2017, 343: 188-196.

[149] Wang H Q, Yu J G, Zhao Y N, et al. A facile route for PbO@C nanocomposites: An electrode candidate for lead-acid batteries with enhanced capacitance[J]. Journal of Power Sources, 2013, 224: 125-131.

[150] Wang L Y, Zhang H, Zhang W F, et al. A new nano lead-doped mesoporous carbon composite as negative electrode additives for ultralong-cyclability lead-carbon batteries[J]. Chemical Engineering Journal, 2018, 337: 201-209.

[151] Yin J, Lin N, Lin Z Q, et al. Hierarchical porous carbon@PbO_{1-x} composite for high-performance lead-carbon battery towards renewable energy storage[J]. Energy, 2020, 193: 116675.

[152] Yang H, Qi K, Gong L Q, et al. Lead oxide enveloped in N-doped graphene oxide composites for enhanced high-rate partial-state-of-charge performance of lead-acid battery[J]. ACS Sustainable Chemistry & Engineering, 2018, 6(9): 11408-11413.

[153] Shiomi M, Funato T, Nakamura K, et al. Effects of carbon in negative plates on cycle-life performance of valve-regulated lead/acid batteries[J]. Journal of Power Sources, 1997, 64(1-2): 147-152.

[154] 马彦芬, 赵福伟, 张淑珍. 活性炭负极添加对铅酸电池充电性能的影响[J]. 电源技术, 2017, 41(11): 1589-1592.

[155] Pavlov D, Nikolov P. Capacitive carbon and electrochemical lead electrode systems at the negative plates of lead-acid batteries and elementary processes on cycling[J]. Journal of Power Sources, 2013, 242: 380-399.

[156] Settelein J, Oehm J, Bozkaya B, et al. The external surface area of carbon additives as key to enhance the dynamic charge acceptance of lead-carbon electrodes[J]. Journal of Energy Storage, 2018, 15: 196-204.

[157] Micka K, Calábek M, Bača P, et al. Studies of doped negative valve-regulated lead-acid battery electrodes[J]. Journal of Power Sources, 2009, 191(1): 154-158.

[158] Blecua M, Fatas E, Ocon P, et al. Influences of carbon materials and lignosulfonates in the negative active material of lead-acid batteries for microhybrid vehicles[J]. Journal of Energy Storage, 2017, 11: 55-63.

[159] House J E. Inorganic Chemistry[M]. Amsterdam: Elsevier，2008.

[160] Kielland J. Individual activity coefficients of ions in aqueous solutions[J]. Journal of the American Chemical Society, 1937, 59(9): 1675-1678.

[161] Xiang J Y, Ding P, Zhang H, et al. Beneficial effects of activated carbon additives on the performance of negative lead-acid battery electrode for high-rate partial-state-of-charge operation[J]. Journal of Power Sources, 2013, 241: 150-158.

[162] 陈飞, 王殿龙, 张峰博, 等. 储能用铅炭电池失效模式分析[J]. 蓄电池, 2016, 53(5): 237-240.

[163] Kucernak A R, Zalitis C. General models for the electrochemical hydrogen oxidation and hydrogen evolution reactions: theoretical derivation and experimental results under near mass-transport free conditions[J].The Journal of Physical Chemistry C, 2016, 120(20): 10721-10745.

[164] Trasatti S. Work function, electronegativity, and electrochemical behaviour of metals：Ⅲ. Electrolytic hydrogen evolution in acid solutions[J]. Journal of Electroanalytical Chemistry and Interfacial Electrochemistry, 1972, 39(1): 163-184.

[165] 朱俊生, 王殿龙, 陈飞, 等. 铅炭电池析氢与负极电势关系的研究[J]. 蓄电池, 2013, 50(3): 103-106.

[166] Hong B, Yu X Y, Jiang L X, et al. Hydrogen evolution inhibition with diethylenetriamine modification of activated carbon for a lead-acid battery[J]. RSC Advances, 2014, 4(63): 33574-33577.

[167] Zheng Y, Jiao Y, Li L H, et al. Toward design of synergistically active carbon-based catalysts for electrocatalytic hydrogen evolution[J]. ACS Nano, 2014, 8(5): 5290-5296.

[168] Zhang B, Wen Z H, Ci S Q, et al. Nitrogen-doped activated carbon as a metal free catalyst for hydrogen production in microbial electrolysis cells[J]. RSC Advances, 2014, 4(90): 49161-49164.

[169] Lin Z Q, Lin N, Lin H B, et al. Significance of PbO deposition ratio in activated carbon-based lead-carbon composites for lead-carbon battery under high-rate partial-state-of-charge operation[J]. Electrochimica Acta, 2020, 338: 135868.

[170] Zhao L, Chen B S, Wang D L. Effects of electrochemically active carbon and indium（Ⅲ）oxide in negative plates on cycle performance of valve-regulated lead-acid batteries during high-rate partial-state-of-charge operation[J]. Journal of Power Sources, 2013, 231: 34-38.

[171] Zhao L, Chen B S, Wu J Z, et al. Study of electrochemically active carbon, Ga_2O_3 and Bi_2O_3 as negative additives for valve-regulated lead-acid batteries working under high-rate, partial-state-of-charge conditions[J]. Journal of Power Sources, 2014, 248: 1-5.

[172] Lian J L, Li W, Wang F, et al. Enhanced performance of lead acid batteries with $Bi_2O_2CO_3$/activated carbon additives to negative plates[J]. Journal of the Electrochemical Society, 2017, 164(7): A1726-A1730.

[173] Kirchev A, Kircheva N, Perrin M. Carbon honeycomb grids for advanced lead-acid batteries. Part I: Proof of concept[J]. Journal of Power Sources, 2011, 196(20): 8773-8788.

[174] Linden D, Reddy T. Handbook of Batteries (ebook)[M]. New York: McGraw-Hill Professional, 2002.

[175] Czerwiński A, Wróbel J, Lach J, et al. The charging-discharging behavior of the lead-acid cell with electrodes based on carbon matrix[J]. Journal of Solid State Electrochemistry, 2018, 22: 2703-2714.

[176] Chen Y, Chen B Z, Ma L W, et al. Effect of carbon foams as negative current collectors on partial-state-of-charge performance of lead acid batteries[J]. Electrochemistry Communications, 2008, 10(7): 1064-1066.

[177] Chen Y, Chen B Z, Ma L W, et al. Influence of pitch-based carbon foam current collectors on the electrochemical properties of lead acid battery negative electrodes[J]. Journal of Applied Electrochemistry, 2008, 38(10): 1409-1413.

[178] Chen Y, Chen B Z, Shi X C, et al. Preparation and electrochemical properties of pitch-based carbon foam as current collectors for lead acid batteries[J]. Electrochimica Acta, 2008, 53(5): 2245-2249.

[179] Ma L W, Chen B Z, Chen Y, et al. Pitch-based carbon foam electrodeposited with lead as positive current collectors for lead acid batteries[J]. Journal of Applied Electrochemistry, 2009, 39(9): 1609-1615.

[180] Gyenge E, Jung J, Mahato B. Electroplated reticulated vitreous carbon current collectors for lead-acid batteries: Opportunities and challenges[J]. Journal of Power Sources, 2003, 113(2): 388-395.

[181] Czerwiński A, Żelazowska M. Electrochemical behavior of lead dioxide deposited on reticulated vitreous carbon (RVC)[J]. Journal of Power Sources, 1997, 64(1-2): 29-34.

[182] Das K, Mondal A. Studies on a lead-acid cell with electrodeposited lead and lead dioxide electrodes on carbon[J]. Journal of Power Sources, 2000, 89(1): 112-116.

[183] Rogulski Z, Lewdorowicz W, Tokarz W, et al. Applications of reticulated vitreous carbon (RVC®) in the electrochemical power sources[J]. Polish Journal of Chemistry, 2004, 78(9): 1357-1370.

[184] Grudzinski I P, Bystrzejewski M, Cywinska M A, et al. Comparative cytotoxicity studies of carbon-encapsulated iron

nanoparticles in murine glioma cells[J]. Colloids and Surfaces B：Biointerfaces, 2014, 117: 135-143.

[185] Kirchev A, Serra L, Dumenil S, et al. Carbon honeycomb grids for advanced lead-acid batteries. Part Ⅲ: Technology scale-up[J]. Journal of Power Sources, 2015, 299: 324-333.

[186] Christie S, Wong Y S, Titelman G, et al. Lead-acid battery construction: US, US 9543589 B2. 2017.

[187] Bullock K R. The effect of phosphoric acid on the positive electrode in the lead-acid battery: Ⅱ. Constant potential corrosion studies[J]. Journal of the Electrochemical Society, 1979, 126(3): 360-365.

[188] Bullock K R, McClelland D H. The effect of phosphoric acid on the positive electrode in the lead acid battery[J]. Journal of the Electrochemical Society, 1977, 124(10): 1478-1482.

[189] Venugopalan S. Influence of phosphoric acid on the electrochemistry of lead electrodes in sulfuric acid electrolyte containing antimony[J]. Journal of Power Sources, 1993, 46(1): 1-15.

[190] Burbank J. The role of antimony in positive plate behavior in the lead-acid cell[J]. Journal of the Electrochemical Society, 1964, 111(10): 1112-1116.

[191] Wagner R, Sauer D U. Charge strategies for valve-regulated lead/acid batteries in solar power applications[J]. Journal of Power Sources, 2001, 95(1-2): 141-152.

[192] Meissner E. Phosphoric acid as an electrolyte additive for lead/acid batteries in electric-vehicle applications[J]. Journal of Power Sources, 1997, 67(1-2): 135-150.

[193] Garche J, Döring H, Wiesener K. Influence of phosphoric acid on both the electrochemistry and the operating behaviour of the lead/acid system[J]. Journal of Power Sources, 1991, 33(1-4): 213-220.

[194] Bhattacharya A, Basumallick I N. Effect of mixed additives on lead-acid battery electrolyte[J]. Journal of Power Sources, 2003, 113(2): 382-387.

[195] Torcheux L, Lailler P. A new electrolyte formulation for low cost cycling lead acid batteries[J]. Journal of Power Sources, 2001, 95(1-2): 248-254.

[196] Pavlov D, Dimitrov M, Petkova G, et al. The effect of selenium on the electrochemical behavior and corrosion of Pb-Sn alloys used in lead-acid batteries[J]. Journal of the Electrochemical Society, 1995, 142(9): 2919-2927.

[197] Badawy W A, El-Egamy S S. Improvement of the performance of the positive electrode in the lead/acid battery by addition of boric acid[J]. Journal of Power Sources, 1995, 55(1): 11-17.

[198] Wei G L, Wang J R. Electrochemical behaviour of lead electrode in sulfuric acid solution containing citric acid[J]. Journal of Power Sources, 1994, 52(1): 25-29.

[199] Voss E, Hullmeine U, Winsel A. Behaviour of the $PbO_2/PbSO_4$ electrode in sulphuric acid containing tin ions[J]. Journal of Power Sources, 1990, 30(1-4): 33-40.

[200] Wei G L, Wang J R. Electrochemical behaviour of $SnSO_4$ in sulfuric acid solution[J]. Journal of Power Sources, 1994, 52(1): 81-85.

[201] Kozawa A. Recent new designs and new technologies of lead/acid batteries in Japan[J]. Journal of Power Sources, 1990, 31(1-4): 379-382.

[202] Torcheux L, Rouvet C, Vaurijoux J P. Effect of a special additive on the performance of standby valve-regulated lead acid batteries[J]. Journal of Power Sources, 1999, 78(1-2): 147-155.

[203] Sauer D U, Karden E, Fricke B, et al. Charging performance of automotive batteries—An underestimated factor influencing lifetime and reliable battery operation[J]. Journal of Power Sources, 2007, 168(1): 22-30.

[204] Schaeck S, Stoermer A O, Hockgeiger E. Micro-hybrid electric vehicle application of valve-regulated lead-acid batteries in absorbent glass mat technology: Testing a partial-state-of-charge operation strategy[J]. Journal of Power Sources, 2009, 190(1): 173-183.

[205] Karden E. Microhybrid goes mainstream: Battery selection and trends[C]//Advanced Automotive Battery Conference Europe, Mainz, 2011.

[206] Stoermer A, Hallmannsegger M. Challenges for lead acid batteries in future automotive application[C]//Advanced Automotive

Battery Conference Europe, Mainz, 2011.

[207] 山东圣阳电源股份有限公司关于与日本古河电池株式会社签署协议的公告[EB/OL]. [2014-06-12]. http://epaper.zqrb.cn/html/2014- 06/13/content_3938.htm.

[208] 圣阳电源 10.2 亿元铅蓄电池项目将于明年建成[EB/OL]. [2012-08-12]. https://www.gg-lb.com/asdisp-65b095 fb-7440.html.

[209] Axion providing lead-acid ultracapacitor hybrid batteries for demonstration projects with the us army and penn state university[EB/OL]. [2008-02-21]. https://www.greencarcongress.com/2008/02/axion-providing.html.

[210] Public-domain test data showing key benefits and applications of the ultrabattery®[R].Sydney: Smart Storage Pty Ltd, 2014.

[211] 南方电网光储一体化储能电站联合设计项目[EB/OL]. [2013-03-31]. https://guba.eastmoney.com/news,300068,97474003.html.

[212] 浙江鹿西岛微电网项目介绍[EB/OL]. [2014-11-18]. https://shupeidian.bjx.com.cn/html/20141118/565099-3.shtml.

[213] 南都电源：关于中标铅炭电池储能电站工程实施项目的公告[EB/OL]. [2015-12-26]. http://quotes.money.163.com/f10/ggmx_300068_ 2121545.html.

[214] 陈语，张倩. 南都电源：储能用铅炭电池性价比高循环寿命超 3000 次[EB/OL]. [2016-09-29]. https://www.itcw.com/news/qiye/0929D0602016. html.

第 7 章

锂离子电容器关键材料及储能应用

7.1 概　　述

锂离子电容器(lithium ion capacitor, LIC)是超级电容器的重要一种。传统的锂离子电容器在设计上正极采用双电层电容器物理吸附电荷和负极可逆脱嵌电荷或发生氧化还原化学反应的原理，在构造上采用锂离子电池的负极材料与双电层电容器的正极材料的组合，从而大大提高了电容器的能量密度，是一种兼具高功率密度、高能量密度、长使用寿命、高安全性的电化学储能器件，在电动汽车、风力发电、城市轨道交通、电网设备、应急电源、重型卡车、港口机械等新能源领域，显示出强劲的市场应用前景。

在国际上，锂离子电容器技术发端日本。早在 1987 年，Yata 等首次发现了锂离子在聚并苯中的可逆嵌入/脱嵌行为，并在 1989 年研制出基于聚并苯材料的纽扣式电容器，工作电压为 2.5V，其容量为双电层电容器的 2～3 倍，之后在 1992 年首次采用预锂化技术将工作电压提升至 3.3V。真正意义的基于活性炭正极和石墨负极的锂离子电容器出现在 1999 年，Morimoto 等在含锂有机体系电解液中获得了 4.2V 的工作电压。几乎在同一时期，Amatucci 等首次提出了采用纳米钛酸锂为负极、活性炭为正极的锂离子电容器，工作电压为 2.8V，能量密度为 10W·h/kg。在 2005 年日本名古屋举办的第 46 届电池研讨会上，首次提出了 lithium ion capacitor 这一名称。同年，富士重工公开了制造技术。到 2008 年末，日本 FDK 能源、太阳诱电、ACT 公司、JM Energy 等多家公司都在开发生产该类型产品，其中 ACT 和 JM Energy 两家公司的产品已进入量产。在美国，Maxwell 公司也试制出锂离子电容器产品。现阶段，产业化的锂离子电容器基本都采用炭基电极材料体系。

我国锂离子电容器产业起步较晚，主要产品依然是传统的双电层超级电容器。国内少数企业引进了日本和美国的生产技术，进行放大试制生产，但尚未形成大规模市场销售。科研院所和高校主要围绕新型高比能锂离子电容器开展前沿研究工作，取得了一系列可喜的研究进展。在锂离子电容器工程技术方面，中国科学院青岛生物能源与过程研究所崔光磊研究员团队，在科技部 863 计划项目、国家自然科学基金、青岛市战略新兴产业培育计划项目等支持下，基于石墨烯复合材料成功开发出高能量密度锂离子电容器器件，能量密度达 20.5W·h/kg，功率密度在 5kW/kg 以上，实际可实现连续 10 万次以上的充放电，并通过了具有国家资质的轻工业化学电源研究所电池认证检测实验室第三方权威检测。该技术也通过了由院士和行业专家组成的技术鉴定委员会权威鉴定，一致认为总体指标达到国际先进，部分指标优于国外同类产品，并已在经济型环保电动车进行了示范应用。在中国科学院洁净能源先导专项支持下，崔光磊团队正在开发基于锂离子电容器和固态锂电池的全天候“功”“能”兼备的电化学储能系统，该技术入选了 2020 年中国工程院发布的《全球工程前沿 2020》。

目前，基于传统电极材料的锂离子电容器发展已经达到了一个瓶颈阶段，进一步提高能量密度需要新的电极材料、电解质以及隔膜材料体系。采用商品化活性炭为正极、石墨类材料为负极，其能量密度已经难以提升，成本难以降低；同时，负极石墨类材料、锂离子嵌入/脱出动力学也受到限制。因此，迫切需要开发新型电极材料体系解决目前能量密度进一步提高的瓶颈问题。近年来，人们研究并开发了一系列新型锂离子电容器技术，本章在传统锂离子电容器基础上，介绍锂离子电容器技术发展的最新国际动态和在储能中的应用情况，并展望未来发展趋势，以期为该领域研究人员、生产技术人员提供有益的参考。

7.2 锂离子电容器简介

7.2.1 锂离子电容器工作原理

如图 7.1 所示，传统的锂离子电容器在设计上采用双电层电容器和电化学储锂的原理，在构造上采用锂离子电池的负极材料与双电层电容器正极材料的组合（即负极采用石墨等储锂炭材料，正极采用活性炭），从而大大提高了电容器的能量密度。充电时，电解液中的锂离子嵌入石墨层间形成嵌锂石墨；同时，电解液中的阴离子则吸附在活性炭正极表面形成双电层；放电时，锂离子从负极材料中脱出回到电解液中，正极活性炭与电解液界面间产生的双电层解离，阴离子从正极表面释放，同时电子从负极通过外电路到达正极[1]。

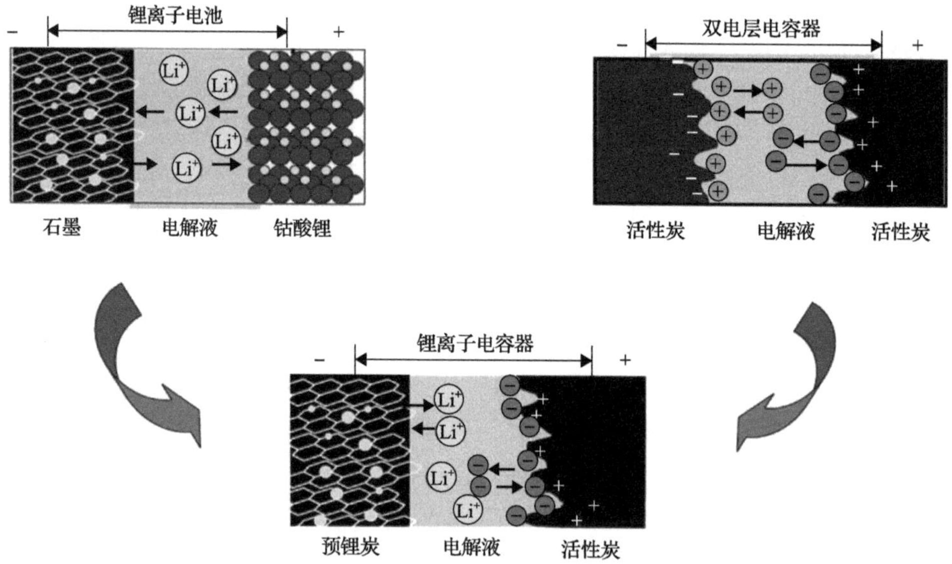

图 7.1　三种不同类型电化学储能器件的工作原理示意图[1]

如图 7.2 所示，双电层电容器在有机体系电解液中工作时，由于正、负极均通过高比表面积多孔炭材料物理吸附在界面上形成双电层储存电荷，随着电荷累积，电势随时间呈线性增高。充电时，器件的整体电压从 0V 上升至 2.7V；放电时，线性降低至 0V。锂离子电容器石墨类负极经预锂化作用后，嵌锂/脱锂电势始终维持在 0～0.2V，而正极依然通过物理吸附作用吸附电荷，电势随时间线性增高。充放电时器件整体上的电压呈现先线性增大后线性降低的趋势(灰线)[2,3]。

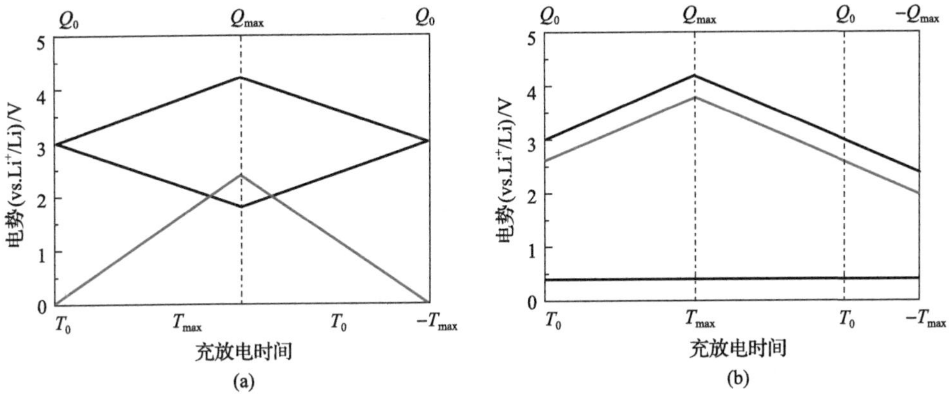

图 7.2 充放电过程中正负极电势及总电压变化[2]

(a) 双电层电容器；(b) 锂离子电容器

按照物理学和电化学原理，锂离子电容器内部是由正极端和负极端两个电容器串联构成的，按照串联电容器总容量与正、负电极各自容量之间的关系及能量计算方法，要提高电池能量密度，可以通过提高电池工作电压和电容量的方式来实现。

7.2.2 锂离子电容器特性

锂离子电容器作为一种介于双电层超级电容器和锂离子电池之间的新型高效绿色的电化学储能器件，其电极活性材料中既有双电层电容器中具有物理吸附电荷的高比表面积的电容活性材料，又包含可与锂离子发生可逆脱嵌或氧化还原反应的电池材料，其电容器能量存储过程既包含多孔炭活性材料对电解液离子的可逆吸脱附过程，又包含锂离子在电极材料体相内发生的可逆氧化还原的法拉第反应过程[4]。以活性炭正极、石墨类负极为例，活性炭物理吸附电荷的速度快，但吸附容量只有约 50mA·h/g，石墨材料嵌/脱锂动力学过程慢，而容量高达 340mA/g 以上；此外，锂离子电容器正负极之间还存在动力学性能和比容量不匹配的问题[5]。因此，能量密度特性取决于具有电容活性材料的电荷吸脱附行为，功率密度特性取决于锂离子在电池材料体相中的扩散动力学行为[6]。与电化学电容器相比，锂离子电容器中锂离子电池材料的引入导致功率密度降低，但可以提高能量密度。与锂离子电池相比，高比表面积电容活性材料的引入致使器件的能量密度降低，但器件的快速充放电能力得以提高，大幅度提升了功率密度。

锂离子电容器特性可以归纳如下。

(1) 功率密度高。锂离子电容器的输出功率可达 5kW/kg 以上，是传统锂离子电池功率密度的 10 倍以上，可以在短时间内释放百安级别的电流，可应用于各类高功率设备。

(2) 能量密度高。可达 20W·h/kg 以上，是传统双电层超级电容器的 5 倍以上，新型电池型锂离子电容器能量密度甚至可达 60W·h/kg 以上。

(3)使用寿命长。循环寿命达 10 万次以上，是传统锂离子电池寿命的 100 倍以上。

(4)充放电速度快。充电时间最短可达分钟级，甚至更短，放电时间可达秒级，而传统的铅酸电池安全充电时间需要 8h 甚至更长。

(5)使用温度范围宽。可实现–40～65℃充放电，这是锂离子电池、铅酸电池无法企及的。

(6)充放电效率高。锂离子电容器充放电高度可逆，充放电效率高达 99%以上，与现有电化学储能电池相比，具有明显的优越性。

(7)性价比高，市场应用范围广。锂离子电容器是一种兼顾功率密度和能量密度的长寿命、高安全电化学储能器件，在低速环保电动车、轨道交通制动能量回收、新能源汽车 48V 电源系统、智能电网储能、风力发电变桨系统、电梯节能储能装置、国防装备、港口重型机械、数据中心等诸多领域都有广阔的市场应用前景。

(8)质量轻，污染小，安全环保。

7.2.3 锂离子电容器分类

锂离子电容器发展至今，人们在传统的锂离子电容器基础上，结合双电层电容器和锂离子电池电极材料及工作原理，又衍生发展出诸多不同工作原理的体系(图 7.3)[7]。

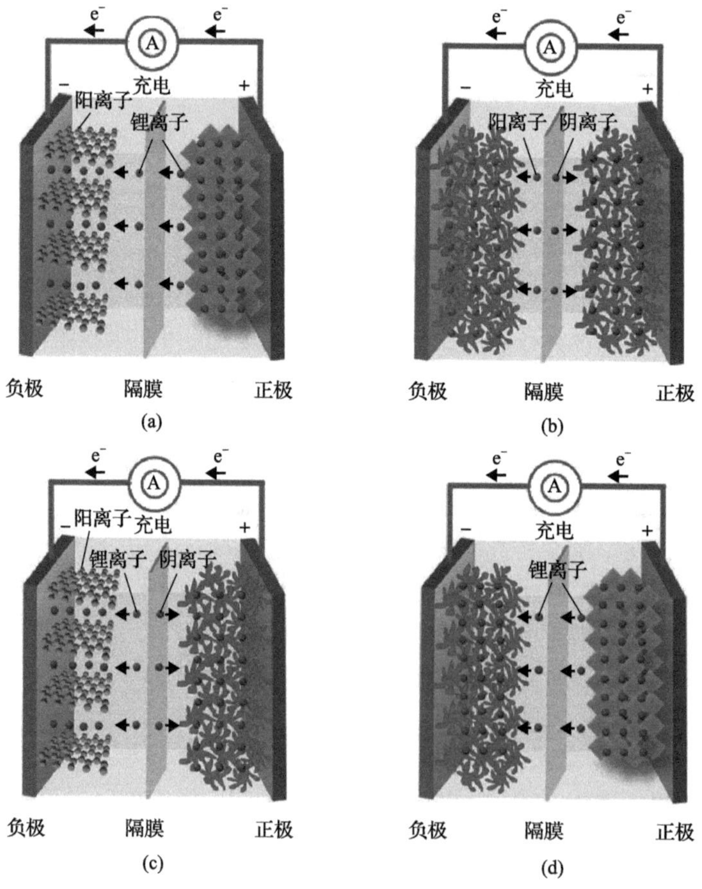

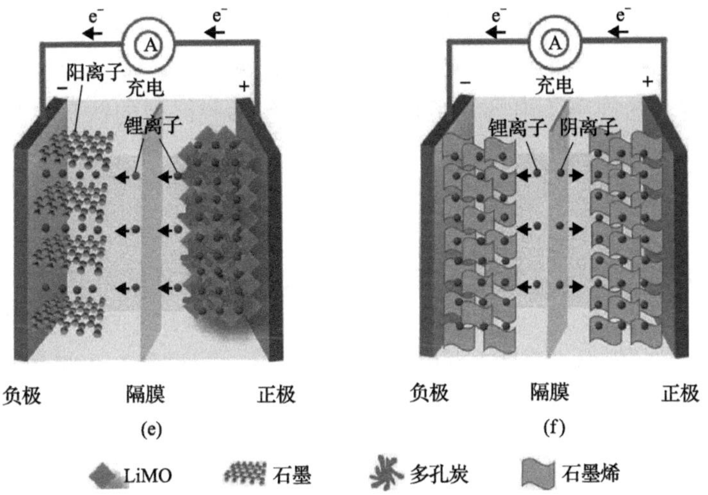

扫码见彩图

图 7.3 充放电原理示意图[7]

(a)锂离子电池原理示意图；(b)双电层电容器原理示意图；根据不同工作机制，将锂离子电容器分为电化学嵌入(−)‖物理吸附(+)型(c)、物理吸附(−)‖电化学嵌入(+)型(d)、电化学嵌入(−)‖物理吸附+电化学嵌入(+)型(e)和对称型锂离子电容器(f)

(1)电化学嵌入(−)‖物理吸附(+)型锂离子电容器，如石墨(−)‖多孔炭(+)、钛酸锂(−)‖多孔炭(+)、硅基复合物(−)‖多孔炭(+)、金属氧化物(−)‖多孔炭(+)等[8-11]。

(2)物理吸附(−)‖电化学嵌入(+)型锂离子电容器，如多孔炭(−)‖含锂金属氧化物(+)[12]。

(3)电化学嵌入(−)‖物理吸附+电化学嵌入(+)型锂离子电容器，也称作电池型电容器，如石墨或硬炭(−)‖含锂金属氧化物-多孔炭(+)、钛酸锂(−)‖含锂金属氧化物-多孔炭(+)等[13,14]。

(4)对称型锂离子电容器，即正负极采用相同电极活性材料，如石墨烯基锂离子电容器等，此时正负极同时具有电化学嵌入电荷和物理吸附电荷的储能机制[15]。

另外，按所使用的电解液不同，又可以将锂离子电容器分为水系锂离子电容器和非水系锂离子电容器。水系锂离子电容器一般采用无机锂盐溶于水中形成碱性、中性或酸性电解液。水系锂离子电容器循环寿命长、成本低、安全性有保障，但缺点是工作电压低，能量密度远低于非水系锂离子电容器。目前，研究最多是非水系锂离子电容器，其电解液与锂离子电池通常互用，一般为锂盐和碳酸酯类溶剂的混合物溶液，工作电压高。本章所述的锂离子电容器均为非水系锂离子电容器。

7.3 锂离子电容器负极材料体系

根据储存电荷机制，负极储锂材料主要分为非法拉第储存材料和法拉第储存材料两类。其中，非法拉第储存材料储存过程不涉及电荷/电子转移，仅通过施加电压实现电极对带电离子的吸附。本节内容主要介绍法拉第储存材料，此材料主要包括脱嵌型钛基材料、炭基材料以及氧化物等，转化型硫化物以及合金型金属材料。根据锂离子电容器的工作机制，负极材料需满足快速储存和释放锂离子的需求，提高与高功率电容器正极的匹配程度。满足此需求的锂离子电容器负极材料主要包括脱嵌型的钛基材料、炭基材料以及氧化物材料。

7.3.1 钛基材料

钛基材料是一类典型的低应变嵌入型储锂材料，目前常见的钛基材料主要包括 $Li_4Ti_5O_{12}$、$TiNb_2O_7$、TiO_2、$MLi_2Ti_6O_{12}$(M = Sr，Ba，Na)以及 $H_2Ti_{12}O_{25}$ 等。此类材料在充放电过程中不但体积变化小，而且嵌锂电位均高于 0.8V，可避免 SEI 膜和锂枝晶的生成，显著改善锂离子电容器的安全性能[16]。

1. 钛酸锂

钛酸锂($Li_4Ti_5O_{12}$，LTO)具有面心立方尖晶石结构，空间结构为 $Fd\overline{3}m$，晶胞参数 a=0.836nm，单位晶胞包含 8 个 $Li^{8a}(Li_{1/3}Ti_{5/3})^{16d}O_4^{32e}$。其中，8a 四面体位点全部由锂原子占据，16d 八面体位点由锂原子和钛原子以原子比 1∶5 占据，32e 的位点由氧原子占据(图 7.4)。嵌入 3mol Li^+过程中，8a 位和新嵌入的 Li^+会全部转移到 16c 位，形成 $Li_7Ti_5O_{12}$，晶胞参数 a=0.837nm。在这个完整的充放电过程中 $Li_4Ti_5O_{12}$ 的晶胞参数几乎没有变化，因此被称为“零应变”材料。优异的结构稳定性确保了储锂容量不会在多次循环后因负极材料的体积膨胀而衰减，其理论比容量为 175mA·h/g，在 1.65/1.55V 左右有比较明显的充/放电平台，避免了锂枝晶生成的危险，体现了作为储锂负极的安全优势。

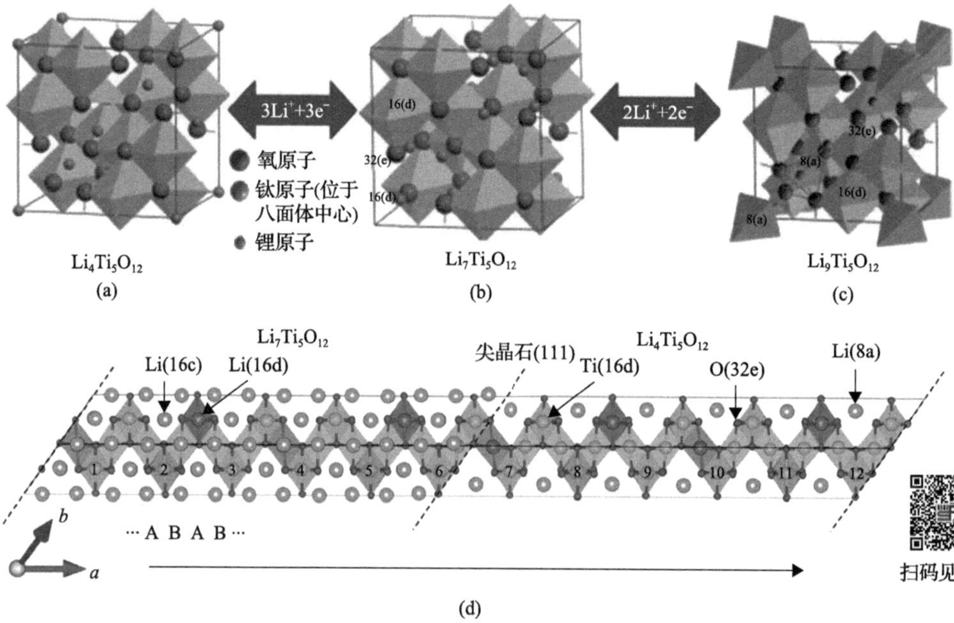

扫码见彩图

图 7.4　钛酸锂材料充放电过程中晶体结构变化示意图[17,18]

(a) $Li_4Ti_5O_{12}$ 的结构；(b) $Li_7Ti_5O_{12}$ 的结构；(c) $Li_9Ti_5O_{12}$ 的结构；(d) $Li_4Ti_5O_{12}$ 和 $Li_7Ti_5O_{12}$ 之间的(111)晶面

Tanaka 等[17]利用电子能量损失光谱结合密度泛函理论计算发现，$Li_4Ti_5O_{12}$ 和放电产物 $Li_7Ti_5O_{12}$ 之间在晶面(111)处会形成一个弥散界面，此界面有利于 Li^+快速移动，可实现快速充放电。

Amatucci 等[19]首次采用活性炭作为正极，纳米 $Li_4Ti_5O_{12}$ 作为负极，构建了非水系的锂离子电容器。充电时，PF_6^-阴离子吸附在正极的多孔炭表面，形成双电荷层，同时 Li^+ 阳离子嵌入 $Li_4Ti_5O_{12}$；放电时，阴、阳离子重新扩散到电解液中(图 7.5[20])。与双电层电容器相比，此锂离子电容器不但可以实现较宽的工作电压区间(1.5～3V)，而且可以获得较高的能量密度[19]。Liu 等[21]采用溶剂热法合成了富含氧缺陷的二维 $Li_4Ti_5O_{12}$，该材料在 500C 的倍率下，经过 5000 次循环后，仍表现出 120mA·h/g 的高比容量，并且循环过程中的库仑效率接近 100%。

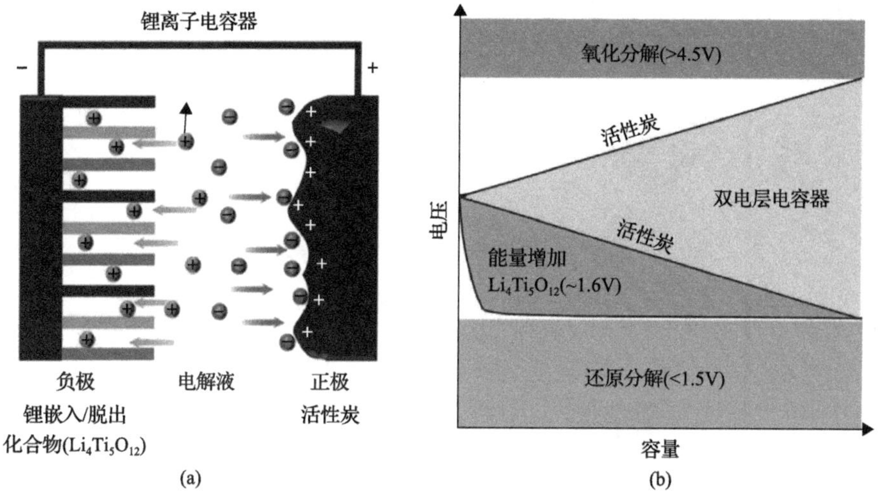

图 7.5 $Li_4Ti_5O_{12}$ 与活性炭构成的锂离子电容器[21]

(a)电化学反应机理；(b)阳极和阴极的理论充放电曲线，其中电解液的稳定电压范围为 1.5～4.5V

2. 氢钛酸(HTO)

与 $Li_4Ti_5O_{12}$ 相比，氢钛酸($H_2Ti_6O_{13}$ 和 $H_2Ti_{12}O_{25}$, HTO)具有更高的理论容量，分别为 323mA·h/g 和 329mA·h/g。此类材料是 $H_2Ti_3O_7$ 在脱水过程中获取单斜晶型 TiO_2(B)的中间反应产物，与 Li/$Na_2Ti_6O_{13}$ 具有相似的结构[22]。Wang 等[23]和 Lee 等[24]采用水热法合成的层间距扩展的 $H_2Ti_6O_{13}$ 纳米线表现出优异的赝电容储锂性能。采用此材料作为负极与 CMK3 有序介孔碳组装的锂离子电容器，在 1～3.5V 电压区间内，可获得 90W·h/kg 的能量密度。另外，部分取代的氢钛酸表现出更高的储锂性能。Lee 等[25]进一步采用简单的固态方法成功地合成了 Nb 掺杂的 $H_2Ti_{12}O_{25}$(Nb-HTO)，Nb^{5+}引入使得氢钛酸晶体产生离子半径较大的 Ti^{3+}，从而提高了晶格的平面间距并提高了锂离子转移动力学速率。Nb-HTO 作为负极与活性炭正极匹配组装的锂离子电容器可提供 11～50W·h/kg 的能量密度和 194～8521W/kg 功率密度。

3. 二氧化钛(TiO_2)

二氧化钛是一种化学稳定、无环境危害的常见钛基材料，其中具有优异储锂性能的晶型如图 7.6 所示，主要为锐钛矿、金红石、板钛矿和 TiO_2(B)等。所有 TiO_2 晶型都可以看作由数量可变的共享顶点、边和/或面的 TiO_6 八面体连接起来。TiO_6 八面体在三维空间的不同排列规律构成了不同的 TiO_2 晶体结构[26]。虽然 Li^+的脱嵌电化学行为因 TiO_2 晶体结构的不同而有所不同，但电化学反应可以统一表示为 $TiO_2+xLi^++xe^- \longleftrightarrow Li_xTiO_2$。基于 Ti^{4+}/Ti^{3+}氧化还原对，x 的最大值为 1。即 TiO_2 每个分子式单位最多可容纳 1 个 Li^+，理论比容量为 336mA·h/g，但实验中，实际 x 值随 TiO_2 的形态、形貌和颗粒大小的变化而变化。在这些 TiO_2 晶型中，锐钛矿型 TiO_2 和 TiO_2(B)是最具代表性的晶型，它们具有高倍率的储锂结构优势，是研究较多的锂离子电容器负极材料[27]。本节主要对这两种晶型的结构和应用进行详细的分析和总结。

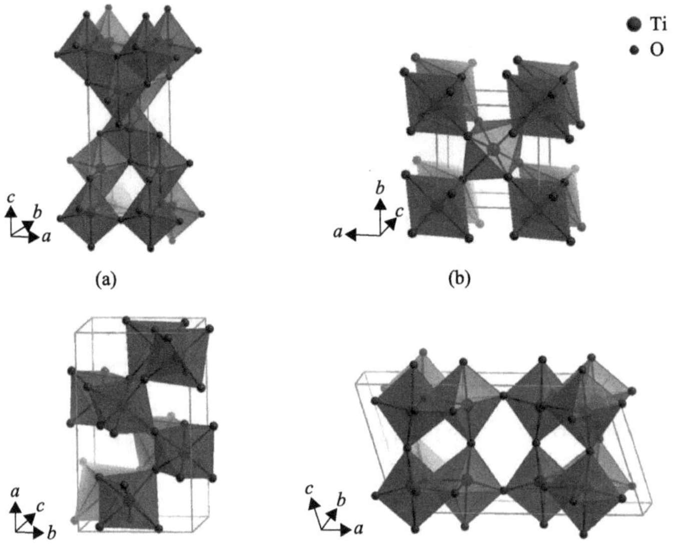

图 7.6 TiO_2 最常见的晶体结构[28]

(a)锐钛矿；(b)金红石；(c)板钛矿；(d) TiO_2(B)

锐钛矿型 TiO_2 属于四方体心立方结构，空间群为 $I4_1/amd$。此材料由三个共棱的 TiO_6 八面体连接构成，Li^+通过三维扩散通道储存在间隙位置。具体来说，锐钛矿型 TiO_2 嵌锂过程包括三个步骤：固溶、相转变(四方晶系向正交晶系转变)和单相嵌锂反应，整个电化学反应过程伴随 4%的晶格应变[29]。锐钛矿 TiO_2 的结构和电化学行为非常有利于实现高倍率的储锂性能。Wang 等[30]采用内外协同的纳米工程策略合成了纳米多孔碳修饰的 S 掺杂 TiO_2 纳米片。碳层和原位 S 掺杂显著提高了锐钛矿型 TiO_2 纳米粒子的电子电导率和离子电导率，进一步提高了其容量和倍率性能。采用杂化材料与 N 掺杂的多孔碳组装的锂离子电容器可获得 92.7W·h/kg 的能量密度和 26kW/kg 的功率密度，且稳定循环 10000 次后，容量保持率为 85.8%。

TiO_2(B)属于一种亚稳相，具有单斜结构，空间群为 *C*2/*m*。此材料具有开放的层状框架，由 *a*-*b* 平面上共用棱和顶点的 TiO_6 八面体通过氧原子桥连，并向 *c* 轴方向连接延伸而构成[31]。2005 年，Zukalová 等[32]首次报道 TiO_2(B)晶格中沿 *b* 轴方向的通道可以通过法拉第赝电容容纳外来离子，并且其速率不受固态扩散的限制(图 7.7)。另外，TiO_2(B)的理论比容量高达 335mA·h/g，电化学反应方程式为 $TiO_2(B)+xLi^++xe^- \longleftrightarrow Li_xTiO_2(B)$ ($0<x<1.25$)。这种快速储锂行为使 TiO_2(B)成为一种很有前途的电容性材料。Byeon 等[33]采用 H_2 还原法合成的富含缺陷的 TiO_2(B)，因具有较高的离子/电子电导率，表现出优异的能量密度和功率密度。相较于 $Li_4Ti_5O_{12}$ 快充材料，充放电过程中 TiO_2(B)面临更严重的低的电子电导率、大的结构应变和低的稳定性问题[32,34]。

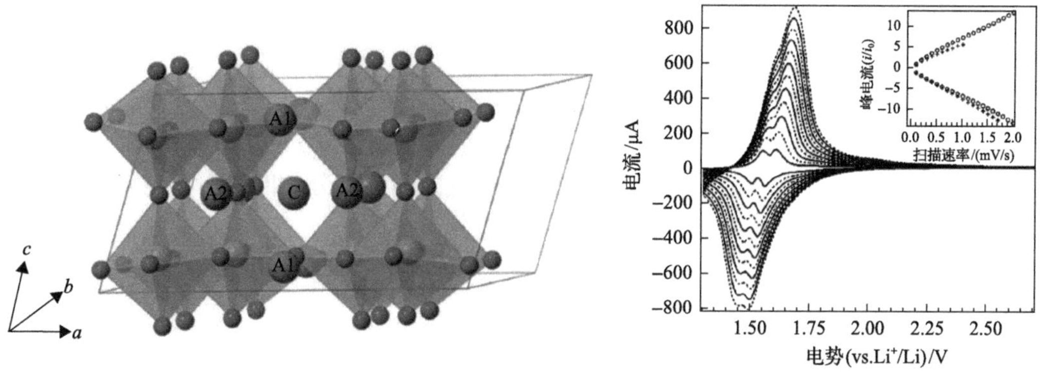

(a) (b)

图 7.7 Li^+在 TiO_2(B)结构中的嵌入与脱嵌[32]

(a) Li^+在 TiO_2(B)结构中的嵌入位置；(b) 电化学循环伏安法表征 Li^+的脱嵌过程

4. 钛铌氧化物

钛铌氧化物(TNO)材料具有丰富的组成和结构，其中主要包括 $TiNb_2O_7$、$Ti_2Nb_2O_9$ 和 $Ti_2Nb_{10}O_{29}$，每一种材料都具有 Roth-Wadsley 块状氧化物结构，其差异仅在于剪切面形成的每个结构单元的连通性[35]。$TiNb_2O_7$ 最早由 Han 等开发并作为锂离子电池负极材料使用[36]。此材料的充电平台位于 1.3～1.6V (vs. Li^+/Li)，可避免 SEI 和锂枝晶的形成。$TiNb_2O_7$ 呈现 ReO_3 型层状晶体结构，空间群为 *C*2/*m*，其中 NbO_6 和 TiO_6 八面体共用棱和顶点在[010]方向构成 3×3×∞直柱，柱之间由晶体剪切面连接(图 7.8)，每层的原子沿 *b* 轴交错排列，在晶胞内形成 A-B-A 型结构[37]。二维离子通道促进了 $TiNb_2O_7$ 的离子迁移速率和电子转移(Ti^{4+}/Ti^{3+}、Nb^{4+}/Nb^{3+}和 Nb^{5+}/Nb^{4+})，使其获得高达 387.6mA·h/g 的理论比容量。此外，在充放电结束时，$TiNb_2O_7$ 的电压曲线呈现缓慢的上升/下降趋势，这有助于提供电池 SoC 下的数据，对电池模组管理尤为重要[38,39]。这些结构优势和电化学行为使其成为非常有前景的锂离子电容器负极材料。基于此，Zhu 等[40]采用静电纺丝的方法合成了富含氧缺陷的 $TiNb_2O_{7-x}$，与商业导电炭黑组成的锂离子电容器，可获得最高 114W·h/kg 的能量密度和 22502.4W/kg 的功率密度，并可稳定循环 1000 次，容量保持率高达 95%。

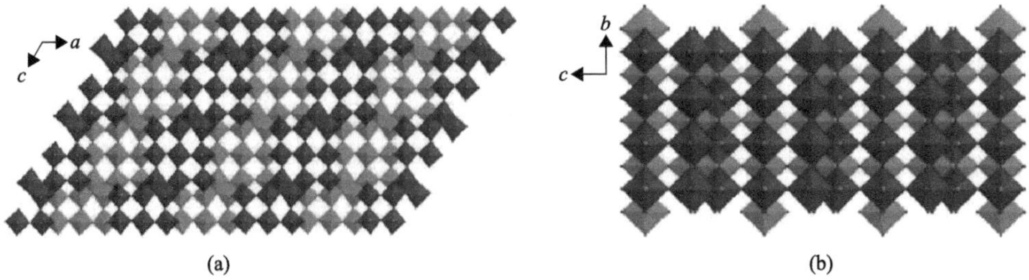

图 7.8　具有 ReO_3 型结构的 $TiNb_2O_7$ 氧化物的晶体结构[37]

(a) *a-c* 平面；(b) *b-c* 平面

5. 改性策略

快速的电子和离子扩散能力是材料高倍率储锂的先决条件。然而，由于低应变钛基材料的 O 2p 和 Ti 3d 之间的带隙较宽，本征电子导电性较差（10^{-13}～10^{-8}S/cm），抑制了其在电化学储能中的应用[41]。因此，已经提出多种策略用于提高钛基材料的电子/离子导电率，进而提高其高倍率储锂的性能。通常，改性策略主要分为四种类型，包括表面碳包覆、形态结构设计、异质复合和元素掺杂[42]。

1) 表面碳包覆

表面碳包覆被认为是应用最广泛的提高材料倍率性能的手段。碳包覆不仅可以提高钛基材料的电子电导率，还可以调整其相结构和晶粒尺寸并减少表面副反应[43]。与此同时，表面碳包覆主要通过钛基材料与各种碳源的前驱体混合和高温碳化实现，此过程简单、方便，可应用于工业大规模生产。常见的碳修饰层主要分为有机碳源和无机碳源两类（图 7.9），目前研究较多的无机碳源为 N、B 等杂原子掺杂的碳纳米管、炭黑、活性

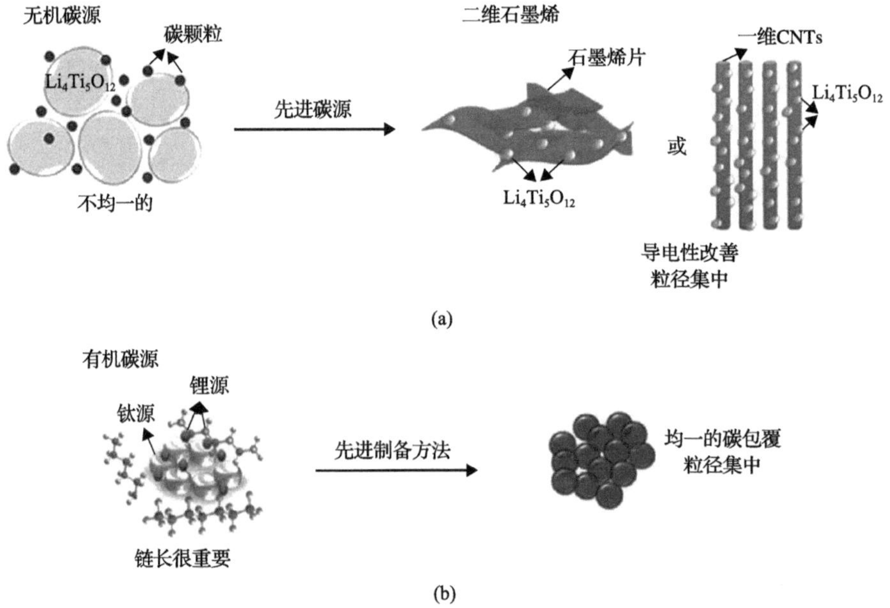

图 7.9　无机碳源 (a) 和有机碳源 (b) 碳包覆 $Li_4Ti_5O_{12}$ 的作用机制[42]

炭和石墨烯等[44, 45]。与无机碳源相比而言，有机碳源前驱体在热解过程中易在 $Li_4Ti_5O_{12}$ 颗粒表面形成均匀且厚度可控的碳层，因此更有利于制备高倍率的 $Li_4Ti_5O_{12}$/C 负极材料。其中，有机碳源高温碳化后形成碳的石墨化程度越高，材料的储锂电化学性能越优异。Nugroho 等[46]系统研究了不同官能团和链长的有机碳源（油基胺、油酸、己胺）对 $Li_4Ti_5O_{12}$/C 复合材料的粒径、形貌、结晶度和电化学性能的影响。结果表明，油基胺具有最优的表面包覆作用，不仅可以实现均匀薄层包覆，还可减小 $Li_4Ti_5O_{12}$ 的晶粒尺寸，提高 Ti^{3+} 的含量，显著提高本体材料的电子电导率，实现了放电 147.1mA·h/g 的高比容量。

2）形态结构设计

常见的形态结构设计包括钛基材料纳米化，形貌设计，以及多孔、缺陷等微观结构等调控[47]。研究证明，纳米结构具有许多优点，如电解液接触的比表面积大，电子和离子的扩散路径短以及结构稳定性高等[48]。目前，具有零维（0D）纳米颗粒、一维（1D）纳米线/纳米纤维/纳米管/纳米棒、二维（2D）纳米板/纳米片和三维（3D）层次结构的钛基材料都已表现出优异的储锂性能。例如，圆环状纳米 $Li_4Ti_5O_{12}$ 在 10C 的倍率下，表现出 100mA·h/g 的放电比容量[49]，花状纳米结构的 $Li_4Ti_5O_{12}$ 性能更优，50C 的倍率下，获得高达 123mA·h/g 的比容量[50]。Pang 等[51]采用原位中子粉末衍射技术详细研究了不同晶粒尺寸对电化学性能的影响。对比发现，不同尺寸的 $Li_4Ti_5O_{12}$ 晶粒的晶格变化、锂离子的位置分布以及 Ti 的化合价变化趋势一致，但是纳米材料中 Li^+ 从 8a↔16c 位的扩散速率显著提高，并且傅里叶电荷密度差分图表明纳米材料中 32e 位的 O 原子协同参与了 Li^+ 的扩散。同样，改变钛基材料的孔结构也会改变 Li^+ 的扩散路径和降低扩散距离[52, 53]。氧空位是过渡金属氧化物（TMO）中最常见的缺陷类型，它可以改变 TMO 的本征性质，促进 Li^+ 扩散和电子输运[54, 55]。Zhang 等[56]采用超临界流体技术合成了富含氧空位的 $TiNb_2O_7$，并证明了氧空位提高了材料的本征 Li^+ 扩散和电子电导率。电化学结果表明，此材料表现出大幅提高的赝电容储锂容量。

3）异质复合

研究发现，异质界面有利于增强材料的界面赝电容效应，可提高其可逆容量和倍率性能[57]，因此复合材料也是提高钛基材料倍率性能的重要措施。Lai 等[58]合成的 $Li_4Ti_5O_{12}$/锐钛矿型 TiO_2 的复合材料，不仅表现出额外的 2.0/1.72V 的氧化还原平台，并且放电比容量大幅提高。同样，Zhang 等制备的均匀多孔 $Li_4Ti_5O_{12}$/金红石型 TiO_2 纳米复合材料，在 30mA/g 的电流密度下，也表现出 220mA·h/g 的高比容量。由于异质双向结构的作用，该 $Li_4Ti_5O_{12}/TiO_2$ 复合材料在 1.5V 以下的放电曲线斜率较小，低电位储锂性能优异，有望获得较高的能量密度[59]。此外，固态电解质和纳米金属等具有高 Li^+/电子电导率的材料也逐渐被用作异质复合材料[60, 61]。

4）元素掺杂

除了上述提到的策略，阴、阳离子掺杂也是提高离子/电子电导率的有效措施。元素掺杂主要改变材料的微观结构，如化学键强度，晶格的局部环境、正离子的价态以及钛基材料骨架，进而提高离子传输通道的尺寸，降低离子扩散能垒[62]。目前，关于 $Li_4Ti_5O_{12}$ 的元素掺杂主要集中在四面体 8a 的 Li 位、八面体 16d 的 Ti 位、32e 的 O 位以及这些位置的组合。不同元素优先掺杂的位置不同，相结构变化以及储锂电化学性能差异也较大。Na^+/K^+掺杂可以扩大 LTO 的晶格间距，提供更多储存 Li^+的空间，进而提高掺杂态 LTO 的放电比容量[63]。然而，富含 3d 电子的过渡金属掺杂会显著提高钛基材料的电子电导率，如 Zn^{2+}掺杂的 LTO 表现出优异的倍率性能[64]。

7.3.2 炭基材料

根据结晶程度的不同，炭基材料可以分为石墨与无定形碳两大类。其中，石墨材料因其具有优异的导电性、高的结晶度、稳定的层状结构和快速的锂离子脱嵌的优势，成为理想的锂离子电容器负极材料。人造石墨和天然石墨以及单层的石墨烯是主要的石墨材料。无定形碳没有固定的形貌结构，主要由石墨微晶和无定形区组成。无定形区的石墨层间的范德瓦耳斯力较弱，并且大部分碳原子偏离了正常位置，因此，石墨烯面的随机平移和旋转导致了不同程度的堆垛位错，形成湍层无序结构。根据湍层无序碳是否可以高温石墨化(2500℃)，无定形碳可再分为硬炭和软炭两种类型(图 7.10)。

(a) (b) (c)

图 7.10 石墨、软炭以及硬炭的形态对比[65]

(a)石墨；(b)软炭；(c)硬炭

1. 石墨

石墨主要分为天然石墨和人造石墨。其中，天然石墨中的低成本鳞片石墨更适合充当锂离子电容器负极材料。人造石墨是将易石墨化碳前驱体(石油焦、针状焦、沥青等)在一定温度下煅烧，再经粉碎、成型、分级、高温石墨化制得的石墨材料。人造石墨的高结晶度是在高温条件下经石墨化过程形成的，此高温操作会增加材料的成本。石墨由具有蜂窝状晶体结构的石墨烯薄片在范德瓦耳斯力和离域 π 电子相互作用下自组装而成，层间距约为 0.335nm。石墨弱的层间作用力有利于碱金属离子的嵌入，并形成石墨层间化合物(graphite interation compound, GIC)。高结晶度的二维石墨表现出高度各向异性的两种表面，即基平面和边缘平面。其中，暴露于石墨烯层端平面的边缘平面表现出更高的脱嵌 Li^+活性。根据石墨烯层中 C 原子的紧密堆叠方式分类，石墨主要分为六角形(AA)、伯纳尔(AB)和菱形(ABC)三种(图 7.11)[66, 67]。

作为负极材料，石墨表现出 372mA·h/g 高理论比容量，并且 0.3V 以下的容量占主导地位。预锂化处理可以使石墨负极电位保持在 0.1V 左右，进一步提高锂离子电容器的输出电压[68]。石墨储锂发生的电化学反应为 $xLi^+ + xe^- + nC \longleftrightarrow Li_xC_n$。$Li^+$在嵌入石墨的过程中，会形成一组阶段性石墨层间化合物，阶段的顺序通常定义为相邻锂层间的石墨烯层数，如阶段-Ⅲ、阶段-Ⅱ、阶段-Ⅰ GIC。基于范德瓦耳斯相关性和不确定度估算的密度泛函理论(density functional theory, DFT)计算表明，在嵌锂初期还会存在热力学最稳定的阶段-Ⅳ石墨层间化合物。实验中，循环伏安与恒电流充放电测试也证明，嵌锂过程表现为不同石墨层间化合物相变过程(图 7.12)。此电化学反应机制会伴随一定的体积膨胀。由 X 射线衍射测试可得，沿晶轴 c 方向的最大膨胀率为 10.7%，而面内应变则仅为 1.2%。这样相对较小的体积应变有利于提高结构的稳定性和循环寿命。

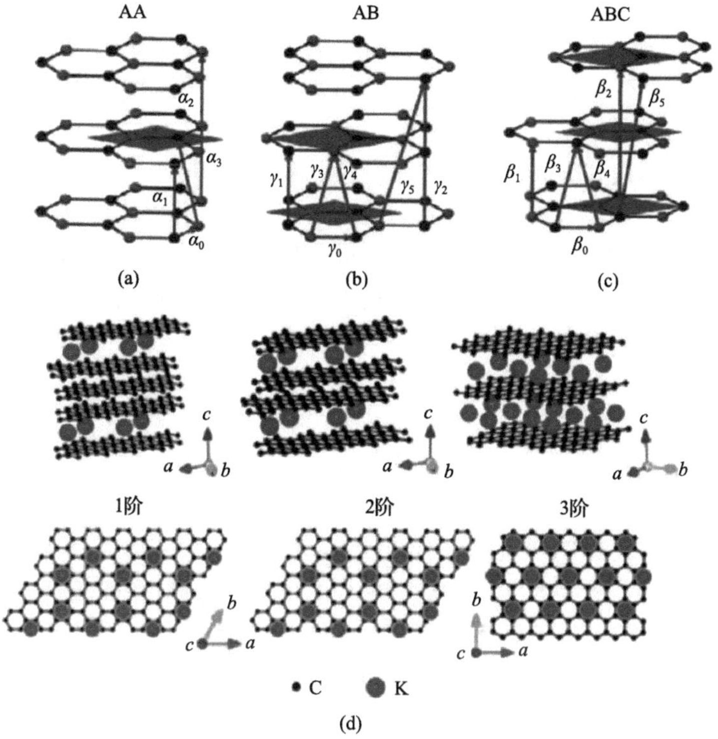

图 7.11　石墨结构示意图[66]

(a) AA；(b) AB；(c) ABC；(d) 不同嵌锂阶段的石墨层间化合物

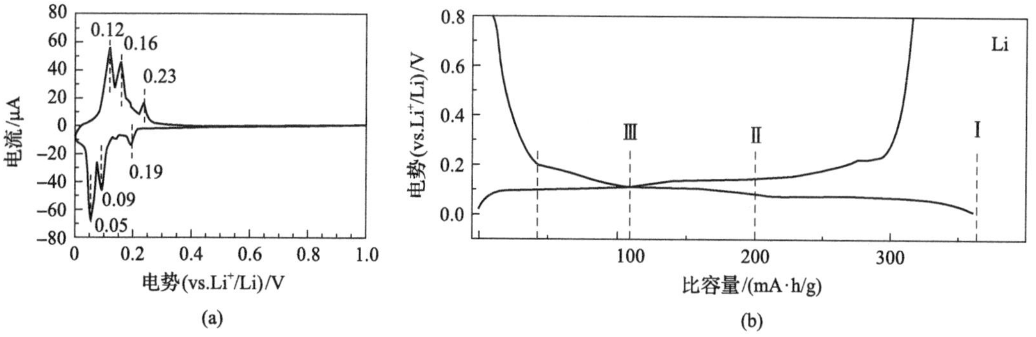

图 7.12　石墨负极嵌锂/脱锂电化学表征[69]

(a) 石墨负极的 CV 曲线；(b) 5mA/g 电流密度下，石墨负极的放电/充电曲线

Khomenko 等[70]首次采用天然石墨和活性炭在有机电解液(1mol/L $LiPF_6$/EC:DMC)中组装了高能量密度的锂离子电容器。此电容器在 1.5～4.5V 的电压区间可实现 103.8W·h/kg 和 111.8W·h/L 的高质量能量密度和体积能量密度，10000 次循环后，放电比

容量保持 85%。随后，Sivakkumar 等[71]通过系统研究 7 种天然石墨的快速充放电能力表明，石墨普遍表现出较快的脱 Li^+速率和缓慢的嵌 Li^+速率。虽然降低电极石墨层的厚度和减小石墨的粒径可以在一定程度上提高嵌 Li^+速率，但是能量密度和首次库仑效率都会有所下降。此外，石墨与电解液表现出较差的兼容性，充放电循环过程中，不但石墨会发生层剥离现象，而且电解液也会发生分解形成 SEI 膜造成不可逆的容量损失。伴随着 Li^+的脱嵌，体积膨胀缩小，表面 SEI 膜持续地破坏和重建会进一步加剧不可逆容量的损失。因此，为实现锂离子电容器的高功率/能量密度和循环寿命，提高石墨阳极的嵌锂离子速率和减少不可逆容量的损失是未来石墨研究的热点和方向。例如，Lee 等[72]利用过氧化氢改性石墨的形貌和表面特性以增加边缘平面，提高锂离子的扩散速率。Sivakkumar 等[73]采用球磨减少石墨尺寸的方法提高石墨的倍率性能，并提出球磨石墨在高倍率充放电条件下，吸附锂离子容量占主要部分。为进一步提高锂离子电容器的电化学性能，硬炭包覆法，杂原子修饰以及阴、阳极补锂技术等方法也相继提出[74-76]。具体的补锂技术将在 7.5 节详细讲述。此外，经过不断的改性研究，人造石墨在容量、首次库仑效率、循环寿命等方面已接近甚至超越天然石墨。

2. *石墨烯*

石墨烯是 2004 年曼彻斯特大学的 Geim 和 Novose lov 发现的一种新型二维碳基纳米材料，具有单层二维蜂窝状（只包括六角原胞）晶格结构。完美的石墨烯具有理想的二维结构，每个 C 原子以 sp^2 杂化与其他三个 C 原子形成共价键，较强的 C—C 键使石墨烯片层有很强的结构刚性。同时，每个碳原子贡献了 p_z 轨道上未成对的电子，在与平面垂直的方向形成离域的 π 轨道，因此石墨烯具有良好的导电性。此外，实验中石墨烯具有高的比表面积和多孔结构，高的化学稳定性和热稳定性，这使其成为储能应用领域非常有竞争力的候选材料[77,78]。然而，块状的石墨烯容易聚集堆叠，电化学储锂性能远低于理论值，因此目前的研究工作大部分都是基于其纳米结构、孔结构、表面功能化以及与其他储锂活性材料复合等方面开展的。

提高石墨烯堆叠的层间距不仅会提高其储锂比容量，还会降低锂离子的扩散能垒。同样，丰富的孔结构有利于锂离子的快速扩散，提高石墨烯的倍率性能。2008 年，Yoo 等[78]采用还原氧化石墨烯作为负极材料，可逆比容量仅为 540mA·h/g，然而，碳纳米管和富勒烯（如最著名的 C_{60}）扩散层的石墨烯分别表现出 730mA·h/g 和 784mA·h/g 的高比容量。Li 等[79]报道了一种镁还原二氧化碳高温合成的方法来快速制备高品质的石墨烯电极材料。其中，氧化镁作为硬模板剂不仅可以产生孔结构，还能有效地避免石墨烯片层的团聚和堆叠现象。此石墨烯片在 3.7A/g 的大电流密度下依然保持 333mA·h/g 的高比容量。

杂原子掺杂是一种有效调整石墨烯本征结构和增强其电化学性能的常用方法，并可拓宽其在能量转换和存储方面的应用。因此，为了进一步提高石墨烯的电化学性能，人们常常对石墨烯进行化学掺杂[80]，如氮[81]、硫[82]、磷[83]、硼[84]等单原子或双原子掺杂。从本质上讲，杂原子掺杂到石墨晶格中可以提高石墨晶格的能态或态密度（DOS）费米能级，克服纳米碳的量子电容限制，最终增加净比电容，提高功率和能量密度。目前，常用的掺杂方法为化学气相沉积（chemical vapor deposition，CVD）技术和后处理法，后处理法相对简便易行。常见的后处理法包括高温退火、湿化学法、水/溶剂热法、微波法和等离子辅助法等，且都是以氧化石墨烯为前驱体制备掺杂型石墨烯。氧化石墨烯通常通过腐蚀性氧化石墨薄片获得。从氧化石墨烯出发，制备的氮掺杂石墨烯的氮含量通常为1%～16%(质量分数)。Wang 等[85]采用聚苯胺与氧化石墨烯混合聚合，以及 KOH 活化后处理法，获得三维 N 掺杂的石墨烯。采用此掺杂型石墨烯组装的全石墨烯型锂离子电容器，可同时获得 2250W/kg 功率密度和 187.9W·h/kg 的超高能量密度，并且在 2A/g 电流密度下，连续循环 3000 次后仍能保持 93.5%的容量。B 作为 p 型掺杂剂，易在 C 晶格中形成稳定的面内 sp^2 杂化。Wu 等[86]采用硼掺杂石墨烯作为负极材料，在 50mA/g 的电流密度下，可逆比容量高达 1040mA·h/g，而且石墨烯无序的表面结构，明显增大了活性物质与电解液的接触面积，缩短了 Li^+的扩散距离，因此即使在 25A/g 的高倍率下，此 B 掺杂型的石墨烯依然可获得 235mA·h/g 的高比容量。为拓宽石墨烯基锂离子电容器工作电压窗口，研究人员提出了预嵌锂技术。2014 年，Ren 等[87]首次证明了预嵌锂后的石墨烯电极具有更低的负极电位，能够显著提高储能器件的开路电压。

3. *硬炭*

硬炭被称为非石墨化炭材料，其表现为大量不规则分布的弯曲石墨片混乱排列，并且此石墨片在 3000℃或更高的温度下也无法石墨化[88]。硬炭的非石墨化本质归因于前驱体中的共价 C—O—C 键，在热解过程中会形成刚性的交联结构，以及缺陷、微孔和含氧官能团，这些微观结构都极大地抑制了石墨片的定向生长。即使在较高的处理温度下，硬炭也只形成短程有序结构。硬炭的形态与前驱体密切相关，主要有多孔状、线状以及微球状硬炭(图 7.13)[89]。硬炭中存在的短程石墨微晶区的层间距一般为 0.37～0.42nm。

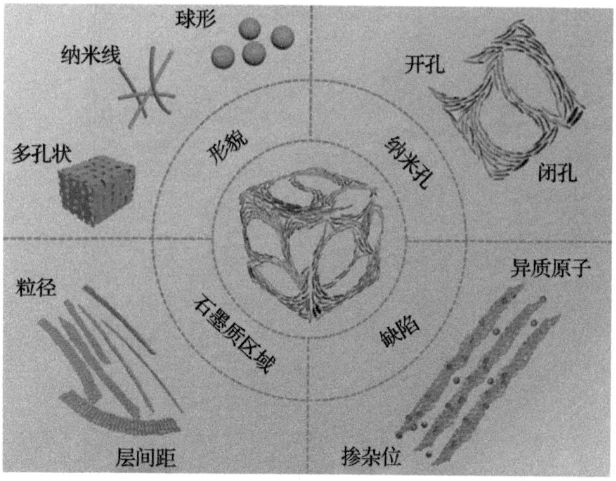

图 7.13 硬炭的结构示意图[89]

Hideto 等[90]进一步根据硬炭中石墨微晶区的微观结构有序性，将其分为相对有序堆叠和相对非有序堆叠结构(图 7.14)，但是硬炭中不存在平行堆积的排列方式。矩形的长度表示无缺陷长度的 1/2，即 $L_a/2$，其中 L_a=2.1nm。酚醛树脂衍生的硬炭的层间距由 45%的 0.343nm 层间距与 55%的 0.47nm 层间距组成，平均层间距离为 0.42nm。丰富的孔结构，使得实验测试的层间距远小于理论计算值(0.532nm)。硬炭独特的孔结构和缺陷结构使其具有更多储锂活性位点，因此表现出比石墨更高的比容量(400～1000mA·h/g 和372mA·h/g)和增大的层间距，会提高 Li^+的迁移速率，提高了倍率性能。Saurel 等[91]采用X 射线小角散射(small angle X-ray scattering, SAXS)技术将硬炭的结构和电化学曲线统一起来，并建立了硬炭嵌 Li^+机制。充放电曲线中的斜坡区归因于硬炭颗粒或其表面的大孔隙储锂，肩区表明湍层无序结构及其纳米域之间的孔隙储锂。Cao 等[92]系统研究了各种炭材料(硬炭、软炭和石墨)作为锂离子电容器负极的电化学性能。结果表明，在20mA/cm^{2}的电流密度下，采用硬炭组装的锂离子电容器可达到 72.5%的容量保持率，远优于石墨。同时，此锂离子电容器具有更好的循环性能，100000 次高倍率充放电循环后容量保持率为 85%。大量研究表明，与石墨相比，硬炭作为负极具有高比容量、优异的倍率性能和循环性能以及良好的低温性能等优点[93]。

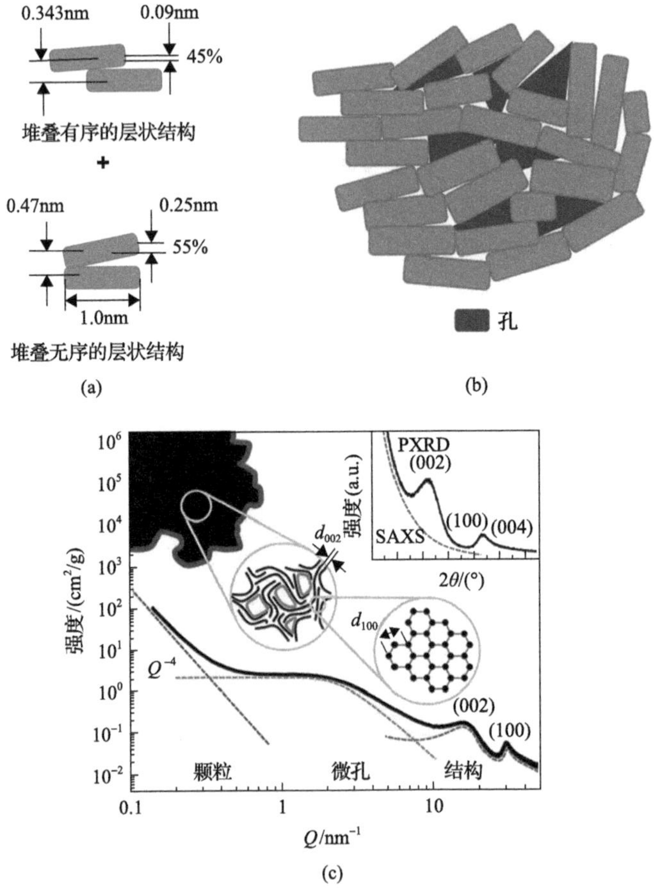

图 7.14 硬炭的石墨微晶区结构模型储锂机制[90,91]

(a) 1100℃高温处理后酚醛树脂衍生的硬炭的堆积排列；(b) 基于图(a) 硬炭的结构模型；(c) SAXS 探究的硬炭储锂结构与充放电区域对应示意图

但是，到目前为止，硬炭在商业锂离子电容器中的竞争力依然不如石墨，主要原因有以下几个方面：①硬炭大量的结构缺陷以及残留基团导致首次容量损失较大，首次库仑效率低；②充放电过程中电压滞后明显；③放电曲线从 0.8V (vs. Li^+/Li) 开始呈现斜坡下降趋势，无明显放电平台，致使采用硬炭组装的锂离子电容器的工作电压相对较低。④硬炭的压实密度较低，以至于体积比容量较低。为了加快硬炭的商业化进程，合成新型聚合物前驱体调节硬炭微观结构的方法、补充锂源以及锂离子电容器新型装置等技术逐渐被开发出来。Zhang 等[94]发现，硬炭的形态也会极大地影响其电化学性能。与补锂球形硬炭相比，不规则硬炭在充放电过程中呈现出明显的锂离子插层平台。此平台会提高活性炭正极的利用效率，拓宽电容器的工作电压。在 2.0～4.0V 的工作电压范围内，锂离子电容器表现出最佳的电化学性能，能量密度和功率密度分别可高达 85.7W·h/kg 和 7.6kW/kg (以两电极的活性物质质量为基准)，5000 次循环后的容量保持率约为 96.0%。

4. 软炭

软炭是另一类无定形碳，与硬炭的合成方式类似。但是相比于硬炭，软炭主要由较少缺陷的薄石墨烯纳米片组成，并且结晶微区相对较少。因此，软炭在高温处理(2500℃以上)下易石墨化，表现出较高的导电性，并且其层间距和石墨化程度可以通过热处理温度调节[95]。根据前驱体烧结温度的分类，软炭会产生三种不同的晶体结构，分别是无定形结构、湍层无序结构和石墨结构，石墨结构也就是常见的人造石墨。与石墨相比，软炭的结晶度相对较低，层间距大。图 7.15 表示 1100℃高温处理苊碳获得的软炭的堆积排列，矩形的长度表示无缺陷长度的 1/2，即 $L_a/2$，其中 L_a=2.4nm。此软炭结构中 72%为平行堆叠，层间距离为 0.342nm，28%为非平行堆叠，层间距离为 0.446nm，平均层间距离为 (0.371±0.004) nm，且含微量孔结构。

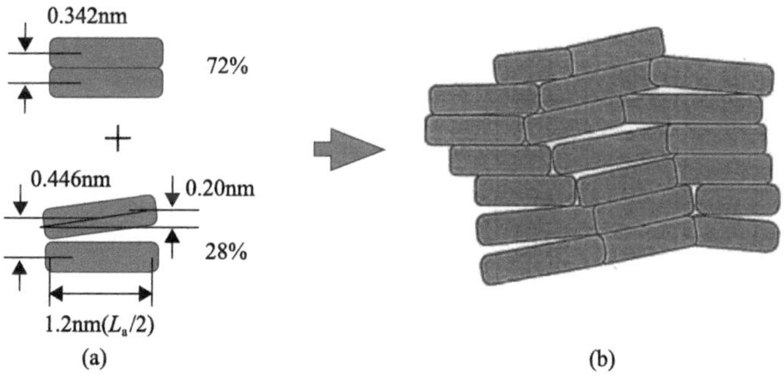

图 7.15　软炭高温处理及结构[90]

(a) 1100℃高温处理的苊碳的堆积方式；(b) 基于软炭 (a) 的结构模型

金属离子高温催化石墨化是制备软炭常用的方法，其石墨化程度通过调节温度、前驱体结构和催化剂来控制。Jayaraman 等[96]采用催化气相沉积法，以植物油作为前驱体制备了高纯度球形软炭。采用此软炭与活性炭组装的锂离子电容器最大可获得 108W·h/kg 的能量密度。此外，该研究小组还提出了以植物油为原料合成细长的空心纤维状软炭[97]。Yang 等[9]催化生物质剑麻合成纤维性软炭，并发现平台容量和石墨化程度随处理温度升高而提升。1100℃条件下制备的纤维性软炭具有最优的倍率性能，在 1A/g 的电流密度下，可发挥 222mA·h/g 的比容量，并且在低于 0.2V 下，贡献 68%的平台容量。采用此纤维性软炭作为负极组装的双炭锂离子电容器可获得 104W·h/kg 的能量密度，并可在 1A/g 电流密度下充放电循环 300 次的容量保持率为 96.5%。通过调控软炭的微观结构可以有效地平衡平台容量和倍率性能，但是较低的可逆容量和初始库仑效率阻碍了其商业化进程。目前常采用新型前驱体[98]、杂原子掺杂[99]、微观结构设计[100, 101]、异质复合[102]、表面包覆[103]以及电解液调控[104]等措施提升软炭的储锂性能。

7.3.3 氧化物材料

1971 年，RuO_2 薄膜电极表现出一种新型快速的电化学电容储能形式，并伴随着法拉第电荷转移反应，因此该反应被称为赝电容。此赝电容的循环伏安曲线同双电层电容相似，表现出矩形充放电曲线[105]。Conway[106]将此电化学行为描述为氧化还原赝电容，即当离子被电化学吸附到材料表面或近表面时，伴随着法拉第电荷转移，产生氧化还原赝电容。同时，Conway 还提出插层赝电容，即当离子插入氧化还原活性材料的通道或层中，伴随着法拉第电荷转移而没有晶体相变时，就会产生插层赝电容。过渡金属氧化物常具有这种赝电容性质，并且作为锂离子电池负极可表现出较高的倍率性能[107]。

1. 五氧化二钒

钒元素具有丰富的化合价态(+5、+4、+3 和+2)，在自然界中它以多种钒氧化物的形式存在，并且具备可逆嵌脱锂的电化学特性，其中最具代表性的钒基材料为层状五氧化二钒(V_2O_5)。在钒的氧化物体系中，α-V_2O_5 的理论比容量最高(约 442mA·h/g)，它属于斜方晶系，*Pmnm* 空间点群[108]。V 原子与邻近的 5 个氧原子构成 VO_5 金字塔四面体，通过共棱和共顶点的方式连接成平行于 *c* 轴的链，形成二维的波纹层状结构(图 7.16)[109-112]。由于 α-V_2O_5 层间的范德瓦耳斯作用力较弱，碱金属离子能够在 V_2O_5 层与层之间脱嵌。Aravindan 等[113]采用静电技术合成了一维 V_2O_5 纳米纤维，与锂组装半电池，此半电池在 0.1C 的倍率下，2～4V 的工作电压区间内，可提供 308mA·h/g 的可逆比容量，循环 50 次后容量保持率为 55%。进一步，将此材料与多壁碳纳米管组装锂离子电容器，在 0～3V 电压区间内可提供的最大能量密度和功率密度分别为 18W·h/kg 和 315W/kg。

2. 二氧化锰

二氧化锰(MnO_2)是一种独特的材料，在锂离子电池和超级电容器中都得到了广泛的研究与应用。MnO_2 在合成过程中通常会形成各种各样的晶体结构。其中，α-MnO_2 具有 2×2 隧道，约 0.46nm×0.46nm 的锰钡矿型隧道结构，属于体心四方系，空间群为 *I*4/*m*，其基本八面体单元 MnO_6 通过共享角形成双链结构(图 7.16)[114]。α-MnO_2 较宽的隧道结构可允许 Li^+沿 *z* 轴快速嵌入/脱嵌。50mA/g 的电流密度下，α-MnO_2 纳米棒与锂组装的半电池在 1.5～3.8V 的电压区间内，可释放 130mA·h/g 的初始放电容量，并表现出单相储锂电化学行为[115]。AC/α-MnO_2 纳米棒组装的锂离子电容器的最大能量和功率密度分别为约 9W·h/kg 和约 87W/kg。然而，AC/α-MnO_2 纳米棒锂离子电容器在非水介质中循环性能较差。

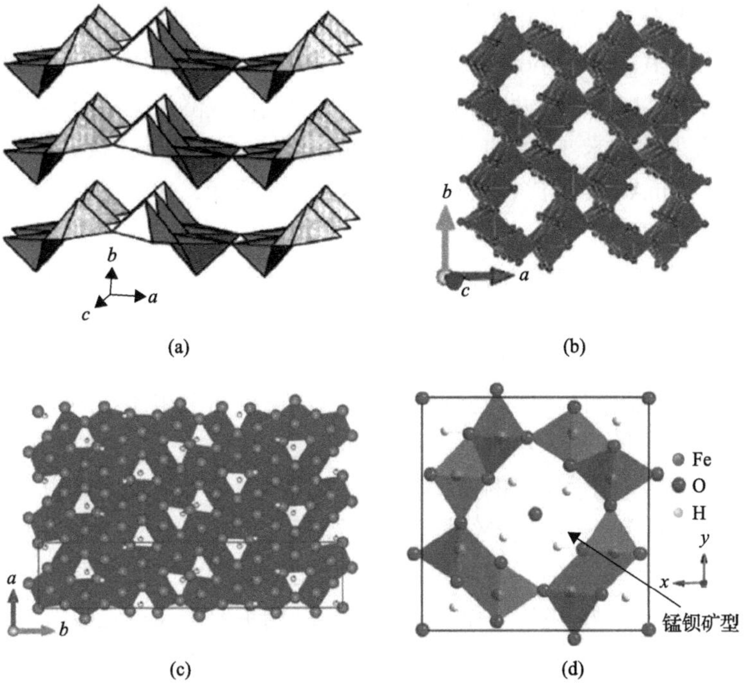

图 7.16　V_2O_5(a)、α-MnO_2(b)、T-Nb_2O_5(c)、β-FeOOH(d)的晶体结构[109-112]

3. 五氧化二铌

五氧化二铌(Nb_2O_5)作为铌基氧化物的最典型代表，以多种结构形式存在，如赝六方相(TT-Nb_2O_5)、正交相(T-Nb_2O_5)、四方相(M-Nb_2O_5)和单斜相(H-Nb_2O_5)。其中，T-Nb_2O_5是具有 *Pbam* 空间群的正交晶相，被认为是最有可能用于插层型赝电容储能的材料。Nb 与 6 个或 7 个氧离子配位，形成倾斜的八面体(NbO_6)或倾斜的五角形双锥体(NbO_7)。这些 NbO_6 多面体和 NbO_7 多面体共享边或顶点在(001)平面方向构成扭曲多面体片，构成正交结构(图 7.16)。(001)面之间的空八面体空位为整个 *ab* 面输送 Li^+提供了合适的通道。微观结构表明，未锂化的 T-Nb_2O_5 中致密 4h 层和松散 4g 层的交替排列。松散 4g 层用于容纳 Li^+，氧和 Li^+之间的桥接配位在致密 4h 层中形成。独特的桥接配位可形成快速的 Li^+扩散路径，且迁移能垒较低。此外，理论计算也表明，(001)平面由于较大的 O—O 距离(3.9Å)，Li^+扩散的能垒较低。独特的“空间-支柱” NbO_6/NbO_7 框架为 Li^+插层提供了稳定的结构，使得 Li^+的脱嵌过程没有发生相变。Li^+和电子在 Nb_2O_5 材料中脱嵌电化学方程式可表示为：$Nb_2O_5+xLi^++xe^- \longleftrightarrow Li_xNb_2O_5 (0\leqslant x\leqslant 2)$。Reichman 等[116]首次发现 Nb_2O_5 具有独特的电化学脱嵌锂离子和质子的行为。Augustyn 等[117]详细表征了锂离子在正交相 Nb_2O_5 的赝电容储能机制。实验表明，此材料具有优异的倍率性能，即使在高倍率下，充放电电压极化也相对较小，并且动力学计算也证明，赝电容贡献占主要部分。

4. 羟基氧化铁

羟基氧化铁(FeOOH)中，β-FeOOH 的晶相结构类似于 α-MnO_2，具有约 300mA·h/g

储锂理论比容量。具体地，四方相 β-FeOOH 具有[2×2]的锰钡矿（hollandite）型隧道结构，属于 *I*4/*m* 空间群，其中一个 FeO 八面体与相邻的扭曲 180°的 FeO 八面体共享棱，形成 Fe_2O_{10} 单元。该单元与相邻的两个单元共用一个顶点构成隧道结构框架[110]。2005 年，Cheng 等[118]首次采用纳米 FeOOH 与活性炭组装锂离子电容器，该电容器在 1.5～2.8V 电压区间可获得 30mA·h/g 的比容量和 45W·h/kg 功率密度，10C 倍率下循环 800 次保持率为 96%。

尽管上述氧化物具有结构上的优势，但整体导电性较差，降低了电荷转移速率，增加了欧姆电阻，难以满足高倍率锂离子电容器的需求。因此，人们开发出许多策略来提高氧化物的电子转移和 Li^+扩散速率，以提高其赝电容动力学，这些不同的方法主要分为几个方面：纳米形态的设计、多孔材料的构筑、炭材料和多相体系的复合以及元素掺杂和氧缺陷微观结构设计。纳米结构的大比表面积使氧化物基电极材料具有更多的电化学活性位点，更有利于电化学反应的发生和电子的转移。对于铌基氧化物，纳米线、纳米纤维、纳米棒或纳米管等一维纳米结构已被广泛研究。Yang 等[119]通过微波-溶剂热法制备了自组装的 T-Nb_2O_5@C 纳米线，较短的扩散长度促进了电子转移和电解液的接触面积，使其在 1.0mV/s 充放电时，电容贡献为 85%。孔结构主要是通过强吸附电解液形成电解液浸渍储层，减少高倍率下 Li^+的浓度极化。将氧化物基材料与无定形碳、石墨烯、碳纳米管和碳纳米纤维等碳基材料复合形成的杂化结构，可以显著提高材料的电导率。此外，金属氧化物的本征电子导电性主要取决于其带隙，所以窄带隙材料对价电子的束缚更少，导电性更强。电极材料中的晶格缺陷，如氧空位和元素掺杂等，可以改变带隙，从根本上提高电子导电性。

7.3.4 碳/氮化物复合材料

氮掺杂纳米碳材料研究是国际碳材料领域的热点之一，这主要是因为氮原子比碳原子多一个价电子，氮掺杂进入石墨的六元环结构后可形成吡啶、吡咯、石墨氮、吡啶氧化物等含氮官能团，不仅可以提高纳米碳材料的表面化学活性，还可对其电子结构进行调节。中国科学院青岛生物能源与过程研究所固态能源系统技术中心崔光磊研究员团队以纳米结构的混合传输（电子和离子）电极材料为设计核心，兼顾构筑快速有效的传输网络和有利的界面，发展表界面与微结构的构筑与调控技术，探索新的低成本可持续性的电极材料，实现能量的快速转换与高效存储，开发高能量密度锂离子电容器碳/氮化物复合电极材料。

早在 2010 年，崔光磊研究员团队在研究纳米 $Ti_xV_{1-x}N$ 与碳复合负极材料时，发现了碳/氮化物复合材料界面储锂现象[120]，通过氮掺杂、碳/氮化物复合策略，降低界面跃迁阻抗，大幅度改善了锂离子界面跃迁行为和界面储存性能（图 7.17）。对研制出氮化钒与氮化石墨烯复合材料[121]、氮-氧化锰/石墨烯复合物材料[122]，利用电子能量损失谱（electron energy loss spectrum, EELS）、外场的 X 射线衍射和高分辨电镜技术研究发现，复合物不断活化后与锂反应，并在界面处形成 Li_3N 快离子导体，倍率充放电性能得到进一步提升。

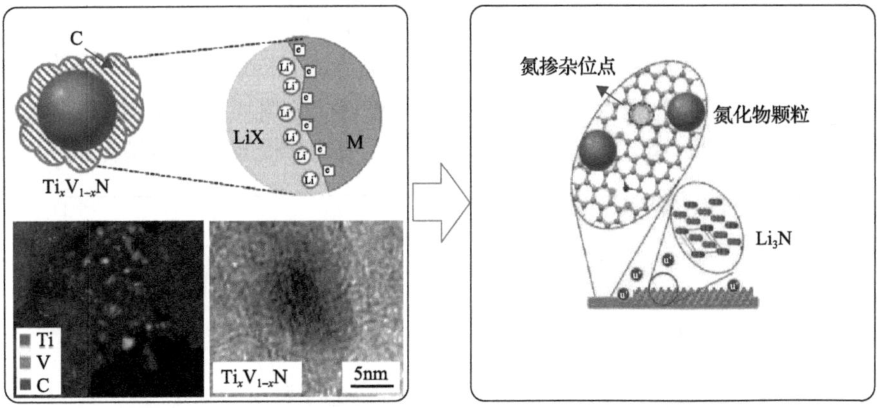

扫码见彩图

图 7.17 碳/氮化物复合材料界面储锂现象

在此基础上，崔光磊研究员团队于 2012 年将石墨烯与金属氮化钛复合，金属氮化钛的存在既可以防止石墨烯在煅烧过程中发生团聚，又有利于石墨烯平面方向以及片层之间导电性的提高，所形成的纳米孔道结构有利于电解质离子的快速传输，有机体系电解液中，所组装的对称型锂离子电容器比容量高达 560F/g，即使在 4367W/kg 的功率密度下，能量密度仍达到 41W·h/kg[123]。此后又研制了氧化钼/石墨烯[124]、氮化钼/氮化石墨烯[125]等复合材料，值得一提的是，研制出的氮化铌/氮化石墨烯复合负极材料应用于对称型锂离子电容器时，在 2kW/kg 的功率密度下，输出 122.7W·h/kg 的能量密度。聚酰亚胺类材料中含有丰富的氮元素，采用水热法研制出球形聚酰亚胺材料，经高温炭化处理后，得到了粒径为 6～8μm 的氮掺杂球形聚酰亚胺炭材料[75]。独特的球形结构可以保证锂离子从各个方向嵌入，丰富的孔道结构和小粒径保证了锂离子快速扩散和嵌入材料内部，而氮元素的掺杂既提供了更多的储锂活性位点，又提高了材料的电子导电性，所研制的对称型锂离子电容器，即使在 6940W/kg 的功率密度下，能量密度仍高达 13.1W·h/kg，经过 5000 次循环后容量保持率为 97.1%(图 7.18)。

从实验室的原理论证、小试突破到中试放大，崔光磊研究员团队经过不断的技术攻关和积累，突破了氮碳复合电极设计与批量制备、可控均匀预嵌锂、充放电胀气抑制及特殊集流极片涂布等技术难题，在实践中总结出高性能锂离子电容器制备技术和工艺，并自力更生设计建设了国内第一条具有自主知识产权的锂离子电容器的中试生产线，研发出了最高容量 3500F/4V 型锂离子电容器单体(图 7.19)，器件的能量密度高达 20.5W·h/kg，功率密度在 5kW/kg 以上，实际可实现连续充放电 10 万次以上，并通过了具有国家资质的轻工业化学电源研究所电池认证检测实验室第三方权威检测。该技术也通过了由院士和行业专家组成的技术鉴定委员会权威鉴定，委员会一致认为该技术总体指标达到国际先进，部分指标优于国外同类产品，并已在经济型环保电动车进行了示范应用。研发的第二代锂离子电容器第三方测试结果表明，单体容量 9500F，能量密度 61.4W·h/kg，功率密度 6kW/kg，连续 25000 次充放电容量保持率 88.9%。将高比能固态锂电池与高比功率锂离子电容器有机结合，发明了一种具有三模式智能控制功能的双电源动力集成系统[126]，发明了充电、常规运行、启动/制动三种工作模式下双源运行控制方法，充分发挥固态锂电池的高比能以及锂离子电容器高比功率特性，可以为电动车辆及特种装备提供高功率低温启动、制动能量回收、长续航、长寿命的动力系统解决方案。近期在中国科学院洁净能源先导专项支持下，正开发基于锂离子电容器和固态锂电池的全天候“功”“能”兼备的电化学储能系统，该技术入选了 2020 年中国工程院《全球工程前沿 2020》。围绕锂离子电容器核心专利布局，已获授权发明专利 15 项，获授权实用新型专利 7 项。

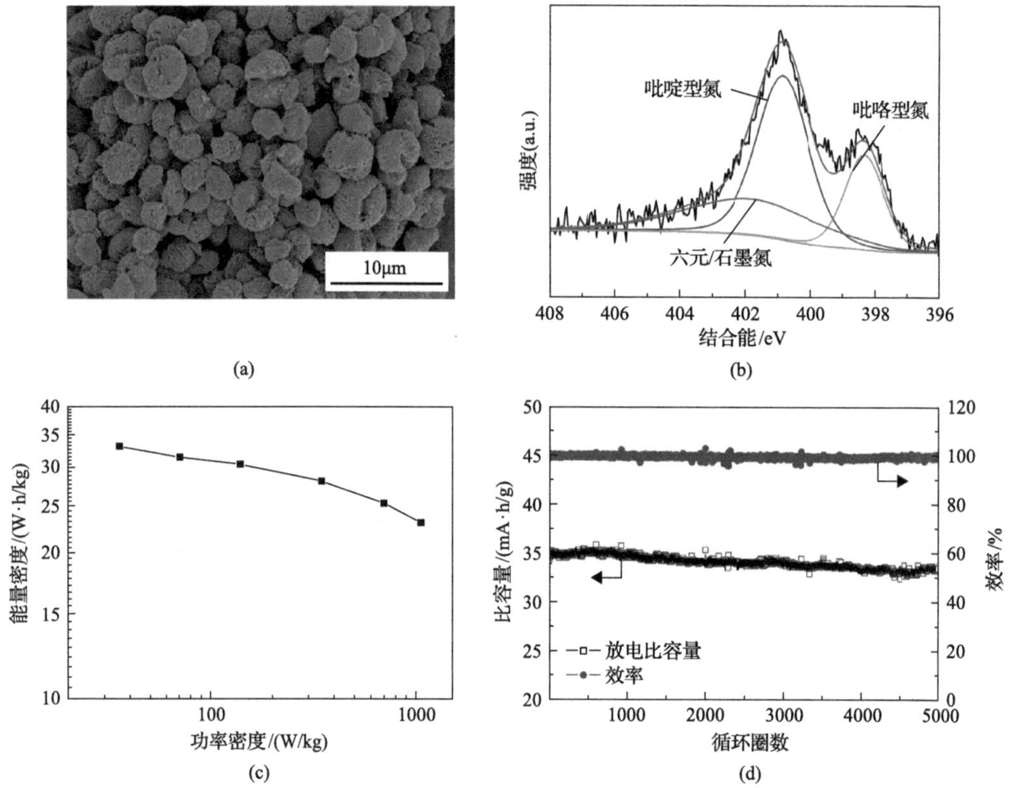

图 7.18　氮掺杂球形聚酰亚胺炭材料[75]

(a) SEM 图；(b) 氮元素分峰图；(c) 能量密度与功率密度关系图；(d) 构成的对称型锂离子电容器循环性能图

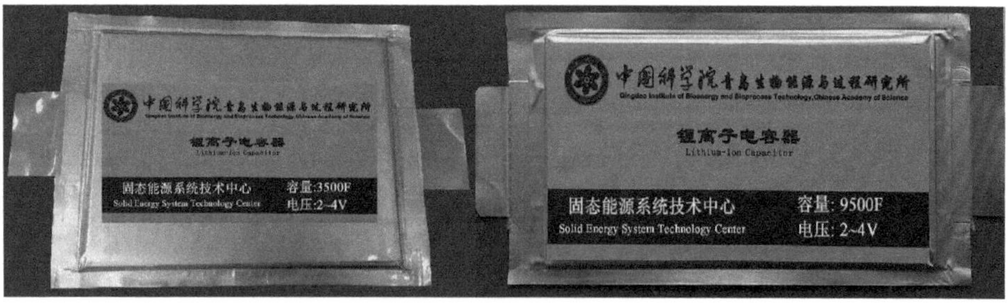

图 7.19　中国科学院青岛生物能源与过程研究所固态能源系统技术中心开发的锂离子电容器

7.4　锂离子电容器正极材料体系

锂离子电容器的正极材料根据电荷储存机理可以分为双电层电容型材料、赝电容型材料和电池型材料三类[127]。双电层电容的能量存储是基于电极/电解液界面双电层中离子的可逆吸附与脱附，对活性材料的比表面积和孔结构有较高的要求，因此双电层电容使用的电极材料主要是具有大比表面积和丰富孔道结构的多孔炭材料，包括活性炭、模板炭、碳纳米管、石墨烯等。双电层电容的能量储存与释放是一个物理储能过程，不涉及电化学反应，能够在较短时间内完成，具有高功率密度特点[128]。赝电容(pseudocapacitance)也是一种发生于电极材料表面的电荷储存过程，但是该过程涉及活性材料的法拉第(Faradaic)氧化还原反应，因而相应的电容器也称作法拉第电容器[106,129]。电池型正极材料主要是含锂的过渡金属氧化物，这类材料发生可逆嵌脱锂离子反应，也是锂离子电池的常用正极材料[128]，包括钴酸锂、锰酸锂、磷酸铁锂等，这些电池型正极材料可以与高比表面积的电容型负极材料组装成混合型锂离子电容器。与电容型正极材料相比，电池型正极材料能储存更多的容量，可以提高器件的能量密度，但由于锂离子的嵌入脱出反应发生在电极材料体相内部，其过程较为迟缓，会影响器件整体的功率密度。

7.4.1 多孔炭材料

多孔炭材料在电极与电解液的界面之间通过形成双电层来实现电荷储存。双电层理论最早由德国科学家亥姆霍兹(Helmholtz)提出，根据该模型，在电极表面聚集了与电极电荷等量且电性相反的电解液离子[129]，形成类似平行板电容器的双电层。双电层电容与电极材料的比表面积成正比，因此双电层电容器通常选择具有高比表面积的活性材料。多孔炭材料具有比表面积高、价格低廉、导电导热性能优良、化学稳定性高以及使用温度范围较宽等优点，是长循环寿命锂离子电容器最早采用的正极材料，也是最早工业化应用的双电层电容器正极材料。迄今为止，应用于锂离子电容器的正极炭材料种类繁多，根据不同的合成方法和物理化学特性，可主要分为活性炭、碳纳米管、石墨烯、活性炭纤维、模板炭、炭气凝胶、炭布等，这些炭材料的基本性能参数如表 7.1 所示[130]。根据双电层电容储能原理，双电层电容器性能主要受比表面积、孔道结构和孔隙分布、电导率以及表面官能团的影响，近年来对这些炭材料的研究主要集中在形貌控制、孔道结构优化以及表面修饰改性上。

表 7.1 不同多孔炭材料的性能参数对比[130]

炭材料种类	比表面积/(cm^2/g)	密度/(g/cm^3)	水系电解液比电容/(F/g)	有机电解液比电容/(F/g)
活性炭	1000～3500	0.4～0.7	<200	<100
模板炭	500～3000	0.5～1	120～350	60～140
碳纳米管	120～500	0.6	50～100	<60
石墨烯	400～2600	0.4～0.8	160～250	120～250
活性炭纤维	1000～3000	0.3～0.8	120～370	80～200
炭气凝胶	400～1000	0.5～0.7	100～125	<80

1. 活性炭

活性炭又称为活性木炭，是一种经处理加工后制备得到的多孔炭材料。由于制备工艺简单、成本低、比表面积大等优点，活性炭是锂离子电容器最常用的正极材料。活性炭通常可以由木材、煤、果壳、树脂、石油焦、沥青或聚合物前驱体在600～900℃热解炭化而成[131,132]。但是，通过上述方法制备得到的活性炭材料比表面积低、导电性较差，导致比容量表现不佳，因此炭化的材料还需要经过进一步的物理或化学活化过程。物理活化主要是通过二氧化碳、水蒸气或混合气体对原料进行造孔[133]，而化学活化主要是利用 H_2SO_4、KOH、H_3PO_4、$ZnCl_2$ 等化学活化剂对原料进行化学腐蚀来制备具有高比表面积和丰富孔道结构的活性炭[134-136]。在这些化学活化剂中，KOH 是最为常用的活化剂，早在 1978 年就已经发现 KOH 能够有效活化活性炭[137]，并且后续研究进一步发现可以通过控制活化温度、活化时间和 KOH 的用量比例来调控活性炭材料的孔径分布，得到的活性炭材料具有大比表面积（1000～3000m^2/g）和以微孔为主的丰富多孔结构。KOH 活化活性炭的机理比较复杂，涉及多步化学反应，目前广泛接受的有三种机理过程[138,139]：含钾化合物与活性炭发生氧化还原反应，这种化学活化过程导致孔结构的产生；活化过程中产生的二氧化碳或水蒸气对活性炭进一步造孔；700℃高温时中间产物金属钾插层嵌入活性炭导致其比表面积增加[140]，如图 7.20 所示。

图 7.20　高温条件下金属钾嵌入-膨胀活化活性炭的示意图[140]

(a)碳晶格；(b)金属钾嵌入碳晶格；(c)活性炭

目前，商品活性炭的比表面积为 1000～3500m^2/g，在水系电解液中比电容为 100～200F/g，在有机电解液中比电容为 50～100F/g[141]。以活性炭为正极材料组装的锂离子电容器多为消耗电解液型，在充放电过程中，电解液中的阴阳离子分别向正负两极移动，由于电解质中阴阳离子的消耗而产生浓度差。最典型的例子是以活性炭为正极、$Li_4Ti_5O_{12}$ 为负极组装的锂离子电容器，它是由 Amatucci 等[19]于 2001 年首次提出的，其工作原理如图 7.21 所示。该锂离子电容器的电解液是基于 $LiPF_6$ 的有机电解液，充电时负极发生 $Li_4Ti_5O_{12}$ 的嵌锂相变反应，同时 PF_6^- 在正极活性炭表面形成双电层吸附，放电时负极发生脱嵌锂反应，同时 PF_6^- 从正极脱附。这种“消耗电解液型”机理使得非对称型锂离子电容器可承受较高的电流密度，特别是在大电流放电中，Li^+和 PF_6^- 同时脱出/脱附进入电解液中避免了局部电解液离子的消耗和聚集[142]。多孔炭为正极、石墨为负极组装的锂离子电容器同样也遵循这种“消耗电解液型”的反应机理。

活性炭正极的电容性能取决于其比表面积大小和孔径分布。然而，比电容并不总是与比表面积正相关，具有合理的孔径结构和分布是提高多孔炭电极性能的另一个关键因

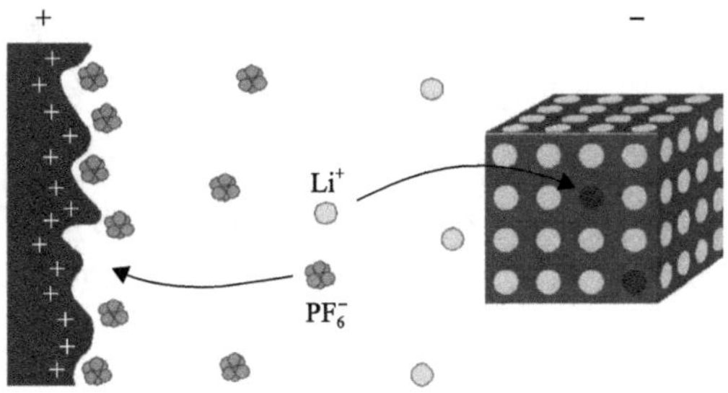

图 7.21 "消耗电解液型"锂离子电容器及其原理示意图[19]

素[143-145]。炭材料的孔径根据其大小一般可分为三种类型：①微孔（<2nm）；②介孔（2～50nm）；③大孔（>50nm）。Chmiola 等[146]合成了一系列平均孔径为 0.6～2.25nm 的多孔活性炭材料，发现当微孔平均孔径尺寸小于 1nm 时，其标准比电容会显著提高，这表明微孔可以提供较大的比表面积，有利于活性炭材料储能。但是当活性炭材料仅含有微孔组成离子传输通道时，离子传输过程会受限于狭窄的孔径通道，难以向活性炭内部传导，导致部分微孔的储能性能无法充分发挥[147]。当存在一定比例的介孔时，多个微孔之间可以通过介孔连接，有效地提升离子传输效率，有利于电解液离子从电极表面向材料本体扩散，促使微孔最大限度地发挥电荷储存功能。因此，适当的介孔比例能够提高活性炭微孔储能和大电流密度充放电性能[146]。Suss 等[148]采用交流阻抗测试分析发现，孔径尺寸在 1nm 以下的炭气凝胶经活化产生部分直径 1～3nm 孔隙后，电解质中离子传输相关的阻抗大幅降至原来的 1/5，相应的比电容增加了将近一倍，这表明介孔结构能够显著改变离子在电极材料中的传输过程。

具有多尺度孔径尺寸分布的高比表面活性炭材料可实现锂离子电容器的高能量密度和高功率密度。Yang 等[149]以天然剑麻纤维为原料，采用水热以及 KOH 活化处理制备了多级孔结构的活性炭，该活性炭的比电容为 103F/g，并在 1A/g 电流密度下经过 5000 次循环后容量保持率为 88%，呈现优异的倍率性能及循环性能。采用这种多级孔结构活性炭组装的锂离子电容器具有 83W·h/kg 的能量密度和 5718W/kg 的功率密度，在 0.5A/g 电流密度下循环 1000 次后，容量保持率为 92%。

2. 模板炭

活性炭虽然具有较高的比表面积，但大部分比表面积是由微孔提供的，其孔径分布的随机性会导致孔的迂回曲折度较高，且存在大量的盲孔或闭孔，表明活性位点与溶剂化离子接触不足，比表面积利用率有限。为了提高炭正极比容量，可控制备具有合理的微孔/介孔分布的新型炭材料是必不可少的。模板法选用具有规则孔结构的材料作为模板，通过浸渍、混合或者化学气相沉积等方法将模板与碳源充分混合得到混合物，得到的混合物经过炭化并除掉模板后即可得到孔道结构可控的炭材料，有利于电解液的充分浸润和提升炭材料的比电容[150]，这类方法制备得到的炭材料通常称为模板炭。模板炭的制备需用到模板剂，模板剂又可分为软模板和硬模板两种。硬模板主要指一些具有相对刚性结构的模板，如金属氧化物、分子筛和介孔二氧化硅球等，软模板包括嵌段共聚物、聚苯乙烯微球和 MOF 材料等[151-154]。

硬模板法通常要求模板在后续处理中容易去除，因此，选择合适的模板至关重要。Li 等以多孔 MgO 为模板，以沥青为前驱体合成了一种分级多孔炭[155]，如图 7.22 所示。这种分级多孔炭除丰富的微孔外(由 KOH 活化形成)，还含有大量平均孔径为 4.1nm 的介孔结构，比表面积高达 $2781m^2/g$。采用该分级多孔炭作为正负极材料组装的对称型锂离子电容器的能量密度为 202W·h/kg，功率密度为 15.4kW/kg，循环 10000 次后的容量保持率为 91.3%。

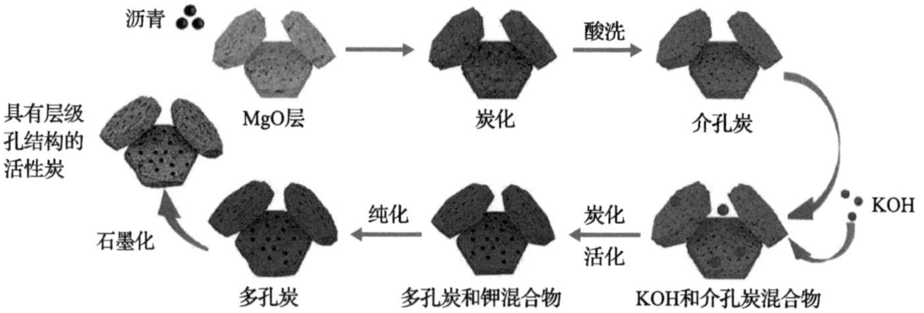

图 7.22 采用 MgO 为模板合成分级多孔炭的示意图[153]

在软模板法中，模板材料一般是在高温热处理过程中直接去除的。因此，软模板法比硬模板法更方便。Banerjee 等[154]以金属有机框架结构的 MOF-5 为模板制备了大比表面积的三维立方模板炭，以该三维立方模板炭为正极并选用 $Li_4Ti_5O_{12}$ 为负极材料组装的锂离子电容器器件具有 65W·h/kg 的能量密度，远高于商业化 $Li_4Ti_5O_{12}$|| 活性炭体系(能量密度为 36W·h/kg)。此外，该锂离子电容器体系还具有非常好的循环性能，在高倍率下循环 10000 次后容量保持率为 82%。Li 等以酚醛树脂为碳源，三嵌段共聚物聚氧乙烯聚氧丙烯醚(F-127)为软模板，球形介孔 SiO_2 为硬模板，采用双模板法制备了具有大比表面积($1320m^2/g$)和多级孔结构的炭材料，富含大量孔径为 3.5～60nm 的介孔[155]，在 0.5A/g 电流密度下比电容可达到 208F/g，并且当电流密度增加至 30A/g 时仍有 146F/g 的比电容。

尽管模板炭具有优越的电化学性能，但由于孔隙率较高，模板炭的密度与活性炭相比，其制备过程中需要去除模板剂，工艺过程烦琐，不可回收利用，存在环境的污染，因此简化制备工艺，优化模板结构，制备具有较高电容性能和较高填充密度的模板炭将是今后研究的重点。

3. 碳纳米管

研究认为，高比容、高倍率型电容器炭材料需要具备以下三个性质[106]：高比表面积；电解液与炭材料颗粒内部充分接触和浸润良好；颗粒内部和颗粒间的导电性良好。前面两点主要与炭材料的比表面积和孔道结构相关，而第三点则与材料的形貌或复合结构相关。基于此，研究者致力于开发不同形貌结构的炭材料，如碳纳米管、石墨烯、碳纳米纤维等。碳纳米管是一种管状纳米炭材料，于 1991 年由日本电气股份有限公司的电镜专家饭岛澄男通过高分辨电子显微镜观察电弧法制备的富勒烯时首次发现[156]。碳纳米管由呈六边形排列的碳原子组成的数层到数十层的同轴圆管构成，层与层之间保持约 0.34nm

的固定距离，直径一般为 2～20nm。碳纳米管通常通过气相沉积的方法制备得到，由单层石墨片卷成的称为单壁碳纳米管，多层石墨片卷成的称为多壁碳纳米管。碳纳米管具有类似石墨的一些特性，如高强度、耐腐蚀，以及良好的力学性能、电磁性能和吸附性能[157]。作为一种新型的碳纳米材料，碳纳米管由于具有纳米尺寸、中空结构和优良的导电性等优点，曾被认为是双电层电容器的理想电极材料[158]。

Niu 等[159]首次将碳纳米管用作锂离子电容器的电极材料，他们采用平均直径为 8nm、比表面积为 $430m^2/g$ 的多壁碳纳米管制作成厚度约为 0.001in（1in=2.54cm）的薄膜电极，比电容达到 49～102F/g，功率密度大于 8kW/kg。Xu 等[160]以碳纳米管膜为正极，以多孔结构 $Li_4Ti_5O_{12}$/碳纳米纤维复合材料为负极组装了锂离子电容器，在 225W/kg 功率密度下，能量密度达到 50.3W·h/kg，在 3000W/kg 功率密度条件下其能量密度保持在 27.5W·h/kg。

碳纳米管这类一维炭材料独特的中空结构和高导电性提高了锂离子电容器的功率特性，也经常与其他材料复合用于改善锂离子电容器正极材料的导电性。但是碳纳米管的比表面积相对较低，限制了锂离子电容器的能量密度。此外，碳纳米管的纯化工艺复杂、制备成本较高，阻碍了其广泛的商业应用，这些问题还有待进一步的研究。

4. *石墨烯*

石墨烯是一种由碳原子紧密堆积而成的具有单层到数十层的二维蜂窝状（只包括六角原胞）晶格结构的炭质新材料。完整的石墨烯具有理想的二维晶体结构，每个碳原子通过 σ 键与其他三个碳原子相连接，较强的 C—C 键使石墨烯片层有很强的结构刚性。事实上，富勒烯、碳纳米管、石墨等炭材料都可以看作以单层石墨烯为结构单元按照一定的空间构型组装而成[162]，如图 7.23 所示。目前，已报道了多种石墨烯的合成方法，这些方法可分为两大类：一种是“自上而下”的方法，如通过液相或高能剪切处理剥离

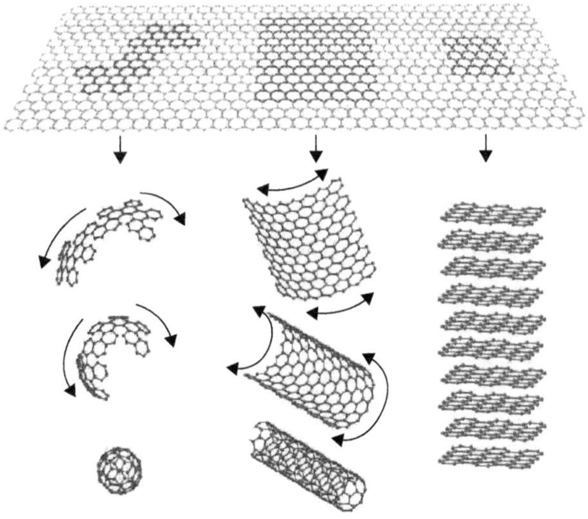

图 7.23 单层石墨烯为结构单元组装成富勒烯、碳纳米管、石墨的示意图[162]

(a) 富勒烯；(b) 碳纳米管；(c) 石墨

石墨获得氧化石墨烯，然后将氧化石墨烯还原成石墨烯；另一种是“自下而上”的方法，采用 CVD、外延生长等方法合成石墨烯[163-165]。石墨烯中每个碳原子都贡献一个位于 p_z 轨道上的未成键电子，与平面垂直方向形成大 Π 键，且电子可在晶体中自由移动，从而使石墨烯具有良好的导电性。石墨烯还是世界上最薄的二维材料，厚度仅为 0.35nm，理想单层石墨烯的比表面积高达 2630m^2/g，远远高于一维的碳纳米管和石墨材料。

由于石墨烯具有超高的理论比表面积和优异的导电性，被认为是锂离子电容器的理想电极材料[166]。2012 年，Lee 等[167]利用尿素还原氧化石墨的方法制备了还原氧化石墨烯材料，并对其进行了电化学测试，与传统活性炭相比，还原氧化石墨烯具有更优异的电化学性能，在 0.028A/g 电流密度下，还原氧化石墨烯的比容量为 35mA·h/g，比活性炭的比容量(26mA·h/g)高出 35%。在 1.11A/g 电流密度下还原氧化石墨烯的比容量为 29mA·h/g，并且以 0.14A/g 电流密度循环 1000 次后容量无明显衰减，表现出了优异的倍率性能和循环性能。Zhang 等[168]以石墨烯基多孔炭材料为正极，石墨烯氧化物为负极，1mol/L $LiPF_6$-EC/DMC/DEC 为电解液组装了锂离子电容器，最高工作电压可以达到 4.2V，能量密度为 148.3W·h/kg，功率密度达到 7.8kW/kg，在 5C 倍率下循环 3000 次后保持较好的循环性能。上述研究结果表明，石墨烯是一种很有潜力的储能材料，在锂离子电容器领域中具有良好发展前景。

与活性炭相比，石墨烯虽然具有较高的内在比电容和电子电导率，但是这些优异性能大多是在单层或较少层数的石墨烯中实现的。石墨烯薄片不可避免的聚集和重叠显著降低了有效离子接触面积[169]。为了改善石墨烯作为锂离子电容器正极的性能，进行杂原子(尤其是氮原子)掺杂是一种非常有效的石墨烯改性方法[170]，石墨烯在经过杂原子掺杂后，其周围的电子出现局部分布的特点，从而有效抑制了石墨烯层间的堆叠现象。另外，石墨烯中的杂原子能够提供更多的电化学活性位点，进一步提高了石墨烯的比容量及倍率性能。

5. 其他多孔炭材料

除了上述介绍的活性炭、模板炭、碳纳米管、石墨烯外，许多其他多孔炭材料也可用作锂离子电容器的正极材料，如活化碳纳米纤维(activated carbon nanofibers)、炭气凝胶等[171]。Shi 等[172]采用静电纺丝技术制备了氮掺杂活化碳纳米纤维，具有分级多孔结构和较高的石墨化程度，如图 7.24 所示，在 0.1A/g 电流密度下比容量高达 80mA·h/g。该活化碳纳米纤维作为正极与 Fe_3O_4 负极组装的锂离子电容器器件的能量密度可达到 125W·h/kg，功率密度为 94W/kg。

Wang 等[48]以石墨烯气凝胶为正极，TiO_2 纳米带阵列为负极组装了锂离子电容器，其中石墨烯气凝胶具有三维多孔的网状结构以及高的电子电导率，可以提供高的功率密度，而负极侧原位生长在钛箔表面的 TiO_2 纳米带阵列呈现出一体化电极的结构特点。这种设计使得锂离子电容器在有机电解液中具有高电子电导率以及离子电导率，在 0～3.8V 的电位窗口下，器件具有高达 82W·h/kg 的能量密度(功率密度为 570W/kg)，并且即使在 8.4s 的快速充放电下，器件的能量密度仍能达到 21W·h/kg。

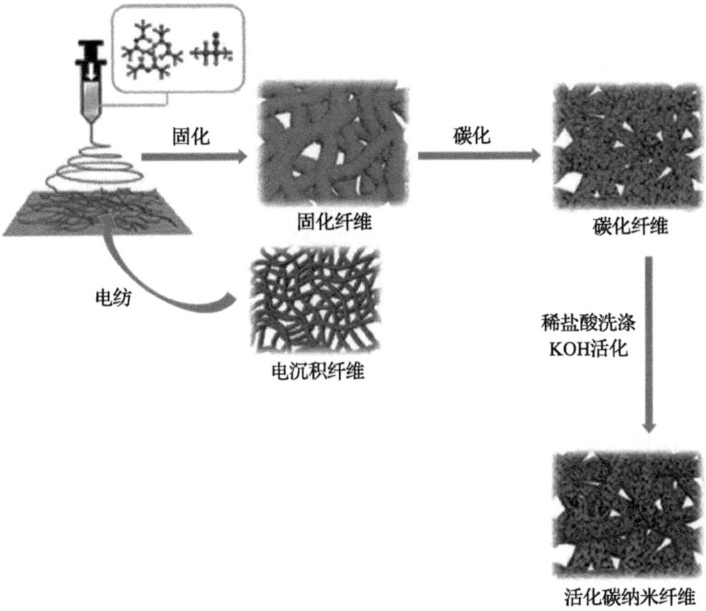

图 7.24 静电纺丝制备活化碳纳米纤维[172]

7.4.2 过渡金属氧化物材料

20 世纪末，康威（Conway）等发现一类过渡金属氧化物作为电极材料时的储能原理主要基于电极材料表面的法拉第过程，且比碳基材料具有更高的比电容或比容量，这类材料称为赝电容材料[173]。赝电容从表面意思上看是指“看起来很像电容，但并不是电容”，但目前对于赝电容含义的见解和看法还没有统一的认识。康威在其著作《电化学超级电容器：科学原理及技术应用》（*Electrochemical Supercapacitors: Scientific Fundamentals and Technological Application*）里提出了“赝电容”一词，并将其定义为一种发生于电极材料表面的法拉第过程[106]。与传统的双电层电容相比虽然都通过电极表面进行电荷储存，但是赝电容行为是一种法拉第过程，这是赝电容与双电层电容最本质的区别。

对于赝电容型过渡金属氧化物，过去研究较多的对象是贵金属氧化物，以 RuO_2 和 IrO_2 为主，它们的电导率高，具有较高的比电容，循环伏安曲线和充放电曲线与炭材料类似[174]。然而，由于贵金属价格昂贵，制造成本太高且储量低，大大限制了其商业化的可能性。因此，越来越多的研究者将目标转向其他便宜且储量丰富的 MnO_2、V_2O_5 等赝电容型过渡金属氧化物材料，用于替代贵金属氧化物。

MnO_2 由于其廉价和高理论容量（1100～1300F/g）的特点，被认为是最有潜力的赝电容型材料。MnO_2 在中性电解液中电荷存储过程涉及表面锰离子价态从+3 到+4 转变，呈现出典型的赝电容特征[175]，且循环伏安数据表明仅表面和近表面的 MnO_2 具有电化学活性并参与了氧化还原过程，因此其比电容比 RuO_2 低得多。为了增加其表面积来提高电容，许多不同形貌的 MnO_2 纳米结构被广泛研究用于锂离子电池正极材料，如 MnO_2 纳米线、纳米管、花状微米球等[176,177]。Brousse 等[178]采用共沉淀法制备了非晶态二氧化锰正极和活性炭负极，组装了活性炭‖MnO_2 非对称型电容器，最大能量密度和功率密度分别为 10W·h/kg 和 3.6kW/kg，并且可逆性极好，基本无析氢和析氧副反应，循环 23000 次后能量密度仅损失 24%。

7.4.3 聚合物正极材料

除过渡金属氧化物外，导电聚合物是另一类研究较多的赝电容型电极材料。导电聚合物的发现和研究源自日本筑波大学的 Shirakawa 课题组合成了高顺式聚乙炔薄膜。随后白川英树与美国化学家 Heeger 及 MacDiarmid 等共同合作制备出了具有明显金属特性的聚乙炔薄膜。导电聚合物是一类基于聚合物骨架形成共轭体系而产生导电性的材料，是一种比较新型的电极材料，具有成本低、合成简单的优势，引起了大家的广泛关注。导电聚合物通过法拉第反应存储电量，反应发生于整个聚合物骨架，因此其储存电荷能力很高。在充放电过程中，导电聚合物的骨架结构发生快速的可逆 n 型或 p 型掺杂与去掺杂氧化还原反应；同时，进行离子吸附或脱附来保持电中性，从而实现电能的储存和释放[129]。

导电聚合物的电荷储能具有典型的赝电容特征，因此比容量往往显著高于基于比表面吸脱附的双电层电容，通常是活性炭材料的 3～4 倍。一般而言，导电聚合物电极的能量密度为 30～50W·h/kg，功率密度为 2～20kW/kg，其工作电压可以达到 3～3.2V。此外，导电聚合物材料具有塑性，加工性能好，易于制备成薄层电极，因此在超级电容器领域具有较好的应用前景。目前，常用于电极材料的导电聚合物主要有聚苯胺、聚乙炔、聚吡咯、聚对苯、聚噻吩及它们相应衍生物等[179-181]。

在众多导电聚合物中，聚苯胺具有成本低、易聚合、易掺杂、化学稳定性好和比电容高等优势，研究最多。Karthikeyan 等[182]采用聚苯胺纳米纤维作为正极，$LiMnBO_3$ 为负极，1mol/L $LiPF_6$-EC/DMC 为电解液组装了锂离子电容器，在 1A/g 电流密度条件下，0～3V 电压范围内放电比电容高达 125F/g，能量密度和功率密度分别为 42W·h/kg 和 1.5kW/kg，在 2.25A/g 电流密度下循环 30000 次后比电容保持率为 94%。然而，导电聚合物在充放电循环过程中其结构较易发生膨胀或者收缩，导致材料的循环性能较差，这在一定程度上限制了其作为赝电容材料的应用。与稳定性良好的碳基材料复合，有助于提高导电聚合物材料的电化学稳定性。

7.4.4 含锂过渡金属氧化物

除前面介绍的双电层电容和赝电容电极材料外，另一类用于锂离子电容器的正极材料是含钴、镍、锰、铁等元素的嵌锂过渡金属氧化物，包括钴酸锂、磷酸铁锂等，这类材料也常常充当锂离子电池的正极材料。以这些嵌锂过渡金属氧化物电池型正极材料组装的锂离子电容器通常以电容型炭材料为负极，充放电机理类似于摇椅式电池的反应机理，Li^+在正负极之间往复运动，如图 7.25 所示。充电时，Li^+从正极嵌锂化合物中脱嵌向负极迁移，在负极活性炭等电容活性材料表面实现对 Li^+的吸附[127]。放电时，Li^+从负极材料表面脱附向正极迁移，正极发生 Li^+嵌入反应。这种混合型锂离子电容器在充放电过程中不需要消耗电解质离子，依靠 Li^+在正极活性材料中的嵌入和脱嵌以及 Li^+在负极电容活性材料中的吸附和脱附来实现能量的储存和释放，能量特性取决于电容活性材料对电荷的吸脱附行为，而功率特性取决于 Li^+在电池材料体相中的扩散动力学[5]。

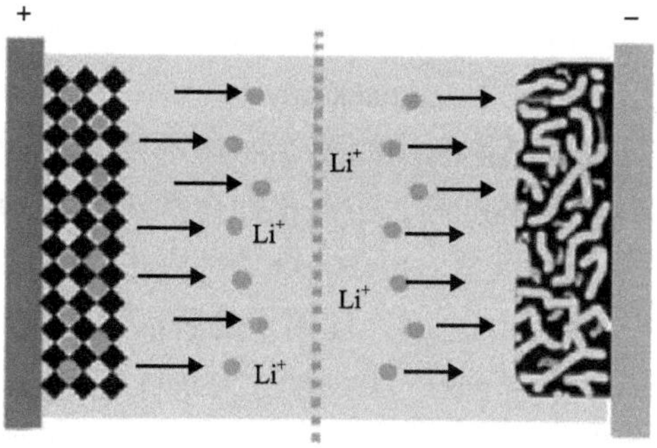

图 7.25 由电容活性材料负极与电池材料正极组成的混合型锂离子电容器的充电机制[5]

目前，广泛应用的嵌锂过渡金属氧化物按结构主要分为以下三类[183]：①六方层状结构，如钴酸锂（$LiCoO_2$）；②立方尖晶石结构，如锰酸锂（$LiMn_2O_4$）、镍锰酸锂（$LiNi_{0.5}Mn_{1.5}O_4$）；③正交橄榄石结构，如磷酸铁锂（$LiFePO_4$）。

1. 钴酸锂

1981 年，Mizushima 等[184]首先提出层状钴酸锂（$LiCoO_2$）材料可以用作锂离子电池正极材料，其晶体结构如图 7.26（a）所示。$LiCoO_2$ 是第一代商业化锂离子电池的正极材料，具有较高的理论比容量（274mA·h/g）。然而，由于 $LiCoO_2$ 的贫锂相（$Li_{1-n}CoO_2$）结构不稳定，易造成结构塌陷和电解液分解等问题，$LiCoO_2$ 实际可逆容量往往只有理论值的 1/2。为了能将更多的锂离子从晶体结构中可逆脱出，广泛采用掺杂三价离子（如 Al^{3+}、Cr^{3+}）、包覆（如 ZrO_2、Al_2O_3、MgO）等方法来对其进行改性[185,186]。

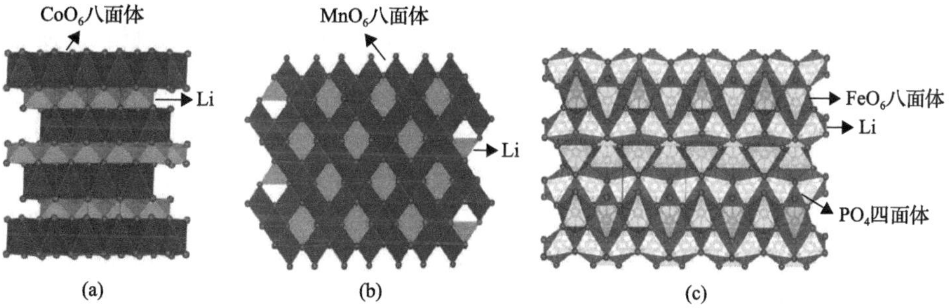

图 7.26 常见的几种嵌锂过渡金属氧化物的晶体结构示意图

（a）$LiCoO_2$；（b）$LiMn_2O_4$；（c）$LiFePO_4$

层状结构的 $LiCoO_2$ 具有较快的锂离子扩散速率，因此作为正极材料组装的锂离子电容器往往具有较高的功率密度。Wang 等[187]以 $LiCoO_2$ 为正极、活性炭材料为负极、Li_2SO_4-LiOH 为电解液组装了混合型摇椅式锂离子电容器，该电容器可在 0.5～2.05V 间充放电，最大能量密度和功率密度分别为 45W·h/kg 和 850W/kg。循环 3000 次后比容量剩余 37%。

2. 锰酸锂

虽然 $LiCoO_2$ 是第一代商业化锂离子电池的正极材料，但是采用储量较少的 Co 元素导致其价格相对较高，许多研究者致力于采用 Mn、Ni、Fe 等廉价易得的元素代替或部分代替价格昂贵且有毒性的 Co 元素。Thackeray 等[188]在 1983 年提出立方尖晶石结构的锰酸锂($LiMn_2O_4$)正极材料，其晶体结构如图 7.26(b)所示。$LiMn_2O_4$ 具有低价、稳定和优良的导电、导锂性能，其分解温度高，且氧化性远低于 $LiCoO_2$，即使出现短路或过充电时也不容易发生燃烧、爆炸等现象。$Li_xMn_2O_4$ 的脱嵌锂过程是一个相变过程，主要有 4V 和 3V 两个电压平台[189]。$0<x\leqslant1$ 时，锂离子的脱嵌发生在 4V 左右，对应于锂离子从四面体 8a 位置的脱嵌，锂离子的脱嵌能够保持尖晶石结构的立方对称性，电极的循环良好[183]。$Li_xMn_2O_4$ 在过放电($1\leqslant x\leqslant2$)的情况下，在 3V 左右出现电压平台，锂离子嵌入空的八面体 16c 位置，结构扭曲，原来的立方体 $LiMn_2O_4$ 转变为四面体 $Li_2Mn_2O_4$，锰的价态从+3.5 价还原为+3.0 价。该转变伴随着严重的姜-泰勒畸变，在 $LiMn_2O_4$ 的 MnO_6 八面体结构中，沿 c 轴方向 Mn—O 键长变长，而沿 a 轴和 b 轴则变短，c/a 变化达到 16%，晶胞单元体积增加 6.5%，导致表面的尖晶石粒子发生破裂，因此 $Li_xMn_2O_4$ 在 $1\leqslant x\leqslant2$ 范围内对应的 3V 充放电平台无法有效利用[190-192]。

Wang 等[193]以 $LiMn_2O_4$ 为正极、活性炭(AC)材料为负极、Li_2SO_4 为电解液，开发了 AC‖$LiMn_2O_4$ 混合型电容器，该电容器的充放电电压为 0.8～1.8V，平均工作电压为 1.3V，能量密度可达至 35W·h/kg，在 10C 倍率下充放电循环 20000 次容量保持率为 95%。这种锂离子电容器具有高能量密度、长循环寿命、低成本和高安全性等特点。以活性炭为负极，$LiMn_2O_4$ 和石墨烯复合材料为正极，组装了锂离子电容器在 0～2.3V 电压范围内，在 12.6kW/kg 最大功率密度下具有 38.8W·h/kg 的能量密度。

3. 磷酸铁锂

2007 年，Padhi 等[194]报道了正交橄榄石结构的磷酸铁锂($LiFePO_4$)材料可逆嵌入/脱出锂离子的特性。$LiFePO_4$ 的橄榄石晶体结构如图 7.26(c)所示，空间点群为 *Pbnm*，晶胞参数 a=0.469nm，b=1.033nm，c=0.601nm。$LiFePO_4$ 中锂离子脱嵌后生成 $FePO_4$，理论可逆比容量为 170mA·h/g，实际比容量为 140～150mA·h/g。

与前面提到的 $LiMn_2O_4$ 和 $LiCoO_2$ 等正极材料不同，$LiFePO_4$ 材料反应机理为两相反应($LiFePO_4/FePO_4$)，而非固溶体($Li_{1-x}CoO_2$)类型反应。锂离子脱嵌后生成的 $FePO_4$ 的晶体结构与 $LiFePO_4$ 相似，空间点群也是 *Pbnm*，只是体积减小了 6.81%，经过多次充放电后橄榄石结构依然稳定，因此 $LiFePO_4$ 正极具有良好的循环性能。但是，该材料的电子电导率(10^{-9}S/cm 量级)和锂离子表观扩散系数(10^{-16}～10^{-14}cm^2/s)都较低[195, 196]，导致材料的倍率性能差，不适合大电流充放电，可以通过掺杂、调变缺陷或包覆离子/电子导电化合物来改善。

Naoi 等[197]制备了空心石墨炭包覆的核壳结构 $LiFePO_4$ 复合材料，其中核层是晶态的 $LiFePO_4$，而壳层 $LiFePO_4$ 呈现无定形结构且含有大量的 Fe^{3+} 缺陷，这种无定形 $LiFePO_4$ 中锂离子扩散系数达到 10^{-12}～10^{-11}cm^2/s，比晶态 $LiFePO_4$ 高出两个数量级，这种复合材料电极即使在 100C 倍率下仍有 60mA·h/g 的比容量。Wu 等[198]以嵌段共聚物 F127 为模板，采用溶胶-凝胶法并结合高温固相法合成介孔炭包覆的平均颗粒尺寸约为 70nm 的 $LiFePO_4$ 纳米粒子。其中，纳米粒子尺寸缩短了锂离子在 $LiFePO_4$ 晶格中的扩散距离，而多孔炭宿主增强了材料的电子导电性和锂离子传输，因此这种 $LiFePO_4$/介孔炭复合材料电极具有较好的倍率性能，当功率密度从 38W/kg 增加至其 50 倍左右的 1875W/kg 时，比容量仍然能保持 60%。

7.5　锂离子电容器预嵌锂技术

预嵌锂技术在锂离子电容器的发展历史中扮演着非常重要的角色，当前预嵌锂技术方法日新月异，机理认识不断深化完善[7,199-202]。本节将系统地总结锂离子电容器预嵌锂技术研究进展，将从预嵌锂作用、负极预嵌锂技术、正极预嵌锂技术和不同预嵌锂技术优劣势对比和预嵌锂技术未来发展方向五个方面进行深入阐述。

7.5.1　预嵌锂技术的作用

第一，锂离子电容器负极通常采用锂离子电池中常用的负极材料，采用预嵌锂技术可以有效弥补负极表面固体电解质界面膜(SEI 膜)生成和不可逆嵌锂造成的活性锂损失，提高锂离子电容器首次库仑效率和循环性能。传统钛酸锂($Li_4Ti_5O_{12}$)和石墨负极容量偏低，为了提升锂离子电容器能量密度，通常会尝试采用一些新型高容量低电位负极材料，包括嵌入型负极(如 TiC 和 Li_3VO_4)、转化反应型负极(如 SnO_2 和 MoO_2)和合金型负极材料(如 Si 和 Sn)。但是，因为存在嵌脱锂体积膨胀收缩大和 SEI 膜不稳定的问题，这些新型高容量低电位负极材料的首次库仑效率总体偏低。通过一些典型案例的统计分析，发现这些新型高容量低电位负极材料的首圈库仑效率大多分布在 50%～80%的范围内(图 7.27)[200]。首次库仑效率低意味着锂离子电容器中有限的活性锂将在负极过度消耗，从而在理论上降低锂离子电容器的能量密度和循环寿命。只有采用预嵌锂技术，提高这些新型高容量低电位负极材料的首次库仑效率，才能够实现这些材料在锂离子电容器中的应用。在循环性能方面，预嵌锂有利于负极形成稳定的 SEI 膜，并提供额外的活性锂，从而能够显著提升锂离子电容器的比电容、循环寿命和平均库仑效率[203]。

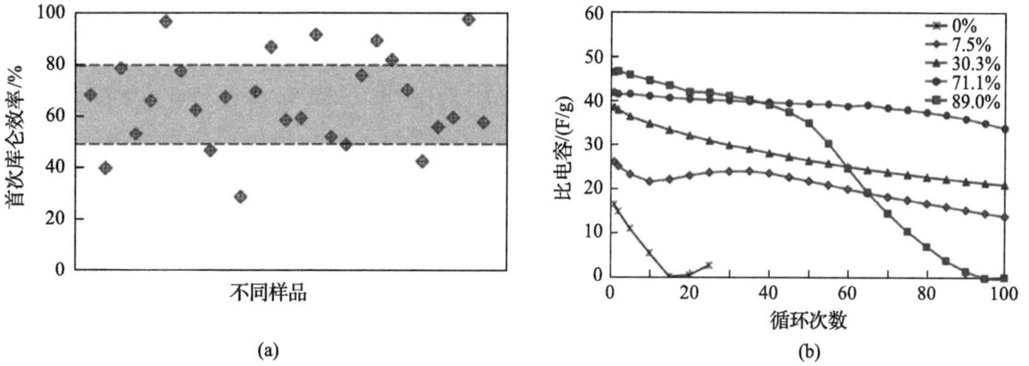

图 7.27　锂离子电容器性能[200,203]

(a)代表性负极首次库仑效率总结；(b)负极预嵌锂程度对硬炭/活性炭体系比电容和循环性能的影响

第二，采用预嵌锂技术可以提升锂离子电容器的能量密度。没有预嵌锂的锂离子电容器在充放电过程中只有一个简单的反应机理：充电过程中，阴离子吸附到正极，锂离子嵌入负极；放电过程中，阴离子和锂离子回到电解液。而预嵌锂能够降低负极电位，并在锂离子电容器中增加额外的充放电过程，能够使工作电压低于开路电压，拓宽电压窗口，提高工作电压，从而提升锂离子电容器的能量密度(图 7.28)[200]。据报道，当电解液中锂盐的浓度是 1mol/L 时，没有预嵌锂的锂离子电容器的理论能量密度最高为 30W·h/kg，而预嵌锂的锂离子电容器的理论能量密度最高可达 94.5W·h/kg[204]。

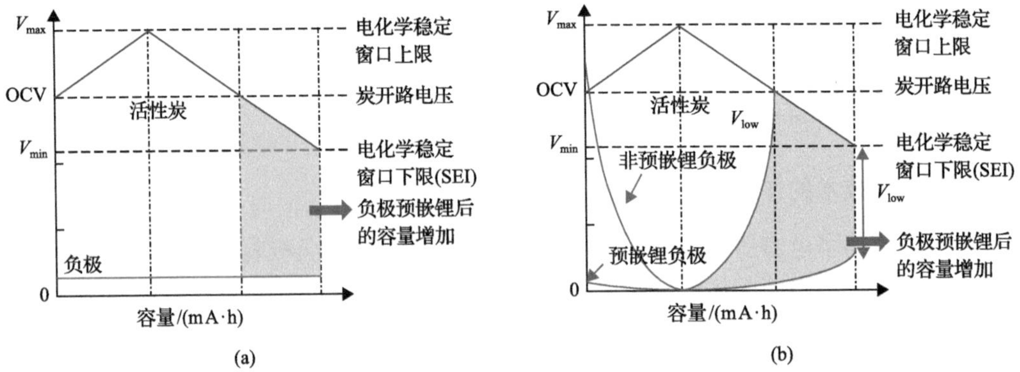

图 7.28 负极预嵌锂构成电势变化及效果[200]

(a)负极预嵌锂技术拓宽正极电势变化窗口；(b)负极预嵌锂技术可以降低负极电位

第三，预嵌锂技术在锂离子电容器电极容量匹配方面发挥着重要作用。锂离子电容器中正负极的能量储存机制不同，负极相对于正极，反应动力学慢且循环性能差，成为锂离子电容器功率密度和循环寿命的限制性因素。通过调控负极预嵌锂程度调控负极电位和负极电阻，从而优化与正极的搭配，可实现锂离子电容器功率密度和循环寿命的最大化[205]。另外，通过锂离子电容器内阻的降低，可以降低大电流充放电过程中温升过高的现象，提高了锂离子电容器的安全性能。

7.5.2 负极预嵌锂技术

第一，采用非原位电化学法对锂离子电容器负极进行预嵌锂。基本原理是：将负极和金属锂组装成半电池，进行充放电循环，然后在一定电位下将预嵌锂负极从半电池中拆出，与正极搭配再组装成锂离子电容器全电池(图 7.29)[200]。非原位电化学预嵌锂技术的优点：可以通过设置截止电压非常精确地调控嵌锂量，并在负极形成相对均匀和稳定的 SEI 膜。非原位电化学预嵌锂的缺点：需要采用较低的倍率(例如，0.05C，20h)进行充分且精确的预嵌锂，耗时较长；另外，需要对电池进行拆卸以及再组装，而且预嵌锂负极在拆卸、转移和再组装过程中容易发生自放电并对环境湿度敏感，操作时间和环境控制成本较高。因此，非原位电化学预嵌锂技术因其优点在实验室基础研究中广泛应用，但因其缺点难以在大规模生产中得到应用。

第二，为了解决非原位电化学预嵌锂技术复杂的拆卸再组装难题，日本 JM Energy 公司提出采用原位电化学法对锂离子电容器负极进行预嵌锂。基本原理是：将金属锂辅

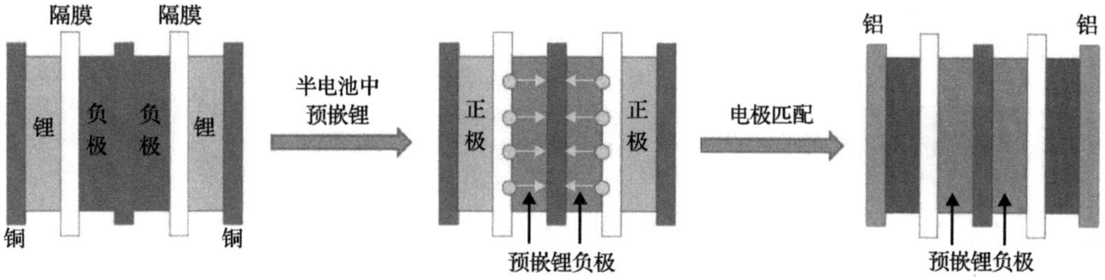

图 7.29 非原位电化学法预嵌锂基本原理示意图[200]

助电极预置在锂离子电容器中，通过外电路将负极和金属锂辅助电极进行短路处理，预嵌锂完成后金属锂辅助电极完全消耗，而且可以在负极形成均匀稳定的 SEI 膜(图 7.30)[200]。因此，嵌锂量通过金属锂辅助电极的量进行调控，预嵌锂的速率和时间可以通过外加电阻大小进行调节，预嵌锂进程可以通过正负极之间的开路电压进行监测。在原位电化学预嵌锂过程中，辅助电极金属锂失去电子变成锂离子溶解到电解液中并向电极依次扩散，需要采用昂贵的多孔集流体来保证锂离子的传输。另外，这种电化学预嵌锂技术耗时较长(10～20 天)。因此，为了缩短预嵌锂时间，可以在采用多孔集流体的基础上再采用多孔正负极[206,207]。

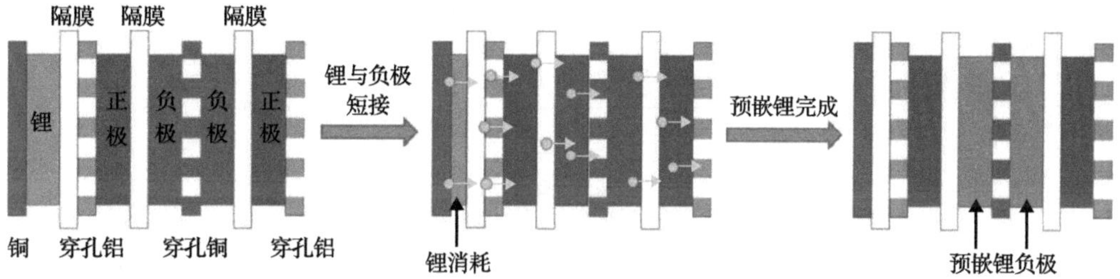

图 7.30 原位电化学法预嵌锂基本原理示意图[200]

第三，采用直接接触短路法对锂离子电容器负极进行预嵌锂。基本原理是：在压力辅助下，将负极与锂源(通常为单质锂)在电解液中直接接触短路(也称自放电)而实现负极预嵌锂，不需要采用第三辅助电极和多孔集流体(图 7.31)[200,208,209]。直接接触短路预嵌锂技术的驱动力是负极材料与锂源之间存在吉布斯自由能差(电位差)，预嵌锂效率高而且耗时短[200,208]。在直接短路法预嵌锂过程中，会发生多个不同的电化学反应过程[208]：包括锂源离子化并释放电子(过程 A)；锂离子在电解液中的溶剂化(过程 B)；锂离子在负极界面的去溶剂化(过程 C)；锂离子嵌入负极并消耗电子(过程 D)。与此同时，电解液的还原分解将在负极产生 SEI 膜。研究人员通过核磁共振技术证实了上述关于直接短路法预嵌锂技术的工作机理[210]：金属锂的信号峰(240～250ppm)减弱而 LiC_x 的信号峰(25～45ppm)增强，而且采用包覆型金属锂粉将促进预嵌锂反应动力学。直接接触短路预嵌锂技术的缺点包括：规模化负极预嵌锂过程中需要在高露点干燥房中进行，能耗成本高；锂源(通常为单质锂)的处理和使用可能带来安全风险；短路过程中会伴随着剧烈的产热，可能导致 SEI 膜过度生长和热失控发生；另外，机械加压可能会导致预嵌锂负极的机械破坏。

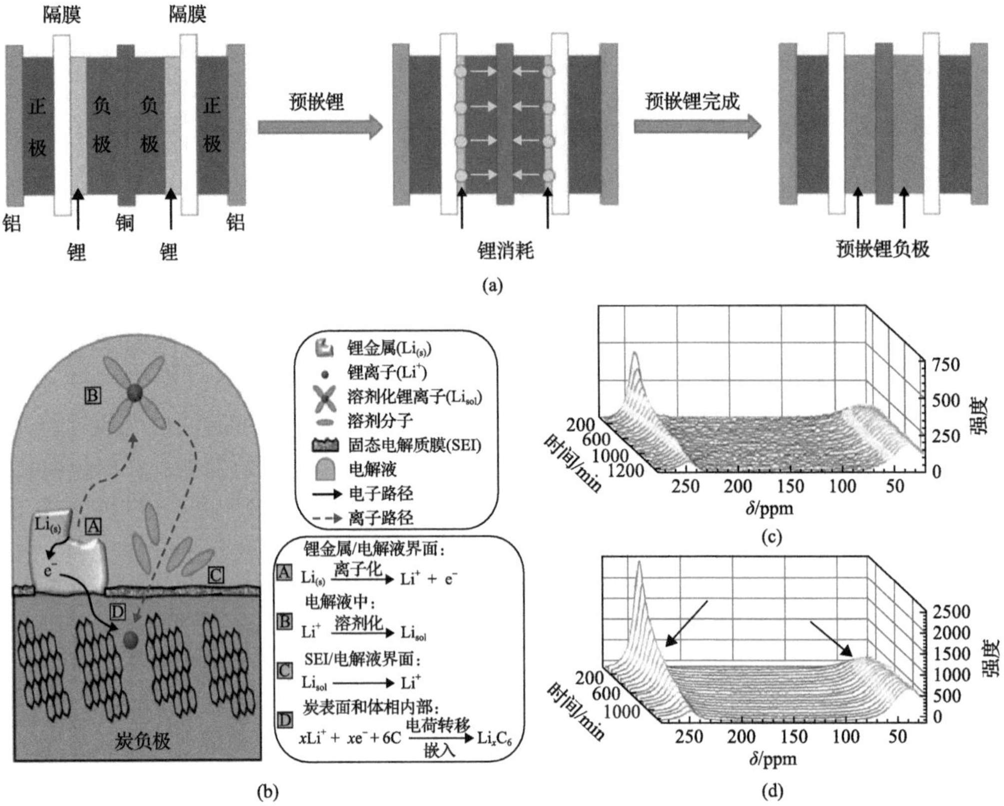

图 7.31　直接接触短路法预嵌锂

(a) 基本原理示意图；(b) 过程中的电化学反应示意图[209]；采用金属锂粉末 (c) 和金属锂箔 (d) 预嵌锂石墨负极过程中核磁共振谱的变化[200, 208, 209]

到目前为止，美国 General Capacitors 公司已经采用直接接触短路预嵌锂技术规模化生产了锂离子电容器[210]。下面将根据锂源类型不同，对直接接触短路预嵌锂技术进行详细阐述。

第一种锂源是由美国 FMC 公司商品化的稳定态金属锂粉末(stabilized lithium metal powder, SLMP)。SLMP 的粒径在约 5μm 到约 50μm 的范围内，颗粒表面有一层 Li_2CO_3 钝化保护层(约 350nm 厚)，能够在干燥的空气中进行规模化预嵌锂操作[211]。通常将 SLMP 铺展在负极表面，并通过施加机械压力破坏 Li_2CO_3 保护层，暴露新鲜的金属锂，从而加快预嵌锂速率(图 7.32)[212]。Li_2CO_3 保护层的离子电导率约为 10^{-6}S/cm，破碎压力大约为 15MPa[14]。SLMP 预嵌锂负极另一个优点是能够精确地控制预嵌锂的量并在预嵌锂完成后不会残留金属锂。在 2012 年，Cao 等[213]将 SLMP 预嵌锂的硬炭负极与活性炭正极搭配成功构建 25W·h/kg 锂离子电容器，在 44C 高倍率放电时仍然能够发挥 60%的能量。采用 SLMP 预嵌锂负极最大的难题是如何将 SLMP 均匀地铺展在负极表面。因为 SLMP 与电极浆液制造过程中使用的 NMP 和 H_2O 等极性溶剂不兼容，常采用一些昂贵且不环保的非极性溶剂(如正己烷、甲苯、二甲苯等)来制备 SLMP 悬浮液进行涂布。另外，SLMP 悬浮液不均匀，容易发生沉降，通常可以在 SLMP 悬浮液中再加入一些丁苯橡胶和聚苯乙烯黏结剂来稳定 SLMP 悬浮液[214]。近几年也有报道指出，在没有电解液存在的条件下，通过辊压可以实现干态 SLMP 对石墨基负极的预嵌锂[215]。但是，在大规模预嵌锂应用过程中，由于 SLMP 的粉末特性和高反应活性，SLMP 的大规模制备和处理仍然不安全(可能会发生起火或爆炸事故)[216,217]。另外，SLMP 成本昂贵，而且因为纯度低(约 98%)，会导致锂离子电容器全电池发生自放电问题。

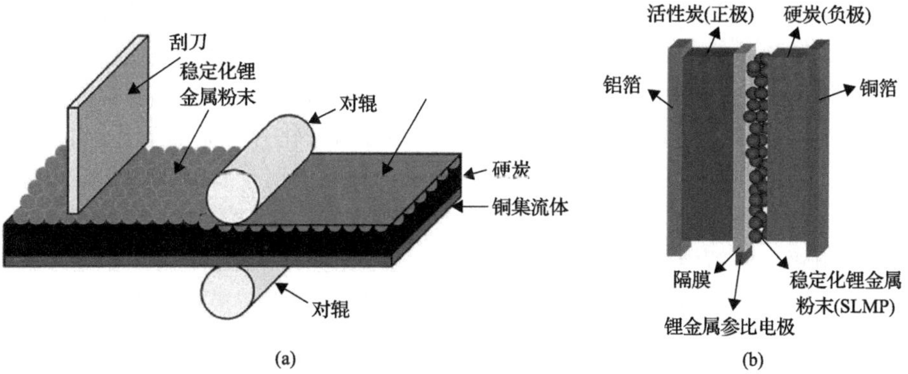

图 7.32 SLMP 在负极表面的涂覆和辊压示意图(a)，以及采用活性炭正极和 SLMP 预嵌锂硬炭负极的锂离子电容器示意图(b)[212, 213]

第二种锂源是金属锂细条和锂箔。相比于 SLMP，金属锂细条和锂箔成本低，因纯度高(99.9%)而在锂离子电容器全电池中能够抑制自放电效应。另外，因为预嵌锂速率相对较低，能够提高锂离子电容器的安全性。Cao 等[218]采用锂细条预嵌锂的硬炭负极与活性炭正极搭配成功构建 14W·h/kg(28W·h/L)锂离子电容器，在 50C 高倍率充放电 100000 次后电容保持率为 89%。采用锂细条作为锂源进行负极预嵌锂的缺点是耗时长达 18h。随后相同课题组评估对照了采用五种不同锂箔预嵌锂对 200F 锂离子电容器功率和能量输出特性的影响(图 7.33)[210]。研究发现，采用 20μm 金属锂箔进行负极预嵌锂的 200F 锂离子电容器的电化学性能最好，电容 246F，能量密度 26.9W·h/L，功率密度 18.3kW/L。

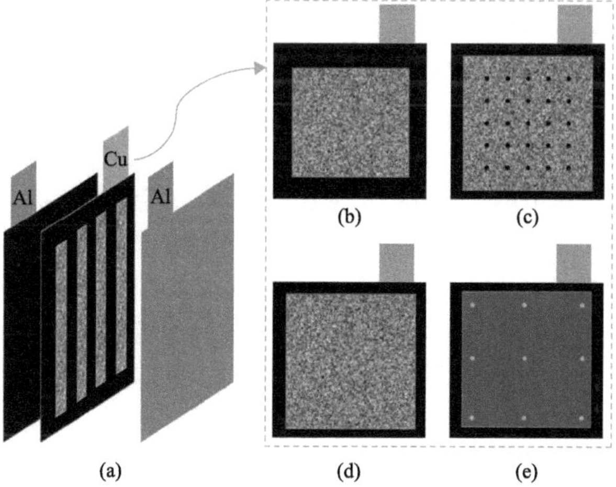

图 7.33 采用五种锂源对锂离子电容器负极进行预嵌锂[210]

(a)45μm 金属细条(对比样)；(b)20μm 金属锂箔；(c)15μm 金属锂箔上打有 25 个孔；(d)15μm 金属锂箔；(e)负极片打 9 个孔，采用 15μm 金属锂箔

7.5.3 正极预嵌锂技术

如上所述，负极预嵌锂技术通常采用金属锂单质，环境控制要求高，安全风险大。相比于负极预嵌锂技术，正极预嵌锂技术不采用金属锂单质而更安全。锂离子电容器正极预嵌锂技术的基本原理是：将富锂化合物添加剂与活性炭混合制成复合正极，在首次充电过程中，锂离子从复合正极中释放出来并嵌入负极，在一个比较温和的电化学反应过程中形成稳定的负极 SEI 膜，再次充电时，锂离子将几乎不再回到复合正极形成富锂化合物(图 7.34)，整个过程安全可控[200]。用于指导富锂化合物添加剂筛选的原则包括：储锂容量高；能够在锂离子电容器工作电压范围内释放锂离子，但对电化学可逆性没有要求；成本低，易于合成，并可规模化生产；环境友好；相对安全；脱嵌锂电压滞后现象明显；与电极、电解液和黏结剂兼容性优异；在外界环境条件下可以稳定存在，不发生分解；与现有电池制造工艺兼容。按照电化学特性，用于正极预嵌锂的富锂化合物添加剂大致可以分为两类：第一类是添加剂再嵌锂电位低于锂离子电容器的最低工作截止电压；第二类是添加剂再嵌锂过程不可逆[219]。

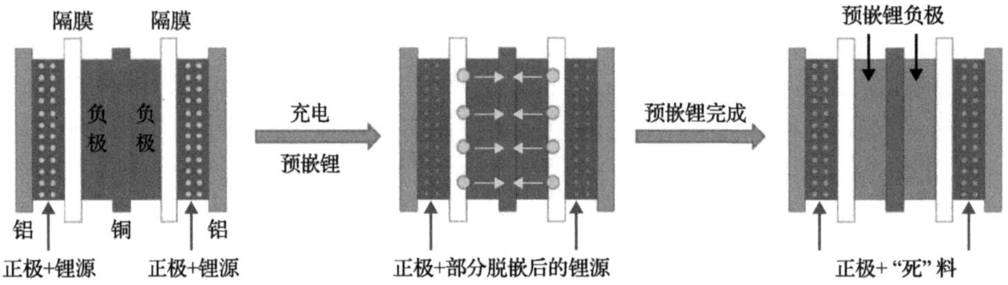

图 7.34 正极预嵌锂技术基本原理示意图[200]

在锂离子电容器中应用的第一个富锂添加剂是 Li_2MoO_3，比容量仅为 267mA·h/g(脱锂电位 4.7V)[220]，属于富锂过渡金属氧化物。随后一系列富锂过渡金属氧化物添加剂被开发用来对锂离子电容器进行预嵌锂，如 Li_2RuO_3(231mA·h/g，脱锂电位 4.7V)[221]、Li_5FeO_4(678mA·h/g，脱锂电位 4.7V)[222]、Li_6CoO_4(约 500mA·h/g，脱锂电位 4.3V)[223,224]、Li_5ReO_6[225]、Li_2CuO_2(342mA·h/g，脱锂电位 4.0V)[219]、$Li_{0.65}Ni_{1.35}O_2$(120mA·h/g，脱锂电位 4.2V)[226]等。例如，采用(Li_6CoO_4+活性炭)复合正极和硬炭负极的锂离子电容器，在 1.5～3.9V 的工作电压范围内，10C 倍率循环 1000 次后电容保持率高达 98.8%，而正极未添加 Li_6CoO_4 的锂离子电容器电容保持率仅为 70.5%，正极预嵌锂后循环性能得到明显提升。另外，据报道，采用 Li_6CoO_4 进行预嵌锂可以明显提高锂离子电容器的能量密度[224]：在 50 次循环后，未经正极预嵌锂的锂离子电容器能量密度下降至 20W·h/kg，而经正极预嵌锂处理之后锂离子电容器的能量密度提升至 82.7W·h/kg。但是，当采用 Li_5FeO_4 作为正极预嵌锂添加剂时，因为脱锂电位过高(约 4.7V)，超出锂离子电容器的电压稳定窗口，电极界面副反应加剧，导致锂离子电容器性能快速衰减[222]。采用富锂过渡金属氧化物作为正极预嵌锂添加剂的主要缺点是首次充放电结束后，非电化学活性的过渡金属氧化物副产物会生成，影响电极界面稳定性，并提高锂离子电容器总重量从而降低能量密度。但是如果正极预嵌锂添加剂的比容量足够高，其带来的能量密度损失是可以接受的。

另外一类正极预嵌锂添加剂是牺牲型含锂化合物，如 Li_3N(2308.5mA·h/g)[227]、3,4-二羟基苯腈二锂(Li_2DHBN，365mA·h/g)[76]、$Li_2C_4O_4$(440mA·h/g)[228]等。牺牲型正极预嵌锂添加剂的特点是首次充电释放锂离子之后，剩余部分产生气体或形成可溶于电解液的基团。Li_3N 作为正极预嵌锂添加剂对电池副作用小，产生的氮气可以通过真空抽气封装工序直接排除。采用(Li_3N+活性炭)复合正极和软炭负极的锂离子电容器，0.5A/g 电流密度循环 1000 次后电容保持率高达 91%，最高能量密度为 74.7W·h/kg，最高功率密度为 12.9kW/kg[227]。Jeżowski 等[76]设计合成了一种有机锂盐 Li_2DHBN，Li_2DHBN 在首次充电过程中释放锂离子对石墨负极进行预嵌锂，并形成可溶于电解液的 DHBN，且 DHBN 不影响锂离子电容器的循环性能。

7.5.4 不同预嵌锂技术对比

采用不同的负极预嵌锂技术，将影响锂离子电池的自放电行为。例如，Sivakkumar 等[229]采用三种方式对石墨/活性炭锂离子电容器中石墨负极进行预嵌锂(图 7.35)：①通过外电路将金属锂与石墨负极短路 10h 进行预嵌锂；②在充放电仪上采用 0.05C 的倍率恒流放电对石墨负极进行预嵌锂；③在外电路加上合适的电阻后，通过外电路将金属锂与石墨负极短路进行预嵌锂。通过监控 Li 与预嵌锂石墨之间开路电压的变化，发现预嵌锂方式将影响石墨负极表面 SEI 膜质量，从而影响锂离子电容器的自放电行为。对于第一种预嵌锂方式，预嵌锂石墨的自放电曲线中有三个典型的脱锂阶段，7 天后实现完全脱锂。推测的原因是：采用金属锂与石墨负极通过外电路直接短路的方式，在石墨负极

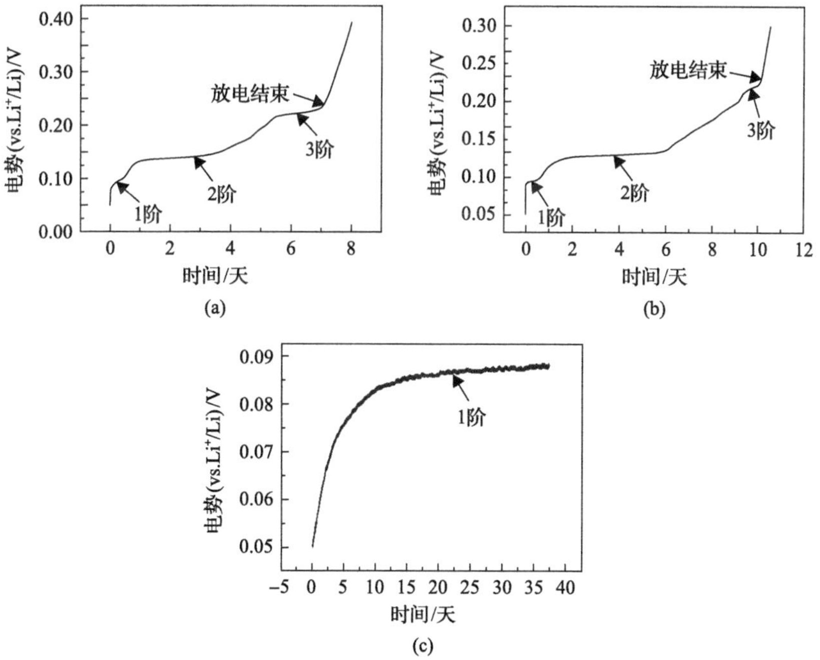

图 7.35 锂离子电容器(石墨/活性炭)预嵌锂方式对石墨负极自放电曲线的影响[229]

(a)通过外电路将金属锂与石墨负极短路 10h 进行预嵌锂；(b)在充放电仪上采用 0.05C 的倍率恒流放电进行预嵌锂；(c)在外电路加上合适的电阻后，通过外电路将金属锂与石墨负极短路进行预嵌锂

所形成的 SEI 膜不均匀不充分，石墨表面没有形成 SEI 膜的部分将直接与电解液接触，导致自放电现象的发生。为了验证这一点，采用第二种恒流预嵌锂方式，石墨负极形成的 SEI 膜的质量相对第一种预嵌锂方式更好，但并不能阻止类似完全自放电现象的发生，只是将完全自放电的时间延长到 10 天。对于第三种自放电方式，在外电路增加合适内阻的方式，石墨负极实现预嵌锂（电位达到 0.05V）需要长达 11 天的时间，但与前两种方式相比，预嵌锂石墨负极自放电速率非常低，35 天后预嵌锂石墨负极电位仍能够保持低于 0.09V。这种低自放电现象归因于：在石墨负极预嵌锂过程中，在石墨表面形成了更加均匀、质量更佳的 SEI 膜，而且锂离子电容器循环性能大幅提升。

Kim 等[230]系统性地研究了三种预嵌锂方式的效率问题：①电化学预嵌锂方式，即通过充放电仪恒流放电至 0.05V；②外部短路预嵌锂的方式；③直接内短路的方式，即组装锂离子电容器时，在未添加电解液之前，将金属锂与石墨负极在电芯内部直接接触，添加电解液后，形成通路短接。研究发现，采用方式①电化学预嵌锂和方式②外部短路预嵌锂需要较长的时间（>10h）才能达到充分均匀的预嵌锂状态，而采用方式③内部短路预嵌锂的速度是前两种方法的 4 倍多，预嵌锂的速度受电势差及石墨和金属锂之间的距离影响较大。采用内部短路方式预嵌锂的锂离子电容器在库仑效率和循环寿命方面具有明显优势，而且预嵌锂速度更快，利于锂离子电容器的规模化生产。作者认为，内部短路预嵌锂方式不存在任何安全问题，如快速温升、电解液额外分解及剧烈放热反应等问题，这是因为石墨层在干燥状态下的电阻约为 30Ω，即使在直接内部短路的情况下，也可以作为缓冲层维持石墨和金属锂之间的电势差。

因此，在某种程度上，锂离子电容器的电化学性能与预嵌锂方式息息相关。但到目前为止，预嵌锂技术方法对预嵌锂电极的物理性质、预嵌锂时间、预嵌锂电极电位、预嵌锂量、预嵌锂后电极界面组分、预嵌锂后锂离子电容器循环寿命的影响仍然缺乏系统的研究分析。Jin 等[200]从规模化前景、成本、安全性、可控性、环境要求、效率和锂离子电容器能量密度七个方面对前面提及的各种预嵌锂方式进行系统性总结分析（图 7.36 和表 7.2）。总体上来讲，非原位电化学预嵌锂不适合大规模应用，但因为预嵌锂量控制性

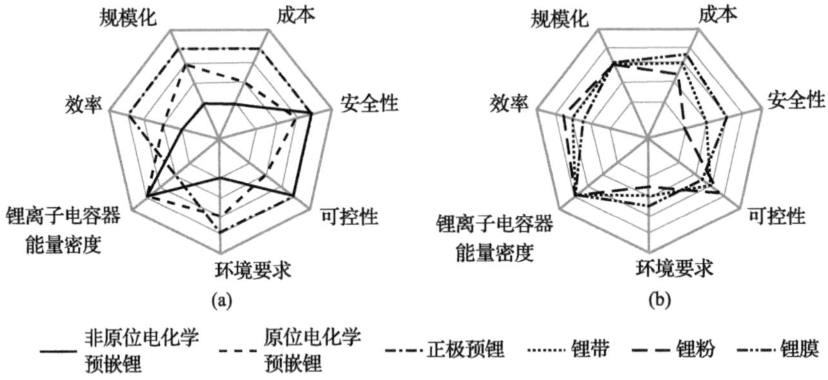

图 7.36 从规模化、成本、安全性、可控性、环境要求、效率和锂离子电容器能量密度七个方面绘制不同预嵌锂方式雷达图[200]

(a) 非原位电化学法预嵌锂、原位电化学法预嵌锂和正极预嵌锂法；(b) 直接接触短路法预嵌锂，采用不同的锂源进行预嵌锂（锂细条、锂粉、锂箔）

表 7.2 锂离子电容器不同预嵌锂方式特点对比[200]

特点	非原位电化学法	原位电化学法	内部短路法-SLMP	内部短路法-锂箔	内部短路法-锂细条	正极预嵌锂技术
规模化	需要组装—拆卸—再组装步骤，操作复杂，规模化空间小	在电芯制造过程中加上锂箔辅助电极	SLMP 适合规模化负极预嵌锂应用	金属锂箔适合直接被压在负极表面进行预嵌锂操作	金属锂细条适合直接被压在负极表面进行预嵌锂操作	正极预嵌锂只需将锂源加入正极中，非常适合规模化应用
成本	步骤复杂带来额外成本支出	需要采用多孔集流体，甚至多孔电极，成本高昂	SLMP 成本高昂，价格极高；需要采用一些昂贵且不环保的非极性溶剂来制备 SLMP 悬浮液进行涂布	普通厚度金属锂箔的价格在 SLMP 和锂细条之间，但超薄锂箔成本高昂	锂细条采用金属锂的量较少，相对便宜；但增加了分切步骤	因为不采用金属锂单质，成本极低，成本仅取决于锂源的价格；与现有的正极片制造工艺高度兼容
安全性	所有步骤需要在手套箱中完成，安全系数高	因为只采用一片锂箔辅助电极，相对安全	SLMP 的粉末特性和高反应活性，SLMP 的大规模制备和处理仍然不安全(可能会发生起火或爆炸事故)；当加入电解液进行短路自放电预嵌锂时，发热速度快且放热量大	使用锂箔的安全性介于 SLMP 和锂细条之间;但当加入电解液进行短路自放电预嵌锂时，发热速度快且放热量大	锂细条采用金属锂的量较少而相对于 SLMP 和锂箔更安全；但当加入电解液进行短路自放电预嵌锂时，发热速度快且放热量大	因为不采用高反应活性的金属锂单质，安全系数高；本质上属于原位电化学预嵌锂技术，不会快速地释放大量的热量
可控性	通过控制电位或容量，可以精准地调控预嵌锂量	锂箔需要完全消耗，但锂箔重量不容易控制；因为极片与金属锂辅助电极的距离不同，预嵌锂均匀程度有所差异；预嵌锂的速率和时间可以通过外加电阻大小进行调节	通过调节 SLMP 颗粒的使用量，可以方便地调控负极的预嵌锂程度	可以通过采用不同厚度的锂箔来调控预嵌锂程度；也可以通过在锂箔上冲孔来调节预嵌锂程度	采用锂细条进行预嵌锂时难以精确地控制预嵌锂的程度，因为锂细条较厚，而且容易发生预嵌锂不均匀的情况	通过控制锂源在正极中的含量能够比较精确地控制预嵌锂程度
环境要求	需要在手套箱中操作，避免预嵌锂负极在拆卸、转移和再组装过程中发生自放电	因为使用金属锂箔，需要使用干燥间	需要使用干燥间在极片上进行 SLMP 涂布和辊压，而且在制作锂离子电容器电芯时也需要使用干燥间	需要在干燥间中将锂箔与极片辊压贴合，而且在制作锂离子电容器电芯时也需要使用干燥间	需要在干燥间中将锂细条与极片辊压贴合，而且在制作锂离子电容器电芯时也需要使用干燥间	一些锂源对湿度比较敏感，需要在干燥间中进行极片和电芯的制作

续表

特点	非原位电化学法	原位电化学法	内部短路法-SLMP	内部短路法-锂箔	内部短路法-锂细条	正极预嵌锂技术
效率	预嵌锂耗时长，整个流程较为烦琐，效率低	锂离子传输较慢，预嵌锂过程耗时较长（10～20 天）	SLMP 预嵌锂动力学快，预嵌锂效率高	锂箔预嵌锂动力学较快，预嵌锂效率较高	锂细条比较厚，预嵌锂效率相对于 SLMP 和锂箔较低；但效率高于原位电化学方法	预嵌锂效率高，在锂离子电容器正常的充放电过程中即可实现预嵌锂，无需额外的操作步骤
锂离子电容器能量密度	金属锂作为锂源，对能量密度几乎无影响	金属锂作为锂源，对能量密度几乎无影响	金属锂作为锂源，对能量密度几乎无影响	金属锂作为锂源，对能量密度几乎无影响	金属锂作为锂源，对能量密度几乎无影响	富锂过渡金属氧化物预嵌锂添加剂会在正极形成非电化学活性物质，影响锂离子电容器的能量密度；牺牲型含锂化合物则不会产生影响

好且安全性高，适合在实验室基础研究中应用。在规模化生产锂离子电容器过程中，原位电化学预嵌锂和内部短路预嵌锂两种方法应用较多，但两种预嵌锂方法都存在效率低、成本高、安全隐患大（采用金属锂单质）的缺点。正极预嵌锂技术在规模化、成本、安全、可控性、环境要求、效率六个方面优势明显，但在锂离子电容器能量密度方面存在欠缺。正极预嵌锂目前仍然不成熟，未来发展空间大。

7.5.5 预嵌锂技术未来发展方向

预嵌锂技术能够显著地提升锂离子电容器的能量密度和循环寿命，对于推进锂离子电容器的商业化至关重要。综上所述，从预嵌锂作用、负极预嵌锂、正极预嵌锂和不同预嵌锂技术优劣势对比四个方面对锂离子电容器预嵌锂技术进行系统而深入的总结分析，但受制于成本和安全性两方面，目前锂离子电容器预嵌锂技术大规模应用仍然充满挑战。将从不同方面对锂离子电容器未来的研究发展方向进行展望。

第一，锂离子电容器的电化学性能与采用的预嵌锂技术方法息息相关。因此，亟须采用先进的表征技术手段[231]和理论模型计算来系统性地研究分析各种预嵌锂技术方法对预嵌锂电极的物理性质、预嵌锂时间、预嵌锂电极电位、预嵌锂量、预嵌锂后电极界面组分、预嵌锂后锂离子电容器循环寿命影响等问题。

第二，相比于锂离子电容器预嵌锂技术方法，锂离子电池预嵌锂技术方法更为丰富完善，把握好锂离子电容器预嵌锂技术和锂离子电池预嵌锂技术的相通性，对于锂离子电容器预嵌锂技术的发展至关重要。因为预嵌锂技术的相通性，可以评估锂离子电池预嵌锂方法和材料是否适用于锂离子电容器预嵌锂，如机械预嵌锂、热驱动预嵌锂、溶液化学法预嵌锂、转换反应型正极预嵌锂添加剂、锂合金负极预嵌锂添加剂等[217]。

第三，锂离子电容器预嵌锂目前的研究焦点是采用金属锂单质作为锂源对负极进行预嵌锂，虽然预嵌锂速度快，但存在成本高昂、安全性差、环境要求高等短板，难以实现规模化应用。正极预嵌锂技术在规模化、成本、安全、可控性、环境要求、效率、能量密度等方面优势明显，未来发展空间大。因此，亟须通过实验和理论计算筛选潜在的新型富锂材料（如富锂过渡金属氧化物和牺牲型含锂化合物），评估其在锂离子电容器正极电化学预嵌锂技术中的应用。

第四，预嵌锂技术在锂离子电容器中大规模应用的一个关键限制性因素是：安全风险高，极易发生冒烟、起火燃烧甚至爆炸等安全事故。因此，亟须采用量热设备（如等温量热和绝热加速量热仪等）对预嵌锂过程中的放热量和安全阈值进行系统性研究评估，并有针对性地设计预嵌锂过程中的热管理系统（散热管理）。

第五，亟须从实际应用的角度评估锂离子电容器预嵌锂技术，而不是仅仅停留在实验和概念验证的阶段。亟须针对不同的预嵌锂技术进行预嵌锂工艺设计和预嵌锂设备开发，在大尺寸高电容的锂离子电容器中评估预嵌锂技术存在的问题，并发展改进策略。

7.6 锂离子电容器储能应用与未来发展

7.6.1 锂离子电容器储能应用

锂离子电容器作为一种新型电化学储能元器件，兼顾了高比功率和高比能量等特点，具有的快速充电、快速放电和长寿命特性，代表了电容器技术发展的前沿。随着国家“双碳”政策的落地实施和锂离子电容器技术和产业的成熟发展，为锂离子电容器在储能领域的应用提供了更广阔的市场空间。

1. 低速环保电动车

截至 2021 年，低速电动车的年产销量已达 200 万辆，总保有量约 1000 万辆，产业规模达到千亿级别以上[232]。根据第七次全国人口普查数据，我国 60 岁及以上人口有 2.6 亿人，其中，65 岁及以上人口 1.9 亿人，人口比重达到 13.50%[233]。随着人口老龄化的到来，采用低速电动车作为老年人的代步工具，将迎来巨大市场规模，目前处于严重缺口的市场环境。然而，绝大多数低速电动车使用的都是铅酸蓄电池，环保成本高昂。低速电动车的无铅化绿色发展迫在眉睫。锂离子电容器以其与铅酸电池相当的能量密度、快速充电能力、数万次充放电寿命、绿色环保的优势，成为铅酸电池替代品的最优选择方案。

2. 轨道交通制动能量回收

轨道交通列车运行时需要巨大的动能，当列车进站停车时，列车的动能将转换成电能并通过制动电阻消耗，引起系统发热及电能浪费。据统计，轨道交通运行中制动能量消耗占总电能消耗的 1/3。超级电容器高功率、长寿命的器件特性完全可以在瞬间吸收该制动能量并将其作为列车启动加速时的动力，从而实现了制动能量的再利用，避免能耗装置电阻放热造成电能浪费和环境温升。截至 2021 年 12 月 31 日，我国内地共有 46 座城市开通城轨，运营里程 8773.22km，而且这一数字还在不断攀升。受益于城市化进程的推进，城市轨道交通发展将更加迅速，作为其制动能量回收装置，锂离子电容器在该领域需求前景广阔。

3. 新能源汽车 48V 电源系统

随着石油资源的枯竭及节能减排的压力和市场监管力度的加大，汽车制造商们不断寻求新的技术，在增强内燃机动力的同时，把剩余动力转换成电能，以便在不需要发动机的时候将其关闭，减少油耗，同时降低污染物排放。通过搭载 48V 电源系统，构成轻混动力系统，可以将燃油经济性提高 15%。到 2025 年，48V 混合动力汽车的市场占有率将占全球轻混车辆市场的 95%，几乎将是全球混合动力汽车总量的一半。最新的预测也显示，到 2025 年，全球 48V 汽车年产量将达到 1360 万辆。更重要的是，中国未来将成为 48V 技术的主要市场，到 2025 年会有接近 800 万台的 48V 车型在中国生产。锂离子电容器作为一种可以实现快速充电模式的储能器件，在 48V 电源系统领域市场容量不可小觑。

4. 智能电网储能

电力行业作为关系到国计民生的基础能源产业，可对国民经济各产业的健康发展提供支撑，同时对人民生活水平的提高具有重要意义，在国民经济中占有极其重要的地位，一直受到各国的重视。截止到 2020 年末，我国发电装机容量达到了 220058 万 kW（约等于 22 亿 kW），比上年末增长了 9.5%[234]。我国电网规模的不断提升以及线路复杂度的迅速增加，给我国电网带来了巨大的挑战，倒逼电网升级。提高电网的信息化、自动化、智能化成为重要任务。

作为实现新能源技术革命的关键技术和未来电网发展的方向，智能电网越来越受到国内外专家学者及产业界的高度关注，电化学储能技术是智能电网能够顺利实施的关键支撑点，是构建智能电网及实现目标不可或缺的关键技术之一。智能电网多能源接入瞬时的能量存储与电压补偿，要求其储能技术必须具备高功率、较高能量密度、长寿命、低成本和高安全性。常规的锂离子电池、铅酸电池、液流电池等存在功率性不足、使用寿命短等缺点；常规双电层超级电容器存在能量密度低下的问题；水系的超级电容器还存在寿命短等问题；陶瓷电容器单体容量和能量密度很低，要达到 20W·h/kg 的能量密度，其单体电压需要达到 500V 以上，而且其频率响应主要在高频段，且电解质膜难以大面积制备，难以做成大容量的电容器，难以满足智能电网调频需求。因此，高功率兼顾高比能量的锂离子电容器在智能电网领域应用前景强劲。

5. 风力发电变桨系统

在新能源风力发电领域，风机在运行过程中，如果电网出现故障，风机需要启动紧急备用系统。备用系统是一种储能系统，它可提供足够电能，让风机桨叶恢复到空挡位置，实现安全停机，避免风机因风力过大或不均匀而严重受损甚至彻底报废。锂离子电容器能瞬间释放大功率，从而确保桨叶在电网发生故障的情况下迅速恢复到空挡位置。另外，锂离子电容器充电速度比常规锂离子电池快很多，平时由风机产生的电能可以通过电网电源输入充电机，将电能通过充电机储存到锂离子电容器中。因此，基于锂离子电容器高效率、大电流放电、宽电压范围、宽温度范围、状态易监控、长循环寿命、免维护、低碳环保等优势，在电力出现故障的情况下，锂离子电容器可以安全高效地用于风力发电变桨控制系统的储能和供能装置。如今单台风机的功率级别越来越高，变桨控制系统对后备电源的应用需求也越来越多。2023 年我国累计风电装机量已超过 1000GW，到 2030 年将达到 1716GW[235]。如此庞大的风电市场规模，将对锂离子电容器变桨储能系统提出巨大需求。

6. 电梯节能储能装置

节能是我国经济和社会发展的一项长远战略方针，也是当前一项极为紧迫的任务。根据《市场监管总局关于 2019 年全国特种设备安全状况的通告》（2020 年第 7 号）文件，截至2019年底，全国电梯登记数量达709.75万台。如果每台电梯日平均耗电量按40kW·h计算，全国电梯每日平均耗电量将达28390万kW·h[236]。电梯频繁地制动，会累积产生大量的电能消耗。如果在节能比例达到20%的情况下，日消耗的电能能够减少大致5678万kW·h，2020年每千瓦时电消耗标准煤0.32kg，可节约18170t标准煤，折合每年可节约超过663万t煤，每年减少二氧化碳排放约332万t[237]。在国家大力推动“双碳”政策的背景下，对节能减排将起到关键作用。因此研究开发新型电梯节能技术具有巨大的社会效益和经济效益。锂离子电容器能量密度高，通过科学精准的模块化、系统化设计，可以大幅度降低占用空间，提升空间利用率[238]。

7. 国防装备

在国防装备领域，尤其是坦克、装甲车等装备，在复杂状况工作时，需要瞬间大功率启动电源来驱动运行。常规的铅酸电池电源功率性能差，功率密度仅为300W/kg，对于动辄需要数百千瓦的坦克、装甲车等重型装备，铅酸电池显得尤其不足。而锂离子电容器具有高功率特性，作为装甲车、坦克极端寒冷条件件启动电源系统显示出独特的优良特性。军事高端激光武器也需要大功率脉冲电源，若为移动式的，就必须有大功率的发电机组或大容量的蓄电池，其质量和体积会使激光武器的机动性大大降低。锂离子电容器可以高功率输出并可在很短时间内充足电，是用于激光武器的最佳电源。另外，锂离子电容器还可以用于战术性武器(电磁炸弹)中，作为炸弹发电机的核心部件。

8. 港口重型机械

作为能源最大消耗者之一的港口机械设备，港口机械如场桥、岸桥中的吊具载运货物上升时需要很大的能量，而下降时自动产生的势能很大，这部分势能在传统机械设备中没有得到合理利用。除了在固定港口机械设备中，在流动机械中也同样存在上述问题。通过采用超级电容器，能够实现上升过程中的制动能量回收和下降过程中的势能回收。港口机械现在用的主要是铅酸电池，因为铅酸电池的特性，需要一年多就更换一次。采用高比能量、高功率、长寿命锂离子电容器代替铅酸电池，在港口机械上的应用会有广泛的市场空间。

9. 数据中心

随着信息社会的快速发展，全国对于信息的消费急剧增长。作为高载能行业，数据中心长久以来一直被描述为“用能大户”“吃电巨兽”等。据国际环保组织与华北电力大学最新发布的《点亮绿色云端：中国数据中心能耗与可再生能源使用潜力研究》数据显示，2018年，我国数据中心用电总量已经超过了上海全社会用电总量(1566.7亿kW·h)，为1608.89亿kW·h，占中国全社会用电量的2.35%，占第三产业用电量的14.9%；2023年中国数据中心总用电量将达到2667.92亿kW·h，年复合增长率达到10.64%。从产业升级的角度来看，绿色节能、降低能耗已成为数据中心行业迫在眉睫的发展方向。通过使用锂离子电容器，可以实现整个数据中心的快速启动，可以将启动时间缩短至17～18s。并且，如果发生断电，也可以有效防止数据丢失。数据中心与电容器的组合对于大数据的发展，特别是对于军方而言，意义重大。

7.6.2 锂离子电容器未来发展

1. 超级电池电容器

以石墨类材料为负极、多孔炭为正极的锂离子电容器发展到现在，照顾到循环性能的能量密度最高为 25W·h/kg 左右(受限于正极多孔炭的物理吸附阴离子的实际比容量最高约为 50mA·h/g)。进一步提升能量密度到极限 30W·h/kg，正极需要涂覆更厚的电极材料，但循环性能、功率性能就会变差。另外，生产这种传统的锂离子电容器需要穿孔的集流体，以适应预锂化技术，带来生产工艺复杂和成本高的问题。2021 年 9 月工信部新修订的 GB/T 28382—2012《纯电动乘用车 技术条件》标准，规定微型低速纯电动乘用车能量密度要求不小于 70W·h/kg，传统的铅酸电池将不能满足标准条件。因此，开发新型高比能量锂离子电容器成为人们研究的重点。

前面章节中提到的以锂离子电池正极材料(或混合多孔炭)为正极、以多孔炭(或石墨、钛酸锂)为负极的锂离子电容器，也就是人们现在称为超级电池电容器(亦称为电池型电容器)的研究开发较多[239]。在含锂金属氧化物正极中混入多孔炭，可以同时发挥电化学嵌锂容量和物理吸附电荷容量，这样尽管牺牲了一部分正极容量，但同时可以提升倍率性能、更好地协调正负极容量比。从工艺上讲，使用现有的锂离子电池生产设备和集流体即可，可大幅度降低生产成本。目前超级电池电容器在市场上已经有产品销售。在产业界，据南通江海电容器股份有限公司、烯晶碳能电子科技无锡有限公司、辽宁博艾格电子科技有限公司等公司在其公司网站都推出了锂离子电池电容产品，技术路线各异。

2. 固态锂离子电容器

近年来，全球固态锂电池发展迅猛，带动了其他固态电化学储能器件的研究。固态锂电池采用固体电解质取代闪点低、热稳定性差的液态有机电解液，大大提升了电池安全性。但常规的聚合物固体电解质力学强度差、电化学窗口窄及室温离子电导率低，造成电池大电流充放电能力差，而高离子电导无机固体电解质与固体电极之间存在固固界面离子传输、接触失效等技术问题。因此，采用有机/无机复合固体电解质成为研究开发的重点。

中国科学院青岛生物能源与过程研究所崔光磊研究员发明了一种固态锂离子电容器，由正极、负极、固态电解质构成，其中固态电解质为锂盐、聚偏氟乙烯与聚乙酸乙烯酯复合膜，正负极活性材料均为石墨质材料，在充放电循环过程中固态电解质可以与正负极形成良好的固溶体，可以产生稳定的界面效应，大大提高了首次充放电效率和循环过程中的库仑效率并降低阻抗，而且负极采用预锂化石墨质电极，可以明显减小充放电过程中锂盐的损耗，循环寿命大大提高，同时漏电流减小[240]。以硫磷基化合物无机快离子导体为固体电解质，发明了一种以含锂金属氧化物与多孔炭复合材料为正极活性物质、以多孔炭(或钛酸锂)为负极的全固态电池型电容器，采用 1C 倍率电流进行充放电，电压范围为 2～4.1V，基于器件的能量密度高达 125W·h/kg，可实现 5C 倍率以上充放电，循环性能优良，且具备高安全性[241]。

3. 柔性可穿戴锂离子电容器

近年来，可穿戴、便携式电子设备(智能手表、手环和身体状况检测装置等)以及微机电系统(如微型机器人、微型传感器)集约化、多功能化、小型化程度越来越高，由此对电源系统的功率密度、能量密度、柔性化等电化学储能器件的需求日益剧增，人们对功能化的柔性锂离子电容器寄予厚望。为满足上述性能需求，人们在设计器件时要考虑以下方面：①对电极材料进行更加深入的研究和筛选；②构筑不对称电容器或锂离子混合电容器；③改进现有凝胶电解质和研发新的有机体系固态电解质(离子液体、有机锂盐及它们的复合柔性电解质)[6]。

目前，柔性可穿戴锂离子电容器的器件体积尺寸小、单体容量小(微毫安时、毫安时级)，能量密度低，从工程化制备角度来讲，要做成面积大、容量高、能量密度高的储能器件，还面临着一系列问题：首先，为增加锂离子电容器单体容量，一个方法是提高电极活性材料在集流体上的负载量，此时电极厚度增大，从而在长期反复弯折时，电极材料很容易从集流体上脱落，导致器件失效甚至产生安全问题；其次是柔性极片的大面积制作问题；最后是如果极片边缘毛刺控制不好，很容易在反复弯折过程中，穿透隔膜，造成正负极短路，从而带来安全隐患。

锂离子电容器发展至今，人们已经做了大量的研究开发工作，但与任何其他电化学储能器件一样，其发展也面临一些问题，如正负极动力学过程匹配性、正负极容量匹配性、预锂化技术、无穿孔集流体使用、进一步降低成本等。在市场应用方面，随着新型锂离子电池技术的不断发展，快充技术也已经得到长足发展，未来锂离子电容器需要进一步找到自身的细分市场领域，才能有更好的发展。

参考文献

[1] Firouz Y, Omar N, Timmermans J M, et al. Lithium-ion capacitor—Characterization and development of new electrical model[J]. Energy, 2015, 83: 597-613.

[2] Li B, Zheng J S, Zhang H Y, et al. Electrode materials, electrolytes, and challenges in nonaqueous lithium-ion capacitors[J]. Advanced Materials, 2018, 30(17): e1705670.

[3] Zheng J P. High energy density electrochemical capacitors without consumption of electrolyte[J]. Journal of the Electrochemical Society, 2009, 156(7): A500-A505.

[4] 张进，王静，时志强. 炭基锂离子电容器的研究进展[J]. 储能科学与技术, 2016, 5(6): 807-815.

[5] 郑宗敏，张鹏，阎兴斌. 锂离子混合超级电容器电极材料研究进展[J]. 科学通报, 2013, 58(31): 3115-3123.

[6] 郎俊伟，张旭，王儒涛，等. 超级电容器能量密度的提升策略[J]. 电化学, 2017, 23(5): 507-532.

[7] Han P X, Xu G J, Han X Q, et al. Lithium ion capacitors in organic electrolyte system: Scientific problems, material development, and key technologies[J]. Advanced Energy Materials, 2018, 8(26): 1801243.

[8] Wang G K, Lu C X, Zhang X, et al. Toward ultrafast lithium ion capacitors: A novel atomic layer deposition seeded preparation of $Li_4Ti_5O_{12}$/graphene anode[J]. Nano Energy, 2017, 36: 46-57.

[9] Yang Z W, Guo H J, Li X H, et al. Graphitic carbon balanced between high plateau capacity and high rate capability for lithium ion capacitors[J]. Journal of Materials Chemistry A, 2017, 5(29): 15302-15309.

[10] Halim M, Liu G C, Anugrah Ardhi R E, et al. Pseudocapacitive characteristics of low-carbon silicon oxycarbide for lithium-ion

capacitors[J]. ACS Applied Materials & Interfaces, 2017, 9 (24): 20566-20576.

[11] Sennu P, Aravindan V, Lee Y S. Marine algae inspired pre-treated SnO_2 nanorods bundle as negative electrode for Li-ion capacitor and battery: An approach beyond intercalation[J]. Chemical Engineering Journal, 2017, 324: 26-34.

[12] Ruan D B, Huang Y, Li L Y, et al. A $Li_4Ti_5O_{12}$+AC/$LiMn_2O_4$+AC hybrid battery capacitor with good cycle performance[J]. Journal of Alloys and Compounds, 2017, 695: 1685-1690.

[13] Boltersdorf J, Delp S A, Yan J, et al. Electrochemical performance of lithium-ion capacitors evaluated under high temperature and high voltage stress using redox stable electrolytes and additives[J]. Journal of Power Sources, 2018, 373: 20-30.

[14] Xu N S, Sun X Z, Zhao F F, et al. The role of pre-lithiation in activated carbon/$Li_4Ti_5O_{12}$ asymmetric capacitors[J]. Electrochimica Acta, 2017, 236: 443-450.

[15] Xia Q Y, Yang H, Wang M, et al. High energy and high power lithium-ion capacitors based on boron and nitrogen dual-doped 3D carbon nanofibers as both cathode and anode[J]. Advanced Energy Materials, 2017, 7: 1701336.

[16] Chen Z H, Belharouak I, Sun Y K, et al. Titanium-based anode materials for safe lithium-ion batteries[J]. Advanced Functional Materials, 2013, 23 (8): 959-969.

[17] Tanaka Y, Ikeda M, Sumita M, et al. First-principles analysis on role of spinel (111) phase boundaries in $Li_{4+3x}Ti_5O_{12}$ Li-ion battery anodes[J]. Physical Chemistry Chemical Physics, 2016, 18 (33): 23383-23388.

[18] Yi T F, Liu H P, Zhu Y R, et al. Improving the high rate performance of $Li_4Ti_5O_{12}$ through divalent zinc substitution[J]. Journal of Power Sources, 2012, 215: 258-265.

[19] Amatucci G G, Badway F, Du Pasquier A, et al. An asymmetric hybrid nonaqueous energy storage cell[J]. Journal of the Electrochemical Society, 2001, 148 (8): A930-A939.

[20] Zhou C A, Yao Z J, Xia X H, et al. Low-strain titanium-based oxide electrodes for electrochemical energy storage devices: Design, modification, and application[J]. Materials Today Nano, 2020, 11: 100085.

[21] Liu Z J, Huang Y D, Cai Y J, et al. Oxygen vacancy enhanced two-dimensional lithium titanate for ultrafast and long-life bifunctional lithium storage[J]. ACS Applied Materials & Interfaces, 2021, 13 (16): 18876-18886.

[22] Pérez-Flores J C, García-Alvarado F, Hoelzel M, et al. Insight into the channel ion distribution and influence on the lithium insertion properties of hexatitanates $A_2Ti_6O_{13}$ (A = Na, Li, H) as candidates for anode materials in lithium-ion batteries[J]. Dalton Transactions, 2012, 41 (48): 14633-14642.

[23] Wang Y G, Hong Z S, Wei M D, et al. Layered $H_2Ti_6O_{13}$-nanowires: A new promising pseudocapacitive material in non-aqueous electrolyte[J]. Advanced Functional Materials, 2012, 22 (24): 5185-5193.

[24] Lee J H, Kim H K, Lee S H. High performance and balancing of cylindrical hybrid supercapacitor using hydrogen titanates/activated carbon[J]. Journal of Alloys and Compounds, 2017, 695 (25): 787-791.

[25] Lee J H, Kim H K, Baek E, et al. Improved performance of cylindrical hybrid supercapacitor using activated carbon/niobium doped hydrogen titanate[J]. Journal of Power Sources, 2016, 301: 348-354.

[26] Lou S F, Zhao Y, Wang J J, et al. Ti-based oxide anode materials for advanced electrochemical energy storage: Lithium/sodium ion batteries and hybrid pseudocapacitors[J]. Small, 2019, 15 (52): e1904740.

[27] Fröschl T, Hörmann U, Kubiak P, et al. High surface area crystalline titanium dioxide: Potential and limits in electrochemical energy storage and catalysis[J]. Chemical Society Reviews, 2012, 41 (15): 5313-5360.

[28] Ma Y, Wang X L, Jia Y S, et al. Titanium dioxide-based nanomaterials for photocatalytic fuel generations[J]. Chemical Reviews, 2014, 114 (19): 9987-10043.

[29] Fehse M, Monconduit L, Fischer F, et al. Study of the insertion mechanism of lithium into anatase by operando X-ray diffraction and absorption spectroscopy[J]. Solid State Ionics, 2014, 268 (15): 252-255.

[30] Wang L B, Yang H L, Shu T, et al. Nanoengineering S-doped TiO_2 embedded carbon nanosheets for pseudocapacitance-enhanced Li-ion capacitors[J]. ACS Applied Energy Materials, 2018, 1 (4): 1708-1715.

[31] Fang H T, Liu M, Wang D W, et al. Comparison of the rate capability of nanostructured amorphous and anatase TiO_2 for lithium insertion using anodic TiO_2 nanotube arrays[J]. Nanotechnology, 2009, 20 (22): 225701.

[32] Zukalová M, Kalbáč M, Kavan L, et al. Pseudocapacitive lithium storage in TiO_2(B)[J]. Chemistry of Materials, 2005, 17(5): 1248-1255.

[33] Byeon A, Boota M, Beidaghi M, et al. Effect of hydrogenation on performance of TiO_2(B) nanowire for lithium ion capacitors[J]. Electrochemistry Communications, 2015, 60: 199-203.

[34] Opra D P, Gnedenkov S V, Sinebryukhov S L. Recent efforts in design of TiO_2(B) anodes for high-rate lithium-ion batteries: A review[J]. Journal of Power Sources, 2019, 442: 227225.

[35] Lou S F, Cheng X Q, Gao J L, et al. Pseudocapacitive Li^+ intercalation in porous $Ti_2Nb_{10}O_{29}$ nanospheres enables ultra-fast lithium storage[J]. Energy Storage Materials, 2018, 11: 57-66.

[36] Han J T, Huang Y H, Goodenough J B. New anode framework for rechargeable lithium batteries[J]. Chemistry of Materials, 2011, 23(8): 2027-2029.

[37] Lou S F, Ma Y L, Cheng X Q, et al. Facile synthesis of nanostructured $TiNb_2O_7$ anode materials with superior performance for high-rate lithium ion batteries[J]. Chemical Communications, 2015, 51(97): 17293-17296.

[38] Zhu G N, Chen L, Wang Y G, et al. Binary $Li_4Ti_5O_{12}$-$Li_2Ti_3O_7$ nanocomposite as an anode material for Li-ion batteries[J]. Advanced Functional Materials, 2013, 23(5): 640-647.

[39] Lou S F, Cheng X Q, Ma Y L, et al. Nb-based oxides as anode materials for lithium ion batteries[J]. Progress in Chemistry, 2015, 27 (2-3): 297-309.

[40] Zhu W Q, Zou B B, Zhang C H, et al. Oxygen-defective $TiNb_2O_{7-x}$ nanochains with enlarged lattice spacing for high-rate lithium ion capacitor[J]. Advanced Materials Interfaces, 2020, 7(16): 2000705.

[41] Han X, Meng Q, Wan X, et al. Intercalation pseudocapacitive electrochemistry of Nb-based oxides for fast charging of lithium-ion batteries[J]. Nano Energy, 2021, 81: 105635.

[42] Yuan T, Tan Z P, Ma C R, et al. Challenges of spinel $Li_4Ti_5O_{12}$ for lithium-ion battery industrial applications[J]. Advanced Energy Materials, 2017, 7(12): 1601625.

[43] Yuan T, Cai R, Shao Z P. Different effect of the atmospheres on the phase formation and performance of $Li_4Ti_5O_{12}$ prepared from ball-milling-assisted solid-phase reaction with pristine and carbon-precoated TiO_2 as starting materials[J]. The Journal of Physical Chemistry C, 2011, 115(11): 4943-4952.

[44] Liang Y H, Li N, Li F Y, et al. Controllable nitrogen doping and specific surface from freestanding TiO_2@carbon nanofibers as anodes for lithium ion battery[J]. Electrochimica Acta, 2019, 297(20): 1063-1070.

[45] Raccichini R, Varzi A, Passerini S, et al. The role of graphene for electrochemical energy storage[J]. Nature Materials, 2015, 14(3): 271-279.

[46] Nugroho A, Yoon D, Chung K Y, et al. Synthesis of $Li_4Ti_5O_{12}$/carbon nanocomposites in supercritical methanol for anode in Li-ion batteries: Effect of surface modifiers[J]. The Journal of Supercritical Fluids, 2015, 101: 72-80.

[47] Yi T F, Wei T T, Li Y, et al. Efforts on enhancing the Li-ion diffusion coefficient and electronic conductivity of titanate-based anode materials for advanced Li-ion batteries[J]. Energy Storage Materials, 2020, 26: 165-197.

[48] Wang H W, Guan C, Wang X F, et al. A high energy and power Li-ion capacitor based on a TiO_2 nanobelt array anode and a graphene hydrogel cathode[J]. Small, 2015, 11(12): 1470-1477.

[49] Haridas A K, Sharma C S, Rao T N. Donut-shaped $Li_4Ti_5O_{12}$ structures as a high performance anode material for lithium ion batteries[J]. Small, 2015, 11(3): 290-294.

[50] Wang L, Zhang Y M, Scofield M E, et al. Enhanced performance of "flower-like" $Li_4Ti_5O_{12}$ motifs as anode materials for high-rate lithium-ion batteries[J]. ChemSusChem, 2015, 8(19): 3304-3313.

[51] Pang W K, Peterson V K, Sharma N, et al. Lithium migration in $Li_4Ti_5O_{12}$ studied using in situ neutron powder diffraction[J]. Chemistry of Materials, 2014, 26(7): 2318-2326.

[52] Jo M S, Park G D, Kang Y C, et al. Design and synthesis of interconnected hierarchically porous anatase titanium dioxide nanofibers as high-rate and long-cycle-life anodes for lithium-ion batteries[J]. Nanoscale, 2018, 10(28): 13539-13547.

[53] Tsai M C, Chang J C, Sheu H S, et al. Lithium ion intercalation performance of porous laminal titanium dioxides synthesized

by sol-gel process[J]. Chemistry of Materials, 2009, 21 (3) : 499-505.

[54] Chen X B, Liu L, Huang F Q. Black titanium dioxide (TiO_2) nanomaterials[J]. Chemical Society Reviews, 2015, 44(7): 1861-1885.

[55] Ni Q, Dong R Q, Bai Y, et al. Superior sodium-storage behavior of flexible anatase TiO_2 promoted by oxygen vacancies[J]. Energy Storage Materials, 2020, 25: 903-911.

[56] Zhang Y P, Zhang M Q, Liu Y Y, et al. Oxygen vacancy regulated $TiNb_2O_7$ compound with enhanced electrochemical performance used as anode material in Li-ion batteries[J]. Electrochimica Acta, 2020, 332 (1) : 135469.

[57] Xu J H, Zheng F, Xi C P, et al. Facile preparation of hierarchical vanadium pentoxide (V_2O_5)/titanium dioxide (TiO_2) heterojunction composite nano-arrays for high performance supercapacitor[J]. Journal of Power Sources, 2018, 404(15): 47-55.

[58] Lai C, Cao X L, Yuan X C, et al. Enhanced reversible capacity of $Li_4Ti_5O_{12}$-coated TiO_2 nanocomposites as lithium-ion battery anodes[J]. Solid State Ionics, 2013, 249: 151-157.

[59] Zhang W, Liu Z, Xiao X, et al. Synthesis of nanoporous $Li_4Ti_5O_{12}$-TiO_2 composites for high-performance lithium-ion-battery anodes[J]. ChemElectroChem, 2016, 3 (11) : 1951-1959.

[60] Krajewski M, Hamankiewicz B, Czerwiński A. Voltammetric and impedance characterization of $Li_4Ti_5O_{12}$/n-Ag composite for lithium-ion batteries[J]. Electrochimica Acta, 2016, 219: 277-283.

[61] Sha Y J, Yuan T, Zhao B T, et al. Solid lithium electrolyte- $Li_4Ti_5O_{12}$ composites as anodes of lithium-ion batteries showing high-rate performance[J]. Journal of Power Sources, 2013, 231 (1) : 177-185.

[62] Zhao B T, Ran R, Liu M L, et al. A comprehensive review of $Li_4Ti_5O_{12}$-based electrodes for lithium-ion batteries: The latest advancements and future perspectives[J]. Materials Science and Engineering: R: Reports, 2015, 98: 1-71.

[63] Liu Z X, Sun L M, Yang W Y, et al. The synergic effects of Na and K co-doping on the crystal structure and electrochemical properties of $Li_4Ti_5O_{12}$ as anode material for lithium ion battery[J]. Solid State Sciences, 2015, 44: 39-44.

[64] Zhang Z W, Cao L Y, Huang J F, et al. Hydrothermal synthesis of Zn-doped $Li_4Ti_5O_{12}$ with improved high rate properties for lithium ion batteries[J]. Ceramics International, 2013, 39 (6) : 6139-6143.

[65] Nishi Y. The development of lithium ion secondary batteries[J]. Chemical Record, 2001, 1 (5) : 406-413.

[66] Lin C Y, Chen R B, Ho Y H, et al. Electronic And Optical Properties of Graphite-Related Systems[M]. Boca Raton: CRC Press, 2017.

[67] Zhang H, Yang Y, Ren D S, et al. Graphite as anode materials: Fundamental mechanism, recent progress and advances[J]. Energy Storage Materials, 2021, 36: 147-170.

[68] Babu B, Simon P, Balducci A. Fast charging materials for high power applications[J]. Advanced Energy Materials, 2020, 10(29): 2001128.

[69] Luo W, Wan J Y, Ozdemir B, et al. Potassium ion batteries with graphitic materials[J]. Nano Letters, 2015, 15 (11) : 7671-7677.

[70] Khomenko V, Raymundo-Piñero E, Béguin F. High-energy density graphite/AC capacitor in organic electrolyte[J]. Journal of Power Sources, 2008, 177 (2) : 643-651.

[71] Sivakkumar S R, Nerkar J Y, Pandolfo A G. Rate capability of graphite materials as negative electrodes in lithium-ion capacitors[J]. Electrochimica Acta, 2010, 55 (9) : 3330-3335.

[72] Lee J H, Shin W H, Lim S Y, et al. Modified graphite and graphene electrodes for high-performance lithium ion hybrid capacitors[J]. Materials for Renewable and Sustainable Energy, 2014, 3 (1) : 22.

[73] Sivakkumar S R, Milev A S, Pandolfo A G. Effect of ball-milling on the rate and cycle-life performance of graphite as negative electrodes in lithium-ion capacitors[J]. Electrochimica Acta, 2011, 56 (27) : 9700-9706.

[74] Lim Y G, Park J W, Park M S, et al. Hard carbon-coated natural graphite electrodes for high-energy and power lithium-ion capacitors[J]. Bulletin of the Korean Chemical Society, 2015, 36 (1) : 150-155.

[75] Han X Q, Han P X, Yao J H, et al. Nitrogen-doped carbonized polyimide microsphere as a novel anode material for high performance lithium ion capacitors[J]. Electrochimica Acta, 2016, 196 (1) : 603-610.

[76] Jeżowski P, Crosnier O, Deunf E, et al. Safe and recyclable lithium-ion capacitors using sacrificial organic lithium salt[J]. Nature Materials, 2018, 17(2): 167-173.

[77] Li C, Zhang X, Sun C K, et al. Recent progress of graphene-based materials in lithium-ion capacitors[J]. Journal of Physics D: Applied Physics, 2019, 52(14): 143001.

[78] Yoo E, Kim J, Hosono E, et al. Large reversible Li storage of graphene nanosheet families for use in rechargeable lithium ion batteries[J]. Nano Letters, 2008, 8(8): 2277-2282.

[79] Li C, Zhang X, Wang K, et al. Scalable self-propagating high-temperature synthesis of graphene for supercapacitors with superior power density and cyclic stability[J]. Advanced Materials, 2017, 29(7): 1604690.

[80] Kumar N A, Baek J B. Doped graphene supercapacitors[J]. Nanotechnology, 2015, 26(49): 492001.

[81] Wang X, Wang Z K, Zhang X, et al. Nitrogen-doped defective graphene aerogel as anode for all graphene-based lithium ion capacitor[J]. ChemistrySelect, 2017, 2(27): 8436-8445.

[82] Chen X A, Chen X H, Xu X, et al. Sulfur-doped porous reduced graphene oxide hollow nanosphere frameworks as metal-free electrocatalysts for oxygen reduction reaction and as supercapacitor electrode materials[J]. Nanoscale, 2014, 6(22): 13740-13747.

[83] Hulicova-Jurcakova D, Puziy A M, Poddubnaya O I, et al. Highly stable performance of supercapacitors from phosphorus-enriched carbons[J]. Journal of the American Chemical Society, 2009, 131(14): 5026-5027.

[84] Bhattacharjee U, Bhowmik S, Ghosh S, et al. Boron-doped graphene anode coupled with microporous activated carbon cathode for lithium-ion ultracapacitors[J]. Chemical Engineering Journal, 2022, 430(2): 132835.

[85] Wang R H, Zhao Q N, Zheng W K, et al. Achieving high energy density in a 4.5V all nitrogen-doped graphene based lithium-ion capacitor[J]. Journal of Materials Chemistry A, 2019, 7(34): 19909-19921.

[86] Wu Z S, Ren W C, Xu L, et al. Doped graphene sheets as anode materials with superhigh rate and large capacity for lithium ion batteries[J]. ACS Nano, 2011, 5(7): 5463-5471.

[87] Ren J J, Su L W, Qin X, et al. Pre-lithiated graphene nanosheets as negative electrode materials for Li-ion capacitors with high power and energy density[J]. Journal of Power Sources, 2014, 264(15): 108-113.

[88] Alvin S, Cahyadi H S, Hwang J, et al. Revealing the intercalation mechanisms of lithium, sodium, and potassium in hard carbon[J]. Advanced Energy Materials, 2020, 10(20): 2000283.

[89] Zhao L F, Hu Z, Lai W H, et al. Hard carbon anodes: Fundamental understanding and commercial perspectives for Na-ion batteries beyond Li-ion and K-ion counterparts [J]. Advanced Energy Materials, 2020, 11(1): 2002704.

[90] Hideto A, Hiroshi I, Shin'ichiro Y, Koji S. Advanced carbon anode materials for lithium ion cells [J]. Journal of Power Sources, 1999(81-82): 1-7.

[91] Saurel D, Segalini J, Jauregui M, et al. A SAXS outlook on disordered carbonaceous materials for electrochemical energy storage[J]. Energy Storage Materials, 2019, 21: 162-173.

[92] Cao W J, Zheng J S, Adams D, et al. Comparative study of the power and cycling performance for advanced lithium-ion capacitors with various carbon anodes[J]. Journal of the Electrochemical Society, 2014, 161(14): A2087-A2092.

[93] Xie L J, Tang C, Bi Z H, et al. Hard carbon anodes for next-generation Li-ion batteries: Review and perspective[J]. Advanced Energy Materials, 2021, 11(38): 2101650.

[94] Zhang J, Liu X F, Wang J, et al. Different types of pre-lithiated hard carbon as negative electrode material for lithium-ion capacitors[J]. Electrochimica Acta, 2016, 187: 134-142.

[95] Luo W, Jian Z L, Xing Z Y, et al. Electrochemically expandable soft carbon as anodes for Na-ion batteries[J]. ACS Central Science, 2015, 1(9): 516-522.

[96] Jayaraman S, Madhavi S, Aravindan V. High energy Li-ion capacitor and battery using graphitic carbon spheres as an insertion host from cooking oil[J]. Journal of Materials Chemistry A, 2018, 6(7): 3242-3248.

[97] Jayaraman S, Singh G, Madhavi S, et al. Elongated graphitic hollow nanofibers from vegetable oil as prospective insertion host for constructing advanced high energy Li-ion capacitor and battery[J]. Carbon, 2018, 134: 9-14.

[98] Pendashteh A, Orayech B, Ajuria J, et al. Exploring vinyl polymers as soft carbon precursors for M-ion (M = Na, Li) batteries and hybrid capacitors[J]. Energies, 2020, 13 (16): 4189.
[99] Wang H B, Yu Q, Qu J. Synthesis of phosphorus-doped soft carbon as anode materials for lithium and sodium ion batteries[J]. Russian Journal of Physical Chemistry A, 2017, 91 (6): 1152-1155.
[100] Jo Y N, Park M S, Lee E Y, et al. Increasing reversible capacity of soft carbon anode by phosphoric acid treatment[J]. Electrochimica Acta, 2014, 146 (10): 630-637.
[101] Wang D, Zhou J S, Li Z P, et al. Uniformly expanded interlayer distance to enhance the rate performance of soft carbon for lithium-ion batteries[J]. Ionics, 2018, 25 (4): 1531-1539.
[102] Wang F, Hu Z L, Mao L M, et al. Nano-silicon @ soft carbon embedded in graphene scaffold: High-performance 3D free-standing anode for lithium-ion batteries[J]. Journal of Power Sources, 2020, 450 (29): 227692.
[103] Chen Z H, Wang Q Z, Amine K. Improving the performance of soft carbon for lithium-ion batteries[J]. Electrochimica Acta, 2006, 51 (19): 3890-3894.
[104] Schroeder M, Winter M, Passerini S, et al. On the use of soft carbon and propylene carbonate-based electrolytes in lithium-ion capacitors[J]. Journal of the Electrochemical Society, 2012, 159 (8): A1240-A1245.
[105] Sergio T, Buzzanca G. Ruthenium dioxide: A new interesting electrode material. Solid state structure and electrochemical behaviour[J]. Journal of Electroanalytical Chemistry and Interfacial Electrochemistry, 1971, 29 (2): A1-A5.
[106] Conway B E. Electrochemical Supercapacitors: Scientific Fundamentals and Technological Applications[M]. Boston: Springer Science & Business Media, 2013.
[107] Aravindan V, Gnanaraj J, Lee Y S, et al. Insertion-type electrodes for nonaqueous Li-ion capacitors[J]. Chemical Reviews, 2014, 114 (23): 11619-11635.
[108] Cocciantelli J M, Doumerc J P, Pouchard M, et al. Crystal chemistry of electrochemically inserted $Li_xV_2O_5$[J]. Journal of Power Sources, 1991, 34 (2): 103-111.
[109] Winter M, Besenhard J O, Spahr M E, et al. Insertion electrode materials for rechargeable lithium batteries[J]. Advanced Materials, 1998, 10 (10): 725-763.
[110] Cho M K, Jo J H, Choi J U, et al. Tunnel-type β-FeOOH cathode material for high rate sodium storage via a new conversion reaction[J]. Nano Energy, 2017, 41: 687-696.
[111] Tang B Y, Shan L T, Liang S Q, et al. Issues and opportunities facing aqueous zinc-ion batteries[J]. Energy & Environmental Science, 2019, 12 (11): 3288-3304.
[112] Griffith K J, Forse A C, Griffin J M, et al. High-rate intercalation without nanostructuring in metastable Nb_2O_5 bronze phases[J]. Journal of the American Chemical Society, 2016, 138 (28): 8888-8899.
[113] Aravindan V, Cheah Y L, Mak W F, et al. Fabrication of high energy-density hybrid supercapacitors using electrospun V_2O_5 nanofibers with a self-supported carbon nanotube network[J]. ChemPlusChem, 2012, 77 (7): 570-575.
[114] Feng Q, Kanoh H, Miyai Y, et al. Alkali metal ions insertion/extraction reactions with hollandite-type manganese oxide in the aqueous phase[J]. Chemistry of Materials, 1995, 7 (1): 148-153.
[115] Aravindan V, Reddy M V, Madhavi S, et al. Electrochemical performance of α-MnO_2 nanorods/activated carbon hybrid supercapacitor[J]. Nanoscience and Nanotechnology Letters, 2012, 4 (7): 724-728.
[116] Reichman B, Bard A J. Electrochromism at niobium pentoxide electrodes in aqueous and acetonitrile solutions[J]. Journal of the Electrochemical Society, 1980, 127 (1): 241-242.
[117] Augustyn V, Come J, Lowe M A, et al. High-rate electrochemical energy storage through Li^+ intercalation pseudocapacitance[J]. Nature Materials, 2013, 12 (6): 518-522.
[118] Cheng L, Li H Q, Xia Y Y. A hybrid nonaqueous electrochemical supercapacitor using nano-sized iron oxyhydroxide and activated carbon[J]. Journal of Solid State Electrochemistry, 2005, 10 (6): 405-410.
[119] Yang H L, Xu H H, Wang L B, et al. Microwave-assisted rapid synthesis of self-assembled T-Nb_2O_5 nanowires for high-energy hybrid supercapacitors[J]. Chemistry, 2017, 23 (17): 4203-4209.

[120] Cui G L, Gu L, Thomas A, et al. A carbon/titanium vanadium nitride composite for lithium storage[J]. ChemPhysChem, 2010, 11(15): 3219-3223.

[121] Zhang K J, Wang H B, He X Q, et al. A hybrid material of vanadium nitride and nitrogen-doped graphene for lithium storage[J]. Journal of Materials Chemistry, 2011, 21(32): 11916-11922.

[122] Zhang K J, Han P X, Gu L, et al. Synthesis of nitrogen-doped MnO/graphene nanosheets hybrid material for lithium ion batteries[J]. ACS Applied Materials & Interfaces, 2012, 4(2): 658-664.

[123] Han P X, Yue Y H, Wang X G, et al. Graphene nanosheet-titanium nitride nanocomposite for high performance electrochemical capacitors without extra conductive agent addition[J]. Journal of Materials Chemistry, 2012, 22(47): 24918-24923.

[124] Han P X, Ma W, Pang S P, et al. Graphene decorated with molybdenum dioxide nanoparticles for use in high energy lithium ion capacitors with an organic electrolyte[J]. Journal of Materials Chemistry A, 2013, 1(19): 5949-5954.

[125] 马文, 韩鹏献, 孔庆山, 等. MoN/氮化石墨烯复合物用作锂离子电容器电极材料的研究[J]. 无机材料学报, 2013, 28(7): 733-738.

[126] 崔光磊, 吴天元, 刘志宏, 等. 一种基于CAN通讯的具有三模式智能控制的双电源动力系统:中国,201610238470.0[P]. 2016-04-18.

[127] Wang Y G, Song Y F, Xia Y Y. Electrochemical capacitors: Mechanism, materials, systems, characterization and applications[J]. Chemical Society Reviews, 2016, 45(21): 5925-5950.

[128] 向宇, 曹高萍. 双电层电容器储能机理研究概述[J]. 储能科学与技术, 2016, 5(6): 816-827.

[129] Kim B K, Sy S, Yu A, et al. Electrochemical Supercapacitors for Energy Storage and Conversion[M]. New York: John Wiley & Sons, 2015.

[130] Zhang L L, Zhao X S. Carbon-based materials as supercapacitor electrodes[J]. Chemical Society Reviews, 2009, 38(9): 2520-2531.

[131] 孟庆函, 李开喜, 宋燕, 等. 石油焦基活性炭电极电容特性研究[J]. 新型炭材料, 2001, 16(4): 18-21, 26.

[132] 刘希邈, 詹亮, 滕娜, 等. 超级电容器用沥青焦基活性炭的制备及其电化学性能[J]. 新型炭材料, 2006, (1): 48-53.

[133] Jänes A, Kurig H, Lust E. Characterisation of activated nanoporous carbon for supercapacitor electrode materials[J]. Carbon, 2007, 45(6): 1226-1233.

[134] Yang H, Yoshio M, Isono K, et al. Improvement of commercial activated carbon and its application in electric double layer capacitors[J]. Electrochemical and Solid-State Letters, 2002, 5(6): A141-A144.

[135] Nandhini R, Mini P A, Avinash B, et al. Supercapacitor electrodes using nanoscale activated carbon from graphite by ball milling[J]. Materials Letters, 2012, 87: 165-168.

[136] Chen M D, Kang X Y, Wumaier T, et al. Preparation of activated carbon from cotton stalk and its application in supercapacitor[J]. Journal of Solid State Electrochemistry, 2013, 17(4): 1005-1012.

[137] Wennerberg A N, O'grady T M. Active carbon process and composition: US, 05/696634[P]. 1976-06-16.

[138] Wang J C, Kaskel S. KOH activation of carbon-based materials for energy storage[J]. Journal of Materials Chemistry, 2012, 22(45): 23710-23725.

[139] Toshiro O, Ritsuo T, Masao I. Production and adsorption characteristics of MAXSORB: High-surface-area active carbon[J]. Gas Separation & Purification, 1993, 7(4): 241-245.

[140] Romanos J, Beckner M, Rash T, et al. Nanospace engineering of KOH activated carbon[J]. Nanotechnology, 2012, 23(1): 015401.

[141] Frackowiak E. Carbon materials for supercapacitor application[J]. Physical Chemistry Chemical Physics, 2007, 9(15): 1774-1785.

[142] 曲文慧. 高比能量锂离子电容器的构筑及其电化学性能研究[D]. 大连: 大连理工大学, 2016.

[143] Dutta S, Bhaumik A, Wu K C W. Hierarchically porous carbon derived from polymers and biomass: Effect of interconnected pores on energy applications[J]. Energy & Environmental Science, 2014, 7(11): 3574-3592.

[144] Vix-Guterl C, Frackowiak E, Jurewicz K, et al. Electrochemical energy storage in ordered porous carbon materials[J]. Carbon, 2005, 43 (6) : 1293-1302.

[145] Kondrat S, Pérez C R, Presser V, et al. Effect of pore size and its dispersity on the energy storage in nanoporous supercapacitors[J]. Energy & Environmental Science, 2012, 5 (4) : 6474-6479.

[146] Chmiola J, Yushin G, Gogotsi Y, et al. Anomalous increase in carbon capacitance at pore sizes less than 1 nanometer[J]. Science, 2006, 313 (5794) : 1760-1763.

[147] Pandolfo A G, Hollenkamp A F. Carbon properties and their role in supercapacitors[J]. Journal of Power Sources, 2006, 157 (1) : 11-27.

[148] Suss M E, Baumann T F, Worsley M A, et al. Impedance-based study of capacitive porous carbon electrodes with hierarchical and bimodal porosity[J]. Journal of Power Sources, 2013, 241: 266-273.

[149] Yang Z W, Guo H J, Li X H, et al. Natural sisal fibers derived hierarchical porous activated carbon as capacitive material in lithium ion capacitor[J]. Journal of Power Sources, 2016, 329: 339-346.

[150] Inagaki M. Pores in carbon materials-importance of their control[J]. New Carbon Materials, 2009, 24 (3) : 193-222.

[151] Lee J, Kim J, Hyeon T. Recent progress in the synthesis of porous carbon materials[J]. Advanced Materials, 2006, 18 (16) : 2073-2094.

[152] Kim K, Choi M, Ryoo R. Ethanol-based synthesis of hierarchically porous carbon using nanocrystalline beta zeolite template for high-rate electrical double layer capacitor[J]. Carbon, 2013, 60: 175-185.

[153] Song X Y, Ma X L, Yu Z Q, et al. Asphalt-derived hierarchically porous carbon with superior electrode properties for capacitive storage devices[J]. ChemElectroChem, 2018, 5 (11) : 1474-1483.

[154] Banerjee A, Upadhyay K K, Puthusseri D, et al. MOF-derived crumpled-sheet-assembled perforated carbon cuboids as highly effective cathode active materials for ultra-high energy density Li-ion hybrid electrochemical capacitors (Li-HECs) [J]. Nanoscale, 2014, 6 (8) : 4387-4394.

[155] Li Q, Jiang R R, Dou Y Q, et al. Synthesis of mesoporous carbon spheres with a hierarchical pore structure for the electrochemical double-layer capacitor[J]. Carbon, 2011, 49 (4) : 1248-1257.

[156] Iijima S. Helical microtubules of graphitic carbon[J]. Nature, 1991, 354: 56-58.

[157] 张进. 高比能锂离子电容器的设计与电化学性能研究[D]. 天津: 天津工业大学, 2016.

[158] Frackowiak E, Metenier K, Bertagna V, et al. Supercapacitor electrodes from multiwalled carbon nanotubes[J]. Applied Physics Letters, 2000, 77 (15) : 2421-2423.

[159] Niu C M, Sichel E K, Hoch R, et al. High power electrochemical capacitors based on carbon nanotube electrodes[J]. Applied Physics Letters, 1997, 70 (11) : 1480-1482.

[160] Xu H H, Hu X L, Sun Y M, et al. Highly porous $Li_4Ti_5O_{12}$/C nanofibers for ultrafast electrochemical energy storage[J]. Nano Energy, 2014, 10: 163-171.

[161] Novoselov K S, Geim A K, Morozov S V, et al. Electric field effect in atomically thin carbon films[J]. Science, 2004, 306 (5696) : 666-669.

[162] Geim A K, Novoselov K S. The rise of graphene[J]. Nature Materials, 2007, 6: 183-191.

[163] Wang X B, You H J, Liu F M, et al. Large-scale synthesis of few-layered graphene using CVD[J]. Chemical Vapor Deposition, 2009, 15 (1-3) : 53-56.

[164] Dato A, Radmilovic V, Lee Z, et al. Substrate-free gas-phase synthesis of graphene sheets[J]. Nano Letters, 2008, 8 (7) : 2012-2016.

[165] Rollings E, Gweon G H, Zhou S Y, et al. Synthesis and characterization of atomically thin graphite films on a silicon carbide substrate[J]. Journal of Physics and Chemistry of Solids, 2006, 67 (9-10) : 2172-2177.

[166] Ma Y F, Chang H C, Zhang M, et al. Graphene-based materials for lithium-ion hybrid supercapacitors[J]. Advanced Materials, 2015, 27 (36) : 5296-5308.

[167] Lee J H, Shin W H, Ryou M H, et al. Functionalized graphene for high performance lithium ion capacitors[J]. ChemSusChem,

2012, 5(12): 2328-2333.

[168] Zhang T F, Zhang F, Zhang L, et al. High energy density Li-ion capacitor assembled with all graphene-based electrodes[J]. Carbon, 2015, 92: 106-118.

[169] 刘腾宇, 张熊, 安亚斌, 等. 石墨烯在锂离子电容器中的应用研究进展[J]. 储能科学与技术, 2020, 9(4): 1030-1043.

[170] Bokhari S W, Siddique A H, Pan H, et al. Nitrogen doping in the carbon matrix for Li-ion hybrid supercapacitors: State of the art, challenges and future prospective[J]. RSC Advances, 2017, 7(31): 18926-18936.

[171] Ahn S K, Yang J J, Kim H I, et al. Electrochemical properties of heated carbon nanofibers for lithium ion capacitor[J]. Chemistry Letters, 2014, 43(6): 898-900.

[172] Shi R Y, Han C P, Xu X F, et al. Electrospun N-doped hierarchical porous carbon nanofiber with improved degree of graphitization for high-performance lithium ion capacitor[J]. Chemistry, 2018, 24(41): 10460-10467.

[173] Conway B E, Birss V, Wojtowicz J. The role and utilization of pseudocapacitance for energy storage by supercapacitors[J]. Journal of Power Sources, 1997, 66(1-2): 1-14.

[174] 尹斌传, 郭丽. 超级电容器氧化钌电极材料的研究进展[J]. 电源技术, 2006, 30(6): 436-438.

[175] Simon P, Gogotsi Y. Materials for electrochemical capacitors[J]. Nature Materials, 2008, 7: 845-854.

[176] Jiang H, Sun T, Li C Z, et al. Hierarchical porous nanostructures assembled from ultrathin MnO_2 nanoflakes with enhanced supercapacitive performances[J]. Journal of Materials Chemistry, 2012, 22(6): 2751-2756.

[177] Jiang H, Zhao T, Ma J, et al. Ultrafine manganese dioxide nanowire network for high-performance supercapacitors[J]. Chemical Communications, 2011, 47(4): 1264-1266.

[178] Brousse T, Toupin M, Bélanger D. A hybrid activated carbon-manganese dioxide capacitor using a mild aqueous electrolyte[J]. Journal of the Electrochemical Society, 2004, 151(4): A614-A622.

[179] Guo H T, He W N, Lu Y, et al. Self-crosslinked polyaniline hydrogel electrodes for electrochemical energy storage[J]. Carbon, 2015, 92: 133-141.

[180] Sivaraman P, Rath S K, Hande V R, et al. All-solid-supercapacitor based on polyaniline and sulfonated polymers[J]. Synthetic Metals, 2006, 156(16-17): 1057-1064.

[181] Wang T, Wang Y N, Zhang D, et al. Structural tuning of a flexible and porous polypyrrole film by a template-assisted method for enhanced capacitance for supercapacitor applications[J]. ACS Applied Materials & Interfaces, 2021, 13(15): 17726-17735.

[182] Karthikeyan K, Amaresh S, Lee S N, et al. High-power lithium-ion capacitor using $LiMnBO_3$ nanobead anode and polyaniline-nanofiber cathode with excellent cycle life[J]. ChemSusChem, 2014, 7(8): 2310-2316.

[183] 马璨, 吕迎春, 李泓. 锂离子电池基础科学问题(Ⅶ)——正极材料[J]. 储能科学与技术, 2014, 3(1): 53-65.

[184] Mizushima K, Jones P C, Wiseman P J, et al. Li_xCoO_2 ($0<x<1$): A new cathode material for batteries of high-energy density[J]. Solid State Ionics, 1981, 3-4: 171-174.

[185] Chen Z H, Dahn J R. Effect of a ZrO_2 coating on the structure and electrochemistry of Li_xCoO_2 when cycled to 4.5 V[J]. Electrochemical and Solid-State Letters, 2002, 5(10): A213-A216.

[186] Cho J, Kim Y J, Park B. $LiCoO_2$ cathode material that does not show a phase transition from hexagonal to monoclinic phase[J]. Journal of the Electrochemical Society, 2001, 148(10): A1110-A1115.

[187] Wang Y G, Luo J Y, Wang C X, et al. Hybrid aqueous energy storage cells using activated carbon and lithium-ion intercalated compounds Ⅱ. Comparison of $LiMn_2O_4$, $LiCo_{1/3}Ni_{1/3}Mn_{1/3}O_2$, and $LiCoO_2$ positive electrodes[J]. Journal of the Electrochemical Society, 2006, 153(8): A1425-A1431.

[188] Thackeray M M, David W I F, Bruce P G, et al. Lithium insertion into manganese spinels[J]. Materials Research Bulletin, 1983, 18(4): 461-472.

[189] Amatucci G, Tarascon J M. Optimization of insertion compounds such as $LiMn_2O_4$ for Li-ion batteries[J]. Journal of the Electrochemical Society, 2002, 149(12): K31-K46.

[190] Du Pasquier A, Blyr A, Courjal P, et al. Mechanism for limited 55℃ storage performance of $Li_{1.05}Mn_{1.95}O_4$ electrodes[J].

Journal of the Electrochemical Society, 1999, 146(2): 428-436.

[191] Zhan C, Lu J,Kropf A J, et al. Mn(Ⅱ) deposition on anodes and its effects on capacity fade in spinel lithium manganate-carbon systems[J]. Nature Communications, 2013, 4: 2437.

[192] Xia Y Y, Zhou Y H, Yoshio M. Capacity fading on cycling of 4 V Li/$LiMn_2O_4$ cells[J]. Journal of the Electrochemical Society, 1997, 144(8): 2593-2600.

[193] Wang Y G, Xia Y Y. Hybrid aqueous energy storage cells using activated carbon and lithium-intercalated compounds I. The C/$LiMn_2O_4$ system[J]. Journal of the Electrochemical Society, 2006, 153(2): A450-A454.

[194] Padhi A K, Nanjundaswamy K S, Goodenough J B. Phospho-olivines as positive-electrode materials for rechargeable lithium batteries[J]. Journal of the Electrochemical Society, 1997, 144(4): 1188-1194.

[195] 吴宇平, 袁翔云, 董超, 等. 锂离子电池-应用与实践[M]. 2 版. 北京: 化学工业出版社, 2011.

[196] Prosini P P, Lisi M, Zane D, et al. Determination of the chemical diffusion coefficient of lithium in $LiFePO_4$[J]. Solid State Ionics, 2002, 148(1-2): 45-51.

[197] Naoi K, Kisu K, Iwama E, et al. Ultrafast charge-discharge characteristics of a nanosized core-shell structured $LiFePO_4$ material for hybrid supercapacitor applications[J]. Energy & Environmental Science, 2016, 9(6): 2143-2151.

[198] Wu X L, Jiang L Y, Cao F F, et al. $LiFePO_4$ nanoparticles embedded in a nanoporous carbon matrix: Superior cathode material for electrochemical energy-storage devices[J]. Advanced Materials, 2009, 21(25-26): 2710-2714.

[199] Sun C K, Zhang X, Li C, et al. Recent advances in prelithiation materials and approaches for lithium-ion batteries and capacitors[J]. Energy Storage Materials, 2020, 32: 497-516.

[200] Jin L M, Shen C, Shellikeri A, et al. Progress and perspectives on pre-lithiation technologies for lithium ion capacitors[J]. Energy & Environmental Science, 2020, 13(8): 2341-2362.

[201] 姚建华, 韩鹏献, 韩晓琪, 等. 锂离子电容器预嵌锂技术及其研究进展[J]. 电池工业, 2018, 22(3): 153-159.

[202] 王立超. 锂离子电容器预锂化技术评述[J]. 山东工业技术, 2021, (1): 85-88.

[203] Kumagai S, Ishikawa T, Sawa N. Cycle performance of lithium-ion capacitors using graphite negative electrodes at different pre-lithiation levels[J]. Journal of Energy Storage, 2015, 2: 1-7.

[204] Sun F, Gao J H, Liu X, et al. High-energy Li-ion hybrid supercapacitor enabled by a long life N-rich carbon based anode[J]. Electrochimica Acta, 2016, 213: 626-632.

[205] Jin L M, Guo X, Shen C, et al. A universal matching approach for high power-density and high cycling-stability lithium ion capacitor[J]. Journal of Power Sources, 2019, 441: 227211.

[206] Tsuda T, Ando N, Mitsuhashi N, et al. Fabrication of porous graphite anodes with pico-second pulse laser and enhancement of pre-doping of Li^+ ions to laminated graphite anodes with micrometre-sized holes formed on the porous graphite anodes[J]. ECS Transactions, 2017, 77(11): 1897-1903.

[207] Tsuda T, Ando N, Haruki Y, et al. Study on Li metal deposition, SEI formation on anodes and cathode potential change during the pre-lithiation process in a cell prepared with laminated porous anodes and cathodes[J]. ECS Transactions, 2018, 85(13): 1507-1515.

[208] Shellikeri A, Watson V, Adams D, et al. Investigation of pre-lithiation in graphite and hard-carbon anodes using different lithium source structures[J]. Journal of the Electrochemical Society, 2017, 164(14): A3914-A3924.

[209] Holtstiege F, Schmuch R, Winter M, et al. New insights into pre-lithiation kinetics of graphite anodes via nuclear magnetic resonance spectroscopy[J]. Journal of Power Sources, 2018, 378: 522-526.

[210] Yan J, Cao W J, Zheng J P. Constructing high energy and power densities Li-ion capacitors using Li thin film for pre-lithiation [J]. Journal of the Electrochemical Society, 2017, 164(9): A2164-A2170.

[211] Xiang B, Wang L, Liu G, et al. Electromechanical probing of Li/Li_2CO_3 core/shell particles in a TEM[J]. Journal of the Electrochemical Society, 2013, 160(3): A415-A419.

[212] Cao W J, Shih J, Zheng J P, et al. Development and characterization of Li-ion capacitor pouch cells[J]. Journal of Power Sources, 2014, 257: 388-393.

[213] Cao W J, Zheng J P. Li-ion capacitors with carbon cathode and hard carbon/stabilized lithium metal powder anode electrodes[J]. Journal of Power Sources, 2012, 213: 180-185.

[214] Ai G, Wang Z H, Zhao H, et al. Scalable process for application of stabilized lithium metal powder in Li-ion batteries[J]. Journal of Power Sources, 2016, 309: 33-41.

[215] Bärmann P, Mohrhardt M, Frerichs J E, et al. Mechanistic insights into the pre-lithiation of silicon/graphite negative electrodes in "dry state" and after electrolyte addition using passivated lithium metal powder[J]. Advanced Energy Materials, 2021, 11 (25) : 2100925.

[216] Zhan R M, Wang X C, Chen Z H, et al. Promises and challenges of the practical implementation of prelithiation in lithium-ion batteries[J]. Advanced Energy Materials, 2021, 11 (35) : 2101565.

[217] Min X Q, Xu G J, Xie B, et al. Challenges of prelithiation strategies for next generation high energy lithium-ion batteries[J]. Energy Storage Materials, 2022, 47: 297-318.

[218] Cao W J, Luo J F, Yan J, et al. High performance Li-ion capacitor laminate cells based on hard carbon/lithium stripes negative electrodes [J]. Journal of The Electrochemical Society, 2016, 164 (2) : A93-A98.

[219] Zhang S S. Eliminating pre-lithiation step for making high energy density hybrid Li-ion capacitor[J]. Journal of Power Sources, 2017, 343: 322-328.

[220] Park M S, Lim Y G, Kim J H, et al. A novel lithium-doping approach for an advanced lithium ion capacitor[J]. Advanced Energy Materials, 2011, 1 (6) : 1002-1006.

[221] Park M S, Lim Y G, Park J W, et al. Li_2RuO_3 as an additive for high-energy lithium-ion capacitors[J]. The Journal of Physical Chemistry C, 2013, 117 (22) : 11471-11478.

[222] Park M S, Lim Y G, Hwang S M, et al. Scalable integration of Li_5FeO_4 towards robust, high-performance lithium-ion hybrid capacitors[J]. ChemSusChem, 2014, 7 (11) : 3138-3144.

[223] Lim Y G, Kim D, Lim J M, et al. Anti-fluorite Li_6CoO_4 as an alternative lithium source for lithium ion capacitors: An experimental and first principles study[J]. Journal of Materials Chemistry A, 2015, 3 (23) : 12377-12385.

[224] Guo Y T, Li X H, Wang Z X, et al. Bifunctional Li_6CoO_4 serving as prelithiation reagent and pseudocapacitive electrode for lithium ion capacitors[J]. Journal of Energy Chemistry, 2020, 47: 38-45.

[225] Jeżowski P, Fic K, Crosnier O, et al. Lithium rhenium (Ⅶ) oxide as a novel material for graphite pre-lithiation in high performance lithium-ion capacitors[J]. Journal of Materials Chemistry A, 2016, 4 (32) : 12609-12615.

[226] Jeżowski P, Fic K, Crosnier O, et al. Use of sacrificial lithium nickel oxide for loading graphitic anode in Li-ion capacitors[J]. Electrochimica Acta, 2016, 206: 440-445.

[227] Sun C K, Zhang X, Li C, et al. High-efficiency sacrificial prelithiation of lithium-ion capacitors with superior energy-storage performance[J]. Energy Storage Materials, 2020, 24: 160-166.

[228] Arnaiz M, Shanmukaraj D, Carriazo D, et al. A transversal low-cost pre-metallation strategy enabling ultrafast and stable metal ion capacitor technologies[J]. Energy & Environmental Science, 2020, 13 (8) : 2441-2449.

[229] Sivakkumar S R, Pandolfo A G. Evaluation of lithium-ion capacitors assembled with pre-lithiated graphite anode and activated carbon cathode[J]. Electrochimica Acta, 2012, 65: 280-287.

[230] Kim M, Xu F, Lee J H, et al. A fast and efficient pre-doping approach to high energy density lithium-ion hybrid capacitors[J]. Journal of Materials Chemistry A, 2014, 2 (26) : 10029-10033.

[231] Tripathi A M, Su W N, Hwang B J. In situ analytical techniques for battery interface analysis[J]. Chemical Society Reviews, 2018, 47 (3) : 736-851.

[232] 万仁美. 低速电动车苦寻出路[EB/OL]. [2021-12-09]. 中国汽车报. http://www.cnautonews.com/xinnengyuan/2021/12/09/detail_20211209348362.html.

[233] 国家统计局, 第七次全国人口普查公报[EB/OL]. [2021-05-11]. http://www.stats.gov.cn/tjsj/tjgb/rkpcgb/.

[234] 国家统计局. 中华人民共和国 2020 年国民经济和社会发展统计公报[EB/OL]. [2021-02-28]. http://www.stats.gov.cn/tjsj/zxfb/202102/t20210227_1814154.html.

[235] 国家能源局. 1-11 月份全国电力工业统计数据[EB/OL]. [2021-12-17]. http://www.nea.gov.cn/2021-12/17/c_1310378945.htm.

[236] 李扬森. 电梯能量回馈装置选配经济性研究[J]. 中国电梯, 2021, 32(9): 25-28.

[237] 屈治伶. 基于超级电容的电梯节能技术研究[D]. 哈尔滨: 东北农业大学, 2020.

[238] 覃雪清. 基于超级电容的电梯节能控制技[J]. 电力电气, 2021, 13: 97-98.

[239] 乔亮波, 张晓虎, 孙现众, 等. 电池-超级电容器混合储能系统研究进展[J]. 储能科学与技术, 2022, 11(1): 98-106.

[240] 崔光磊, 韩鹏献, 韩晓琪, 等. 一种固态电池电容器[P]: 中国, 201710961344.2. 2017-10-17.

[241] 崔光磊, 韩鹏献, 鞠江伟. 一种全固态电池型电容器[P]: 中国, 201811424283 .7. 2018-11-27.